资助项目

国家重点研发计划项目（2016YFC0501802；2017YFA0604801）

青海省创新平台建设专项项目（2018-ZJ-T09）

国家自然基金面上项目（41877547；31300385；31270523；21070437）

中国陆地生态系统通量观测研究网络（ChinaFLUX）

中国科学院战略性先导科技专项（XDB03030502）

项目研究平台及基地

青海省寒区恢复生态学重点实验室

中国科学院高原生物适应与进化重点实验室

覆被变化
与高寒草甸水分过程概论

主　　编　李英年　贺慧丹　杨永胜　张法伟　李红琴

编写人员　刘安花　祝景彬　宋成刚　吴启华　孙建文　毛绍娟
　　　　　王建雷　薛晓娟　刘晓琴　未亚西　罗　谨　张光茹

图书在版编目（CIP）数据

覆被变化与高寒草甸水分过程概论 / 李英年等主编
. -- 兰州 : 兰州大学出版社, 2019.5
ISBN 978-7-311-05605-6

Ⅰ. ①覆… Ⅱ. ①李… Ⅲ. ①寒冷地区－草甸－水文循环－研究 Ⅳ. ①S812.3②P339

中国版本图书馆CIP数据核字(2019)第088237号

策划编辑 宋 婷
责任编辑 郝可伟 张 萍 宋 婷
封面设计 王 挺

书　　名 覆被变化与高寒草甸水分过程概论
作　　者 李英年 贺慧丹 杨永胜 张法伟 李红琴 主编
出版发行 兰州大学出版社 （地址：兰州市天水南路222号 730000）
电　　话 0931-8912613（总编办公室） 0931-8617156（营销中心）
　　　　 0931-8914298（读者服务部）
网　　址 http://press.lzu.edu.cn
电子信箱 press@lzu.edu.cn
印　　刷 北京虎彩文化传播有限公司
开　　本 787 mm×1092 mm 1/16
印　　张 35
字　　数 698千
版　　次 2019年5月第1版
印　　次 2019年5月第1次印刷
书　　号 ISBN 978-7-311-05605-6
定　　价 79.00元

前 言

水文学是研究自然界水的科学。它包含了“地球圈-生物圈-大气圈”各种尺度的水文循环过程以及自然环境和人类社会影响的相互作用关系。近代水文学研究不仅仅涉及流域尺度的暴雨、洪水以及水文水利计算，而且包括了全球各种尺度下水循环问题、水资源管理的水文学基础研究等新的课题，从研究前沿来看，突出反映在全球气候变化及水循环研究、大尺度水文模拟、水文资料同化、地下水和地表水相互作用、大气环流中陆面与大气相互作用的认识与描述、冰川水文学、地下水管理与模拟优化、同位素及环境示踪等新技术在地表水文学中的应用、有孔介质多相流微观尺度模型、非饱和层土壤水、植被/土壤水分的蒸散、河流泥沙及氮循环估计的统计方法、降雨模拟估计和预报、洪水预报与预警系统、水的管理与政策、水资源管理的支持决策系统、流域水文模拟等诸多方面。对陆地生态系统来讲，近代水文学研究更关注的是大气降水、土壤水的运动以及两者资源配置，被植被生态系统消耗和利用及其耦合过程等。

水分是可再生的动态自然资源。水分资源由大气中的水、地表水、土壤水、地下水、海洋水、生物水等组成。在自然界中，水分循环过程周而复始，长年不息。但在大气-土壤-生物（植被）系统中，水分的周转总量是不变的，在一定地区和时间尺度范围内，水分资源不是取之不尽的。就全球来看，水资源贮量丰富可观，但可有效地被利用的淡水还是有限的。据估算，全球可利用的水量为陆地降水量与蒸散量之差，约40万亿立方米，而有效水约占1/3，从这种角度来讲，水资源是极其珍贵的。

动植物界的一切生命活动只有在一定的水分供应条件下才能进行。没有水就没有生命，也就没有农牧业生产和生活。水在草地第一性生产中成为最重要的环境条件之一。在植物生产生活中，水是绿色植物进行光合作用的基础原料，是有机物形成和转化过程的直接参与者。水也是植物吸收各种矿物营养元素的溶剂和传输者，有机物和无机物只有溶解于水，才能被植物吸收和传输，才能被输送到植物体的各个器官，供给植物体需要和贮存。水也是植物有机体的主要组成成分，这样才能使原生质保持溶胶状态，进而确保植物代谢过程的正常进行。如果没有水或供水不足，原生质便由溶胶状态转变为凝结状态，植物的生命活动就会大大减弱。同时，水是支撑整个植物体的主要因素之一。依靠水的支撑，植物才能保持一定的形态，有较大的同化面积，以便尽可能多地捕获能量和二氧化碳。水又是植物生长发育过程中适宜环境条件的组成因子和调控者。正是因为水分在各地区的分配不均，形成了多种多样的植被类型，同时也因光、热、水等资源的协调配合形成了不同的气候生产力及其生产潜力。有些地方光能与热量资源丰富，却因水分不足而成为荒漠，或成为干草原；有些地方水分条件充足，但光热资源不足，终究影响到植被的生长。因而，水分条件成为气候、生态等系统中的重要组成部分。地球的能量转换离不开水。不仅如此，水通过在生态系统中的运转，在水源涵养功能中起到主要作用。为了准确评价一个地区水分供应状况和水源涵养能力，就必须掌握植物正常生长发育对水分的需求，就必须了解植物层-土壤层水分含量的高低及其可能贮存的潜力。正是如此，理解植物需水量、植被耗水量、水分盈亏、土壤贮水量、土壤-植物层蓄水能力等就显得极为重要，这也是评价水资源的中心问题。

大气降水是水分资源的主要部分。为此，在气候学、农业气象学的研究过程中，多以研究降水和土壤水来讨论水资源问题，并评价在农牧业生产中的潜力和利用等，而地表水、地下水主要属于水文学讨论的范围。在青藏高原，大气降水是水分资源的主要部分，也是影响地表水、土壤水、地下水的主要因素。青藏高原因海拔高，其主体伸入对流层，在我国乃至亚洲和地球的大气环流调整中占据重要位置，其气候变化直接影响到我国中东部乃至东亚地区的气候，其陆地生态系统的脆弱性严重威胁到人类生存环境和社会经济发展。气象学家研究证实，青藏高原是我国东部乃至全球气候变化的“启动器”。生态学家认为，维护青藏高原的生物多样、水源涵养及固碳能力等生态功能至关重要。地理学家则认为，青藏高原在维持我国生态安全方面起到天然屏障的作用，维系了东亚气候环境和农牧业生产的格局和发展。因此，青藏高原所处的地理位置在我国生态环境及生态文明建设中具有无可替代的重要作用。

青藏高原的高寒草甸植被类型分布面积广（包含了高寒灌丛草甸、高寒湿地草甸等），约占高原面积的50%，大致处于27°—39°N，82°—103°E，呈弧状围绕在青藏高原东部和南部。北起青海省东北隅的海北藏族自治州北部祁连山北支冷龙岭，南经甘南藏族自治州，四川省阿坝藏族自治州、甘孜藏族自治州，青海省黄南藏族自治州、果洛藏族自治州、玉树藏族自治州，西藏自治区的昌都、黑河等地，向南抵达云南省西北部的迪庆藏族自治州以及喜马拉雅山脉的高山带，其在维系区域经济发展、保障高原水源涵养、保持生物多样性等生态功能中发挥着十分重要的作用。然而，近年来，由于全球气候变化和过度放牧等自然和人为因素的共同影响，青藏高原高寒草甸退化严重，对青藏高原草地畜牧业以及生态安全带来了巨大影响。青藏高原水资源分布极不均匀，东西及南北分布差异较大，而且季节性、年际变化明显。就是同一地区，随着草地退化或恢复将破坏原有的水循环过程，导致土壤/植被贮水、持水等也存在明显的差异。植被退化过程严重威胁水源涵养功能，也威胁到区域乃至我国东部地区的水资源分配与供给。众所周知，某一区域气候，当地植物种群结构、种类组成、植被生产力、植被类型、光合作用的影响，土壤类型与肥力、土壤微生物种群与分解以及区域生态系统的演替方向均与水分的运动和变化等息息相关。因此，全面了解高寒草甸植被区大气-植被-土壤水分运动状况、土壤贮水和持水能力、植被的蒸散过程、水资源分配与变化等特征实为必要，这将为区域自然资源利用及应对全球气候变化提供依据。同时，这对退化草地的恢复和重建、加速高寒草甸生态恢复及生态文明建设具有重要的指导意义。撰写本书的初衷就是在掌握相关水循环、持水量及其土壤贮水资源和预测预报方法的基础上，对三江源和青海北部高寒草甸水循环过程进行分析。

本书依据本学科组在青海海北高寒草地生态系统国家野外科学观测研究站（简称海北站）、三江源高寒草甸地区多年研究成果及相关学者在其他高寒草甸地区的研究成果撰写而成。共分十一章，首先介绍了研究大气-植被-土壤水分运动的基本理论、基本物理过程（第一章），第二章到第八章从大气水分来源到降水至地表，逐步阐述了水分“输入”“输出”“储存”等过程、特征变化，期间也进行了植被-土壤水分运动参量的观测与模拟、植被需水量与作物蒸散系数、植被耗水量与实际蒸散量、土壤水分渗漏与贮量、土壤持水量、土壤水分特征曲线、参数及土壤水分的有效性、植被贮水量与持水能力、植被水分利用效率等的分析。第九章到第十一章在分析高寒草甸分布区水分变化特征、水源涵养功能及服务价值的基础上，简单给出了海北高寒草甸大气-植被-土壤水分分配模式，全球气候变化与水资源关系，高寒草甸水资源评价以及如何提升区域水源涵养功能对策等。

本书是中国科学院西北高原生物研究所陆地生态系统过程和功能对全球变化的响应和适应学科组在海北站、三江源多年监测与研究成果报道的基础上完成的，有些数据及资料系近期考察资料。本书得到了中国科学院高原生物适应与进化重点实验室、青海省寒区恢复生态学重点实验室、海北高寒草甸生态系统国家野外科学观测研究站、中国科学院三江源草地生态研究站等高原生物学、气象学、土壤学、生物气象以及农业气象学团队和平台的支持，同时得到了众多国家、省部级研究项目的资助。

在撰写本书时也参考了大量的文献，特别是下列文献和专著被引用较多，包括有关水循环的基本理论和概念（刘昌明等，1999；黄昌勇，2000）、气候与小气候（李爱贞等，2001；欧阳海等，1990；翁笃鸣等，1981）、青藏高原水汽“源”与“汇”的介绍及水汽输送与收支时空分布（徐祥德等，2014）、三江源区气候干湿状况（徐维新等，2012）、三江源区可能蒸散（周秉荣等，2014；谢虹等，2014）、地表径流的观测研究（朱宝文等，2009）、三江源区域降水的时空分布（李珊珊等，

2012）、植被裸间蒸发理论计算（康绍忠等，1994；孙景生等，1993）、瞬时遥感蒸散量估算问题（蔡焕杰等，1994）、高寒草甸几种主要植物叶片含水率（沈振西等，1991）、典型植物蒸腾速率及规律（钟海民等，1991）、参考作物蒸散（谢虹等，2014）、植物水分利用效率的研究（李荣生等，2003）、放牧对高寒草甸表层土壤入渗和水分保持能力的研究（杨思维等，2016）、三江源地区生态系统水源涵养功能分析及其价值评估（刘敏超等，2006）、植被退化对高寒土壤水文特征的影响（王一博等，2010；范晓梅，2011）、水资源总量的计算［维普咨询（http://www.cqvip.com）］、三江源水资源量分析（王菊英，2007）、气候变化下的水资源问题研究及存在的问题（陈晓宏等，2012）等。

本书在撰写过程中，将水文学、植被学、土壤学、气候学等原理进行了融合分析，内容丰富、资料翔实。本书具备广泛的读者对象，主要包括从事水文学、农业气候学、土壤学、生态气候学、恢复生态学、草地管理、草地生态学、生态经济研究的科研人员及高校师生。同时，还可作为草地可持续管理的政策制定、应对气候变化策略制定的相应部门管理及技术人员的参考书。但是由于高寒草甸类型多样，面积分布广，全面、系统地展现该区域的内容实在困难，未特殊说明，本书中的高寒草甸一般指矮嵩草草甸和高山嵩草草甸。希望本书的出版，能起到抛砖引玉的作用。相信总有一天，经过不同学者，特别是青藏高原气象学、植被生态学、水文学、土壤学、草地生态与全球变化等领域研究人员的不懈努力，逐渐衍生至高寒草原、高寒湿地、高寒荒漠的水平衡、水循环、水源涵养功能等领域，为青藏高原生态学、生物学、水文学、土壤学等研究领域提供基础资料。

本书还存在不少缺陷和遗憾，悉请各位同行、学者批评指正。

作者
2018年9月

目　录

第一章 大气-植被-土壤水分运动基本物理过程概述

大气-植被-土壤是地表生态系统的主要组成部分。水分运动在大气-植被-土壤系统中显得最为活跃。大气降水到达植被(包括地表)表面后,通过截留再分配过程,一部分直接蒸发返还大气,一部分透过植被层到达土壤层。土壤层水分一部分经过渗漏(透)作用转移至沙砾层或补给地下水,另一部分经植被蒸腾及土壤蒸发作用返回大气。上述过程便是水分在大气-植被-土壤的地表生态系统的一维垂向模式。但因不同区域土壤、植被结构、远离海洋程度、降水量分布、植被蒸散耗水特征等均有所差异,导致不同区域生态系统水分运动规律不尽相同,造成区域水分运动过程、土壤贮水量、水分亏缺差异明显。

本章在参考相关土壤学、气象与气候学、水文学等教材以及已发表的相关研究论文和专著的基础上,描述了从大气水到地表(植被)水,再到土壤水,而后水分的蒸渗等水分传输、转化、循环等过程,同时,介绍了相关水分传输变化的物理机制与动力过程,并汇总了大气-植被-土壤水分过程的主要研究内容。

第一节 大气水分及降水形成过程

一、大气中的水分及输送

1.大气中的水分与来源

大气中的水分主要以水汽的形式存在。虽然大气中水汽含量并不多,地区差异也很大,但它在天气变化中扮演着重要的角色。水汽在大气温度变化的过程中,凝结为水滴或升华为冰晶,成云致雨(雪、雹、霰等),成为地表淡水的主要来源。

大气中的水分(水汽)来自江河、湖泊、海洋、潮湿地表(包括潮湿物体)蒸发以及植物蒸腾,并借助空气的垂直交换向上输送(陆桂华等,2010;朱抱真等,1986;杨大升等,1983;朱乾根等,1981)。水分进入大气后由于其本身的分子扩散和空气的运动传递而散布于大气中。大气中的水汽又借助大气环流或信风从一个地区向另一个地区(水平运动)输送,也通过纬(经)度、温度及水汽含量梯度作用发生运移。当然,大气中的水汽在输送和运移过程中,在一定条件下产生相变,出现水汽凝结、蒸发,形成云、雾等天气现象,并以雨、雪等降水形式重新回到地表,成为地表淡水的主要来源。水分循环过程中,这种通过蒸发、凝结、降水循环将大气、海洋、陆地(面)和生物圈紧密地联系在一起,对大气能量转换、变化和地表与大气温度均有深刻的影响。因此,地球上水分循环过程对地-气系统能(热)量平衡和天气变化起着极其重要的作用。

一个地区大气中的水分主要来自两个方面,即异地水平输送和本地垂直输送。异地水平输送是指大气中的水汽由气流携带,从一个地区输送到另一个地区的过程,主要是海洋、陆面上的水分升入空中,在大气环流背景下形成空中水汽的输送。这种输送与大气环流密切相关,大气环流是地球上一切大规模大气运动的综合现象,它在行星尺度系统(水平尺度数千米、垂直尺度十多千米、时间尺度在3 d以上)的运动方向基本稳定,进而决定了水汽尺度输送方向的稳定性。在北半球,副热带高压脊线以北盛行西风,水汽总是从大陆西部向东部输送。副热带高压脊线以南盛行热带东风,水汽总是从大陆东部向西部输送。在南半球则有与之对称的输送方向。不同尺度的大气运动往往决定了相应区域上空的水汽输送和水分平衡。当然,地理纬度、海陆分布、地形地貌及人类活动不同,也影响着不同范围内水汽的输送方向。在我国的青藏高原,受季风气候影响明显,夏季东南季风和西南季风作用下,有源源不断的水汽输送到高原内部和北部。西南季风可到达念青唐古拉山南麓,东南季风北部可达祁连山西部南麓,中部可到达唐古拉山东部。冬季受西风带影响,所输送的水汽大大减少。

本地垂直输送指地表蒸(散)发的水汽在大气垂直方向的对流和湍流作用下,不断向空中扩散,增加大气水汽含量。当然,其他地区陆面水汽蒸发后通过气流运动也可输送到所在的地区而增加近地空气水汽含量。空气的垂直运动可增加水汽的向上输送,但随高度增加,水汽输送扩散能力减弱,表现出大气中水汽含量随高度增加而降低。一般在近地1.5～2.0 km的高度上水汽含量已减少到地面空气水汽含量的一半。

2.大气中的水相与水滴增长

水是大气中气态(水汽)、液态(水)、固态(冰)三相中唯一能产生由一个相态转变为另一相态的成分,即大气中的水存在相互转化的水相变化。水的三种状态分别存在于不同的温度和压强条件下。对于纯水而言,一般水存在于0 ℃以上的区域,冰存在于0 ℃以下的区域。水汽常可存在于0 ℃左右的区域,但压强的不同却限制在一定的范围内。不论是水面还是冰面均可产生蒸发和升华,只有其上部大气的水汽在温度和压力控制下达到饱和状态时蒸发和升华才可能停止或甚微,而且温度不同,蒸发和升华所表现的强度也不同,表现为在水、冰、水汽的三个区域内不存在两相的稳定平衡。但总的来讲，当实际水汽压小于饱和水汽压时，水发生蒸发；当实际水汽压大于饱和水汽压时，多余的水汽将发生凝结。只有当实际水汽压与饱和水汽压相等时水和水汽压才能处于平衡稳定的状态，但这种平衡是瞬时性的(李爱贞等，2001)。

通常在0 ℃以下时水开始结冰。大气中有时出现0 ℃以下、甚至-30 ℃以下时仍不结冰的过冷却水，说明除未达到饱和状态的水汽外，空气中的水分还以云或雾中的凝结水、冰晶水形式存在，当然也以过冷水的形式存在。

3.大气中水分含量的表述

一般对于某一高度内的水汽含量(W)，传统上直接利用流体静力学方程计算(杨大升等，1983；朱乾根等，1981)，公式如下：

$$W = g^{-1}\int_{p_z}^{p_s} q\mathrm{d}p$$

式中：q 为比湿；p_z 和 p_s 分别为 z 高度和地面处的气压；g 为重力加速度。但根据该方程计算时易受资料的限制。

大气中的水发生相态变化降至地面，而水汽含量的多少则是描述大气水分含量的物理量，即大气湿度。对于表述大气水汽含量多少的大气湿度的指标较多，主要有：

(1)水汽压与饱和水汽压

大气中的水汽所产生的那部分压力称为水汽压(e)，单位为百帕(hPa)。

在温度一定时，单位体积空气中的水汽含量有一定的限度，如果水汽含量达到此限度，空气就呈现饱和状态，这时的空气称为饱和空气，饱和空气的水汽压称为饱和水汽压(E)，或叫最大水汽压。超过该限度时水汽就开始凝结。

饱和水汽压是温度的函数。这种函数因随温度升高，饱和水汽压显著升高，函数所表现的方式略有不同。克拉柏克-克劳修斯提出了描述升温过程中饱和水汽压的变化函数：

$$\frac{\mathrm{d}E}{\mathrm{d}T} = \frac{LE}{R_w T^2} \text{ 或 } \frac{\mathrm{d}E}{E} = \frac{L}{R_w}\frac{\mathrm{d}T}{T^2}$$

式中：E 为饱和水汽压；T 为绝对温度；L 为凝结潜热；R_w 为水汽的比气体常数。对上述公式积分，并将 R_w、L、T 和 E_0 代入，则得到：

$$E = E_0 \mathrm{e}^{\frac{19.9t}{273.17+t}}$$

$$E = E_0 10^{\frac{8.5t}{273.17+t}}$$

其中：绝对温度 $T = 273.17 + t$，t 为摄氏温度(℃)；E_0 为 t=0 ℃时纯水面上的饱和水汽压。

上式表明，随温度升高，饱和水汽压按指数规律迅速增大。由此可以认为，空气的温度对蒸发和凝结过程影响不大，高温时饱和水汽压大，空气中所能容纳的水汽含量增多，因而能使原来已处于饱和状态的空气会因温度的升高而变得不饱和，蒸发重新出现。相反，如果降低饱和空气的温度，饱和水汽压减小，就会由多余的水汽凝结出来。同时还得到，饱和水汽压随温度的改变量，在高温时要比低温时大得多。

当然，饱和水汽压与蒸发面的性质、形状等也有很大的关系。这里不多解释。

关于饱和水汽压的计算，其他研究者也提出了不同的计算方法，较为常用的如下：

$$e_s(T_a)=6.1078e^{\left[17.2694T_a/(237.30+T)\right]}$$

$$e_s=33.8639\left[(0.00738T_a+0.8072)^8-0.000019(1.8T_a+48)+0.001316\right]$$

Richards（1971）提出的简单公式有（赵茂盛等，2002）：

$$E=1013.25e^{\left(13.3185t_R-1.9760t_R^2-0.6445t_R^3-0.1299t_R^4\right)}$$

其中：$t_R=1-\dfrac{373.15}{T}$，T 的单位为 K 。

气象部门的《湿度查算表》（国家气象局，1986）中规定了纯水平液面和纯水平冰面的饱和水汽压的计算方法，其原理是戈夫–格雷奇公式：

纯水平液面饱和水汽压（ e_w ；hPa；温度范围为：-49.9～49.9 ℃）：

$$\begin{aligned}\lg(e_w)=&10.79574\left(1-\frac{T_1}{T}\right)-5.02800\lg\left(\frac{T}{T_1}\right)+\\&1.50475\times10^{-4}\left[1-10^{-8.2969\left(\frac{T}{T_1}-1\right)}\right]+\\&0.42873\times10^{-3}\left[10^{4.76955\left(1-\frac{T_1}{T}\right)}-1\right]+0.78614\end{aligned}$$

纯水平冰面饱和水汽压（ e_{w1} ；hPa；温度范围为：-79.9～0.0 ℃）：

$$\begin{aligned}\lg(e_{w1})=&-9.09685\left(\frac{T_1}{T}-1\right)-3.56654\lg\left(\frac{T_1}{T}\right)+\\&0.87682\left[1-\frac{T}{T_1}\right]+0.78614\end{aligned}$$

其中：$T_1=273.16°K$（水的三相点温度）；$T=(273.15+t℃)$；t ℃为绝对温度。

（2）绝对湿度

绝对湿度（a）是单位空气中含有的水汽质量，即空气中的水汽密度。绝对湿度不能直接测定，需要通过其他量间接测定得到。若取水汽压的单位为 hPa，绝对湿度的单位取 g/m³，则两者之间的关系为 $a=289\dfrac{e}{T}$（g/m³）。由于地球表面平均温度为 16 ℃，即有 $T=273.17+16℃=289.2K$，由该公式可知，绝对湿度数值约等于水汽压的数值。

(3)相对湿度

相对湿度(f)是空气中的实际水汽压与同等温度条件下的饱和水汽压的比值，用百分比(%)表示，即：$f=\frac{e}{E}\times 100\%$ 。相对湿度接近100%时，表明空气接近于饱和。当水汽压不变时，气温升高，饱和水汽压增加，相对湿度减小。

(4)饱和差

饱和差(d)是指一定温度条件下，饱和水汽压与实际水汽压之差。它表示了实际空气距离饱和的程度，其表达式为 $d=E-e$ 。

(5)比湿

比湿(q)是指一团湿空气中水汽的质量与该团空气总质量(水汽质量加上干空气质量)的比值。一般用g/g或g/kg表示。表示每1 g(或1 kg)湿空气中含有多少克(千克)的水汽。有 $q=\frac{m_w}{m_d+m_w}$ ，其中：m_w 为该团湿空气中水汽含量；m_d 为该团空气中干空气的质量。由此公式联系气体的状态方程可以推导出 $q=0.622\frac{e}{P}$ 。其中：e和P分别为空气水汽压和气压，且单位均为hPa。对于某一气团而言，只要其中水汽质量和干空气质量保持不变，不论发生膨胀或压缩，体积如何变化，其比湿都保持不变。

(6)水汽混合比

水汽混合比(γ)是指一团空气中，水汽质量与干空气质量的比值，单位为g/g，有 $\gamma=\frac{m_w}{m_d}$ 。根据定义和气体的状态方程可以推导出 $\gamma=0.622\frac{e}{P+e}$ 。

(7)露点

假如在空气中水汽含量不变、气压一定，使空气冷却达到饱和状态的温度称为露点温度，简称露点(T_d)。单位与温度相同。在气压一定时，露点温度的高低只与空气中的水汽含量有关，水汽含量愈多，露点温度愈高。所以，露点温度也是反映空气中水汽含量多少的物理量。现实条件下，空气常处于未饱和状态，露点温度常比气温低($T_d<T$)，因此，根据其差值可以大致判断空气距离饱和的程度，而这个差值称作温度露点差。

二、降水形成过程与观测

地面从大气中所获得的水汽凝结物，总称为降水，它是地球表面水分循环的主要环节，是一切生物需要水分的根本来源。降水中，一种是大气中的水直接在地面或地物表面上凝结的凝结物(如露、霜等)，也叫凝结水；另一种是由空中降落到地面上的凝结物(如：雨、雪、雹、霰、雾凇、雨凇等)，是人们常称的降水或降雨(雪)。即降水包括了天空降水和地表凝结水。到达地表或地表物的水汽凝结物，未经蒸发、渗漏、流失，在水平面上所积聚的厚度则为降水量。降水维持时间(小时、日)不同其强度不同。一定时段的大气降水量是该地区气候条件的主要特征量，是农牧业水分资源的主要组成部分，也是气候学和农业气候学常用的水分指标。

1.天空降水形成机制

来自天空的降水是有条件的，在保证充足空气水分的条件下，温度、凝结核和凝华核起着重要的作用。纯净空气中的水汽因没有凝结核和凝华核是不易形成水滴的，这是因为小水滴表面的饱和水汽压非常大。例如，要形成的水滴半径小于10^{-7} cm时，其过饱和的程度要达到800%～900%，即使考虑到水滴因带微量电荷，并受电荷影响，在形成小水滴时，其过饱和程度也达到400%以上。在相对湿度达到600%时，纯净空气中，水汽仍无法凝结。实际大气中，根本不存在也达不到这种饱和状态。而但在实际条件下，云、雾等水汽凝结的现象却时常发生，甚至有时饱和程度未到100%时，凝结现象也会发生，其原因主要是大气中存在着大量的固体颗粒，水汽就是以这些颗粒为核心而凝结。因此，固体颗粒又叫凝结核。若水汽直接在其上部发生凝华形成冰晶，这时的颗粒就叫凝华核。因凝结核和凝华核本身存在着体积大小不等的形态，较大半径的“核”上水汽若附着形成水滴，其饱和水汽压就降低很多，凝结现象就易产生，而且因开始形成的水滴较大，不至于很快就蒸发，表明凝结核半径越大其水汽在核上越容易凝结。凝结核中有吸湿性的凝结核，也有非吸湿性的凝结核，吸湿性凝结核具有很强的吸水能力，是最活跃的凝结核。这些凝结核大多来自硫化物的燃烧，也有来自海水飞沫进入大气后残留的氯化钠微粒物。温度直接决定着饱和水汽压的高低，一定的温度条件保持一定的饱和水汽压。当空气达到饱和状态或过饱和状态并有一定的凝结核存在时，空气中的水汽才能凝结(朱抱真等，1986；杨大升等，1983；朱乾根等，1981；李爱贞等，2001.)。

空气中凝结核吸湿水分，并形成一定的水滴或冰晶组成云。形成云的过程就是空气中水汽达到饱和状态，或过饱和状态并形成水滴或水晶的过程，空气中的水汽过饱和状态得以维持时，云可继续增长。空气中的凝结核可以大大减小形成胚胎时期水滴所需要的饱和水汽压，有利于云的形成。对于云层形成来说，其过饱和主要与空气上升的绝热冷却引起有关。空气上升形式有动力上升、热力对流抬升、动力上升与热力对流抬升相结合。动力上升表现在暖湿气流受锋面、辐合气流的作用被迫抬升，或水汽运行中受地形阻挡产生抬升气流。热力对流抬升表现在大气层结不稳定或地面受热不均而产生上升运动，如夏季的对流云。而动力上升与热力对流抬升相结合则表现在潜在不稳定气流整层被抬升到凝结高度以上，由于潜在不稳定能量的释放，形成强烈的上升运动。

雾也是空气中水汽凝结的现象表征，是由悬浮在空气中的小水滴或冰晶组成。它与云的区别在于雾的下层贴近地面，是发生在低空的水汽凝结现象，而云是发生在高空的水汽凝结现象，其下界不和地面接触。雾也是一种水的补充资源，它是近地表空气水汽充沛，是水汽凝结的冷却过程，即在近地表层受辐射冷却后水汽压达饱和或过饱和状态下，通过凝结核而形成水汽凝结或凝化。雾抬升离开地面到上空便成为云。通常也可以这样理解，人在云中时云就是雾，而人在雾的下方时可视雾为云。

云雾的形成、云量的多少、云的形态特征，决定着天空降水的存在和多少，乃至降水的形态。天空降水虽然来自云中，但有云不一定有降水，这与云滴的体积很小（通常把半径小于100 μm的水滴称为云滴，半径大于100 μm的水滴称为雨滴）有关。标准的云滴半径为10 μm，标准雨滴的半径为1000 μm。从体积来讲，半径1 mm的雨滴，约相当于100万个半径为10 μm的云滴。降水的形成就是云滴增大为雨滴，或变为雪花，或其他降水物的过程。一块云能否降水则意味着在一定时间内能否使10^6个云滴转变为一个雨滴，最后在一定条件下落至地面。

云滴的增大过程就是凝结或凝华增长，期间还有云滴之间的冲并增长过程。云滴凝结或凝华增长是指云滴依靠水汽分子在凝结核表面上凝聚增长的过程。在云形成的初期阶段，由于云体上升绝热冷却，或云外不断有水汽输入云中，使空气中的水汽压大于云滴的饱和水汽压，云滴能因水汽凝结或凝华而增长。但是，一旦云滴表面产生凝结或凝华，水汽从空气中析出，空气湿度减小，云滴周围便不可能维持过饱和状态而使凝结或凝华停止。因此，一般情况下，云滴的凝结或凝华增长有一定的限度。而要使这种凝结或凝华不断进行，还必须有水汽的扩散转移过程，即当云层内部存在冰水云滴共存、冷暖云滴共存或大小云滴共存的任何一种条件时，产生水汽从一个云滴转移到另一个云滴上的扩散转移过程。如，在冰晶和过冷却水滴共存的混合云中，温度相同的条件下，由于冰面的饱和水汽压小于过冷却水面的饱和水汽压，当空气中的实际水汽压介于两者之间时，过冷却水滴就会蒸发，水汽就会转移凝华到冰晶面上去，使冰晶不断增大，而过冷却水滴则不断减小。当冷暖云滴共存或大小云滴共存时，同样也可发生这种现象，使过冷却水滴或过大水滴不断得到增大。可以看出，对形成大云滴来说，冰水云滴共存的作用更为重要。

但是，不论是凝结增长过程，还是凝华增长过程，均很难将云滴迅速增长到成为降水条件的雨滴尺度，而且它们的作用都将随云滴的增大而减弱。要使云滴增长成为雨滴，势必还有另外的条件和过程，这个过程就是冲并增长过程。

冲并增长过程就是云滴在云不断处于运动状态下，大、小云滴之间发生冲并而合并增大的过程。云内部的云滴是大小不一的，相应地也有不同的运动速度，有的快而有的慢。大云滴下降速度较小云滴快，因而大云滴在下降过程中很快追上小云滴，大、小云滴相互碰撞而黏结起来成为更大的云滴。气流发生上升时，云滴被上升气流向上带运时，小云滴运动快，上升过程中小云滴也会追上大云滴并与之合并也成为更大的云滴。有时在气流上升过程中，大、小水滴被上升气流携带而上时，大、小水滴也可以赶上大水滴与之合并。这种在重力场中由于大、小云滴或雨滴速度不同而产生的合并也叫重力冲并。

正是如此，云滴或水滴在云中随气流不断上升或下降过程中而增大。若云中水汽含量越大，大、小水滴的相对速度越大，则单位时间内冲并的大、小水滴越多，重力冲并增长越快，形成一种加速过程，当水滴继续增大，在空气中下降时，除受表面张力外，还要受到周围作用在水滴上的压力，以及因重力引起的内部静压力差，两者均随水滴的增长及下降而不断增大。期间水滴还可不断发生变形、碰撞破碎，破碎的水滴又被上升气流携带上升时又可成为新一代胚胎而增长，长大到上升气流支托不住时再次下降，在下降过程中继续增大，当水滴大到一定的临界半径后再次破碎分裂而重复上述过程。云中的水滴就这样形成水滴增大-破碎-再增大-再破碎循环往复过程的连锁反应。当然连锁反应需要大于6 m/s的气流上升速率（对于不同水滴有不同的速率要求）、云中含水量还要大于2 g/m^3，同时还要求一定云的厚度。当达到一定的时期后上升气流无法持久时，连锁反应受到限制，云的宏观条件和微观结构也迅速改变。大量的雨滴下降时会抑制上升气流，甚至带来下沉气流，致使云体崩溃消散。

但有云不一定有降水。只有云中的水滴当上升气流减弱时，大雨滴受重力作用大于上升气流的支托浮力时，才能冲破上升气流的约束而降落下来。当然，因云体结构（水成云、冰成云、混合云）不同，或云体内水滴、冰晶组成不同，由于云中的温度、气流分布等存在明显差异，这就导致了不同形态的天空降水现象，出现雨（自云体到地面降落液体水滴）、雪（从混合云中降落至地面的呈雪花形态的固体降水）、霰（从云中降落至地面的不透明的球状晶体，是由过冷却水在冰晶周围冻结而形成的，直径2～5 mm的固体降水）、雹（由透明和不透明的冰层相间组成呈球形状固体降水）。

受云内云滴或水滴多少、大小不同影响，如前所述有云不一定有降水，总的来说，不能克服空气阻力和上升气流的顶托的雨滴不能形成降水，即使形成降水，还没有到达地面就在空气中被蒸发掉了，也算不了真正意义上的降水。只有当雨滴增长到能克服空气阻力和上升气流的顶托，并且在降至地面前不致被蒸发掉时降水才能发生。

也就是说，降水的形成过程就是空气中水汽通过凝结核凝结、云滴转雨滴、雨滴增长再增长，直至克服空气阻力和上升气流的顶托而降落在地表的过程。期间其凝结或凝华现象显得极其重要。多数的凝结或凝华现象是出现在降低温度的过程中，也就是使气温降低到露点或露点温度以下时所产生的。这种过程可有以下几种方式：

（1）辐射冷却

因空气的水汽和杂质吸收和散失热量的能力均很强，所以在夜间，水汽和杂质集中的气层内，因辐射冷却使空气的温度降低得也较快，尤其是在潮湿空气层和云的顶端，因得不到地面辐射的补偿，易产生凝结现象，生成雾或云。

（2）平流冷却

暖湿气流经过较冷的下垫面时，将热量传递给冷的地表，造成空气本身温度降低，如果暖空气与冷的地面温度相差较大，冷空气降温明显，也可产生凝结。

（3）绝热冷却

在空气上升过程中，由于绝热膨胀，导致空气冷却，易引起自由大气中水汽凝结或凝华。如,云就是在这种过程中产生的。

(4)水平混合冷却

两个温度不同的饱和或近饱和空气团,发生水平混合,由于不同气团因温度不同、饱和水汽压不同,导致混合后空气团的平均水汽压可能比混合气团平均温度下的饱和水汽压要大,于是,多余的水汽就易凝结。

反过来,要增加大气的水汽含量,只有在具有蒸发源且蒸发源表面温度高于气温的条件下才有可能。简单的实例是当冷空气移到暖水面时,由于暖水面上水分迅速蒸发,可以使冷空气达到饱和。另外,雨淋后潮湿的地面、河流、湖泊等区域,受到日光照射后水分蒸发,可能易使近地表层空气中的水汽达到饱和状态。在夏季强阳光下,地面受热后易产生对流天气而形成对流云等是最明显的例子。

2.地表凝结水形成及表现形式

凝结水作为另一种降水过程,在自然界也易发生,而且其生物学意义也很明显。凝结水也是凝结或凝华的现象结果。大气水汽充沛,在晴朗微风的夜晚一般出现凝结水的现象(露水、雾水),有时在夜晚温度较低时还出现霜冻。这些凝结水也包含在大气补给地表的水量,但这些量值较小,再者这些水多附着在植被冠面上,在到达地面前,绝大部分消耗在蒸发过程中了。

当空气与冷的地面或物体接触时,当贴近地面或物体上的气层温度下降到露点时,气层中的水汽便达到饱和状态,如果温度再下降,多余的水汽便开始在地面或物体表明上附着凝结,从而产生露、霜、雾凇、雨凇等水汽凝结物。

露是凝结在地表或地物上的微小水滴,它是潮湿的空气与较冷的物体表面相接触形成的,这时较冷的地面或物面温度高于0 ℃。微小的水滴逐渐合并形成较大的水滴,便成为露珠。露常出现在夜晚,是因为该期间地面或物面辐射冷却降温,可达到露点温度以下。故露形成的有利天气条件是天空晴朗无云(或很薄的高云)的微风夜晚。这个条件对辐射冷却有利。露的降水量很小,在温带的夜间最多约在0.1～0.3 mm之间,但在热带的夜间可达到3 mm左右。尽管露的降水量很低,但对植物生长有重要意义,特别是在干旱、半干旱地区,或季节干旱时期,夜间的露水对植物的生命维持功能不可小视。

霜是在地表或物体表面形成的白色、具有晶体结构的水汽凝华物,它形成的天气条件与露相似,不同的是霜是在0 ℃或0 ℃以下的地面或物面上形成的。形成的条件除地面辐射冷却外,冷空气聚集也是形成霜的主要原因之一。霜冻是由于气温骤降所引起植物受冻的现象。霜和霜冻的区别在于,有霜不一定使植物产生冻害,这是因为在霜冻前已形成一定“水膜”而保护了植物的细胞组织(李英年等,1998)。有霜冻时可以有霜出现(一般称为白霜),也还可以没有霜的出现(一般称为黑霜)。霜也是降水的一种形式,其量值与露水量相当。

当然,凝结水还存在其他形式,如雾凇、雨凇、冰针等。在青藏高原,雾凇、雨凇出现的次数相对较少，冰针因高原气候干燥，就是产生也是很小的量。故这里不做多的解释和分析了。

3.降水与凝结水的观测

天空降水：降水的观测内容包括降水量和降水强度等。降水量指从天空降落到地表面（包括植被表面）的液态或固态水，并未发生蒸发、渗透、流失，而在水平地表面上的积聚的深度，一般用mm表示，有些国家也用cm表示。降水强度是指单位时间内的降水量，如在5 min或10 min或1 h内或1 d内所产生的降水量，有些地方也观测候、旬、月内产生的降水量。

降水观测仪器有人工雨量器，也有自动观测的仪器。在我国的气象站，人工观测降水是指观测场内规定放置20 cm口径、由专用砸入固定土壤中三脚架支撑的雨量筒观测。雨量筒是用来承接降水物的，包括盛水器、储水瓶和外筒（图1-1）。雨量筒上部口缘镶有内直径20 cm外斜的刀刃状的铜圈，以防止雨滴溅失和雨量筒变形。观测场安装好的雨量筒上部刀刃沿离地面70 cm，并保持水平，筒内离上部20 cm处设置有大口朝上、“漏斗”朝下且大口与筒壁无缝黏结的盛水器，雨量筒内部下方为储水瓶以收集降水。“漏斗”直接伸入储水瓶。当有降水产生时，用专用量杯量取储水瓶中收集的降水来测定降水量，专用量杯一般为100分度，每1分度等于雨量筒内0.1 mm水深的降水量。冬季降雪厚度大的地区，降雪达30 cm时要移置稍高的备份三脚架上。每天8时、20时观测前12 h的降水量。

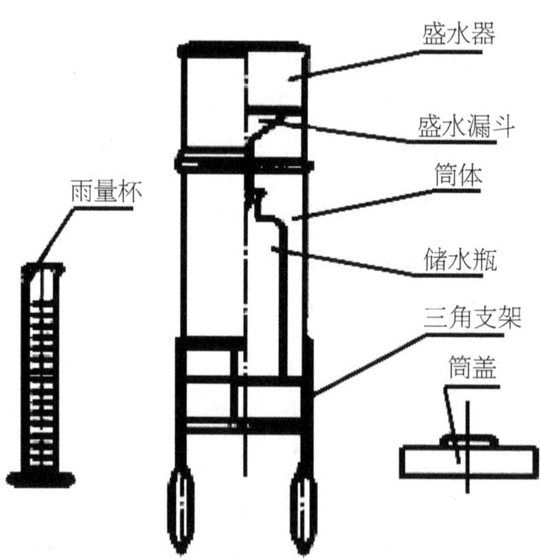

图1-1　雨量筒结构与组成

观测期间要注意：

（1）气候干燥，或高温时期，会影响储水瓶储水量的蒸发，故降水停止后应及时观测。

(2)冬季降雪时(或其他固体降水时),用量好的室内温度下水温水,倒入雨量筒,经融化后用雨量杯及时观测,并减去倒入水量得到。

(3)在冬季,也可用专用蒸发降水秤来测定,测定时首先要确定好无降水时质量,当降水产生后称量,并减去"本底"质量得到。

(4)为避免露、霜等固体水的缺测,也应根据实际情况增加观测。

(5)降水量较大的地区,视具体情况增加观测次数,更换储水瓶,避免降水溢出储水瓶造成降水量的"失真"。

(6)每次观测时储水瓶中的水要最大限度倒入量杯,即保持倒尽状态。人工雨量杯测定时,用拇指和食指掐紧,并使雨量杯保持自然垂直于地表后再读取量杯,注意视线与量杯内水面凹面最低处齐平,精度为0.1 mm。

(7)部分地区有降水(如毛毛雨),但测定降水量时不足0.05 mm,降水量可按0.0 mm处理。

降水量的观测除有人工方法外,也有用自动观测仪的,较为常见的自动观测仪是翻斗式雨量计。

凝结水:凝结水观测得到的凝结水量是反映空气中的水汽对植被-土壤的水分补给程度,而且是着重于大气中的水汽凝结量的观测,为此,观测采用的装置要封底,观测结果要避免深层土壤孔隙中水汽的影响。观测的量值与降水量相同,单位为mm,也用g/m^2为单位的。观测的方法较为简单,将在第二章做介绍。

第二节　植被冠层对降水的截留与蓄积

一、植被冠层对降水的截留

植被冠层对降水(包括凝结水)具有显著的截留作用。当降水量很小时,可将100%的降水量截留;当降水量较大时,除一部分被截留外,大部分降水可以直接或通过植物茎、叶、秆间接地落至地面。这种植物冠层对降水的截留量主要表现方式是植物层叶面积指数的线性函数。对此,研究者进行过较深入的研究与报道(刘昌明等,1999;Vertessy et al,1993;Running et al,1988;Hatton et al,1992;卢志光,1995)。

在自然放牧的高寒草甸系统,植物生长茂密,草甸冠层像"毯子",对降水具有较高的截留作用。在冷季末期(春季),受放牧过程的影响,尽管地表枯黄的植物量很低,但在地表面还存在一定量的枯落物(大多数为被粪便污染而不被家畜所觅食的残剩物),同时,近地表层还存在以半腐殖质的形式存在,未被分解的残留碎屑物(简称半腐殖质碎屑物)。这些植物有机体对降水也有很大的截留作用。

截留量观测一般有多种方法，常用的是浸泡法。相关观测方法将在第三章做详尽介绍。其单位大多数是g/m^2，或换算为降水量mm。

二、植物水分

植物是一个重要的蓄水器。植物水的来源一部分是对降水（包括凝结水）截留、吸附；一部分来自土壤，通过根系吸收和转运至植物体，从而形成植物水。植物水在绿体植物、枯落物、碎屑物中均有存在。

植物绿体在生长过程中，因吸收土壤水分（有时可直接吸附大气中水分）以鲜重（湿重）的形式蓄积水分。这部分水分受气候变化影响明显，在植物生长初期高，生长末期较低，气候湿润时高，气候干旱时低。在生长期的绿色植物体内水分含有量达60%～80%，甚至90%以上。植物含水不仅有季节变化，也存在植物生长和气候双重作用下的复杂性变化。受气候波动影响或植被类型不同，植物的含水量将因环境不同发生显著的变化，如在湿润草原或草甸其植物含水量高，而干旱区植物含水量受其植物生物学特征影响则较低。

反过来讲，水分是植物绿体内养分、矿物质等营养物质的吸收和运输，以及光合、呼吸、蒸腾、生理作用的重要载体。植物的生长过程必须在有水分的参与下才能进行。因此，水分也是植物生存的物质条件，同时是影响植物形态结构、生长发育、繁殖及种子传播等重要的生态因子。水分对植物是否能健康生长具有直接影响。水分过多，植株徒长、烂根并抑制花芽分化，甚至死亡；严重缺水，又易造成植株枯萎，干枯而死。

三、植被表面的水分蒸发

植物除在生长过程中发生蒸腾外，其表面也存在蒸发过程。这种蒸发主要有两种形式：一种形式是植被表面截留的降水和凝结水发生的蒸发，当有天空降水和凝结水时，截留的降水和凝结水并未落到地表，一直附着在植物冠层、植物体所产生的蒸发。一般来讲植被截留的降水量、植被表面形成的凝结水（霜、露、雾凇等）基本完全蒸发。另一种形式是植物体内本就有较高的含水量，受外部条件（温度、风速、湿度等）影响，发生的蒸发，通常其蒸发量的大小与植物体含水率、由植物体到外围大气温度、湿度、风速的梯度有关，也与空气干燥度有很大的关系。

不论前面谈到的凝结降水量，还是植物层、碎屑物对降水的截留量，其水量不会参与植被的蒸腾，绝大部分直接在叶面蒸发掉，超过植被截留能力的降水落于下一层或地表面。所以，在没有降水发生时，实际蒸散的量可按彭曼-蒙特斯公式计算，但有降水发生时，就要依据降水强度、持续时间和降水量来计算发生在植被表面的水分蒸发，冠层截获的水分按最大截留量与面积指数的线性关系计算。

第三节　地表水及地表径流

一、地表水

地表水是陆地表面上液态、固态水体的总称，亦称“陆地水”，主要有河流、湖泊（水库）、沼泽、冰川、永久积雪等。全球陆地上地表水储量约为24254万亿m^3，只占全球总储水量的1.755%，分布极不均匀。地表水虽然总储量低且分布不均，但它是人类生活用水的重要来源之一，也是各国水资源的主要组成部分。

河流是最活跃的地表水体。它水量更替快，水质良好，便于取用，是人类开发利用的主要对象。中国大小河流的总长度约为42万千米，径流总量达27115亿立方米，占全世界径流量的5.8%。中国的河流数量虽多，但地区分布却很不均匀，全国径流总量的96%都集中在外流流域，面积占全国总面积的64%，内陆流域仅占4%，面积占全国总面积的36%。冬季是中国河川径流枯水季节，夏季则是丰水季节。

中国冰川的总面积约为5.65万平方，总储水量约为29640亿立方米，年融水量达504.6亿立方米，多分布于江河源头。冰川融水是中国河流水量的重要补给来源，对西北干旱区河流水量的补给影响尤大。中国的冰川都是山岳冰川，可分为大陆性冰川与海洋性冰川两大类，其中大陆性冰川占全国冰川面积的80%以上。

中国湖泊的分布很不均匀，1平方千米以上的湖泊有2800余个，总面积约为8万平方千米，多分布于青藏高原和长江中下游平原地区。其中淡水湖泊的面积为3.6万平方千米，占湖泊总面积的45%左右。此外，中国还先后兴建了人工湖泊和各种类型水库共计8.6万余座。

中国沼泽的分布很广，仅泥炭沼泽和潜育沼泽两类面积即达11.3万余平方千米，三江平原和若尔盖高原是中国沼泽最集中的两个区域。中国大部分沼泽分布于低平而丰水的地段，土壤潜在肥力高，是中国进一步扩大耕地面积的重要对象。

地表水由经年累月自然的降水累积而成，并且自然流失到海洋或者是经由蒸发消失，以及渗流至地下。虽然任何地表水系统的自然水仅来源于该集水区的降水，但仍有其他许多因素影响此系统中的总水量多寡。这些因素包括湖泊、湿地、水库的蓄水量，土壤的渗流性，此集水区中地表径流的特性。人类活动对这些特性有着重大的影响。人类为了增加存水量而兴建水库，为了减少存水量而放光湿地的水分。人类的开垦活动以及兴建沟渠则增加径流的水量与强度。

二、地表径流

径流可分地表径流与地下径流，这里的地下径流系指土壤有效层底层的下渗水。

地表径流是生成于地面并沿地面流入某一过水断面的水流量，一般是指由降水或冰雪融化形成的、沿着流域的不同路径流入河流、湖泊或海洋的水流。更贴切地讲，大气降水落到地面后，一部分被地面地物截留蒸发变成水蒸气返回大气，一部分被土壤吸收下渗到土壤成为地下水，其余的水沿着斜坡形成漫流，通过冲沟、溪涧，注入河流，汇入海洋。这种水流称为地表径流。地表径流是水文循环的一个重要环节，是河流水文情势变化的根本因素。径流量是水量平衡的基本要素之一。

地表径流的大小直接受制于流域的地形、地貌因素和气候、气象因素。地表径流一般流入江河，流进大海，而湖泊和大面积的沼泽地、大洼地则起着储存径流的作用。地表径流和降水类型、地形及岩石透水性有关。不同类型的降水形成不同的地表径流，大雨和暴雨形成较大的地表径流，发生洪峰的径流是最重要的分量。短时间的小雨形成小的地表径流或不形成地表径流。当斜坡很陡时，大气降水很快地流向附近的低洼地，而稍微被割切的地形区地表径流则缓慢。如果斜坡为植物所覆盖，地表径流就会减小。在不透水的黏土质岩石地段地表径流大，在透水的沙和裂隙岩石地段地表径流显著减小。

通常，雨后在地表饱和层建立前不产生地面径流(地表径流产生的条件有两个——超渗产流和蓄满产流，这一段只讲了蓄满产流而未提及超渗产流)。一经建立，不论其厚度如何，地面径流立即产生。因而，对集水区而言，产生地面径流的必要条件是降雨，充分条件则是建立地表饱和层。当地面径流发生产流时，除非下伏土层已接近饱和，土壤水分分布一般不连续。而土壤饱和层随降雨持续逐步向下扩充其厚度，随供水停止而收缩、消失。径流的存在，使得集水区降雨下渗接近于积水下渗，并在一定程度上阻断了降雨强度的影响。

影响地表径流的气候因素和自然地理因素都有一定的地区分布规律，气候因素还具有明显的周期性变化规律，所以径流现象也相应地存在着地区性和周期性。在我国，地表径流具有地区分布不均、季节和年际变化大的特点。在我国，地表径流分布与降水的分布基本一致，由东南沿海向西北内陆递减。

地表径流通常由安装的仪器(径流场)观测(见第八章)。地表径流在缺乏可靠数据的状况下，可以由布德柯建议的公式计算。当降水量(P)小于蒸发量(E_p)时，地表径流(f)为(刘昌明，1990)：

$$f = aP\frac{W}{W_n}$$

式中：W_n 为田间有效持水量；W 为土壤实际贮水量；a 为依降水强度而变化的系数，一般随降水强度增强而增加，约为0.4～0.6。

当降水量大于蒸发量时，有：

$$f = aP\frac{W}{W_n}\sqrt{a^2\left[1-\left(1-\frac{E_p}{P}\right)^2\right]+\left(1-\frac{E_p}{P}\right)^2}$$

地下径流观测与分析详见第六节。

第四节　土壤水存在的形式及类型划分

一、地下水

《中国资源科学百科全书》指出，地下水是贮存于地表以下岩土层中水的总称。广义地下水包括土壤、隔水层和含水层中的重力水和非重力水。狭义地下水指土壤、隔水层和含水层中的重力水。按埋藏条件，地下水又可分为浅层地下水和深层地下水两种。地下水具有地域分布广、随时接受降水和地表水体补给、便于开采、水质良好、径流缓慢等特点，因此，具有重要的供水价值。

二、有效降水及土壤水

1.有效降水

大气产生降水后，经植被冠层渗入土壤层为植物及其环境利用的降水部分视为有效降水量。有效降水量是降水转化为土壤水的部分。在青藏高原的绝大部分地区，因土层浅薄，约40～60 cm，以下多为砾石结构，毛管上升水明显减少，补给也较少。同时土壤内部的蒸发一来仅在内部运行，其蒸发量非常少，二来由于研究手段的限制得到的数据不多见，故通常未被考虑。为此，有效降水是形成土壤水的天然水源，不仅直接或间接用于植物生长需要，而且也是描述水源涵养功能的重要指标。

有效降水可由水量平衡方程来计算。土壤总的湿度即降水入渗土壤的总量(W_T)减去底层渗漏量后，所形成的土壤水分为有效降水(P_e)。

$$P_e = W_T - W_f$$

$$W_T = P - R_s - E_r - I_v$$

式中：P 为降水量；R_s 为地表径流；E_r 为降水期间的蒸散量；I_v 为植物对降水的截留量；W_f 土壤底层下渗量。合并二式，有：

$$P_e = P - R_s - E_r - I_v - W_f$$

一般情况下，青藏高原草地有效降水量与土壤总湿度有：$P_e < W_T$。

2.土壤水

土壤水是指包气带土壤孔隙中存在的和土壤颗粒吸附的水分。它来自有效降水，也来自土粒表面靠分子引力从空气中吸附的气态水并保持在土粒表面的水分。通常有下列4种形式：

(1)吸附在土壤颗粒表面的吸着水，又称强结合水。土壤颗粒对它的吸力很大，离颗粒表面很近的水分子，排列十分紧密，受到的吸引力约为10^3 MPa。这一层水溶解盐类能力弱，-78 ℃时仍不冻结，具有固态水性质，不能流动，但可转化为气态水而移动。

(2)在吸着水外表形成的薄膜水,又称弱结合水。土粒对它的吸引力减弱,受吸力为0.625～3.1 MPa大气压,与液态水性质相似,能从薄膜较厚处向较薄处移动。

(3)依靠毛细管的吸引力被保持在土壤孔隙中的毛细管水。所受的吸力为8 kPa～0.625 MPa大气压。毛细管水可传递静水压力,被植物根系全部吸收。

(4)受重力作用而移动的重力水,具有一般液态水的性质。除上层滞水外不易保持在土壤上层。土壤水的增长、消退和动态变化与降水、蒸发、散发和径流有密切关系。

三、土壤水存在的形式和类型划分、能态及表示

1.土壤水存在的形式和类型划分

长期以来,人们在评价水资源时,多以地表水和地下水总量作为区域水资源总量。实际上陆地水资源源于大气降水,其派生的水资源包括地表水、地下水和土壤水。土壤水是整个水分循环中最为活跃的因素,既直接影响着地表水和地下水资源的形成,又是它们联系的纽带,同时又是植物利用和赖以生存的水分。所以,要使水资源评价工作更加完善,除评价降水资源外,进行土壤水资源评价是非常必要的。在进行土壤水资源评价之前,十分有必要对土壤水的概念、分布状况、存在形式等给予详细介绍。

土壤水在土壤中无处不在,当水进入土壤的同时受到几种力(如土粒表面的分子引力、毛管力、土壤胶体亲和力、离子水化力和重力等)作用。除重力作用会使水渗到底层外,其他力均将水保持在土壤中。土壤水类型划分与土壤水的研究方法有关。土壤学中对土壤水的研究方法主要有两种,即能量法和数量法(黄昌勇,2000)。能量法主要从土壤水受各种力作用后自由能的变化研究土壤水的能态和运动、变化规律。数量法是按照土壤水受不同力的作用而研究水分的形态、数量、变化和有效性。在目前的土壤水研究中,能量法能精确定量土壤水的能态,因而在研究分层土壤中的水分运动、不同介质中的水分转化(如地表蒸发等)以及在土壤-植物-大气连续体(SPAC)中水分的运动等过程中受到高度重视。

土壤水按物理形态可分为固态水、气态水和液态水。固态水多存在于气候波动的季节性冻土区以及永冻土壤区,受土壤层内温度分布差异的梯度作用影响,水分发生聚集、扩散、迁移等转化过程。对于土壤液态水,我国早期土壤学研究沿袭苏联的原理和方法,多采用数量法。根据土壤水分所受的力把土壤水分为如下几类:一是吸附水,或称束缚水,受土壤吸附力作用保持,其中又可分为吸湿水和膜状水;二是毛管水,受毛管力的作用而保持;三是重力水,受重力支配,容易进一步向土壤剖面深层运动。上述各种水分类型,彼此密切交错联结,很难严格划分。黄昌勇(2000)认为,土壤中的液态水在重力、毛管力、物理束缚力和化学束缚力等作用下可分为多种类型。根据土粒对水分吸持能力的强弱,一般可将土壤中对作物生长有意义的水分,区分为

两大类型。他根据植物吸收利用状况给出了简单的分类，如下：

- 土壤水
  - 物理束缚水
    - 紧束缚水　—吸湿水（植物一般不能吸收利用）
    - 松束缚水　—膜状水（植物可部分地吸收利用）
  - 自由水
    - 毛管水
      - 毛管上升水（植物主要吸收利用的形态）
      - 毛管悬着水（植物主要吸收利用的形态）
    - 重力水—地下水（非饱和带暂时滞留的重力水补给带地下的部分）

在不同的土壤中，其存在的形态也不尽相同。如粗沙土中毛管水只存在于砂粒与砂粒之间的触点上，称为触点水，彼此呈孤立状态，不能形成连续的毛管运动，含水量较少。在无结构的黏质土中，非活性孔多，无效水含量高。而在质地适中的壤质土和有良好结构的黏质土中，孔隙分布适宜，水、气比例协调，毛管水含量高，有效水也多。

黄昌勇(2000)在给出土壤水的详细分类后认为，束缚水和结晶水都是存在矿物结晶格子中的水。土体无机颗粒、有机颗粒依靠其表面能从空气中吸附水分附着在自己表面上，这些吸收于固体颗粒表面的水叫吸湿水。以上这几种土壤水均不能被植物吸收利用。自由水是在受某种力的作用下可以自由活动的水。因受力不同又可分为毛管水、重力水和地下水。重力水和地下水最终都成为地下水资源或耗于蒸发，毛管水中的大部分可被植物利用，成为土壤水资源。

(1)吸湿水

被风干土壤吸附在土粒表面的水汽分子，称为吸湿水。在水汽饱和的空气中，土壤吸湿水达到最大数量，称为最大吸湿量或吸湿系数。吸湿水所受的分子引力可达 10^3 MPa，厚度极小，只有在105 ℃的高温下转化为气态水时，才会移动，所以对作物生长没有多大意义。在室内经过风干的土壤，看起来似乎是干燥了，而实际上还含有水分。如果把这种风干的土壤样品放在烘箱里，在105 ℃的温度下烘烤，或者把它放在带有吸湿剂(例如磷酸酐)的干燥器中，每隔一段时间拿出来称量一次，就会发现土壤样品的质量逐次减少，直到称至恒重时，这时的土壤才算是干燥了，称为烘干土。如果把烘干土重新放在常温、常压的大气之中，土壤的质量又逐渐增加，直到与当时空气湿度达到平衡为止，并且随着空气湿度的高低变化而相应地作增减变动。上述现象说明土壤有吸收水汽分子的能力。以这种方式被吸着的水，称为吸湿水。土壤的吸湿性是由土粒表面的分子引力、土壤胶体双电层中带电离子以及带电的固体表面静电引力与水分子作用所引起的，这种引力把偶极体水分子吸引到土粒表面上，吸附水分子过程释放能量(热能)。因此，土壤质地愈黏，比表面积愈大，它的吸湿能力也愈大。土壤不同粒级范围内吸湿水含量与空气相对湿度有关系。引起吸湿作用的距离很短，只等于几个水分子的直径，但作用力很大，因而不仅能吸收水汽分子，并且能使水分子在土粒表面密集，吸湿水的密度可达1.7 g/cm³左右。所以这种水不能被植物吸收，对于植物来讲为无效水。重力也不能使吸湿水移动，只有在吸收能量转变为气态的先决条件下才能运动,因此称为紧束缚水。

(2)膜状水

土粒吸饱了吸湿水之后,还有剩余的吸收力,虽然这种力量已不能够吸着动能较高的水汽分子,但是仍足以吸引一部分液态水。在土粒周围吸湿水层的外面,遇降雨或水分补充时,仍可再吸附液态的水分子而形成水膜,也就是土壤颗粒分子对水分子的吸引力和带电胶体的静电吸引力所形成的土壤水。这种土壤水称为膜状水。

当土壤膜状水的水膜达到最厚的土壤含水量时,称为土壤的最大分子持水量。当土壤中水分超过最大分子持水量时,就形成了自由水。膜状水受表面张力的作用,能缓慢地从水膜厚的地方向水膜薄的地方移动,速度一般为0.2～0.4 mm/h,与吸湿水相比,这种水又称为松束缚水。一般土粒对水膜的吸力约为0.625～3.1 MPa,而一般植物根毛的吸水力约为1.5 MPa,其可吸收利用的仅是土壤吸力小于1.5 MPa压的那一部分,但由于薄膜化移动非常缓慢,常在可利用的薄膜水被消耗完以前植物就因缺水而发生凋萎。当植物发生永久性凋萎时的土壤水分含量即称为凋萎点或凋萎系数,有人也称为萎蔫点或萎蔫系数。

(3)毛管水

由于其本身分子引力的关系,水分子具有明显的表面张力。土粒在吸足膜状水后尚有多余的引力,同时,土壤中粗细不同的毛管孔隙连通一起形成复杂的毛管体系。因此,土壤具有毛管力(势)并能吸持液态水。毛管水就是指借助于毛管力(势),吸持和保存于土壤孔隙系统中的液态水,它可以从毛管力(势)小的方向朝毛管力势大的方向移动,并能够被植物吸收利用。土壤质地黏、毛管半径小,毛管力(势)就大。由于土壤孔隙系统非常复杂,有些地方大小孔隙互相通连,另一些地方又发生堵塞,因此,土壤中的毛管水也有好几种状态,简略地可归为两类:支持毛管水和悬着水。

支持毛管水是指土壤中受到地下水源支持并上升到一定高度的毛管水,即地下水沿着土壤毛管系统上升并保持在土壤中的那一部分水分。这种水在土壤中的含量,是在毛管上升高度范围内自下而上逐渐减少,到一定限度为止。造成这种现象的原因是,土壤的孔隙有大有小,形成的上升管道有粗有细,在粗的管道中水上升的高度小,在细的管道中水上升的高度大,所以接近地下水饱和处的支持毛管水几乎充满所有孔隙,而离水饱和区愈远则支持毛管水愈少。粗粒间隔中的毛管水上升高度小,细粒间隙中的毛管水上升高度大。理论上毛管水上升高度应达75 m,但从自然界观察结果看来,这个数值从未被证实。即使是黏土中,毛管水上升高度也很少达到5～6 m,一般都不超过3～4 m。这可能是由于毛管直径过小时,孔道易被膜状水所堵塞。

毛管悬着水是指不受地下水源补给影响的毛管水,即当大气降水或灌溉后土壤中所吸持的液态水。壤土和黏土的毛管系统发达,悬着水主要是在毛管孔隙中,但也有一部分是在下端堵塞的非毛管孔隙内。沙土及砾质土的毛管系统不发达,大孔隙多，悬着水主要是围绕在土粒或石砾相互接触的地方，有时水环融合在一起，有时互相不甚通连，统称为触点水。在均质土壤中，当悬着水处于平衡状态时，土壤上下各处的含水量基本一致。当地下水位很深时，毛管上升不到上层，由于降水或灌溉从土壤表面渗入土壤当中的水分，一部分受重力作用渗到下层，而其余部分靠毛管力作用保持在上层土壤中，这种水分称为毛管悬着水。土壤所能保持住的最大悬着水，称为田间持水量或田间最大持水量，在各种不同土壤中均有其不同的常数。土壤的毛管悬着水，随着植物根系的吸收及土壤表面的蒸发，含量不断降低，至一定限度(约为田间持水量)时，连续状态便断裂。此时植物虽然仍能从土壤中吸收水分，但因补给不快而生长迟缓，此时的土壤含水量称为生长阻滞含水量。

(4)重力水

进入土壤的水分超过田间持水量时，那些超出的水分因受重力的作用，便沿较大的孔隙向下渗透。这种受重力作用而下渗的水分即称为重力水。有时因为土壤黏紧，重力水一时不易排出，暂时滞留在土壤的大孔隙中，就称为上层滞水。重力水虽然能为植物利用，但很快就会渗到根系范围以外，所以，对作物持续供应水分的用处不大。在地下水位较高的地方，重力水最后将转入地下水。在地下水位很低的地区，重力水在不断下渗的过程中，将逐渐转化为毛管悬着水或膜状水而被保留在土层的深处。在旱季，地下水可以转化为毛管上升水，毛管水也可以转化为膜状水。液态水也可以转化为气态水。在雨季，由于水分不断增加，原来仅有膜状水的土粒，在间隙内也可增添毛管水，甚至产生重力水，下渗进入地下水。当土壤为重力水所饱和，即土壤全部孔隙都充满水分时，其土壤含水量称为全持水量，或饱和含水量、最大持水量等。当重力水暂时滞留时，却又因为占据了土壤大孔隙，有碍土壤空气的供应，反而对高等植物根的吸水有不利影响。

(5)地下水

如果土壤或母质中有不透水层存在，向下渗漏的重力水，就会在它上面的土壤孔隙中聚积起来，形成一定厚度的水分饱和层，其中的水可以流动，称为地下水。从上述支持毛管水的概念中可见，土壤的饱和水层没有明显的上限。但是若在这种土壤中凿井，流出的地下水就会在井中形成自由水层。这一水层的水平面离地表的深度称为地下水位。地下水能通过支持毛管水的方式供应高等植物的需要。在干旱条件下，由于表层土壤水分缺乏，有些耐旱树种如胡杨的根系可深达3～5 m以利用地下水，若地下水位高(即离地表太近)，就会使水溶性盐类随着水的蒸发向表层土壤集中，特别是地下水的矿化度高(即含盐类多)的情况下，这种向上的运动，就会使土壤表层的含盐量增加到有害的程度，即所谓盐渍化。在湿润地区，如地下水位过高，就会使土壤过湿，地表有季节性积水，使大多数高等植物不能生长，土壤有机残体也难分解，这就是沼泽化。此外，地下水位较高而又季节性变动时对林木生长不利。近年来，地下水资源被过度地开发利用，导致一些贫水地区(如我国的西北地区)地下水位持续下降,给人类及动植物的生存带来严峻的挑战。

2.土壤水的能态

土壤中水分的保持和运动,被植物根系吸收、转移以及在大气中散发都是与能量有关的现象。像自然界其他物体一样,土壤水分具有不同数量和形式的能量。在经典物理学中,把能量分为两种基本形式,即动能和势能。由于土壤水的运动很慢,因而它的动能一般忽略不计。由于位置或内部状况所产生的势能,在决定土壤水分的状态和运动方面起重要作用。

应用土壤水的能量状态来研究土壤水的问题,早在1907年Buckingham就提出来了(黄昌勇,2000),近30年来得到迅速发展。从物理学得知,任何物质总是由势能高处向势能低处移动。而自由能的变化是物质运动趋向的一种衡量。因此,土壤水自由能的降低同样也可用势能值的降低来表示,因而引出了土水势的概念。土水势的定义为:"为了可逆地等温地在标准大气压下从在指定高度的纯水水体中移动无穷小量的水到土壤水分中去,每单位数量的纯水所需做功的数量。"土壤水总是由土水势高处流向土水势低处。同一土壤,湿度愈大,土壤水能量水平愈高,土壤水势也愈高。土壤水便由湿度大处流向湿度小处。反之亦然。但是不同土壤则不能只看土壤含水量的多少,更重要的是要看它们土水势的高低,才能确定土壤水的流向。例如:有含水量为15%的黏土,其土水势一般低于含水量只有10%的沙土。如果这两种土壤互相接触,水流将由沙土流向黏土。故用土水势研究土壤水有许多优点:首先,可以作为判断各种土壤水分能态的统一标准和尺度;其次,土水势的数量可以在土壤-植物-大气之间统一使用,把土水势、根水势、叶水势等统一比较,判断它们之间水流的方向、速度和土壤水有效性;对土水势的研究还能提供一些精确的土壤水分状况测定手段。

在土水势的研究和计算中,一般要选取一定的参考标准。土壤水在各种力(如吸附力、毛管力、重力等)的作用下,与同样温度、高度和大气压等条件的纯自由水相比(即以自由水作为参比标准,假定其势值为零),其自由能必然不同,这个自由能的差用势能来表示即为土水势(符号为ψ)。由于引起土水势变化的原因或动力不同,所以土水势包括若干分势,如基质势、压力势、溶质势、重力势等。

(1)基质势(ψ_m)

在不饱和的情况下,土壤水受土壤吸附力和毛管力的制约,其水势自然低于纯自由水作为参比标准的水势。假定纯水的势能为零,则土水势是负值。这种由吸附力和毛管力所制约的土水势称为基质势。土壤含水量愈低,基质势也就愈低。反之,土壤含水量愈高,则基质势愈高。至土壤水完全饱和,基质势达最大值,与参比标准相等,即等于零。

(2)压力势(ψ_p)

压力势是指在土壤水饱和的情况下，由于受压力而产生的土水势变化。在不饱和土壤中的土壤水的压力势一般与参比标准相同，等于零。但在饱和的土壤中孔隙都充满水，并连续成水柱。在土表的土壤水与大气接触，仅受大气压力，压力势为零。而在土体内部的土壤水除承受大气压外，还要承受其上部水柱的静水压力，其压力势大于参比标准，为正值。在饱和土壤愈深层的土壤水，所受的压力愈高，正值愈大。此外，有时被土壤水包围的孤立的气泡，它周围的水可产生一定的压力，称为气压势，这在目前的土壤水研究中还较少考虑。

对于水分饱和的土壤，在水面以下深度为h处、体积为V的土壤水的压力势(ψ_p)为：

$$\psi_p = \rho_w ghV$$

式中：ρ_w为水的密度；g为重力加速度。

(3)溶质势(ψ_s)

溶质势是指由土壤水中溶解的溶质而引起的土水势变化，也称渗透势，一般为负值。土壤水中溶解的溶质愈多，溶质势愈低。溶质势只有在土壤水运动或传输过程中存在半透膜时才起作用，在一般土壤中不存在半透膜，所以溶质势对土壤水运动影响不大，但对植物吸水却有重要影响，因为根系表皮细胞可视作半透膜。溶质势的大小等于土壤溶液的渗透压，但符号相反。

(4)重力势(ψ_g)

重力势是指由重力作用而引起的土水势变化。所有土壤水都受重力作用，与参比标准的高度相比，高于参比标准的土壤水，其所受重力作用大于参比标准，故重力势为正值。高度愈高则重力势的正值愈大，反之亦然。

参比标准高度一般根据研究需要而定，可设在地表或地下水面。在参考平面上取原点，选定垂直坐标Z，土壤中坐标为Z、质量为M的土壤水分所具有的重力势(ψ_g)为：

$$\psi_g = \pm MgZ$$

当Z坐标向上为正时，上式取正号；当Z坐标向下为正时，上式取负号。也就是说，位于参考平面以上的各点的重力势为正值，而位于参考平面以下的各点的重力势为负值。

(5)总水势(ψ_t)

土壤水势是以上各分势之和，又称总水势(ψ_t)，用数学表达为：

$$\psi_t = \psi_m + \psi_p + \psi_s + \psi_g$$

在不同的土壤含水状况下，决定土水势大小的分势不同。在土壤水饱和状态下，若不考虑半透膜的存在，则ψ_t等于ψ_p与ψ_g之和；若在不饱和情况下，则ψ_t等于ψ_m

与 ψ_g 之和;在考察根系吸水时,一般可忽略 ψ_g ,因而根吸水表皮细胞存在半透膜性质, ψ_t 等于 ψ_m 与 ψ_s 之和,若土壤含水量达饱和状态,则 ψ_t 等于 ψ_s 。

在根据各分势计算 ψ_t 时,必须分析土壤含水状况,且应注意参比标准及各分势的正负符号。土壤中任何两点之间的土壤水势能差或土壤水势能梯度决定着土壤水分的运动方向。在非饱和状态中,土壤水分运动可近似看作一维垂向水流运动,并遵循非饱和流的达西定律,即:

$$q=-K(\theta)\frac{\partial \Psi}{\partial z}$$

$$q=-K(\Psi_m)\frac{\partial \Psi}{\partial z}$$

式中: q 为土壤水分通量; $K(\theta)$ 为以土壤含水率表示的非饱和土壤导水率; $K(\Psi_m)$ 为土壤基质势能表示的非饱和土壤导水率; $\frac{\partial \Psi}{\partial z}$ 为土壤水势能梯度。

3.土壤水能态的表示方法与测定

土水势的定量表示是以单位数量土壤水的势能值为准。单位数量可以是单位质量、单位容积或单位重量。最常用的是单位容积和单位重量。

由压力势的定义可推出单位质量、单位容积和单位重量土壤水分的压力势分别为: gh 、 $\rho_w gh$ 和 h 。由重力势的定义也可推出单位质量、单位容积和单位重量土壤水分的重力势分别为 $\pm gZ$ 、 $\pm\rho_w gZ$ 和 $\pm Z$ 。

单位容积土壤水的势能值用压力单位,标准单位为帕(Pa),也可用千帕(kPa)和兆帕(MPa),习惯上也曾用巴(bar)和大气压(atm)表示:单位重量土壤水的势能值用相当于一定压力的水柱高厘米数表示。

由于土水势的范围很宽,由零到上万个大气压(或巴),使用十分不便,有人建议使用土水势的水柱高度厘米数(负值)的对数表示,称为pF。例如土水势为-1000 cm水柱则pF=3,土水势为-10000 cm水柱则pF=4。这样可以用简单的数字表示很宽的土水势范围。

土水势的测定方法很多,主要有张力计法、压力膜法、冰点下降法、水气压法等。它们或测定不饱和土壤的总土水势,或测定基质势。饱和土壤的土水势,仅包括压力势和重力势,只要测量与参比高度的距离并确定好正负值就行了。

第五节　土壤水流

在土壤中存在三种类型的水分运动——饱和水流、非饱和水流和水汽移动,前两者指土壤中的液态水流动,后者指土壤中气态水的运动。饱和土壤水分运动的介质空间是由固体和液体所组成的两相系统;非饱和土壤水分运动的介质空间是由固体、液体和气体所组成的三相系统。土壤液态水的流动动力是从一个土层到另一个土层中土壤水势的梯度。流动方向是从较高的水势到较低的水势。土壤液态水的运动有两种情况:一种是饱和土壤中的水流,简称饱和流,即土壤孔隙全部充满水时的水流,这主要是重力水的运动;另一种是非饱和土壤中的水流,简称非饱和流或不饱和流,即土壤中只有部分孔隙中有水时的水流,这主要是毛管水和膜状水的运动。

一、饱和土壤中的水流

在土壤中,有些情况下会出现饱和流,如大量持续降水和稻田淹灌时会出现垂直向下的饱和流;地下泉水涌出属于垂直向上的饱和流;平原水库库底周围则可以出现水平方向的饱和流。当然,以上各种饱和流方向也不一定完全是单向的,大多数是多向的复合流。

饱和流的推动力主要是重力势梯度和压力势梯度,基本上服从饱和状态下多孔介质的达西定律:即单位时间内通过单位面积土壤的水量,土壤水通量与土水势梯度成正比。如一维垂直向饱和流的情况,可由达西定律表示:

$$q=-K_s\frac{\Delta H}{L}$$

式中:q 表示土壤水流通量;ΔH 表示总水势差;L 为水流路径的直线长度;K_s 为土壤饱和导水率。但也不能推断饱和水流只是垂直地发生,由于同样的水力也会发生水平流动。

土壤饱和导水率反映了土壤的饱和渗透性能,任何影响土壤孔隙大小和形状的因素都会影响饱和导水率,因为在土壤孔隙中总的流量与孔隙半径的四次方成正比,所以通过半径为1 mm的孔隙的流量相当于通过10000个半径0.1 mm的孔隙的流量,显然大孔隙将占饱和水运动的大多数。而土壤质地和结构与导水率有直接关系,沙质土壤通常比细质土壤具有更高的饱和导水率,同样,具有稳定团粒结构的土壤比具有不稳定团粒结构的土壤传导水分要快得多,后者在潮湿时结构就被破坏了,细的黏粒和粉砂粒能够阻塞较大孔隙的连接通道。天气干燥时龟裂的细质土壤起初能让水分迅速移动,但过后,因这些裂缝膨胀而闭塞起来,因而把水的移动减少到最低限度。

土壤中的饱和水流受有机质含量和无机胶体的性质的影响,有机质有助于维持大孔隙高的比例;而有些类型的黏粒特别有助于小孔隙的增加,会降低土壤导水率,进而影响到土壤饱和流。

二、非饱和土壤中的水流

1.非饱和土壤中的水流

非饱和土壤水流是指土壤水未完全充满孔隙时的流动,是多孔介质流体运动的一种重要形式。诸如大气降水、蒸发和植物的蒸腾、地面水的渗漏和深层水的上吸、根系的吸收和地下水流等地表和地下的水流过程都归结为非饱和土壤水流问题。土壤水分含量对非饱和水流既是基本要素，也是重要的气候因素，其季节性变化对中、高纬度地区天气和气候会产生重要影响。掌握非饱和土壤中的水流可以理解土壤水分运动的基本过程，进行土壤非饱和水流的预报，在气象学、土壤学、农业工程、环境工程和地下水动力学等方面具有重要意义。

土壤非饱和流的推动力主要是基质势梯度和重力势梯度。它也可用达西定律来描述，一维垂向非饱和流的表达式为：

$$q=-K(\psi_m)\frac{d\psi}{dx}$$

式中：$K(\psi_m)$ 为非饱和导水率；$d\psi/dx$ 为总水势梯度。

非饱和条件下土壤水流的数学表达式与饱和条件下的类似，两者的区别在于：饱和条件下的总水势梯度可用差分形式，而非饱和条件则用微分形式；饱和条件下的土壤导水率 K_s 对特定土壤为一常数，而非饱和导水率是土壤含水量或基质势（ψ_m）的函数。

土壤水吸力和导水率之间的关系说明，在土壤水吸力为零或接近于零时，也就是饱和水流出现时的张力，其导水率比在 1.0×10^4 Pa和大于 1.0×10^4 Pa的土壤水吸力时的导水率大几个数量级。在低吸力水平时，沙质土中的导水率要比黏土中的导水率高些；在高吸力水平时，则与此相反，这种关系是可能发生的，因为在质地粗的土壤里促进饱和水流的大孔隙占优势。相反，黏土中的很细的孔隙（毛管）比沙土中突出，因而助长更多的非饱和水流。

2.非饱和土壤水分运动的动力学模拟研究

大多情况土壤均属于非饱和状态，因此，人们更多的是关注非饱和流。关于非饱和土壤水分运动数值模拟，由于数值模拟可以求解较复杂的边界问题，国内外许多学者已对非饱和土壤水分运动的数值模拟进行了大量的研究工作，取得了一系列的成果。Patrick等（2000）根据现有的土壤和天气等实际资料情况，利用水质量数值模型，模拟了河流流域30 d内0～30 cm范围内土壤含水量的变化情况，把结果与时域反射仪的测量值进行比较分析，发现在数据有限的条件下，模拟效果与实际情况吻合较好；Hiromi Yamazawa（2001）建立了一维非饱和土壤水、热、含氚水（简称HTO）运移数值模型，进行了模拟应用分析，结果表明，除了天气条件直接或间接地影响着土壤水分入渗和含水量，HTO运移和蒸发也会显著地受到土壤水分条件和水体下渗的影响，高度集中的降雨量和其他实际条件也决定了年平均HTO的积累和蒸发；Sergio和Serrano（2004）利用近似解析法对Richard方程进行处理之后得到土壤水分入渗模型，并与Philip-Parlange模型、有限差分后所得的模型以及试验数据进行对比，发现模拟效果较好；Celia等（1990）提出了非饱和流方程数值近似法，认为应该用混合形式的Richard方程，并且要用集合形式的时间矩阵来进行数值计算，否则会出现误差较大的情况。国外学者灵活地运用了土壤水动力参数来建立适用于不同场景的数值模型，以对非饱和土壤水分运动进行高精度的数值模拟，其应用已逐渐走向成熟，在不久的将来，应用范围将会越来越广泛，成效将越来越显著。

国内学者在非饱和土壤水分运动数值模拟应用研究方面也取得了较好的成效。张耀峰等(2004)建立了以土壤水吸力为因变量的基本方程，利用有限单元法对概念模型进行离散，得到了一维非饱和土壤水分运动的特征有限元数值模型，对该数值模型进行了数学检验之后，对实验结果进行了数值模拟，将模拟结果和实验结果进行对比，显示出模拟精度较高，符合实际工作要求；李道西等(2004)基于土壤水动力学原理，建立了地下滴灌条件下的土壤水分运动数学模型，采用有限差分方法求解特定的模型，模拟值的计算结果与实测值基本吻合，说明所建立的模型在一定程度上能够反映地下滴灌条件下土壤水分运动规律；厉玉昇等(2011)也是基于土壤水动力学原理建立了一维非饱和土壤水分运动数值模型，对不同类型的裸地土壤水分变化特征进行数值模拟，模拟出正常情况下的土壤水分蒸发和降雨时土壤水分的再分布过程，与实际情况吻合程度较高。目前，与国外相比，国内对非饱和土壤水分运动的数值模拟应用技术虽然有所差距，但随着国家对科技研发的投入不断加大，伴随着水文学、计算机科学、土力学以及土壤物理学等学科的发展，国内在这方面的研究与应用成果将越来越丰富。

不论怎样，非饱和土壤水分运动的动力学模拟总是根据质量守恒定律开展的。主要的过程是在单位时间内进入土体的水量与流出量之差应等于这一体积中水量的变化量，经过推导可以写出有孔介质水流运动的连续方程的一般数学表达式：

$$\frac{\partial(\rho_w\theta)}{\partial t}=-\left[\frac{\partial(\rho_w q_x)}{\partial x}+\frac{\partial(\rho_w q_y)}{\partial y}+\frac{\partial(\rho_w q_z)}{\partial z}\right]$$

式中：q_x、q_y、q_z为x、y、z轴方向的流速；ρ_w为水体密度；θ为土壤含水量。

当土壤水分不可压缩时，ρ_w为常数，上式简化为：

$$\frac{\partial\theta}{\partial t}=-\left[\frac{\partial q_x}{\partial x}+\frac{\partial q_y}{\partial y}+\frac{\partial q_z}{\partial z}\right]$$

将达西定律代入上式，并假定土壤各向同性，则可得：

$$\frac{\partial\theta}{\partial t}=\frac{\partial}{\partial x}\left[k(\theta)\frac{\partial\psi_m}{\partial x}\right]+\frac{\partial}{\partial y}\left[k(\theta)\frac{\partial\psi_m}{\partial y}\right]+\frac{\partial}{\partial z}\left[k(\theta)\frac{\partial\psi_m}{\partial z}\right]\pm\frac{\partial k(\theta)}{\partial z}$$

式中：$k(\theta)$为土壤非饱和导水率；ψ_m为基质势。

上式便是非饱和土壤运动的基本微分方程式。对于一维垂向土壤水分运动可简化为：

$$\frac{\partial\theta}{\partial t}=\frac{\partial}{\partial x}\left[k(\theta)\frac{\partial\psi_m}{\partial x}\right]\pm\frac{\partial k(\theta)}{\partial z}$$

非饱和土壤运动的基本微分方程式为二阶非线性偏微分方程，一般采用数值解法，如偏微分方程的差分解法、有限元解法、边界元解法等。

土壤水分动力学模拟是整个土壤-植物-大气系统的基础，土壤水分转化也是该系统所要解决的重要问题。这些问题将在第五章中谈及，在此不再赘述。

在陆地水循环过程中，地下水存储和运移是在土壤或岩石孔隙、裂隙、孔洞中进行的，其中与人类生产和生活最密切相关的是土壤，它是水分和化学物质进入地下水的过渡带。当土壤孔隙没有被水充满时，土壤处于非饱和状态。对固、液、气三相复合介质的非饱和土的研究正日益受到重视。非饱和土壤带是联系地表水与地下水的纽带，而非饱和土壤水分运动则是多孔介质中流体运动的一种重要形式，其水分迁移主要有液态水迁移和气态水迁移两种形式，通常情况下，在非饱和土壤中这两种形式的迁移形式同时存在（孙建乐，2007）。受到全球变化和人类活动的共同影响，自然灾害尤其是地质灾害的发生越来越频繁，以非饱和土质边坡为基础、水分运动为动力的崩塌、滑坡、泥石流等边坡失稳类地质灾害更是频繁发生、危害严重；此外，随城市规模不断扩大、人口数量迅速增长以及工农业经济快速发展，人类活动对土壤水造成的污染程度也越来越严重，水资源尤其是淡水资源越来越短缺。因此，研究非饱和土壤水分运动问题对于地质灾害与地下水污染防治、水资源规划与管理等岩土工程勘察和水文地质勘查与评价领域具有重要的理论研究与实际应用意义。

非饱和土壤水分运动数值模型既建立于严格的科学基础之上，又能够较精确地反映地下水运动实际运行的情况，基本上摆脱了过去静态地或孤立地研究水分形态或几个常数的局面，可为实际工程应用提供科学的参考依据。国外对非饱和土壤水分运动的研究早已取得丰富的成果，我国水文地质工作者、研究学者通过数十年的不懈努力，也在非饱和土壤水的水动力参数确定、数学模型建立与计算、数值模拟实际应用等方面取得了一定的进展。展望未来，数值模拟方法作为非饱和土壤水分运动模拟的先进技术手段，将实现与3S技术数据交互，不断增强数据处理能力、提高模拟工作的效率及输出结果的精确度，使其在地质灾害与地下水污染防治、水资源规划与管理等岩土工程勘察和水文地质勘查与评价领域发挥越来越大的作用。

3.非饱和土壤水分运动数值模拟求解及动力参数确定

确定好土壤水动力学参数是确立非饱和土壤水运动方程的前提，也是开展数值模拟研究工作的基础，其精确程度直接影响着数值模拟的准确度和精度，因此如何精确地获取土壤水动力学参数一直是国内外土壤水分迁移运动研究领域的重点和热点。一般情况土壤水动力参数包括导水率K、水分扩散率D和比水容量C，由于$K=C\cdot D$，因此，3个参数中只有水分扩散率D和比水容量C是独立的。非饱和导水率是反映土壤水分在压力水头差作用下流动的性能，在饱和土壤中导水率被称为渗透系数。测定非饱和导水参数的方法有稳态法和瞬态法。由于非饱和导水率广泛变异、测定复杂、耗时较长和费用较大，因此很多研究者采用比较简单的土壤水分特征曲线建立模型，求解土壤非饱和导水率。

国外的Marshall完善了Childs Collis George建立的方程式，仅用土壤水分特征曲线即可求出非饱和导水率。此后，Millington 等（1972）对该模型进行了修正，此后，该模型得到了广泛的应用。Brooks 等以 Burdine 的模型为基础，建立了预测非饱和导水率的简单解析式。后来，Mualem 基于土壤水分特征曲线和土壤饱和导水率对上述模型进行扩展，得出预测导水率的新积分模型（张强等，2004）。国内周择福等（1997）利用达西定律和能量守恒原理推导出土壤水分入渗数学模型，采用水平土柱法测定了模型中的土壤水分扩散率，推求了土壤水分非饱和导水率等基本水动力参数；邵明安等（2000）采用积分方法求解了一维水平非饱和土壤水分运动问题，基于 Richards 方程和土壤导水特征的闭合型方程，建立了推求非饱和土壤水分运动参数的简单入渗法，用以推求土水特征曲线模型中的相关参数是根据湿润区的特征长度、吸渗率和土壤饱和导水率来确定的。这种简单入渗法是利用瞬态法替代通常的稳态法来确定非饱和土壤水分特征曲线。目前，国内外学者对土壤水动力参数的确定已逐步完善，适用于不同的数值模型。

针对土壤的非均质性、空间性和初始及边界条件的复杂性，数值模拟法比简单的解析方法更有效地求解模型，它能够概化复杂的水文地质模型及抽象数学模型，达到描述地下水系统各参数、度量之间数量关系的目的。

对于基本方程的数值求解问题，国内外学者进行了大量的探讨，并提出了很多对应的数值求解方法，其中非饱和土壤水分运动数值计算最常用的是有限差分法和有限单元法。这些方法的建立，可将概念模型方程离散为不同的形式，为土壤水分运动模型的理论研究和实际应用创造了条件。对于一维的土壤水分运动，大多采用有限差分法。它是一种近似的计算方法，把原来连续的函数经过差分后变化为断续的函数，在每个独立的均衡差分区域内，变量值为常数，原土壤水微分方程变为差分方程，成为可以直接求解的代数方程组；而有限单元法是利用部分插值把区域连续求解的微分方程或偏微分方程离散成求解线性或非线性的代数方程组，用近似解代替精确解，可以有效求解非饱和土壤水分运动问题（王康，2010）。随着计算机的日益推广，将出现越来越多的数值解法，借助于数值方法求解这些方程并通过计算机进行数值模拟，使得土壤水分运动问题的预测预报和现实模拟成为可能。

三、土壤中的水汽运动

土壤中保持的液态水可以汽化为气态水，气态水也可以凝结为液态水。在一定条件下，两者处于互相平衡之中。土壤气态水的运动表现为水汽扩散和水汽凝结两种现象。

水汽扩散运动的推动力是水汽压梯度，这是由土壤水势梯度或土壤水吸力梯度和温度梯度所引起的。其中温度梯度的作用远远大于土壤水吸力梯度，温度梯度是水汽运动的主要推动力。所以水汽运动总是由水汽压高处向水汽压低处扩散，由温度高处向温度低处扩散。

土壤水不断以水汽的形态由表土向大气扩散而逸失的现象称为土壤表面蒸发。

土壤蒸发的强度由大气蒸发力(通常用单位时间、单位自由水面所蒸发的水量表示)和土壤的导水性质共同决定的,将在后文详述。

土壤中的水汽总是由温度高、水汽压高处向温度低、水汽压低处运动,当水汽由暖处向冷处扩散遇冷时便可凝结成液态水,这就是水汽凝结。水汽凝结有两种现象值得注意:一是“液潮”现象;二是“冻后聚墒”现象。“液潮”现象多出现于地下水埋深较浅的“夜潮地”。白天土壤表层被晒干,夜间降温,底土土温高于表土,所以水汽由底土向表土移动,遇冷便凝结,使白天晒干的表土又恢复潮湿。这对作物需水有一定补给作用。“冻后聚墒”现象,是我国北方冬季土壤冻结后的聚水作用。由于冬季表土冻结,水汽压降低,而冻层以下土层的水汽压较高,于是下层水汽不断向冻层集聚、冻结,使冻层不断加厚,其含水量有所增加,这就是“冻后聚墒”现象。虽然它对土壤上层增水作用有限(2%～4%),但对缓解土壤旱情有一定意义。“冻后聚墒”的多少,主要取决于土壤的含水量和冻结的强度。土壤含水量高冻结强度大,“冻后聚墒”就比较明显。

在土壤含水量较高时,土壤内部的水汽移动对于土壤给作物供水的作用很小,一般可以不加考虑,但在干燥土壤给予耐旱的荒漠环境下植物供应水分时,土壤内部的水汽移动可能具有重要意义,荒漠环境下有许多植物能在极低的水分条件下生存。

第六节　土壤水的再分配

水进入土壤包括两个过程,即入渗(也称渗吸、渗透)和再分布。入渗是指地面供水期间,水进入土壤的运动和分布过程;再分布是指地面水层消失后,已进入土内的水分的进一步运动和分布的过程。

一、土壤水的再分布

在地面水层消失后,入渗过程终止。土内的水分在重力、吸力梯度和温度梯度的作用下继续运动。这个过程,在土壤剖面深厚,没有地下水出现的情况下,称为土壤水的再分布。其过程很长,可达1～2年或更长的时间,再分布过程是近些年才明确起来的,它对研究植物从不同深度土层吸水有较大的意义,因为某一土层中水的损失量,不完全是植物吸收的,而是上层来水与本层向下再分布的水量以及植物吸水量三者共同作用的最后结果。

土壤水的再分布是土壤水的不饱和流。在田间入渗结束之后,上部土层接近饱和,下部土层仍是原来的状况,它必然要从上层吸取水分,于是开始了土壤水分的再分布过程。这时土壤水的流动速率决定于再分布开始时上层土壤的湿润程度和下层土壤的干燥程度以及它们的导水性质。当开始时湿润深度浅而下层土壤又相当干燥，吸力梯度必然大，土壤水的再分布就快。反之，若开始时湿润深度大而下层又较湿润，吸力梯度小，再分布主要受重力的影响，进行得就慢。不管在哪种情况下，再分布的速度也和入渗速率的变化一样，通常是随时间而减慢。这是因为湿土层不断失水后导水率也必然相应减低，湿润峰向下移动的速度也跟着降低，湿润峰在渗吸水过程中原来可能是较为明显的，但在再分布中就逐渐消失了。

二、土壤水的有效性及土壤的有效水分

土壤水的有效性是指土壤水能否被植物吸收利用及其难易程度。不能被植物吸收利用的水称为无效水，能被植物吸收利用的水称为有效水。其中因其吸收难易程度不同又可分为速效水（或易效水）和迟效水（或难效水）。土壤水的有效性实际上是用生物学的观点来划分土壤水的类型（黄昌勇，2000）。

通常把土壤萎蔫系数看作土壤有效水的下限，当植物因根无法吸水而发生永久萎蔫时的土壤含水量，称为萎蔫系数或萎蔫点，它因土壤质地、作物和气候等不同而不同。一般土壤质地愈黏重，萎蔫系数愈大。低于萎蔫系数的水分，作物无法吸收利用，所以属于无效水。这时的土水势（或土壤水吸力，在下一节介绍）约相当于根的吸水力（平均为1.5 MPa）或根水势（平均为-1.5 MPa）。

一般把田间持水量视为土壤有效水的上限。所以田间持水量与萎蔫系数之间的差值即土壤有效水最大含量。土壤有效水最大含量，因不同土壤和不同作物而异，表1-1给出了土壤质地与有效水最大含量的关系（黄昌勇，2000）。可以看出，随土壤质地由沙土变黏土，田间持水量和萎蔫系数也随之增高，但增高的比例不大。黏土的田间持水量虽高，但萎蔫系数也高，所以其有效水最大含量并不一定比壤土高。因而在相同条件下，壤土的抗旱能力反而比黏土强。

表1-1 土壤质地与有效水最大含量的关系

土壤质地	沙土	沙壤土	轻壤土	中壤土	重壤土	黏土
田间持水量(%)	12	18	22	24	26	30
萎蔫系数(%)	3	5	6	9	11	15
有效水最大含量(%)	9	13	16	15	15	15

一般情况下，土壤含水量往往低于田间持水量。所以有效水含量就不是最大值，而只是当时土壤含水量与该土萎蔫系数之差。在有效水范围内，其有效程度也不同。在田间持水量至毛管水断裂量之间，由于含水多，土水势高，土壤水吸力低，水分运动迅速，容易被植物吸收利用，所以称为“速效水”（易效水）。当土壤含水量低于毛管水断裂量时，粗毛管中的水分已不连续，土壤水吸力逐渐加大，土水势进一步降低，毛管水移动变慢，呈“根就水”状态，根吸水难度增加，这一部分水属“迟效水”（或“难

效水”)。

可见土壤水是否有效及其有效程度的高低,在很大程度上取决于土壤水吸力和根吸力的对比。一般土壤水吸力>根吸力则为无效水,反之为有效水。但是从土壤-植物-大气系统(SPAC)中可以知道,土壤水有效性不仅决定于土壤含水量或土壤水吸力与根吸水力的大小,同时,还取决于由气象因素决定的大气蒸发力以及植物根系的密度、深度和根伸展的速度等。例如在同一含水量或土水势时,大气蒸发力弱,根系分布密而深,根系伸展也大时,植物可能得到一定水分而不发生永久萎蔫。反之,大气蒸发力强,根系分布浅而稀,根伸展的速度慢,植物虽然仍能吸到一部分水,但因入不敷出,最终发生永久萎蔫了。所以通过有关措施,加深耕层,培肥土壤,促进根系发育,也是提高土壤水有效性、增强抗旱能力的重要途径。

以上分析说明,土壤水的有效部分就是植物生长过程中土壤水分被植物所能吸收和转化的部分。植物的根系从土壤里吸收水分,经过茎的运输进入叶内,然后再经过蒸腾作用散失到大气中,大气降水一部分进入土壤。因此,土壤水、大气水和植物体内的水构成了一个连续体。在一定范围内,大气降水多了,土壤水的含量自然也就高了。

值得注意的是,水分对植物的生长影响也有一个最高点、最低点和最适点。低于最低点时,植物萎蔫,生长停止。高于最高点时,植物根系缺氧、窒息,出现烂根。只有最适的范围,才能保证植物的水分平衡。不同植物需要的最适含水量不同,土壤含水量还影响植物产品的质量。随着含水量的增加,植物氨基酸和蛋白质的合成减少,淀粉含量相应增加,棉花和黄麻等的纤维质量变差。

三、土面蒸发与植物蒸腾

土面蒸发的形成及蒸发强度的大小主要取决于两方面:一是受辐射、气温、湿度和风速等气象因素。显然,这是蒸发的外界条件,它既决定水分蒸发过程中能量的供给又影响到蒸发表面水汽向大气的扩散过程,综合起来称为大气蒸发能力。二是土壤含水率的大小和分布。这是土壤水分向上输送的条件,也即土壤的供水能力。当土壤供水充分时,由大气蒸发能力决定的最大可能蒸发强度称为潜在蒸发强度。

根据大气蒸发能力和土壤供水能力所起的作用、土面蒸发所呈现的特点及规律,土面蒸发过程则表现为三个阶段。

首先是表土蒸发强度保持稳定的阶段。在蒸发的起始阶段,当地表含水率高于某一临界值时,尽管含水率有所变化,但地表处的水汽压仍维持或接近于饱和水汽压。这样,在外界气象条件维持不变时,水汽压梯度基本上无变化。结果,含水率的降低并不影响水汽的扩散通量。另一方面,表土含水率的减少将使得地表土壤导水率降低,但这正好为土壤中向上的吸力梯度增加所补偿,故土壤仍能向地表充分供水。在这种情况下,表土的蒸发强度不随土壤含水率降低而变化,称为稳定蒸发阶段。稳定蒸发阶段蒸发强度的大小主要由大气蒸发能力决定,可近似为水面蒸发强度。此阶段含水率的下限,即临界含水率的大小和土壤性质及大气蒸发功能有关。一般认为该值相当于毛管水断裂量的含水率,或田间持水量的50%～70%。

其次是表土蒸发强度随含水率变化的阶段。当表土含水率低于临界含水率时,土壤导水率随土壤含水率的降低或土壤水吸力的增加而不断减小,并导致土壤水分向上运移的吸力梯度和前一阶段不同而呈不断减少的趋势。因此土壤的供水能力不可避免地减小下来,于是表层土壤消耗的水分得不到补充,因此含水率进一步减小。另一方面,随着表土含水率的降低,地表处的水汽压也降低,蒸发强度随之减弱。此即表土蒸发强度随表土含水率降低而递减的阶段。

再次就是水汽扩散阶段。当表土含水率很低,例如低于凋萎系数时,土壤输水能力极弱,不能补充表土蒸发损失的水分,土壤表面形成干土层。干土层以下的土壤水分向上运移,在干土层的底部蒸发,然后以水汽扩散的方式穿过干土层而进入大气。在此阶段,蒸发面不是在地表,而是在土壤内部,蒸发强度的大小主要由干土层内水汽扩散的能力控制,并取决于干土层厚度,一般来说,其变化十分缓慢而且稳定。

四、土壤中的水汽扩散

土壤中的水汽扩散是由水汽压差引起的水汽移动。土壤内部除液态或固态的水分存在外,也有水汽的存在。土壤中的这些水汽将在以温度梯度引导的水汽压差作用下发生蒸发(也有水分固态相表面的升华)或扩散的过程。实际上已在第五节“土壤中水汽运动”做了介绍。

五、壤中流

壤中流是研究有效范围区内,土壤中垂直方向、水平方向(有时也有偏离垂直或水平一定倾斜方向)土壤水分的运动,实际上它也是土壤内部径流的另一种方式,只不过发生在土壤内部,当然壤中流也有输入和输出。其中下渗、侧渗、上升是较为普遍的现象。

对于平缓滩地、土壤异质性较小的区域,其侧渗现象是很小的,直至不产生侧渗,故通常按零处理。只有那些湖泊、河床等有积水或异质性较大的地区侧渗才明显。而我们研究的极大多数区域因其水平方向土壤湿度、土壤质地异质性较小,故未进行有关侧渗的研究和分析。相关工作有待进一步分析或做深入研究。

六、土壤水的入渗(地下径流)

地下径流系指通过底层渗漏至地下水系统(潜水层)的水分流失,也常称作渗漏。在土壤中因土壤结构、水分分布的异质性,还存在水平方向的水分流动,这种流动通常称作壤中流。当然,土壤中从更深层次也有向上的水分,这个叫上升水。

土壤入渗是指土壤未达到饱和状态,降雨落到植被表面经植被截留、到达地面上的有效降水量从土壤表面渗入土壤形成土壤水的过程(这里未考虑人为灌溉等外来径流补给的水量)。它既是许多地区土壤水分补给的主要途径,也是水在土体内运行的初级阶段,又是降水、地表水、土壤水和地下水相互转化过程中的一个重要环节。

就是较少的降水，当接触到地表时，除一部分产生蒸发到大气中外，还有一部分将通过土层向下渗漏。土壤质地不同其渗漏速率不同，当土壤水分达到饱和状态时，将向底层潜水层渗漏。土壤的渗透性不仅与土壤干湿程度以及土壤质地有很大的关系，而且也取决于非毛管孔隙的量和质。由于土壤入渗的水量中降水占的比例最大，即使出现超渗产流，水分仍能通过土壤表层进入土壤。准确地反映土壤的入渗性能，对分析产流、汇流以及土壤水分补给，在大气-植被-土壤水循环过程中具有重要的意义。

入渗过程一般是指水自土表垂直向下进入土壤的过程，但也不排除如沟灌中水分沿侧向甚至向上进入土壤的过程。它决定着降水或灌溉水进入土壤的数量，不仅关系到对当季作物供水的数量，而且还关系到供水以后或来年作物利用的深层水的贮量。在山区、丘陵和坡地，入渗过程还决定着地表径流和渗入土内水分两者的数量分配。

在地面平整、上下层质地均一的土壤上，水进入土壤的情况是由两方面因素决定的：一是供水速率；一是土壤的入渗能力。在供水速率小于入渗能力时（如低强度的喷灌、滴灌或降雨时），土壤对水的入渗主要是由供水速率决定的。当供水速率超过入渗能力时，则水的入渗主要取决于土壤的入渗能力了。土壤的入渗能力是由土壤的干湿程度和孔隙状况（受质地、结构、松紧等影响）决定的，如干燥的土壤、质地粗的土壤以及有良好结构的土壤，入渗能力就强；土壤愈湿、质地愈细、愈紧实，入渗能力愈弱。但是，不管入渗能力是强还是弱，入渗速率都会随入渗时间的延长而减小，最后达到一个比较稳定的数值，这种现象，在壤质土壤和黏质土壤都很明显。

土壤入渗能力的强弱，通常用入渗速率来表示，即在土面保持有大气压下的薄水层，单位时间通过单位面积土壤的水量，单位是mm/s、cm/min、cm/h或cm/d等。在土壤学上常使用的3个指标是最初入渗速率、稳定入渗速率、入渗开始后1 h的入渗速率。对于某一特定的土壤，一般只有最后入渗速率是一比较稳定的参数，故常用其表达土壤渗水能力强弱，又称之为透水率（或渗透系数）。不同的土壤因质地最后稳定入渗速率差异明显（表1-2）（黄昌勇，2000）。

表1-2　不同质地土壤的最后稳定入渗速率(mm/h)

土壤	砂	沙质和粉质土壤	壤土	黏质土壤	碱化黏质土壤
最后稳定入渗速率	>20	10～20	5～10	1～5	<1

入渗后或入渗结束时表土可能有一个不太厚的饱和层（但不一定都有），该层土壤水成为近于饱和的延伸层或过渡层。其下则是湿润层，此层含水量迅速降低，厚度不大。在湿润层的下缘，就是湿润峰（湿润前峰层，即入渗水与干土交界的平面）。到

达湿润峰再入渗的速率随质地的变化差异明显，如湿润峰过后到达细土层时，因为细土层的导水率(指饱和导水率)低，入渗速率急剧下降，如供水速度快，在细土层上可能出现暂时的饱和层。当湿润峰到达沙土层时，由于湿润峰处的土壤水吸力大于沙土层中粗孔对水的吸力，所以，水并不立即进入沙土层，而在细土层中积累，待其土壤水吸力低于粗孔的吸力时，水才能进入沙土层。但因沙土饱和导水率高，渗入的水很快向下流走。所以无论表土下是沙土层还是细土层，在不断入渗中最初能使上层土壤先积蓄水，以后才下渗。

入渗过程是非饱和土壤水分的运动过程，属于广义渗流理论的研究范畴。其基础为法国工程师Darcy提出的达西定律。对于一维垂直入渗情况，达西曾得到如下计算公式(程艳涛，2008)：

$$q=-k\frac{\mathrm{d}H}{\mathrm{d}z}=-k\frac{\mathrm{d}\ (H_{\mathrm{p}}-z)}{\mathrm{d}z}$$

式中：q为通量；H为总水头；H_{p}为压力水头；z为入渗深度；k为导水率。在非饱和土壤中，H_{p}是负值，可用吸力势ψ表示：

$$q=k\left(\frac{\mathrm{d}\psi}{\mathrm{d}z}+1\ \right)$$

在此基础上，结合液体连续方程$\frac{\partial\theta}{\partial t}=-\frac{\partial q}{\partial z}$导出了描述非饱和土壤水分运动的基本偏微分方程：

$$\frac{\partial\theta}{\partial t}=\frac{\partial}{\partial z}\left(\frac{k}{c}\times\frac{\partial\theta}{\partial z}\right)-\frac{\partial k}{\partial z}$$

式中：θ为土壤含水量；t为时间；z为垂向坐标(入渗深度)；k为饱和导水率；c为水容量。k和c分别是θ的函数，右侧第1项表示吸力梯度的作用；第2项表示重力的作用。该式为入渗理论的基本表达式，它可通过数值分析法求解。不同学科的研究者围绕上述基本理论以及实验数据，构建了多种形式的入渗模拟计算公式，见第八章分解。

降水渗入土壤后，除一部分贮存于土壤形成土壤水外，多余的水分主要是当土壤含水量超过田间持水量时产生向土壤层以下的运动，虽然这部分水不被植物利用而不计入有效降水，但从潜水和土壤层以下到地下水层间的非饱和带来看，仍然是一种补给，对于水资源来说是有效的。土壤质地不同其渗漏速率不同，当土壤水分达到饱和状态时，将向底层潜水层渗漏。有些地区，即使土壤水分达不到饱和状态，也因水的重力势能作用也可渗漏到底部潜水层。确定通过土壤层向下运动的水量(渗漏水量)对于草地的水源涵养功能的研究有重要意义。

降水渗入土壤是一种入渗的过程，上面介绍了入渗的原理与速率求解。而我们较多关注的是一个地区向深层土壤渗漏了多少量。渗漏量(W_{f})大小可由每次降水量与一定深度以上土壤层的田间持水量(θ_{f})减去实际含水量[$\theta_{\mathrm{a}}(t)$]做比较，有：

$$\begin{cases} W_f = 0 & W_T(t) \leqslant \theta_f(t) - \theta_a(t) \\ W_f & W_T(t) > \theta_f(t) - \theta_a(t) \end{cases}$$

式中：W_T为降水渗入土壤的水量。应当指出的是，不同地区或针对的问题不同，“一定深度以上土壤层”所指的厚度有所不同，在农田可能要取到1～2 m的湿度，但在青藏高原草地土壤受土壤形成的年轻化以及土壤质地及砾石层影响，土壤深度一般在40～60 cm，故田间持水量的土壤厚度亦取在该范围。由于更深层次以下多为石质接触面或为砾石层，土壤水渗漏量取40～60 cm是可以理解的。

渗漏量是下边界的水流通量，当只考虑重力水运动而忽略毛管水运动时，深层渗漏估计的计算式有：

$$D = \beta k_s$$

式中：D为衔接处深层的渗漏量；k_s为近下边界土壤层的饱和土壤导水率；β为参数，取值决定于下边界的性质，当下边界为自由排水面取1，下边界为零通量面取0，下边界处于有半透水的中间状态是取0～1。

土壤水渗漏量也可由观测系统观测。将在第八章做详尽介绍。

七、深层水补给

对于高寒草甸分布区，土壤水分的来源主要是降水。降水到达土壤表面后，水分受重力作用流入深层土壤；土壤深层水分向上的补给、土壤底部潜水（地下水）层向上层土壤的补给水因土壤层浅薄，补充是很少的。

从深层地下潜水层因毛管上升力的作用，产生向上的毛管水运动，其水流运动速度很低，远小于地表面的水流运动。但在有些地区，其毛管上升水也有较大的量值。毛管水运动的速度、上升的高度，决定于毛管上升力的大小，当上升水柱的重力与上升力相等时，毛管上升水即停止上升。毛管上升水的高度（h_c，cm）在常温（20 ℃）条件下与毛管半径（r）有以下简单关系（刘昌明等，1999）：

$$h_c = \frac{0.15}{r}$$

关于上升水的研究较为复杂，再者，在青藏高原的绝大部分地区，土壤发育年轻，一般在40～60 cm层次即为石质接触面，以下多为砾石结构。同时，高寒草甸植被的根系受环境条件限制，其扎入土壤的深度很浅，大多数根系生长量在0～20 cm的层次，要占整个地下生物量的90%（王启基等，1998），在30 cm以下因温度低，热量条件限制了植物根系向下的生长，30～40 cm土层植物根系生长量仅占地下生物量的2%以内。也就是说这些因素导致土壤根系毛管量、土壤自身毛管量均减少，产生的上下转移只能在较薄的土壤环境内进行，也限制了高寒草甸地区上层土壤与底层水的上升的补给。

在春、秋季节交换时，因土壤冻结或融化过程中有少量的上下层土壤水受热量梯度作用，从底层以土壤内部蒸发的形式向冻结层聚集或迁移到上方，产生一定的水分补给量。

八、植物-土壤系统水分分配的影响过程

植物在生长发育过程中，根系需要不断地从土壤中吸收水分，又通过叶片蒸腾作用将水分散失到大气中去。在植物强烈的蒸腾拉力作用下，土壤中的水分从高水势区向低水势区输送。同时，地面蒸发也使水分在热辐射的作用下从土壤中散失。然而，当植物蒸腾、地面蒸发减弱或停止时，植物根系仍可从深层较湿土壤中吸收水分，再由侧根释放到表层较干燥的土壤中，或侧根从表层湿润的土壤中吸收水分，通过主根向下运输在深层较干燥的土壤中释出，从而改善表层土壤水分状况或将水分贮藏在深层土壤中（Urgess et al，1998；Schulze et al，1998；Smith et al，1999），这种现象被称为水分再分配作用。

水分再分配作用可以在一定程度上改变水分供给的空间格局，从而调节生态系统水分平衡和促进养分循环，提高群落地上部分同化作用效率，改善地下部分生态环境，提高生态系统生产力（Horton et al，1998）。水分再分配的生态功能只有在特定环境条件下，才可以发生。因此，在自然界中，它受到许多因素的限制（刘美珍等，2006）。主要的限制因子归纳如下：

1.土壤水分

水分再分配作用依赖于土壤水势差，只有当湿土层和干土层之间存在一定的水势差，水分再分配现象才能发生（Burgess et al，2001；Burgess et al，2000b）。而土壤水势的变化与土壤温度密切相关，且在干旱年份和湿润年份的变化趋势截然不同（Ishikawa et al，2000）。也有观点认为，尽管水分再分配作用是在土壤干旱条件下发生的，但土壤水势不能太低，水势过低时，干土的阻力会限制根系中水分向土壤扩散（Vetterlein et al，1993；Baker et al，1986）。水分再分配的量与土壤含水量的大小有直接关系，针对不同类型土壤，水分再分配作用发生的土壤水势或含水量临界值方面没有系统的界限。

2.植物种

在同一生态系统中，不同植物种的水分再分配的量有显著差异。根系形态（Corak et al，1987；Granier et al，1994）和根系在土壤中的分布（Dawson et al，1996）也影响水分再分配作用的数量和持续时间。在水平方向上，水分再分配的量依赖于根系密度、动力大小、根系表皮对水分穿透的阻力和物质积累（Caldwell et al，1989）。同一植物种在根系密集的情况下，水分再分配将使地上植被蒸腾速率增大，但如果土壤的透水性较高，根系分布比较均匀，根系的导水性较低，水分再分配对蒸腾速率的影响则较小。植株的年龄也会影响水分再分配作用的发生及量的大小（Dawson，1996）。根系的深度影响水分提升的速率和强度，如主根、侧根都发达或主根发达侧根不发达或侧根发达主根不发达均可对水分再分配作用产生影响（Passioura，1988）。由此可见，植物种间根系功能的差异对水分再分配作用有显著影响。然而，到目前为止，鲜

见关于根系特性及其在土层中的分布对水分再分配影响的研究。

3.土壤结构

部分植物的根系可以穿透表层到土壤深层，而大部分植物的根系分布在上层。这就很容易造成上、下土壤水势差，水分再分配作用极易发生(Dawson，1993)。干旱、半干旱地区的沙质土壤的毛细管作用较弱，而大多数植物根系分布较深(Cannon，1911；1948；Kummerow et al，1977；Canadell et al，1996；Mooney et al，1996)，也有利于水分再分配作用发生。

除以上几种主要因子外，还有其他因子在一定程度上影响着水分再分配的发生。根据最优理论(Givnish，1986)，一种植物付出成本从土壤中吸收水分，又释放到土壤中，为其他植物所利用，这种行为必然有一定的利益回报。也就是说这两种植物之间有进化上的协同互利性。因此，从植物进化的角度来阐述水分再分配作用也是未来这一领域研究的重要课题。

水分再分配在植物体水分利用及生态过程研究方面极为重要，受到植物学、生态学、农业气象学、水文学等不同学科研究者的高度关注。为此有必要对此花更多的笔墨进行测定的阐述。水分再分配从实验室研究发展到现在的野外直接测定，在技术上取得了很大的进步，目前关于水分再分配的研究方法已基本成熟。主要有：

1.利用茎流法的原理(Granier，1987)

在植物的侧根和主根上分别安装测定茎流的加热和对照探头。由于根系中液流运动的双向性，与茎秆液流测定不同的是，测定根系茎流量时需要一个加热探头和上下两个对照探头，通过测定加热探头和对照探头的温度差，计算液流速度，从而计算出一定时间内的总液流量(Lott et al，1996)。通常使用的有热脉冲法(Passioura，1988；Swanson et al，1981；Burgess et al，2001)和热扩散法(Burgess，2000；Cohen et al. 1993)。由于热扩散法的操作简便、成本低，在近几年的研究中得到广泛应用(Brooks et al，2002；Cabibel et al，1991；Green et al，1997)。

2.利用同位素示踪法

用重水(D_2O)直接浇灌植物的部分根系，然后测定其他根系或相邻植物的根系片断、地上枝条、不同空间土壤中D含量的比率(Ehleringer et al，1989； Caldwell et al，1989)，从而定量计算水分再分配的量，是目前比较常用的方法之一。现在越来越多的研究将同位素示踪法和茎流法结合使用，测量植物根系的资源获取和利用模式(Fan et al，1997)。

3.含水率测定法

测量根系周围土壤含水量和水势变化(Baker et al，1988；Millikin et al，2000；Vetterlein et al，1993)或直接测定土壤含水量的昼夜变化(Topp et al，1976)，这种方法只能定性描述某种植物是否具有水分再分配作用，估算水分再分配的范围及水量，结果不够准确：因为在实际操作中很难区分出所测的土壤含水量是真正的土壤含水量，还是根系含水量(Corak et al,1987)。如果能结合同位素示踪法(Emerman et al,1996),结果将更加有说服力。

第七节　大气-植被-土壤水分的运动与转化

一、大气水分转化

大气中的水、冰、水汽的相态变化既有条件限制,也有其转化过程,这种转化过程是到达地面降水的基础,为此掌握水的转化过程,对了解到达的降水量多少以及大气水分多少具有实际意义。水由气态变为液态水的过程是凝结,而水汽直接转变为固态的过程即为凝华。凝结与凝华的条件一是大气中水汽要达到或超过饱和状态,二是要具有凝结核或凝华核的存在。水汽饱和时,水处于水汽与水或水汽与冰两相间的平衡状态。当水汽过饱和后,平衡态遭受破坏,空气中的水分子进入水面或冰面的概率大于水分子从水面逸出的概率,这种状况下伴随出现了水汽的凝结或凝华。即,在相同温度条件下,实际水汽压大于饱和水汽压时水汽发生凝结。而出现该类现象一般是在一定温度条件下水面的水不断蒸发,以增加大气中的水汽含量(增加实际水汽压),或使含有一定量水汽的大气温度降低,导致饱和水汽压降低,使饱和水汽压减小到与实际大气水汽压甚至更低的状态后产生凝结。

当然,大气中的水汽在这些输送和运移过程中,在一定条件下产生相变和循环:水汽凝结、蒸发,形成云、雾等天气现象,并以雨、雪等降水形式重新回到地表,这种蒸发、凝结、降水过程循环将大气、海洋、陆地(面)和生物圈紧密地联系在一起,对大气能量转换、变化和地表与大气温度均有深刻的影响。因此,地球上水循环过程对地-气系统能(热)量平衡和天气变化起着极其重要的作用。

由地面冷却形成的凝结水,也是降水组成的一部分,这部分降水在气候干旱或半干旱时起到重要作用。不仅如此,在高海拔的高寒草地区域,植被常年生活在低温环境下,就是在最暖的7月有时在早晨也出现低于0 ℃的情况,而凝结水则在温度低于0 ℃前期已附着于植被表面,当温度低于0 ℃后前期凝结水形成的“水膜”保护植物不致冻伤。说明凝结水虽然较少,但其在植物生长过程中的意义是显而易见的。

二、降水的转化

在区域自然条件下,降水作为陆地的总水源不断地转化着,也派生出不同形式的水分。其转化过程包括了运动交换、贮存、相变。

追踪降水的一次过程,可以看到降水首先被植被截留,其数量因植物种类、郁闭度(覆盖度)和气象条件的不同而异,同时又与降水过程本身的强度、经历时间的长短等密切相关。

被植被冠面截留的水分在降水时间后因蒸发而返回到大气中。穿过植物冠层的降水作为穿透水量而落入地表下渗到土壤中。在降水不断的情况下，土壤层中的水下渗能力下降或土壤逐渐达到饱和状态，一部分降水在地表形成径流，向低位的沟道或河流汇集。进入土壤层中的水除被蓄积外，还因重力作用向土壤深层渗漏进入潜水层或地下水层，补给了地下水。因此，降水是地表水、土壤水、地下水的根本来源。因降水季节性、年际差异较大，分布不均，进而也可导致地表水、土壤水、地下水的波动明显，但总是不断发生而成为典型的可再生水资源。由此也认同立足于降水量的水源利用或成为合理利用水资源的基础。

降水的转化可用图1-2的形式来表达（刘昌明等，1999）。

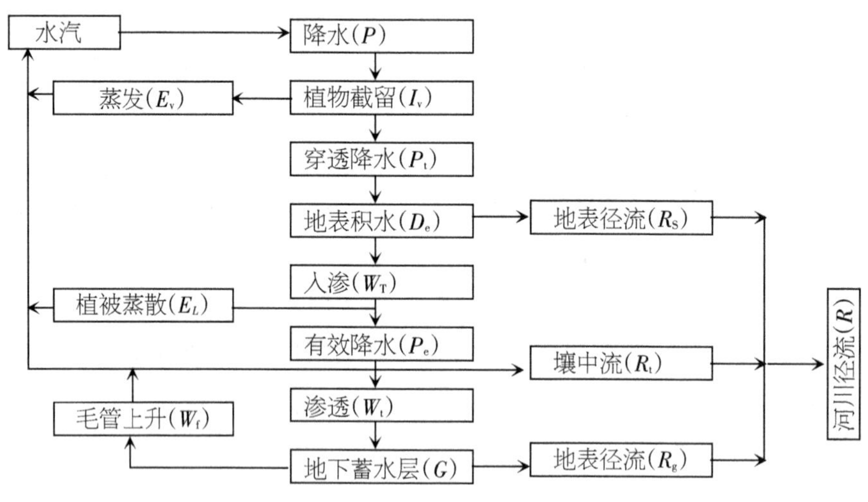

图1-2　降水的转化过程

三、植物水分转化

植物作为大气与土壤的“界面”形成植被，是水分的“转运站”。在大气与土壤水分转化过程中扮演重要角色。当降水产生时植被层对降水有截留作用，这种截留与降水强度、分布时间、植物冠面盖度和高度等密切相关。同时，植物对降水的截留量与降水量呈指数关系，并与植物叶面积和环境因素有关。截留的降水量实际进入土壤中较少。所表现的是降水落在植物冠面后一部分降水（包括凝结水）将被植物截留，一部分直接通过冠层落至土壤表面。截留的部分通过一定时间后少部分还可落至地表，但更大的一部分直接通过植物冠面蒸发了。当然，降水通过植被层时，还被植被绿体、枯落物和地表由粪便及未分解的有机残体所吸收。

四、土壤水分转化

前面对大气降水到土壤水贮存等进行了分析。在植物生长过程中以及水源涵养功能的现实中，土壤水分的运动及转化显得极为重要。土壤水分转化涉及的物质基础不仅仅局限于多孔介质的土壤本身，而且还涉及植被群落、植被生物量、地下水层、地势、地貌等诸多的自然环境与因素。同时，水分的转化还总是伴随着水中可溶解物质的迁移。

在自然界的水循环过程中，地表土壤层作为有孔介质对降水起到重要的再分配作用，主要表现在空间和时间上的分配。这些分配过程正是径流形成的主要机制。当然，土壤层对降水的再分配作用除与土壤本身的机械、物理特性有关外，还与土壤水分特征密切相关。土壤水分的增长、消退的“源”“汇”性质以及动态转化与草地大气-植被-土壤各圈层间密切联系，互为制约、相互因果。

尽管土壤水分转化似乎复杂，但其转化规律均遵循水量平衡的原理。土壤水分转化过程的研究中，水量平衡原理是极其重要的。此外，还应注重水量平衡、能量平衡、水热平衡的统一，只有这样才能揭示土壤水分转化关系的真实内涵。

对于区域来讲，在大气、地表、土壤、地下岩石层和植物中的水分转化，土壤为最重要的转化载体和核心。尽管在大气、地表、土壤、地下岩石层和植物之间的水分相互依存，但从土壤水出发，则存在土壤水与大气、土壤水与植物、土壤水与地下水、土壤水与地表水的重要转化过程。

第八节　土壤-植被-大气水分过程研究内容

水资源是世界经济可持续发展、人类社会进步和生态环境良性循环最基本的物质支撑条件。随着全球工业化及经济的高速发展，全球气候变化问题已成为当今世界各国共同面对的重大环境课题之一，全球气候变化对水循环要素的影响，必然导致水资源在时空上的重新分配。近几十年来，气候变化对水循环及其伴生过程影响日趋明显，所引起的水文水资源效应已成为全球会普遍关注的科学、经济、社会、政治和环境问题。

气候变化的水文水资源效应研究主要通过研究全球气候变暖所引起的一定尺度范围内气温、降水、蒸发等气象要素变化来分析和预测径流的增减趋势及其对未来水安全的影响。研究水过程又是研究水资源的方法，研究水过程永不休止。鉴于此，这里针对土壤-植被-大气水分过程的研究给予罗列，以为区域生态系统功能的健康、提升、稳定等研究和管理提供基础。

一、土壤-植被-大气水分过程、水循环研究

水循环的微观分解可展现出极其复杂的系统性质，并非全球概念的一般模式即降水、径流、蒸发的往返运动。20世纪60年代末提出了“土壤-植被-大气系统”(SPAC)概念，不仅指明了微观研究方向，而且加强了水文学跨学科的研究(刘昌明等，

1999)。20世纪90年代初期开展的大型国际计划——国际地圈生物圈计划(IGBP),其中的核心项目包括了水文循环生物圈方面,其焦点之一是土壤-植被-大气中的水的传输问题。世界气候研究计划(WCRP)在20世纪90年代开展的全球能量与水循环实验设置了通量测量项目,研究地表(植被)-大气的相互作用,使土壤-植物-大气系统中的水分运行研究成为当今国际学术界的热点之一。由于水循环受到人类活动的干扰,因此,人类活动特别是土地利用与土地覆被(LUCC)、水循环也有密切的相互作用关系。可见水循环研究在当今全球变化研究中是最为重大的之一。

从生态尺度(实验样地、小流域等),即小尺度的水循环来看,水循环也是一个巨大的系统。水分运动在气、土(壤)、地(表)、地下(水层)与植(物)五个子系统中的往返运动,构成了一个庞大的水循环系列,当然也有繁多的科学问题。水循环过程中这五个不同的子系统相互制约、相互联系,是一个在子系统内的耦合关系,而且表现的驱动方式也不同。如交互作用与水分运动的驱动力与水的相态变化不同,导致水汽通过降水渗入土壤和由土壤返回大气的蒸发(液气相变)两者水分往返运动的性质极不相同。同时,各子系统间水分交换流通存在着界面或界层,导致水分运动可以是水平的或垂直的或间于水平与垂直之间的。

描述局部或一个小流域范围内,水循环过程可通过降水(包括凝结水)、空气水汽水平输送和垂直输送、植被冠面的截留与冠面蒸发、进入土壤的有效降水、植被表面土壤的蒸发和植被的蒸腾、土壤水贮量变化、渗漏量等表达出来,这些参数也易观测。但描述更大的尺度上的水循环过程,就需要更多的参数,甚至包括遥感等方法,通过在小尺度(局地或一个小流域范围内)获取详细的参数,进行参数化尺度转换来完成。

研究一地五个子系统内的水循环过程,其难点在土壤-植被-大气系统的界面上的变化特点。有时需要同时进行水热能量交换的关联研究。我们知道,太阳辐射作为地表的能量源,到达陆地表面后,部分用于植物光合作用,部分以感热和蒸发潜热的形式返回大气中,土壤-植被-大气系统内部这种能量和物质的传输转化过程,控制着水循环与植物生长的微气候环境,对植被生产力的形成有重要影响。另外,地表与大气能量、水分的交换也代表了大气物理气候系统的下边界条件,准确地确定地表的水热通量并清楚地认识水汽和能量在边界层内的输送过程,对于理解气候及水分循环很重要。

因此,对土壤-植被-大气系统内部水循环的研究,也要综合考虑能量、物质传输过程,具体内容包括了生态系统的能量收支,土壤-植被-大气系统内水热交换动态规律,植物棵间蒸发和植株蒸腾以及叶面蒸腾与棵间蒸发分摊系数的确定(康绍忠等,1995),棵间蒸发和植株蒸腾对总蒸散的贡献,潜水蒸发、水热传输影响因子的精细化处理、大范围陆面过程模式开发、水文尺度转换、植被(土地覆被)的水循环调控机理,水循环与全球变化的水资源和水文响应,气候变化下的水循环变化等。其目的就是从水的交换周期，确定可更新水资源量，精确地确定水资源量并建立区域总量计算模式。根据可更新量，计算水资源的人口与经济的承载力，为创建可持续利用的水资源供水系统及管理提供依据。同时，也为研究河川径流中基流的形成，地下含水层年代及自然与人为影响条件下水循环演化、恢复和重建提供数据。

当然，现代工农业发展，也需求我们进行水循环驱动下的化学元素（污染物质）的溶移，特别是多维的面源物质模型的建立与应用。水循环作用下地表物质（泥沙）的搬运与沉积，常态（流水）地貌的塑造过程，水土流失规律、水源涵养保持功能等的研究。

二、土壤-植被-大气区域水循环及分配模式

区域不同，降水、土壤质地和理化性质、植被群落结构和生产量等均发生改变，因而具有适应本区域范围的土壤-植被-大气区域水循环及分配模式，这就需要研究者针对研究对象进行自大气到植被、再到土壤所发生的各类水分的“入”和“出”的监测与分析，进而确定研究区域的水循环及分配模式。

三、大气、植被、土壤水资源评价

不论是大气中的水汽，包括降水中的天空降水和凝结水，还是植被层和土壤的水分，都是水资源的组成成分。大气、植被、土壤水资源评价是一个庞大的工作，涉及的学科很多，交叉性很强。针对的研究范围有各类大、中、小尺度。做好水资源评估是水分利用的基础。

在区域水资源的研究工作中，针对问题，要尽可能地考虑大气水汽、云水密度、能降至地面的雨雪量、最大可能降水量、凝结水量这些从大气到下垫面的总量，这些是生态系统最基本的水分输入量。在此基础上，要考虑植被的蒸散量（包括土壤蒸发、植被蒸腾），有些地区还要考虑可能蒸散量、最大可能蒸散量。条件允许可将土壤蒸发和植被蒸腾进行分别处理，乃至相关模式的拆分处理。植被的蒸散量是生态系统最为主要的水分输出量。当然，也要考虑径流、植被对降水的截留、土壤底层的渗漏。而通常状况下包括植被对降水的截留、凝结水（实际上也是植被截留的一种表现方式）都可以归入植被的蒸发范围。

掌握了这些水分的输入、输出量，就可以进行水资源量、水源涵养能力等评价研究工作。

四、人类活动、覆被变化与水资源、水分胁迫及适应性的研究

土地利用指人类为获取所需要产品或服务而进行的土地利用活动，是人类活动作用于自然环境并影响生态系统的主要途径之一。土地利用对生态系统的直接影响就是改变了下垫面覆被性质，进而改变地表覆被程度、植物群落结构、下垫面粗糙度和反射率，进而影响到植物、土壤的固碳、持水能力，乃至区域生物地球化学循环的变化，同时，也影响区域水质、物种多样性、净初级生产量，甚至影响到环境适应能力。这些变化也使大气、土壤、植被三个关联体之间的水分交换发生变化，进而使得流域的降水、径流和蒸发在时空分布上受到影响,最后导致影响水资源形成和分配机制。人类对大自然的干预能力随着经济社会的发展不断加强,这样就导致了全球气候的不断变化和流域水循环的演变,原有的水循环模式受到极大的挑战。因此,研究人类活动、土地利用、覆被变化对水文过程、水分胁迫及系统的影响及其适应性具有十分重要的科学价值,也是目前在变化环境下研究水文循环过程和水资源利用的重要方面。

五、气候变化及人类活动情景下水文要素的变化过程研究

近几十年来,气候变化对水循环及其伴生过程影响日趋明显,所引起的水文水资源效应已成为全球普遍关注的科学、经济、社会、政治和环境问题。气候变化的水文水资源效应研究主要通过研究全球气候变暖所引起的一定尺度范围内气温、降水、蒸发等气象要素变化来分析和预测径流的增减趋势及其对未来水安全的影响。虽然自20世纪70年代以来国内外开展了气候变化对我国水文水资源影响的系统研究,如已经实施或正在实施的气候变化对西北华北水资源的影响研究、气候异常对我国水资源及水分循环影响的评估模型研究、气候变化对我国东部季风区陆地水循环与水资源安全的影响及适应对策研究、气候变化对黄淮海地区水循环的影响机理和水资源安全评估研究、气候变化对水资源与生态安全的影响及其适应对策研究、变化环境下工程水文计算的理论与方法研究等(陈晓宏等,2012)。其内容主要表现在以下几个方面:

1.气候变化下水文要素时空变化趋势及演变机理分析

通过对水文气象等要素(如日照、降水、蒸发、风速、温度、雪盖、陆冰、海冰、流量等)长系列实测数据进行数理统计学方面的系统分析,揭示全球气候变化下不同空间和时间尺度下水循环要素变化趋势,并根据各要素之间相关性分析,结合水循环系统的演变机理对变化趋势和影响进行合理的分析和解释。该方面研究工作主要是历史变化规律统计分析和未来变化趋势分析。研究初期,主要是在确定了气温和降水的组合方案的基础上用年径流和年平均气温的经验相关曲线来推测径流量的变化(Nemec et al,1982)。

2.不同气候变化情景下水文要素影响模拟及定量评估

结合全球气候变化模式,通过降尺度方法和水文模型,对不同气候变化情景下全球或区域尺度水文要素影响进行模拟,定量评价气候变化对水循环过程的影响,预估未来的水文水资源形势。

3.水资源系统对气候变化敏感性和脆弱性分析

考虑全球气候变化的不确定性,根据全球气候变化总体趋势,给定气候可能变化的值,模拟区域未来气候不同条件变化下水资源系统的变化情况,分析水资源系统对气候变化的敏感性。结合当地现有的自然地理、生态环境、经济社会等条件,分析气候变化对水资源系统脆弱性的影响。大量研究成果展示了在气候变化下水资源供需影响研究基础上的水资源供需平衡——脆弱性分析和适应性分析。该类研究成果主要包括水资源供需盈亏的时空分布，流域内和流域间水资源的重新分配，还涉及区域水资源的开发利用规划，供水系统的脆弱性、弹性和稳健性分析等问题（唐国平等，2000；Riebsame，1988；Frederick，1997；Stakhiv et al，1997；Hobbs et al，1997；Rogers，1997；Mendelsohn et al，1997；Yohe et al，1997；Lettenmaier et al，1978；Frederick et al，1997）。

4.气候变化下水文水资源效应评价的不确定性分析

气候变化与水循环过程的关系问题是一个复杂的系统问题，由于目前对大气、水、生态环境、社会经济等系统内部和系统之间的认识有限，对于该问题的研究只能分析可能存在的变化趋势和影响程度，还存在很大的不确定性。

5.气候变化对水安全综合影响分析及适应性对策研究

分析气候变化对来水量（地表水、地下水）、可供水量、需水量（生活、生产、生态）、水文极端事件（洪涝、干旱）、重大水利工程、水环境水生态、水资源综合承载能力等的可能影响及存在的风险，综合评价气候变化对区域水安全的影响；同时针对存在的问题，结合现有技术经济条件和未来发展趋势，研究可采取的适应性对策和措施。

对于气候变化的水文水资源效应研究所涉及的研究方法众多。目前主要采用的技术、方法主要有统计分析、成因分析、情景假设及降尺度、模型模拟、多模型耦合等。气候变化对水系统的影响是一个复杂的系统问题，在实际问题研究过程中并不是孤立地采用某一种技术或方法，都是相关技术方法的有机结合。主要表现在：

（1）统计分析

采用概率与数理统计学方法对长系列数据进行分析，如用Man-Kendall秩次相关检验法、Spearman秩次相关检验法、线性回归等方法分析水文气象要素的变化趋势，主要分析对象为气温、降水、蒸发、流量等数据的多年平均值、逐年平均值、逐年最大值、逐年最小值、逐年最大月（旬、日）平均值、逐年最小月（旬、日）平均值等。通过目前已掌握的降水、蒸发、径流等水循环的影响要素的变化机理，结合统计分析结果，对气候变化的水文水资源效应可能成因进行分析，预估气候变化条件下各要素的变化趋势。

（2）情景假设及降尺度

在全球尺度，由于气候系统受到地球外环境、地球内部各系统和人类活动各方面的影响，对气候变化趋势的预估还存在很大的不确定性，所以只能根据各种未来可能存在的变化情况及趋势进行情景假设，在此基础上开展气候变化的影响评估。生成情景的方法有任意假设法（如假定未来气温升高1 ℃、2 ℃、3 ℃，降水量增加或减少10%、20%、30%等）、时间序列分析、时间/空间类比、基于GCMs输出等方法，目前基于GCMs输出是最为常用方法。常用的GCMs包括：美国的NCAR模式、GFDL模式、CSU模式；英国的UKMO模式、HADL模式；加拿大的CCC模式；日本的CCSR模式；德国的

DKRZ模式、ECHAM模式；澳大利亚的CSIRO模式；中国的IAP模式、CAMS模式、NOA模式、NCC模式等。考虑全球气候模式的现有分辨率，直接应用于区域尺度上难以满足实际需求。对于区域尺度，气候变化不仅受到区域内部各种相关因子的影响，在相当大程度上受到全球气候影响，其不确定性更大，所以必须将GCMs输出降解到区域尺度上，作为水文模型的输入条件以便开展相关研究。

目前主要根据全球气候模式采用简单法、统计法、动力法、多种方法相结合等降尺度的方法生成区域内未来气候变化情景，作为气候变化影响效应评估的输入条件。动力降尺度方法由于物理意义明确，对观测资料依赖小，应用前景较好，但由于计算复杂，现阶段实际应用受到较大的制约；统计降尺度计算相对简单，目前采用该方法进行研究得较多（郭靖，2010），常用的降尺度方法有相关分析法、天气分型法、天气发生器法等（杨涛等，2011）。

模型模拟：气候变化对水文水资源系统的影响的定量评估离不开水循环过程的基本原理和模拟模型，如水量平衡原理、概念性水文模型、分布式水文模型等。常用的概念性水文模型有新安江模型、陕北模型、TANK模型、SWMM模型、PRMS模型、HSPF模型、HBV模型、AWBM模型、SSARR模型、NWSH模型、YRWBM模型、SARC等（徐宗学，2009），具有代表性的分布式/半分布式水文模拟模型和地下水模拟模型有TOPMODEL模型、SWAT模型、MIKE SHE模型、VIC模型、TOPKAPI模型、MODFLOW模型、FEFLOW模型等。

采用流域水文模型研究气候变化对流域水文水资源影响方面有两个明显的趋势：（1）从统计模型向概念性水量平衡模型和基于物理过程描述的分布式流域水文模型转化，水文水资源特征对气候变化的响应机理更清楚；（2）在模型的计算时段上，也从较大的时间尺度（月）向小的时间尺度（日）转化，便于了解流域水文水资源特征的实时变化。

气候变化的影响研究涉及海洋、陆地、大气等多个系统，其研究有赖于气候模型、水文模型等诸多模型的有机结合。其关键、核心问题涉及模型的接口技术，即情景假设与传统模型的有机结合。

六、气候变化背景下草原生态系统水分运动研究热点

当前草原气候变化研究主要关注CO_2浓度增加、温度升高以及降水变化等对生态系统影响的诸多方面。温度升高和CO_2浓度增加多被认为对温带生态系统植被生产力的提高有积极作用，但是降水往往会成为限制因子（丁勇等，2013）。Morgan等（2004）研究认为，在假定未来温度升高2.6 ℃，且水分没有构成对生态系统胁迫的情景下，美国矮草草原生产力将会呈增加趋势。然而，其中暗含着一个重要的信息，即降水将有可能成为未来气候变化下产生不利影响的主要限制因子，而且大量的研究也说明，在气候变化当中，降水将作为最重要和敏感的因素，直接或间接影响植物的生长和发育，改变群落中物种之间的关系，重建植物群落的组成与结构，最后影响到草原生态系统的多维功能及对气候变化的适应能力(Prieto et al,2009;Keryn et al,2009;Engel et al,2009;Kardol et al,2010)。有研究表明,草原净初级生产力(NPP)受降雨量及分配、温度等的影响较大,但是降雨量的影响作用会更直接和明显。尤其是干旱半干旱区温度显著增加、降雨减少或没有显著变化,这意味着气候向旱化增强方向转变,连锁反应将进一步导致草原土壤向干旱化增强的方向及程度转变,那么,水分亏缺就必然成为限制草原生态系统功能发挥的关键因素(Silvertown et al,1994;Lauenroth et al,1992;Knapp et al,2001;Akinbode et al,2008)。如牛建明(2001)以内蒙古草原生产力的预测研究为例,基于年均气温增加2 ℃或4 ℃,降雨即使增加20%都可能导致干旱发生,草原生产力分别减产约一成和三成多。

水分是影响草原生态系统的关键要素。聚焦气候变化中对生态系统产生影响的关键要素,研究这些关键要素的作用过程和机理是当前和未来揭示气候变化对生态系统影响的主要途径,越来越多地受到关注。对于中国草原生态系统来讲,气候变化表现出频繁、持续干旱特征,在这种情形下,聚焦水分胁迫加剧对生态系统的影响研究,有望破解草原生态系统退化演变的本质与趋势,从而为推进国家气候变化应对行动,制定退化草原生态恢复的适应性管理对策(侯向阳等,2011)提供科学依据。基于当前研究前沿,针对草原水循环问题,亟待突破的重点研究内容包括:

1.降雨量及其时空格局变化

从目前大多研究的结论来看,全球气候变化中降雨量变化不显著,但是其时空异质性发生明显变化,这种变化也会对生态系统产生巨大的影响。所以,降雨发生空间格局变化的原因与机理,降雨量的年际波动性与周期性,降水时间节律变化及其对植物生长的影响,降水变化与温度变化引起的草原区干湿度变化等,都亟待做出科学的研判。

2.气候变化对地下水资源的影响

草原生态系统地下水下降显著,这种变化与工业用水增加及气候变化都有密不可分的关系,地下水对维持高波动降雨下草原生态系统的稳定性十分重要。因此,气候变化对草原区地下水的影响过程及其贡献率,地下水变化对草原生态系统土壤有效水分的影响等,都将成为重要的科学命题。

3.降雨变化与地表水资源分配

一些研究表明,除了降雨量发生变化之外,降雨节律变化更为明显,大雨、暴雨发生频率增加,同期持续降雨天数显著减少。这种节律变化对水资源,尤其是降雨的地表再分配产生重要的影响,大雨、暴雨的增多,容易形成地表径流,减少土壤的水分蓄积;降雨持续时间缩短,也会降低有限水分的可利用性。因此,研究降水节律化对系统水资源利用效率的影响,有利于揭示草原生态系统干旱胁迫加剧与气候变化的关系。

4.水分胁迫对草原生态系统的影响

气候变化容易引发极端干旱、持续干旱发生等,因气候变化引发的干旱胁迫的不同形式对草原生态系统产生影响的过程与系统响应、草原生态系统对干旱胁迫的承受阈值等也都是十分重要的基础研究内容。

七、水源涵养功能提升与保护的研究

水源涵养一词的来源,可追溯到20世纪初德国建立水源涵养林时期。水源涵养进入我国科学家们的研究范围大约在20世纪60年代末期。最早应用于林业科学领域中的水源涵养林和水源涵养区的区划之中,随后在森林生态学领域,水源涵养作用受到广泛关注。国内外对水源涵养功能的研究方向有同有异。在森林水源涵养作用方面的研究方式趋于一致。水源涵养林、生态系统水源涵养功能等研究属于生态水文学范畴,森林水源涵养功能则属于森林生态水文学内容。森林水文学的研究历史更长一些,森林水文学是用于研究森林植被与水文状况的相互关系的学科。在森林水源涵养作用研究方面,国外学者多关注森林植被层、枯落物层、土壤层涵养水源的机制及水源涵养能力等,Burt 和 Swank(1992)等通过长期生态系统观测数据在森林生态系统对降水的分配方面进行了大量的研究,开展了通过有林地与无林地相互对比的方式评价植被对径流量的影响,扩展了水源涵养功能的内涵。在生态系统服务功能的提出与全球水资源短缺的背景共同作用下,水源涵养功能的迅速成为生态学者们共同关注的重点。这也就联系到生态系统服务体系及与之对应的生态系统水源涵养功能。

我国在水源涵养功能方面的研究大多集中在森林水源涵养的机理机制、价值评估、水源涵养林结构与功能、水源涵养林效益评估及优化配置方式等方面(成晨,2009;陈祥伟等,2007)。水量供给是水源涵养功能在生态系统中最直接的体现,水量调节与水质改善则是间接作用。目前国外对水供给与水调节的关注大多集中于评估其经济价值,为政府决策提供依据,其研究方法主要是利用水文模型模拟森林中的水调节(水量和水质)服务,即计算森林面积变化与水量变化相关性的基础上,分析并利用情景分析预测森林水调节服务的变化趋势。

森林水源涵养功能的内涵与表现形式随研究对象、研究目的、研究尺度等不同而各异。石培礼和李文华(2001)认为森林生态系统植被变化对水分的分配以及河川径流量的影响在河流中上游与下游等区域不同,在中上游区域,植被覆盖度的降低会使植被蒸发散作用增强,流域产水量降低,而在其他区域,则是植被覆盖度降低有利于增大河流径流量,依次看来,森林水源涵养功能是一种调节水分分配以及调节径流的作用。我国成立水源涵养林的目的是保护水源地,维持生态系统健康,提供优质水源,从这一目的看,水源涵养功能的内涵中,必不可少的是对水质的调节作用,李文宇等(2004)依据降水在森林生态系统中分配的各个环节进行了水质的分析,证明了水源涵养林能够通过植被与降雨之间的相互交换、吸附等环节达到净化降雨的作用。

邓坤枚等(2002)在长江上游森林生态系统水源涵养功能研究中,将水源涵养功能内涵定为森林土壤的拦截、渗透与储藏雨水的数量。张彪等(2009)将土壤蓄水特征与产流特征相结合,将森林水源涵养功能随降雨量的变化相对应起来,重新定义了水源涵养功能的内涵(张灿强等,2012)。此外,张彪等(2009)对森林水源涵养能力的内涵、水源涵养过程、水源涵养量计算方法等进行了对比分析与归纳总结(刘飞等,2006;司今等,2011;王晓学等,2013)。这些研究为森林水源涵养功能的完善奠定了较好的理论基础。

相对于森林生态系统,其他生态系统水源涵养功能研究较少,仅有少量关于湿地或草地水源涵养功能的相关成果(戴其文,2010)。熊远清等(2011)提出湿地生态系统是陆地生态系统与水生生态系统间水文特征独特的区域,在涵养水源、调节径流方面发挥着重要的作用。崔丽娟(2004)认为鄱阳湖湿地水源涵养功能的内涵为湿地流域内多年平均容纳的水量。贺桂序等(2007)认为西藏高原湿地的水源涵养功能内涵为降水转化为径流量的总量。

草地生态系统总面积大,是我国主要的陆地生态系统类型之一,除为我们提供直接的畜牧产品、植物与动物资源外,还能够调节生态系统结构、功能与格局的稳定性,草地一般分布在干旱、半干旱、高寒、高海拔等条件严酷的地区,关于草地水源涵养功能的研究较少,赵同谦等(2004)将草地生态系统的水源涵养功能内涵界定为截留降水、涵养水分的作用,这种作用是相对于裸地而言的,受到降雨强度、降雨量变化特征以及草地具体的类型影响。于格等(2005;2006;2007)也认为草地相对于空旷裸地具有更高的水分渗透性与保水功能,能够截留降水,发挥水源涵养功能。

生态系统服务功能与价值近年来在国内外备受重视,受到科学界的高度关注(Costanza et al,1997;Daily,1997;De Groot et al,2002;李文华等,2002)。水源涵养是生态系统的重要服务功能之一,水源涵养能力与植被类型和盖度、枯落物组成和现存量、土层厚度及土壤物理性质等密切相关,是植被和土壤共同作用的结果。生态系统涵养水分的功能主要为截留降水、抑制蒸发、涵蓄土壤水分、增加降水、缓和地表径流、补充地下水和调节河川流量等(穆长龙等,2001;邓坤枚等,2002)。这些功能主要以"时空"的形式直接影响河流的水位变化。在时间上,它可以延长径流时间,或者在枯水位时补充河流的水量,在洪水时减缓洪水的流量,起到调节河流水位的作用;在空间上,生态系统能够将降雨产生的地表径流转化为土壤径流和地下径流,或者通过蒸发、蒸腾的方式将水分返回大气中,进行大范围的水分循环,对大气降水在陆地进行再分配。

蓄水能力包括植被层、枯枝落叶层和土壤层截留降水的综合能力(刘世荣等,1996)。石培礼等(2004)应用此法对长江上游地区主要森林植被类型的蓄水能力进行了初步研究。有的学者用凋落物层和土壤蓄水量来代表生态系统涵养水分能力。李红云等(2004)利用此法对济南市南部山区森林涵养水源总量进行了计算。也有学者用土壤蓄水量来代表生态系统涵养水分能力。也有以年径流量作为功能指标，计算其涵养水分功能的。

国内外关于水源涵养功能、能力的研究有了长足进展。被誉为“中华水塔”的青藏高原，作为我国的重要生态屏障，随着气候变化和人类活动干扰的加剧，形成了大面积的黑土型退化草地。草地生产力下降，生态环境恶化，水源涵养能力急剧衰退。但是对于如何提升水源涵养功能，如何保护和维系较好的水源涵养能力，是面临的重要研究内容。其中，如何进行退化草地的恢复与重建，恢复植被/土壤水源涵养功能，提升水源涵养能力已成为高寒草甸生态环境综合治理的难题之一。

第二章　高寒草甸大气水分、地表降水量及空气干湿度

大气-植被-土壤是地表生态系统的主要组成部分。水分运动在大气-植被-土壤显得最为活跃。大气降水到植被(包括地表)表面后,通过再分配,一部分蒸发直接回到大气,一部分透过植被及土壤表层到土壤浅层和深层。土壤层的水分一部分渗漏(透)到底层,另一部分经植被生长产生蒸腾与土壤表面的蒸发回到大气中。水分就是这样不断地循环往复。但因部分区域土壤、植被结构不同,远离海洋程度不同,降水量、植被蒸散、土壤蓄水能力等不同,这个循环规律有所差异,致使水分运动产生的量有所改变,导致不同地区土壤贮水量、植被蒸散量等不同。本章主要围绕降水、植被的截留、有效降水、土壤水分的分配与运动进行讨论。

第一节　青藏高原空中水循环与水资源时空分布

空中水资源是地表水资源的根本来源,青藏高原空中水资源分布又影响到高原每个地区的降水、地表径流、土壤水的状况。了解青藏高原空中水资源的来源和分布状况是掌握青藏高原各地水资源的必要前提。

一、空中水分循环过程中的"源"与"汇"

亚洲夏季季风雨带的时空变化反映了季节转换过程中海、陆热力差异和青藏高原大地形共同作用的结果,其可划分成东亚夏季季风和南亚夏季季风。正是季风气候的存在以及差异性,导致青藏高原空中水分循环过程中的"源"与"汇"及其与水资源时空分布有所不同。

青藏高原拥有冰川、积雪、冻土,被誉为地球中低纬度高海拔永久"冻土和山地冰川王国",区域气候环境恶劣,地表植被生长低矮,构成了可以与南、北极齐名的地球"第三极"。数以千计的湖泊和冰川遍布这个高原"台地"。青藏高原现代冰川条数占

我国现代冰川总条数的77.85%。冰川融水构成了青藏高原我国境内总径流量的7.2%。高原湖泊为我国湖泊总面积的52%(徐祥德等,2014;Lu et al,2005)。这些冰川、湖泊以及其他陆地地表水的“供水源”均来自大气降水。据研究(徐祥德等,2014),青藏高原冬半年降水约占全年总降水量的40%,并以积雪的形式存储,是夏季河流径流的潜在水源。夏半年降水占年降水量的60%,为下游大型河流流量提供了重要保障,成为中国和亚洲许多大江大河(如长江、黄河、印度河、湄公河、恒河等)的发源地。

气象学家(Wu et al,1998;黄荣辉等,1987;叶笃正等,1992)认为,青藏高原气温较周边同高度自由大气高出4~6 ℃,以至10 ℃。青藏高原由于地形高、面积大,接受着大尺度范围的强太阳辐射,太阳辐射热量被储存,构成了与“城市热岛”群类似的巨大“中空热岛”,并形成“中空热岛”环流,这个“中空热岛”对区域乃至全球大气环流的影响存在难以估计的驱动力。而高原本身热力和大地形动力作用下所产生的经圈环流,不仅破坏了该地区的哈得莱环流,使得亚洲季风区的副热带和中高纬度不断从赤道和热带地区捕获水汽,成为热带海洋向青藏高原及周边大气水分传输的重要水汽源区,而且与大地形热源相联系的南亚高压环流一起起着高层大气强动力的辐散作用。因此,青藏高原作为全球最高大地形,可通过中空大尺度热岛辐合环流的“热泵”效应持续吸引来自印度洋、低纬度西太平洋等地区的暖湿气流(徐祥德等,2014)。青藏高原夏季也常有多变的“娃娃脸”天气,对流云易触发。这些对流云和降水的频繁发生,充分印证了青藏高原大气水汽充沛。

夏季,青藏高原是一个强大的热源,其上空的对流活动频繁。这些现象主要表现在地面强热源及复杂地形造成下垫面热力不均,构成了复杂的陆面水热过程,湍流旺盛。高原东部以凝结潜热为主的中尺度对流活动和巨大的积雨云“烟囱效应”,持续为上层大气输送热量和水汽。南侧边界低层暖湿平流或北侧干冷平流交互影响显著,易形成高原低层强烈不稳定状态。中部平均海拔高度为4000 m以上区域空气密度小,为湍流驱动机制中的浮力项、切变项提供了强热对流驱动源,进而易触发高原异常湍流、局地旺盛的对流活动。据统计,青藏高原整体年平均积雨云出现次数为345次,是中国其他地形区域的2.5倍(戴加洗,1990)。

历史资料综合分析以及青藏高原科学试验(徐祥德等,2014)亦表明,多数高原低涡的初始胚胎都在其西部生成,出现西部“高原涡”、中东部切变线及南侧对流云高频区水汽汇合特征。分析青藏高原整层视热源与水汽输送相关矢量场发现,青藏高原的水汽汇合及东部切变线区域(27°~37°N,85°~101°E)恰好位于中国湖泊集中地区、三江源区域及其青藏高原对流云频发区,印证了青藏高原“中空热岛”效应,而高原中部辐射亮温低值和对流云活跃区两者刚好对应视热源与整层水汽输送相关矢量的辐合区或切变线南侧区域,说明青藏高原区域“中空热源”引起水汽输送的关键通道主要来自南侧孟加拉湾、中国南海以及两边阿拉伯海等地。

在亚洲水分循环过程中，从热带海洋水汽源区到"世界屋脊"大气的水汽传输主要由南亚和东亚夏季风对流层环流驱动。到达青藏高原前，水汽源被20°N大致分为南、北两部分，即青藏高原的西北侧和孟加拉湾、印度次大陆以及部分阿拉伯海北缘。这意味着，青藏高原地区的水汽在短时间内主要来自这两个区域，其与青藏高原热力作用影响相关的印度季风孟加拉湾、印度次大陆水汽输送相关矢量场特征吻合，表明青藏高原的水汽源汇结构时空变化特征以及低纬度海洋经由中国南海到青藏高原东侧的水汽输送通道结构是影响中国区域旱、涝形成的重要因子。此外，青藏高原地区自身的局地"蒸发"水分循环过程亦可能对其上空大气水汽含量具有贡献。高原及其周边区域夏季对流相对旺盛，夏季自身的水汽也可以输送到其下游区域，并产生降水。

青藏高原是全球最大与最高的大地形，其南侧有来自相邻的印度洋、中国南海等地大三角区的异常显著的暖湿气流，并在青藏高原东侧构成水汽异常辐合。青藏高原中东部强对流活跃区也是东亚季风活跃区内青藏高原及周边地区特殊的水循环过程，因此是东亚陆气相互作用的最敏感区之一，也是大气对流活动和灾害性天气系统的多发区。1991年和1998年长江流域异常洪涝大部分特大暴雨过程的对流云系可追溯到青藏高原及其周边地区。

从热力强迫的观点出发，夏季青藏高原可称为强热源，冬季则为强冷源。计算表明，青藏高原大地形构成了庞大的热力、动力强迫源，构造了跨半球尺度的平均垂直经圈和纬圈环流。沿90°E南北向风场垂直剖面上高原南侧地面低层(850 hPa)呈跨赤道强偏南气流，青藏高原区域为强上升支，高层(300～100 hPa)则呈显著的偏北气流，且该支气流下沉区位于沿20°S南印度洋。青藏高原及南侧呈显著南北向跨半球尺度的经圈环流，在跨半球尺度能量、水分循环的交换、输送过程中起着关键作用。青藏高原升高的陆地表面及其强大的辐射加热构成了青藏高原对流云发展的理想条件，不仅具有水汽汇流特征，而且也呈现出上空水汽凝结形成对流、释放潜热的第二类条件不稳定效应。这种效应，从另一侧面反映了青藏高原跨半球尺度能量、水分循环交换的水汽输送通道，表现出亚洲水分循环过程中，从热带海洋水汽源区到"世界屋脊"大气的水汽传输，主要由南亚和东亚夏季风对流层环流驱动。

Xu等(2008a)提出了青藏高原大气水分循环综合模型的观念，认为高原区域水分循环过程中青藏高原大气整层热源热力驱动如同一个大尺度的类似于热带气旋第二类条件不稳定机制，通过青藏高原上空的整层视热源、耦合的低层辐合、高层辐散结构、垂直热对流，实现了高原水汽爬升及远距离的多尺度强"抽吸"效应，构建了青藏高原热力驱动及其自激反馈的动力系统，并通过全球尺度大气水分循环可构成一个持续的青藏高原"供水源"与"存储水"循环系统，尤其青藏高原上星罗棋布的冰川、积雪和湖泊储存着大量"水资源"，可起到"存储池"效应。高原上河流水网亦可作为连接高原水循环的"输水管道"，通过青藏高原大气垂直环流圈所描述的高层大气水汽输送通道等,从而影响整个世界的水环境。每年青藏高原大气降水亦为青藏高原及周边区域江河水系的主要水资源。伴随着青藏高原隆起演化而形成大量冰川和积雪,融化的冰川和大气降水而形成的径流也源源不断、持续地供应给湖泊与河流。Wu等(1998)指出,夏半年青藏高原不断吸引着来自中低纬度海洋暖湿的空气作为一个强大的"动力泵"。青藏高原南、东侧对应跨南、北与东、西半球的行星尺度环流,海洋暖湿气流到达青藏高原后,部分沿高原南坡爬升,并导致频繁的对流活动。青藏高原的大地形机械动力效应,阻挡了大部分海洋水汽北上,并偏转到大地形东侧。这支偏西南气流源源不断地将丰沛水汽输送到中国东部和东亚地区。因此,青藏高原东坡与南坡地表河流(长江、恒河等)输送大量的水返回到西太平洋与印度洋。在青藏高原东侧、南侧高层大气存在朝低纬度海洋的返回气流。上述青藏高原东坡、南坡河流与高层气流两者构成了青藏高原大气水分循环过程的立体"输出管道"系统。跨南北半球经向环流和跨东西半球纬向环流亦与高原的"热力泵"和机械动力阻挡息息相关。

隆升的青藏高原地形和强大的表面辐射加热形成的局地上升对流,往往导致降水。频繁的降水是"不断补充"水资源的关键机制之一。水汽分布和大气环流的纬向和经向垂直结构表明青藏高原对全球尺度气候变化的响应,尤其青藏高原区域特殊水分循环结构还具有反馈作用,即在青藏高原地区构建了一个多尺度大气水分循环的"供水"和"蓄水"循环体系,如,高原地表冰川、积雪、湖泊等可作为"蓄水池"系统,使得相关水系的河流可作为"输水管道",向周边输送,高层大气也提供了向外输送的通道,构成了青藏高原特殊的跨半球大气水分循环模式。

青藏高原大气水分循环过程的大气、陆地、海洋相互作用,对全球自然和气候环境产生了深远的影响。对半个多世纪的大气水汽含量、降水、表面温度时间序列分析表明,全球变暖导致"世界屋脊"大气水汽供应呈增加的趋势。这一发现意味着,一方面,青藏高原的水汽含量和降水的增加可能缓解由于全球变暖冰川和积雪的迅速枯竭。另一方面,它可能会改变青藏高原地区的生态系统,也可能会增加下游地区的洪涝灾害和相关气候环境改变。在全球变暖背景下,了解这些区域以及来自这些区域的水资源供应是否已经发生变化至关重要,需进一步研究青藏高原大气中的水汽状况、水汽输送和水汽供应及其变化趋势。

二、空中水汽资源计算

综合参考李林等(2010)、卢鹤立等(2007)对高原及其邻域的分区,同时,考虑帕米尔高原夏季受下沉辐散气流控制影响的范围,我们将青藏高原范围定义为:包括青藏高原主体及云贵高原和四川盆地西部。按照方位,将青藏高原划分为东南部(25°～35°N,95°～105°E)、中南部(27.5°～30°N,80°～ 95°E)、东北部(35°～40°N,95°～105°E)、中北部(30°～37.5°N,77.5°～95°E)和西北部(35°～40°N,70°～77.5°E)5个分区(图2-1)。

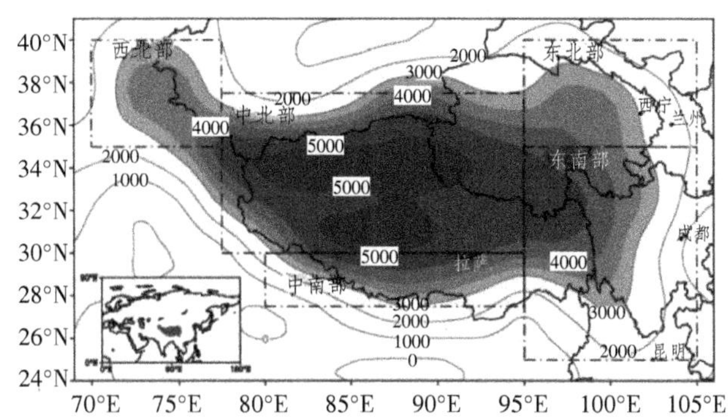

注：阴影（≥3000 m）与等值线为海拔高度，虚线框为分区

图2-1　青藏高原及其邻域分区示意图

分析资料采用1979—2010年NCEP/NCAR、JRA-25月平均，再分析资料中的水平 u、v 风场、比湿场、地表气压场以及大气可降水量场，其空间分辨率分别为2.5°×2.5°与1.25°×1.25°（Kalnay et al，1996；Inoue et al，2004；徐影等，2001；周顺武等，2009；Kazutoshi et al，2007）。

水汽通量计算时青藏高原及其邻域空中水资源变化趋势与突变特征采用线性倾向估计与累积距平的展开分析，并分别利用 t 检验与滑动 t 检验对其进行显著性验证。其中，水汽输送特征则通过整层纬向（Q_λ）、经向水汽输送通量（Q_Φ）、整层水汽输送通量（Q）及其散度（D）来分析（王平等，2010）。计算公式分别为：

$$Q_\lambda = -\frac{1}{g}\int_{p_s}^{p_t} qu\mathrm{d}p$$

$$Q_\Phi = -\frac{1}{g}\int_{p_s}^{p_t} qv\mathrm{d}p$$

$$Q = -\frac{1}{g}\int_{p_s}^{p_t} q\bar{V}\mathrm{d}p$$

$$D = -\frac{1}{g}\int_{p_s}^{p_t} \nabla\cdot(q\bar{V})\mathrm{d}p$$

式中：g 为重力加速度；q 为比湿；$\bar{V}$ 为水平风矢量；p_s 为地面气压；p_t 为大气层顶气压；∇ 为散度算子，有：

$$\nabla^2 T(i,\ j) = F(i,\ j)$$

T 为格点（$i,\ j$）上的内插值；F 为强迫函数；∇^2 为拉普拉斯算子。以有限差分形式定义为：

$$\nabla^2 T(i,\ j) = \frac{\left[T(i,\ j+1)+T(i,\ j-1)+T(i+1,\ j)+T(i-1,\ j)-4T(i,\ j)\right]}{4}$$

相对于对流层中层而言，青藏高原对流层水汽含量在300 hPa以上极低，故上界气压 p_t 取300 hPa即可。因此，采用箱体法从边界纬向（F_u）、经向（F_v）的水汽收支和

区域净收支(D_s)三方面计算各分区水汽收支特征。其计算公式分别为(王平等,2010):

$$F_u = \int Q_\lambda a \mathrm{d}\Phi$$

$$F_v = \int Q_\Phi a \cos \Phi \mathrm{d}\lambda$$

$$D_s = \sum (F_u,\ F_\lambda)$$

式中:Φ 为经度;λ 为纬度;a 为地球半径。

此外,区域西风指数与南亚季风指数均能较好地描述中纬西风带与南亚季风对研究区的影响特征,故选用65°～110°E沿24°N与沿50°N的500 hPa平均位势高度差为区域西风指数(朱乾根等,2000),以及0°～20°N和40°～110°E区域平均的沿850 hPa与沿200 hPa的纬向风速差为南亚季风指数(Webster et al,1992)。

三、空中水资源时空变化特征

1.水汽输送与收支时空分布

青藏高原及其邻域的水汽输送分布主要受三条输送通道的影响,即孟加拉湾偏南风水汽输送、随西风直接进入高原的西风水汽输送及其越过塔里木盆地后形成的偏北风水汽输送。尤其以来自孟加拉湾的偏南风水汽输送对高原水汽输送贡献最大[图2-2(a)]。从纬向水汽输送看,由于大地形阻挡使得研究区西风水汽输送在同一纬度上最小。而来自南半球马斯克林高压的东南信风受地转偏向力和东非高原地形影响形成索马里越赤道气流(李晓峰等,2006),发展成为跨越阿拉伯海、孟加拉湾以及南海的最强纬向西风水汽输送带[图2-2(b)]。阿拉伯海、孟加拉湾以及南海地区同时也是南风水汽通量输送极大值区域,且以孟加拉湾附近的南风水汽输送通量最强,并一直延伸到30°N附近[图2-2(c)]。

2.可降水量时空分布

青藏高原夏季各分区可降水量年际变化区域差异明显(图2-3,解承莹等,2014)。与全球差值比较发现,1979—2010年高原中北部与东北部可降水量在增加,但两者干湿突变并不明显。同期高原东南部、中南部与西北部可降水量则呈减少趋势。

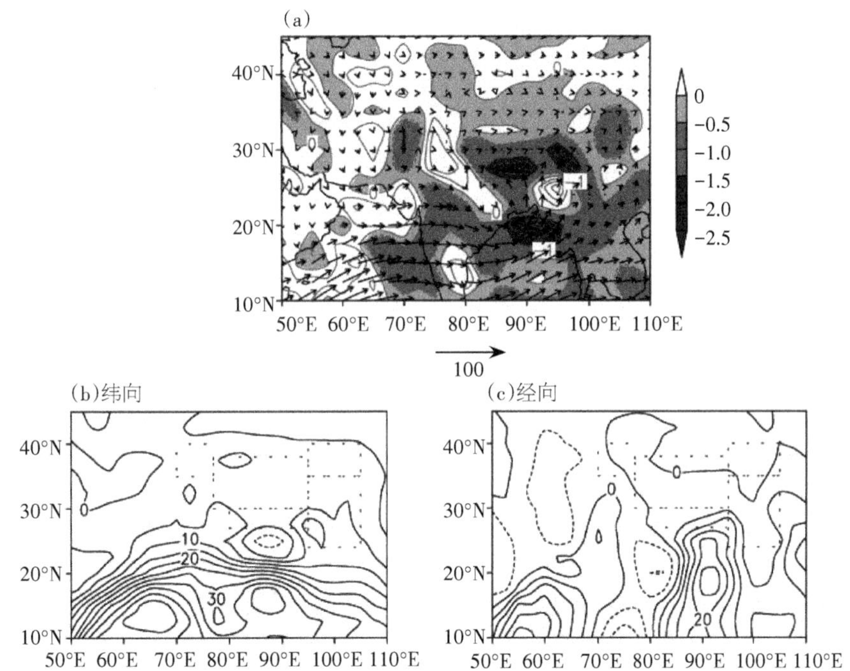

注:图(a)中矢量代表水汽输送通量,等值线代表水汽输送通量散度,阴影表示辐合

图2-2　1979—2010年夏季青藏高原夏季多年平均水汽通量散度[10^3kg/(m^2·s)](a)及其纬向(b)、经向(c)水汽输送通量[10^3kg/(m·s)]

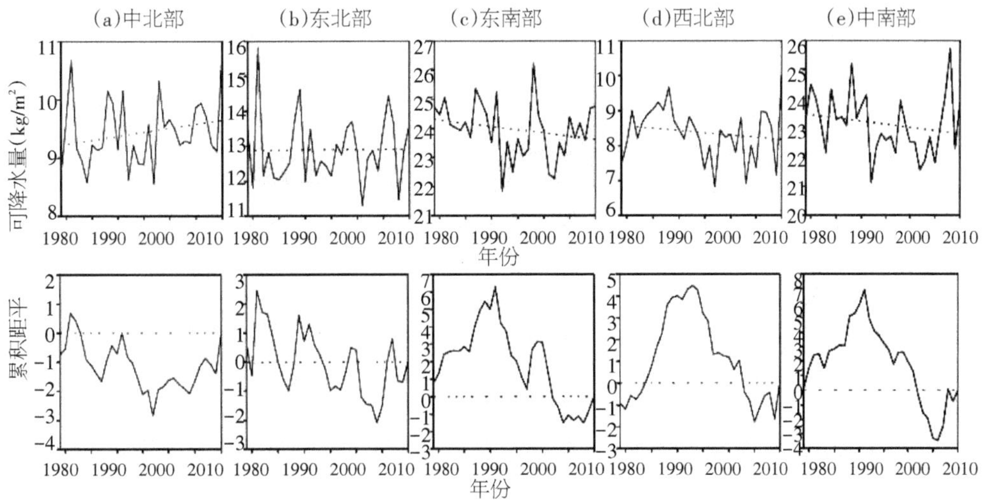

注:虚线分别代表可降水量线性趋势与距平零线

图2-3　1979—2010年夏季青藏高原中北(a)、东北(b)、东南(c)、西北(d)和中南(e)部可降水量年际变化曲线及累积距平

3.空中水资源时空分布的可能成因

青藏高原及其邻域纬向水汽输送与区域西风指数以及南亚季风指数的相关分布表明,除西北部外,研究区域的纬向水汽输送与区域西风指数呈显著的正相关关系[图2-5(a)]。青藏高原东部和南部纬向水汽输送则与南亚季风指数呈正相关关系[图2-5(b)]。这表明当区域西风与南亚季风减弱时(图2-4),青藏高原西北部纬向水汽输送基本呈增强趋势[图2-6(a)]。此外,经向水汽输送与南亚季风指数主要呈南正北负的相关分布,且以冈底斯山脉—唐古拉山为界[图2-5(c)]。而青藏高原南部和西部的经向水汽输送与区域西风指数呈负相关关系,但其相关性并不显著[图2-5(d)]。这说明区域西风与南亚季风的减弱(图2-4)导致了青藏高原大部分地区经向水汽输送减少[图2-6(b)]。

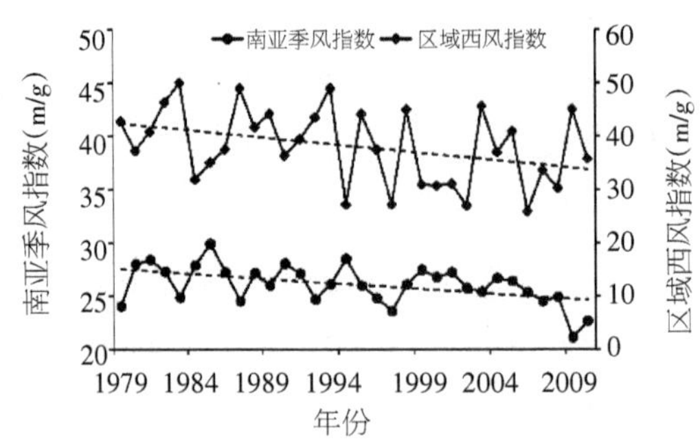

注:其中虚线为其线性趋势

图2-4 1979—2010年夏季南亚季风指数与区域西风指数年际变化曲线

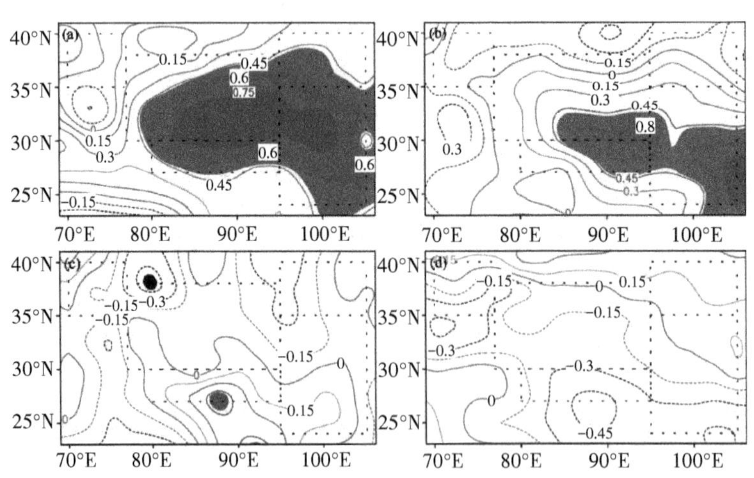

注:阴影表示通过了0.01 显著性水平检验

图2-5 1979—2010年夏季区域西风指数与纬向(a)、经向(d)水汽输送通量以及南亚季风指数与纬向(b)和经向(c)水汽输送通量相关分布

青藏高原独特的地形分布则使得各分区水汽净收支变化更为复杂，其中，纬向水汽输送年际变化呈现为东正西负的分布特征，经向则呈南负北正的分布状况。受全球变暖影响，中高纬地区由暖干向暖湿的转变（施雅风，2003）以及青藏高原西北部西风水汽输送的增强[图2-6(a)]均有利于西北部水汽净输出向输入转变[图2-5(e)]，并使得帕米尔高原降水增加，进而导致其上覆盖的冰川质量增加以及喀拉湖水位持续上涨（Yao et al，2012；李均力等，2011）。而青藏高原东部偏西风水汽输送[图2-6(a)]减弱以及青藏高原热源减弱（占瑞芬等，2008）所引起的南海东南风水汽输送加强均有利于东北部西边界水汽收入减少率远小于东边界的支出减少率，进而导致纬向净收支由支出向收入转变，因而高原东北部水汽净收入增加[图2-5(c)]。此外，中南部[图2-5(a)]、中北部[图2-5(d)]水汽收支主要以经向水汽输送为主。而东南部经、纬向水汽收支虽相当，但纬向水汽收入线性变化不如经向明显，故净收入线性趋势也以经向水汽收入的变化为主。因此，中北部经向水汽收入受区域西风与南亚季风减弱影响（图2-4）呈减少趋势[图2-5(d)]，而喜马拉雅山脉—冈底斯山脉—唐古拉山—昆仑山的阻挡使得中南部和东南部南边界水汽收入减少率远大于北边界水汽收入减少率[图2-6(b)]，进而导致其水汽净收入减少[图2-5(a)、(b)]。

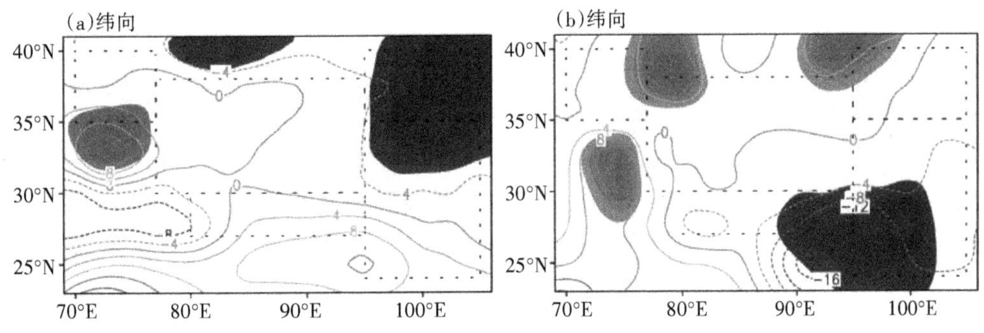

注：阴影表示通过了0.01显著性水平检验

图2-6　1979—2010年夏季纬向水汽输送通量(a)与经向水汽输送通量(b)线性趋势[kg/(m·s·a)]分布

青藏高原及其邻域各分区空中水资源年际变化差异明显。1979—2010年青藏高原中南、东南部与西北部可降水量与水汽净收支呈递减趋势，东北部可降水量增加，中北部水汽净输入减弱但可降水量增加。大气环流系统与高原大地形是造成青藏高原各分区空中水资源区域差异明显的重要原因。1979—2010年区域西风指数、南亚季风指数减弱分别反映了青藏高原中东部地区纬向、30°N以南经向水汽输送减弱；青藏高原大地形的存在使得纬向与经向水汽输送的变化趋势分别呈现为东西与南北反相位分布，进而使得区域水汽净收支区域差异更为明显。青藏高原西北部水汽净支出向净收入的转变使得帕米尔高原地区降水量与冰雪覆盖面积增大，进而影响到中亚干旱区冰川补给型河流湖泊的水量变化。

第二节　典型高寒草甸地区空气水汽含量及特征

在第一节我们讨论了整个青藏高原空中水分输送与输出过程中的来源、水汽通量、收支状况，以及空气中水资源量的分布状况。在空中水分分布及大气环流及地形的动力和热力作用下，每个地区的降水量将会不同。这种不同与局地空气湿度具有很大的联系，正是由于空气湿度不同，进而导致各地落至地表的降水（天空自然降水和地表凝结水）存在差异。因此，掌握局地空气湿度是了解局地降水分配及丰沛度的基础。这里以水汽压、相对湿度来分析海北高寒草甸地区、三江源玛沁高寒草甸地区空气湿度的季节和年际变化特征。

一、水汽压

图2-7给出了三江源玛沁高寒草甸地区和海北高寒草甸地区1981—2016年实际水汽压月平均变化状况。可以看出，36年来不论是三江源玛沁高寒草甸地区还是海北高寒草甸地区，实际水汽压的月变化同步，均表现为1月低，7月、8月高。这种变化与水热同季相联系。在寒冷的1月，海北高寒草甸地区、玛沁高寒草甸地区实际水汽压月平均值仅分别为1.00 kPa和1.22 hPa，而在最高的7月平均也分别只是9.35 kPa和8.87 kPa。但受区域地理位置下的环境影响，7月海北高寒草甸地区大于玛沁高寒草甸地区，1月又比玛沁高寒草甸地区低，在季节转换的5、6月和9、10月二地基本相同。

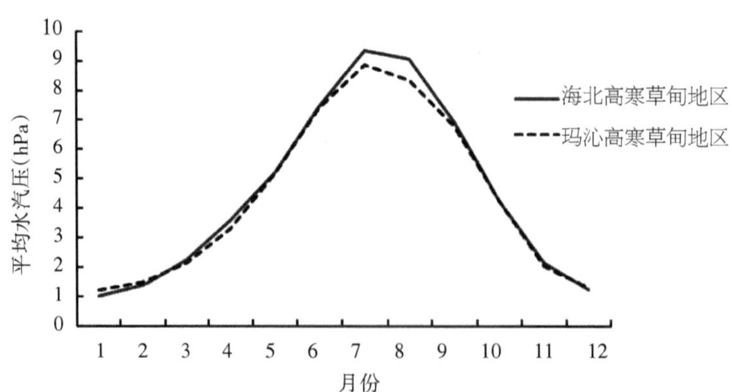

图2-7　海北高寒草甸地区和三江源玛沁高寒草甸地区水汽压月变化

图2-8给出了海北高寒草甸地区和三江源玛沁高寒草甸地区1981年到2016年年际动态变化状况，可以看出，近36年来海北高寒草甸地区水汽压随年际进程出现显著的上升趋势，玛沁高寒草甸地区有上升趋势但不甚明显。随年际进程所表现的上升趋势中植物生长季明显，非生长季不明显(图2-9)。

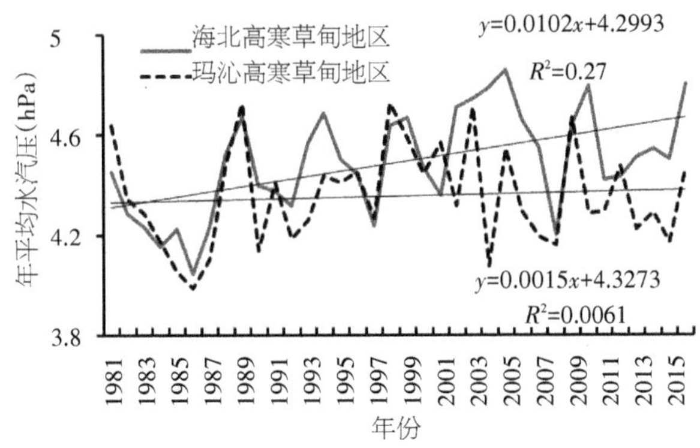

图2-8　海北高寒草甸地区和三江源玛沁高寒草甸地区水汽压年际变化

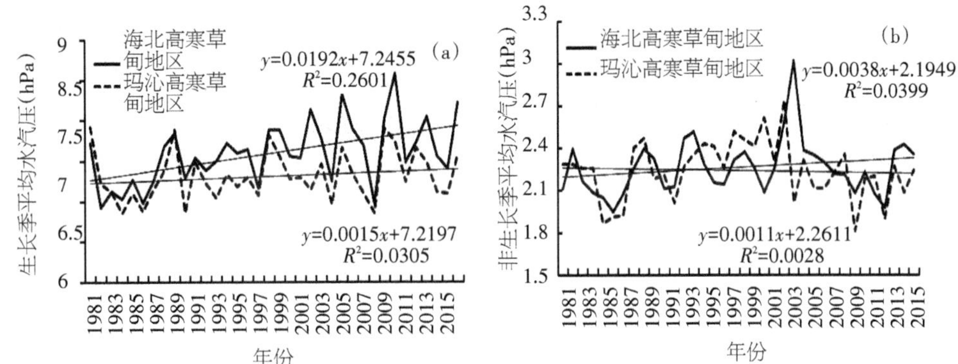

图2-9　海北高寒草甸地区和三江源玛沁高寒草甸地区生长季(a)、非生长季(b)水汽压年际变化

由于高寒条件限制，高寒草甸地区饱和水汽压均较低。海北高寒草甸地区和玛沁高寒草甸地区多年平均饱和水汽压分别为4.49 hPa和4.36 hPa，植物生长季分别为7.60 hPa和7.32 hPa，非生长季分别为2.27 hPa和2.25 hPa。也就是说海北高寒草甸地区和玛沁高寒草甸地区多年平均空气水汽绝对湿度分别为4.49 g/m³和4.36 g/m³。其量值接近。

同样，过去的36年里，海北高寒草甸地区和玛沁高寒草甸地区饱和水汽压均随年际进程极显著增加(图2-10、图2-11，$P<0.001$)，生长季较非生长季尤其明显。过去的36年海北高寒草甸地区和玛沁高寒草甸地区年平均饱和水汽压分别为6.19 hPa(g/m³)

和6.50 hPa(g/m³),植物生长季分别为10.03 hPa和10.15 hPa,非生长季分别为3.45 hPa和3.89 hPa。

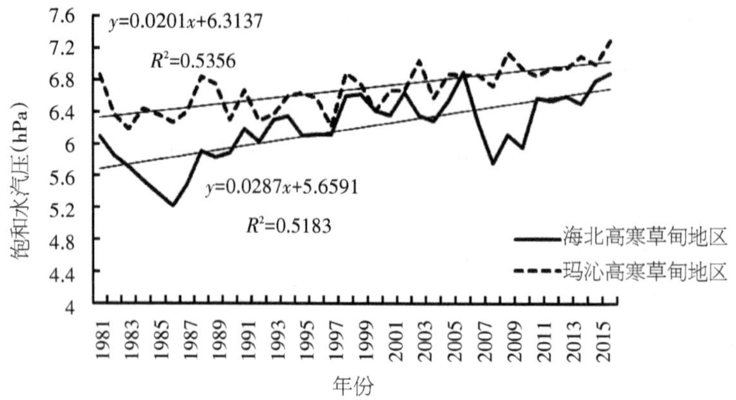

图2-10 海北高寒草甸地区和三江源玛沁高寒草甸地区饱和水汽压年变化

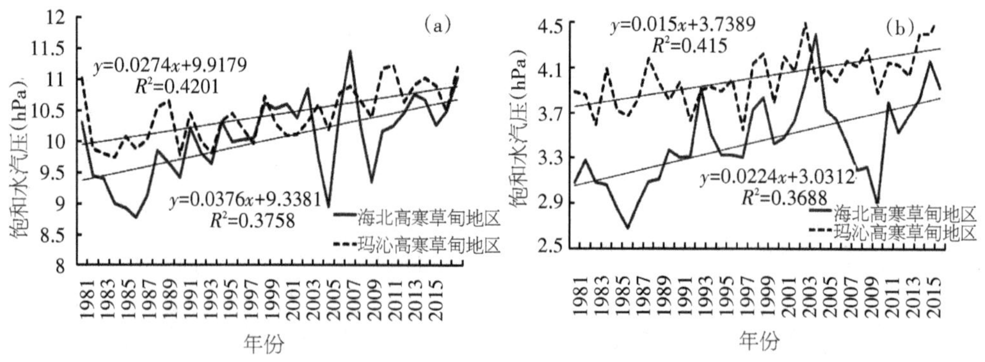

图2-11 海北高寒草甸地区和三江源玛沁高寒草甸地区植物生长季(a)、非生长季(b)饱和水汽压年变化

统计发现(图2-12),近36年海北高寒草甸地区、玛沁高寒草甸地区年平均饱和水汽压差分别为1.70 hPa和2.29 hPa,植物生长季分别为2.43 hPa和3.07 hPa,非生长季分别为1.18 hPa和1.73 hPa。

从实际水汽压看,海北高寒草甸地区的大于玛沁高寒草甸地区的,但饱和水汽压相反二地水汽压随年际进程均增加,但其增加的显著性较饱和水汽压的显著性低,说明青海南部的玛沁高寒草甸地区空气水汽含量距离饱和程度更大些(图2-12),这也从另一方面证明海北高寒草甸地区比玛沁高寒草甸地区水汽凝结产生的降水相对更丰富(见本章第四节)。

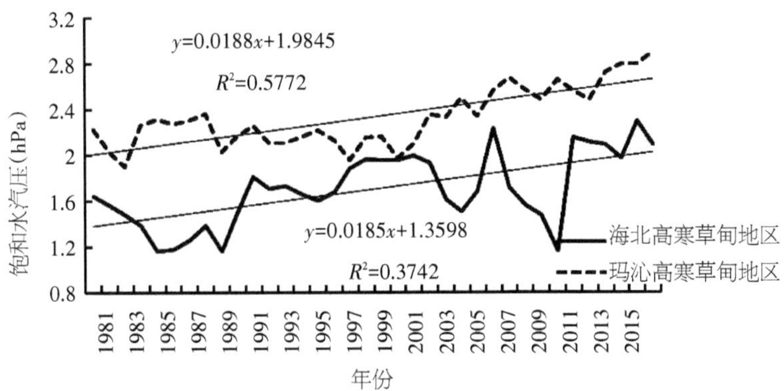

图2-12　海北高寒草甸地区和三江源玛沁高寒草甸地区饱和水汽压差年际变化

二、相对湿度

以三江源玛沁高寒草甸地区和海北高寒草甸地区1961—2016年相对湿度的月、生长季和非生长季以及年平均变化状况为例。

月际变化表明，海北高寒草甸地区和玛沁高寒草甸地区的相对湿度也是单峰式变化，寒冷季低、温暖季高，但最高值出现时间不一致，玛沁高寒草甸地区最高出现在7月，9月为次高峰。海北高寒草甸地区在9月最高。玛沁高寒草甸地区最低值出现在2月，海北高寒草甸地区在1月。其差异性除与各地饱和水汽压有关外，更大程度受制于玛沁高寒草甸地区季风气候回撤较海北高寒草甸地区晚。也就是说，7—9月空气实际水汽压占据饱和水汽压的比例较高，与饱和水汽压相接近，空气相对显得湿润；而在12月—翌年2月温度寒冷的状况下，实际水汽压则占饱和水汽压比例大大减小，远离饱和水汽压，近地空气显得非常干燥。

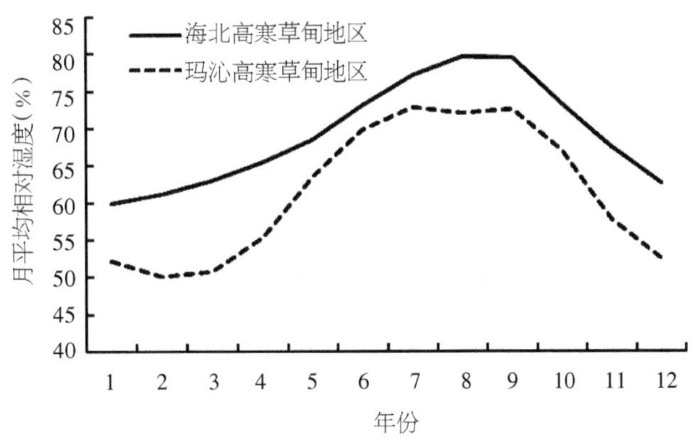

图2-13　海北高寒草甸地区和三江源玛沁高寒草甸地区相对湿度月变化

从年平均相对湿度随年际进程来看，1981—2016年的36年里，玛沁高寒草甸地区和海北高寒草甸地区均表现出随年际进程出现显著性下降（$P<0.01$），海北高寒草甸地区下降趋势较玛沁高寒草甸地区更为明显（图2-14）。这种下降趋势均反映在植物生长季和非生长季上。不同的是玛沁高寒草甸地区生长季相对湿度下降的幅度比海北高寒草甸地区明显，植物非生长季海北的下降幅度明显大于玛沁高寒草甸地区（图2-15）。

统计表明，近36年来植物生长季和非生长季的相对湿度平均值海北高寒草甸地区分别为69%、76%、65%，玛沁高寒草甸地区则分别为61%、70%、55%。海北高寒草甸地区高于玛沁高寒草甸地区，海北高寒草甸地区降水相对丰富的情况下，空气显得相对湿润些（见第六章）。进而也表现出植物需水量（可能蒸散）、植物耗水量（实际蒸散量）的差异，海北高寒草甸地区相对低些（见第四和第五章）。

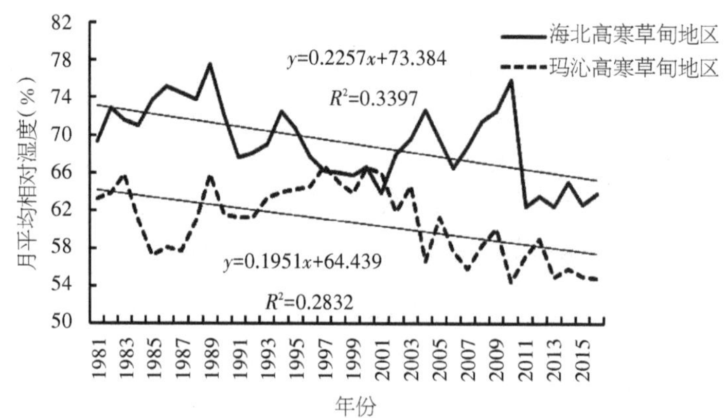

图2-14　海北高寒草甸地区和三江源玛沁高寒草甸地区相对湿度年际变化

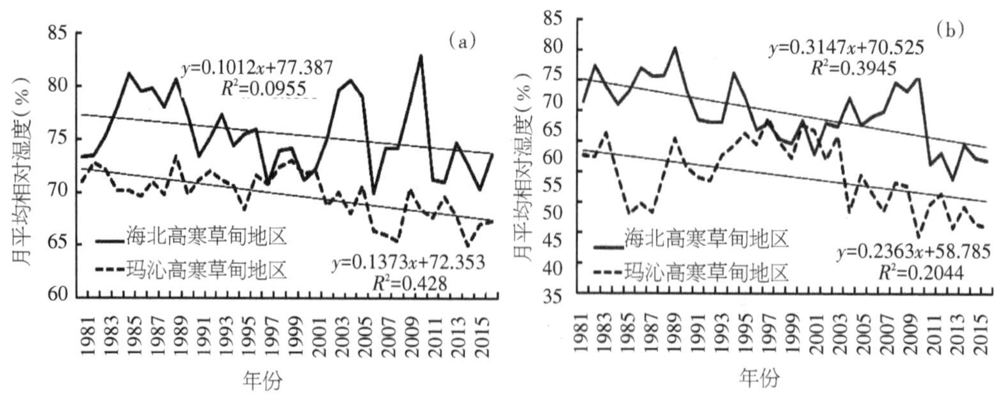

图2-15　海北高寒草甸地区和三江源玛沁高寒草甸地区生长季（a）、非生长季（b）相对湿度年际变化

第三节　青海三江源区域降水的时空分布

李珊珊等(2012)利用1960—2010年三江源区12个气象站的降水资料，通过气候线性趋势分析、5年滑动平均、IDW插值法、Morlet小波分析和R/S分析法对该区降水量的时空变化特征进行了分析，并探讨了降水量变化趋势。本节以李珊珊等(2012)的研究，分析了三江源区域降水的时空分布(包括图2-16至图2-19，表2-1、表2-2)。为了尽可能保证所有气象站数据资料长度的均一性和稳定性，他们在资料处理之前，对气象站进行了区域划分，伍道梁、托托河、曲麻莱、玉树和清水河属于长江源区，玛多、河南、达日、久治和兴海属于黄河源区，杂多和囊谦属于澜沧江源区，以区域各站点的平均序列代表该地区的降水序列。季节的划分采用气象季节，即3—5月为春季，6—8月为夏季，9—11月为秋季，12—翌年2月为冬季。采取线性倾向估计法分析气候变化趋势，计算过程中采用最小二乘法进行估计，所得倾向率用来分析要素的年际变化趋势。在ArcGIS环境下通过反距离加权插值法(IDW)绘制出降水量的空间分布图，进行年降水量和各季节降水量的空间差异分析。最后运用Morlet小波分析法对三江源区降水变化进行了周期分析，并在此基础上应用R/S分析法尝试预测了未来该地区降水变化的情形。

一、不同流域降水的年代际变化

分析发现，三江源年降水量在20世纪60年代、70年代和90年代总体呈偏低之势，其中，降水量自20世纪60年代以来表现为逐渐减少，20世纪80年代明显偏高，之后逐渐减少，2000年以后则又显著增多(表2-1)。年降水量的年代际变化起伏明显，且在不同的流域表现出不同的趋势，其中20世纪60年代和20世纪70年代澜沧江源区表现为最低、长江源区次之、黄河源区最高，而且黄河源区20世纪60年代降水量为正距平，20世纪80年代则与以上两个时段相反，但降水量都偏高。20世纪90年代长江源区相对较低，低于多年均值23.97 mm，澜沧江源区较高，黄河源区居中。2000—2010年黄河源区最低，其次为澜沧江源区，长江源区最高，与多年均值相差29.07 mm。

表2-1 三江源区年、季降水量(mm)的年代际变化

研究区	年份	全年	春季	夏季	秋季	冬季
长江源区	1960—1969	-11.08	-7.84	-1.06	0.29	-1.91
	1970—1979	-11.51	-0.57	-7.05	-3.81	-0.36
	1980—1989	18.49	5.00	7.51	5.86	0.31
	1990—1999	-23.97	-2.40	-18.59	-5.79	2.75
	2000—2010	29.07	5.28	17.45	3.13	-0.72
黄河源区	1960—1969	6.96	-5.52	4.91	7.41	-2.52
	1970—1979	-3.46	-2.64	-1.57	2.65	-1.26
	1980—1989	17.69	5.36	7.00	6.15	0.19
	1990—1999	-23.60	4.28	-12.81	-18.31	3.34
	2000—2010	2.20	-1.35	2.25	1.91	0.23
澜沧江源区	1960—1969	-19.29	-18.68	11.87	-6.35	-5.73
	1970—1979	-15.91	0.79	-26.06	6.74	2.03
	1980—1989	19.57	-10.29	21.17	9.83	-0.84
	1990—1999	-10.13	7.05	-15.81	-6.87	5.34
	2000—2010	23.42	19.21	8.02	-3.05	-0.74

降水量季节年代际变化表现为，春季20世纪60年代和20世纪70年代降水量偏低，其他时段明显偏高。3个流域在20世纪60年代均为负距平，其中澜沧江源区降水最少，比多年均值少18.68 mm。20世纪70年代长江源区和黄河源区偏低，澜沧江源区偏高。20世纪80年代正好与20世纪70年代相反，20世纪90年代长江源区偏低、黄河源区和澜沧江源区则偏高。2000—2010年黄河源区偏低，长江源区和澜沧江源区偏高，且澜沧江源区降水量比多年均值高19.21 mm。夏季则20世纪70年代、20世纪90年代偏低，其他时段偏高，20世纪80年代降水量达到最大。从流域看，20世纪60年代只有长江源区为负距平，澜沧江源区相对偏高；20世纪70年代都为负距平，澜沧江源区比多年均值少26.06 mm。20世纪80年代都偏高，澜沧江源区比多年均值高21.17 mm；20世纪90年代都为负距平，长江源区相对较低；2000—2010都为正距平，长江源区相对偏高。秋季，只有20世纪90年代的降水量偏低，20世纪60年代澜沧江源区相对偏低，黄河源区较高。20世纪70年代长江源区偏低，澜沧江源区最高。20世纪80年代都偏高，澜沧江源区比多年均值多9.83 mm。20世纪90年代都偏低，黄河源区比多年均值少18.31 mm，2000—2010年与20世纪60年代相似，但长江源区最高。冬季降水量的年代际变化表现出，20世纪60年代、20世纪70年代和2000—2010年偏低，20世纪80和20世纪90年代偏高。各流域表现为20世纪60年代澜沧江源区相对较低，比多年均值少5.73 mm，长江源区次之、黄河源区居中。20世纪70年代黄河源区和长江源区偏低，澜沧江源区最高。20世纪80年代只有澜沧江源区为负距平，长江源区

最高。20世纪90年代与20世纪60年代正好相反，但都为正距平，澜沧江源区比多年均值多5.34 mm。2000—2010年只有黄河源区为正距平，澜沧江源区最低。

二、不同流域降水的年际变化

近51年整个三江源区年降水量呈现增加趋势，但各流域年降水量变化趋势不尽相同（图2-16）。其中长江源区和澜沧江源区表现为非常明显的上升趋势，其年际变化倾向率分别为6.60和7.56 mm/10 a，而黄河源区呈不显著的下降趋势，年际变化倾向率为-0.35 mm/10 a。尽管长江源区和澜沧江源区都为上升趋势，但并没有表现出相同的变化模式，长江源区20世纪80年代以前波动平缓，之后有短暂的增加，但持续时间不长。20世纪80年代中期有所减少，直到20世纪90年代中期又开始增加，21世纪以来降水增加显著。澜沧江源区变化趋势相对平缓。黄河源区20世纪80年代以前波动平稳，1980—2000年显著减少，但进入21世纪上升明显，近几年又有下降趋势（图2-16）。

三江源区春季降水量呈上升趋势，其在长江源区、黄河源区和澜沧江源区都呈上升趋势，其年际变化倾向率分别为2.58、1.88和7.46 mm/10 a。其中长江源区通过了$P<0.05$显著性水平检验，澜沧江源区则通过了$P<0.001$显著性水平检验，而黄河源区没有通过显著性检验。长江源区整体波动平稳，20世纪60—90年代有两次明显增加，之后出现短暂下降，近年来维持平稳增加态势。黄河源区与长江源区整体变化相似，20世纪90年代中期以来有所不同。澜沧江源区起伏最明显。夏季降水量整体呈上升趋势，但其降水变化的区域差异较大，其中长江源区和黄河源区20世纪80年代之前波状上升，之后持续下降，直到1995年之后显著增加。澜沧江源区处于缓慢降低态势，进入新世纪后降水出现增加。长江源区和黄河源区分别以2.82和0.38 mm/10 a的速度上升，而澜沧江源区夏季降水量以-0.81 mm/10 a的速度减少。秋季降水量整体呈略微下降趋势，但其在长江源区却呈上升趋势，其年代际变化倾向率为0.53 mm/10 a。黄河源区和澜沧江源区都呈下降趋势，其年代际变化倾向率分别为-2.88和-0.40 mm/10 a。从变化幅度来看，黄河源区下降趋势相对明显，长江源区和澜沧江源区变化趋势均相对平缓。冬季降水量整体呈略微上升趋势，其在长江源区、黄河源区和澜沧江源区都呈增加趋势，年代际变化倾向率分别为0.46、0.90和1.16 mm/10 a。其中黄河源区通过了$P<0.05$显著性水平检验。长江源区在1995年之前呈波状上升趋势，之后明显下降，尤其近几年来降水减少明显，黄河源区和澜沧江源区的变化趋势与长江源区相似，但黄河源区1995年之前波动平缓。

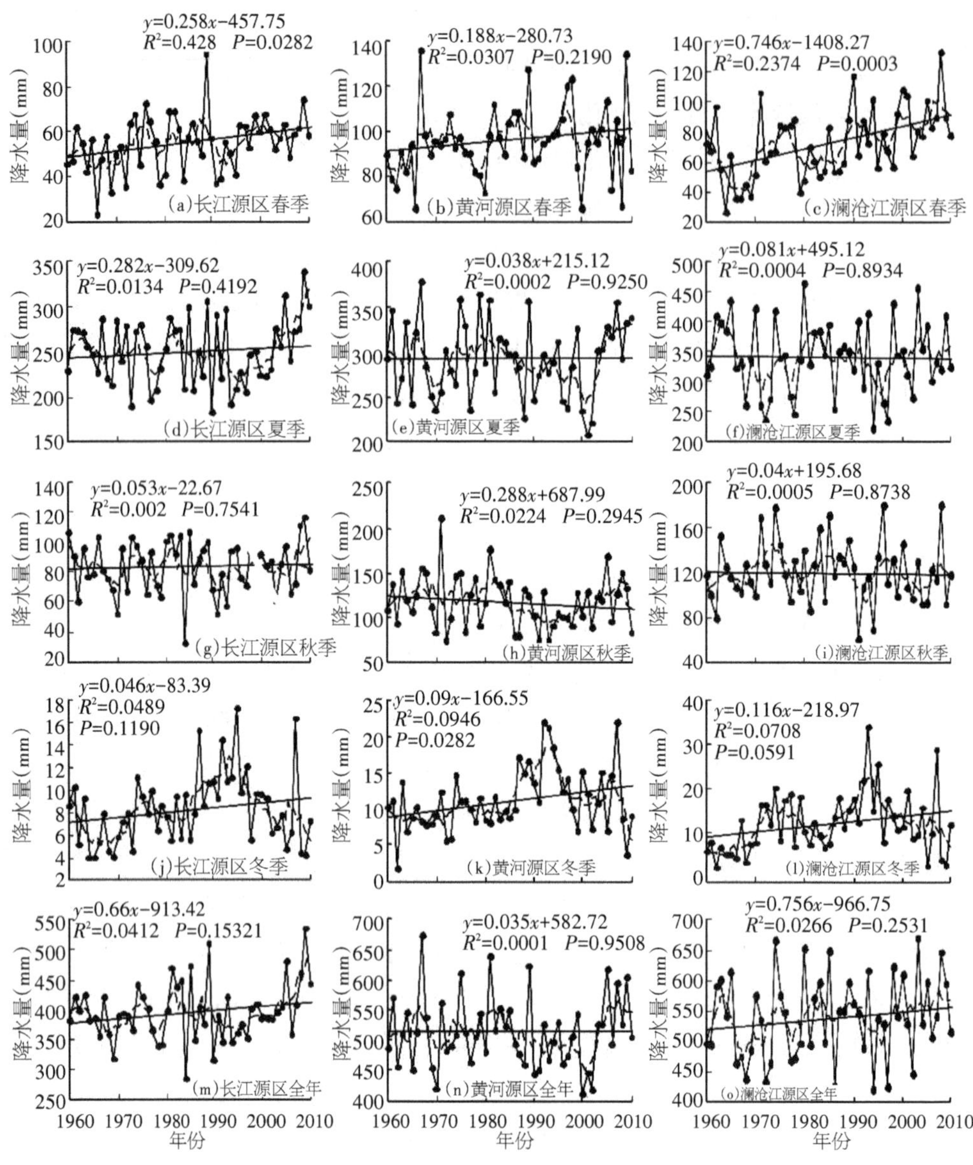

图2-16 1960—2010年三江源区降水年代际变化趋势

三、降水变化的空间特征

因不同的经纬度、地形起伏和不同季风环流的交替等因素影响，降水量区域性差异明显且变化复杂(陈忠等，2003)。1960—2010年三江源区的年降水量除玉树、河南、久治地区外，绝大多数地区降水量呈增加趋势，但增加幅度有很大的区域差异(图2-17)，其增加幅度在1.51～17.86 mm/10 a。以伍道梁(17.86 mm/10 a)增加最大，其次为玛多，达到14.11 mm/10 a。降水量减少主要集中在黄河源区，其中久治降水量减少最快，达17.9 mm/10 a。

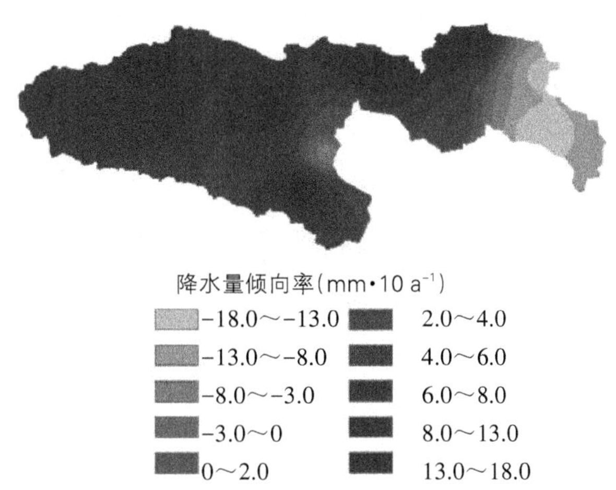

图2-17　1960—2010年三江源区年降水量变化倾向率空间分布示意图

三江源区年降水量空间差异显著，整体表现为北高南低，东西差异明显，但其内部各流域空间变化也不尽相同。三江源区的降水量在不同季节空间差异(图2-18)表现在四个方面。一是与年均降水量倾向率相比，春季降水量除河南地区外均呈增多趋势，增加幅度在0.20～8.24 mm/10 a。澜沧江源区降水量涨幅最大，囊谦与杂多为降水量高值区，分别为8.24、6.68 mm/10 a。二是夏季降水量变化与年降水量变化趋势相似，但其差异更加明显，这是因为夏季是季风水汽最为丰富和强盛的时节，突破了地势起伏的约束(李宗省等，2010)。与春季降水量倾向率相比，最显著的特征是降水量增加地区明显减少，且增幅最大区与降幅最大区都位于三江源区的边缘地带。降水量减幅在1.77～9.70 mm/10 a，尤其以河南县减幅最大。三是与夏季降水量倾向率相比较而言，秋季降水量出现大幅度的减少，主要表现在黄河源区和澜沧江源区，减少幅度在2.27～9.24 mm/10 a。杂多与达日降水量出现了减少，而玉树与河南降水量的减幅放缓，但囊谦与清水河却呈增加状态。四是冬季降水量总体呈上升趋势，但上升幅度不大，在0.17～2.06 mm/10 a，其中以杂多增幅最大。与秋季降水量倾向率相比，冬季降水量增加区与减少区一样多。总之，三江源区春季、夏季和冬季降水量以增加为主要趋势，其中春季增加幅度较大，冬季增加幅度较小。而秋季降水量主要呈现减少趋势。

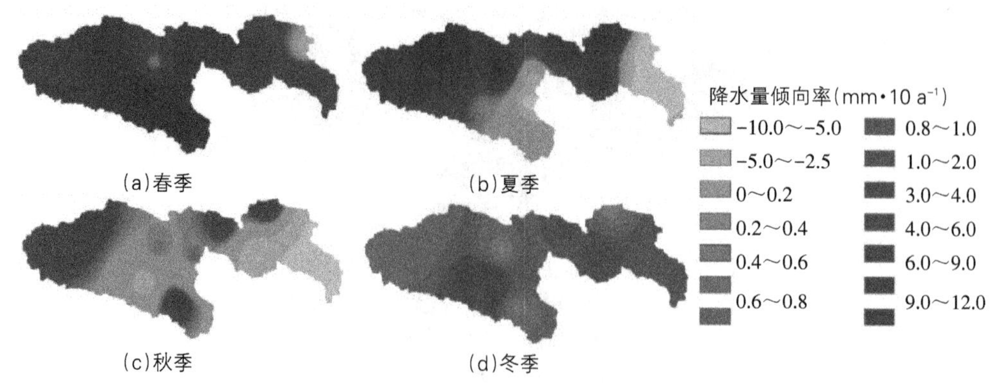

图2-18　1960—2010年三江源区季降水量变化倾向率空间分布示意图

除此，卢鹤立等(2007)使用中国气象局信息中心资料室提供的692个测站自建站至2004年的逐日降水量资料，选择高原及其周边150 km（范围：27°～40°N、75°～104°E）作为研究范围，共计97个站点，其中甘肃9个站，四川19个站，西藏31个站，青海29个站，新疆9个站。除西藏西北部由于地处无人区，站点稀少外，其余地区站点分布较为均匀。由于20世纪50年代的资料大部分缺失，因此资料的起始年份选择在1961年，时间序列为44年。以统计学方法研究高原夏季降水气候特征，通过相关分析、回归分析、经验正交函数分解(王绍武，1998)、功率谱方法(黄嘉佑，2000)等，结合GIS的空间分析功能，对近44年青藏高原夏季降水的时空分布特征进行研究。结果显示，在青藏高原年降水量比较少的地区，夏季降水占全年降水的比例较高，夏季降水与全年降水的相关性也较强。说明青藏高原的夏季降水是全年降水的主要来源。李晓兵(2000)的研究表明，青藏高原由西至东，夏季降水对植被生长的影响加大，夏季降水对草原地区当年植被生长的影响最明显。李英年等(2000)的研究表明，全球气候变暖后青藏高原高寒草甸牧草生产力水平主要与降水有关。在气温上升2 ℃、降水增加10%的情况下，植被的蒸散力大于降水的补给量，干旱胁迫加重，只有降水在同期增加15%以上才能得到缓解，因而草地生产力很大程度上取决于降水。

夏季降水相对变率最大的地区位于青藏高原西北的最干旱地区，最小的地区是三江源区。在青藏高原西北部的最干旱地区，夏季降水是全年降水的主要来源，但平均变率较大，造成当地的生态状况波动很大，呈现出植被净第一性生产力(NPP)年际变动明显的状况。

夏季降水趋势增加和减少的站点分别为54个和43个，通过显著性检验的站点占总数的18.6%，从44年的时间来看，夏季降水的变化趋势总体上并不显著。与气温变化相比，青藏高原降水的变化要复杂得多，降水的变化趋势一直存在争议。选取不同时段的资料，得出的降水变化趋势可能会不同。本书对于1961—1983年、1984—2004

年和1961—2004年三个时段不同海拔范围的夏季降水气候倾向率的分析也证明了这一点。

在海拔2000 m以下的站点中,海拔和夏季降水气候倾向率存在较强的正相关,相关度达0.604($P=0.01$)。主要原因是青藏高原大部分地区的积雨云云底高度在1200～2200 m之间,而夏季不论是大尺度系统降水或者是局地性降水,都与积雨云的分布相关。青藏高原地区温度的升高,意味着夏季季风环流增强,造成积雨云增多。积雨云形成的降雨随海拔升高而加强。1961—1983年和1984—2004年两个时间段相比,4500 m以上海拔范围夏季降水气候倾向率增加幅度较大,达到32.1 mm/10 a。一个可能的解释是在高海拔地区,由于冰川和积雪的蒸发,在冰川下限区以上存在一个最大降水高度(戴加洗,1990)。刘晓东(1998)的研究表明,青藏高原及其相邻地区的地面气候变暖与海拔高度有关,变暖的幅度一般随海拔高度升高而增大。温度的升高使冰川和积雪的蒸发加大,造成高海拔地区夏季降水气候倾向率增加幅度变大。

夏季降水可大致分为三种类型场:高原东南部类型场和高原东北部类型场和三江源类型场,这是高原动力和热力效应、海拔高度、地形和下垫面状况共同作用的结果,也与高原上低涡的活动具有一定的联系。从分区情况来看,高原地区年降水的局地特征非常显著,区域差异比较大。高原东南部类型场和高原东北部类型场表现出南北变化相反的降水特点,分界线大致沿着35°N线。主要原因是,在大地形的作用下,35°N附近经常是西南与西北气流的汇合区,这一地区夏半年经常形成切变或低涡,且稳定少动,造成这一区域降水梯度较大。

在90%的置信概率下,三种类型场分别表现出5.33年、21.33年和2.17年的潜在周期,这和韦志刚和黄荣辉(2003)所得到的"高原降水主要存在3～5年、8～11年和准19年的周期振荡"有相似之处,但高原夏季降水的8～11年周期振荡在本研究中并不明显。高原夏季降水5.33年的强潜在周期可能与ENSO的准4年周期有密切关系(Bradley et al,1987;Shi et al,2002;Haston et al,1994)。另外,对不同海拔高度的夏季降水平均潜在周期的研究也表明,除2000 m以下海拔范围和4500 m以上海拔范围外,其余5组海拔范围都表现为和ENSO基本相同的准4年变化周期。研究地理环境相近情况下的夏季降水周期变化可以发现,三江源地区3500 m以上的站点夏季降水周期随海拔升高而减小,3500 m以下的夏季降水周期随海拔高度升高而增加。

需要指出的是,青藏高原西部腹地的广大地区气象数据缺乏。因此,对数据分析的准确性有一定的影响。随着气象事业现代化发展,未来在县级以下(甚至到乡镇或典型代表区域)的不同地区网格化架设自动气象站,实现气象数据的连续可靠监测,将为青藏高原气候学乃至生态学等研究提供科学支撑。

四、降水量变化的周期分析

图2-19为1960—2010年三江源区各流域年降水量变化的复值Morlet小波变换系数的实部与模平方时频分布图,通过两者的结合来进行周期分析,可以看出,长江源

区降水量的周期变化十分显著，在整个时间序列中存在5年左右、13年左右和22年左右的周期振荡，其中13年左右的周期振动比较明显。同时，在1982—1995年也存在着3年左右的周期。

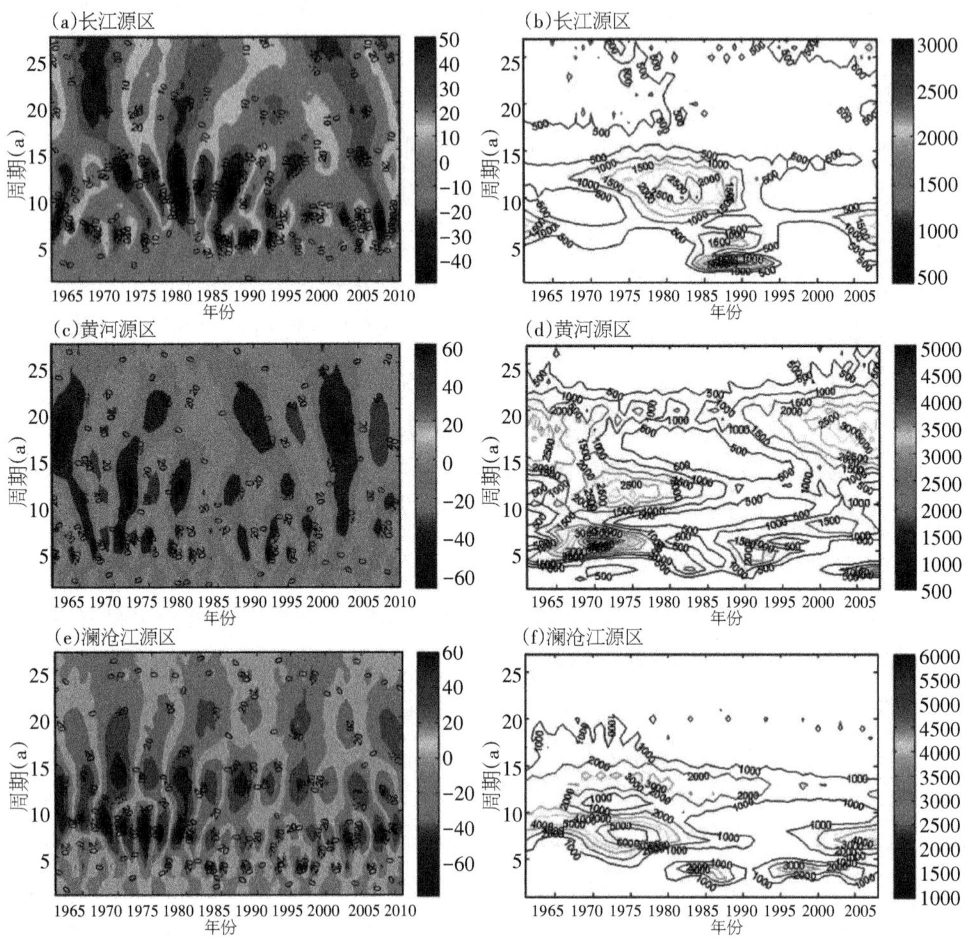

图2-19　三江源区各流域年降水量变化的复值Morlet小波变换系数的实部(a、c、e)与模平方(b、d、f)时频分布示意图

小波变换系数的实部在周期分析中存在着虚假振荡，为了进一步验证周期变化的稳定性，做小波系数的模平方时频分布图[图2-19(b)]。可以看出，13年左右时间尺度的振荡能量最强，但是不集中，主要发生在1967—1990年，其振荡中心出现在1980年。发生于1982—1995年的振荡表现为3年左右的尺度，其能量较大，且能量较为集中，振荡中心出现于1988年。另外，5年左右尺度的周期变化也有所体现，主要出现于1965年之前、1985—1993年和2003年之后，但其能量均较弱。

从黄河源区近51年降水量变化小波变换系数实部时频分布来看[图2-19(c)]，黄河源区年际和年代际周期变化都具有明显的时域特征，在整个时间序列中存在6年左右、13年左右和20年左右的周期振荡，其中20年左右的周期在1974—1994年表现较弱，而其余时间内表现都很显著。同时，在整个时间序列也存在着3年左右不明显的周期振荡。图2-19(d)为黄河源区小波变化系数模平方时频分布示意图，由图可知，黄河源区的各尺度的周期振荡能量都较强，其中以6年左右尺度的周期振荡最为强烈，能量也较为集中，主要发生于1960—1978年。

澜沧江源区在整个时间序列中存在4年左右、8年左右、13年左右和20年左右的周期振荡[图2-19(e)]。该区小波变化系数模平方时频分布示意如图2-21(f)所示，4年左右尺度的周期振荡最为强烈，能量也较为集中，分别发生于1980—1990年和1982年之后。8年左右周期振荡能量较大，但不集中。

小波变换特点说明，在不同流域降水量变化的周期分析中，小波变换系数的模平方和实部所表现的周期变化时频特征基本一致，保证了三江源区降水量变化周期的稳定性。但各流域降水在一定的时间序列中存在一定的不同的周期变化，且周期振荡比较明显。与此同时，在不同时间尺度上所反映的降水偏多和偏少结构也是不一样的。

五、降水量变化的未来趋势预测

研究发现，Hurst指数值能很好地揭示出时间序列中的趋势性成分，且能够根据Hurst值的大小判断趋势性成分的强度(赵晶等，2000)。通过对三江源区近51年降水量和各季节降水量运用R/S分析法进行计算发现(表2-2)，所有的值都介于0.50～1.00之间，具有Hurst现象，长程相关特征表现为持续性，即未来变化将与过去的变化趋势一致。从年降水量来看，长江源区和澜沧江源区过去降水量为上升趋势，预示将来总体趋势仍将持续上升，以澜沧江未来上升趋势最大。而黄河源区过去降水量为下降趋势，未来将继续下降，但强度不大。从各季节来看，各源区在春季和冬季、长江源区和黄河源区在夏季以及长江源区在秋季过去降水量呈上升趋势，预示未来将继续上升，以黄河源区在冬季持续性最强。而澜沧江源区在夏季和秋季以及黄河源区在秋季过去降水量呈下降趋势，未来将继续下降。

表2-2 三江源区降水量的Hurst指数

	全年	春季	夏季	冬季
长江源区	0.6221	0.6593	0.6802	0.7874
黄河源区	0.6648	0.6517	0.6529	0.8302
澜沧江源区	0.8168	0.5862	0.6153	0.5886

全球气候变化是当今世界各国普遍关注的热点问题之一，据政府间气候变化专

门委员会(IPCC)2007年第四次评估报告,全球地表温度过去100年升高了0.74 ℃,20世纪90年代气温变暖明显加速,其中1995—2006年为20世纪最暖时期,实际上到2017年这种趋势还在维持。预计21世纪末全球气温可能升高1.1～6.4 ℃(IPCC,2007)。在全球变暖背景下,中国气候已发生了显著改变,不少学者对此已经做了大量的研究工作(吴绍洪等,2005;卢鹤立等,2007;贾文雄等,2008),也从不同研究的角度、时间等出发,得出不少有意义的研究结果。我们通过对三江源区近51年来年及各季降水时空变化趋势分析发现,年降水量呈现增加趋势,其春季降水表现出统计学意义上的增加趋势,且各流域降水变化存在着明显的空间差异,未来降水变化趋势与过去变化基本一致。事实上,三江源区年降水量的增加,也是由全球变暖导致,从而加强了海洋蒸发和陆地上的蒸散,进而促使地气水分循环加快(施雅风等,2003)。而春季降水量增加,则与中国西北地区西风偏弱,南风偏强,有利于源自印度洋及西太平洋的南方水汽向北输送密切相关(李栋梁等,2003)。

三江源区年降水量表现出北高南低,东西差异明显。来自孟加拉湾的暖湿气流,受阿尼玛卿山和巴颜喀拉山南麓地形抬升和热力作用双重作用,易形成低涡和切变线等降水系统,雨量充沛而稳定,大量水汽被拦截在南麓,最终导致它们以北地区降水量相对较少且不稳定。可以看出,地形是导致三江源区年降水量空间差异的主要影响因子(李林等,2004)。另外,高原地区年降水的局地特征非常显著,区域差异比较大,它不仅受到东亚季风系统的影响,而且受到印度季风、高原自身的季风和西风带系统的影响,此外,还受到高原的动力及热力作用的影响(李生辰等,2007)。三江源区内部各流域的降水差异也较大。其中,长江源头从各拉丹冬到楚玛尔河口,从昆仑山脉到唐古拉山脉,跨越不同的地形地貌且地势差异较大,使其源区内降水时空分布很不均匀(王辉等,2010)。黄河源区的降水主要源于孟加拉湾暖湿气流带来的印度洋水汽,在西南季风和地形作用的影响下,气流由孟加拉湾沿澜沧江、金沙江河谷进入该源区,且因河源区地势原因,使得水汽输送过程补充很少,因而气流抵达时水汽含量甚微,降水量随之减少(樊萍等,2004)。另外,在全球气候变暖背景下,青藏高原不同地区海拔高度和下垫面的差异,导致三江源区各流域增温幅度不同,从而造成冰川与积雪反馈作用的速度不同,这也是可能原因之一(易湘生等,2011)。

从降水与河流补给关系来看,三江源区河流以降水为主要补给,年内分配也主要受降水的影响,季节性变化剧烈,降水对径流的驱动作用为正值,即降水增加则径流增加,降水减少则径流减少(张士锋等,2011)。另外,一些研究也发现,流域内降水空间分布不均匀对径流量的影响十分明显,而时间分配不均匀对其影响却并不显著(张士锋等,2001),而且在一些小流域内,降水量的时空上的分布不均,会造成水沙关系变化幅度加大(乔光建等,2010),尤其在我国三大江源头的三江源区,降水的均匀性及不均匀性分布对河川径流的影响更值得研究。

第四节　典型高寒草甸地区降水量及特征

在第一章中提到，一定时段的大气降水量是地区气候条件的主要特征量，是农牧业水分资源的主要组成部分，也是气候学和农业气候学常用的水分指标。同时，区域降水不同，是植被类型分异的主要因素之一。降水不同，其植物组成的种类不同，那些适宜湿中生植物种易生长在气候湿润，也就是降水丰富的区域，而在降水稀少的干草原、荒漠地区，则以旱生性植物为主。青藏高原受季风（东亚季风、南亚季风、西风）气候影响，降水主要分布在夏季，冬季降水较少，年降水量相对那些西部地区的草原较为丰富。年降水量一般分布在400～700 mm，与温性草原、高寒草原相比其降水量相对较高，形成了湿润半湿润的气候状况。下面以三江源高寒草甸地区的玛沁县、祁连山海北高寒草甸地区的2个气象站观测资料，讨论降水量的变化特征。

一、降水量及季节分配

在青藏高原及其周边地区的高寒草甸地区，降水量（这里仅指天空降水量）受东亚季风气候影响，季节性分配明显，夏季高冬季少。如1981—2016年海北高寒草甸地区和三江源玛沁高寒草甸地区（图2-20）降水量最低均出现在12月，平均降水量分别4.30 mm和1.52 mm；而海北高寒草甸地区最高出现在8月（111.66 mm），玛沁高寒草甸地区出现在7月，为116.55 mm，7、8月海北高寒草甸地区和玛沁高寒草甸地区分别达到210.49 mm和209.47 mm，两者水分接近，分别占36年年平均降水量（542.55 mm和516.41 mm）的38.8%和37.3%。

从植物生长过程来看，青藏高原高寒草甸植物一般在日均气温稳定通过≥0 ℃开始时萌动发芽，以后随气温增加、降水增多植物生长历经返青、强度生长、地上生物量达最高后，再下降，直至日均气温稳定通过≥5 ℃结束时，植物进入枯黄休眠期。若按日均气温稳定通过≥0 ℃开始，到日均气温稳定通过≥5 ℃结束为植物生长期，则植物生长期为140～150 d。其生长初始期约在4月中下旬，生长结束期约在9月中下旬。若以植物生长季（5—9月）和非生长季（10—翌年4月）衡量，海北和玛沁在植物生长季降水分别为433.49 mm和466.39 mm，分别占年降水量的79.9%和90.3%，表现出在暖季玛沁降水更为集中，海北植物非生长季降水量显得相对多些。

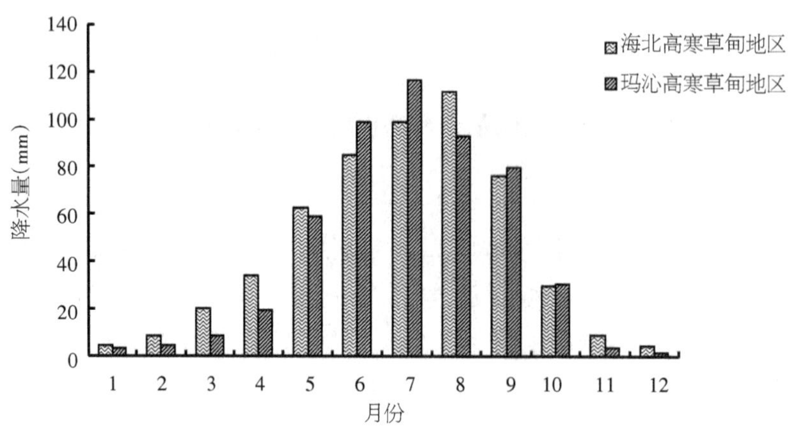

图2-20 海北高寒草甸地区(a)和三江源玛沁高寒草甸地区(b)降水量月际分配状况

从图2-20还看到，降水量自1、2月后开始升高，到7、8月达到最高后下降，其下降速率明显高于上升速率。降水量这种月变化特点与我国受季风气候影响区的陆地降水量月变化一致。月际分布也与气温的月际变化同步，表现出高寒草甸地区水热同季。降水资源更利于植物生长的利用和下垫面的蒸散。

近36年来，海北高寒草甸地区和玛沁高寒草甸地区年降水量随年际进程有不同的变化趋势，海北高寒草甸地区年降水量略有下降的趋势，而玛沁高寒草甸地区则微小的上升(图2-21)。这种变化也反映在植物生长季和非生长季的降水量年际变化过程中(图2-22)。只是在玛沁高寒草甸地区冷季降水量呈现非显著的下降趋势。

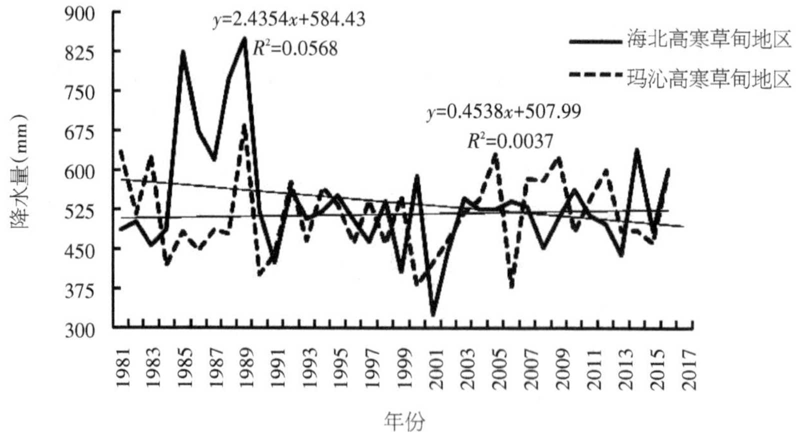

图2-21 海北高寒草甸地区(a)和三江源玛沁高寒草甸地区(b)1981—2017年降水量年际变化

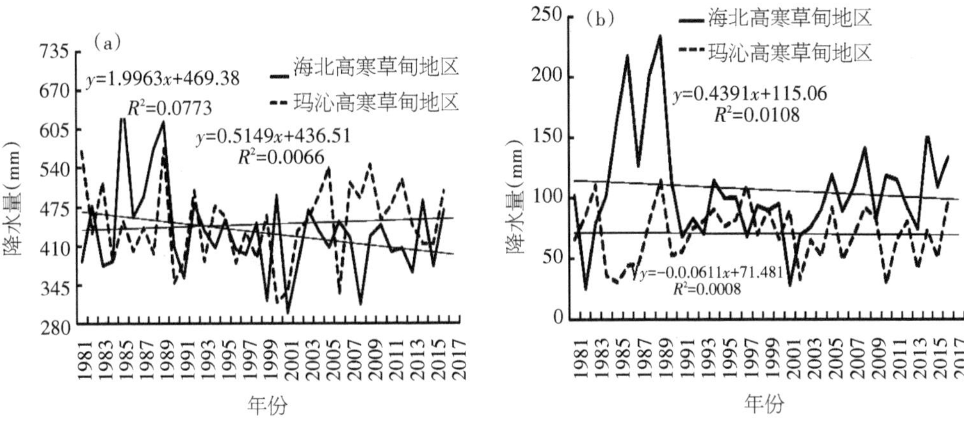

图2-22　海北高寒草甸地区和三江源玛沁高寒草甸地区生长季(a)、非生长季(b)降水量年际变化

二、过去50年降水的年代际变化

降水量不仅有明显的季节变化，由于降水的随机性，年际变化也很明显。统计1961—2016年56年来6个年代(分别为1961—1970年、1971—1980年、1981—1990年、1991—2000年、2001—2010年和2011—2016年)的自然降水量发现(表2-3)，56年来降水量在年代际波动，海北高寒草甸地区年降水量在1981—1990年和2011—2016年为正距平，其他年代为负距平。玛沁高寒草甸地区年降水量在2001—2010年和2011—2016年呈现正距平，其他年份呈现负距平。从年代距平可以判定的是海北高寒草甸地区的年代际降水波动比玛沁高寒草甸地区大。

表2-3　1961—2017年海北高寒草甸地区、玛沁高寒草甸地区降水量的年代际分布

	海北						玛沁					
	全年		生长季		非生长季		全年		生长季		非生长季	
	平均	距平	平均	距平	平均	距平	平均	距平	平均	距平	平均	距平
1961—1970	523.7	-9.9	414.3	-9.9	109.4	0.0	516.3	-1.8	457.4	5.8	58.9	-7.7
1971—1980	520.9	-12.7	411.9	-12.3	109	-0.4	511.4	-6.7	442.5	-9.1	65.4	-1.2
1981—1990	604.9	71.3	470.3	46.1	134.6	25.2	514.3	-3.8	451.3	-0.3	66.9	0.3
1991—2000	507.9	-25.7	419.5	-4.7	88.4	-21	498.3	-19.8	418.4	-33.2	80	13.4
2001—2010	496.9	-36.7	404.6	-19.6	92.3	-17.1	524.6	6.5	459.2	7.6	65.4	-1.2
2011—2016	547.1	13.5	424.3	0.1	122.9	13.5	543.8	25.7	480.9	29.3	62.8	-3.8
1961—2016	533.6	—	424.2	—	109.4	—	518.1	—	451.6	—	66.6	—

56年来，海北高寒草甸地区多年平均降水量达533.60 mm，玛沁高寒草甸地区为518.10 mm。高寒草甸植被类型区的降水量相对高寒草原（如三江源玛多地区、沱沱河地区30年平均分别为305.50 mm和280.80 mm）高213 mm以上，也比内蒙古温性草原［如锡林浩特中国科学院内蒙古草原生态定位站的年降水量322.40 mm（陈佐忠，1988）］高186 mm以上。这些相对丰富的降水量和降水资源，是造就高寒草甸植被类型的重要因素之一。从降水量的年际分布来判断，高寒草甸分布区天空降水量一般分布在400～700（800）mm之间。年降水量低于这个区间，植被类型可能向草原演替或过渡。这也说明，一个地区的植被类型发展或维持与水资源的分配具有显著的关联性。

三、雨季分布状况

西藏高原（以下简称高原）干、湿季分明，高原腹地的雅鲁藏布江流域（以下简称沿江）是西藏主要的农区，沿江5—9月的降水量占全年降水量的90%以上。雨季不仅降水集中，而且是全年中气温高、湿度大、风速小的时段，为农作物生长发育的最佳时期。受印度夏季风影响，高原夏季降水存在明显的年际变化，干旱发生十分频繁。如何合理划分雨季开始、中断和结束，是研究高原夏季降水的一个有实际意义的课题。不少文章对高原雨季开始期已有研究，但由于采用标准不同，且多使用的是单站资料，其结果未能清晰地反映出西藏高原雨季开始期的总体特征。同时，也表现为区域雨季开始与终结也发生显著变化（图2-23）。其中，雨季用降水系数（C）法确定，有：

$$C_N = \frac{R(N)/N\text{天数}}{R(\text{年})/\text{年天数}}$$

为此，可以定义不同天气“期段”的降水系数有（周顺武和假拉，1999）：

$$C_5 = \frac{R(\text{候})/5\text{天}}{R(\text{年})/\text{年天数}}$$

$$C_{10} = \frac{R(\text{旬})/10\text{天}}{R(\text{年})/\text{年天数}}$$

$$C_{15} = \frac{R(15\text{天})/15\text{天}}{R(\text{年})/\text{年天数}}$$

$$C_{30} = \frac{R(\text{月})/30\text{天}}{R(\text{年})/\text{年天数}}$$

依这些可分别计算候、旬、15天（半月）、月的降水相对系数。其中，雨季开始的标准定义为指一场降水后（系指日降水量≥5.0 mm，5.0 mm为中雨标准的下限值），C_5、C_{10}、C_{15}、C_{30}均≥1.5，则这个降水日即为雨季的开始日。雨季中断标准则为雨季开始后的第二天起，出现$C_{10}<1.0$，也就是说，这场中雨的第二天开始即为雨季中断日。而雨季终止日则定义为一年中最后一次中断日。当然，上述计算中用月相对系数的较少。

图2-23给出了海北高寒草甸地区1981—2016年旬降水系数≥1.5的初始期至结

束期。由图2-23看到，1981以来海北高寒草甸地区降水的雨季开始平均在5月下旬，结束期在9月中旬。年景不同略有差异，1981—2016年的35年时间4月中旬开始的有4次，10月中旬结束的有3次。海北高寒草甸地区处在夏季风北缘，受大通河谷倒灌的东南气流影响，动力爬坡易产生降水，在青海系东南班玛—久治后的第二个较多的高降水区，其雨季也稍早于除东南部外的青海其他地区1～2个旬。

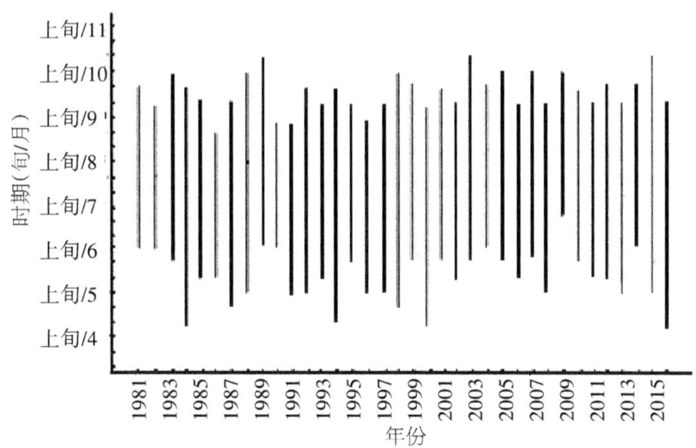

图2-23　海北高寒草甸地区雨季开始与终结分布状况

雨季分布与青藏高原雨季来临和退去的迟早相关联。周顺武和假拉(1999)的研究表明，青藏高原雨季开始最早为东南部，在3月下旬到4月上旬，部分测站在4月下旬到5月上旬然后向北推移到东北部和那曲中东部，5月下旬至6月上旬雨季开始。再向南、向西，沿江中东段雨季开始为6月上中旬，沿江西段和那曲西部雨季在6月中下旬开始。可见，雨季开始是由东向西缓慢推进。

由于高原区域广，各地处在不同的气候区，每年雨季开始的时间存在差异。当然也存在雨季的间歇期。我们针对海北高寒草甸的研究发现，雨季的间歇期通常在7月末到8月初。这从二高寒草甸地区降水系数的多年平均可以得到证实(图2-24)。图2-24中显示，降水系数在7月下旬较低，前后的6月下旬和8月上旬相对较高，说明海北高寒草甸地区和三江源玛沁高寒草甸地区雨季的间歇期在7月。

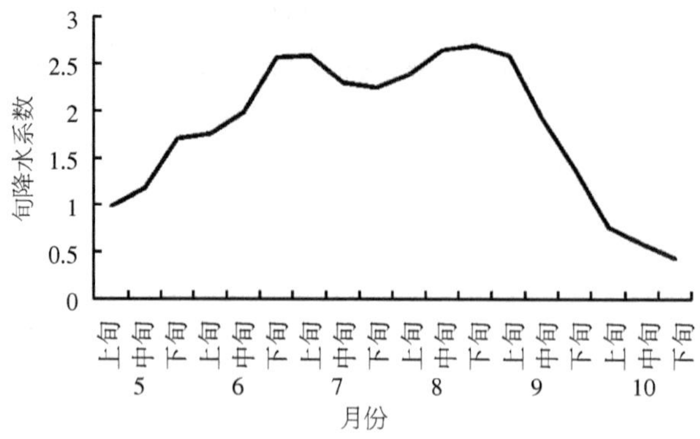

图2-24　海北高寒草甸地区多年(1981—2017年)平均旬降水系数变化

第五节　高寒草甸凝结水量及其变化特征

在气象部门,关于凝结水形成有较多的报道,但只是记录有没有出现等,很少对凝结水量的观测。凝结水作为降水的一种形式,科学家注意到凝结水在植物生理生态中起到较为重要的作用。为此,生态学家依据研究的目的,进行着凝结水量的观测与研究。

凝结水也是降水量组成的一部分。凝结水在干旱半干旱生态系统中非常重要,它是组成生物结壳的细菌、小动物和植物的重要水源。凝结水可以结一些植物,特别是一年生浅根性土著植物和隐花植物生存提供所需的最起码的水分条件,它可能正是一些耐旱植物赖以生存的“命脉”。正因为凝结水给了这些动物、植物乃至细菌提供维持生存的水源,干旱、半干旱生态系统才得以更好运行。此外,凝结水还弥补了蒸发损耗,减少蒸发支出的“赤字”,这也是土壤层水分不会无限减少,土壤层湿度在一定时间内、在一定深度中基本稳定的原因。凝结水的形成还可减少土壤水分蒸发损耗,而土壤水和地下水又处于一个相互转化的有机系统中,因此,也就减少了地下水的损耗。这表明凝结水也是土壤水的组成部分,凝结水对地下水的补给作用,在土壤水平衡和地下水平衡中是不可或缺的组成部分(柴雯,2008)。

虽然,凝结水形成对于干旱半干旱区的植物生长在水分滋润、土壤水分转化及减缓蒸发中作用明显,但在较湿润的高寒草甸区,特别是植物生长季,凝结水在水循环和水过程中所起的作用可能较小。同时也可以理解,在高寒草甸区,植被盖度大,凝结水在植被体或在地表面形成后,一般来讲,当日出照射后还来不及渗透至土壤可能已经蒸发到大气当中了,其实际意义也相对减弱了。

关于凝结水的观测与分析多见于农田。而高寒草甸地区相关报道较少,因条件限制仅进行了非连续的动态监测(柴雯,2008)。为了说明问题,我们综合海北高寒草甸地区和柴雯(2008)对长江源多年冻土区高寒草甸地区,李婧(2013)对海北高寒草甸地区关于凝结水的报道,对高寒草甸地区凝结水及影响因素进行整理分析。

一、凝结水的形成

研究认为,凝结水的水汽来源有两个方面:一是空气中的水汽,包括近地表空气中的水汽、植物蒸腾和呼吸作用散逸的水汽、地面蒸发的水汽。白天大部分时间内地表(包括地表植被)温度明显高于空气温度,到晚间气温和地表温度下降,但是,地表温度下降速率明显高于气温。当气温高于地表温度时,水汽在温度梯度作用下由空中向地表运移,成为地面以及植被表面凝结水的水汽来源。凝结水汽的另一来源是地表以下某一深度以上的土壤孔隙中的水汽。众所周知,温度梯度是孔隙中水汽运动的主要驱动力。在地表降温过程中,也引起地表以下土壤温度的下降,但地表降温速率高于地表以下降温速率,在地表以下形成发散型热量零通量面,并随时间而改变深度,在温度梯度的驱动下,热量零通量面以上的水汽向上运移,成为表层土壤凝结水的水汽来源。

1.露水的形成

露是近地面空气中的水汽在地表或地物上凝结而成的水滴。傍晚或夜间,地面或地物由于支出辐射大于收入辐射而逐渐冷却,从而使贴近地面和地物的空气也随之降温,当温度降至露点以下,即空气中的水汽含量过饱和时,在地面或地物的表面就会有露滴生成。辨析露水的凝结过程、水汽来源、贡献率和影响因素,对进一步明确区域内部水循环过程等有重要意义。

露水的水汽来源较为复杂,不同地区气候条件、地表植物的差异使露水水汽来源有所区别。凝结水的来源主要有两方面:一是空气中近地面的水汽(包括植物蒸腾和呼吸作用散逸的水汽)。白天,地表土壤温度高于气温,主要以蒸发为主,到了晚上地表温度和气温都下降,地表温度下降比气温快,造成了温度梯度,且地表空气中水汽密度高于地表时,便在表层形成凝结水。二是地表以下某一深度以上的土壤孔隙中的水汽。在地表降温的同时,也引起地表以下土壤温度下降,而地表以下土壤降温较慢,导致其温度会高于地表温度,会使水汽向上运移,在某个界面形成凝结水。所以凝结水的形成是一个双向的运动:大气中水向下转移,深层土壤水向上转移(郭占荣等,2005)。在热带雨林地区,植物蒸腾作用强烈,高温导致地表水汽充分蒸发,露水主要是从植物或地表本身蒸腾或蒸发中获得的水汽(刘文杰等,2001B)。在一些干旱地区,露水也曾作为饮用水被收集,凝结的露水多来自大气中的水汽(Muselli et al,2002)。

对不同的地物而言,导热率小的地物或地面夜间降温比较显著,如疏松的土壤、木板、瓦片等物体表面的露水较多。颜色深而表面粗糙的物体在夜间辐射降温范围较大,比明亮光滑表面上的露水要多。植物表面的辐射冷却比一般土壤要强,同时植物内部又有水汽蒸腾出来,则植物叶面的露水也较多。植被叶面积指数比较大的区域,其地表温度降低得多,容易形成露。露多出现在夏末天气转凉的夜晚,因为这时夜间的温度已降低,而空气中的水汽含量还相当丰富。夏季夜晚贴地层气温不易降到露点以下,其他季节的空气中水汽含量较少,都不易生成大量的露水。

2.霜的形成

霜是白色具有晶体结构的水汽凝华物,其形成原因和形成的天气条件与露相似,都是在晴朗微风的夜间形成(李爱贞等,2001)。但也有不同点,露是当地面及其地物温度高于0 ℃时形成的,而霜是在0 ℃以下才能形成。除了辐射冷却所形成的霜外,在冷平流以后或洼地上聚集冷空气时,霜都易于形成。

霜属于地面凝结现象,是近地面空气中的水汽在地面上和地物上直接凝华而成的冰晶或由露冻结而成的冰珠,白色且具有疏松的晶体结构或坚硬的小冰珠。有利于生成霜的气象条件是寒冷、晴朗、微风的夜晚,贴地或近地物表面层空气的温度低于0 ℃。但霜不易生成于非常潮湿的土壤表面及那里的作物上,因为那里的贴地空气层中的含水量特别大,易于凝结出大量的水,而这种凝结过程必将伴随着凝结潜热的释放,部分补偿了由辐射而损失的热量,从而不利于霜的形成,因此,霜日多数在当年的11月至次年的3月份之间出现(何冰玉等,2009)。对于霜可分为以下几类:

辐射霜:在寒冷、晴朗、微风的夜晚,由于地面或地物夜间辐射冷却使贴地或贴近地物的空气达到饱和,地面或地物的温度降到0 ℃以下,并使地面空气中的水汽在地面上或地物上直接凝华而成白色晶体。在此条件下形成的霜,称为辐射霜。

平流辐射霜:在寒冷、晴朗、微风的夜晚,当有更冷的空气流入,使夜间贴地或贴地物的空气进一步冷却,地面或地物的温度降到0 ℃以下,并使地面空气中的水汽在地面上或地物上直接凝华而成白色晶体。在此条件下形成的霜,称为平流辐射霜。

洼地霜:在寒冷、晴朗、微风的夜晚,洼地夜间由于冷空气堆积,加上辐射冷却作用较强,很容易使地面或地物的温度降到0 ℃以下,并使地面空气中的水汽在地面上或地物上直接凝华而成白色晶体。在此条件下形成的霜,称为洼地霜。

冻露:在寒冷、晴朗、微风的夜晚,地面或地物由于支出辐射大于收入辐射而逐渐冷却,使贴地面和地物的空气随之降温,若空气中的水汽含量过饱和,即会在地表或地物上凝结出水滴而成露。当空气进一步冷却而使地面或地物的温度降到0 ℃以下时,露珠直接冻结成小冰珠,此种现象称为冻露。霜与冻露的区别是冻露是坚硬的小冰珠,而霜却是疏松的白色晶体结构。冻露是霜的另一种表现形式。

海北高寒草甸地区,霜一般出现在11月至翌年的3月,其中12月、1月出现的日数较多。20世纪70—80年代12月、1月,月出现霜的平均次数在12 d以上,月极端最多出现霜的日数为23 d。20世纪90年代,1月出现霜的平均频次为13.6次,12月频次下降为9.1次。

二、凝结水的观测

1.直接监测法

目前，世界各地区露水收集设备没有统一标准。收集器的直接监测较为常用，其监测法均为原位监测。但收集器材质不同，其吸、放热性质的改变可能对露水凝结造成一定影响，各地区根据当地气候条件、露水凝结特征的差异使露水收集器有所区别。研究较多的有以下几种：

微型测渗计：沙漠生态系统应用较广泛的是微型测渗计。其制作材料有所不同（有机玻璃、铝、PVC、铅等），一般为直径4～12 cm的圆筒。为了观察不同深度凝结水量，可分为1 cm一层，层底以200～240目尼龙筛网封底，每层以丝扣连接，并能方便迅速拆卸。当只观测大气凝结水时，测渗计底部是密封的，当只观测孔隙中水汽凝结水时，测渗计顶部是密封的，但下底要使用网底，网底要求能透过水汽，但不能透漏土壤颗粒。而要同时观测大气凝结水和孔隙水汽凝结水时，上下都不封口，下底使用网底。微型测渗计要配备感量为0.001 g的电子天平。每隔一段时间测定一次微型测渗计的质量，质量增加作为凝结量，质量减少作为蒸发量。凝结水主要发生的时段，加大观测密度。实验将微型测渗计放入相同质地的土壤中，并使微型测渗计口与土壤表面平齐（郭占荣等，2005）。对沙漠生态系统而言，在实验仪器上，目前采用最多的是微型测渗计。在测量过程中，测渗计是自制的，由于其材料、厚度等多方面不一样，导致其结果没有较强的可比性。例如，材质不同，其吸热释热的性质不同，空气与其相遇后在其表面凝结的露水量就不同。

智能化土壤水分快速测试仪：此方法应用不广泛，曾在我国西北干旱地区沙丘凝结水的测定中使用。将两台TSC Ⅱ智能化土壤水分快速测试仪分埋于（间距100 cm）不同深度处，约为最大凝结量处及影响最大深度处，并与之相应深度处分埋两只数字温度计。配有相对湿度计和测地温的温度计。智能化土壤水分快速测试仪2 h观测一次仪表读数。凝结高峰期加密观察（曹文炳等，2003）。

布片收集器：叶有华等（2009）在研究广州市区露水时用布片收集器测定露水量。装置配备：把100 cm×100 cm×0.15 cm的矩形的天鹅绒布粘贴在100 cm×100 cm×0.05 cm的聚乙烯胶片上，然后把粘贴布料的聚乙烯片粘贴在100 cm×100 cm×0.5 cm的夹板顶部，最后将组合夹板固定在高度为15 cm的木架上进行收集（装置的背面不计入收集面积）。具体的露水收集方法：每天日落前30 min将已经烘干并称好质量的天鹅绒布片固定在露水收集装置的相应位置，第二天日出前（阎百兴等，2004a；阎百兴等，2010）将天鹅绒布料取下，快速放入烘干且已经称好质量的干净的聚乙烯瓶中，盖紧瓶盖，带回实验室用电子天平（±）称好质量，然后烘干以备下次使用。布片收回后的质量与收集前的质量之差即为露水量。

杨木棒收集器：阎百兴等（2004a；2004b）在测定三江平原湿地、农田露水量时采用杨木棒做露水收集器。实验用杨木棒为杨木板刨制成的18 cm×3.5 cm×3.5 cm（长×

宽×高)的规则木块,并对其表面进行刨光,目的是准确计算其表面积。每个观测架设有三个高度,水面上约5 cm(底层)、冠层和冠层上50 cm(顶层)的观测臂,实验时将收集器平放在观测臂上。于日落后30分钟将准确称量的收集器分别放置在不同高度的观测臂上,每个高度3个重复;并在日出前30分钟时将收集器取下,小心放入可密封的洁净塑料盒,迅速送回三江站实验室称量(精确到0.001 g)。如收集器质量增加,说明夜间发生了露水凝结,增加的质量即为收集器露水量;如收集器质量没有增加,说明夜间没有发生露水凝结,即记为无露日。如在日落后日出前发生了降水过程,则按无露日处理。

雾露收集筒:在西双版纳热带雨林地区,用塑料薄板(板上40个网眼/cm^2)制作成两端开口的圆筒,架置于相应高度处,其下端用口径10 cm的漏斗承接,安置同一林冠层的雾露收集筒收集的雾露水用塑料管倒入同一容器,用电子天平每小时测定一次(刘文杰等,2001a)。

露水收集板:在法国一些地区收集露水做饮用水时,采用10 m×3 m的样板模型,冷凝器表面是用TiO_2和镶嵌于聚乙烯的滴状$BaSO_4$制成的长方形金属薄片,厚度为3cm。冷凝器与地面呈30°,夜晚冷凝的露水沿排水沟流入冷凝器下方的露水收集槽,每日早8点称量收集槽内露水体积,并根据冷凝器表面积换算为单位面积的露水量(Beysens et al,2005;Muselli et al,2002)。Muselli等(2002)曾做过露水凝结面与水平面呈不同倾角时对降露水量的影响试验,结合了平板的反射率和重力等方面的作用效果,认为凝结面平板与水平面成30°角时,收集的露水量最多。

而比较简单、常用的则为称重法。该方法已有多人应用(Li,2002;Liu et al,2006;方静和丁永建,2005)。用直径为9cm塑料圆桶取原状土,放于裸土表面。每2 h用电子天平称量一次,通过质量变化计算露水。为减少误差,共放置三个样本,最后数据取三者平均。采用露水计算公式如下:

$$h=\frac{10m}{\rho\pi r^2}$$

式中:h为凝结量(mm);m为样品重量变化(g);r为容器半径(cm);ρ为水的密度(g/cm^3)。

张强等(2010)提出了具体的理论设计方案,用细铁丝编成直径约1 m的漏斗形金属网,其中粗铁丝做经线、细铁丝做纬线;用支架撑起金属网,在金属网漏斗下面放置露水收集桶。为了更加有效地增加露水收集量,大金属网内还可再套上小金属网,或者把细铁丝编成松针状放在金属网内,以增强表面辐射和增大凝结面积。目前,人们还尝试利用纳米材料等更新的技术和材料来提高露水的收集效果,有人采用纳米尼龙纤维制成的无纺布网作为露水收集器的凝结面,具有较好的实用性(Singh et al,2006)。

当然,露水的收集利用过程是一个包括霜、露水的凝结面、露水收集贮存设备和露水利用等多个技术环节的系统工程，它不仅需要考虑先进的露水凝结技术，还需要综合考虑协调有效的露水储存和输送技术以及高效的水资源利用技术等很多种因素(Muselli et al，2006)，需要比较充分的野外试验或室内实验来探索比较科学合理的露水开发利用系统工程技术。

对于霜冻水，因产生初期是固体，采用上述方法时稍有融化后及时处理观测。与其他降水形式相比，露水不仅取决于当地的气象条件，同时也取决于大气地表的物理特征以及周围环境的辐射、热动力学、空气动力学特征。因此，这增加了露水观测的难度，也局限了对露水的认识。露水研究至今在国际上没有统一的、标准的方法来测量和观测露水，而且不同的露水收集器产生不同的测量值，使得结果没有可比性。我国从20世纪60年代开始研究凝结水以来，对凝结水的测量方法及其计算方法一直存在争议。因此，今后的露水研究需要多种学科的合作，特别是不同生态系统根据其生长植物的自身性质及气象因素，应选择适当的收集器并确定具体露水收集时间。目前在沼泽湿地及农田生态系统应用的杨木棒收集器正是根据露水多凝结于植物上的特点，采用的收集器材质近似模拟真实情况，且便于携带，易于称量。其规则的表面积也为准确计算露水量提供了保障。因此，该收集器可作为沼泽湿地、农田生态系统露水收集的标准收集器。

2.模型法

目前各地对露水量的测量多为早晚减重法，即采用收集器早晚的差值计算露水量。此方法对露水量的计算较为准确但对露水收集时间要求较高，耗费人力，在收集或称量收集器时易造成一定误差。故在露水量计算的模型上也取得一定进展。

张建山等(1995)通过对凝结水形成机理的分析，推求出凝结水计算的理论公式：

$$W = H \times n \times \left(S_0 - S_{t0}\right) + \int_{T_1}^{T_2}\left(-D\frac{\mathrm{d}\rho}{\mathrm{d}x}\right)\mathrm{d}T$$

其中：W 为凝结水量[g/(m²·d)]；H 为非饱和带厚度(m)；n 为土壤空隙率；S_0 为土壤空隙最大绝对湿度(g/m²)；S_{t0} 为土壤孔隙最低温度时饱和湿度(g/m³)；D 为扩散系数；$\frac{\mathrm{d}\rho}{\mathrm{d}x}$ 为水蒸汽密度梯度；T 为时间。此模型适用于沙漠生态系统的凝结水计算，计算结果与该地区实测值较为接近。

Gandhidansan等(2005)从能量交换的角度推导出聚乙烯金属板露水凝结速率计算公式：

$$q_c + q_m + q_{cond} - q_r = 0$$

$$q_c = h_c\left(T_a - T_f\right)$$

$$q_r = \varepsilon_f \delta\left(T_f^4 - T_{sky}^4\right)(1 - CC)$$

$$q_m = \beta\left(e_a - e_f\right)h_{fg}$$

$$q_{cond}=\frac{k_i}{x_i}(T_a-T_f)$$

$$m=\left(\frac{q_m}{h_{fg}}\right)\times 3600$$

式中：q_c 为对流热能（W/m^2）；q_m 为凝结热（W/m^2）；q_{cond} 为交换热（W/m^2）；q_r 为辐射热（W/m^2）；h_c 为对流热交换效率［$W/(m^2\cdot℃)$］；T_a 为气温（℃）；T_f 为金属板温度（℃）；ε_f 为金属板热导率；δ 为常数；T_{sky} 天空温度（℃）；CC 为云量；β 为金属板与空气间水汽驱动力［$g/(smmHg\cdot m^2)$］；e_a 为空气水汽压（mmHg）；e_f 为辐射水汽压（mmHg）；h_{fg} 为水汽凝结潜热（J/g）；k_i 为绝热导率［$W/(m^2\cdot℃)$］；x_i 为金属板厚度（m）；m 为水汽凝结速率（g/hm^2）。此方法是根据特有收集器的吸放热特征结合气象要素由能量守恒公式推导而来，对收集器的材质及气象要素的观测要求较高。

Luo等（2000a）根据水稻露水量的气象影响因素推导出线性计算公式：

$$Y=aR_{nt}+bD_{min}+cu_{night}$$

式中：Y 为露水量（mm）；R_{nt} 为夜间净辐射（MJ/m^2）；D_{min} 为夜间水汽压亏损（kPa）；u_{night} 为夜间平均风速（m/s）；a、b、c 为校正系数。此模型应用范围较广，形式简单。经验证，该模型的预测露水量与实测露水量拟合效果较好。

从上述露水量预测模型中可以看出，不同地区的露水量主要受当地气象因子、生长植物品种等因素影响，故不同生态系统露水模型形式差别较大，可根据当地具体露水影响因子和植物种类等设计预测模型。

3.观测的自动化方法

可以看到，目前对霜露的观测主要还是采用人工观测的方法，通过观测草坪、手划触草叶、脚踏地温踏板或脚踏百叶箱踏板等方法进行观测（茅圣仁等，2012），有些台站记录时还采用手抄的方法，易造成查阅困难，甚至出现后期的处理错误。台站天气现象业务观测方面存在的问题表现为：主观性强、简单化、定性化；观测频次少，不能全面、连续反映霜、露天气现象（马舒庆等，2011）。对霜露天气现象的自动化识别是天气现象自动化观测的弱项，国内外尚没有成熟的自动化观测设备。

随着科学技术的发展，越来越多的新技术和新方法可应用于自动化气象观测（陈冬冬等，2011），霜、露天气现象的自动化观测在技术上已经成为可能。霜、露天气现象自动化观测就是使霜、露现象观测客观化、定量化，获取更多的、更有价值的气象信息（李肖霞等，2014）。黄思源和傅伟忠（2014）提出借助自动气象站的多要素连续记录功能，通过对多密度观测资料的综合分析，结合人工观测的天气现象来辅助判断霜、露天气现象。杜波等（2014）也提到了利用霜、露的图像特征进行识别，并结合试验数据进行了说明。目前霜、露自动化测量方式主要有电容式、电阻式、红外式和图像式（李肖霞等，2012）等。宗晨临（2016）针对电容式霜、露传感器的试验数据和试验中的问题进行分析，探索霜、露天气现象的自动化观测。

电容式霜、露传感器是根据电容的构成原理，通过判断近地面物体上是否有水汽凝结、凝华（中国气象局，2003）来判断霜和露现象的发生。传感器结构原理如（图2-25）所示。电容栅是在覆铜板上腐蚀而成，形成了电容极板的一极，在其上涂覆绝缘漆，当绝缘漆上很干燥时，电容极板间距1 mm，此时电容传感器的电容很小。而当绝缘漆上有水时，水形成了电容的另一极，构成极板。覆铜板与水成为两个极板，绝缘漆将两个极板隔开，这时就形成两个电容串联，与绝缘漆上没有水时相比，电容明显增大。电容传感器通过接口接上测量电路，就可以测量电容变化，为了便于数据处理，将电容的变化用频率的变化来表示。测量电路核心模块是555芯片，通过555电路测量电容的变化，并通过频率值来反映电容的变化，由频率是否在一定时间内有持续变化来判断是否有水汽附着在传感器上。

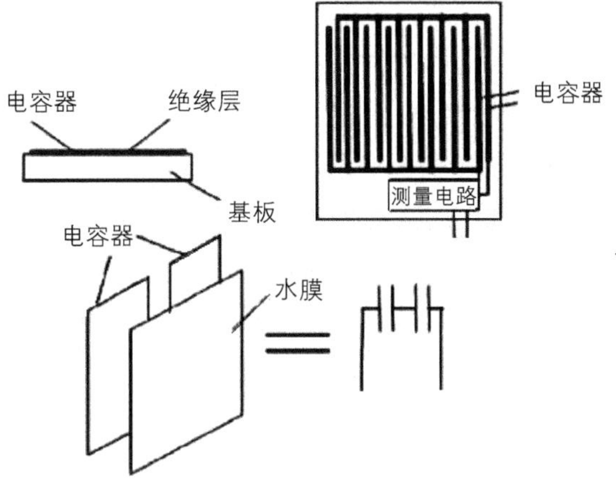

图2-25　电容式传感器结构原理

为使观测更加准确，两块PCB板，绝缘层分别朝向天空和地面方向固定，朝向地面方向的传感距离地面（或植冠）5 cm，两块传感器基板间距离5 cm，通过线缆连接到采集器上。采集到的频率曲线如图2-26所示。

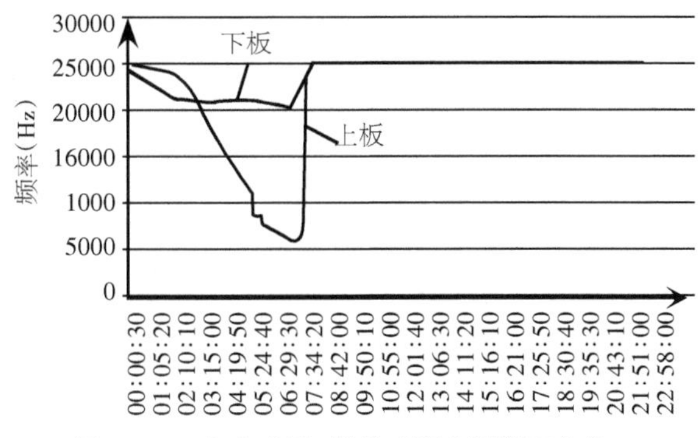

图2-26　电容式霜、露传感器实测频率曲线

三、凝结水量的变化特征及影响因素

1.凝结水量

自20世纪90年代以来，我们在不同年份的不同时期不定期地对海北高寒草甸地区凝结水进行过观测，采用了容器漏斗测量方法，也用到海绵吸收的方法。

漏斗测量法是在植被下的土壤上挖一个能容纳外直径6 cm口径、高10 cm的小蓄水瓶，蓄水瓶上沿与地面持平或略高1 cm，上部为20 cm口径的小漏斗，漏斗上沿离地面高度18 cm。采用20 cm口径漏斗是为了便于与气象站降水观测仪的口径一致，并根据气象站降水量测定的专用量杯或专用mm台秤测量而设计。一般安装5到12个不等的重复，重复间的相互距离在8 m以上。7月中旬以后植物生长高度较大时，及时将漏斗边缘易接触的植物叶片用剪刀剪取，避免产生叶片从其他部位的凝结水流入观测的容器内。每次观测时，及时清理蓄水瓶外围杂物，然后将蓄水瓶内的水倒入专门测量20 cm口径的量杯内再读取示数，即为凝结水量，或将杂物清理干净的蓄水瓶带回实验室内直接在专用台秤读数，然后减去蓄水瓶质量后得到凝结水量。

海绵吸收法是依据经验自己设计的，其原理是先制作高15 cm、内径20 cm口径的圆形托盘，再用剪刀收集厚10～15 cm、吸水性好的干燥海绵体，将海绵体置入圆形托盘。然后将每个带有编号的海绵体的托盘在专用台秤上称质量并记录，称质量记录后的6～8个带有海绵体的托盘放置在草甸上，即6～8个重复，而且每个重复间距在8 m以上。放置时间一般在日落后的半小时。次日日出后的半小时内收集带有海绵体的托盘带回实验室，清理杂物后直接用专用台秤称质量，并减去放置前的质量，即可得到过去一晚间的凝结水量。

考虑到，海北站凝结水量很低，特别是结霜的水量甚至达到10^{-2}～10^{-3}量级，若采用量杯或台秤测定凝结水量将会导致很大误差，甚至测不到量值。为此，在设定测定面积的基础上，收集到的凝结水量用精度0.001 g的电子秤称质量(g)，并为了与降水量单位(mm)做比较，换算到mm水量。如，用内口径20 cm圆盘测定的水量可用1 mm水量相当于31.4 g水的质量来换算。

由于海北站对天气现象记录得较少，仅1990—1996年之间，2002—2003年之间做过短时的测量，但从当时记录和离海北站40 km外的门源县气象局记录比较，可以得到海北站多年平均出现结霜、结露以及两者之和的相关天数(图2-27)。

图2-27看到，在海北高寒草甸地区，结霜和结露自1月到12月均呈单峰式曲线变化过程。在冷季，因寒冷，最低气温常在0 ℃以下，寒冷的11月到翌年3月早晨气温在-15 ℃以下，季节转化的4月到5月和9月到10月，低于0 ℃的天气也频繁出现。就是在最暖的7、8月低于0 ℃的天气每年可维持10～15天。这种低于0 ℃的天气条件下也就不会产生结露的现象。就是前夜有露水，到后半夜也就冻结而成为冰，观测时通常按照霜的形式处理了。故结露所表现的形式是4月到11月之间并且7月为最高，4月、11月低的单峰性分布特征。

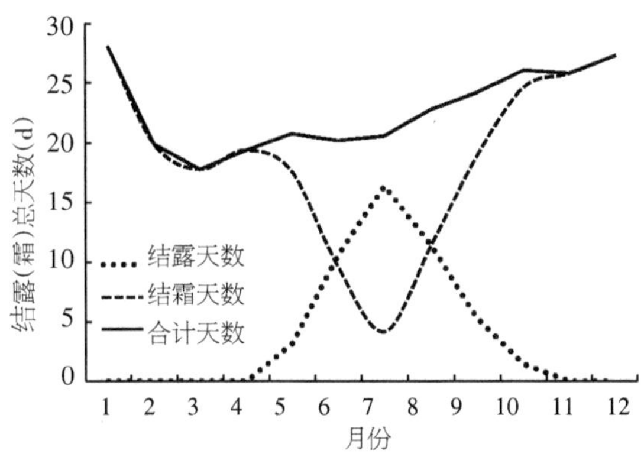

图2-27 海北高寒草甸地区结霜、结露以及两者之和的多年平均状况

相反，在冷季，温度低于0 ℃的任何时候，只要达到条件结霜均可发生；在暖季，只有温度出现在0 ℃以下时结霜才产生。这就形成了冷季高、暖季低的"V"形单峰式的变化过程。在暖季，偶尔还出现温度高于0 ℃，但仍有结霜的可能，这与地表发生冷却剧烈有关，这里不做多的讨论。

从图2-27看到，结露、结霜的总天数是霜冻增加时结露减少、结露总天数增加时霜冻总天数减少，两者互补得到。3月最低可能与3月云系相对前期增加，风速较大的原因有关。

露的凝结量和霜的凝结量有显著差别。在海北高寒草甸地区，冬季干燥而寒冷，有时地表或植被表面结霜后不仔细查看，误认为无凝结水量，也就是说冷季霜的凝结量很低，随降水增多，霜的凝结量逐渐增加，在7—8月霜的凝结量与露水基本接近。我们的观测结果是，不论是霜还是露，其日凝结水量与图2-27"单峰"有很好的对应关系，在露的"Λ"形上部和霜的"V"形的下部，其凝结水量最大。

每年的12月中旬—翌年2月，降水极为贫少，气温极低，地表面经冬季干燥气候影响形成一定的干土层，空气极其干燥，常出现霜冻现象，凝结水量在0.00～0.54 mm之间。3—4月大气降水虽有，但降水量仍然很低，早晨气温常在维持在-10 ℃以下，空气稍有湿润但地面凝结水量低，以结霜为主，凝结量在0.03～0.64 mm之间。5—6月中旬，地表植物被放牧家畜觅食利用后近似裸露，覆盖度处于最低时期，有一定的降水产生，随温度上升土壤开始融化，空气湿度增加明显，夜间到清晨往往是由露水向霜冻(冻结)过渡，其凝结水量在0.09～2.31 mm。6月下旬—9月上旬，植物生长后是地表绿色覆盖度最大时期，植物日间蒸腾明显，期间降水量是年内最丰沛时期，近地表气温也较高，常维持在2～8℃，偶有0 ℃以下的低温天气伴有的霜冻，但在日出后迅速融化形成露滴，期间形成的凝结水量较高，一般在0.56～4.53 mm之间。9月中旬—10月下旬，气温降低，早晨地温常在-8～2 ℃之间，降水减少，露水和霜并存，其凝结水量大多在0.71～3.15 mm。11—12月上旬，降水迅速减少，土壤表层出现日消夜冻，并逐渐稳定，底层冻土源源不断地将土壤水分向上层补给，空气湿度比12月—翌年2月高，80%左右的地表被枯草所覆盖，下垫面出现霜冻，凝结水量在0.03～1.12 mm之间。

还需要说明的是，不是每天均可以观测到凝结水量，我们观测的凝结水量只是在观测期间未发生天空自然降水量时才能计入凝结水量。也就是说，在有雨的晚上不论降水量大小如何，或前期（前半夜）无天空降水，后期（后半夜）有降水，那么前半夜无天空降水产生的凝结水并未计入。

高原上的天气变化无常，受降水、云系、风速影响，凝结水的产生是随机的，有时在前半夜有霜冻或露水，但后半夜发生降水，耽误了露水的观测。为此，对于一个地区来讲，确切地给出其凝结量的年总量有很大难度。但联系门源县长期气象数据观测统计与海北站观测分析发现，在海北高寒草甸地区，多年产生霜冻和露水的天数分别在225天和49天左右。

从表2-4可以得到，在海北高寒草甸地区年凝结水量约100.73 mm，这个量要占多年（1980—2017年）平均年总量（569.26 mm）的18.7%。说明在海北高寒草甸地区凝结水量高。换句话说，若考虑凝结水量并视多年平均凝结水量为100.73 mm，则海北高寒草甸地区下垫面多年平均实际得到的降水量可达到669.99 mm。

表2-4　海北站1990—2005年月平均结霜、结露日数（d）及凝结水量（mm）

	1	2	3	4	5	6	7	8	9	10	11	12	年
结霜日数	28	19.92	17.78	19.46	17.86	9.68	4.23	11.43	18.92	24.65	25.78	27.34	225.05
结露日数	0	0	0	0	3.19	10.56	16.48	11.44	5.37	1.44	0	0	48.48
总日数	28	19.92	17.78	19.46	21.05	20.24	20.71	22.87	24.29	26.09	25.78	27.34	273.53
日最大凝结量	0.08	0.13	0.12	0.64	1.01	2.31	4.53	4.13	3.35	2.42	1.12	0.54	4.53
日最小凝结量	0.00	0.02	0.03	0.06	0.09	0.12	0.56	0.41	0.34	0.08	0.51	0.03	0.00
日平均凝结量	0.01	0.03	0.06	0.18	0.34	0.51	0.97	0.85	0.76	0.57	0.16	0.03	0.38
月总凝结量	0.28	0.60	1.07	3.50	7.16	10.32	20.09	19.44	18.46	14.87	4.12	0.82	100.73

当然，不同地区或不同年份因大气、植被蒸腾等环境因素影响，其凝结水量不尽一致。李婧（2013）曾在海北站综合观测场内采用自制的露水收集器，固定80目的尼龙网布于有高度梯度的钢筋铁架上，铁架表面积为40 cm×40 cm，利用表面张力来保留露水，分别于每天日落半个小时后，日出前半小时放置收集器和收集露水，设置5 cm、10 cm、20 cm、30 cm 4个梯度，每个梯度6个重复。对露水的计算方法采用减差

法，用海绵吸取尼龙网上露水，其吸取前后质量差即为露水的生成量（Beysens et al，2005；Muselli et al，2009）。通过2012年6月至2012年8月观测表明其凝结水日总量较小，通过在5 cm、10 cm、20 cm、30 cm高度梯度下露水量的观测发现（图2-28），露水在30 cm达到最大值（为0.21 mm），在5 cm的值最小（为0.17 mm）。按照图2-28凝结水日变化量估算，一般日总量在0.21 mm以内，若按该值确定，并按表2-4出现露水在7月20天的天数计算，月总量在4.20 mm左右。

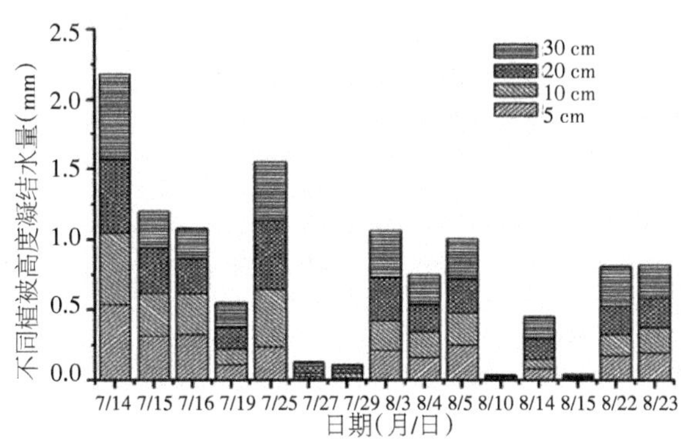

图2-28　不同植被高低下露水的生成量

而柴雯（2008）在长江源多年冻土区北麓河流域风火山支流区的典型高寒草甸观测发现，凝结水量较高（表2-5）。

表2-5　不同植被盖度(%)下地表凝结水量(mm)统计

日期（月/日）	30%		68%		92%	
	日累计量	日均量	累计量	日均量	累计量	日均量
7/21—9/30	133.54	1.99	147.06	2.19	172.93	2.58
10/1—11/7	50.76	1.88	43.43	1.61	47.04	1.74
合计（平均）	184.30	1.96	190.48	2.03	219.96	2.34

比较发现，不同研究者因采用的观测方法以及研究点选择不同，得到的观测值差异很大。如李婧（2013）的观测研究结果推算至年凝结量可能偏小，而柴雯（2008）的研究结果推算到年凝结量将明显比我们的结果偏高。与他人（张兴鲁，1986；冯起等，1995；程维新，1994）在不同地区的观测结果比较，我们的观测值比较接近当地实际凝结水量。如，程维新等（1994）在山东禹城测定时发现，冬小麦地的10月和11月平均凝结水总量分别达到13.86 mm和19.44 mm（倘若在空气水汽含量更高的夏季，可能会

更高)。我们的观测结果显示,在7月和8月最高,月总量分别为20.09 mm和19.44 mm(表2-5),相比稍高于山东禹城的10月至11月。一来我们的测定是在暖湿气流旺盛的夏季,7、8月是海北高寒草甸地区大气水汽含量最为丰沛时期;二来高原上为"早穿皮袄午穿纱"的气候环境,日间辐射强烈、温度高,夜间辐射冷却迅速,降温快,露点温度低,水汽易达到凝结点,所产生的凝结水量更高。

2.凝结水随时间、植被高/盖度的变化

我们通过观测计算发现,凝结水发生时间基本在傍晚18:00至次日8:00的时间段内,虽然白天也有凝结水生成,但发生频率、数量远小于夜间,甚至观测不到。在观测期的7月到8月,我们零星选择了6个晴朗微风(或间歇微风与无风)的夜间进行了每2小时一次的水汽凝结量的观测(图2-29)。

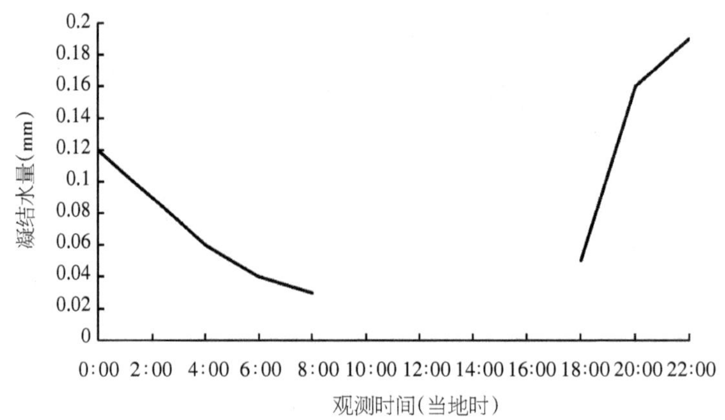

图2-29 7—8月地表凝结水量的日变化

从图2-29看到,在海北高寒草地地区空气凝结水作用十分强烈,只要有晴朗微风的夜晚就有明显的凝结水形成。凝结水在当地时间(比北京时晚1.5h计)的日落半小时内就可以产生,日落后随温度急剧下降,凝结水凝结速率直线上升,从18:00到20:00的2 h内上升速率达0.055 mm/h。0:00以后有凝结水量但凝结量降低,直至日出后的1.5小时后消失(实际上仍有,但其量值因微小难以测到)。由于水汽的凝结是在温度梯度的热力作用引导下所产生,故这与以下因素有很大联系:高原上空气热容量低,白天太阳辐射强烈,地表受短波辐射照射后增温很快,导致地表长波辐射增加,引起近地层空气温度很快得以上升,而日落后地表温度和空气温度则急剧下降,且地表温度下降更快。

李婧(2013)通过2012年6月至2012年8月观测发现(图2-30),露水量明显的日变化,露水在夜间量较大,白天量相对较小;露水出现均是在夜间,白天9:00以后几乎没有出现。露水在夜间23:00开始增大,一直持续到清晨7:00,露水量达到最大。随后露水量有减小的趋势,7:00以后露水量直线减小,一直到上午10:00左右凝结结束。夜间21:00开始出现露水,但是露水量很小,出现的频率也很低。这是因为白天太阳辐射最为强烈,水分运移被干燥的地表土壤分隔成两个不同的方向:在土壤表面以上,气温升高,土壤水分处于耗损过程,水分蒸发速率较快,水分蒸发成水汽向大气扩散;在土壤表面以下,水汽向更深的层面中运移并在某一层凝结(王积强,1993;范高功,2002)。晴朗的夜晚,地温随着气温的变化而变化,地温的变化速率大于气温,而且表层地温下降速度最快,但由于导热率很低,土壤表面得到下部热量不多,而且加上有效辐射的作用,地表冷却更快,当降到露点时,土壤表面开始凝结,并释放出凝结潜热,使土壤温度下降减缓;同时地表相对湿度增加,导热率增加,也减缓了地温下降速率。次日清晨太阳出来后,气温升高,露点下降,开始转化为以蒸发为主。

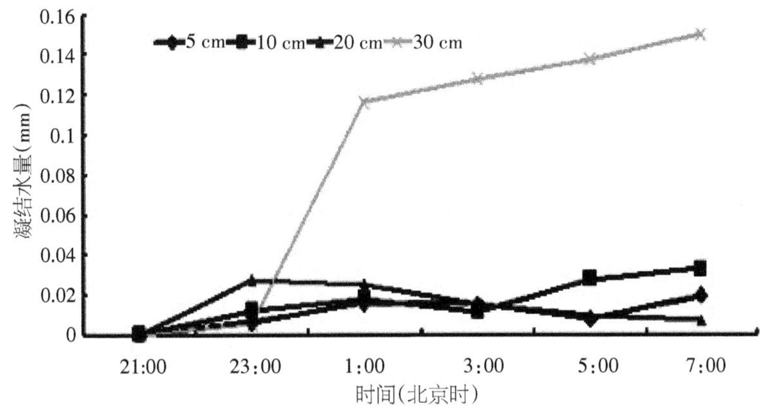

图2-30　露水生成量的日变化规律

李婧(2013)在海北站综合观测场内发现,植被高度不同,其凝结水量不同(图2-28):露水在植被高度30 cm高,而植被高度在5 cm时低。

柴雯(2008)选择长江源多年冻土区北麓河流域风火山支流区的典型高寒草甸地区为研究对象,设置植被平均覆盖度分别为30%、68%和92%的3个场地,对凝结水的发生时间、凝结量等进行了研究。研究发现,生长旺盛期(7月下旬—9月)不同植被覆盖度(平均覆盖度分别为30%、68%和92%)下地表凝结水量变化趋势基本一致,均为先增大后减小,8月中旬左右达到最大值。发现与土壤水分蒸散发量随时间的变化基本相同。这是因为较大的蒸散发量使得近地面的空气湿度较大,加之试验区气温日较差和气地温差很大,为凝结水的生成提供了便利条件。

就凝结水量随时间的变化趋势和凝结水生成的数量来看,植被覆盖度为68%和92%的草甸草地更为接近(柴雯,2008)。植被严重退化为30%覆盖度的草甸草地,单次生成的凝结水量较大,但凝结水生成的频率较低。柴雯(2008)的观测发现,从10月

12日开始，不同植被覆盖度下，地表凝结水量明显减小，几乎为零。在植被进入枯萎阶段后，不同植被覆盖度下，土壤蒸散发量也明显减小，近地面空气相对湿度进入低值阶段。这使得凝结水的水汽来源大为减少。与生长旺盛季节相比，不同植被覆盖下地表凝结水量随时间的变化趋势一致性不强。不同植被覆盖度下地表凝结水生成的数量相差不大，相对而言，植被覆盖度为30%的草甸地表凝结水量略高于其他两种覆盖度。

但对凝结水随植被高度或植被盖度变化而变化的观点，我们尚存疑虑。因为凝结水的产生是大气水汽含量高，地表发生冷却导致大气水汽向下垫面输送的结果，与下垫面性质的改变并非有很大关系，就是裸露地表其凝结水也存在，我们平常仅看到早晨地表潮湿，并未有水滴或积水。只能说所产生的凝结水看不到而已，但实际上仍还是存在凝结水量，而不是凝结水量随盖度或高度减少甚至没有产生。

四、凝结水产生的影响因素

凝结水形成与近地气温、地温、相对湿度、下垫面性质、地下水埋深等因素有着密切联系。只有当地面温度低于空气温度时，才能产生水汽凝结，夜间一般能达到这种状态。在其他条件相同时，凝结水量随气温增加几乎呈直线下降。反之，当凝结条件有利时，随着近地表气温的下降，凝结水量就会大为增加。地温随着气温的变化而变化，地温的变化速率大于气温，而且表层地温下降速度最快，随着深度增加，地温降幅减少且降速减慢。这样造成夜间水汽向土壤表层的双向运动：一是空气中的水汽向土壤表面积聚；另一是土壤深部的水汽在热动力作用下向地表积聚。

自然界中蒸发和凝结两者为互逆过程，凝结过程和蒸发过程经常频繁发生转化（如图2-31，柴雯，2008）。决定水汽在地面或表层土壤发生凝结还是发生蒸发，关键的影响要素是近地气温和地温。当近地气温和地温等于或低于露点时，土壤凝结水就发生，否则，表层土壤水产生蒸发。所以，近地气温和地温是影响土壤凝结水形成的关键因素。气温差较大的季节有利于凝结水的生成，图2-32所示为观测期内试验场夜间气温差随时间的变化。

另外，柴雯（2008）还分析了不同植被覆盖度下的气地温差（气温与土壤温度之间的差值）、空气相对湿度对凝结水生成的影响。她认为植被覆盖能有效降低地表温度，随着植被覆盖度的升高，气地温差加大，更有利于凝结水的生成。近地面空气相对湿度大，有利于地表凝结水的形成。凝结水随空气相对湿度增加而增加，且凝结量与相对湿度呈幂函数关系（张兴鲁，1986；冯起等，1995）。相对湿度较大的季节，也是地表凝结水发生可能性较大且凝结量较大的季节。

柴雯（2008）也分析了不同植被盖度下地表凝结水对地表蒸散发的补偿能力。为了量化地表凝结水对蒸散发的补偿，将接收凝结水补偿后的净蒸散发量列于表2-6，同时图2-33所示为不同植被盖度下地表凝结水对蒸散发的补偿率。

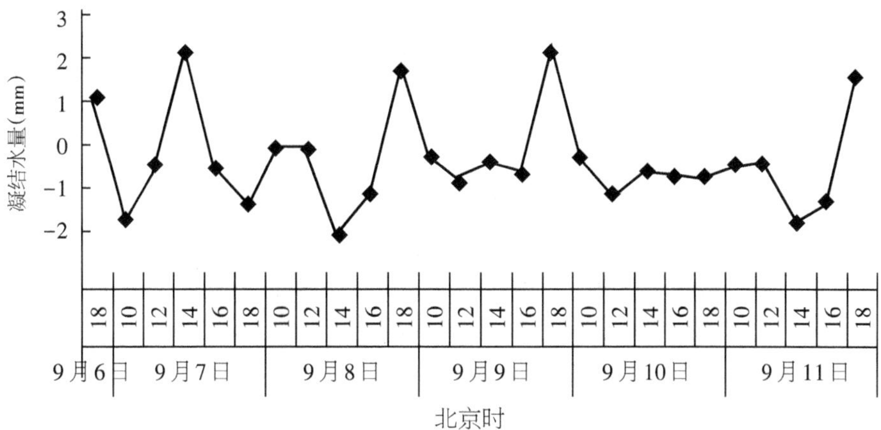

图2-31　2005年9月植被盖度92%的高寒草甸地区蒸散与凝结量交替过程

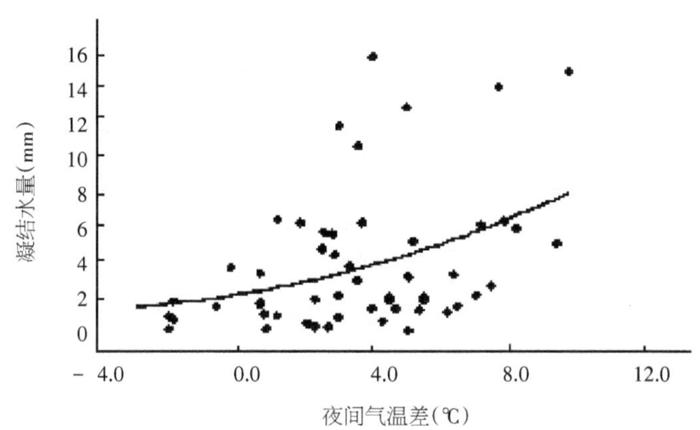

图2-32　植被覆盖度92%的高寒草甸地区凝结水量随夜间气温差的变化

表2-6　不同植被盖度下地表的净蒸散量(蒸散量与凝结水量之差,mm)

日期(月/日)	30%		68%		92%	
	累计净蒸散	日均净蒸散量	累计净蒸散	日均净蒸散量	累计净蒸散	日均净蒸散量
7/21—9/30	184.01	2.75	140.70	2.10	139.81	2.09
10/1—11/7	-16.19	-0.60	7.33	0.27	2.23	0.08
合计(平均)	167.82	1.79	148.04	1.57	142.05	1.51

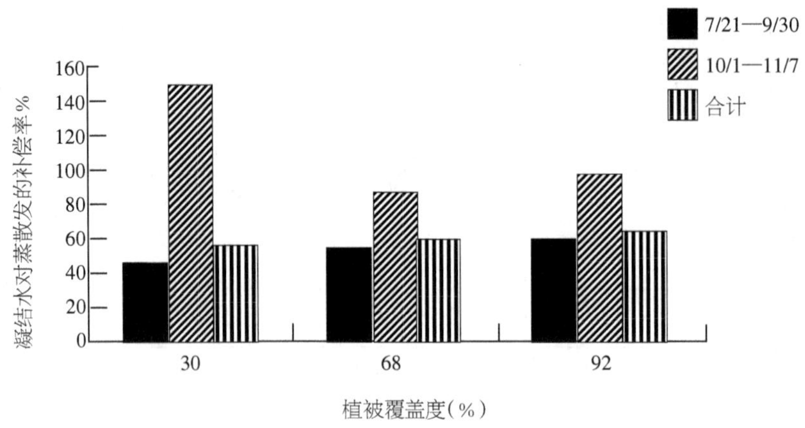

图2-33 不同植被盖度下地表凝结水对蒸散的补偿能力

对比表2-7,由于凝结水的影响,不同植被盖度下地表净蒸散发量明显降低。在植被生长旺盛时期,植被覆盖度越高,净蒸散发量越小,凝结水对地表蒸散发的补偿率越高。在植被枯萎期,植被盖度为30%的草甸草地净蒸散发量为负值,明显小于其他两种草地,凝结水对同时期蒸散发的补偿率达到146.8%。这是因为植被枯萎期,30%盖度下地表蒸散发量本来就很小,以及土壤冻结带来的影响。在94天的观测时间内,植被盖度越高,净蒸散发量越小,凝结水对地表蒸散发的补偿率越大。

表2-7 气象因素露水量的相关关系

气象因素	空气湿度	相对湿度	露点温度
与露水量的相关系数	-0.440	0.229 *	0.467*

注:*在0.05水平显著相关。

李婧(2013)在禾草-矮嵩草群落下发现,距地30 cm处露水生成量最大(0.21 mm),5 cm处露水生成量最小(0.17 mm),且不同高度梯度下的露水生成量与高度之间具有对数关系(图2-34)。露水的生成量与相对湿度,露点温度显著正相关($P<0.05$)。从实验观测过程发现,露水的生成量还与降雨量、天气状况有明显关系。

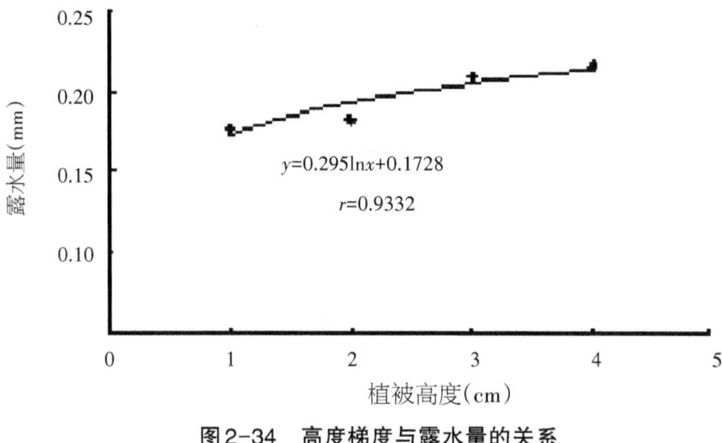

图2-34　高度梯度与露水量的关系

柴雯(2008)研究发现,7—9月夜间平均相对湿度在76%～87%之间,10月平均相对湿度也达到60%以上,11月在50%左右。观测期内有近六分之五的时间夜间气温差大于6 ℃,近三分之一的时间夜间气温差处于10～15 ℃之间。近地表温度达到露点,即近地表空气中水汽达到饱和湿度,是凝结水发生的必要条件。研究区内凝结水发生的时间,正是近地面空气相对湿度和气温差较大的季节。

柴雯(2008)还分析了植被盖度变化对地表凝结水的影响。认为植被生长旺盛季节的地表凝结水量远远高于植被枯萎季节,尤其是植被盖度为92%的草甸,差距接近4倍。在7月21日—9月30日植被生长旺盛季节,植被盖度92%的草甸地表凝结水量最大,明显高于其他两种盖度(68%和30%)的草甸草地。在10月1日—11月7日这段时间内,三种不同盖度的地表凝结水量差距较小。综合不同时期的计算结果,在94天的观测期内,植被盖度92%的草甸草地凝结水量最高,植被盖度68%和30%的草甸草地比较接近。可见,随着植被盖度的降低,地表凝结水数量明显减少,而当植被盖度保持在较高水平时,凝结水对土壤水分的补给将十分可观。

晴朗少云、空气湿度大、近地层逆温较强、地表温度较低的天气条件,更利于露水的产生,并且露水量也较多,近地层空气相对湿度最好>90%;风速保持在1～2 m/s。地表温度必须小于露点温度,近地层大气要存在较强的逆温梯度,大气最好保持向下的水汽输送状态,并且选择平坦开阔的地形放置露水收集装置——这有利于表面冷却和水汽输送畅通。这些局地气候条件和地理环境因素均会显著影响自然条件下的露水量,可以使露水最大的时候达到每日0.5 mm以上,甚至超过1 mm。在比较差的小气候条件下露水可能要小1个量级,甚至还可能不产生露水(Zhang et al,2004)。

与蒸发相反,凝结水对草地来说是一种水分收入(荣艳淑等,2004)。在降水丰富的地区,凝结水的作用可以忽略,但在气候干旱地区,或在雨季出现间歇性气象干旱时,凝结水对缓解水分胁迫的影响将有重要的作用。在发生干旱时,露水是植物生长必不可缺的重要水资源，它能够调节水分在植物体内的分布，弥补由于蒸腾作用或者其他因素造成的植物水分的缺失；它也能够改善土壤中水分的平衡，补充土壤水分的蒸发量，促进“土壤-植物-大气”的循环，从而间接地影响植物的生长和发育(叶有华等，2011)。霜会对植物的生长产生不利的影响。霜冻现象会使农作物部分受到一些伤害，造成农作物的落花、落叶，食用价值的损失或作物的全株死亡，导致一定的农业灾害和损失。

关于凝结水的观测和凝结水的生态生理功能与作用是众所周知的，特别是在天气干旱时期或在气候干旱的草原、沙漠等地，凝结水在维持和稳定生态系统功能中起到非常重要的作用。露水的形成主要由近地层气象条件和露水凝结面的特性决定的。各地露水的大小和持续的时间主要受局地气候特征以及地表和收集物特性等多种因素的影响。因此，可以通过改善或选择局地气候条件以及改造地表和地物特性等手段，来创造更加有利于陆面露水资源形成的气象条件及适宜的地表热力和动力特性，以此来增强露水的形成量，达到开发露水资源的目的(张强等，2008)。

第六节　高寒草甸区气候干湿度

一个地区的干湿状况表征了区域气候特征，气候变化在影响干湿状况的同时，改变了区域生态环境。作为气候变化的指示性因子和植被生态系统的影响因子，区域干湿状况的研究也具有重要的科学意义。气候的干湿程度，不仅取决于水分的收入多少、降水量的大小，还与区域辐射、热量、风速等影响下的水分消耗有很大关系。从这种角度讲，干湿度(湿润)系数不仅是空气水分含量的一种表述，也能间接衡量地表(植物)蒸散量的高低，表征了区域大气-植被-土壤的连续系统内水分含量的丰富或寡少。湿润/干燥指数作为热量与水分的综合因子，控制陆地生态系统与大气之间能量和物质交换，可以指示地区能量和湿度从地面到大气的转换情况，并直接影响到植被产量及水分需求(Chen et al，2006)。因此，这里对高寒草甸地区的气候干湿程度进行分析，以期为高寒草甸生态系统的可持续发展提供基础资料。

一、干湿度(湿润)系数的表述

在现实生活中，人们通常提到今年“干旱”或“湿润”或夏季“干旱”或“湿润”等现象影响到植物生长的问题，这些问题实际上反映了区域水分供应状况，即干湿程度。这不仅取决于水分的收入多少，还与水分的消耗有很大关系，也就是说与植物生长发育过程中的蒸腾耗水、维持适宜的环境条件所必需的生态耗水有关，还与植物田间需水量有关，同时也与土壤蓄水(保墒)能力、毛管饱和持水量等有关。因此，用降水量或降水量加上其他水分收入项之和与生态系统需水量之比或两者之间的差值表示的区域气候干湿程度作为评价气候水分资源是常用的方法。它表示了区域生态系统水分供应的好坏程度。这种水分收入项与生态系统需水量间的比值，谢良尼诺夫称为“条件”水分平衡指标(欧阳海等，1990)。其表达式有：

$$K=\frac{P}{E_p}\text{ 或 }K'=\frac{E_p}{P}$$

式中：P为水分收入项，或降水量，或降水量加其他水分收入项；E_p为水分支出项，如生态系统需水量，或潜在蒸散量；K为湿润系数或湿润度；反之，K' 称为干燥指数或干湿(燥)度。并规定$K<0.03$为极干旱气候型，0.03～0.2为干旱型，0.21～0.5为半干旱型，0.51～1.0为半湿润型，$K>1.0$为湿润型(张方敏等，2008)。

关于湿润度或干燥度或水热系数等，不同研究者提出了不同的表达形式。除上述表述外，还有：

水热系数：是苏联谢良尼诺夫在20世纪30年代提出。其表达方式是：

$$K_c=\frac{P}{0.10\sum T_{>10℃}}$$

式中：$T_{>10℃}$ 为日均气温大于10 ℃时期的活动积温；0.10 $T_{>10℃}$ 则为谢良尼诺夫计算蒸发力的经验表达式；P为同期降水量。20世纪50年代，布德柯分析发现其有一定的缺陷，他根据积温与辐射平衡关系进行了修正，将其改为：

$$K=\frac{P}{0.18\sum T_{>10℃}}$$

20世纪60年代，萨鲍日尼柯娃对上述表达式中的水分收入项P进行修正，认为，对于4—9月的水分收入项对农业生产影响明显，同时还应考虑前一年秋季到翌年春季的降水，故有：

$$K=\frac{(0.5P_{10-3}+P_{4-9})}{0.18\sum T_{4-9}}$$

式中：P_{10-3}为上年度10月到翌年3月降水量；P_{4-9}为当年4月到9月降水量；$\sum T_{4-9}$为4月到9月≥10 ℃期间的活动积温。

湿润系数的表示方法很多，以下再列几种表达式(欧阳海等，1990)。

么沈生湿润系数：

$$K=\frac{P}{0.10\sum T_{>10℃}}$$

式中：$\sum T_{>10℃}$为日均气温≥0 ℃期间的活动积温；P为同期降水量。

伊万诺夫湿润系数：

$$K_u=\frac{P}{0.0018(t+25)^2(100-a)}$$

式中：t 为月平均气温；a 为月平均相对湿度；P 为月降水量。

沙士柯湿润系数：

$$K_w = \frac{P}{\sum d}$$

式中：$\sum d$ 为日均空气湿度饱和差年总量；P 为同期降水量。

考虑土壤水分的阿尔巴捷也夫湿润系数：

$$K_a = \frac{P + W_a - W_h}{k\sum d}$$

式中：W_a 和 W_h 分别为期末和期初的土壤有效水分贮量；$\sum d$ 为同期空气湿度饱和差之和；P 为同期降水量；k 为蒸发的生物学系数。

考虑土壤水分的费道寨也夫湿润系数：

$$K_b = \frac{(P + W_B)}{\sum d}$$

式中：W_B 为春季开始时土壤有效贮水量；$\sum d$ 为植物生育期内空气湿度饱和差之和；P 为生育期降水量。

考虑土壤水分的乌兰诺娃湿润系数：

$$K_c = \frac{(P + W_B)}{0.10\sum T}$$

式中：W_B 为春季开始时土壤有效水分贮量；$\sum T$ 为≥10 ℃期间的活动积温；P 为同期降水量。

布德柯辐射干燥度：

$$K' = \frac{R}{LP}$$

式中：R 为辐射平衡；P 为降水量；L 为蒸发潜热。

相对蒸发：

$$R_E = \frac{E}{E_p}$$

式中：E_p 为蒸发力或潜在蒸散；E 为实际蒸发或实际蒸散。E_p 表示在水分充分供应条件下由本地能量所控制的水分消耗总量，即可能蒸散量（或蒸散力，或需水量），而 E 是实际条件下植物群落蒸腾耗水和土壤蒸发耗水下的实际蒸散量。在湿润系数中降水量并不能真正代表植物的生理生态过程中所能利用的水分，而实际蒸散则逆补了这些不足，既反映了植物生理生态过程消耗的水分总量，也反映了植物群体水分的收入项。因此，相对蒸发表征了植物水分的供给状况，相对蒸发将比上述湿润系数的水分指标更具优越性。

相对蒸发在植被类型分布区将得到很好的应用，相对蒸发高反映了地带性植被湿润明显，低时则反映了区域植被类型干燥，在暖干化的气候变化背景下存在向荒漠类型转变的可能。

土壤水分供应系数：

$$K_k = \frac{W}{W_0}$$

式中：W 和 W_0 分别为植物生育期实际土壤有效水分贮存量和适宜的有效贮水量。该式能较好地反映区域水分供求关系，综合反映了水分收入与支出，因而可准确反映出地区水分资源状况。唯一不足的是适宜的有效贮水量需要大量的研究和综合处理后构建可靠的测定和计算方法。

二、三江源地区干湿状况变化的空间特征

三江源大部分地区海拔在4000 m以上，地势高耸、气候寒冷，年平均气温在-5.4～4.2 ℃之间，年降水量由东南部的770 mm向西北逐渐递减至260 mm，气候条件具有明显的区域分异特征。植被类型以高寒草甸和高寒草原为主（陈桂琛等，2003），生态系统非常脆弱，对气候变化敏感且响应迅速（赵新全，2009；Zhang et al，2007）。以高寒草甸为主构成的生态环境体系，以其独特而脆弱的生态系统，在全球气候变化及其响应研究中受到广泛关注（赵新全，2009）。该区域受全球气候变化影响出现了显著变暖趋势，且其增温速率明显大于全球平均（任国玉等，2005；李林等，2006；Lin et al，1996；Duan et al，2006），并可能进一步变暖（张英娟等，2004；丁一汇等，2006）。加之区域的超载放牧，导致草地生产力下降、土壤裸露、严重沙化等显著退化现象（陈全功等，1998；刘纪远等，2008；王根绪等，2001；张镱锂等，2006；Liu et al，2006），区域干湿状况也随之发生明显的改变。

近几年，我国基于湿润指数进行区域干湿状况变化的研究已取得大量成果（张方敏等，2008；马柱国等，2006；王菱等，2004；靳立亚等，2004；申双和等，2009；马柱国等，2006），并就暖湿化和暖干化趋势进行了广泛的讨论（程国栋等，2006；施雅风等，2003；Chen et al，2006；毛飞等，2008）。但大多数有关青藏高原湿润度的变化趋势研究是基于区域或地区大尺度干湿状况变化的讨论，有关三江源地区干湿状况的描述缺乏详细分析和专门的研究。李轶冰等（2006）仅基于气温和降水数据分析了1961—2002年三江源地区干湿状况，而忽略了风速和相对湿度等因子的计算，造成其结果难以准确地反映实际干湿状况。20世纪90年代后三江源地区气温显著变暖，干湿状况出现明显变化（王菱等，2004；靳立亚等，2004），这种变化幅度和趋势在进入21世纪后表现更为突出。而目前的研究大多截止于21世纪初，近十年最新变化状况的研究尚未见报道。此外，气温、降水、风速等因子变化对干湿状况影响分析方面也是急需探讨的一个问题。

三江源地区地域广阔，地形复杂，气候条件的空间差异明显，气候变化带有明显的空间地理属性差异（Xu et al，2008；Zhang et al，2007），对干湿状况进行研究必须重视空间分布的差异（Yin et al，2005）。因此，分析三江源湿润指数变化空间差异，以及不同地域年际干湿状况变化特征，探讨气候变化对其干湿状况的影响以及热量与水分匹配状况的演变趋势实为必要。徐维新等（2012）以三江源地区18个气象站（图2-35）1971—2010年逐月气温、降水、气压、风速、相对湿度地面观测数据，采用经验正交函数分解（Empirical Orthogonal Function，EOF）方法，进行三江源地区湿润指数的时空特征分解，并划分特征分区，讨论各分区空间分布及其时间变化特征，通过线性相关和偏相关分析方法，揭示不同区域湿润指数变化的影响因子，并分析了区域干湿状况变化的空间特征。下面以徐维新等（2012）的研究结果（图2-35至图2-39；表2-8，表2-9）给出三江源地区的干湿状况。

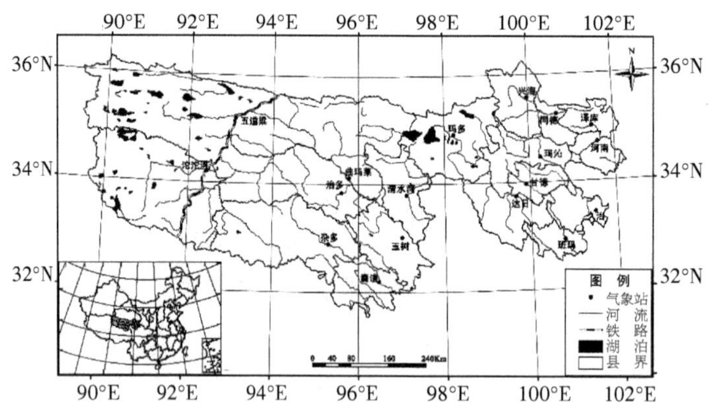

图2-35 三江源地区地理位置及气象站点分布

经验正交函数分解是对时空数据变量矩阵进行正交函数展开，并检测分解出该时空变量的空间变异特征及其随时间的动态变化状况，实现相似变化空间区域的划分。其计算方法可参阅相关文献（Rencher，2002；魏凤英，2007）。湿润指数按下式计算：

$$K = \frac{R}{E_T}$$

这里关于蒸散量（E_T）的计算采用中国气象局（2005）推荐的生态气象监测标准中的计算方法，该方法为刘多森和汪纵生（1999）提出的动力学模型的改进形式：

$$E_{Ti} = \frac{22d_i(1.6 + U_i^{\frac{1}{2}})\ E_i(1 - h_i)}{P_i^{1/2}(273.2 + t_i)^{1/4}}$$

式中：E_{Ti} 为蒸散量，与 E_T 等同；i 为月份；d_i 为该月天数；U_i 为10 m高度月平均风速（m/s）；P_i 为月平均气压（mb）；t_i 为月平均气温（℃）；E_i 为温度为 t_i 时的饱和水汽压

(mb)；h_i为月平均相对湿度。

饱和水汽压E_i的计算，区分两种条件：

当月平均温度为0～30 ℃时：

$$E_i = 1.3694 \times 10^9 e^{\left(-\frac{5328.9}{273.2+t}\right)}$$

当月平均温度为-40～0 ℃时：

$$E_i = 2.6366 \times 10^{10} e^{\left(-\frac{6139.8}{273.2+t}\right)}$$

由于该式计算过程中区分了不同温度条件，包含了高海拔寒冷地区低温对潜在蒸散计算干扰的考虑，相比于其他计算公式，更接近高海拔寒冷地区的实际。

干湿状况的划分采用基于《联合国关于在发生严重干旱和/或荒漠化的国家特别是在非洲防治荒漠化的公约》（中华人民共和国林业部防治荒漠化办公室，1994）制定的中国干湿气候分区标准，具体为：

K<0.03	极干旱气候区
0.03<K<0.2	干旱气候区
0.2<K<0.5	半干旱气候区
0.5<K<1.0	半湿润气候区
K>1	湿润气候区

1.三江源地区干湿状况分布

从1971年到2010年近40年平均年湿润指数的空间分布（图2-36）可以看出，三江源地区总体处于湿润、半湿润气候区，气候湿润状况自东南向西北方向由湿润向半湿润、半干旱气候区过渡。东南部的黄南南部地区、果洛南部地区气候湿润，西部的可可西里地区处于半干旱区。但气候湿润状况年内分布差异明显，气温高于0 ℃的夏半年（4—10月）湿润指数均大于1.0，但气温低于0 ℃的冬半年气候干燥。

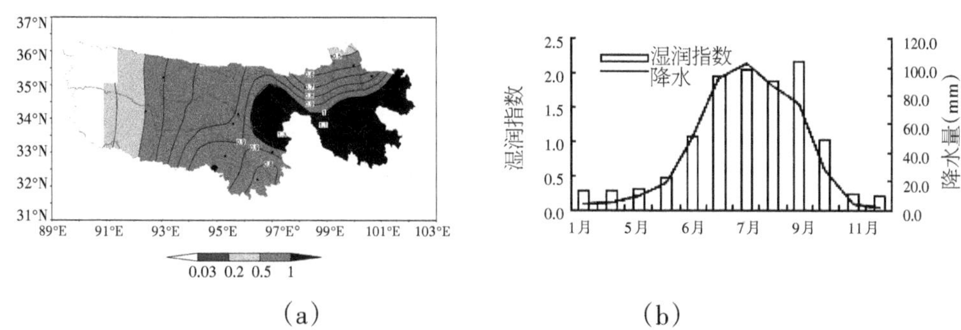

图2-36　1971—2010年三江源地区湿润指数40年平均的空间分布(a)及月变化(b)

对比春、夏、秋、冬四季湿润指数空间分布特征，发现除冬季外，其余时段湿润指数空间分布与年平均状况基本一致，因此我们主要基于年平均湿润指数值的空间分布特征进行时空变化分析。

2. 三江源地区湿润指数变化的区域特征

1971—2010年三江源地区18个气象站湿润指数EOF分解结果表明，前三个特征向量场收敛很快，其累计方差解释率达到63.3%，代表了三江源区干湿状况时空变化的最主要特征。第四向量场后收敛速度明显下降，且方差解释率均低于5%。因此，本文主要分析EOF分解前三个特征向量场。

EOF分解第一特征向量场(EOF-1)方差解释率达到37.4%[图2-37(a)]，代表了三江源地区干湿状况变化的最主要特征，主要指示了东部和中部主体区域近40年干湿状况的变化特征，说明三江源大部分地区干湿状况变化具有较强的一致性。第二特征向量场(EOF-2)反映出三江源地区干湿状况的南北反相位变化特征[图2-37(c)]，揭示了三江源地区干湿状况变化在南部和北部地理空间上所存在的显著差异。第三特征向量场(EOF-3)则表明了三江源地区干湿状况变化的东、西部差异[图2-37(e)]。EOF-2和EOF-3的空间分布特征清晰地表现了三江源地区干湿状况变化与地理位置的关系和依赖性，客观认识其变化特征必须考虑其在地理空间分布上的差异。

3. 三江源地区干湿状况时间变化的区域差异

以EOF分解特征向量场各气象站点因子载荷>0.5为中心区(Collantes，2005)，挑出前三个EOF分区中心区代表站点。其中：EOF-1区代表站点为曲麻莱、治多、清水河、玛多、兴海、同德、玛沁、达日、班玛和泽库10站；EOF-2区正值区以囊谦和玉树为代表站，负值区为曲麻莱和兴海；EOF-3区囊谦代表正值区，河南为负值区。图2-37(b)(d)(f)分别为前三个EOF分区正负中心区平均湿润指数三年滑动平均时间序列。

图2-37(b)指示三江源主体区域(EOF-1)湿润指数总体呈下降趋势，其趋势在1982年后表现更为明显，呈持续明显下降趋势，期间下降趋势百分率达到-5%/10 a。表明三江源大部分地区在20世纪80年代初就进入一个持续干旱化的时期，这种变化结果在21世纪初的几年表现最为明显，湿润指数由高值向低值转换的幅度达到0.25左右。干湿状况也由20世纪80年代和90年代的湿润气候转变为半湿润气候。

EOF-2区指示的三江源南部区域湿润指数总体呈下降趋势[图2-37(d)]，且1980年后这种趋势更为明显，其下降趋势百分率达到-5%/10 a，但其半湿润气候特征没有改变；而北部地区在1990年进入一个明显低值期，其明显下降趋势也出现于1982年左右。与其他区域显著不同的是，三江源北部地区在20世纪90年代后期直到2010年湿润指数呈明显上升趋势，其上升趋势达到9%/10 a，气候湿润化趋势明显。三江源西部区域湿润指数总体呈先升后降趋势[图2-37(f)]，值得注意的是进入21世纪后，该区湿润指数迅速下降，其值降低约0.30，近10年干燥化趋势明显；东部区域总体呈下降趋势，约在1982年后下降趋势特别明显，趋势值达到-8%/10 a，但大致在2001年后湿润状况出现改善趋势。

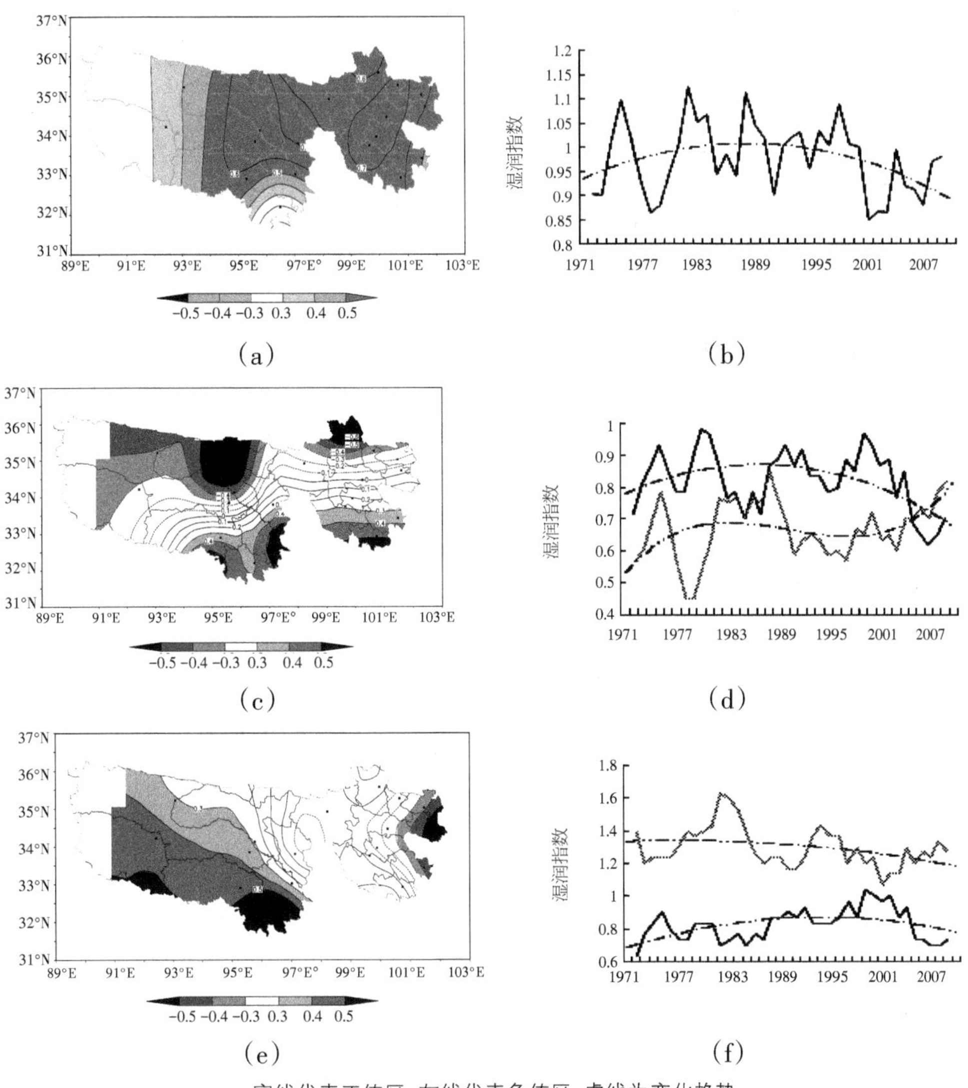

实线代表正值区，灰线代表负值区，虚线为变化趋势

图2-37　三江源地区湿润指数EOF分解前三个特征向量场[a(EOF-1,37.4%)、c(EOF-2,13.6%)、e(EOF-3,12.3%)及其中心区(b(TS-1)、d(TS-2)、f(TS-3)]湿润指数三年滑动平均时间变化曲线

总体而言，三江源大部分地区于20世纪80年代初出现较明显变干趋势，但地理

空间差异在北部与南部、东部与西部表现明显，且呈明显反相位特征。进入21世纪的近10年东部和北部变湿趋势明显，南部和西部呈强烈变干趋势。

4. 三江源地区不同区域干湿状况变化的季节特征

由EOF分解得到的5个特征区域春、夏、秋、冬四季湿润指数值的大小可以发现(图2-38)，三江源地区湿润程度的季节差异非常明显，夏季和秋季气候湿润，而冬季和春季则处于干旱或半干旱状况。

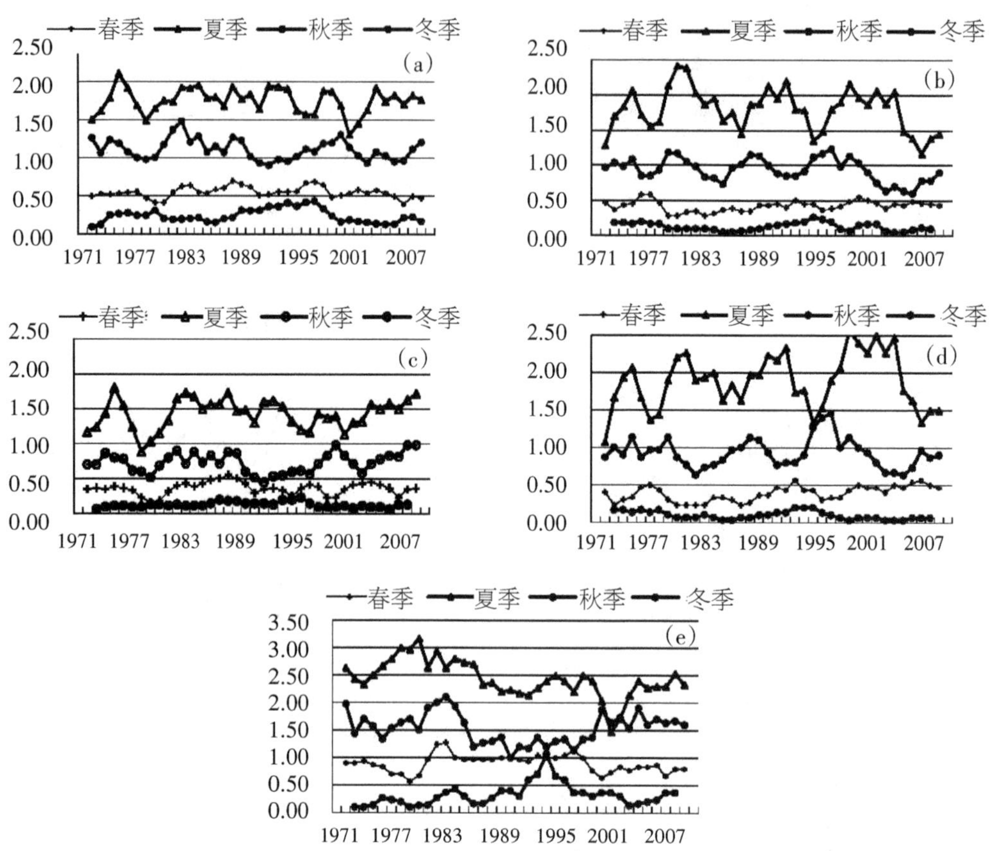

(a)主体区(EOF-1)；(b)南部(EOF-2)正值区；(c)北部(EOF-2)0负值区；(d)西部(EOF-3)正值区；(e)东部(EOF-3)负值区

图2-38 三江源地区前三个EOF分解特征向量场代表站点1971—2010年春、夏、秋、冬季三年滑动平均湿润指数曲线

春季，以河南县为代表的东部局部地区湿润指数大致介于0.5～1.0[图2-38(e)]，其余地区湿润指数均在0.5左右波动。三江源大部分地区近40年总体呈下降趋势[图2-38(a)]，20世纪80年代和90年代处于偏湿润时期，而20世纪70年代及21世纪则处于相对偏干时期，但变化幅度较小。北部和东部年代际变化幅度较大[图2-38(c)(e)]，自20世纪80年代初，表现出较明显的干燥化趋势。与此相反，南部和西部湿润指数总体呈持续、明显的上升趋势[图2-38(b)(d)]，湿润化趋势明显，进入21世纪后达到并超过湿润状况最好的20世纪70年代。

夏季，三江源各地区均处于湿润气候状况，三江源主体区域及北部和东部湿润状况总体呈减少趋势，其中东部地区下降趋势显著，湿润指数自20世纪80年的最高值至21世纪初下降了1.0，但这些区域在经历了2001年的突然下跌后，又表现出明显的恢复上升趋势[图2-38(a)(c)(e)]。南部和西部则表现出较为一致的年代际振荡特征[图2-38(b)(d)]，20世纪70年代末—80年代初、80年代末—90年代初、90年代末—21世纪初为湿润指数相对偏高时期，其余时期为相对偏低时期。但总体上南部呈弱下降趋势而西部呈增加趋势。

秋季，东部经历了一个比较明显的先降后升变化趋势[图2-38(e)]，20世纪70年代—90年代末为下降期，其后进入一个持续上升期。其余地区则表现出较为一致的年代际波动特征，呈弱的下降趋势，但其相位却与夏季相反[图2-38(a)(b)(c)(d)]。

冬季，由于湿润指数值较小，各区变化幅度小，但东部有较明显的增加(图2-38e)，三江源主体区域和南部与西部呈下降趋势，这种趋势更明显地表现在20世纪90年代中期至21世纪的这一时期。

5.三江源地区湿润指数对气候因子响应的区域特征

为了分析不同区域湿润指数变化的主导气候因子，我们计算了三江源地区EOF特征分区代表站点湿润指数与气温、降水、风速、相对湿度间的线性相关系数，由于以上四个气候因子间存在很强的自相关性，为了避免多重共线性的影响，进一步计算了偏相关系数(表2-8)。

表2-8　三江源地区湿润指数与气候因子相关系数和偏相关系数

空间分区	相关系数				偏相关系数			
	气温	降水	风速	相对湿度	气温	降水	风速	相对湿度
EOF-1区	-0.2479	0.7196***	-0.0753	0.6384***	-0.5174***	0.9285***	-0.4315**	0.7700***
EOF-2正值区	-0.2669	0.7702***	-0.1958	0.6159***	-0.2308	0.9263***	-0.1781	0.7060***
EOF-2负值区	0.0721	0.8656***	-0.3270	0.6429***	-0.4522**	0.9059***	-0.3138	0.5348***
EOF-3正值区	-0.015	0.7844***	-0.3155	0.5426***	-0.0482	0.9063***	-0.2738	0.7058***
EOF-3负值区	-0.2474	0.7405***	0.1571	0.4451**	-0.5343***	0.9219***	-0.3338*	0.7056***

注：*表示相关系数通过0.05显著性检验水平，**为通过0.01显著性检验水平，***为0.001显著性检验水平。

简单相关系数表明,降水和相对湿度是影响三江源地区湿润指数最主要的两个因子。但偏相关系数表明,在考虑了因子间的相互作用后,三江源主体区域(EOF-1区)及东部地区(EOF-3负值区)干湿状况的变化决定于降水、相对湿度、气温和风速的综合影响,降水量的大小主导了这些区域的干湿状况,但气温和风速的增加将加大干旱的程度。在三江源南部地区(EOF-2正值区)和西部地区(EOF-3正值区)降水量和相对湿度大小决定着湿润指数的高低。三江源北部地区(EOF-2负值区)降水量虽然仍是干湿状况变化的主导因素,但气温也具有重要影响。

选择各分区内偏相关系数通过0.05显著性检验水平的气候因子,将其与湿润指数距平百分率绘于图2-39,以便对比和进一步揭示气候因子对三江源地区干湿状况的影响。图2-39(a)表明,三江源主体区域1971—2010年湿润指数总体呈下降趋势,年际波动特征与降水在20世纪90年代初期前保持高度的一致性,但其后则与降水的变化异质性明显,在年降水量明显增加的情形下,湿润指数仍表现出下降趋势。这表明,进入20世纪90年代后,湿润指数受其他因子影响的比重加大。计算20世纪90年代前后两个时期各因子与湿润指数的相关系数发现,与降水的相关系数在20世纪90年代以前为0.90,之后下降为0.16,而气温的相关系数则由0.11变为-0.49(通过0.05的显著性检验),风速的影响略有下降,相对湿度的影响则有所提高。20世纪90年代后,气温表现出一个显著上升的趋势,相对湿度则在20世纪90年代中期后出现明显下降趋势,这说明气温的显著升高已经对三江源地区湿润状况带来直接影响,并已成为影响这一地区干湿状况的重要因子,气温显著上升和相对湿度的下降引起20世纪90年代后湿润指数的下降,使得气候趋向暖干化。

三江源南部地区和西部地区湿润状况主要与降水和相对湿度的大小存在密切关系,该两区域湿润指数具有同位相的年代际波动特征,与EOF-1区相同的是,本区湿润指数大致在20世纪90年代以前与降水保持非常高的一致性,但20世纪90年代后其干燥化趋势主要缘于相对湿度的贡献。三江源北部地区湿润指数近40年与降水量的变化始终保持较高的一致性,该区域年平均降水量约为390 mm,明显低于其余地区,使得降水量的多少成为主导本区域湿润状况的决定性因子。但值得注意的是,进入20世纪90年代后气温呈明显升高趋势且与湿润指数的变化保持较一致的波动特征,在渡过了20世纪80年代明显湿润期并迅速进入20世纪90年代的相对干燥期后,本区域暖湿化特征明显。东部地区与北部地区具有较为相似的响应特征,只是湿润状况对降水的依赖程度略有减弱,在经历了20世纪80年代和20世纪90年代持续的干燥化趋势后,进入21世纪也表现出较明显的暖湿化趋势。

三江源地区干湿状况的变化在北部与南部、东部与西部间存在显著的空间差异,并呈明显反相位变化特征,其余大部分地区干湿状况的变化具有较强的一致性。其中北部和东部的部分区域分别在20世纪90年代和21世纪后表现出气候湿润化趋势,其余大部分地区近40年总体呈持续干旱化趋势,南部和西部呈显著变干趋势,湿润指数线性趋势率达到-8%/10 a。这些地区显著的干旱化趋势开始于20世纪80年代初。

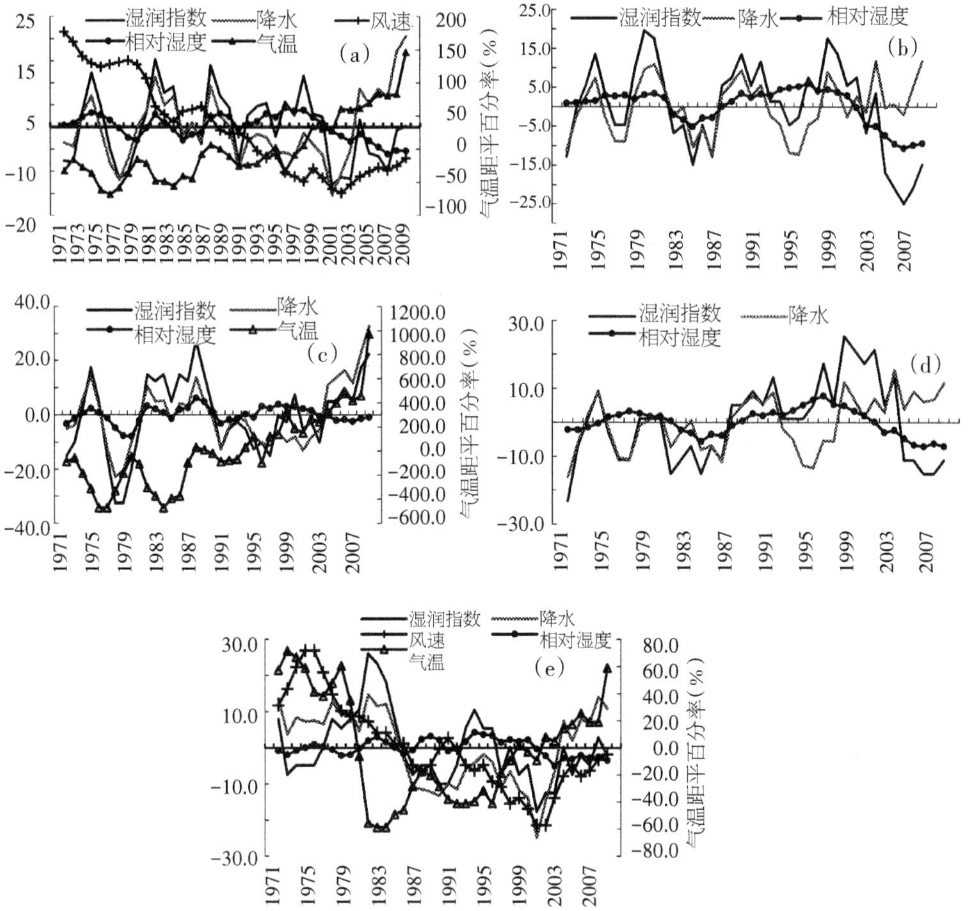

(a)为EOF-1区;(b)为EOF-2正值区;(c)EOF-2负值区;(d)为EOF-3正值区;(e)EOF-3负值区

图2-39　1971-2010年三江源不同区域湿润指数及其高影响气候因子距平百分率

三江源大部分地区属半湿润与湿润气候区,但季节差异明显,夏季和秋季气候湿润,而冬季和春季则表现为干旱或半干旱状况。近40年南部和西部春季表现出较明显的湿润化趋势,其余地区则总体呈干旱化趋势。夏季,三江源西部地区湿润指数总体呈增加趋势,其余区域干旱化趋势延续,但值得注意的是,进入21世纪后,西部地区出现干旱化演变特征,而其余大部分地区,则表现为湿润化趋势。秋冬季,东部地区有湿润化趋势,其余地区湿润指数则呈弱下降趋势。

三江源干湿状况主要决定于降水量和相对湿度的变化,但在东部和中部的大部地区气温和风速也是影响干湿状况的重要因子。在三江源北部和东部,降水量是主导干湿状况的决定因子,随着降水增多湿润指数增加,在气温升高的背景下,这些区域在近十几年呈较明显的暖湿化趋势。中部和东部的大部分地区,自20世纪90年代中期,气温的显著上升已引起湿润指数的明显下降,并已成为影响这一地区干湿状况的关键因子之一,在降水明显增加的背景下,这些地区仍然表现出显著的暖干化趋势。而西部和南部则由于相对湿度的下降,表现出较干燥化的趋势。

三、典型高寒草甸区干湿状况

1.黄河源4地区干湿润指数

我们利用湿润指数分析了黄河源地区玛多、玛沁、达日和久治4个气象台站1961—2010年黄河源区随气候变化的地表湿润指数变化状况(侯文菊等,2010)。研究发现,黄河源区地表湿润指数自1961年到2010年,呈非显著的弱的下降趋势,特别是20世纪90年代,由于该时期降水量的减少,导致湿润指数明显较其他年代的低,进入21世纪后,黄河源区的湿润指数明显增大,这与近年的降水量增多、阴雨天气增多、风速减小有一定的关系。

表2-9给出了1961年到2010年5个年代季节和年平均地表湿润指数的年代际变化特征。从表2-9看到,就整个黄河源区来看,20世纪60年代和80年代地表湿润指数最高(0.78),为湿润期,20世纪70年代湿润指数与20世纪60年代和80年代相比略有降低,20世纪90年代至21世纪初表现较小。从四个季节来看,春季湿润指数高的出现在20世纪80年代和90年代;夏季除20世纪90年代干燥外,其余均较湿润;秋季20世纪90年代以来比较干燥,其余年代相对较湿润;冬季湿润指数较大的则出现在20世纪90年代。

表2-9　黄河源区地表湿润指数10年际变化

季节	1961—1970	1971—1980	1981—1990	1991—2000	2001—2010
春	0.39	0.41	0.45	0.44	0.42
夏	1.24	1.19	1.20	1.14	1.21
秋	0.77	0.74	0.78	0.62	0.66
冬	0.13	0.14	0.14	0.19	0.14
年平均	0.78	0.76	0.78	0.72	0.74

从表2-9还可看到,近49年的5个年代中,黄河源区季地表湿润指数表现出由大到小依次为夏季、秋季、春季、冬季,故年平均地表湿润指数的大小主要取决于夏季、秋季的地表湿润指数的值。另外,进入21世纪后,冬季、春季的湿润指数与20世纪60年代相比呈上升趋势,夏季、秋季及年湿润指数呈下降趋势,特别是秋季下降最为明显,下降了14.3%,这与各季节内降水量增多或减少有一定的关系。

1961年以来到2010年的近49年，黄河源区年地表湿润指数的气候倾向率分析表明（表2-10），整个黄河源区年地表湿润指数呈不明显的减小趋势，其中北部的玛多呈增加趋势，增幅倾向率为0.05/10 a，玛沁基本持平；达日、久治呈现下降趋势，久治减幅最大（0.12/10 a）。由此可看出，黄河源区西北部与东南部之间的湿润指数随着年代的递增而差距在缩小，也就是说，西北部的玛多县湿润指数在增加，而东南部的久治湿润指数在减小。从一年四季中看到，黄河源区地表湿润指数在冬、春两季呈增加趋势，增幅均达0.01/10 a，而夏、秋两季呈减小趋势，秋季减小幅度最大，达-0.04/10 a；其中，北部的玛多在一年四季中均为增加趋势，玛沁在夏季、冬季变化中呈增加趋势，而春季、秋季呈减小趋势，偏南的达日、久治两站基本相似，冬季、春季增加，而夏季、秋季的地表湿润指数在减小。

但是，最近20年来特别是进入21世纪后的2003年以来，黄河源区湿润指数有所增加，上述4地区年增幅在0.09～0.25/10 a之间，中部两个站增幅最大。由表2-10看到，最近20年来，整个黄河源区春季、冬季为减小趋势，夏、秋季为增加趋势，特别是夏季，增幅明显达0.14/10 a。玛沁、达日在春季、夏季、秋季中均为增大趋势，而在冬季为减小趋势；玛多、久治相似，春季、冬季为减小趋势，而夏、秋季均为增大趋势。进入21世纪后，日照时数明显减少，降水量略有增加，从而造成该时期的地表湿润指数增大。也表明黄河源区近20年来气候由20世纪末的干暖化趋势向湿暖化趋势演替。

表2-10　黄河源区年、季湿润指数的气候倾向率

季节	西北部	中部		东南部	黄河源区
	玛多	玛沁	达日	久治	
春季	0.02/-0.04	-0.01/0.01	0.01/0.03	0.01/-0.02	0.01/-0.01
夏季	0.02/0.09	0.01/0.19	-0.01/0.13	-0.05/0.13	-0.01/0.14
秋季	0.00/0.10	-0.02/0.08	-0.04/0.00	-0.09/0.02	-0.04/0.05
冬季	0.01/-0.07	0.01/-0.03	0.01/-0.03	0.01/-0.03	0.01/-0.04
年	0.05/0.09	0.00/0.25	-0.03/0.13	-0.12/0.10	-0.01/0.05

注：符号“/”前后的数字分别代表1961—2010年和1990—2010年的气候倾向率。

湿润指数的变化取决于降水和潜在蒸散两个分量。显然降水量的多少直接影响到湿润指数的大小，而潜在蒸散与气温、日照时间、空气湿度、风速等诸多的气象要素有关。这是因为温度高、风速大将加大地气之间的热量传输，进而影响到陆面蒸散过程；而日照时间少、空气湿度大、降水量大将直接导致空气水汽含量高，蒸散减弱。为此，这里统计了这些气象因素与湿润指数的关系（表2-11）。

表2-11 黄河源区地表湿润指数与各气象要素的相关系数

季节	日照时数	平均风速	相对湿度	平均气温	降水量
春季	-0.247[b]	0.038[b]	0.517[a]	-0.063[b]	0.959[a]
夏季	-0.707[a]	0.031[b]	0.507[a]	0.088[b]	0.940[a]
秋季	-0.489[a]	-0.028[b]	0.650[a]	-0.172[a]	0.965[a]
冬季	-0.209[b]	-0.338[c]	0.568[a]	-0.094[b]	0.971[a]
年	-0.411[a]	-0.036[b]	0.342[c]	-0.071[b]	0.934[a]

注:a为通过显著性(0.01)检验;c为通过显著性(0.05)检验;b为未通过显著性检验水平。

从表2-11中可知,湿润指数与日照时数呈负相关,四季中夏季的相关系数最大,达-0.707,并通过了显著性检验(P<0.01),说明日照时数在湿润指数减小趋势中起着重要作用,夏季土壤水分活跃,太阳辐射强,潜在蒸散量加大,所以对湿润指数起着副作用。湿润指数与降水量、相对湿度呈正相关,并通过显著性检验(P<0.01),降水量增加、空气相对湿度增大,湿润指数随之增加。湿润指数与平均风速在春季、夏季呈现正相关,但没通过显著性检验水平,在秋季、冬季为负相关,特别是冬季,相关系数为-0.338,并通过显著性检验(P<0.01),风速增大,易带去空中水汽,使地表湿润指数减小。同时,湿润指数与气温也具有负相关关系(除夏季外),四季中秋季的相关系数最大,达-0.172,并通过显著性检验(P<0.01),气温升高,蒸散量加大,从而湿润指数减小。从相关程度分析来看,降水量、相对湿度的增加和日照时数的减少对湿润指数的增加起着最主要的作用,其次是平均气温和风速。

杜军等(2009)在研究西藏北部年地表湿润状况时认为该地区地表湿润指数呈增大趋势,增幅在0.01～0.05/10 a,而我们对黄河源区玛沁进行分析发现有所不同,1961—2010年的49年间湿润指数表现出随年际进程有所下降,减幅在0.01/10 a;王根绪等(2009;2001)在研究气候变化对长江黄河源区生态系统的影响中指出:过去40年来,黄河源区高覆盖草甸、高覆盖草原和湿地面积分别减少了23.2%、7.0%和13.6%,气温升温倾向率为0.31 ℃/10 a,降水量以0.07 mm/a的气候倾向率递增,气温持续升高,在降水没有明显变化的情况下,导致青藏高原腹地气候的暖干化趋势,冻土退化引起该区高寒草甸植被向高寒草原植被的退化;王鹏祥等(2007)对近44年来我国西北地区干湿特征分析中指出:44年来西北地区东南部的干湿指数特征趋势系数为-0.18,表现为弱的变干趋势,此结果与本文研究的结果也非常相似。

王菱等(2004)研究了中国北方地区1961—2000年40年间气候干湿带界线分布和10年际变化后认为,40年来中国北方地区,在东经100°以东地区,半干旱区面积扩大,半湿润区面积缩小,气候趋向干旱化;东经100°以西地区,极端干旱区面积在缩小,湿润指数有增大趋势,此结果与本文研究区域中的玛多县非常相似,本属干旱区的玛多县,随着年份的进程湿润指数呈现增大趋势。虽然本研究结果发现自1961年以来的49年里,黄河源区湿润指数呈现下降趋势,即向干旱化发展,但进入21世纪后湿润指数有所增加,也说明黄河源区自21世纪初出现转型,湿润指数有增大的趋势,与王菱等研究的结果是一致的。

黄河源区的湿润指数变化规律表明,黄河源区与全国尺度上平均气温在升高和降水在增多的结果是相同的,只是黄河源区气温上升的倾向率较全国尺度上的高,而降水增多趋势较弱。李林等(2006)利用43年的实测资料在分析三江源地区气候变化时认为,黄河源区气温40多年来按0.32 ℃/10 a倾向率升高,冬季降水量以1.33 mm/10 a的气候倾向率递增。由于我们所研究的黄河源区4个气象台站观测资料包括在该研究范围,因而其气温升高的倾向率和降水增多的倾向率具有非常相似之处。

一个地区的湿润指数是综合气象因素的结果,其中,地表蒸发和降水是影响地表湿润指数的直接因素,空气湿度、日照时间、风速均对其有一定影响。空气湿度大,表明大气离饱和程度愈接近,使地表蒸发速率下降;风速将导致气流的交换,对蒸发起到有利的作用;日照时间缩短,会抑制地表包括能量在内的热量和水汽的交换,一方面将增大区域降水,另一方面又抑制了地表水的蒸散。可以看出,气象要素对地表湿润指数的影响是复杂的。相关分析结果显示(表2-11),湿润指数与日照时间呈负相关关系;地表蒸散过程中需要消耗大量的热量,温度越高对水分运动越有利,说明温度与地表湿润指数呈一定的负相关关系,这与表2-11显示的结果一致。

2.海北、玛沁高寒草甸地区湿润指数

统计海北、玛沁多年平均湿润指数发现,1981年到2016年的36年间,年平均湿润指数分别为0.90和0.71(图2-40),依据张方敏和申双和(2008)的研究结果,这两个区域均为半湿润区。同时发现,海北更接近湿润指数为1的湿润型。

从图2-40看到,不论是青海北部的海北高寒草甸地区还是三江源玛沁高寒草甸地区,自1981年以来其湿润指数是下降的,海北下降速率比玛沁更为明显。在这36年时间内,海北、玛沁降水量在多年平均(分别为539.37 mm和516.37 mm)值上下波动,并未呈现明显变化(海北略有下降,玛沁基本持平)的状况下,湿润指数均呈现下降的趋势,说明其可能蒸散在增加,这意味着,按目前湿润指数这种速率下降,未来87年到209年间,海北地区湿润指数将下降到0.51～1.0,进入0.21～0.5,成为半干旱型的气候类型。

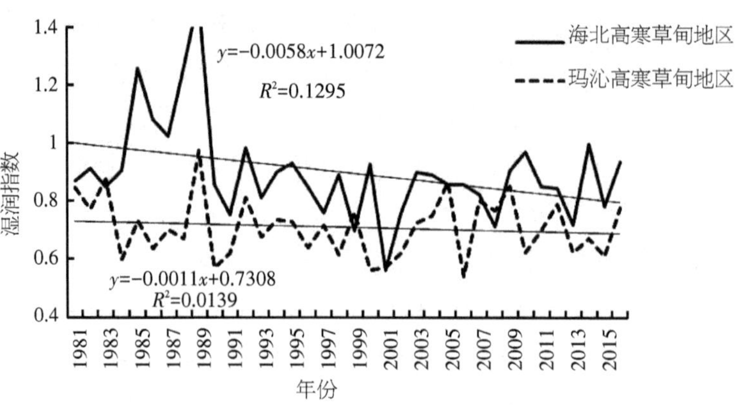

图2-40　海北、玛沁1981—2016年年平均湿润指数年际动态

第三章　高寒草甸植被层水源涵养及对降水的截留

高寒草甸约占青藏高原面积的60%,是高原水源涵养功能发挥的主体基质。对高寒草甸水源涵养功能的研究内容主要包括植被对降水的拦蓄、截留,植被含水量、蓄水量以及植被层本身(如绿体、枯落物、半腐殖质碎屑物、地下生物量)的持水能力,等。而不同覆被变化与土地利用方式对高寒草甸地区的水源涵养作用不同。此外,水源涵养功能的分析和价值核算是生态系统服务功能与价值研究的内容之一,植物的水分涵养能力与植被类型和盖度、枯落物组成和现存量等密切相关。本章主要讨论高寒草甸植被层的水源涵养及其影响因素以及高寒草甸植被系统水源涵养功能价值。

第一节　植被拦蓄量、持水量及对降水的截留量

草地生态系统中,植被也具有较强的水源涵养能力,主要表现在对降水的截留和拦蓄、对空气水分的附着、植被冠层本身对水分的储蓄(实际上根系也存在蓄水能力,只不过它与土壤紧密相连,通常计算到土壤贮水或持水中,本书除特殊情况外,不做多讨论)、持水等,它们是组成草地生态系统中水源涵养能力的一部分,十分有必要对植被层水源涵养能力进行分析。需要指出的是,(1)植被层(除根系,地下生物量外)包括了生长的绿体部分、枯落物部分以及长期累积在地表的半腐殖质形式的碎屑物(简称半腐殖质碎屑物)。(2)植物对降水的截留、植物体对降水的拦蓄、植物体对水分的吸附或说蓄水能力均具有等同和等值的意义。(3)持水能力指植物体所能达到的最大蓄水量。

一、概述

1.植被截留量

生长中的植物及植被枯落物、半腐殖质碎屑物对降水有拦截,这种拦截雨水作用

称为植被截留(卓丽,2008)。植被截留是生态水文过程的水文要素之一(Rutter et al,1971;Herwitz,1985;Llorens et al,2000;Davie,2002;Dunkerley,2008;Garcia-Estringana et al,2010;Zhang et al,2005),植被通过对降雨的截留,影响蒸散(发)等其他水文过程的水分输入速率、时间及空间分布(Gbez et al,200l),减弱了雨滴溅蚀(王爱娟等2009)。同时,在土壤、植被、大气构成的界面中植被截留的水量是不可忽视的,在地表径流形成和土壤水分收支平衡中有重要作用(仪垂祥等,1996),减少了到达地面的实际雨量(王爱娟等,2009)。

很多学者尝试用不同的方法研究冠层截留能力(West et al,1976;Thurow et al,1987;Tromble,1988;Mauchamp et al,1993;Wood et al,1998;Wohlfahrt et al,2006;Keim et al,2006;Keim et al,2006),但研究主要集中于乔、灌木,通常用林外雨量减去树干流和穿透雨的差量法来研究植被截留量。由于草本植物冠层高度及植株间生长紧密,植被群落茂密且低矮,乔木林中用到的差量法难以在草本植物群落中适用。近年来,虽有许多针对草本植物冠层截留的测定方法相继被学者们所尝试,特别是对其截留特点和截留影响要素的研究,但关于草地植物冠层对降水的截留研究仍然相对薄弱。实际上,研究草地植物冠层对降水的截留在植物的水分利用及其管理上具有重要意义。

2.植被蓄水量(拦蓄量)

当降水产生并降落到植被冠面后一部分附着在植物体上,还有一小部分被植物吸收,但吸收的量很小,可以忽略。附着的水就是植物对降水的拦蓄水。在蓄水量中还存在植物绿体在生长过程中,因吸收土壤水分(有时植物可直接吸附大气中的水分)以鲜重(湿重)的形式蓄积。这部分水分不仅受气候变化影响明显,而且与植物生长过程的季节性也存在很大的关系。在植物生长的初营养期高,在成熟期较低。气候湿润时高,干旱时低,表现出绿体植物含水率明显存在植物生长和气候双重作用下的复杂性变化。

植物体对降水的拦蓄量/蓄水量与植被对降水的截留量的意义是一致的,数值上也相同。其大小与植物生长过程中的密度、高度、层片(水平的和垂直的)结构、叶面积、大气水分及降水性质(强度、时长)等有关。植被蓄水量又可划分为实际蓄水量和最大蓄水量。前者是指植物实际气象条件和植物生长过程中所包含的蓄水量,当无降水产生时与植物的含水量等值,当有降水产生时就将其截留量与植物本身的含水量一起称为实际蓄水量。后者则是植物体在自然环境下所能容纳的截留量和植物体的含水量。

3.植被含水量

植被含水量也是植被蓄水量的一部分。它主要来源于植物绿体在生长过程中因吸收土壤水分以鲜重(湿重)的形式蓄存的水分。植被含水量同样与植物生长过程中的密度、高度、层片(水平的和垂直的)结构、叶面积、生长季、大气水分、降水等气象条件有关。

4.植被持水量

持水量或持水力与上述谈到的蓄水量一样，也是植物体所能容纳水分的能力。植被持水量可有多种形式的表述，主要有实际持水量、最大持水量、有效持水量等。

实际持水量与蓄水量是等同的。最大持水量是指植物体所能容纳的最大蓄水量。有效蓄水量则是植物达到萎蔫下限到实际蓄水量间的水量。

二、截留量、拦蓄量、持水量的测定方法

在第一节我们认识到，截留量、拦蓄量、持水量是等同的概念。特别是蓄水量与植物对降水的截留量数值相等。所以，截留量与拦蓄量的测定方法相同。

1.植被截留量(拦蓄量)测定

总结有关草冠截留研究的文献发现，目前研究者测定植被截留等(拦蓄量)主要采用浸水法、擦拭法和水量平衡法这3种方法，偶有模拟降水实验法。朱永杰等(2014)对浸水法、擦拭法和水量平衡法的操作步骤、运用概况，以及每一种方法的优缺点进行了较为详细的介绍。

(1)浸水法(简易吸水法)

对于低矮茂密的草坪植物植被冠层截留量的测定是较为困难的，水浸泡法(也称简易吸水法)被国内学者广泛运用于测定草坪植物冠层截留量，也是国内外比较常用的测定植被截水量的一种方法。该方法是将草本植物剪下，测定其短时浸泡前后的质量差即为植被冠层最大截留量。早期Beard(1956)首先将草坪植物(当然也可以是植物的单株)剪下，并在容器中对草屑进行模拟人工降雨。此类方法后来发展演变成为“浸水法”，并为国内外研究者(卓丽等，2009；郭立群等，1999)所利用。

针对草甸植物，首先用剪刀将植物齐地表剪下，然后将剪下的植物用电子天平(精度0.01～0.001)快速称量，再把称量后的植物放入水中浸泡10s～5 min后取出，取出后待枝叶上的水珠不再往下滴时，再次立即称量，2次质量的差值即为最大截留量(也是植物层的拦蓄量)，有：

$$I = M_2 - M_1$$

$$I_0 = \frac{M_2 - M_1}{M_2} \times 100\%$$

式中: I 为最大截留量(g)；I_0 为截留率(%)；M_1 为植物鲜重(g)；M_2 为植株浸水后质量(g)(胡建忠等，2004；Liu et al，1982)。当然，为了使测出的截留量达到足够的准确率，野外收集植物样品时，要保证准确的单位面积，如：1 m×1 m或50 cm×50 cm的样方，另外要有多个重复(一般不能低于5个)。

有些研究者采用有效拦蓄量来估算绿体、枯落物及半腐殖质碎屑物层对降雨的实际拦蓄量(或说截留量)，它与后面谈到的最大持水率存在以下关系(刘昌明等，1999)：

$$W=(0.85R_m-R_0)M$$

式中：W 为有效拦蓄量(t/hm²)；R_m 为最大持水率(%)；R_0 为平均自然含水率(%)；M 为植物体蓄积量(t/hm²)。

对于单株而言，根据截留量与茎叶鲜重的关系将截留量换算成茎叶单位鲜重截留量(M_2, g/g)。将茎叶在65°下烘干72 h，测量其干重及叶比重(SLA ,cm²/g)，叶面积指数测定采用叶比重法。

茎叶截留量(S_s ,mm)计算：

$$S_s=\sum_{i=1}^{n}\frac{S_{si}\cdot F_i}{G}$$

式中：n 为物种数；S_{si} 为物种 i 的茎叶单位鲜重截留量(g/g)；F_i 为物种 i 的茎叶鲜重(g)；G 为样方面积(1 m×1 m，或50 cm×50 cm)。

卓丽(2008)采用浸水称重法研究了草坪植物的截留性能。同时采用模拟人工降雨的方法，测定在不同降雨强度、降雨量条件下草坪植物的截留能力，观察降雨过程中的整个截留过程，对草坪植物的截留规律做了基本的探索与描述。胡建忠等(2004)利用简易吸水法研究了祁连山南麓退耕地草本层的截留性能，结果显示，该地的草本植物冠层截留量为0.29 mm，截留率为42.60%。刘战东等(2012)采用简易吸水法分别研究了冬小麦单茎的截留能力以及冬小麦群体的冠层截留性能，并对其影响因素进行了探讨。在对冬小麦各生育时期群体冠层截留能力的研究中，王迪等(2006)也采用了浸水法(简易吸水法)，并对冬小麦群体截留能力的影响因素进行了分析。

大多数研究结果表明，通过浸水法测得的持水能力要比模拟降雨试验条件下获得的值小(Hu et al,2004;Monson et al,1992;Wohlfahrt et al,2006)。这是因为忽略了草冠的内在及形态学特征，这些特征与附着水滴的形成有关，而这些水滴在植物浸泡在水中时是不会出现的。因此，目前相关研究运用最普遍的还是降雨模拟的方法(Wohlfahrt et al,2006)。

(2)擦拭法

王庆改等(2005)提出了一种直接测定草坪植物冠层截留水量的方法——擦拭法。详细步骤是首先把吸水材料装在密封袋里，在实验室内用分析天平称量，每次测定时，在试验区随机取25株草，并做标记。降雨结束后，立刻从自封袋里拿出高分子吸水材料来擦拭植物叶片(做过标记)上的水，擦时要特别细心，以防水滴掉到地上，擦完以后立刻装在自封袋里，把口封好。对25株样本逐一擦拭，结束后立刻带回实验室，用万分之一天平逐一称量。计算25株植物冠层截留的平均值，得到单株的平均冠层截留，如下式：

$$I=\frac{\sum_{i=1}^{25}I_i}{25}$$

式中：I_i为第i株样本植物的冠层截留(g)；I为25株样本平均的单株冠层截留(g)。然后根据单位面积(1 m×1 m或50 cm×50 cm)上植物的株数，换算成单位面积上的水深，计算冠层截留：

$$W_{CI}=nI\times10^{-3}$$

式中：W_{CI}为冠层截留(mm)；n为单位面积(1 m×1 m或50 cm×50 cm)上植物的株数。

Klaassen(1998)、王迪(2006)、刘海军(2007)、何云丽(2009)等对草坪冠层截留水量的测定也用到此法。这种方法的优点在于能够较为直观地用吸水材料吸取附着在草坪植物冠层的截留水分，但其精确度难以保证，主要取决于操作者本身的操作熟练程度和材料的吸水力和持水力。

(3)水量平衡法

水量平衡法的基本原理就是利用水量平衡原理，是用降雨量减去通过草冠以后收集到的穿透雨量或者径流量，两者的差值就是草冠截留的水量。计算式如下(刘海军等，2007)：

$$I=P-T-R-E$$

式中：I为冠层截留的水量；P为总的降雨量；E为降雨期间蒸发量；T为通过冠层直接到达地面的穿透雨量；R为沿植物茎和秆流到地面的径流量。实际上，$P_n=T+R$，P_n为土壤水增加量的净降雨量(或称有效降水量)。

卓丽(2008)采用类似的方法，将草皮块去掉土壤后放置在雨量桶上方，然后进行人工模拟降雨，测定集水器所收集的渗透雨量。Clark(1940)去掉供试草坪植物下方的土壤，放在收集区上方，并在漏斗上方覆盖1层塑料薄膜，然后收集并测定通过去除土壤的草坪植物水量。国外有研究者在土壤表面用氯丁橡胶覆盖，然后通过测定地表径流以确定冠层截留的水量(Garcia-Estringana et al, 2010)，国内外相关研究中也可见到相同或者相类似的方法(Corbett et al，1968；张莹等，2010)。但如何避免水分到达土壤后下渗以及如何收集产生的径流，是此测定方法的难点。

以上所陈述的3种方法是目前草冠截留测定中运用最为普遍的几种方法，根据每种方法的测定步骤和测定过程可能会产生的误差，具有的优缺点和大致适用条件如表3-1所示(卓丽，2008)。

表3-1　草冠截留测定方法比较

测定方法	优点	不足	适应推荐
简易吸水法（称重法）	（1）地上部分用水浸泡，简单快速地使枝叶含水量饱和；（2）操作简便易行，所需仪器少，能够适应各类草坪草及作物截留量的测定需求	（1）需要将草本或者地被物剪下，破坏了草被植物原有的冠层结构；（2）不能较好地模拟降雨时候的实际截留过程，实际中不同雨强和雨量的截留效果与此法存在差异；（3）测定结果往往偏大	可作为测定地上部分生物量的截留能力快速、有效的方法；是较为容易掌握的一种方法。适用于缺少相关试验设备，在理想条件下，降水量足以使植被冠层达到饱和时所表现出的冠层截留能力，测定的截留量为地上部分最大或饱和截留量或茎叶的潜在截留能力，适用于面积较小的试验区
擦拭法	（1）保持植被原有的冠层结构，能够很好地模拟降雨过程中的截留作用；（2）吸取对象比较能够符合冠层截留水的定义，测定结果较为准确	（1）对操作者熟练程度要求较高，在擦拭时容易不小心造成水滴脱落，导致结果偏小；（2）过程需要一定时间，水分可能被风吹掉，造成结果偏低	适用于叶片较大的草被植物，最好是在各项条件可控的室内，可以模拟不同雨强的降雨截留过程；操作者对整个擦拭过程较为熟练，可用于面积较大的试验场地（需要重复试验）
水量平衡法	（1）依据水量平衡原理，原理简单易懂；（2）能够知道降雨在截留、径流、穿透雨量各部分中的分配	（1）装置要求复杂，且安装有一定难度；（2）选取较为理想的部分区域的测定值为代表，各部分误差相叠加会降低结果的准确性	试验前期准备较为充足，能够把相关装置设备准备并安装好；植物茎秆整齐直立，有一定高度，不贴地生长

（4）模拟降水实验截留量法

有人从模拟角度出发，开展模拟降水对截留的影响（樊才睿，2014）。降雨模拟试验实施中，降雨器顶部加以遮挡，防止阳光暴晒造成的蒸发损失，雨强采用70 mm/h以内，降雨历时5 min到10 min不等，降雨期间历时较短、地势平坦未产生径流。土壤水分增加量用称重法测得，并以模拟降雨前后的土壤质量差值替代截留量。模拟降水试验法投资大、耗时，因而在实际应用中难以推广。

植物冠层对雨水的截留量大小对于草地系统水分利用效率具有重要影响。植物冠层对降水截留的研究能够更好地揭示大气降水通过植物群落的相关水文过程，有助于理解植冠层截留部分水对植被、土壤、大气三相之间水分平衡的影响。目前，对低群落、生长密集型植物（如高寒草甸植物）的截留作用研究尚处于过程原理的基础阶段，截留量测定的方法也没有较好的精准度，存在较大的不可控误差。同时，植物冠层结构较为复杂，随着对水文要素的研究，现阶段冠层截留测定方法的可操作性和精度难以满足研究要求，其截留能力测定方法的改进与精度的提高也会是今后研究的重点、难点。无论是从截留角度,还是从草冠层对蒸散发影响的角度,现有研究明确了草冠截留在整个水文过程的重要地位,但对这一过程有针对性的定量化研究还急需进一步探讨。

所以,在未来研究中为了充分明确植物冠层的截留过程以及其对生态水文过程的影响,对于植物冠层研究应侧重于草冠层整体。冠层的各项指标会随着气候不断发生变化,如叶面积指数、叶片湿度、降雨等。为了可以综合考虑这些因素的交互作用,很有必要将截留模型引入草冠截留研究。国外已有诸多学者开展了相关研究,尤其是低矮密集植物群的截留模型(Dijk van et al,2001;Renato et al,2013),为植物冠层截留影响因素及草冠截留量的研究方向提供了借鉴。

需要说明的是,高寒草甸植物对降水的截留,不是仅限于植物群落的绿体部分。枯落物、立枯物以及堆积在地表由多年动物粪便和植物残体积累的半腐殖质碎屑物对降水的截留均可发生。故在研究高寒草甸植被层对降水的截留量时也要考虑这些要素的截留量。也就是说,研究目的不同,收集的要素不同。收集植物体时,对植物活体群落要用剪刀贴近地表层剪取,地表半腐殖质碎屑物尽最大可能收集地表面堆积的残留物。有些研究者还进行分种的截留量测定,而进行植物分种截留量测定时,采取网格法,将分种植物分别齐地表剪取收集,收集前分别测定多种指标,如叶面积、株高、盖度、频度、多度、鲜重等。

后面谈到的最大持水率(量)及最大拦蓄率(量)一般只能反映植物体(绿体、枯落物、半腐殖质碎屑物)的持水能力大小,不能反映对实际降水的拦蓄情况,植物体的最大持水量决定于植物体的质和量(林波等,2002)。最大持水率会高估植物体对降雨的拦蓄能力,不符合它对降雨的实际拦蓄效果。而有效(或净)截留量是反映植物体对一次降水拦蓄的真实指标,其与植物体数量、水分状况、降雨特性有关。

关于截留量,不同研究者针对研究对象的不同,也有大量的模拟经验公式。如在第四章进行植物实际蒸腾率的计算时给出植物对降水截留量的确定公式就是常用方法之一。

2.植被持水量测定

植被持水量没有普适性的定义,本书中的植物体持水能力是指在特定的条件下所能达到的最大含水量。也就是说,在充分湿润的状况下,植物体(包括群落绿体、掉落地表的枯落物、立枯物及半腐殖质碎屑物)所能承受的最大含水量。

测定的方法基本与植物体对降水的最大截留量测定方法相同。前面谈到的截留量是指将收集的植物体清理杂物后及时称量,然后进行短时间(一般在5 min内)浸水后捞出,至不滴水时,再称重计算得到。

而持水量测定是将收集的一定面积的植物群落绿体、枯落物、半腐殖质碎屑物清理杂物后,样品分别装入尼龙袋称量,在清水中浸泡24 h后捞出,至不滴水时称量,然后在85 ℃下烘干后称量,计算得到植物绿体、枯落物、未分解层或半分解的半腐殖质碎屑物层的自然含水率、最大持水率、最大持水量和有效持水量（韩同吉等，2005；丁绍兰等，2009）：

$$R_0=\frac{G_0-G_d}{G_d}\times 100\%$$

$$R_m=\frac{G_{24}-G_d}{G_d}\times 100\%$$

$$R_{sv}=0.85R_m-R_0$$

$$W_m=R_{h\max}\times\frac{M}{10}$$

$$W_{sv}=R_{sv}\times\frac{M}{10}$$

式中：G_0、G_d、G_{24} 分别为枯落物样品自然状态的质量、烘干状态的质量和浸水24 h后的质量（g）；R_0、R_m、R_{sv} 分别为枯落物自然含水率、最大持水率、有效持水率（%）；M、W_m、W_{sv} 分别为枯落物层蓄积量（t/hm²）、最大持水量（mm）和有效持水量（mm）。

为了保证稳定性，收集样品时，在典型的代表性样地随机设置不低于5个单位面积（一般为1 m×1 m或50 cm×50 cm）小样方，在样方内，随机选择10个点用以测定枯落物、未分解层和半分解层半腐殖质碎屑物的厚度及总厚度，取其平均值。再分别收集枯落物（包括立枯和倒伏的）装袋，用剪刀齐地面剪取绿体生物量装袋，用手刮的形式收集半分解层的半腐殖质碎屑物。

有些研究者仅用浸水泡至24 h后捞出控至不滴水时的湿重（W_{jf}）与烘干恒重（W_{hd}）来测定其植物体持水量（W_C）：$W_C=W_{jf}-W_{hd}$。其结果可能会偏低。这里的单位为g/m²。为了便于与气象站测定的降水量比较，同样可换算到以mm为单位的水量。

当然，植物的地下生物量部分的水分也用同样方法来处理。但是，除研究特殊情况（如后面讲到研究根系吸水特征）外，较少用来计算其持水量，这是因为在进行土壤持水量时，所取的土壤中已包含了地下新老根系组成的生物量。

另外，有些地区苔藓（地被物）生长明显，苔藓也有一定的持水和对降水截留后的蓄水能力，其计算也可仿照上述方法。

3.植被吸水特征

用室内浸泡法测定植物体（群落绿体生物量、枯落物量、半腐殖质量）的持水量及其吸水速度还可以进行吸力状况下植被特征曲线及持水性能的研究。其过程是将植物体浸入水中后，分别测定其在15 min、30 min、1 h、2 h、4 h、6h、8 h、10 h和24 h的质量变化来研究其吸水速度[凋落物吸水速率（g/(kg·h)=凋落物持水量（g/kg)/吸水时间（h）]和吸水过程。每次取出称量后所得的枯落物湿重与其风干重差值，即为植物体浸水不同时间的持水量，该值与浸水时间的比值即为枯落物的吸水速率。这种方法也适应于生长过程中的植物体的地下根系吸水速率的计算。

对植物群落绿体、枯落物、未分解或半分解层的持水量与浸水时间数据进行分析拟合后可以得出以下关系式：

$$W = A\ln(t) + B$$

式中：W 为植物体持水量(g/kg)；t 为浸水时间(h)；A 为方程系数；B 为方程常数项。

植物体吸水速率和时间存在以下关系式：

$$V = kt^n$$

式中：V 为植物体吸水速率[g/(g·h)]；k 为方程系数；t 为浸水时间(h)；n 为指数。

上述拟合公式及植物体吸水速率计算式与土壤水分特征曲线一样，可解释植物体不同吸力状况下的需水和持水性能特征。这里不做过多的介绍。

4.植物含水量(率)、鲜干比

可利用植被地上地下生物量、枯落物、半腐殖质物的湿重(鲜重)与烘干后的恒干重差值得到各自的实际含水量。正如前面谈到的，植物的绿色体、枯落物及半腐殖质碎屑物其本身具有蓄水能力，分析发现其变化与季节干旱程度相关，因此有时为了研究需要还要进行季节性测定。而且实际当中多侧重绿体(地上生物量)的测定，对枯落物、半腐殖质碎屑物研究较少。

关于植物含水量(率)的测定及表述方法很多，归纳起来主要有如下的表述形式(沈振西等，1991)：

$$W = W_f - W_d \tag{1}$$

$$PC_f = \frac{W_f - W_d}{W_f} \times 100\% \tag{2}$$

$$PC_d = \frac{W_f - W_d}{W_d} \times 100\% \tag{3}$$

$$R = \frac{W_f}{W_d} = \frac{1}{1 - PC_f} = PC_d + 1 \tag{4}$$

$$PDV_f = PC_{f\max} - PC_{f\min} = \left(\frac{1}{R_{\max}} - \frac{1}{R_{\min}}\right) \times 100\% \tag{5}$$

$$PDV_d = PC_{d\max} - PC_{d\min} = \left(R_{\max} - R_{\min}\right) \times 100\% \tag{6}$$

$$RDV = R_{\max} - R_{\min} \tag{7}$$

式中：W 为植物含水量(g/m²)；W_f 和 W_d 分别为植物的鲜重和烘干重(g/m²)；PC_f 为根据鲜重计算的含水率(%)；PC_d 为根据干重计算的含水率(%)；R 为植物鲜重与干重的比值；PDV_f 为植物含水率与鲜重含水率的最大差值(%)；PDV_d 为植物含水率与干重含水率的最大差值(%)；RDV 为植物鲜重与干重比值的最大差值；$PC_{f\max}$和$PC_{f\min}$ 分别为根据鲜重计算的含水率的最大值和最小值(%)；$PC_{d\max}$和$PC_{d\min}$ 分别为根据干重计算的含水率的最大值和最小值(%)。 $R_{\max}$和$R_{\min}$分别为植物鲜重与干重比的最大值和最小值。

第二节　高寒草甸植被含水量、蓄水量和持水量

一、植物含水量

1.植物群落绿体含水量

年内因气候、植物生长自身因素以及土壤水分补给能力不同，植物地上绿体的含水量在生长季具有明显的季节变化。图3-1给出甘德气象站对高寒草甸植物1994—2015年5月31日、7月31日、8月31日植物绿体水分含量占鲜重百分比测定的动态变化。可以看到，高寒草甸在植物生长初期和成熟期（末期）含水量均较低，5月31日和8月31日植物绿体水分含量相对较低，分别占鲜重的54.81%和58.37%。降水丰沛、热量条件尚好、植物生长旺盛的6月和7月植物绿体含水量高，分别占鲜重的65.21%和65.07%。5月到8月植物绿体平均含水量占鲜重的60.87%。

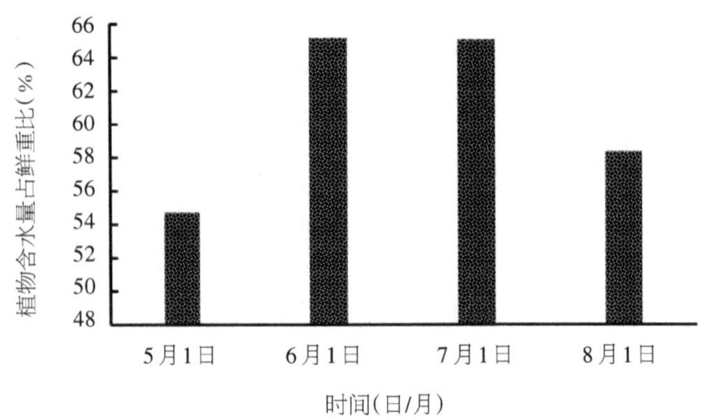

图3-1　甘德高寒草甸植物绿体含水量的季节变化

同样，年景不同，受气候波动、植物耗水、土壤水分补给的影响，植物的含水量随年际进程也有显著的变化特征。图3-2给出了甘德气象站对高寒草甸植物1994—2015年5月31日、7月31日、8月31日植物绿体占鲜重含水量的年际动态。可以看出，不论何时，植物绿体的水分含量随年际进程无明显变化趋势，但波动明显，与同期植物绿体生物量有关。1994—2015年的12年中，甘德高寒草甸5月、7月和8月各月底植物含水量平均为22.40、93.17和154.81 g/m^2，分别占同期鲜重的52.19%、65.17%和57.51%。

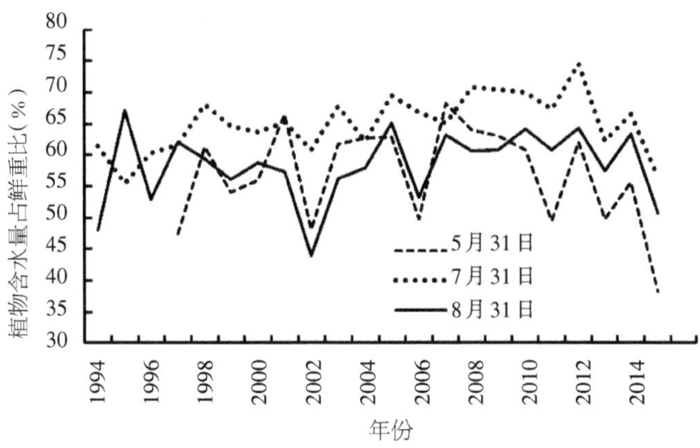

图3-2　青南甘德高寒草甸区1994—2015年5月31日、7月31日、8月31日植物绿体含水量占鲜重的年际动态

图3-3为甘德高寒草甸植被生物量(绿体)年内达最高(一般出现在8月底)时植物鲜重、干重和含水量的年际变化。可以看到,植物绿体含水量紧随鲜重的变化而变化,表明牧草产量高低与植物含水量关系显著。干物质与含水量有一定联系,但与鲜重和含水量关系相比显著性变差了。

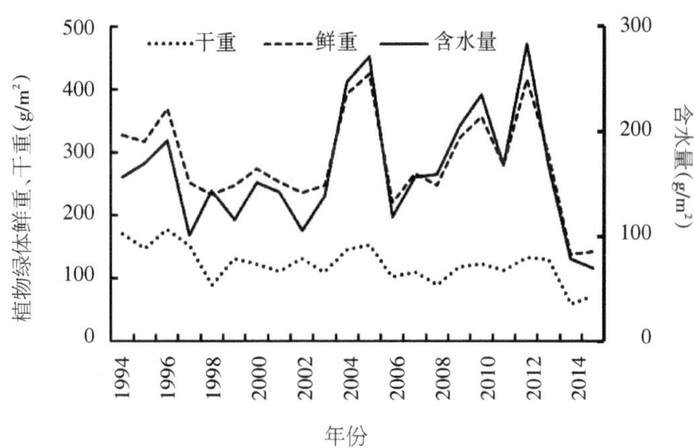

图3-3　青南甘德高寒草甸区1994—2015年植被生物量(绿体)达最高时鲜重、干重和含水量的年际变化

依图3-3结果认为,在甘德高寒草甸地区,8月底9月初生物量达最大时(植物绿体多年平均鲜重、干重为284.87、122.41 g/m^2),其植物1994—2015年多年平均含水量为162.48 g/m^2。

由于植物群落绿体部分水分含量与植物生长过程中吸收土壤水分多少具有很大关系,对降水有吸附作用但量值很小。而组成植物层的枯落物和半腐殖质碎屑物含水量主要受降水、气象干旱与湿润或日间蒸发的影响。所以，对于植物层的枯落物和半腐殖质碎屑物含水量这里不做分析，在后文中测定植被水的拦蓄量中进行讨论。

同样，对2016年海北高寒草甸植物群落绿体含水量分析发现，绿体鲜重与干重具有显著的正相关关系（图3-4）。而且，季节不同植物含水量占鲜重的比略有差异（图3-5），基本表现为在植物生长初期低（群落绿体含水量占鲜重比为53.11%），植物生长盛期的7月较高（为75.78%）。在植物生长末期的9月出现较高值（73.34%），与降水在9月较多有关。

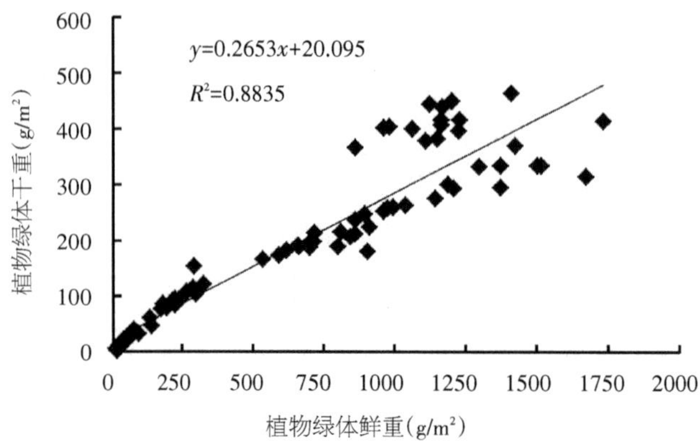

图3-4　2016年海北高寒草甸植物群落绿体鲜重与干重关系

比较甘德与海北高寒草甸植被绿体的含水量占鲜重比发现，5—8月海北高寒草甸植被含水率占鲜重比的平均值（63.02%，5—9月平均为65.08%）要比甘德高寒草甸地区（60.87%）高2.15个百分点，水热条件好的7月海北（75.78%）要比甘德（65.07%）高10.71百分点。这可能与海北高寒草甸地区降水多、气候湿润有关。

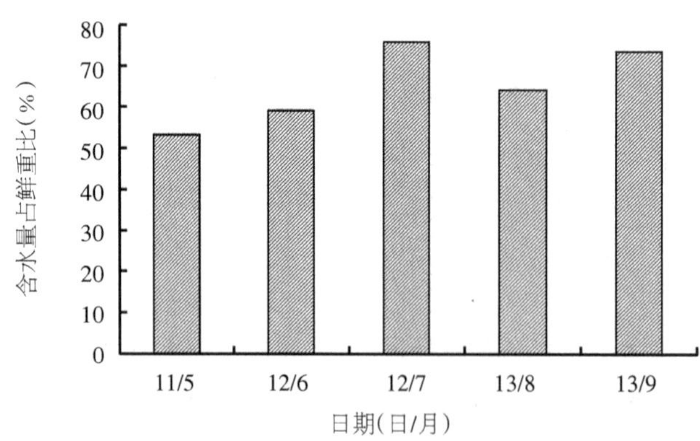

图3-5　2016年海北高寒草甸植物群落绿体含水量占鲜重比（%）的季节动态

2. 枯落物、半腐殖质碎屑物含水量(率)

分析海北高寒草甸枯落物、半腐殖质碎屑物含水量(率)时发现，枯落物、半腐殖质碎屑物鲜重与干重均呈极显著正相关(图3-6)，说明含水量高低随植物体多少而变化。同时，枯落物、半腐殖质碎屑物含水量及鲜干比也存在季节变化(图3-7)，但这种变化与土壤湿度、降水量的变化有关，这里不再多讨论。

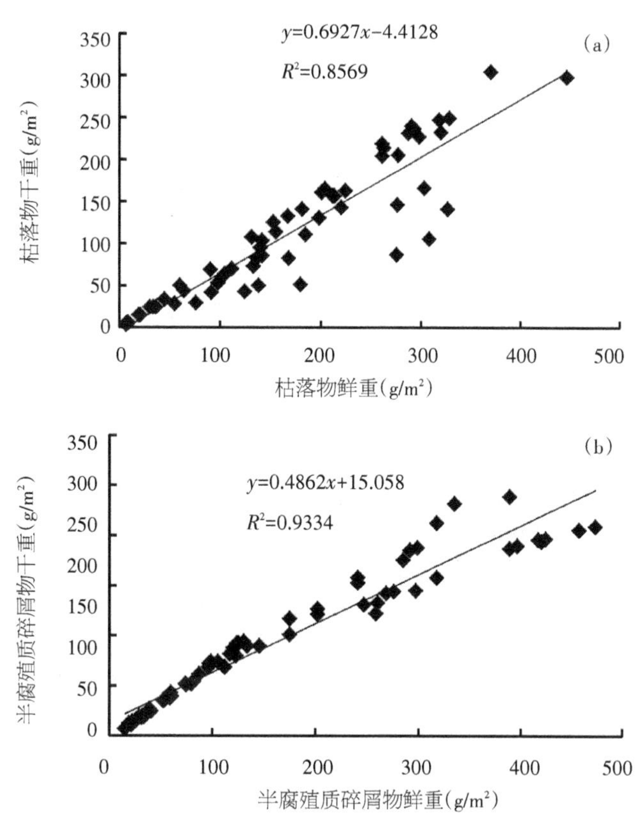

图3-6　海北高寒草甸枯落物、半腐殖质碎屑物鲜干重关系

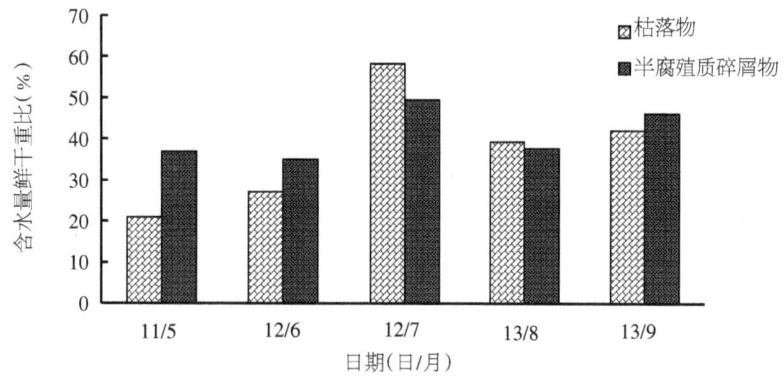

图3-7　海北高寒草甸枯落物、半腐殖质碎屑物鲜干重比季节变化

3.几种主要植物叶片含水量(率)

沈振西等(1991)于1986年5—9月牧草生长季节,对海北高寒草地的矮嵩草、二柱头藨草、垂穗披碱草、羊茅、黄花棘豆、美丽凤毛菊、矮火绒草、麻花艽、雪白委陵菜、鹅绒委陵菜等10种植物在不同物候期叶片组织含水量、自然饱和亏、临界饱和亏和需水程度的测定与分析。研究发现(表3-2a和表3-2b),在10种植物中,植物生长季内植物含水量占鲜重的含水率(PC_f),最高的是美丽凤毛菊(82.65%),最低的是二柱头藨草(59.91%)。按其平均排列顺序有:美丽凤毛菊>麻花艽>黄花棘豆>矮火绒草>垂穗披碱草>鹅绒委陵菜>雪白委陵菜>矮嵩草>羊茅>二柱头藨草。10种草甸植物叶片的 PC_f 在59.15～85.41%之间,基本符合幼苗、绿叶 PC_f 为60%～90%的规律。如将表3-2中的植物按禾草类、莎草类、杂类草进行分类,发现,杂类草的 PC_f 最高(74.28%±5.42%),禾草类次之(65.87%±6.16%),莎草类最低(61.32%±3.85%)。

表3-2a　矮嵩草草甸4种主要禾草和莎草植物叶片的含水量

植物类群	植物名称	物候期	日期(月/日)	含水率(%)				鲜重/干重
				占鲜重		占干重		
禾草	垂穗披碱草	营养	5/24	73.33	65.87±6.16	278.30	201.25±51.07	3.7830
		抽穗-开花	7/10	71.43		250.00		3.500
		结实	8/25	67.79		210.45		3.1045
		成熟	9/13	67.79		209.45		3.0945
		平均		70.06		237.05		3.3705
	羊茅	营养	5/24	66.35		197.32		2.9732
		抽穗-开花	7/10	66.68		200.13		3.0013
		结实	8/25	58.83		142.89		2.4289
		成熟	9/13	54.85		121.46		2.2146
		平均		61.68		165.46		2.6546
莎草	矮嵩草	营养	5/24	67.14	61.32±3.85	204.36	160.78±26.05	3.0438
		抽穗-开花	7/10	63.13		171.25		2.7125
		结实	8/25	61.66		160.80		2.6080
		成熟	9/13	58.93		143.51		2.4351
		平均		62.72		169.98		2.6998
	二柱头藨草	营养	5/24	64.86		184.81		2.8481
		抽穗-开花	7/10	60.91		155.80		2.5580
		结实	8/25	59.15		144.79		2.4479
		成熟	9/13	54.74		120.95		2.2095
		平均		59.91		151.52		2.5152

表3-2看到,植物含水量占干重的含水率(PC_d)还是以美丽凤毛菊最高(486.44%),二柱头藨草(151.52%)最低,其顺序有:美丽凤毛菊>麻花艽>黄花棘豆>矮

火绒草>垂穗披碱草>雪白委陵菜>鹅绒委陵菜>矮嵩草>羊茅>二柱头藨草。10种植物的 PC_d 变化范围为120.95%～585.49%，其中，杂类草(314.06%±104.13%)>禾草类(201.25%±51.07%)>莎草类(160.78%±26.05%)。并看到，植物鲜重与干重比值(R)的变化规律与 PC_d 一致，只是数值不同。10种植物的 R 值在2.2095%～6.8549之间，且符合 R 与 PC_f、PC_d 的关系，即：

$$R = \frac{W_f}{W_d} = \frac{1}{1 - PC_f} = PC_d + 1$$

表3-2b　矮嵩草草甸6种主要杂草类植物叶片的含水量

植物类群	植物名称	物候期	日期(月/日)	含水率(%)				鲜重/干重
				占鲜重		占干重		
杂草	美丽风毛菊	营养	5/24	80.76		423.00		5.2300
		抽穗-开花	7/10	85.41		585.49		6.8549
		结实	8/25	80.28		407.00		5.0700
		成熟	9/13	84.13		530.26		6.3026
		平均		82.65		486.44		5.8644
	麻花艽	营养	5/24	79.78		445.35		5.4535
		抽穗-开花	7/10	78.60		367.19		4.6719
		结实	8/25	76.73		329.72		4.2972
		成熟	9/13	73.49		277.16		3.7716
		平均		77.15		354.85		4.5485
	黄花棘豆	营养	5/24	77.22		342.24		4.4224
		抽穗-开花	7/10	78.67		368.72		4.6872
		结实	8/25	73.49		277.27		3.7727
		成熟	9/13	71.32		248.52		3.4852
		平均		75.17	74.28±5.42	309.19	314.06±104.13	4.0919
	矮火绒草	营养	5/24	74.72		295.60		3.9560
		抽穗-开花	7/10	75.47		307.71		4.0771
		结实	8/25	74.94		284.82		3.8482
		成熟	9/13	73.94		283.67		3.8367
		平均		74.54		292.95		3.9295
	鹅绒委陵菜	营养	5/24	70.49		239.18		3.3918
		抽穗-开花	7/10	69.97		233.02		3.3302
		结实	8/25	67.18		204.70		3.0470
		成熟	9/13	64.21		179.41		2.7941
		平均		69.96		214.08		3.1408
	雪白委陵菜	营养	5/24	71.34		248.97		3.4897
		抽穗-开花	7/10	71.76		254.11		3.5411
		结实	8/25	67.59		208.57		3.0857
		成熟	9/13	66.24		196.25		2.9625
		平均		69.24		226.98		3.2698

从表3-2可知，植物自5月返青期开始，至9月枯黄期，植物含水率逐渐降低，但变化幅度因植物种而异。用植物在整个生长季内最高含水率与最低含水率之差即含水率差值来表示，结合鲜/干比差值（ *RDV* ）来讨论植物体内水分变化动态（图3-8）。

图3-8a纵坐标表示了植物鲜重占干重比值的最大差值（ *RDV* ）。由此可知，*RDV* 与植物含水率（占干重%）差值（ PDV_d ）是相等的。从图3-8a可看出，10种植物的 *RDV* 或 PDV_d 大小依次有：美丽凤毛菊（1.7849）>麻花艽（1.6819）>黄花棘豆（1.2020）>羊茅（0.7863）>垂穗披碱草（0.6685）>二柱头藨草（0.6386）>矮嵩草（0.6086）>鹅绒委陵菜（0.5977）>雪白委陵菜（0.5786）>矮火绒草（0.2404）。其中 *RDV* >0.68 的植物是矮嵩草。生长期内干重变化相对较大的植物多以杂草类和禾草类为主。 *RDV* <0.68 的植物一般为草甸上生长发育较早、植株较低、叶片较小的莎草类植物，该类草在5月底到6月初绝大部分已进入生殖阶段，5—9月内植物鲜重与干重的比例（*R*）变化不显著。

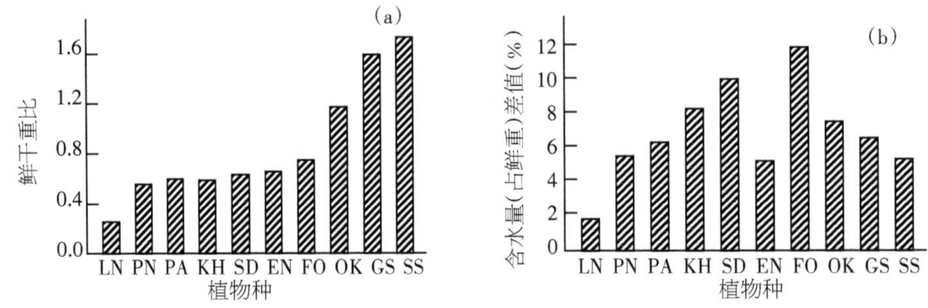

LN:矮火绒草 PN:雪白委陵菜 PA:鹅绒委陵菜 KH:矮嵩草 SD:二柱头藨草 FO:羊茅 OK:黄花棘豆 GS:麻花艽 SS:美丽凤毛菊 EN:垂穗披碱草

图3-8 矮嵩草草甸10种主要植物水分季节性变化差值

图3-8b表示了植物含水量占鲜重的最大差值（ PDV_f ），发现羊茅最大（11.83%），矮火绒草最小（1.54%）。图3-8a与图3-8b比较可知，这两种含水量差值变化规律并不完全一致，如美丽凤毛菊的 PDV_d 最大而 PDV_f 较小，即植物含水量占鲜重（ PC_f ）的季节性变幅比植物含水量占干重（ PC_d ）或植物鲜重与干重的比例（*R*）的季节性变幅稳定。同时发现，矮火绒草、雪白委陵菜、鹅绒委陵菜、矮嵩草和二柱头藨草5种植物的 PDV_f 和 PDV_d 或植物鲜重占干重比值的最大差值（ *RDV* ）依次互成正比关系，而羊茅、黄花棘豆、麻花艽、美丽凤毛菊4种植物的 PDV_f 和 PDV_d 或 *RDV* 依次互成反比关系。

在表3-2我们可以认识到，植物含水量一般随着物候期的进展而逐渐降低，矮嵩草、二柱头藨草和矮火绒草在开花期（5月24日）含水率最高，以后逐渐下降。垂穗披碱草、羊茅、黄花棘豆、麻花艽和雪白委陵菜在营养–孕苗（孕穗）–开花期较高，且在该段时期内所测的含水率也十分接近，在结实期和成熟期含水率明显下降，如羊茅从抽穗–开花期到结实期的下降幅度为3.98个百分点，美丽凤毛菊以营养–开花期最高。

矮火绒草在整个生长季的各个物候期所测得的数据变化甚小，变幅仅在1到2个百分点。需特别指出的是鹅绒委陵菜，由于外界小环境的改变(光、温等因子)，导致在整个生长季内发育阶段一直处于营养期，而不进入生殖期(在测定样地外放牧地段上的鹅绒委陵菜可进入生殖期)，但其叶片含水率仍随着时间的推移逐渐降低，这说明影响植物含水量的因素首先是植物的环境，然后才是植物本身的生物学特性。

二、植被截留量(拦蓄量)

1.植被截留量(拦蓄量)

2015—2017年间5月到9月，我们利用植被截留量测定方法，对海北高寒草甸自然环境和冬季不同放牧强度试验地植被对降水截留量进行了观测。图3-9表明，自然环境条件下植被层绿体、枯落物、半腐殖质碎屑物生物量鲜重与对降水的截留量呈现极显著的正相关关系。说明植冠层绿体、枯落物、半腐殖质碎屑物生物量越高，其对降水的截留作用愈加明显。平均来看，植冠层绿体、枯落物、半腐殖质碎屑物对降水量的截留是自身生物量的1.07、1.72和2.11倍，而且表现出生物量越高，其截留量越大。这种关系也反映在截留量占植冠层绿体、枯落物、半腐殖质碎屑物生物量烘干重的百分比上。由于植物体对降水的截留量试验是在室内进行，是将植物体进行几秒或在几分钟内的短时间浸水后捞出，至不滴水时称量，再烘干至恒重等过程处理完成，故其截留量占植冠层绿体、枯落物、半腐殖质碎屑物生物量烘干重的百分比应该说是一致的，但因植物体新鲜程度的差异，不同时期对水的吸附性不同，产生一定的季节变化，特别是植物绿体部分季节变化较大(图3-10)。图3-10表明，植被层对降水的截留量要比烘干重高很多，截留量占绿体、枯落物、半腐殖质碎屑物生物量烘干重的比例分别为144.42%～422.78%、166.32%～228.04%、247.35%～343.18%。同时，截留量占绿体、枯落物、半腐殖质碎屑物生物量烘干重的比例因季节不同而有差异，其中绿体部分变化幅度大，枯落物较小，半腐殖质碎屑物适中(图3-10)。植物生长期来看，截留量占绿体、枯落物、半腐殖质碎屑物生物量烘干重的百分比平均分别为223.90%、187.24%和288.45%。

按照不同季节植物体烘干重生物量，以及截留量占绿体、枯落物、半腐殖质碎屑物生物量烘干重的百分比例，我们可以推算出植物体1983年来(部分年份有季节生物量测定的缺测)多年平均对降水截留量的季节变化动态(图3-11)。图3-11表明，年内植被层对降水的截留量在植物生长季主要与绿体生物量有关，而在非生长季是枯落物与半腐殖质碎屑物共同作用的结果。从整个植物层来看，截留量4月最低(平均121.43 g/m^2)，以后随植物发芽、生长，生物量积累增加而增加，到7—8月达最大(7—8月平均为1202.23 g/m^2)后下降，直至降低到次年4月。毫无疑问，季节变化与高寒草甸地表绿体、枯落物的季节变化一致，与家畜觅食后剩余的枯落物量一致。

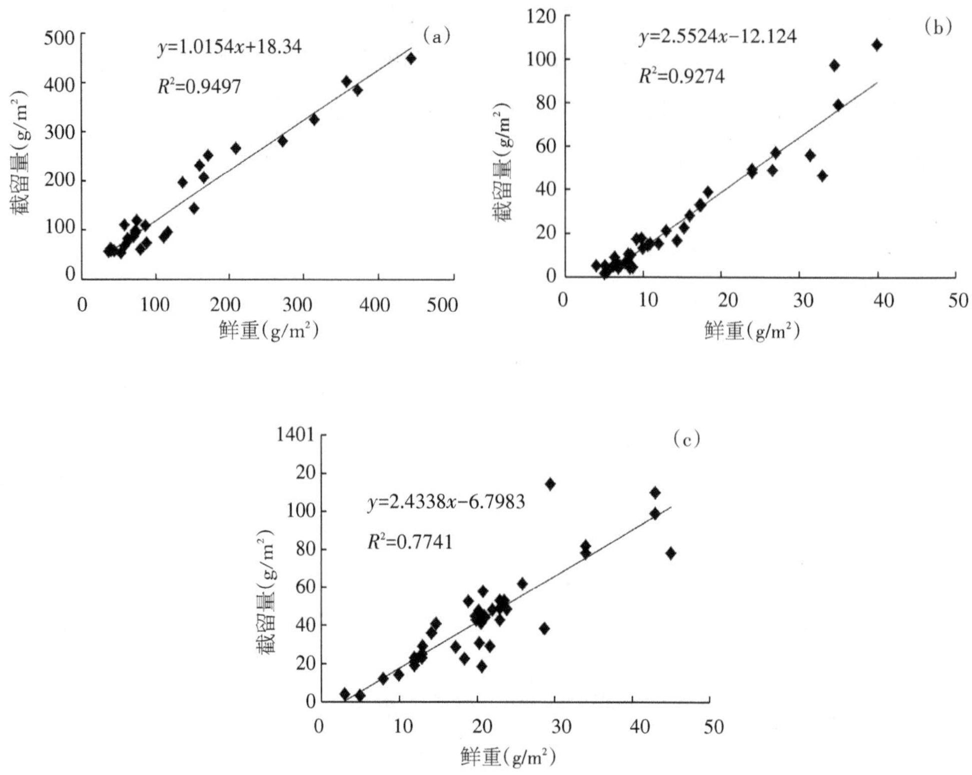

图3-9 高寒草甸植物绿体(a)、枯落物(b)、半腐殖质碎屑物(c)量与降水截留的关系

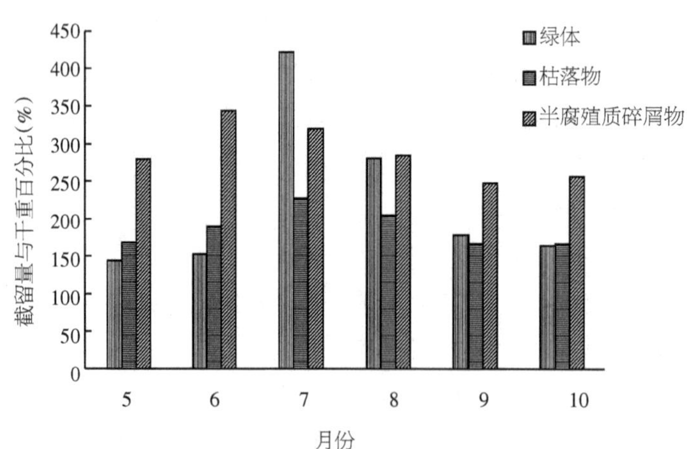

图3-10 降水截留量与高寒草甸植物绿体、枯落物、半腐殖质碎屑物生物量烘干重的百分比

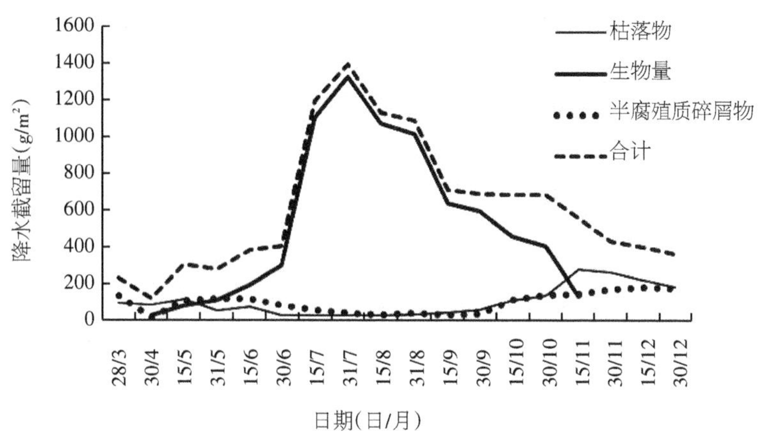

图3-11　海北高寒草甸植物群落(绿体)、枯落物、半腐殖质碎屑物(对降水截留量)的季节变化

图3-12以截留量占绿体、枯落物、半腐殖质碎屑物生物量烘干重的百分比例,推算了1983年来8月底植物层对降水截留量的年际变化动态状况。其中8月底截留量占绿体、枯落物、半腐殖质碎屑物生物量烘干重的部分比分别为280.54%、205.35%、284.52%。图3-12表明,8月底植被体对降水的截留随绿体、枯落物、半腐殖质碎屑物生物量的多少而产生变化,比较而言,绿体部分年际变化相对平稳,但由于8月底受环境条件改变(如受低温来临迟早),枯落物增加快或慢的多少,以及半腐殖质碎屑物累计程度不同,年际变化较大。多年平均表明,8月底植物绿体、枯落物、半腐殖质碎屑物对降水的截留量平均分别为1071.63、32.06、37.18 g/m²(换算成mm降水量,则分别为34.13、1.02和1.18 mm),也就是说8月底植被层对降水可产生36.33 mm的截留量,而植物绿体部分对降水的截留量远大于枯落物和半腐殖质碎屑物对降水的截留量。

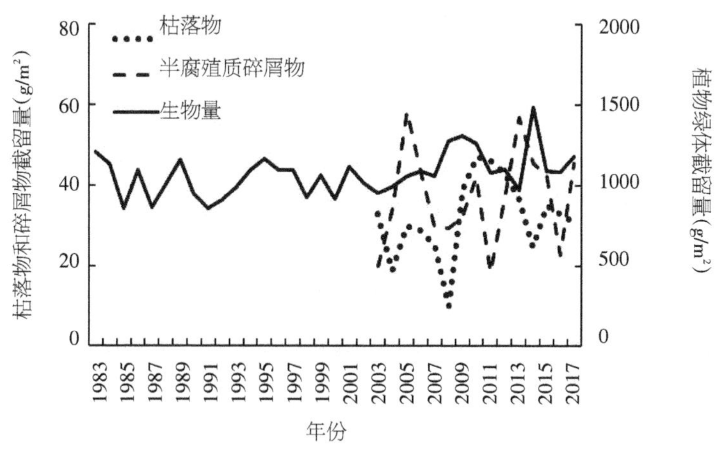

图3-12　1983年来8月底植物层对降水截留量(g/m²)的年际变化动态状况

2.植被层截留的主要影响因素

与乔木、灌木的截留过程类似，植物冠层水分截留量同样受气候、气象因素(降雨量、降雨强度、雨滴大小、风速、相对湿度)和植物本身特性(叶面积或者叶面积指数、植被种类、植株高度、植株鲜重、叶片数目、大小)等因素的影响(朱永杰等，2014)，但由于植被冠层特殊的群体结构和分布，其草冠截留量研究往往存在一定难度。目前大多数研究集中于以降雨量、降雨强度、叶面积或叶面积指数为代表的几个主要影响因子，研究其对冠层截留的影响规律。

当降水产生时，植被层对降水就有截留作用，其与降水强度、分布时间、植物冠面盖度和高度等密切相关。据研究，植物对降水的截留量与降水量呈现指数关系，并与植物叶面积和环境因素有关。但这些截留的降水在到达地面前，极大部分消耗在蒸发过程中，只有少部分进入到土壤中。在高寒草甸的放牧地区，近地表层存在大量枯落物和半腐殖质碎屑物，两者对降水也有较大的截留作用。

(1)降雨

降雨是草冠截留最直接的影响因素。降雨初期，落在冠层的雨水全部被截留于枝叶表面，降雨强度越小，叶片达到饱和截留能力所需时间越长。卓丽(2008)分别测定了单株草冠草和草冠植物群落整体的最大截留量，同时，对比了在相同降雨条件下中华结缕草、高羊茅和草地早熟禾3种草冠草的截留性能。结果表明，3种草冠植物的截留量与降雨强度呈负相关关系，并且，随着降雨的进行，草冠植物截留水量可以分为3个时期，即截留量快速增长期、截留量平缓增长期和截留量基本达到饱和的截留稳定期。截留量随着降雨强度的增大而降低，因为降雨强度增大，雨滴的直径就会变大，叶片所受到的雨滴冲击力也增大，叶片在暴雨中因为变得湿润而加重，所以截留量降低(张玲等，2001)。另外，雨强的增大会导致截留率的减小，地面产流也随之增加。

在一定范围内，随着降雨量的增加，截留量也是增加的。当达到饱和截留量后，降雨量不再是草冠植物截留量的决定因素，随着降雨量的增加，截留量变化不明显，几近稳定，此时被植物叶片截留的水向下滴落，穿过草冠植物冠层到达植物根区土壤并向下入渗(宋王迪等，2006；吉红等，2008；卓丽等，2009；李衍青等，2010)。有关研究表明，草冠植物的冠层水分截留量随着降雨量的增加呈指数形式增加，只有当降雨量达到一定的程度时，才能使冠层的截留能力达到最大，此时的截留能力即为冠层截留容量(仪垂祥等，1996；李衍青等，2010；Klaassen et al，1998)，当降雨量不足以使草冠植物截留量达到饱和时，降雨量决定草冠植物的截留量。当降雨量超过使草冠植物达到饱和截留量所需的雨量时，截留量就以最大截留降雨量为准(Kang et al，2005)。

(2)叶面积或叶面积指数

体现草冠植物截留能力的一项重要指标就是叶面积(Kang et al，2005；Keim et al，

2006)，叶面积通常用叶面积指数来描述。叶面积指数是指单位土地面积上植株叶片的单侧总面积。植被生长越茂密，其叶面积指数就越高，地上部分生物量就越大，截留能力就越大。已有研究表明，草冠植物截留量与叶面积呈正相关关系(陆欣春等，2010)。王迪等(2006)在对作物冠层截留能力研究中发现，随着作物叶面积指数的增加，作物冠层的截留能力呈线性增加。模拟人工降雨对苜蓿冠层的截留试验中，Burgy(1958)也得到了类似的结果。Kang et al(2005)通过冬小麦冠层截留量田间试验得到叶面积指数与冬小麦冠层截留量呈正线性相关关系。刘战东等(2012)研究发现，群体截留量与叶面积指数、地上生物量呈线性正相关关系。此外，有研究者提出，皮尔逊相关系数表明叶面积在准确评价冠层持水能力上要比冠层投影面积更具有参考性(Wang et al，2012)。无论是截留模型的建立还是影响因素的评价，用叶面积指数作为变量会比冠层投影面积更具说服力。

我们在分析海北高寒草甸地区时发现，截留量与叶面积指数具有很好的相关性(图3-13)，叶面积与生物量关系显著(孙建文等，2010)

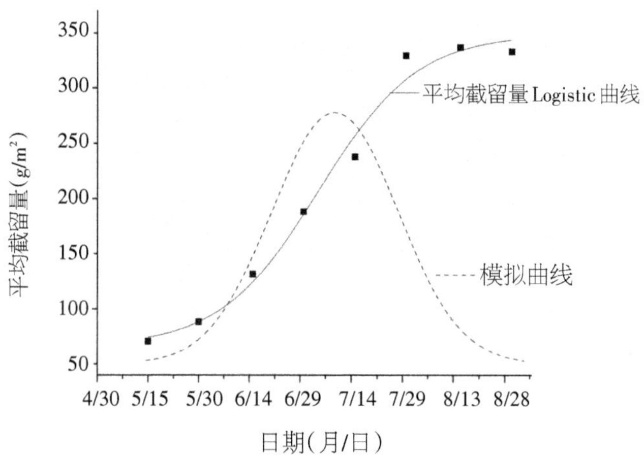

图3-13　高寒矮嵩草草甸植被地上生物量季节变化及模拟

模拟方程：$N = \dfrac{349.72026}{1 + e^{5.318 + 0.03t}}$ ($R^2 = 0.946, P<0.001$)

比较图3-13与图3-14发现，海北高寒矮嵩草草甸植被群落叶面积指数与生物量季节变化具有显著的相关性。建立植被叶面积指数(LAI)与地上生物量(AB)之间的标准化回归方程有：$LAI=0.54+0.027AB-7.05E-5AB^2$　($R^2 = 0.921^{**}, P < 0.001$)。

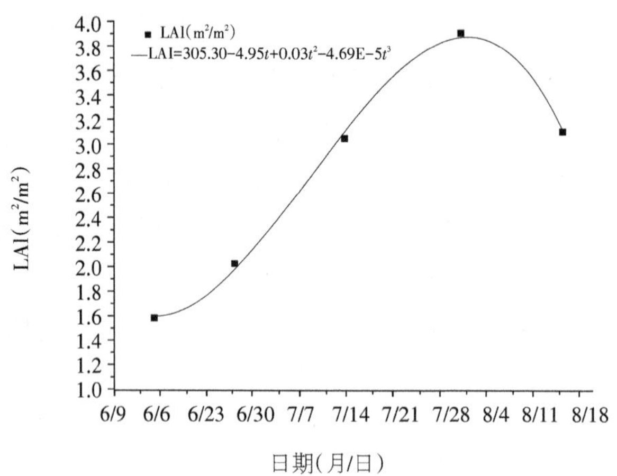

图3-14　高寒矮嵩草草甸植被群落叶面积指数的季节变化及模拟

上述分析证明年内植物生长期生物量的累积是叶面积的函数,表明植被群落(绿体)层对降水的截留,或植被群落(绿体)层的拦蓄量与植被生物量以及叶面积均存在极显著的相关关系。

(3)植物群落

大气降水的最初分配是植物冠层对降水的截留,植被冠层主要通过对降雨的截留减缓降雨抵达土壤界面的速度和数量,减小降雨对土壤的直接冲刷,进而降低地表径流的侵蚀强度。其截留量的大小除了和降雨量和强度本身有关,还与草地植被的类型、结构、密度、盖度、高度等密切相关(孙艳红等,2006;范月君等,2016;朱继鹏等,2006;贺淑霞等,2011)。退化高寒草甸对降水截留的影响主要表现在植被覆盖度变化、草甸类型和物种组成等方面。

由于植被截留的大部分雨量由蒸发返回到大气,通过植被到达地表的雨量很少,时间上也滞后(王永明等,2007)。因此,在水文水资源分析计算中,对降雨损失的处理,往往只对蒸散发和土壤下渗量进行计算,忽视了植物冠层的降雨截留损失,这样至少在理论上说是不完善的(程慧燕,2006)。植被覆盖能够有效地影响地表植被对降雨的截留。由于植被对降雨截留在时间上具有一定的滞后性,即大量的降雨由于植被的覆盖和阻挡,直接到达土壤表层的较少,大部分通过蒸发直接返回到大气。因此,在水文生态学计算过程中,植被冠层对降水的截留作用往往被忽略,仅对土壤下渗量和蒸散(发)进行计算,这对于广袤的草原来说是不精确的。研究发现,降雨截留的大小与地面覆盖植被的高低、冠层结构、叶片大小和性状及地下根系的数量和质量有密切的关系。例如:灌丛草甸最大截留量(1.8 mm)比嵩草草甸植物(1.0 mm)高了80%,与试验流域多年的降水平均值相比,灌丛草甸冠层对降雨截留量损失为18.2%,嵩草草甸冠层对降雨的截留量损失为10.8%(李春杰等,2009)。研究发现,高寒草甸和沼泽化草甸植被冠层对降雨的截留量和降雨强度呈幂函数关系,与植被盖度均呈线性相关关系。植被类型对降雨截留也有一定的影响。研究还发现(West et al,1976),不同草甸类型、植物群落密度、个体大小对降雨的截留量有不同程度的影响。截留量的大小取决于植被类型、植株分布的密度和大小。李春杰等(2009)对青藏高原高寒草甸和沼泽化草甸2种草甸类型截留特征及其影响因子进行分析发现,两种草甸类型对降雨的截留能力不同,高寒草甸最大截留量为0.61 mm,沼泽化草甸为0.18 mm;高寒草甸的最大截留率为12.4%,沼泽化草甸为3.8%。退化高寒草甸的植物群落物种组成发生改变,而且伴随着植被个体形态趋向于小型化,地上生物量、地下生物量、叶面积指数、群落特征等指标改变(范月君,2013),进而影响降雨截留量大小。高寒草甸退化减少地上生物量、叶面积指数,导致植物冠层降雨截留容量减少。在未退化、轻度退化、中度退化的高寒草甸,水浸泡法测得的降雨截留容量分别为0.61、0.29、0.22 mm,水量平衡法测得的降雨截留容量分别为0.98、0.49、0.429 mm(余开亮等,2011)。这主要是由于不同退化阶段主要优势植物不同,叶面积指数发生改变,吸附水量不同导致冠层降雨截留容量发生变化。

(4)枯落物

凋落物层既是草地生态系统地下部分和地上部分的“缓冲带”,也是“活动层”,具有疏松的结构、强透水性和吸水性,可以滞留降水和阻拦地表径流、减少土壤水蒸散(发),并且通过微生物生化作用改善土壤结构和性质,防止土壤侵蚀和流失及补充土壤水分等(魏强等,2011;常雅军等,2008),是降雨二次分配的关键场地,对植被生态系统水文生态过程具有十分重要的影响(van Dijkai et al,2007)。研究发现,枯落物成分组成、蓄积量等与枯落物降水蓄存能力有关且差异较大。草地植物枯落物对降水截留的季节动态,受枯落物生物量和降水量的双重作用(吴钦孝等,2001)。枯落物蓄积量决定了降水截留的强度,枯落物截留降水的数量动态受降水季节动态控制(李学斌等,2012)。其主要通过枯落物覆盖地表阻挡地表形成径流,同时延缓降水直接渗入土壤,增加径流形成时间,同时枯落物对土壤结构和理化性质的改善,进一步提升了土壤对于降水的保蓄能力(寇萌等,2015)。另外,枯落物的分解程度也影响着其持水能力的强弱。一般来说,枯落物的分解程度与其持水能力呈正相关关系(Delgado et al,2006;徐娟等,2009)。由于高寒草甸植被低矮,单位面积枯落物蓄积量较少,有关退化草地草本群落及主要物种枯落物对降水截留、抑制土壤水分蒸发、增强土壤入渗、影响地表径流与持水特性等方面的研究少见报道,是以后加强研究的重点。

(5)有机半腐殖质碎屑物

放牧草地中,家畜在觅食的过程中要有粪便排泄,排泄到草场的粪便一来将污染牧草(植物),二来排泄物本身含有很多没有被消化的有机物质。若得不到雨水的及时洗刷,经污染的植物将不被家畜啃食,特别是冬季放牧时,这种现象十分严重,最终成为枯落物留在地表。在草场放牧的绵羊可谓是“一只羊五张嘴”,另外“四张嘴”是指绵羊在放牧过程中四个蹄子对草场牧草的践踏严重,有些牧草经反复践踏后易折断并碎小化，与长期堆积的粪便有机物一样成为半腐殖质碎屑物，而不被家畜觅食留存在地表。但高寒地区有机物质因温度低分解较其他地区缓慢。这种状况下在地表形成一定厚度、一定质量的半腐殖质碎屑物。我们多年的观察发现，其厚度最大时可达2～4 cm，其生物量达15～38 g/m^2。可见，地表留存的半腐殖质碎屑物与枯落物一样在高寒草地对蓄水、持水及对降水的截留有重要的影响。在地表形成的半腐殖质碎屑物，一般紧贴地表，且因受吹风、局部地表径流影响，在地表分布不均，低洼区厚度大、干物质量高，但就平均来看其对降水的截留也不可忽视。分析发现，半腐殖质碎屑物对降水的截留量也有一定的季节变化，其变化规律与枯落物基本一致。这与枯落物和半腐殖质碎屑物受气候年变化周期过程水热配合下植物有机体分解、累积有关。春季因受整个冬季牧事活动影响，大部分植物经牲畜觅食践踏，倒伏地表形成枯落物。冬季又是干旱季节，家畜粪便和倒伏后的植物经家畜反复践踏，在地表形成一定量的碎屑物。这些枯落物可在春季牧草返青前被家畜所觅食。有些植物因受粪便污染长期不被家畜所觅食。当牧草返青后，枯落物不再被家畜利用，与碎屑物一样，仍滞留在草场。到6月以后枯落物、碎屑物随湿度和温度增加缓慢分解而减少。9月以后随天气转冷、牧草枯黄，枯落物又逐渐增加，随放牧践踏碎屑物也逐渐增多。

（6）群落种类组成及性状

叶片数量、大小、形状和生长方向（Annstrong et al，1987）、植株修剪高度和鲜重（Klaassen et al，1998；王庆改等，2005）、植物种类、生长年限等因素均对冠层的截留量大小有一定影响。卓丽等（2009）研究发现，单株结缕草的截留性能受结缕草的叶片数量、结缕草的叶面积影响较为显著。单株结缕草的截留量随着叶片数量的增多而增加，截留量高达0.16 g的结缕草为5叶枝条的结缕草，此截留量为自然状态结缕草自身重的81.22%，叶枝条越少的结缕草截留量就越低。对于结缕草草坪，修剪留茬高度越高，截留量就越多。同时，其研究得出，草坪生长年限不同，其截留能力也存在差异，建植3年、高14 cm的草坪冠层截留量可达1.05 mm，修剪到株高为6 cm时截留量为0.48 mm。于璐（2013）利用模拟降雨观测高羊茅、早熟禾和结缕草3种草的单株截留特征发现最终截留量的大小与修剪高度有一定关系，截留量较大的是修剪高度高的植株；草坪植物种类不同，羊茅和结缕草在不同修剪高度下的大小关系不同，但草地早熟禾的截留量始终最小。这些也说明植物种类组成，植被退化程度对降水的截留也有很大的影响（王根绪等，2003）。

除此之外，退化高寒草甸景观中的植被冠层、枯落物、覆盖度及土壤理化性质等多个层次对降水、径流及蒸发产生影响，进而重新分配降水资源，影响草地水文生态过程。往往叶片宽、平铺地表的杂类草易截留更多的降水，并常以“水滴”“水珠”的形式留存在其上。而窄而细的禾草类植物除在叶片与茎秆交汇处易截留滞水外，其他部分易流入更下一层。退化后或杂类草较多的高寒草甸植被，与生物量等同的轻度退化或未退化植被相比更能够有效地影响地表植被对降雨的截留。

在对植物冠层截留影响因素的研究中，气候气象因子和植物本身特性是现在以及今后的研究重点。现阶段针对各因素对草冠截留的影响规律主要是单因素的影响规律分析，并且各单因素与冠层截留的关系已经取得一定的理论成果，但很少对各因素进行定量化研究，而且综合各因素的交互作用对冠层截留影响规律，以及冠层截留水文模型的建立还有待进一步加强。

3.截留量的再分配及对地表的溅蚀作用

降落到草冠上的降水，在表面张力和重力的均衡作用下被植物吸附。随着降水的继续，保留雨量不断增加，当其达到一定数量时，表面张力和重力失去均衡而滴落。降雨一旦停止，保留雨量通过蒸发而散失，可见草冠截留的本质是吸附与蒸发。在降水过程中，草冠首先通过湿润截留降水，此时保留水与枝叶表面的结合力较强，此阶段的蒸发量所占比例不大。降水强度约为5 mm是草冠截留率由快速变化向平缓下降的拐点，此时草冠的截留量约为1.36～1.80 mm。说明5 mm降水是草冠最大吸附容量的最高降水，降水量大于5 mm时，蒸发将在草冠截留中占有较大比例。当降水达到25 mm左右时，草冠蒸/降趋于常数，草冠截留率基本稳定在20.40%左右，如果从草冠截留量中减去冠层饱和吸附量，则冠层蒸/降在0.10～0.132间变化。

可以认为，草冠截留在达到饱和吸附后，保留的水分主要以蒸发形式向大气扩散，其机理类似于水面蒸发，因而在很大程度上是气象因子的函数，如果忽略降水不平稳性，冠层蒸发在一定时段内近似于常数，这也是草冠有稳定截留率的原因。从草冠截留机理的分析中还可以看出，部分学者提出的饱和截留量概念不尽完善，因为除冠层吸附有饱和值外，冠层蒸发是一个近似于平稳的动态过程，只要有水分保留就有冠层蒸发，草冠永远不会有绝对意义上的饱和截留量。

植被冠层对降雨具有在数量和时间上重新分配的功能。雨水在下落过程中，一部分降水变成水蒸气，增加了植被冠层的大气湿度，会引起一系列生态效应。植被冠层对降水的截留，可以看作是由固体对液体的吸附作用、液体对液体的吸附作用，以及植被冠层的蒸发作用，使其由湿变干的过程组成。因此，植被冠层对降雨的截留过程既不是纯物理过程，也不是一个纯随机过程，而是一个复杂的混合过程。

就草地生态系统而言，草冠接受雨水，在雨水向地面下落的过程中，在数量、空间上对降水进行重新分配。一部分雨水被暂时容纳，并通过蒸发返回大气中；一部分穿过草冠空隙直达地表面，或从草冠滴入林地表面；还有一部分沿植物体顺流入地表。草冠对雨水的分配过程还会延长雨水的下落时间，并重新分配雨滴下落时的动能，植被冠层下经常由于聚合成的大水滴会增加透过降水的总动能，有时会造成溅蚀。植冠层-枯落物层-下渗-半腐殖质碎屑物及持水作用层之间互相支持、协调，共同起到涵养水源和保持水土作用。因此，植被冠层截留的主要作用并不在于对雨水截留“量”的多少，而更重要的是通过对降水过程“质”的影响，减轻、缓冲雨水直接打击地面，减少降水的侵蚀性危害，而这些作用要远远高于截留量自身数量的多少。

三、覆被变化、土地利用与高寒草甸植被持水量

由植物绿体、枯落物、半腐殖质碎屑物、地下生物量组成的植物层是草地生态系统结构中重要的组成部分，草甸生态系统垂直结构上的主要功能层之一，有上（绿体、枯落物、半腐殖质碎屑物）下（地下生物量）两个层面的持水能力。上层的绿体、枯落物、半腐殖质碎屑物由于它直接覆盖地表，防止雨滴打击，并在不断凋落和分解过程中改善土壤性质，增加降水入渗，对保持水土、涵养水源有巨大的作用（丁绍兰等，2009；王波等，2008；吴钦孝等，2001）。

目前，在国内许多学者对不同区域不同林分类型下的枯落物水文特性做了研究，在植被层凋落量、凋落动态、分解速率、持水能力、截持降水、影响地表径流、土壤侵蚀机理及其对改善土壤结构、提高养分含量等方面都取得了一定成果（Richard et al，1985；陈奇伯等，1994；刘广全等，2002；程金花等，2003；杨吉华等，2003；樊登星等，2008）。但在草地的植物层蓄积量下的持水能力研究仍较为薄弱。事实上，草地植物层的截持降水、防止土壤溅蚀、阻延地表径流、抑制土壤水分蒸发、增强土壤抗冲性能等方面与森林生态系统一样具有等同的生态效应（吴钦孝等，1998；Leer，1980；张振明等，2005）。

在青藏高原的草地，由于植被层垂直结构简单，植冠直接与大气相连，其持水效应甚至大于森林。为此，在高寒草地生态系统中，对于覆被变化与土地利用下高寒草甸植被层持水能力的监测与研究也是评价生态系统健康安全的重要内容之一。

1.自然植被持水量

我们在海北高寒草甸冬季草场长期进行着植被生物量监测工作。样地设在海北站西2 km微气象-涡度相关法通量观测系统区域。该植被类型系典型的矮嵩草草甸，该草场冷季放牧，放牧强度约1.5只羊单位/hm^2，属中轻度放牧。放牧时间在每年10月20日到次年5月31日。观测发现，海北高寒草甸植物层中绿体、枯落物、半腐殖质碎屑物具有较高的最大持水率（表3-3）。最大持水率与鲜重（刚收集未烘干的自然重量）具有极显著的正相关分析（图3-15）。

表3-3　海北高寒草甸植物层中绿体、枯落物、半腐殖质碎屑物最大持水率（g/m^2）

名称	11月5日	12月6日	12月7日	8月13日	9月13日
枯落物	233.14	204.07	107.03	178.87	157.65
半腐殖质碎屑物	186.18	192.37	145.28	160.35	156.48
绿体	167.04	152.09	110.13	118.4	116.19

物体绿体、枯落物、半腐殖质碎屑物最大持水量季节变化明显，5—9月最大持水

量占鲜重的100%以上（图3-16）。其中植物绿体、枯落物、半腐殖质碎屑物最大持水量分别占鲜重范围在118.40%～167.04%、107.03%～233.14%、145.28%～192.37%之间，所占比例较高。植物绿体、枯落物、半腐殖质碎屑物吸持水量可达自身干重2倍以上（表3-4）。这与王德连等（2004）在森林区的研究结果一致，也表明高寒草甸不论是枯枝落叶层、半腐殖质碎屑物层，还是植物群落绿体部分都有很强的吸持水的能力，具有很大的水源涵养能力空间。

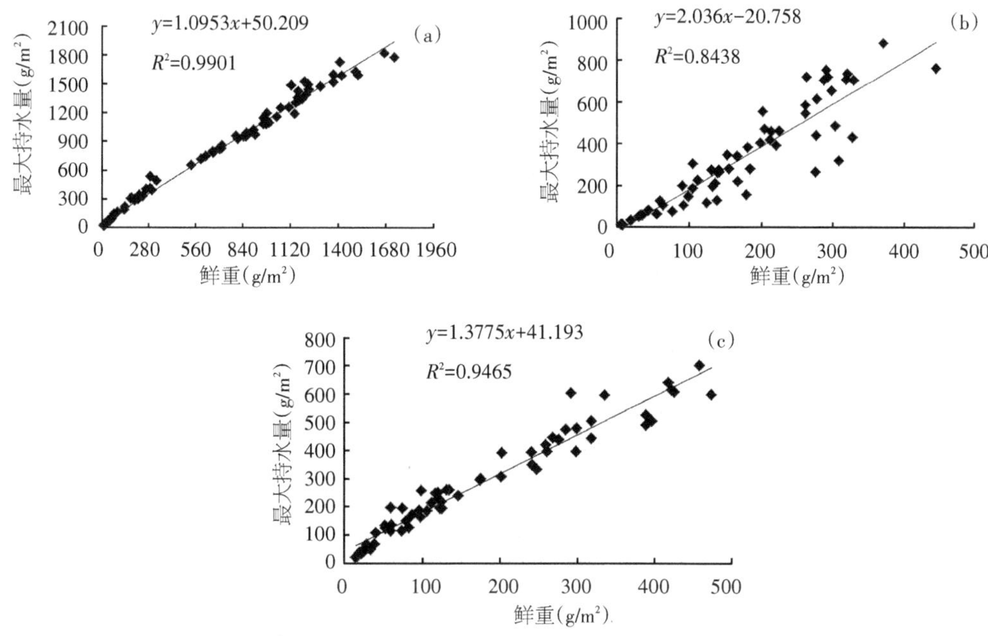

图3-15　海北高寒草甸植物体绿体(a)、枯落物(b)、半腐殖质碎屑物(c)最大持水量与自然鲜重的关系

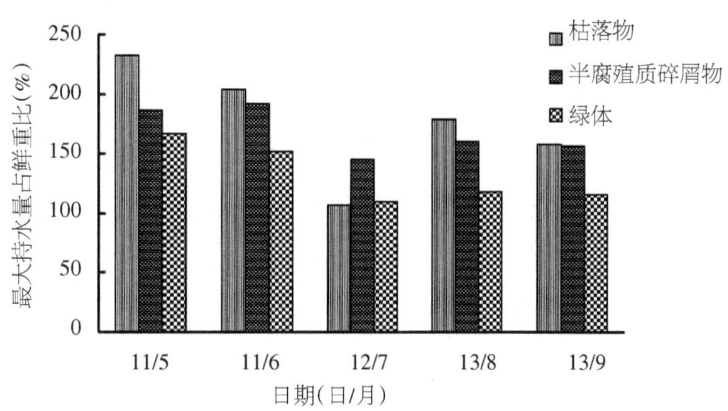

图3-16　海北高寒草甸植物体(绿体、枯落物、半腐殖质碎屑物)最大持水量占鲜重比的季节变化

表3-4　高寒草甸植物层最大持水量与干重比

名称	5月	6月	7月	8月	9月
植物绿体量	3.57	3.71	4.56	3.32	3.37
枯落物量	2.95	2.8	2.65	2.96	2.75
半腐殖质碎屑物量	2.93	2.96	2.87	2.57	2.91

我们也尝试按表3-4的比例关系推算了海北高寒草甸1—12月最大持水量的变化状况(图3-17),其中10—12月比例系数按9月的计算,1—4月的比例系数按5月的计算,地上生物量、枯落物、半腐殖质碎屑物值的数据一部分是我们监测的结果,一部分来自文献(李英年等,1995)。由于这些数据,特别是绿体生物量是间断性的10多年平均值,故其分析结果基本可代表多年平均状况。图3-17表明,植被层最大持水量在年内季节变化明显,枯落物和半腐殖质碎屑物冷季高、暖季低,枯落物最高出现在11月中旬(462.00 g/m^2),最低出现在7月下旬(29.84 g/m^2),半腐殖质碎屑物的最大持水量最高出现在12月中下旬(200.02 g/m^2),最低出现在8月中旬(25.70 g/m^2)。年内植被层总的最大持水量很大程度上由绿体最大持水量所决定,绿体最大持水量出现在7月下旬(1433.15 g/m^2),最小出现在植物生长初期的4月下旬和11月初(11月初主要系基部还未完全枯黄的绿色植物体部分),分别为65.67、269.60 g/m^2。整个植物层最大持水量(地上生物量、枯落物、半腐殖质碎屑物3部分最大持水量之和),7月下旬最高(1500.31 g/m^2),3月下旬最低(311.72 g/m^2)。不难理解,最高值和最低值的出现与植被生长和放牧活动植物被家畜觅食有关。3月底最低系整个草场植物被家畜觅食殆尽,地表枯落物降低,大部分由秸秆(立枯)和粪便污染的枯落物组成,以后随时间延长这些枯落物继续减少,直至植物新一轮生长开始。但4月最大持水量成为次低主要与植物已进入萌动发芽状况有关,在海北高寒草甸地区一般4月20日日均气温稳定通过≥0 ℃,植物开始萌动发芽,已有少量的生物量积累(李英年等,1995),进而促使最大持水量逐渐提高。7月是海北高寒草甸植物生长最为旺盛时期,虽然并未进入成熟期而达到年内生物量最高时期,但植物体对水的附着能力比成熟期强,导致该期具有很高的最大持水能力。

同样,根据表3-4最大持水量占干重比值,我们按过去测定的相关地上生物量、枯落物、半腐殖质碎屑物进行计算,得到1983年来(部分年份有季节生物量测定的缺测)多年8月底植物体最大持水量的年际动态(图3-18)。

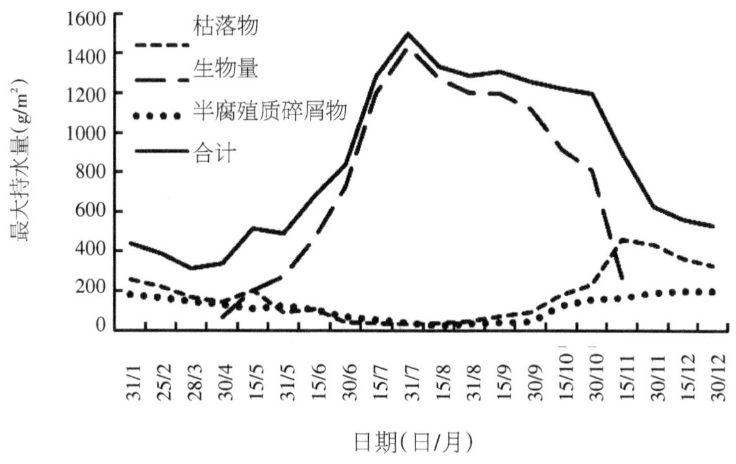

图3-17 海北高寒草甸1—12月最大持水量的月际变化

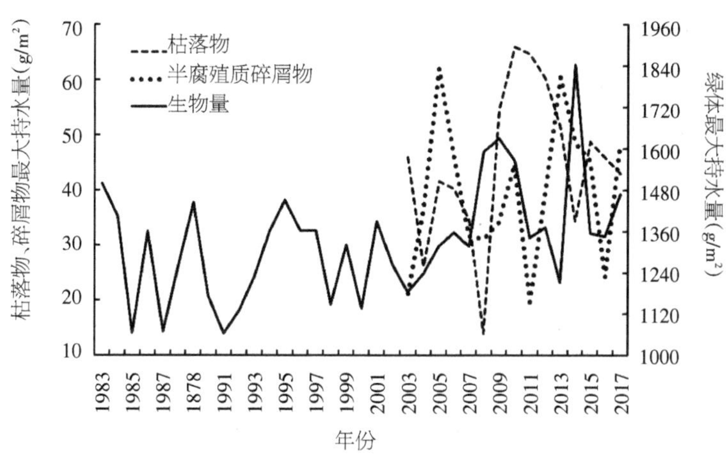

图3-18 海北高寒草甸8月底植物体(绿体、枯落物、半腐殖质碎屑物)最大持水量的年际变化

图3-18显示,8月底海北高寒草甸植被层绿体、枯落物、半腐殖质碎屑物的最大持水量平均可达1332.19、44.75、39.52 g/m²,换算到mm水量则分别为42.43、1.43、1.26 mm,也就是说8月底绿体、枯落物、半腐殖质碎屑物的最大持水量相当于42.43、1.43、1.26 mm的降水量厚度。8月是植物生长后期,有较高的最大持水量。为了比较,这里列出2003年以来5月中在上述同一地点测定的绿体、枯落物、半腐殖质碎屑物的最大持水量(图3-19)。发现,5月因处在植物生长返青期,枯黄植物经冬季牧事活动后残留较少,就是碎屑物因气候干燥、多大风而被吹落,致使最大持水量较低,但2014年平均表明,绿体、枯落物、半腐殖质碎屑物的最大持水量分别在96.65、229.49和130.65 g/m²,相当于降水量的3.08、7.31和4.16 mm。

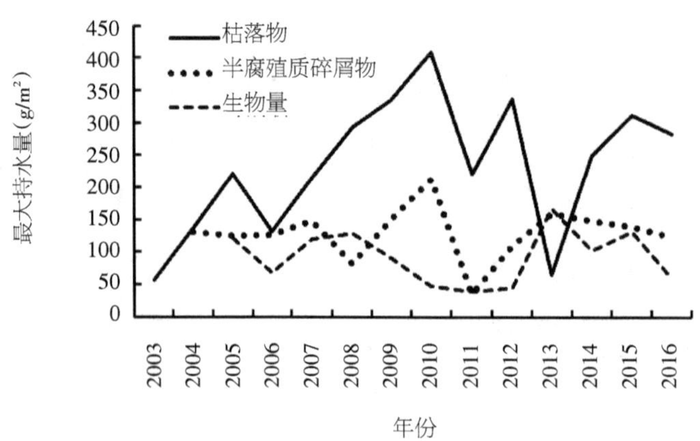

图3-19　海北高寒草甸5月中植物体(绿体、枯落物、半腐殖质碎屑物)最大持水量的年际变化

为了与三江源高寒矮嵩草草甸做比较,以海北8月底植物绿体最大持水量占干重比为3.32,对三江源甘德县气象站观测的生物量年际动态进行换算,得到最大持水量见图3-20。发现草地退化严重的甘德高寒草甸植被因生物量低,植物绿体多年平均最大持水量(426.90 g/m²)比海北高寒草甸植被绿体最大持水量(1332.19 g/m²)低905.29 g/m²。说明处在气候条件基本相同(李英年等,2012),但生态系统健康、植被未退化的海北高寒草甸最大持水量高,更利于水源涵养能力和气候调节能力的提升。

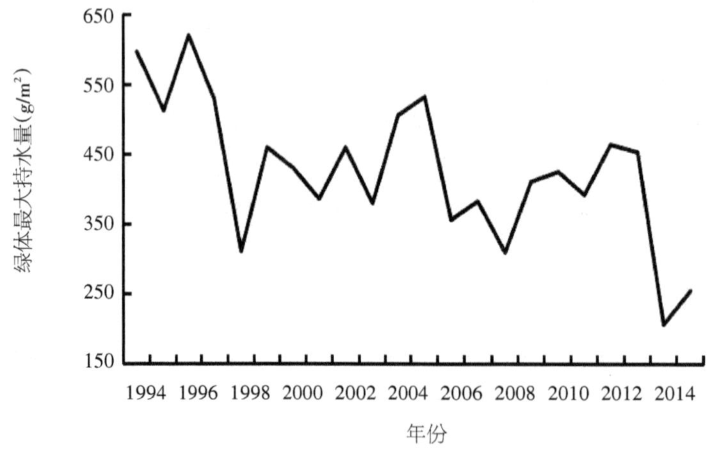

图3-20　三江源甘德8月底植物绿体最大持水量的年际变化

以上结果表明,不同地区植被层最大持水量与绿体生物量高低有很大关系,植被群落结构稳定,生长健康的生态系统的植被生物量高,生物量高的区域又因家畜觅食的选择性大,并有丰富的枯落物和半腐殖质碎屑物致使整个植物层具有较高的最大持水量。但封育时间过长,虽然有较多的枯落物和半腐殖质层存在而提高了最大持水能力,却不利于绿体层持水能力的提高。

分析也发现,最大持水量比实际含水量、植物水分蓄积量(对降水的截留量)均较高,以海北高寒草甸的自然植被状况来看,植物绿体、枯落物、半腐殖质碎屑物最大持水量比植物水分蓄积量(对降水的截留量)分别高出260.56、12.69、2.34 g/m^2(即8.30、0.40、0.07 mm的水量)。也就是说,仅以植物绿体部分,且以8月底平均来看,高寒草甸在生长季自然状态下的持水量高达1332.19 g/m^2(34.13 mm)(图3-12),最大持水量(饱和持水量)为1071/63 g/m^2(42.43 mm)(图3-18),仍保持有8.30 mm的有效持水潜力,相当于最大持水量的19.56%。可见对于强度小于10.00 mm的一次降水而言,到达地表面的降水也基本能被绿体、枯枝落叶层、半腐殖质碎屑物所吸收,从这个角度讲,植物层对降水的截留作用是很显著的,这些水最终因蒸发而成为无效水。

植被的持水能力是随植被生长过程中群落生物量、枯落物、半腐殖质碎屑物的状况而变化,也就是说,覆被变化、土地利用、人类活动影响不同,其植物体的持水量不同。以上我们分析了海北高寒草甸植被、三江源甘德高寒草甸植被在自然放牧系统中的植被持水能力,实际上在人类活动影响和覆被变化过程中植被的持水率有着等同的效应。只不过植被的持水量随生物量(绿体、枯落物、地下生物量、半腐殖质碎屑物等)的不同而有所差异。当然,因受人类活动影响,植被生长性能发生改变,其持水能力也有自身的特点。但高寒草甸退化阶段、放牧梯度、“黑土滩”经封育恢复序列、自然恢复序列、“黑土滩”人工建植序列等人类活动与覆被变化下的植被持水能力总体均反映在植被生物量的高低上。因此,分析人类活动与覆被变化的持水能力,就是生物量动态乘以其持水量的系数而已。

2.三江源不同退化阶段植被持水量

20世纪80年代以来,青藏高原广大高寒草甸地区处于不同退化阶段。退化植被的地上生物量减少,植被盖度、草地质量指数和优良牧草生物量明显下降,地下生物量在下降的同时,根系分布浅层化(董全民等,2018)。赵新全(2011)、马玉寿等(2002)对高寒草甸退化阶段等级标准进行了划分(表3-5)。退化程度不同,其植被生物量及其枯落物量、半腐殖质碎屑物量不同,进而导致植被层对降水截留、蓄水量等不同。

由于对生物量的观测因人、因地区及对不同退化的“阶段”的理解不同,造成不同退化阶段的植被蓄水量和对降水的截留量研究结果存在很大差异。赵新全(2011)报道指出,高山嵩草草甸地上生物量依次为中度退化(134.8 g/m^2)、轻度退化(107.0 g/m^2)、重度退化(75.4 g/m^2)。周华坤(2005)给出高寒草甸不同退化程度下植被地上生物量表现出未退化、轻度退化、中度退化、重度退化、极度退化分别为185.84、230.00、196.60、155.52、141.36 g/m^2。罗亚勇(2014)在甘肃玛曲高寒草甸测定结果表明,轻度退化、中度退化、重度退化、沙化(极度退化)的地上生物量分别为(仿图读数)218.00、276.00、145.00、30.00 g/m^2。我们(李英年等,2012)于2008年8月底在甘德县高寒矮嵩草草甸地区，按不同草地退化程度划分标准(赵新全，2011)，监测未退化、轻度退化、中度退化、重度退化、极度退化的植被地上生物量分别为188.65、187.83、176.44、80.67、57.59 g/m²。2016年8月底我们在玛沁县大武镇西7 km的地区观测发现(未报道)，未退化(玛沁县西35 km处的东倾沟乡测定值)、轻度退化、中度退化、重度退化、极度退化的地上生物量分别为317.21、193.56、148.66、86.79和21.45 g/m²，枯落物量分别为23.19、11.84、12.55、9.28和12.53 g/m²。我们还于2015年8月初在三江源泽库高山嵩草草甸观测发现(未报道)，轻度退化、中度退化、重度退化、极度退化的"黑土滩"地上生物量分别为108.44、99.25、37.89和13.57 g/m²，对应测得的枯落物量分别为8.73、8.98、4.27和1.06 g/m²。

表3-5　高寒草甸退化等级标准

退化等级	植被盖度(%)	产草量比例(%)	可食牧草比例(%)	可食牧草高度(cm)	有机质含量(g/kg)	草场质量
原生植被	>80	100	>75	25	>200	标准
轻度退化	70～85	50～75	50～75	下降3～5	150～200	下降1级
中度退化	50～70	30～50	30～50	下降5～10	100～150	下降1级
重度退化	30～50	15～30	15～30	下降10～15	50～100	下降1～2级
极度退化	<30	<15	几乎为零	—	<50	极差

我们发现，部分高寒草甸在极度退化后的初期，完全成为裸露的"黑土滩"，没有植物生长，偶见杂草生长，生物量近似为0。大部分退化的"黑土滩"持续11年以内，生长的多为杂草类植物，并表现出随"黑土滩"维持时间延长，杂类草地上生物量增加。"黑土滩"维持到10年以后偶见禾草类植物，但数量在群落中占据的地位很低。这种变化过程我们在三江源泽库县进行过详尽的调查(见本节"'黑土滩'自然恢复序列下植被持水量能力")。

综上所述认为，衡量不同退化阶段植被地上生物量高低有很多的不确定性，进而影响到植被群落及枯落物对降水的截留或对水的蓄积量。作为参考，这里以我们对玛沁和甘德高寒矮嵩草草甸、泽库和文献(赵新全，2011)提到的高山嵩草草甸不同退化阶段的生物量取平均值，分别按海北站最大持水量占干重比，计算不同退化阶段的地上生物量和枯落物的最大持水量(表3-6)。

表3-6 三江源高寒矮嵩草草甸和高山嵩草草甸不同退化阶段植物层最大持水量(g/m^2)

	地区与名称	未退化	轻度退化	中度退化	重度退化	极度退化
矮嵩草草甸	植被生物量最大持水量	882.09	665.07	566.89	292.01	137.83
	枯落物最大持水量	66.46	33.93	35.97	26.60	35.91
高山嵩草草甸	植被生物量最大持水量		375.67	408.13	197.55	47.33
	枯落物最大持水量		25.02	25.74	12.24	3.038

表3-6表明,三江源高寒矮嵩草草甸和高山嵩草草甸不同退化阶段植物层最大持水量均低于北部祁连山海北高寒矮嵩草草甸,就是未退化的矮嵩草草甸其绿体部分也要低450 g/m^2,海北高寒草甸地区又因植被生长好、枯落物及地表形成的半腐殖质碎屑物也较多,其最大持水量也高。这些也说明,地域气候条件不同,其未退化的植被生产力也存在很大的差异,这不仅与当地光合生产力有关系,而且受当地气候、土壤条件限制的影响明显。如在海北高寒草甸地区矮嵩草草甸植被地上生物量在9月初最高可达348.30 g/m^2(李英年等,2004),实际上我们常观测到大于460 g/m^2的地上生物量值(Li et al,2015)。而在海北站西30 km处的高山嵩草草地观测的值为426.67 g/m^2(王长庭等,2008)。也就是说,植被退化后与未退化植被或有较高的地上生物量地区相比,仍有很大的植被最大持水能力的空间。

3.海北不同放牧强度植被持水量

放牧梯度分冬季放牧草场和夏季放牧草场,均有重牧、中牧、轻牧和封育4个放牧梯度及自然放牧样地。冬季放牧梯度(冬季放牧夏季不放牧)试验在海北站西南方的无名滩,植被类型系高寒矮嵩草草甸。夏季放牧梯度(夏季放牧冬季不放牧)试验在海北站东北9 km外夏季牧场的"干柴滩",植被系高寒矮嵩草草甸+金露梅灌丛草甸经过度放牧后演替的杂草类草甸。建立的实验样地分别为3 hm^2(200 m×150 m),并将样地均分为12个0.25 hm^2小区(图3-21)。放牧梯度设计重牧(夏季:15只羊/hm^2,冬季:10.5只羊/hm^2)、中牧(夏季7.5只羊/hm^2,冬季5.25只羊/hm^2)、轻牧(夏季4.5只羊/hm^2,冬季3.75只羊/hm^2)、封育对照(禁牧)4个放牧梯度,每个梯度3次重复的实验,用网围栏隔离每个小区,另辅以旁边的自然放牧草地,即共6个放牧管理方式。放牧绵羊为2～4岁的藏系羯羊,每个小区搭建绵羊栖息和挡雨的小棚,每个样地设饮水槽,人工补给水源。放牧按照当地居民放牧时间,即:夏季放牧为当年6月1日到9月15日,为期3个半月,105d;冬季放牧为当年9月16日到次年5月30日,为期8个半月,260 d(吴启华等,2013a,2013b,2013c,2013 d;李红琴,2018;李英年,2010,2012)。

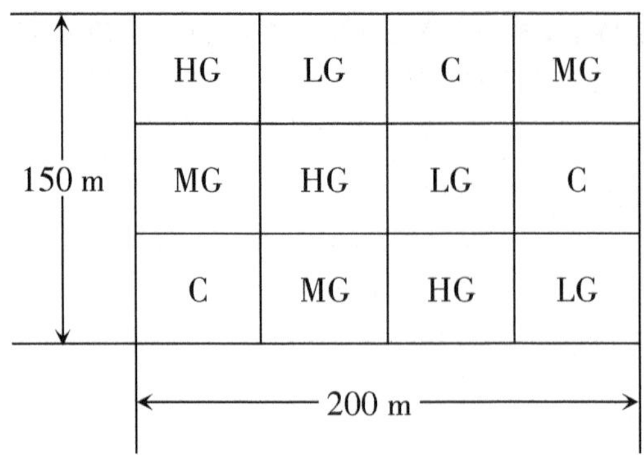

轻牧HG；重牧MG；中牧LG

图3-21 冬、夏两季牧场拟开展的实验设计

冬春放牧草地系牧户管理，牧户之间的草场用围栏各自围封。虽然，期间植被进入枯黄休眠期，大部分时间土壤又处于冻结状态，但冬春草场牧户为追求家畜存栏数，有限的面积放牧强度也很大。每年9月20日到次年5月30日，260多天的时间里放牧强度在10只羊单位/hm^{2}左右，致使冬春草场枯黄牧草因放牧时间长、强度大，到每年的5月底啃食殆尽，地表甚至裸露，大幅度减少了地上生物量对土壤有机质的补给。

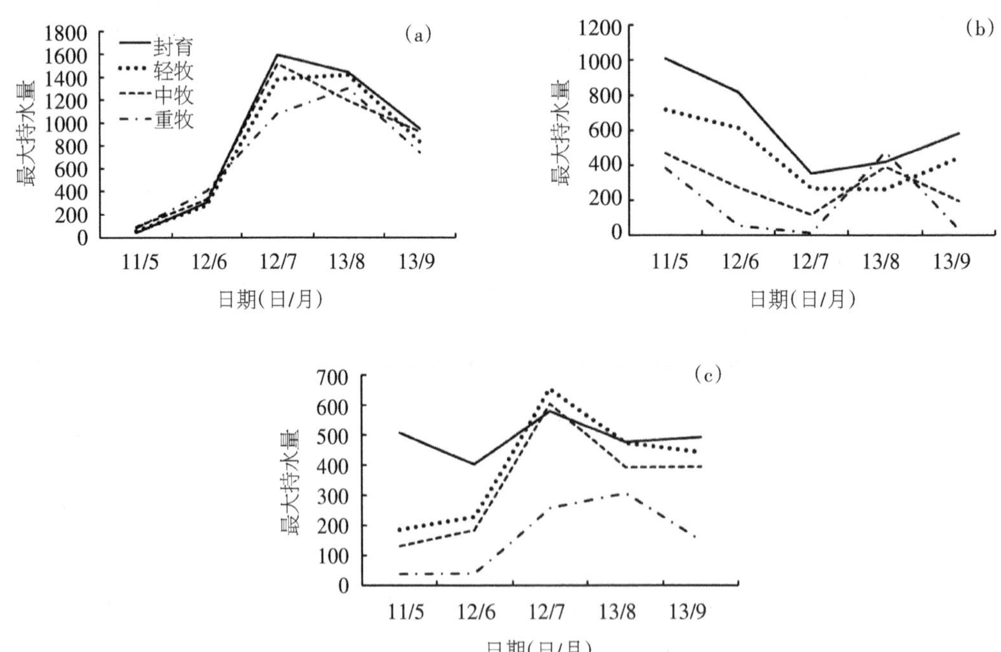

图3-22 海北高寒草甸冬季放牧草场不同放牧强度下植物体[绿体(a)、枯落物(b)、半腐殖质碎屑物(c)]最大持水量季节变化

经过4年放牧处理，重牧、中牧、轻牧及封育对照其植物层最大持水量变化见图3-22。可以看出，在植物生长期内的5月到9月，重牧、中牧、轻牧及封育对照中绿体最大持水量比枯落物和半腐殖质碎屑物高，最高值在1400 g/m^2以上。绿体、枯落物和半腐殖质碎屑物均有明显的季节变化。绿体随植物生长为增加，在植物到达成熟前期达最大。枯落物在气候水热因素影响下分解或雨水浸泡后倒伏地表变为腐殖质后，在7月较低。半腐殖质碎屑物则表现出自5月开始到7月增加，以后下降。

但也看到，放牧强度不同或封育后植被家畜觅食程度不同或未被觅食所导致的植被层最大持水量在不同放牧强度间也存在差异。这种差异枯落物和半腐殖质碎屑物表现最为明显。轻度放牧和封育致使上年度生物量大量留存地表，冬季又因寒冷干燥分解缓慢，导致轻度放牧和封育地区地表枯落物明显增加，进而有较高的植被最大持水量。随暖湿气候的到来，枯落物分解加剧，最大持水量在放牧强度及封育之间的差异缩小。半腐殖质碎屑物也有相同的变化特征，只是半腐殖质碎屑物在重度放牧区因冬季放牧强度极大，地表植物被啃食殆尽，地表近似裸露，地上现存量极低，导致枯落物碎屑物量也极低，就是有一定量包括家畜粪便的碎屑物，也因地表裸露，下垫面粗糙度降低明显，冬季干燥气候影响后易被家畜践踏踩碎，地表面的风力作用下吹走，残留量低，终久影响到碎屑物层最大持水量的提高。

统计发现，在生长期的5—9月，冬季放牧草场封育、轻度放牧、中度放牧和重度放牧状况下，绿体部分平均最大持水量分别为866.38、795.88、811.46和724.89 g/m^2，枯落物分别为636.67、461.15、288.86和192.14 g/m^2，半腐殖质碎屑物分别为492.89、397.99、343.04和159.26 g/m^2。而其总的最大持水量分别为1995.93、1655.01、1443.35和1076.29 g/m^2，对应的mm水量分别为63.56、52.71、45.97和34.28 mm。说明封育可有效提高植被最大持水能力，重度放牧可以明显降低最大持水能力。

我们在夏季牧场也进行了不同放牧条件下植被持水量的研究工作，其结果见图3-23。从图3-23看到，夏季不同放牧强度及封育对照实验地植物绿体、枯落物、半腐殖质碎屑物的最大持水量与冬季放牧梯度样地一样，也具有相同的季节变化规律。只是夏季草场其本身所处的位置在海拔更高、气候环境更加恶劣的区域，其植物本身生长周期更短，生长率更低。几十年甚至上百年的放牧，强度大，草地演替为杂草类草甸。放牧又是在植物正在生长阶段进行，植物稍生长到一定高度后就被家畜及时觅食，生长低矮，植物喘息机会少，导致植被生物量明显低于冬季放牧草场。夏季牧场处在高山有坡度区域，加上风速大，也可使残留在地表的枯落物、碎屑物更易被吹至低海拔区域或山谷间，使地表常年处在覆盖度极低的状态下。这种状况使植被层的最大持水量明显下降。

统计表明，在生长期的5—9月，夏季放牧草场封育、轻度放牧、中度放牧和重度放牧状况下，绿体部分平均最大持水量分别为565.92、610.61、544.20和408.79 g/m^2，枯落物分别为281.68、92.78、119.21和67.43 g/m^2，半腐殖质碎屑物分别为154.59、141.03、

100.96和107.50 g/m²。而其总的最大持水量分别为1002.20、844.42、764.37和583.72 g/m²,对应的水量分别为31.92、26.89、24.34和18.59 mm。可以看到,夏季牧场最大持水量值仅为冬季放牧草场的一半。说明,夏季放牧极大地降低了植被持水能力,对高寒草甸地区的水源涵养能力有着极为不利的严重影响。

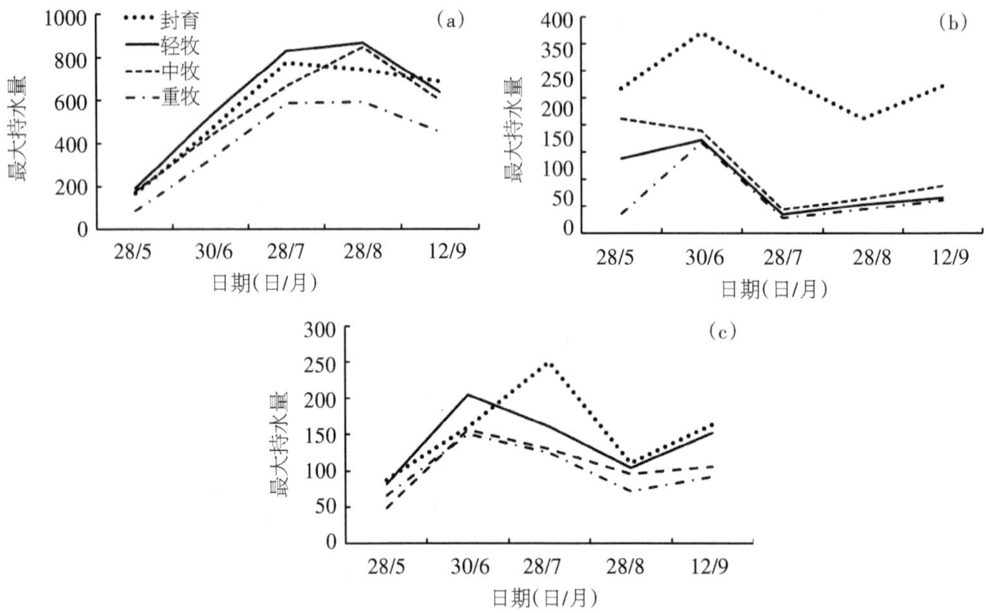

图3-23　海北高寒杂草类草甸夏季放牧草场不同放牧强度下植物体[绿体(a)、枯落物(b)、半腐殖质碎屑物(c)]最大持水量季节变化

夏季放牧草场要占区域放牧草场的近一半,夏季放牧草场又是海拔高、山谷纵横的区域,植物的生长比海拔低的平缓带稀疏。由于夏季牧场放牧强度大,导致地表覆盖物极少。较少的覆盖物存在时不仅使植被持水量下降,更重要的是近似裸露的地表容易被风蚀和水蚀,使土壤土层变薄,进而影响到土壤持水能力。为此,应认识到夏季放牧草场管理的必要性,这对提高当地水源涵养能力、减缓水土流失、增加碳汇能力、调节气候等生态功能的发挥均具有重要作用。

4.三江源重度退化禁牧封育植被持水量

我们也调查了不同封育条件下的植被持水量。由于地区不同,植被类型有所差异,而且封育时间也有所不同,导致我们采样的地点较为零星化。这里主要针对三江源巴塘高山嵩草草甸封育恢复阶段、海北冬夏二季放牧草场不同封育年限序列、三江源玛沁封育草地等进行植被层持水量的分析。

三江源玉树巴塘为高山嵩草草甸封育样地(杨永胜等,2016),于2013年8月下旬在青海省玉树州巴塘乡选定两块相离1000 m的试验样地(32°49′31.27″N, 97°

10′29.79″E，海拔3901 m），分别为自然放牧样地（对照）和2004年开始围栏封育的封育样地。需说明的是，青藏草原很难找到完全禁牧的草场，本研究中的封育样地在草场草料紧张的4、5月份存在短期放牧现象，放牧强度为1.2只羊单位/hm²，放牧的羊只多为未成年羔羊，体重较轻，放牧时土壤处于完全冻结期，放牧对土壤结构和春季植物的生长影响较小。封育样地在封育前为重度退化草地。自然放牧样地放牧方式为全年放牧，放牧强度与封育样地一致。试验样地观测区大小均为40 m×40 m。调查及采样时，先选定封育样地及自然放牧样地具有代表性的中央点，然后，分别在中央点和以中央点为中心的4个角各设置一个1 m×1 m观测样方，即每个处理有5个重复。

测定发现植物体的绿体、枯落物、半腐殖质碎屑物生物量最大持水量在封育13年后均明显提高（图3-24）。封育13年后地上绿体、枯落物、半腐殖质碎屑物生物量分别为326.45、32.14、15.98 g/m²，均比自然放牧地（分别为163.88、13.23、2.21 g/m²）高，其最大持水量也分别增加581.91、56.05、40.85 g/m²，相当于增加了18.53、1.79、1.30 mm的水量。

我们还在三江源玛沁高寒矮嵩草草甸进行了封育与未封育状况下植被、土壤相关生态参数变化的观测与研究。封育草地试验区设在玛沁县西北5 km处的果洛州气象局生态监测点（100°12′E，34°28′N，海拔3761 m的高寒草甸植被类型），该地为自然放牧地和半封育（冬季轻度放牧）11年样地，封育前系重度退化。封育样地系生态监测点于2003年封育，仅在春季的2—4月进行适度放牧，时长3个月。未封育样地为当地牧民自然放牧区，退化严重（中-重度退化），每年10月—翌年5月进行适度放牧，时长8个月，放牧强度均约为1.3只羊单位/hm²。另再向西34 km处有一块16年的封育草地，植被为保持良好的原生植被，封育前植被未退化。

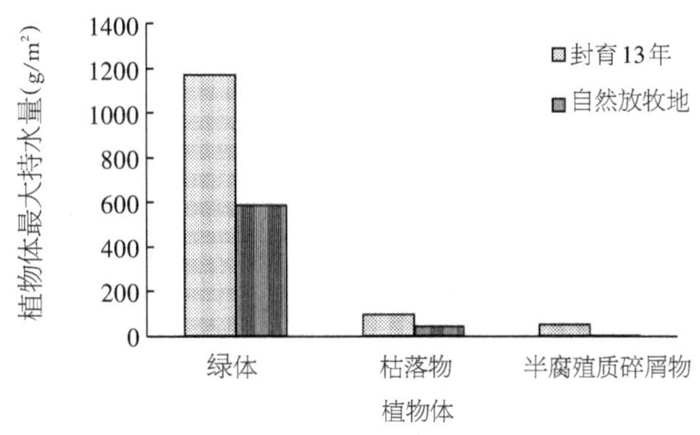

图3-24　三江源玉树巴塘高山嵩草草甸封育13年与自然放牧地植物体最大持水量(g/m²)

分析发现，三江源玛沁高寒草甸虽然枯落物、半腐殖质碎屑物量低，最大持水量亦低，但绿体部分虽然没有海北高寒草甸高，但也有较强的持水量。我们的分析发现,不同封育年龄下最大持水量差异很大(图3-25),在8月底,绿体、枯落物、半腐殖质碎屑物在自然放牧状况下仅分别为261.58、56.18和3.24 g/m²,但封育后逐年升高,封育16年后期最大持水量可分别达到1156.89、70.39和88.79 g/m²。

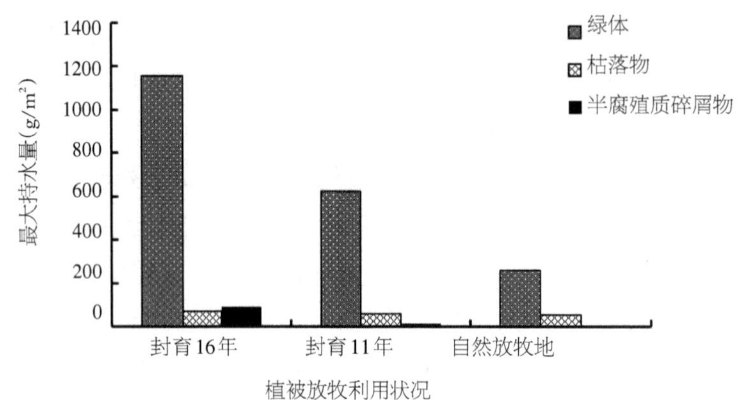

图3-25　三江源玛沁高寒草甸植物体禁牧封育条件下8月底最大持水量(g/m²)

赵新全(2011)对三江源达日县窝赛乡不同退化阶段的高寒草甸进行封育后研究发现,封育3年后基本上能恢复到轻度退化草地的水平。重度退化草地封育3年后植被总盖度从30%提高到50%,地上总生物量从80.6 g/m²提高到135.2 g/m²。但优良牧草增加的速度相当缓慢,封育3年后优良牧草占地上总生物量的比例仅达8.30%,植被高度从10 cm增加到20 cm,生物量从8.00 g/m²增加到25.00 g/m²,优良牧草占地上总生物量的比例仅由9.90%提高到18.50%,草地牧用价值仍然很低。由于均为高寒矮嵩草草甸,故若用海北高寒草甸最大持水量占干重比的系数推算,则达日窝赛乡不同退化阶段的高寒草甸进行封育后,其最大持水量将随封育年限延长均有明显提高(图3-26)。同样表明一个道理,封育可增加植被层最大持水量。这里不多阐述。

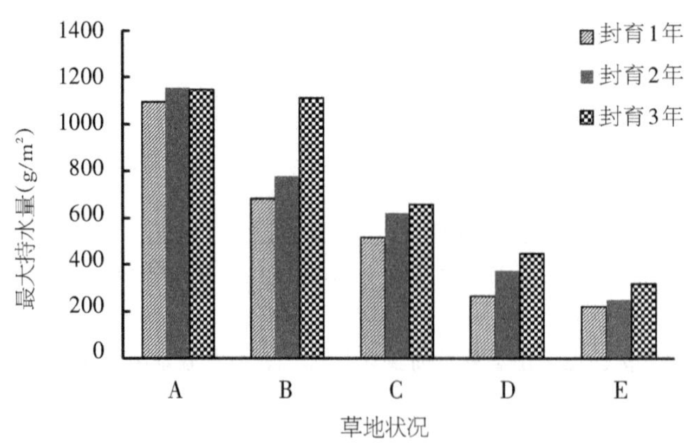

A、B、C、D、E分别表示未退化、轻度退化、中度退化、重度退化的矮嵩草草甸和极度退化的"黑土滩"

图3-26　达日窝赛乡不同程度退化的高寒草甸封育3年期间植物地上生物量最大持水量

5.海北禁牧封育自然植被持水量

对海北高寒草甸植被冬季封育草地进行封育后也得到类似结果。海北矮嵩草草甸封育试验样地在海北站西部2 km处的“北滩”，分别有1998年、2001年、2007年、2011年架设的禁牧封育的样地(李英年等，2010；李英年等，2011；刘晓琴等，2011；吴启华等，2013)。分析发现，封育时间不同，其植被层最大持水量略有差异(图3-27)，在封育1年后植被层绿体最大持水量最高，但枯落物、半腐殖质碎屑物的低，封育20年后，绿体部分的最大持水量略有较低，而枯落物、半腐殖质碎屑物的最大持水量升高明显。但其植被层总的最大持水量相互间差异不显著，封育1年、5年、11年和21年总的最大持水量分别为1634.42、1702.57、1720.51和1762.58 g/m²，对应的mm水量分别为52.05、54.22、54.78和56.13 mm。封育虽然影响到植物群落的稳定性和多样性，也影响到植被生产量的提高，但从持水量或从水源涵养功能来看，封育的作用是明显的。

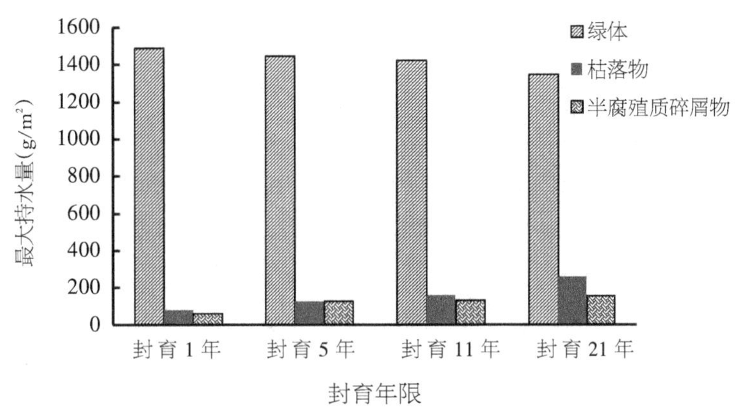

图3-27　海北高寒草甸不同封育年限植被层最大持水量

7.三江源玛沁“黑土滩”人工建植植被持水量

赵新全(2013)报道中曾提到，三江源高寒草甸退化为“黑土滩”地区，经人工建植地上生物量第1年、第2年、第3年、第4年、第5年、第6年的年干草产量分别为414.2、776.8、634.0、612.8、564.0、563.0 g/m²。我们(贺慧丹等，2017)于2015年也调查了三江源玛沁县大武镇东南24 km处，对退化为“黑土滩”的高寒草甸进行人工建植序列上的持水能力的研究工作(He et al，2018)，并用取得的最大持水量与干重比计算了植物绿体相关最大持水量。选得的序列为2003年(12龄)、2009年(6龄)、2011年(4龄)、2013年(2龄)等4个龄阶段，2017年再做了补充监测。人工建植草地系通过耕耙—施肥—播种—轻耙(覆土)—镇压，翻耕混播适宜当地多年生草本物种[垂穗披碱草(25 kg/hm²)+早熟禾(8～11 kg/hm²)]，各试验区耕播建植方法一致。分析发现，其植被地上生物量的最大持水量很高(图3-28)，均在1200 g/m²以上。

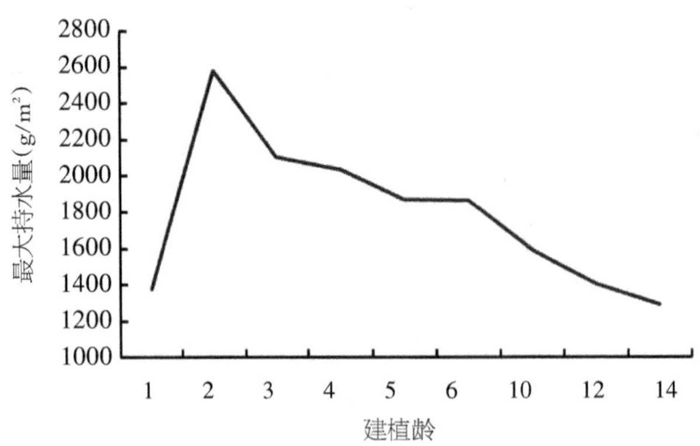

图3-28 三江源玛沁退化的"黑土滩"人工建植年限序列下8月底植物体(绿体、地下生物量、枯落物、半腐殖质碎屑物)最大持水量

人工建植草地同样因提高生物量而有利于植被最大持水量。图3-28表明,建植2年后植被绿体(这里因没有收集到枯落物和碎屑物而未罗列)部分最大持水量达最大,以后随着建植年龄的延长逐年下降,如,建植1年时为1375.14 g/m²,建植2年后为2578.98 g/m²,建植3年后(2104.88 g/m²)逐渐下降,到建植14年时为1294.07 g/m²,表现出最大持水量远高于当地轻度、中度和重度退化的高寒草甸,甚至也高于当地未退化的原生植被。人工草地的建立在治理"黑土滩"、提高植被生产力、恢复当地植被、增加牧民收入的同时,也有利于水源涵养能力的提升。一个地区稳定的生态系统是几百年甚至几千年长期演化演替的产物,人工草地的建设是治理"黑土滩"较好的手段,但人工草地建设要有选择性,应在保护原生植被的原则下,宜在破坏的或破碎化的生态系统区进行。

6.三江源泽库"黑土滩"自然恢复植被持水量

我们也进行了"黑土滩"自然恢复状况下的植被层最大持水量的观测分析。样地设在三江源泽库县西19 km处的高寒高山嵩草草甸,101°24′48″—101°22′30″、101°25′09″—101°22′40″E,35°01′01″—35°00′48″、35°00′36″—35°00′13″N,海拔高度3662 m。区域在当地政府严格实施季节轮牧和管控放牧强度的示范区。设置极度退化("黑土滩",植被盖度≈0)、恢复初期(3~5年,盖度<15%,单一的宽叶杂草类)、恢复初中期(6~8年,盖度15%~35%,宽叶杂草为主,伴有其他杂草种类)、恢复中期(9~11年,盖度35%~50%,多种杂类草)、恢复中后期[12~14年,盖度50%~70%,多种杂草,伴少量的禾草(早熟禾)]、恢复后期[15~17年,盖度70%以上,杂草类减少,禾草多见,有少量莎草(矮嵩草、苔草、藨草)]6个恢复阶段以及原生植被重度退化、中度退化、轻度退化3个阶段。需要说明的是,极度退化的"黑土滩"上述恢复中的各"期"是在参考相关文献(赵新全,2011;马玉寿等,2002,2008)的基础上,联系有关草地生态学研究专家、省州县级草原科技工作者、当地放牧老乡现地咨询调查而确定。

测定发现极度退化、恢复初期、恢复初中期、恢复中期、恢复中后期、恢复后期6个恢复阶段以及原生植被重度退化、中度退化、轻度退化3个阶段的植被生物量最大持水量表现均较低(图3-29),分别为116.20、159.36、285.52、348.60、438.24、594.28、561.08、590.96和617.52 g/m^2,对应的mm水量分别是3.70、5.08、9.09、11.10、13.96、18.93、17.87、18.82和19.67 mm,表现出随自然恢复年龄的延长,其最大持水量之间升高。恢复约15～17年后才能达到当地原生植被的水平。而且,其量值相比海北矮嵩草草甸、玛沁人工草地均很低。

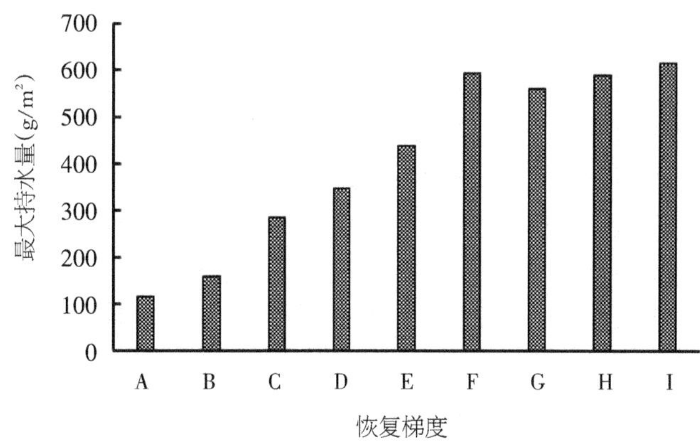

A、B、C、D、E、F、G、H、I分别表示极度退化("黑土滩")、恢复初期、恢复初中期、恢复中期、恢复中后期、恢复后期以及原生植被重度退化、中度退化、轻度退化阶段

图3-29 三江源泽库高山嵩草草甸恢复序列植物体最大持水量

8.植被持水量的影响因素

一般来说,放牧退化的草地具有较低的牧草生产力(李永宏等,1999)。林慧龙等(2008)的研究认为,放牧对群落地上生物量影响是即时发生的,而对地下生物量的影响具有一定的滞后效应。万里强等(2011)的不同山羊放牧强度试验和董全民等(2005)的牦牛不同放牧率研究等研究结果,也都反映出植被生物量的相似变化趋势,放牧家畜的采食减少了地上生物量,降低了植物光合效率,进而减少了营养物质向地下分配,同时畜群对土壤物理化学特性的改变也影响植株地下部分的生长,造成地下生物量的下降,它是植被持水能力下降的根本原因。

植物除一部分被家畜觅食利用外,一部分最后以枯落物甚至是半腐殖质碎屑物的形式留存地表,这些不仅是土壤有机质养分的重要来源,而且是土壤最为活跃、最起作用的表面层,对土壤的水分物理性质产生有利的影响,对水文调节具有更加特殊的意义。植物层的绿体、枯落物、半腐殖质碎屑物数量主要取决于生物学特性、家畜啃食程度,当然也与绿体、枯落物、半腐殖质碎屑物形成时间长短中对水分的吸附能力有关,也与环境有关。调查表明,海北高寒草甸枯枝落叶层具有较高的持水能力。随植被组成、结构及枯落物组成、分解状况的不同,各枯枝落叶层的持水能力有一定差异。

枯落物及半腐殖质碎屑物的组成及分解状况对枯落物及半腐殖质碎屑物层的持水能力有重要的影响。含量大的枯枝落叶及半腐殖质碎屑物层在短期降雨后吸水量较少,但是膨胀作用能延长较长时间,所以对于持续时间长的小雨它更具有截留效应,对土壤表层土壤水分的含量与有效性更具有意义。分析发现,在海北站自然放牧地的高寒草甸枯落物及半腐殖质碎屑物干物质生物量8月底分别为15.61、13.07 g/m^2,占地上总的生物量(绿体、枯落物及半腐殖质碎屑物总和,410.67 g/m^2)的3.68%和3.18%,但其最大持水量也占6.98%,表明枯落物及半腐殖质碎屑物也具有很大的截留潜力,只是贮量数量少而已。

枯落物及半腐殖质碎屑物中的水分在蒸发的同时,通过浸湿作用不断地从土壤中吸入水分,这种作用形式与植物蒸腾类似。枯落物及半腐殖质碎屑物中的水分因蒸发而引起的水分损失的难易程度影响着土壤表层的温、湿条件,对植物生长发育,特别是种子的发芽和幼苗的成活产生重大的影响。一般枯落物及半腐殖质碎屑物水分损失较难的区域更有利于保持土壤水分,也就是说,枯落物及半腐殖质碎屑物保存时间长,不易分解的区域,如低温环境下的阴凉地区其土壤水分更高,越有利土壤贮水,保水功能提高。

另外,在高寒草甸区域地表苔藓生长比那些干草原区域旺盛,苔藓的存在能大大提高地被物层的水文效应。余新晓等(2002)对峨眉山冷杉林地被物水文效应的研究表明,苔藓最大持水量与枯落物及半腐殖质碎屑物最大持水量的比例为131%~176%,对浸水饱和后的在林地原环境下的脱水试验结果表明苔藓24 h的失水率为20%,而枯落物及半腐殖质碎屑物的失水率为30%。这些说明苔藓具有比枯落物及半腐殖质碎屑物更好的持水保水效果,限于实验数据限制,这里不多讨论高寒草甸区域苔藓的持水性能以及对土壤/植被持水能力的影响。

第三节　高寒草甸植被系统水源涵养功能价值

一、植被持水水源涵养功能及其服务价值监测与计算

生态系统服务功能与价值的研究近年来在科学界受到高度关注(Costanza et al,1997;Daily,1997;De Groot et al,2002;李文华等,2002)。在生态系统服务功能与价值的研究中,水源涵养功能的分析和价值核算是其中的一部分内容(刘敏超等,2006)。生态系统水源涵养能力既有植物的水分涵养能力,也有土壤的涵养能力。关于土壤水源涵养能力及其价值核算将在第九章讨论,这里重点介绍植物的水分涵养能力。植物的水分涵养能力与植被类型和盖度、枯落物组成和现存量等密切相关。其功能

主要表现在截留降水、抑制蒸发、涵蓄土壤水分、增加降水、缓和地表径流等，同时在区域水分循环、对大气降水的再分配中起到重要作用。过去人们多关注土壤水源涵养能力，对于植物的水源涵养能力的研究多集中在森林生态系统，对草地特别是高寒草地生态系统中的关注较少。

目前，国内外对生态系统水源涵养功能的理论研究已趋于成熟，一般有两种研究方法：一种是植被区域水量平衡法；一种是根据植被不同作用层的蓄水力来计算。对于区域应用研究较多的是采用第二种方法，来估算典型生态系统的水源涵养价值，即冠层截留、枯落物层及半腐殖质碎屑物持水以及土壤层蓄水三个部分：

$$Q = Q_1 + Q_2 + Q_3$$

式中：Q 为生态系统总的持水量；Q_1、Q_2、Q_3 分别为冠层截留量、枯落物层及半腐殖质碎屑物持水量和土壤层蓄水量。

冠层截留量除与冠层自身的结构、郁闭度、叶形等有关外，降雨量和降雨强度及风等都是其重要的影响因子。计算公式如下：

$$Q_1 = \sum (S_i \times m \times a_i)$$

式中：Q_1 为冠层截留量（$\times 10^6\ m^3$），S_i 为第 i 种植被类型的面积（$\times 10^4\ hm^2$），m 为该区年降水量（mm），a_i 为第 i 种植被类型的冠层截流率（%）。

枯落物层及半腐殖质碎屑物持水量的大小取决于枯落物干重、枯落物层及半腐殖质碎屑物最大持水率、植被面积等因子。计算公式如下：

$$Q_2 = \sum (S_{i1} \times L_{i1} \times \beta_{i1}) + \sum (S_{i2} \times L_{i2} \times \beta_{i2})$$

式中：Q_2 为生态系统枯落物及半腐殖质碎屑物持水量（$\times 10^6\ m^3$）；S_{i1}、S_{i2} 分别为第 i 种植被类型单位面积枯落物及半腐殖质碎屑物的面积；L_{i1}、L_{i2} 分别为第 i 种植被类型单位面积枯落物及半腐殖质碎屑物累积量（t/hm^2）；β_{i1}、β_{i2} 为第 i 种植被类型枯落物及半腐殖质碎屑物最大持水率（%）。

关于土壤层蓄水量（Q_3）将在第九章讨论。这里主要针对植被层截留水和持水进行分析。

二、植被系统水源涵养功能价值

1. 三江源区植被系统水源涵养功能价值

刘敏超等（2006）曾利用有关文献资料（青海省农业资源区划办公室，1997）、1:1 000 000中国植被图集（中国科学院中国植被图编辑委员会，2001）、青海省农业自然资源数据集（青海省农业资源区划办公室，1999）、三江源生物多样性–三江源自然保护区科学考察报告（李迪强等，2002）以及课题组多次科考调查的数据等，一方面从枯落物层和土壤蓄水能力角度来定量评价生态系统涵养水分功能，另一方面以三江源地区年径流量作为指标来评价其涵养水分功能，然后使用影子价格法定量评价生态系统涵养水分功能的价值。根据我国每建设1 m^3库容的成本花费为0.67元(1990年不变价)为依据,来计算三江源地区生态系统水源涵养价值(欧阳志云等,1999,2004),分析三江源地区生态系统水源涵养功能及其价值。

在他们的研究中,枯落物层持水量的大小取决于枯落物干重、枯落物最大持水率、面积等因子。用公式表示为:

$$W_L = \sum_{i=1}^{k} S_i \cdot L_i \cdot W_i$$

式中:W_L为生态系统枯落物持水能力(m^3);S_i为第i种植被类型的面积(hm^2);L_i为第i种植被类型单位面积枯落物积累量(t/hm^2);W_i为枯落物最大持水率(%);最大持水量(t/hm^2)为单位面积枯落物积累量与最大持水率的乘积。

刘敏超等(2006)从植被枯落物层蓄水能力角度分析表明,三江源地区总面积3.63×10^8 hm^2,其中植被总面积为2.87×10^7 hm^2,植被枯落物涵养水源能力为1.55×10^8 t,价值为1.0398×10^8元(表3-7)。三江源地区植被分为10种植被类型,其中主要为草甸、草原和沼泽,分别占总面积的58.35%、14.99%、9.31%。各植被类型枯落物最大持水量变化范围为0.51～125.00 t/hm^2,其中云杉林、落叶灌丛、常绿灌丛枯落物最大持水量较大,分别为125.00、45.00、38.31 t/hm^2。三江源地区植被枯落物水源涵养能力为1.55×10^8t,其中落叶灌丛、草甸、常绿灌丛和云杉林枯落物水源涵养能力分别为0.67×10^8、0.40×10^8、0.15×10^8、0.15×10^8 t,分别占总量的43.48%、25.38%、9.75%、9.72%。三江源地区植被枯落物水源涵养能力总价值为1.04×10^8元,其中落叶灌丛、草甸、常绿灌丛和云杉林枯落物水源涵养价值分别为0.454×10^8、0.264×10^8、0.104×10^8、0.104×10^8元(表3-7;刘敏超等,2006)。

表3-7　三江源地区不同植被类型凋落物涵养水源能力与价值分析

植被类型	面积($\times10^4$ hm^2)	最大持水量(t/hm^2)	持水量($\times10^8$ t)	价值($\times10^8$元)
草甸	1676.10	2.35	0.3939	0.2639
草原	430.64	1.13	0.0487	0.0326
常绿灌丛	39.48	38.31	0.1512	0.1013
垫状植被	82.78	0.51	0.0042	0.0028
落叶灌丛	149.94	45.00	0.6747	0.4521
农田	0.94	0.51	0.0000	0.0000
稀疏植被	188.52	0.51	0.0096	0.0064
圆柏林	24.79	16.90	0.0419	0.0281
云杉林	12.07	125.00	0.1509	0.1011
沼泽	267.39	2.87	0.0767	0.0514
合计	2872.65		1.5500	1.0398

注:面积数据来源于1:100植被图;最大持水量参考赵传燕(2003)、李晶(2003)等数据。

2.海北高寒草甸区植被系统水源涵养功能价值

就草地生态系统而言，草冠接受雨水，在使雨水向地下落的过程中，在数量上、空间上对降水的截留、蓄积乃至植物层的持水能力，由于均为草本植物，对水的吸附能力没有多大的差异，或说其对降水的截留率、蓄水率、持水率是一致的。这种条件说明，高寒草甸植物系统的水源涵养功能及其价值仅是因高寒草甸植被生物量(包括枯落物、半腐殖质碎屑物)高低不同而不同。为此，这里我们以海北高寒草甸植被作为个例，分析其植被层水源涵养功能及其价值计算。

由于植被在一年四季是动态变化的，主要与植物生长发育过程、枯落物积累和分解的季节变化相关联。为此，这里第二节“海北高寒草甸植被持水能力”，以8月底时地上生物量、净初级生产量达最大时期的值计算海北高寒草甸植被水源涵养功能的价值。

在第二节我们知道，海北高寒草甸植被层(绿体、枯落物、半腐殖质碎屑物)具有较高的最大持水量，而且季节变化明显，同时指出植物层最大持水量与绿体生物量高低有直接的关系。我们也计算了8月底植物层最大持水量，发现在1983年到2017年期间的8月底，绿体、枯落物、半腐殖质碎屑物最大持水量分别为1332.19、44.75、39.52 g/m^2，其总量为1416.46 g/m^2。根据我国每建设1 m^3库容的成本花费为0.67元为依据来计算(欧阳志云等，1999；2004)，海北高寒草甸植被层单位面积(m^2)上的水源涵养价值为0.95元。

由于高寒草甸植物群落结构基本单一，种类组成多以矮嵩草、高山嵩草等莎草属为建群优势种，以禾草类的垂穗披碱草、早熟禾、异针茅为次优势种，以杂草类中的美丽凤毛菊、麻花艽、柔软紫菀、鹅绒委陵菜等为伴生种。而且极大多地区是放牧高寒草甸生态系统，只是因放牧强度不同，地区气候、土壤环境差异导致地上净初级生产量、生物量、枯落物量、半腐殖质碎屑物量不同。但其单位面积单位质量上所占持水量比例应该是一致的。这就为我们计算不同地区植被层的水源涵养价值提供了便利。我们的分析发现，植被层的绿体、枯落物、半腐殖质碎屑物最大持水量、水分蓄积量与生物体的鲜重或干重具有极显著的正相关关系，这在本章各节中已做过讨论。虽然绿体、枯落物、半腐殖质碎屑物的持水量有一定的季节变化，但持水量占有的比例基本是恒定的(见表3-4)。为此，利用生物体质量和持水量占干重的百分比例(或占鲜重的百分比)就可计算出绿体、枯落物、半腐殖质碎屑物以及整个植物层的对降水的截留量、蓄积量或最大持水量，进而依据国家每建设1 m^3库容的成本花费(元)，计算得到不同区域植被层单位面积或单位植物体质量的水分涵养价值。进一步在掌握区域面积的基础上，计算得到区域尺度或更大尺度上水分涵养的总价值。

第四章　高寒草甸的植被需水量、植物蒸散系数

植物需水量(water requirement in plant)是植物全生育期内总吸水量与净余总干物重(扣除呼吸作用的消耗等)的比率。由于植物所吸收的水分绝大部分用于蒸腾,所以需水量也可认为是总蒸腾量与总干物重的比率。蒸散是陆地生态系统水文循环的重要组成部分,同时又是能量交换的重要因子,在很大程度上影响着一个区域的水热平衡。蒸散是区域水分耗散的主要途径,约2/3的降水以自然蒸散形式回归到大气中。而潜在蒸散是水分充分供应条件下的农田土壤蒸发和植株蒸腾之和。它是植被需水量的最好量度,也是植被需水量的重要气候指标。一定区域的植物需水量与潜在蒸散量是由相关区域气象要素来计算,植物需水量与潜在蒸散量又是数值上等同的,其变化与气象因子有关。有效地估算植被需水量和植被潜在蒸散量,不仅在陆气相互作用和气候变化的研究方面有重要的意义,而且在流域的农业生产、水资源的规划管理、干旱监测等方面具有重要的应用价值。本章在了解高寒草甸植被需水量、潜在蒸散量、参考植物蒸散量以及植物蒸散系数的相关模型以及经验公式的基础上,通过三江源区、海北、玛沁等的观测资料,阐释了植被需水量与潜在蒸散时空分异特征及其影响因素、参考植物蒸散量与植物系数。

第一节　植被需水量与潜在蒸散

一、植被需水量、可能蒸散、蒸散力概述

在农业气候学中,植被的需水量是在大田条件下,适宜的植物群体根系能源源不断地得到水分供应时,植物在生长期内的某一时段或全生育期,植被的同化作用、蒸腾过程和物理蒸发过程以及土壤蒸发过程对水分总的需求量。由此理解,需水量是

植被在大田条件下不仅包括了植物本身对水分的需求量，还包括田间水热状况对水分的需求量。当然这种过程中田间水分供给是充足的，保证植物生长的同化过程、植物体内的水、土壤水的蒸发等过程不会受到水分供应的限制。“适宜的植物群体”还要求水分条件不是指单个植株所形成的环境条件，而是指植物群体构成的复杂环境条件。

鉴于植被需水量包括了植物同化过程对水分的需求和植物体内的含水，植物发生蒸腾时的需水，土壤蒸发需要的水，以及植株表面蒸发需要的水。就目前来讲，这4个需水量难以准确地得到测定。为此，国内外植物生理学家、气候学家、生态学家常借用间接方法来估算大气-植被-土壤系统中植被群落的需水量。估算的方法中常用的就是蒸发力和潜在蒸散两个基本参量。而计算蒸发力和潜在蒸散就是间接估算植物群体需水量的方法。也就是说植被需水量是蒸发力，或可能蒸散量，或潜在蒸散量，但其表征的方式略有差异而已。

1.蒸发力

农业气候学家认为，蒸发力是指水分得到充分供应条件下的最大可能蒸发速度，或指在给定地区能量潜力所决定的最大可能蒸发量。当然不同研究者有不同的理解，如水文学家把较大水体自由水面的蒸发量称作蒸发力，土壤学家将充分湿润土壤的土壤蒸发量叫蒸发力。

2.潜在蒸散

一般把水分充足供应条件下的农田土壤蒸发和植株蒸腾之和称为潜在蒸散。潜在蒸散既是水分循环的重要组成部分，也是能量平衡的重要组成部分，它表示在一定气象条件下水分供应不受限制时，某一固定下垫面可能达到的最大蒸发蒸腾量(尹云鹤等，2005；左大康，1990)。潜在蒸散在地球的大气圈-水圈-生物圈中发挥着重要的作用，与降水共同决定区域干湿状况，并且是估算生态需水和农业灌溉的关键因子(尹云鹤等，2010)。

不同学科间对蒸发力的定义，因研究对象差异而有不同的理解，但以上定义的共同点则是均以水分供应充分为前提，就是说，蒸发力是蒸发面水分供应不受限制，由本地能量潜力所决定的最大蒸发量或最大蒸发速度。从植被生产角度来看，植被在大气-植被-土壤系统中占据主导位置。植物生化需水和植株表面蒸发需水因较小而忽略不计，但植物的生理需水和生态需水都是不可避免的，也是不可缺少的。由此可用植被间土壤蒸发需水和植物群落蒸腾需水之和(即潜在蒸散)近似估计植被群落的需水量，也可以理解潜在蒸散的生物意义比蒸发力更为贴切。也正是如此，在大多数讨论中将蒸发力和潜在蒸散的两种术语并行混用，其意义是相同的。

从植被群落需水和潜在蒸散的两个概念不难看到，潜在蒸散是水分供应充分条件下植物群落需水量的气象学描述的重要指标，需水量是从生物本身对水分的要求角度来讨论植物与水分的关系，而潜在蒸散是从水分供应充分时的水分能量转化与平衡角度来讨论植物群落蒸散及其植株间裸露地表蒸发的水分消耗。

事实上，潜在蒸散量是实际蒸散量的理论上限，通常也是计算实际蒸散量的基础，广泛应用于气候干湿状况分析（杨建平等，2002；张庆云等，1991；严中伟等，2000）、水资源合理利用和评价、生态环境如荒漠化等研究过程中，表现出潜在蒸散是水分循环的重要参量之一（曹雯等，2012）。

我国在开展第二次全国水资源综合评价中，潜在蒸散量是水资源评价关注的主要内容之一，成为水文循环、水文模型的关键输入因子（左德鹏等，2011）。就气候变化对水循环的影响而言，潜在蒸散量变化也是一个不可忽视的影响因子，IPCC第五次评估报告认为，1880—2012年全球海陆表面平均温度升高了0.85 ℃，全球变暖影响着大气中的水汽含量和大气环流（张雪芹等，2008），进而影响到降水、蒸散等水循环系统。

二、热量、水量平衡状态下植被潜在蒸散的计算及彭曼综合法的导出

在前面我们提到，潜在蒸散是水分充分供应条件下的农田土壤蒸发和植株蒸腾之和。它是植被需水量的最好量度，也是植被需水量的重要气候指标。那么在“广阔均匀”“矮小植物”及“充分覆盖”的表面，这3个条件成为潜在蒸散第一的必要条件，进而给模拟计算潜在蒸散提供了便利。

自20世纪初以来，学者们总结、推出了多种计算潜在蒸散或计算蒸发力的方法。有经验方法，也有用水量和热量平衡推导法，还有综合计算法。其中最为著名的当属以下几种。特别说明的是，这里将不同学者提到的潜在蒸散与蒸发力均视为同等概念。

1.利用蒸发资料确定潜在蒸散量的经验法

经验法是根据蒸发池或蒸发器测得的较大水体自由水面的蒸发资料或湿润农田土壤蒸发资料，分析蒸发与气象要素之间的能量关系，最后确定蒸发力（潜在蒸散量，E_p）（欧阳海等，1990）。其一般形式可有：

$$E_p = Kf(t, R, d, v, g, \cdots)$$

式中：t为影响蒸发力的温度因子；R为辐射因子；d为空气湿度因子；v为风速因子；g为土壤因子；K为经验系数；等等。学者们根据选择的气象要素（因子）不同，得到不同的计算蒸发力的方法。

谢良尼诺夫早在20世纪30年代提出了积温法。他通过蒸发器观测资料，与≥10 ℃期间活动积温（$\sum T$）比较分析，发现植被基本生长期的蒸发力可用下述经验公式计算：

$$E_p = 0.10\sum T$$

时隔20多年，布德柯从全球范围收集300个站点的观测资料，以及≥10 ℃期间活动积温与辐射平衡的关系，利用线性关系修正了谢良尼诺夫经验公式中的系数，即：

$$E_p = 0.18\sum T$$

张宝堃、么沈生等根据我国实际情况，也对谢良尼诺夫经验公式分别修改为：

$$E_p = 0.16\sum T$$

$$E_p = 0.10\sum T_{>0}$$

式中：$\sum T_{>0}$ 为日平均气温≥0 ℃期间活动积温。

1948年，桑斯维特斯根据实际观测资料，拟合估算了潜在蒸散的经验公式：

$$E_{pt} = 1.62\left(\frac{10\bar{T}}{I}\right)^2$$

其中：$I = \sum_{i=1}^{12} i$，$i = \left(\frac{\bar{T}}{5}\right)^{1.514}$。

式中：$\bar{T}$ 为月平均气温；a 为 I 的函数；I 为1～12个月的热指数和；i 为各月的热指数。其中经验系数与年热指数呈现下列关系：

$$a = 6.75 \times 10^{-7} I^3 - 7.71 \times 10^{-5} I^2 + 1.79 \times 10^{-2} I + 0.49$$

考虑到日长对潜在蒸散影响，桑斯维特斯建议用下式计算潜在蒸散：

$$E_p = E_{pt}\left(\frac{D}{30}\cdot\frac{N}{12}\right)$$

式中：D 为所计算时段的日数；N 为该时段的平均日长，以小时计。

2.利用水量平衡方程确定潜在蒸散量的经验公式

丘克根据水量平衡方程，并运用统计学方法，曾得到估算蒸发力的经验公式。他认为，任一河流流域的水量平衡可写为：

$$E = P + W_H - f - W$$

式中：E 为流域的总蒸发量（蒸发力）；P 为流域降水量；f 为流域径流量；W_H 和 W 分别为初期和末期的土壤含水量。

由多年平均来讲，任何流域的土壤含水量变化很小，同降水与流域径流差相比可忽略不计，因此得到蒸发力是降水量与径流量的差值。丘克收集了全球254条河流流域的蒸发力、径流量以及相关气象资料，分析蒸发量、降水量和气温之间的关系发现，蒸发量主要受气温和降水的影响。在年降水量大于500 mm的地方，蒸发量受气温因素的制约。经过统计分析得到下述估算蒸散力的经验公式：

$$E_p = 300 + 25t + 0.05t^3$$

式中：t 为流域年平均气温。

布莱尼和克雷德尔根据美国西部中等灌溉地的蒸发资料以及相应的气象资料，建立灌溉地潜在蒸散的计算公式：

$$E_p = 25.4KF$$

式中：K 为经验系数，取决于植物种类和气象条件，对于禾谷类植物 K=0.6，对于草甸地区可能在0.55～0.58之间；F为气温的函数（$F=at$）；t为月平均气温；a为每月平均日长与全年平均日长之比。

3.利用空气湿度确定潜在蒸散量的经验公式

经验法除上述用温度方法得到公式外，还有用空气湿度的经验公式法。这些公式主要考虑空气湿度是影响蒸发的主要因子。一般空气湿度低，蒸发能力大，湿度高时因空气吸收水汽能力下降导致蒸发能力减小。这类经验公式的形式是：$E_p=aD$（D为月或年的空气湿度饱和差；a为经验系数）。奥列迪科勃在20世纪初提出的蒸发力经验公式与此相同，有：

$$E_p=19.3\sum D$$

式中：D取月平均空气相对湿度。如果计算季的蒸发力，其系数冬半年取16.0，夏半年取22.7。

另外，伊万诺夫在20世纪40年代，应用大型水面蒸发池的蒸发资料，联系气温和相对湿度，建立了计算蒸发力的经验公式：

$$E_p=0.0018(t+25)^2(100-U)$$

式中：t为月平均气温；U为月平均相对湿度。

4.潜在蒸散量的生物气候经验公式

除以上用温度、相对湿度计算蒸发力的经验公式外，不少研究者也提出过生物气候学方法。生物气候学方法是建立在多年田间试验的基础上，具有足够的生物学基础。该方法简单易行，利于推广。其表达方式就是用多年监测数据进行线性回归处理得到，与温度、相对湿度计算蒸发力的经验公式接近。只不过，建立的计算蒸发力公式中的系数非气象条件影响下的系数，而是与生物条件有关的生物学系数。这里不多赘述。

5.热量平衡和辐射平衡下潜在蒸散量的彭曼综合法

热量平衡和辐射平衡方法是应用辐射平衡、显热通量、土壤热通量的理论公式或经验公式，求得湿润状况下的蒸发力。其原理如下（欧阳海等，1990）：

植被下的热量平衡方程可写为：

$$R=P+LE+G+C_nP_n\frac{\partial T}{\partial t}\partial Z$$

式中：R为植被面辐射平衡（净辐射）；P为界面显热通量；G为土壤热通量；LE为界面潜热通量；C_nP_n为植被层（体）内体积热容量；T为植被平均温度；t为时间；Z为植被厚度（垂直高度）。在潜热通量的LE中，L为蒸发潜热。以下顺便将凝结潜热与汽化潜热给予详细解释。

在第一章我们曾指出，大气中水有水相变化。水相变化过程中，将伴随能量的转换。蒸发将有潜热存在，蒸发潜热(L, J/kg)与温度(t,℃)有关系式：$L=(2500-2.4t)\times10^3\text{J/kg}$。不难看出，当$t$=0 ℃时，有$L=2.5\times10^6\text{J/kg}$，且$L$是随温度的升高而减小。但温度变化不大时，$L$的变化很小，所以一般取$L=2.5\times10^6\text{J/kg}$。当水汽发生凝结时，这部分潜热又会全部释放出来，即凝结潜热。相同温度条件下凝结潜热与蒸发潜热相等。同样，在冰升华为水汽的过程中也要消耗热量，这些热量包含两部分，即冰化为水所需要消耗的融解潜热和由水变为水汽所需要消耗的蒸发潜热。融解潜热为3.34×10^{5}J/kg。故有升华潜热(L_s)：

$$L_s=2.5\times10^6+3.34\times10^5=2.8\times10^6(\text{J/kg})$$

热量平衡方程中最后一项是植被生产过程中的生化耗热。通常生化耗热量主要用于光合作用，但这部分能量消耗很低，约占净辐射的1%～2%，可以忽略不计。另外，在观测高度到地表的空气柱，从地表到土壤观测的热通量板之间的土柱间也贮存一定的能量，公式中未列出来。这些能量也很少，占净辐射的比例一般也较小，故未计入。这样当植被供水不受限制时，其热量平衡方程可简化改写为：

$$R_0=P_0+LE_p+G_0$$

由此有：$LE_p=R_0-P_0-G_0$

可以看到，当土壤水分充分供应时，植被的蒸腾过程和物理蒸发过程(两者总和为蒸散)需要的水量不可能小于LE_p，最多也只是等于LE_p。而LE_p的大小取决于$R_0-P_0-G_0$的各项分量的大小与变化。随植被种类或植被类型不同，$R_0-P_0-G_0$的各项数值随之发生变化，进而影响到蒸发力(潜在蒸散)的大小。

布德柯认为，下垫面"足够湿润"时，显热通量与辐射平衡和潜热通量相比，显得很小而可以忽略，另外从年角度出发土壤热通量平均为0，因而在"假设蒸发面温度与空气温度相等"条件下，对上式进行简化处理后有(欧阳海等，1990；翁笃鸣等，1981)：

$$LE_p=R_0$$

这个公式被广泛应用于计算湿润蒸发面的蒸发力。

但时间尺度并非年，当时间缩短时(如几个月)，土壤热通量不得不考虑，这种状况下其计算误差可能很大。为此，学者们引进波文比概念。

由植被下的热量平衡方程知道：

$$E_p=\frac{R_0-G_0}{L(1+\beta)}$$

式中的净辐射(辐射平衡)R_0和土壤热通量G_0可通过实际测定得到，或按气候学计算法得到。而波文比的表达式有：

$$\beta=\frac{P_0}{LE_0}$$

由近地表层湍流扩散方程和水汽输送方程(可见其他文献)代入，有：

$$\beta=\frac{\rho C_{p}K_{p}\frac{\partial T}{\partial Z}}{\rho LK_{w}\frac{\partial q}{\partial Z}}$$

式中:ρ 为空气密度;C_p 为空气定压热容量;L 为蒸发潜热;K_p 和 K_w 分别为热量和水汽湍流交换系数;T 为气温;q 为空气比湿;Z 为高度。在近地面层通常 $K_p=K_w$,则有:

$$\beta=\frac{C_{p}\frac{\partial T}{\partial Z}}{L\frac{\partial q}{\partial Z}}$$

应用水汽压与空气比湿的关系式 $q=0.622\frac{e}{P_a}$。P_a 为气压;e 为水汽压。得到:

$$\beta=\frac{C_{p}P_{a}}{0.622L}\cdot\frac{\partial T}{\partial e}$$

令 $C=\frac{C_p}{0.622L}$,并代入上式,且用温度和水汽压的差分替代偏导,进而有:

$$\beta=\frac{CP_{a}(T_{s}-T_{a})}{(e_{s}-e_{a})}$$

式中:T_s 为蒸发面温度;T_a 为气温;e_s 为蒸发面温度下的饱和水汽压;e_a 为实际水汽压;C 为比例系数,取决于温度和风速,常温下当风速较大、中等、较小时 C 分别取 5.8×10^{-4}、6.1×10^{-4} 和 5.6×10^{-4}。

实际上,在诸多计算蒸发力或潜在蒸散的估算式中,最具有说服力的当属综合法。综合法物理意义明确、推导严谨而较多地应用到实际研究工作中,并得到不断的完善。20世纪40年代,彭曼提出计算蒸发力的公式为:

$$E_{p}=\frac{\frac{\Delta R_{0}}{L}+\gamma E_{a}}{\Delta+\gamma}$$

式中:R_0 为大型水体或充分湿润表面的辐射平衡;L 为蒸发潜热;γ 为干湿球公式中的常数;D 为饱和水汽压曲线在一定温度处的斜率;E_a 为彭曼干燥力。

其推导过程如下:

彭曼首先把道尔顿蒸发公式用于大型水体后得到自由水面蒸发势公式有:

$$E_{p}=f(u)(e_{s}-e_{a})$$

式中:$f(u)$ 为影响蒸发的风速函数;e_s 为蒸发面温度下的饱和水汽压;e_a 为实际水汽压。为了消除上式中 e_s,彭曼用气温下的水汽压 e_a 代替蒸发面温度 T_s 下的饱和水汽压 e_s,得到:

$$E_{a}=f(u)(e_{a}-e_{d})$$

由 E_p和E_a 二式得到：$\dfrac{E_p}{E_a}=\dfrac{e_s-e_d}{e_a-e_d}$

应用相关实际资料，求得 $E_a=f(u)(e_a-e_d)$ 的经验式：

$$E_a=0.35\left(1+\frac{u_2}{100}\right)(e_a-e_d)$$

式中：u_2 为2 m高度处的风速。应用热量平衡方程并假设水体上下层热量交换通量或者土壤热通量忽略不计，则有热量平衡方程：

$$R_0=LE_p+P_0$$

应用波文比概念，将 $\beta=\dfrac{P_0}{LE_0}$ 代入上式，整理后有：

$$E_p=\frac{R_0}{L(1+\beta)}$$

将 $\beta=\dfrac{CP_a(T_s-T_a)}{(e_s-e_a)}$ 代入上式，并令 $\gamma=CP_a$，则得到：

$$E_p=\frac{R_0}{L\left(1+\gamma\dfrac{T_s-T_a}{e_s-e_d}\right)}$$

由 $\dfrac{E_p}{E_a}=\dfrac{e_s-e_d}{e_a-e_d}$ 得到：

$$\frac{E_a}{E_p}=\frac{e_a-e_d}{e_s-e_d}=1-\frac{e_s-e_d}{T_s-T_a}\cdot\frac{T_s-T_a}{e_s-e_d}$$

令 $\Delta=\dfrac{e_s-e_d}{T_s-T_a}$，并代入上式，得：

$$E_p=\frac{E_a}{1-\Delta\dfrac{T_s-T_a}{e_s-e_d}}$$

这样，由 $E_p=\dfrac{R_0}{L\left(1+\gamma\dfrac{T_s-T_a}{e_s-e_d}\right)}$ 和 $E_p=\dfrac{E_a}{1-\Delta\dfrac{T_s-T_a}{e_s-e_d}}$ 式可以得到彭曼公式的原式：

$$E_p=\frac{\dfrac{\Delta R_0}{L}+\gamma E_a}{\Delta+\gamma}$$

为了应用方便，国内外学者通过实验及数据发现将彭曼公式可写为：

$$E_p=\frac{WH_T+A_T}{W+I}$$

其中：$W=\dfrac{P_0}{P}\cdot\dfrac{\Delta}{\gamma}H_T$

$$=\left[(1-a)\left(a+b\frac{n}{N}\right)R_a\right]-\left[\sigma T_K^4\left(0.56-0.079\sqrt{e}\left(0.10+0.90\frac{n}{N}\right)\right)\right]$$

$$e = e_a \cdot \frac{R_H}{100}$$

$$A_T = 0.26(1.0 + Cu_2)(e_a - e)$$

$$u_2 = 0.78u_{10}$$

式中：P_0 为海平面气压(hPa)；P 为测站气压；a 为下垫面反射率；γ 为干湿球公式中的常数；D 为饱和水汽压曲线在一定温度处的斜率；a、b 为与大气透明状况有关的系数；n 为实际日照时数(h/d)；N 为可能日照时数；n/N 为日照百分率(%)；R_a 为理想大气下的太阳总辐射，以水分蒸发的mm表示(mm/d)；σT_K^4 为气温是 T_k 时黑体辐射(mm/d)，其中，s 为波尔兹曼常数，s=8.16～10 cal/(cm²×min×℃⁴)；T_K^0 =273.16+t℃；t 为气温；e 为实际水汽压(hPa)；e_a 为饱和水汽压；R_H 为相对湿度；A_T 为干燥力；u_2 为2 m高处的平均风速(m/s)；u_{10} 为10 m高处的平均风速(m/s)；C 为风的系数，取0.54。

研究者发现研究地域尺度不同，大气透明状况有关的系数 a、b 有所不同，且差异很大。我们对青藏高原三江源地区及海北地区的讨论分析发现，系数 a、b 还是以FAO推荐的较为稳定，表4-1为月际分布状况。

表4-1　FAO推荐的不同月份的 a、b 系数

	1	2	3	4	5	6	7	8	9	10	11	12
a	0.2724	0.2447	0.1351	0.0669	0.0991	0.1257	0.1637	0.1548	0.1237	0.1465	0.1533	0.1415
b	0.008	0.0074	0.0089	0.0095	0.0088	0.0087	0.008	0.0082	0.0091	0.0091	0.0099	0.0102

彭曼公式被大量应用，特别是在进行蒸发力计算、干湿季划分、水量平衡等研究领域得到良好的效果。但不同地区各物理量因采用经验公式求得，导致一定的局限性。因而学者们在具体应用时仍进行了改进，改进过程中较多的还是对净辐射和干燥力二项的改进。也提出不少经验公式，较多的当属 $E_a = a(1 + bu)(e_a - e_d)$ 模式，只是系数 a 和 b 不同而已。对于青藏高原地区，欧阳海等(1990)提出经验公式为：

$$E_a = (0.128 + 0.172u_2)(e_a - e_d)$$

李纳克莱对彭曼公式进行简化后给出：

$$E_p = \frac{\dfrac{500T_m}{100 - \varphi} + 15(T - T_d)}{80 - T}$$

式中：T 为日平均气温；T_d 为露点温度；φ 为地理纬度；T_m 为订正到海平面的温度，用 $T_m = T + 0.006h$ 进行计算，h 为本地海拔高度(m)。

显然，李纳克莱简化式是水分充分供应条件下农田的潜在蒸散的日总量。只要有日平均气温资料和试验资料就可得到潜在蒸散的日总量。

早在20世纪初，布德柯也提出计算潜在蒸散的综合方法。他是在分析充分湿润表面总蒸发与辐射平衡、空气温度、空气湿度和土壤湿度关系的基础上建立了计算蒸发力的公式。他认为，充分湿润陆面的蒸发力可用确定水面蒸发相似的方法来进行。湿润陆面的蒸发力与蒸发面温度的空气湿度饱和差成正比。即：

$$E_p = \rho D(q_s - q)$$

式中：ρ 为空气密度；D 为外扩散系数，布德柯取0.63 cm/s，也有取0.45～2.11 cm/s（欧阳海等，1990）；q_s和q 分别为蒸发面温度下的饱和空气比湿和百叶箱高度处的空气比湿。对于D的计算难以确定，布德柯建议取0.63。后来有人建议用下式求算：

$$D = \frac{R_0 - G_0}{\rho C_p(T' - T)\left[1 + \frac{L}{C_p}\left(\frac{q_1 - q_2}{T_1 - T_2}\right)\right]}$$

式中：R_0 为湿润陆面或农田的辐射平衡；G_0 为土壤热通量；T' 为蒸发面温度；T 为气温；T_1 和 T_2 为两个高度上的气温观测值；q_1 和 q_2 为两个高度上相应的空气比湿。

对于 q_s 的求算有下列方法。充分湿润时的陆面的热量平衡方程有：

$$R_0 = LE_p + P_0 + G_0$$

辐射平衡（净辐射）项 R_0 可由下式求解：

$$R_0 = Q_0(1 - an - bn^2)(1 - a) - s\delta T^4(A - Be)(1 - cn) - 4s\delta T^3(T_S - T)$$

式中：Q_0 为晴天状况下太阳总辐射；a 为蒸发面反射辐射；n 为云量；e 为空气水汽压（绝对湿度）；T 为空气温度（绝对温标）；T_S 为蒸发面温度；s为黑体系数，通常取0.95；δ 为斯蒂芬-玻尔兹曼常数[5.6701×10^{-8} W/($m^2\cdot K^4$)或0.816×10～10 cal/($cm^2\times min\times ℃^4$)]；a、b、c、A、B为经验系数。

当 $T_S = T$ 时，有：

$$R = Q_0(1 - an - bn^2)(1 - a) - s\delta T^4(A - Be)(1 - cn)$$

由此得到：

$$R = R_0 - 4s\delta T^3(T_S - T)$$

蒸发耗热和湍流交换通量可用下式表示：

$$LE_p = L\rho D(q_s - q)$$

$$P_0 = \rho C_p D(T_S - T)$$

将上述三式代入平衡方程，则有：

$$R_0 - G_0 = L\rho D(q_s - q) + (\rho C_p D + 4s\delta T^3)(T_S - T)$$

大多数地区土壤热通量观测值较少，但发现，土壤热通量与热量平衡方程式中的其他各项相比，其量值小得多，因此常常可以近似地估计它们在热量平衡中的作用。一般在温度年振幅较小（10～15 ℃）的地区，土壤热通量较小可忽略不计。但在年振幅较大的区域，土壤热通量可用表4-2的值取代（欧阳海等，1990）。

至此，利用各式得到的参量代入布德柯提出的 $E_p = \rho D(q_s - q)$，便可得到湿润陆面或充分湿润草甸的蒸发力和可能蒸散量。

为了求得 q_s，布德柯应用马格奴斯方程进行估算。有：

$$q_s = \frac{622}{P} e \times 10^{\frac{7.45(T_s - 273)}{T_s - 38}}$$

表4-2　土壤热通量各月平均值

月份	1	2	3	4	5	6	7	8	9	10	11	12
G	−0.23	−0.15	0.08	0.15	0.23	0.23	0.19	0.12	−0.08	−0.12	−0.19	−0.23

三、植被蒸散需水量的彭曼-蒙特斯动力学综合法

由于彭曼公式中经验系数Δ和γ也是发生变化的，并非一常数。有的研究者讨论指出γ是温度和气压的函数(已在前面给出)，比值$\frac{\Delta}{\Delta+\gamma}$和$\frac{\gamma}{\Delta+\gamma}$是温度和海拔高度的函数。加之，彭曼用气温代替蒸发面温度，引入干燥力概念的假设在实际当中难以成立，特别是植物生长旺季，蒸发面温度明显高于气温。另外，彭曼利用的热量平衡方程中忽略了水层、土层的热交换，对于长时间尺度可行，但在短时间尺度上这种忽略可能带来误差。同时彭曼仅考虑了自由水面，忽略了植被对水分传输产生的阻抗，导致环境动力参量发生变化，进而使风速函数产生改变。为此，彭曼本人以及蒙特斯等先后对原式进行了改造，引入气孔阻抗等，以反映植物群落结构对风场的影响及其他参量对蒸发力的影响。蒙特斯进行修正后得到(刘昌明等，1999)：

$$E_p = \frac{\Delta(R_0 - G_0) + \rho C_p(e_s - e)/r_{an}}{\Delta + \gamma(1 + r_c \cdot r_a^{-1})}$$

$$r_{an} = \ln\left(\frac{Z-d}{Z_0}\right)/(K^2 u)$$

$$r_c = \left(\sum_{i=1}^{n} \frac{LAI}{r_{si}}\right)^{-1}$$

式中：R_0为植被上空Z高度处的辐射平衡；G_0为土壤热通量；($e_s - e$)为空气水汽压饱和差；Δ和γ的意义同前；r_{an}为空气动力阻抗；r_c为植被叶层阻抗，由气孔阻抗r_{si}和叶面积指数LAI确定；u为Z高度处的平均风速；d为和Z_0分别为零平面位移和粗糙度，$d = 0.63H$，$Z_0 = 0.13H$(当然，d和Z_0还有其他经验计算方法，见其他章节)；H为植株高度；ρ和C_p分别为空气密度和定压比热；K为经验系数。

上述公式称作彭曼-蒙特斯(Penman-Monteith)公式，它可以用来计算不同时间尺度(分钟、小时、日、周、旬)的单个叶片的蒸腾、植物叶层的总蒸发以及蒸散力。这一公式得到各国学者的肯定与普遍应用，其计算结果与理论方法的差值在总蒸发测定

误差范围以内。但应用的困难在于公式中的一系列参数需要通过微气象研究加以确定。

四、植被蒸腾需水量及蒸腾速率的动力学综合计算法

1.植物群体蒸腾需水量计算

蒸腾需水量为植物蒸腾所消耗的水分，显然数值上小于蒸散需水量。一般可用彭曼-蒙特斯方程计算。经推导，充分湿润麦田的蒸腾需水量计算公式为（刘昌明等，1999）：

$$WR=\frac{1}{L}\cdot\frac{(R_{\mathrm{n}}-R_{\mathrm{nc}})+\rho C_p D/\gamma_{\mathrm{ac}}}{\Delta+\gamma\left(1+\gamma_{\mathrm{sc,\ min}}/\gamma_{\mathrm{ac}}\right)}$$

式中：WR为植物蒸腾需水量（mm）；$\gamma_{\mathrm{sc,\ min}}$为冠丛总的最小气孔阻力（s/m）；$\gamma_{\mathrm{ac}}$为冠层边界层空气动力学阻力（s/m）；L为汽化潜热（J/g）；Δ为饱和水汽压随温度变化的斜率（Pa/℃）；D为冠层上空气的饱和差（Pa）；C_p为空气定压比热[J/(g·℃)]；ρ为干空气密度（g/m^3）；γ为干湿球常数（Pa/℃）；R_{n}、R_{nc}分别为冠层上和冠丛内的净辐射量[J/(m^2·s)]。

2.植物棵间实际潜在蒸发计算模型

（1）蒸散的辐射项和空气动力学项计算

由彭曼-蒙特斯公式求得。充分湿润的蒸散面通量可用Penman公式计算：

$$ET_{\mathrm{p}}=\frac{\Delta R_{\mathrm{n}}+86400C_{\mathrm{p}}\rho D/r_{\mathrm{a}}}{100(\Delta+\gamma)L}$$

式中：ET_{p}为潜在蒸散量（mm/d）；Δ为环境温度下饱和水汽压曲线的斜率（Pa/℃）；R_{n}为净辐射[J/(m^2·d)]；C_{p}为干空气的比热（J/kg）；ρ为环境温度下干空气密度（g/cm^3）；D为空气饱和差（Pa）；r_{a}为边界层阻力（s/m）；γ为湿度计常数；L为汽化潜热（J/kg）。

上式由辐射项$\Delta R_{\mathrm{n}}/[100(\Delta+\gamma)L]$和空气动力学项864 $C_{\mathrm{p}}\rho D/[(\Delta+\gamma)Lr_{\mathrm{a}}]$两部分组成。前者是由$R_{\mathrm{n}}$所决定，后者则主要由蒸散面上的空气饱和差$D$和与风速联系的边界层阻力$r_{\mathrm{a}}$所共同决定，即蒸散的辐射项是由辐射能供能于蒸发蒸腾；蒸散的空气动力学项是由显热交换供能于蒸发蒸腾。边界层阻力r_{a}用Thom（1972年）提出的计算边界层阻力模式确定：

$$\begin{cases}r_{\mathrm{a}}=r_{\mathrm{am}}+6.27\left(\dfrac{\bar{U}_2}{r_{\mathrm{am}}}\right)^{-\frac{1}{3}} & \text{充分湿润表面}\\[2ex] r_{\mathrm{a}}=r_{\mathrm{am}}+5.25\left(\dfrac{\bar{U}_2}{r_{\mathrm{am}}}\right)^{-\frac{1}{3}} & \text{非充分湿润表面}\end{cases}$$

$$r_{am}=\frac{\ln\left(\frac{Z-d}{Z_0}\right)^2}{k^2\bar{U}_2}$$

式中：$\bar{U}_2$为2 m高处的平均风速(m/s)；k为von Karman常数，取0.41；Z_0为蒸散面粗糙长度(cm)；d为零平面位移(cm)。

利用经验公式d和Z_0(Stanhill,1969)：

$$\begin{cases}\log d=0.9791\log h-0.1536\\ \log Z_0=0.9971\log h-0.8830\end{cases}$$

式中：h为植物(植被)冠层的平均高度(m)，大型蒸渗仪内外植物均有实测数据。

(2)棵间潜在蒸发率(E_p)的计算

E_p为在给定气象条件下，土壤充分供水时的棵间土壤最大蒸发率。按照上述对Penman公式两部分的划分，计算E_p可以转化为计算土壤表面蒸散的辐射项中蒸发量和蒸散的空气动力学蒸发量之和。

植冠下蒸散的辐射项$\Delta R_n/[(\Delta+\gamma)L]$包括蒸发和蒸腾两项。其中棵间土壤蒸发量大小依叶面积指数而变化。据Bouguer Camber定律：

$$R_{ns}=R_n e^{-k\cdot LAI}$$

式中：R_{ns}为到达地表面的净辐射能[J/(cm·d)]；R_n为植冠上的净辐射能[J/(cm^2·d)]；k为植被的消化系数，小麦的消化系数取0.39，草甸植物与该系数接近；LAI为叶面积指数。

因此，按能量分配，蒸散的辐射项中的棵间土壤蒸发量E_{p1}为：

$$E_{p1}=\Delta R_n e^{-k\cdot LAI}/[(\Delta+\gamma)L]$$

冠层下蒸散的空气动力学项中，棵间土壤蒸发量的确定包括几种情形：一是无植物时，土壤表面裸露，显热交换的源汇在土壤表面处，显热交换能产生的蒸发即彭曼公式中的第二部分。二是植物覆盖度较大，叶面积指数大于某一临界值时，显热交换的源汇主要在冠层。地表处风速减小到近于零，其饱和差也较小，在这种情况下，土壤表面的显热交换可视为零，因此空气动力学项中蒸发量为零。三是当植物叶面积指数介于零与某一临界值之间时，冠层内和土壤表面均有相当数量的显热交换，叶冠表面的显热交换供能于蒸腾，土壤表面的显热交换供能于土壤表面蒸发。显然，叶面积指数越小，土壤表面的显热交换能较冠层的显热交换能越大。

一般认为LAI=1可以较好地代表叶面积指数临界值。当$LAI\geqslant1$时，土壤表面的显热交换可视为零。据以上情形的讨论，写出蒸散的空气动力学项中土壤表面的蒸发量E_{p2}为：

$$E_{p2}=\begin{cases}86400C_p\rho D(1-LAI)/[(\Delta+\gamma)Lr_a] & 0\leqslant LAI<1\\ 0 & LAI\geqslant1\end{cases}$$

结合上二式，得到棵间潜在蒸发率的计算公式：

$$E_p=\begin{cases}\Delta R_n e^{-k\cdot LAI}\big/\left[(\Delta+\gamma)L\right]+86400C_p\rho D(1-LAI)\big/\left[(\Delta+\gamma)Lr_a\right] & 0\leqslant LAI<1\\ \Delta R_n e^{-k\cdot LAI}\big/\left[(\Delta+\gamma)L\right] & LAI\geqslant 1\end{cases}$$

式中参数意义同前。

(3)棵间实际蒸发率(E_a)的计算

一般把农田蒸发划分为三个阶段：稳定蒸发阶段、表土蒸发强度随土表含水率变化阶段和表土蒸发强度减小近于零阶段。阶段的划分及对棵间实际蒸发率影响的计算见第五章。

3.植物实际蒸腾率的计算

植物水分交换过程是极其复杂的。植物的蒸腾不但受到环境条件的限制，如辐射条件、大气边界层条件、土壤物理性质、土壤水分含量及其在剖面上的分布差异等，还受到植物本身生理因素的限制或调控，如叶面积指数、根系生长速率及其在土壤剖面上的分布形式、叶面气孔的数量及气孔对环境条件变化的响应特征等。因此，讨论SPAC系统中植物蒸腾必然要涉及众多性质不同的因子，而且涉及诸多因子之间相互作用对蒸腾的影响，增加了建立计算 T_a 模式的困难。

综合分析 T_a 的影响因子，建立 T_a 模式的思路流程包括了：确定农田土壤表面棵间潜在蒸发率 E_p →确定植物降水截留量 I_V →确定可能最大蒸散率 ET_{max} →确定植物可能最大蒸腾率 T_{max} →确定植物潜在蒸腾率 T_p →确定实际蒸腾率 T_a 。

(1)可能最大蒸散率(ET_{max})的计算

彭曼公式可以直接给出蒸发面充分湿润的每日可能最大蒸发量：

$$ET_{max}=\frac{\Delta R_n+86400C_p\rho D/r_a}{(\Delta+\gamma)L}$$

ET_{max} 为理论上假定土壤表层充分供水、植物叶面气孔畅通无阻时的农田蒸散量。它包括潜在蒸发(E_p)、植物可能最大蒸腾(T_{max})和植物降水截留量(I_V)。因此，

$$ET_{max}=E_p+T_{max}+I_V$$

(2)植物降水截留量(I_V)的确定

植物对降雨的截留作用与降雨强度、植物覆盖度有关，以经验公式表示如下：

$$I_V=\begin{cases}0.55S_cI_r\left[0.52-0.0085(I_r-5.0)\right] & I_r\leqslant 17\text{ mm/d}\\ 1.85S_c & I_r>17\text{ mm/d}\end{cases}$$

式中：I_V 为平均植物降水截留量(mm/d)；S_c 为植物覆盖度；I_r 为雨强(mm/d)。

(3)植物可能最大蒸腾率(T_{max})的计算

T_{max} 是计算 T_a 的第一中间参量，其物理含义是：假定气孔充分开启，气孔阻力为零，考虑辐射条件、植物生长阶段、大气环境条件下的蒸腾率。据式

$ET_{max}=E_p+T_{max}+I_V$ 可得：

$$T_{max}=ET_{max}-I_V-E_p$$

其中 E_p、I_V、ET_{max} 为前面提到的计算公式。

实际上在气孔充分开启时，仍有一最低值的气孔阻力存在。另外，表面阻力还包括土壤表面阻力、叶片表面阻力，因此 T_{max} 不能反映实际蒸腾率。

(4)植物潜在蒸腾率(T_p)的计算

T_p 是计算 T_a 的第二中间参量，其物理含义是：在 T_{max} 的基础上，再考虑加入植物叶面气孔最小阻力因素得到的蒸腾率。计算 T_p 基于下述假定：

$$\frac{T_{max}}{T_p}=\frac{ET_p}{ET}$$

式中：T_{max} 为植物可能最大蒸腾率；ET_p 为充分湿润蒸散面的蒸散率；ET 为非充分湿润蒸散面的蒸散率，ET 的计算考虑了最小气孔阻力，即：

$$ET=\frac{\Delta R_n+86400C_p\rho D/r_a}{\left[\Delta+\gamma\left(1+r_{c,\ min}/r_a\right)\right]L}$$

式中：$r_{c,\ min}$ 为植物冠层最小总表面阻力，由后面的公式给出，其他参数意义同前。

给出式 $\frac{T_{max}}{T_p}$ 的理由：一是 T_{max}、ET_p 是考虑相同限制因子如辐射、气象、土壤根系层充分供水，并假定气孔阻力为零；T_p、ET 则是考虑以上因子的基础上，并考虑气孔最小阻力的计算式。因此，式 $\frac{T_{max}}{T_p}=\frac{ET_p}{ET}$ 的比例关系在物理意义上是合理的。二是从量上看，由于农田蒸腾量占总蒸散量的很大部分，所以考虑最小气孔阻力与不考虑最小气孔阻力的蒸腾量的比值约等于这两种情况下蒸散量的比值。

由此可得：

$$T_p=\frac{ET}{ET_p}T_{max}$$

将前面提到的 ET_p 和 ET 代入上式，得：

$$T_p=\frac{(\Delta+\gamma)T_{max}}{\Delta+\gamma\left(1+r_{c,\ min}/r_a\right)}$$

式中：T_{max} 由式 $T_{max}=ET_{max}-I_V-E_p$ 给出，$r_{c,\ min}$ 由后面公式给出。

上式中的冠层总表面阻力包括土壤表面阻力、叶面表面阻力和气孔阻力。其中气孔阻力是冠层总表面阻力的主要项。据在大屯站的观测研究，得出冠层最小总表面阻力由最小叶面气孔阻力确定，即：

$$r_{c,\ min}=\frac{\alpha r_{l,\ min}}{LAI}$$

式中：$r_{l,\ min}$ 为正常生长叶片的平均最小阻力值(由实验测定)；α 为参数，当 $LAI\leq$

3.0时，α =1.15，当 LAI>3.0时，α =1.46。

计算的 T_p 是充分供水条件下植物潜在蒸腾率。当根系层土壤水不能满足植物蒸腾需水时，即根系供水速率小于植物潜在蒸腾率时，叶片水分不平衡，保卫细胞膨压降低，气孔收缩，阻力则增大，蒸腾速率随之降低，与根系供水率达到新的平衡。这时的蒸腾速率可以视为植物实际蒸腾率。

(5)植物实际蒸腾率(T_a)的计算

土壤根系层水分含量与气孔开启程度存在密切关系。计算 T_a 有两种方案：一是分析出土壤含水量和冠层实际气孔阻力的关系式，根据土壤根系层实际含水量求出冠层实际总气孔阻力，由上述方程组求解 T_a 。但这方面资料少，而且冠层总气孔阻力的影响因子很多，使上述关系不能确切地反映实际冠层总气孔阻力的变化。二是在求出 T_p 之后，研究 T_a 时从根系吸水函数入手，即将 T_p 乘以一个修正系数求得 T_a ：

$$T_a = f(\psi_m)T_p$$

修正系数的形式及具体定值参见第八章。植物实际蒸腾率在不同土壤层次的分配取决于植物根系分布密度。

4.蒸散、蒸发的计算及阻力系数的确定

上述分析表明，植被层中，上冠层蒸散、下冠层蒸散和土壤蒸发均可以用彭曼-蒙特斯公式来计算。计算时的共同特点是需要上、下冠层和土壤表面的净辐射，饱和水汽压与温度曲线的斜率，上、下冠层各自的平均水汽压差，上冠层与参考高度的空气动力学阻抗，上、下冠层的冠层阻力，土壤阻力，上、下冠层的边界层阻抗等。由于彭曼-蒙特斯公式对边界层阻抗的大小不太敏感。因此，可忽略边界层阻抗。但计算蒸散发时，必须先确定空气动力学阻力和冠层阻力，上冠层与参考高度间的空气动力学阻力，由 Monin-Obukhov 的相似理论来确定。冠层阻力由 Ball 等(1987)提出并由 Leuning 等(1994)改进的方法计算。相关的 Monin-Obukhov 的相似理论及冠层阻力改进计算方法这里不再详述。

第二节　高寒草甸植物需水量与潜在蒸散量

由以上分析可知，一定区域的植物需水量与潜在蒸散量是由相关区域气象要素来计算，植物需水量与潜在蒸散量又是数值上等同的，其变化与气象因子有关。为此，在周秉荣等(2014)分析三江源区潜在蒸散的时空分布的基础上(包括图4-1至图4-4，表4-3至表4-7)，我们分别计算了海北站和三江源玛沁高寒草甸分布区植被潜在蒸散量。其中，海北站采用1981—2016年气象监测资料，玛沁采用1961—2017年气象观测资料,并用彭曼-蒙特斯计算法计算。

一、三江源区潜在蒸散时空分异特征

周秉荣等(2014)利用青藏高原三江源区18个气象台站的月、年气象资料,基于FAO彭曼-蒙特斯公式和通过修订的辐射计算模型,估算了该地区的潜在蒸散量,分析了1961—2012年三江源区潜在蒸散的空间分布和时间演变,探讨了影响该区域潜在蒸散时空分异的主导因子。其中,引用FAO彭曼-蒙特斯公式和通过修订的辐射计算模型时,对辐射参数进行了实地估算(周秉荣等,2011)。其与日照时数间的回归系数a、b见表4-3。

表4-3　太阳总辐射计算公式中的a、b系数

月份	1	2	3	4	5	6	7	8	9	10	11	12
a值	0.2724	0.2447	0.1351	0.0669	0.0991	0.1257	0.1637	0.1548	0.1237	0.1465	0.1533	0.1415
b值	0.0080	0.0074	0.0089	0.0095	0.0088	0.0087	0.0080	0.0082	0.0091	0.0091	0.0099	0.0102
R^2	0.54	0.56	0.63	0.75	0.65	0.68	0.61	0.72	0.84	0.72	0.75	0.52

分析过程中还通过对蒸散与气象因子之间的偏相关分析进行了气候归因的讨论(国志兴等,2007)。其偏相关分析的基本原理是:在对其他变量影响进行控制的条件下,衡量多个变量中某两个变量之间的线性相关程度。在计算偏相关系数的过程中,需要同时有多个变量的数据,因为这样既可以考虑多个变量之间可能产生的影响,同时又可以在控制其他变量的情况下,专门考察两个特定变量的净相关关系。

$$R_{12,\ 3}=\frac{r_{12}{}^{2}-r_{13}r_{23}}{\sqrt{\left(1-r_{13}^{2}\right)\left(1-r_{23}^{2}\right)}}$$

$$Y_i=\beta_0+\beta_1X_{1i}+\beta_2X_{2i}$$

式中:$R_{12,\ 3}$为偏相关系数;β_i为偏回归系数(赵明扬等,2013);Y_i为因变量,该研究中为潜在蒸散;X_{1i}、X_{2i}为自变量,该研究中为气象因子。

气候要素的变化趋势利用线性趋势法得到,用最小二乘法线性拟合的斜率表示,正值表示增加趋势,负值表示减小趋势,变化趋势的信度检验采用Mann-Kendall趋势检测法,该方法广泛应用于时间序列趋势的非参数检验,置信水平达0.1的变化趋势为显著。其对三江源区潜在蒸散时空分异特征及气候归因得到如下结果。

1.潜在蒸散的空间分布格局

三江源区气候属于青藏高原气候系统,为典型的高原大陆性气候,表现为冷热两季交替,干湿两季分明。经模型估算全区域多年平均潜在蒸散量为836.9 mm,其空间分布格局具有明显的地区性差异，总体趋势呈东北、西南高，中部低，范围在732.0（甘德）～961.1 mm（囊谦）之间，最高值和最低值之比为1.3。多年潜在蒸散值较高的区域为玉树州的囊谦、玉树、杂多和海南州的兴海、同德地区，其值均在850 mm以上，较低的区域为果洛州的久治、玛多及玉树州的称多地区，在750 mm左右（图4-1）。潜在蒸散多年平均值及空间分布与王素萍计算的江河源区潜在蒸散的结果有差异（王素萍，2009），出现差异的原因可能在于计算潜在蒸散时辐射模型的选择和气象台站的数量。

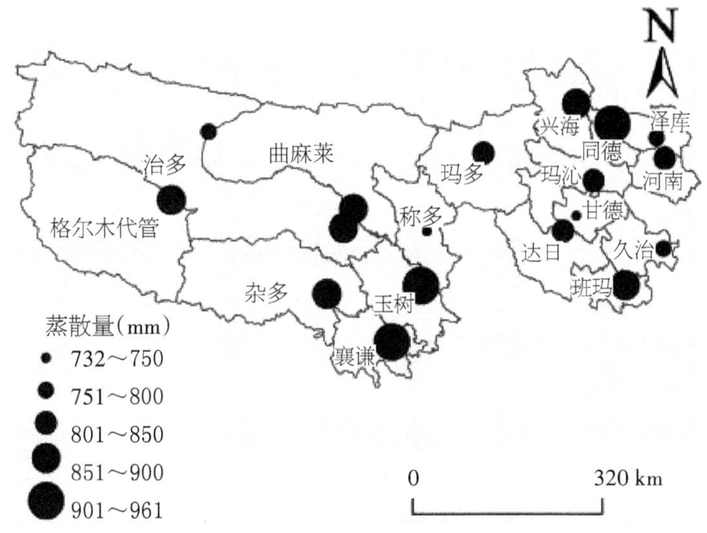

图4-1　三江源区多年平均潜在蒸散空间分布

区域全年潜在蒸散最高月为7月，最低月为1月，分别为108.6 mm和30.5 mm。选择1、4、7、10月作为冬、春、夏、秋季代表月份，分析三江源区多年平均潜在蒸散的分布格局。夏、秋季潜在蒸散分布格局相似，三江源东部的甘德、久治、泽库、玛沁，中部的称多、西部的治多地区为潜在蒸散低值区，玉树、囊谦、杂多、小唐古拉山地区（格尔木代管区）为潜在蒸散高值区。冬季，三江源西北部地区的治多、玛多、称多、达日、曲麻莱为潜在蒸散低值区，南部的囊谦、班玛和东北部的同德为潜在蒸散高值区。春季潜在蒸散分布低值区有甘德、久治、称多等地区，高值区有兴海、同德、囊谦、玉树、小唐古拉山地区。四季中，夏、秋季潜在蒸散分布格局与全年相似（图4-2）。

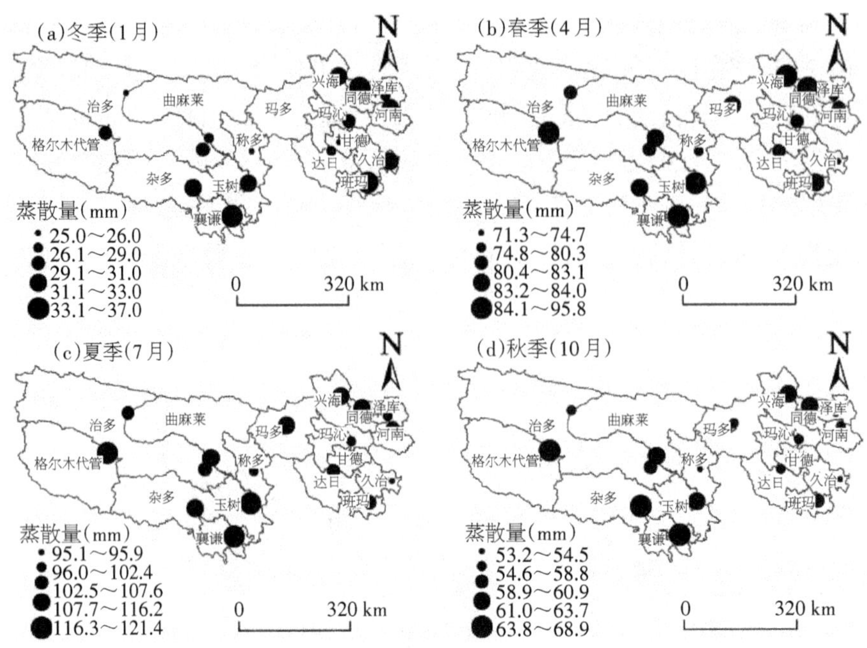

图4-2 三江源四季潜在蒸散的多年平均分布

2.潜在蒸散的时间变化

1961—2012年三江源区年平均潜在蒸散整体上以0.69 mm/a的速率显著增加(α=0.01),上升最为明显的阶段是1961—1970年,其后开始振荡下降,直到20世纪90年代末,又逐渐开始上升,20世纪90年代前后为该区域潜在蒸散低值区间(图4-3)。高歌等(2006)研究认为1956—2000年除松花江流域外,全国绝大多数流域的年和四季的潜在蒸散量均呈现减少趋势;曹雯等(2012)认为1961—2009年我国西北年平均潜在蒸散整体上呈下降趋势,下降最为明显的阶段是1974—1993年,其后略有上升。三江源区潜在蒸散的变化趋势和全国、西北潜在蒸散的变化趋势不同,在后文中将分析其原因。20世纪90年代左右三江源区也出现了潜在蒸散低值区间,与全国其他地区在此时期的变化趋势一致,对于出现这一现象的原因,李晓文等(1998)研究认为,20世纪90年代全国范围内潜在蒸散的减少可能与大气混浊度的增加和气溶胶的增多而导致太阳总辐射和直接辐射减少有关。

分析三江源区4个季节潜在蒸散变化趋势,春、秋、冬季的潜在蒸散缓慢上升,但不显著。值得注意的是,20世纪90年代前后冬季的潜在蒸散也相应地出现了低谷现象,年潜在蒸散在本时段减少主要是因为冬季潜在蒸散减少。四季中,仅仅夏季以0.17 mm/a的速率上升(α=0.1)。1961—2012年期间,三江源区年蒸散的增加主要体现在夏季,夏季潜在蒸散的增加对年潜在蒸散的贡献最大(图4-4)。

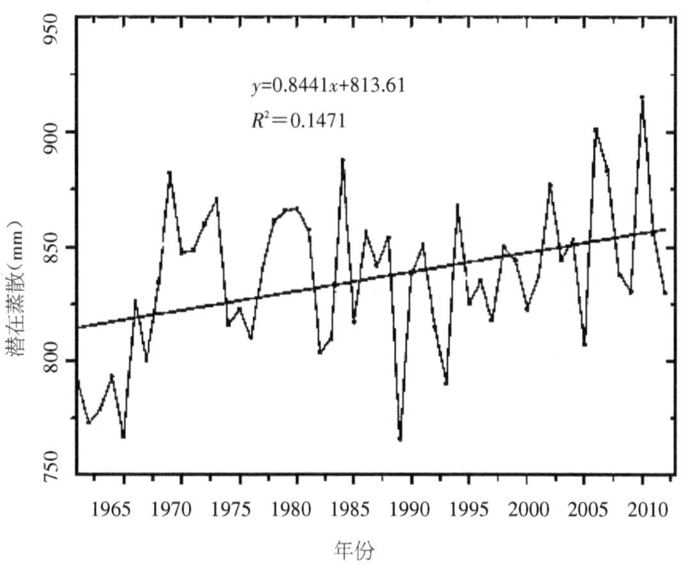

图4-3　三江源区潜在蒸散变化趋势

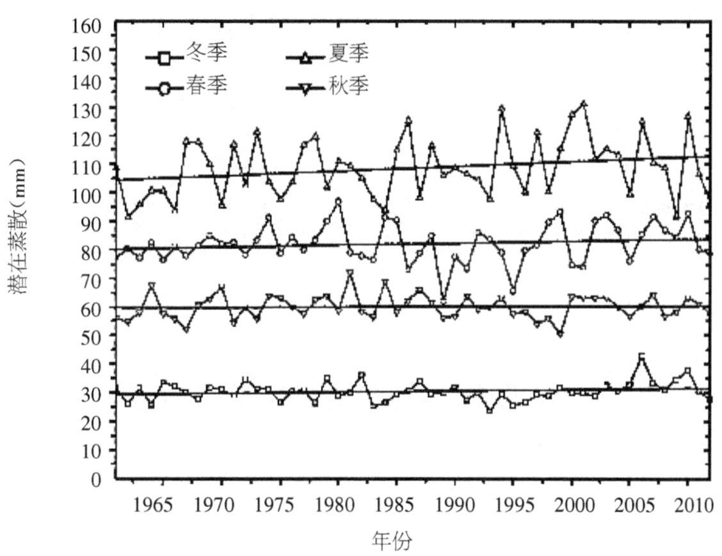

图4-4　三江源区四季潜在蒸散变化趋势

三江源不同地区潜在蒸散多年变化速率空间分布差异明显，但总体特征表现为多年潜在蒸散呈显著增加趋势。在18个站中，10个站潜在蒸散表现出显著增加趋势（α=0.01），其中，玛多、同德、达日地区通过0.001的极显著检验，分别以2.02、1.67、1.66 mm/a的速率增加。泽库、久治、玛沁、称多、治多北部、玉树、格尔木代管区也以0.68～1.34 mm/a的速率呈增加趋势。杂多、囊谦、曲麻莱、甘德、河南及班玛地区虽呈增加趋势，但未通过显著性检验。治多南部和兴海地区潜在蒸散表现为减少趋势，未通过显著性检验。

3.潜在蒸散时间变化影响因子

利用彭曼-蒙特斯公式估算三江源区月潜在蒸散时，涉及的气象因子有月平均气温、月最高气温、月最低气温、日照百分率、风速、相对湿度、总辐射，地理因子有纬度和海拔高度。分析以上因子对三江源区年潜在蒸散随时间变化的影响程度，9个气象因子中相对湿度、年总辐射、最高气温为主导因子（表4-4）。最高气温贡献率为56.9%，是影响年潜在蒸散增加最重要的主导因子，每上升1 ℃，年潜在蒸散增加19.7 mm；第二主导因子为总辐射，贡献率是35.6%，年总辐射每增加100 MJ，年潜在蒸散增加18.1 mm；第三主导因子是相对湿度，年相对湿度增加1%，蒸散减少3.6 mm。上述三项因子可解释年潜在蒸散变化的97.4%。从三江源区域整体来分析，最高气温的上升、总辐射的增加和相对湿度的降低是三江源区年潜在蒸散呈增加趋势的主要原因。这与国内其他区域影响潜在蒸散的主导因子有所不同，国内大部分地区风速和相对湿度是影响潜在蒸散的主导因子，而最高气温和总辐射的作用不明显（曹雯等，2012；尹云鹤等，2010；左德鹏等，2011）。

表4-4　三江源区年潜在蒸散时间变化的影响因子

	最高气温	总辐射	相对湿度	日照百分率	风速	平均气温
偏相关系数	0.57	0.36	0.04	0.02	<0.01	<0.01
偏回归系数	19.70	0.18	−3.64	−6.82	11.42	5.82

三江源不同区域影响年潜在蒸散的因子组合和贡献率有一定差异（表4-5）。三江源北部、西部地区以相对湿度和总辐射为主导因子，如兴海、五道梁、同德地区；南部的玉树、河南、甘德等区域是以最高气温和总辐射为潜在蒸散的主导因子，南部的囊谦地区则以总辐射和相对湿度为主导因子，其中总辐射的贡献率达到了69.4%。治多地区则以最高气温为主导因子，贡献率达到88.7%。在此基础上，分析同德、玛多、达日三地区年潜在蒸散以较快趋势增加的原因，同德年潜在蒸散增加的主导因子是相对湿度，其贡献率达到78.3%，为负贡献，表现在年变化上是年相对湿度降低，引起该地区年潜在蒸散的增加；玛多地区是相对湿度的降低和总辐射的增加引起了年潜在蒸散的增加，两者贡献之和为86.0%；达日地区总辐射的增加和最高气温的上升导致年潜在蒸散的增加。三江源区影响年潜在蒸散的主要因子有相对湿度、总辐射、最高气温，而最低气温、日照百分率、风速对年潜在蒸散的影响较小。与此不同的是，国内大部分地区风速和日照百分率是影响潜在蒸散的主导因子（曹雯等，2012；高歌等，2006；尹云鹤等，2010），这也可能是过去50年中三江源区呈现与全国潜在蒸散不同变

化趋势的原因。

表4-5　三江源各地区潜在蒸散影响因子的偏相关系数

	五道梁	兴海	同德	泽库	沱沱河	治多	杂多	曲麻莱	玉树
相对湿度(%)	0.57	0.65	0.78	0.68	0.48	0.01	0.01	0.29	0.01
总辐射(MJ)	0.29	0.16	0.12	0.16	0.39	0.08	0.50	0.53	0.39
平均气温(℃)	＜0.01	0.08	＜0.01				＜0.01	0.10	
最高气温(℃)	0.10	0.10	0.02	0.12	0.08	0.89	0.39		0.49
最低气温(℃)				＜0.01					＜0.01
风速(m/s)		0.08	0.05	＜0.01	＜0.01	＜0.01	0.04	0.02	0.07
日照百分率(%)	0.01	＜0.01	＜0.01	0.02	＜0.01	＜0.01	0.02		0.02
潜在蒸散趋(%)	增加***	减少	增加***	增加***	增加*	减少	增加	增加	增加***
	玛多	清水河	玛沁	甘德	达日	河南	久治	裹谦	班玛
相对湿度(%)	0.61	0.04	0.09	0.12	0.02	＜0.01	0.01	0.20	
总辐射(MJ)	0.25	0.39	0.42	0.65	0.60	0.73	0.62	0.69	0.54
平均气温(℃)			＜0.01			＜0.01		0.02	＜0.01
最高气温(℃)	0.09	0.52	0.42	0.21	0.35	0.23	0.33	＜0.01	0.18
最低气温(℃)				＜0.01	＜0.01		0.01		
风速(m/s)	＜0.01		0.02		0.01	＜0.01	＜0.01	0.06	0.23
日照百分率(%)	0.02	0.02	0.03	＜0.01	＜0.01	0.01	＜0.01	＜0.01	0.01
潜在蒸散趋(%)	增加***	增加***	增加**	增加	增加***	增加	增加**	增加	增加

注:*、**、***分别表示通过a=0.1、0.05、0.01的显著性检验。

对18个站52年的潜在蒸散值进行平均,除去时间变化的影响,分析三江源区潜在蒸散空间变化的影响因子。结果如表4-6所示,7个气象因子中相对湿度、最高气温和总辐射是影响潜在蒸散空间变化的主导因子,与影响年潜在蒸散时间变化的因子相同,但贡献和重要程度不同。空间分布影响因子中相对湿度为第一主导因子,其贡献率为59.8%,相对湿度每升高1%,区域年潜在蒸散可增加20.7 mm;最高气温为第二主导因子,贡献率为22.2%;第三主导因子为总辐射。三江源区各地区相对湿度、最高气温和总辐射的差异导致了年潜在蒸散分布的空间差异。

表4-6　三江源区年潜在蒸散空间分布的主导因子

	偏相关系数	偏回归系数
相对湿度	0.60	-3.73
最高气温	0.22	20.69
总辐射	0.14	0.14

利用偏回归系数和偏相关系数对三江源区月潜在蒸散主要影响因子及贡献率进行分析(表4-7)。在未引入总辐射的情况下,平均气温对潜在蒸散的贡献率达到80.6%,对潜在蒸散月变化的贡献是4.19 mm/月,相对湿度为负贡献,即月相对湿度增加1%,月潜在蒸散减少0.21 mm/月,日照百分率的贡献是0.58 mm/月,后两者贡献率较小。海拔和纬度的贡献很小,不到1%。引入总辐射后,总辐射成为对潜在蒸散的第一影响因子,贡献率达到83.8% ,其次为平均气温,两者贡献率之和为97.0%。

表4-7　三江源区月潜在蒸散影响因子

	平均气温	相对湿度	风速	日照百分率	纬度	海拔	截距
偏回归系数	4.19	−0.21	4.87	0.58	−0.57	0.0099	19.68
偏相关系数	0.81	0.05	0.03	0.01	0.0056	0.0002	
	平均气温	相对湿度	风速	日照百分率	总辐射	海拔	截距
回归系数	2.25	−0.18	0.73	0.11	0.11	0.0019	7.60
偏相关系数	0.13	<0.01	<0.01	<0.01	0.84	0.0005	

关于潜在蒸散的气候归因,Chattopadhyay和Hulme(1997)认为美国、俄罗斯和印度等地区潜在蒸散下降的主要原因是北半球相对湿度的增加及辐射的减少;尹云鹤等(2010)对中国潜在蒸散的研究表明,1971—2008年我国年平均潜在蒸散整体呈下降趋势,但20世纪90年代以来有所增加,主要原因是风速和日照时数的变化,而相对湿度和温度变化对潜在蒸散变化的贡献较小,风速减小是我国北方温带和青藏高原地区年潜在蒸散降低的主要原因。

二、海北、玛沁高寒草甸植被需水量

利用世界粮农组织推荐的彭曼-蒙特斯计算公式(王菱,2004;杜军等,2009),计算得到海北和玛沁高寒草甸植被需水量(或称潜在蒸散、或称蒸散力)见图4-5。发现1981年到2016年间的36年,三江源玛沁和青海北部海北高寒草甸植被平均蒸散量分别为713.74 mm和871.29 mm，这个值在吴绍洪(2005)研究认为的近30年来中国陆地表层年平均最大可能蒸散在400～1500 mm之间的区间内。但均小于全国年平均潜在蒸散量941.50 mm(高歌等，2006)，而且海北平均值要比全国水平低223.76 mm。这是因为海北高寒草甸区温度低，36年的年均气温、植物生长季的5—9月气温和非生长季的10—翌年4月气温分别为-1.07、7.69和-7.33 ℃，比三江源玛沁高寒草甸同期(分别为0.07、7.77、-5.43 ℃)低1.24、0.08和1.90 ℃(图4-6，图4-7)。不仅如此，海北地区比玛沁湿润(见第二章)，近地层风速较小(图4-8)。这是因为，虽然玛沁处于海拔更高的区域，气象观测点的海拔为3719 m，比海北站高500 m，但纬度偏南(34°28′N)，比海北(37°37′N)低3°09′，与地球气候带上的暖温带处在同纬度，致使玛沁高寒草甸区温度比海北高寒草甸地区高。玛沁又处在西风急流带盛行区的下方，高空风下传，导致的风速较大，36年平均风速为2.03 m/s，比海北站年平均(1.68 m/s)要高出0.35 m/s。这些相对的温度高、风速大等因素导致玛沁可能蒸散量比海北还要高。

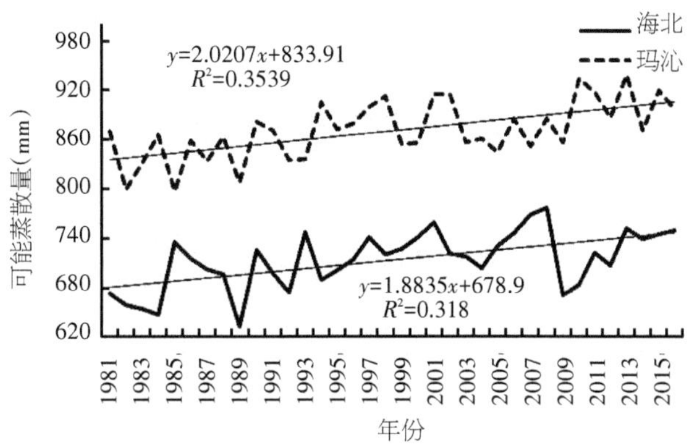

图4-5　海北高寒草甸1961—2015年植被可能(潜在)蒸散量(植被需水量)

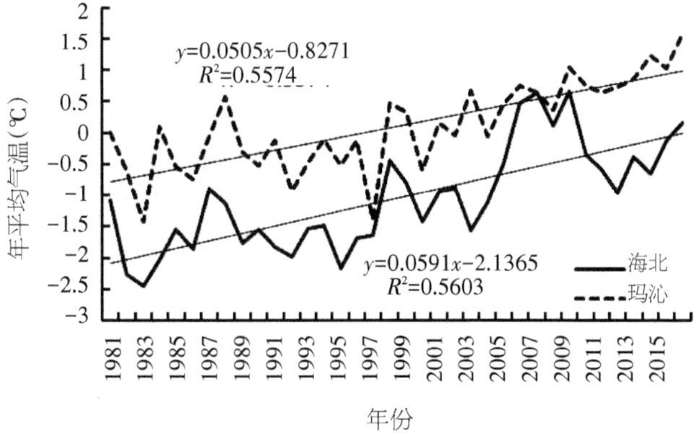

图4-6　海北、玛沁1981—2016年平均气温年际变化

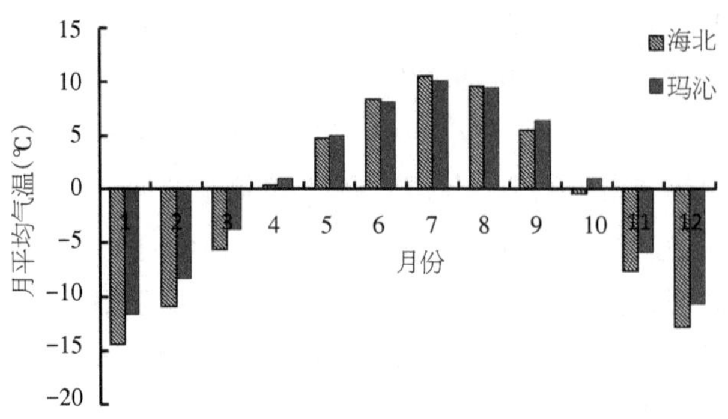

图4-7　海北、玛沁1981—2016年月平均气温变化

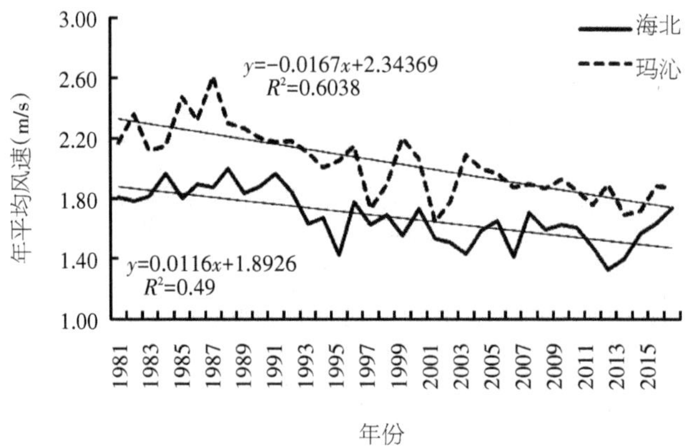

图4-8　海北、玛沁1981—2016年平均风速的年际变化

从图4-5看到，自1981年开始，海北、玛沁二高寒草甸地区植被可能蒸散量呈极显著增加趋势，特别是玛沁更为明显。虽然，期间的风速按极显著水平的速率在减小(图4-8)，但随年际增加温度上升速率很大(图4-6)，终久导致植被可能蒸散量的增加(图4-5)。

从1981年到2016年的变化趋势可知，可能蒸散量和温度在1991年到2002年增加迅速，2003年至2009年增加趋势稍有减缓，2011年开始又有所增加。这个变化与青藏高原植被自20世纪80年代植被退化与进入2005年以后植被退化稍有减缓相对应。2005年国家实施青海三江源自然保护区生态保护工程，也刚好衔接到同一时期，进而对三江源区草地退化趋势初步得到遏制、生态系统得到局部恢复有利。但也应认识到，过去的36年，是自1961年有器测记录温度上升最快、可能蒸散量升高的时间段，这一趋势进入21世纪更为显著(侯文菊等，2010)。但同期降水量基本在多年平均上下波动，虽略有上升，但很微小(见第二章)。这种温度升高、可能蒸散量增加的趋势应引起研究者的高度注意，其结果会使高寒草甸乃至青藏高原其他区域草地的实际蒸散量增加，在缺少降水或没有外源水分补给的条件下，势必导致土壤更为干旱，植被生长的水分利用率降低，同时温度升高，冻消融明显加剧，进而加速土壤/植被的退化。

潜在蒸散是受太阳辐射、地-气温度、降水、地-气湿度、风速等综合气象因素影响的结果，因此不仅季节变化明显，而且其年间差异也较大。其中，净辐射、气温和风速是影响潜在蒸散的主要因素，分为热力因子和动力因子（何慧根等，2010）。除此，潜在蒸散还受水分因子的影响。一般热力作用影响最大，水分因子和动力因子的影响在季节性变化过程中较强。

三、海北高寒草甸几种主要植物需水程度

沈振西等（1991）在分析海北高寒草甸的矮嵩草、二柱头藨草、垂穗披碱草、羊茅、黄花棘豆、美丽凤毛菊、矮火绒草、麻花艽、雪白委陵菜、鹅绒委陵菜10种植物在不同物候期叶片组织含水率的同时，对这些物种也进行了自然饱和亏、临界饱和亏和需水程度的测定与分析。这是因为植物自然饱和亏是水分平衡状态的有用指标，它表示植物达到充分饱和所需要水分的绝对值，其公式：

$$自然饱和亏(\%)=\frac{饱和鲜重-自然鲜重}{饱和鲜重-组织干重}\times 100\%$$

$$临界饱和亏(\%)=\frac{饱和鲜重-临界重}{饱和鲜重-烘干重}\times 100\%$$

自然饱和亏是植物生长季内的一个平均指标，自然饱和亏愈大，表示了植物体内水分亏缺愈严重。分析发现，5—9月海北高寒矮嵩草草甸10种植物的平均自然饱和亏在19.11%～36.20%的范围内（表4-8，沈振西等，1991），大于30%的植物有矮嵩草、羊茅，除麻花艽小于20%外，其他7种植物在20%～30%之间；除小于70%的麻花艽、美丽凤毛菊以及70%～80%的甘肃棘豆、二柱头藨草外，其他植物的临界饱和亏均大于80%。由此可看出，大部分植物叶片在晴天阳光照射下没有达到水分饱和状态，特别是一些浅根系植物，如矮嵩草、羊茅、二柱头藨草等。而自然饱和亏最低的麻花艽，因其轴根较深（可达20 cm以下），在自然土壤含水状况下，能获得较多的水分。因此，自然饱和亏的高低与植物根系发育以及土壤有效水含量有密切关系。

不同物候期植物的自然饱和亏不同（图4-9a，沈振西等，1991），其变化有明显的波动性，这主要是因为各个物候期内植物的水分状况不一样。在5月24日返青期自然饱和亏较大，7月10日大部分植物降至最低值，8月25日自然饱和亏最大，9月13日又有所下降。一般在植物生殖初期（抽穗-孕穗或孕蕾-开花）自然饱和亏最低，因为此期土壤刚融冻，土壤水分供应较充足，同时也说明此期植物对水分条件要求较高，若供水不足，将会严重影响植物生长。在植物结实和成熟期自然饱和亏最大。枯黄期降至与植物生长初期的状况。

表4-8 5—9月矮嵩草草甸10种植物的平均水分饱和亏及其平均需水程度

	自然水分饱和亏(%)	临界水分饱和亏(%)	需水程度(%)
矮嵩草	36.20	84.75	42.46
二柱头藨草	29.97	71.59	41.74
羊茅	32.71	86.27	39.10
垂穗披碱草	24.68	83.68	28.74
矮火绒草	28.71	83.56	37.03
麻花艽	19.11	56.38	35.28
鹅绒委陵菜	27.56	82.18	33.68
黄花棘豆	22.31	72.16	31.24
美丽凤毛菊	20.70	65.48	31.15
雪白委陵菜	22.69	82.82	27.10

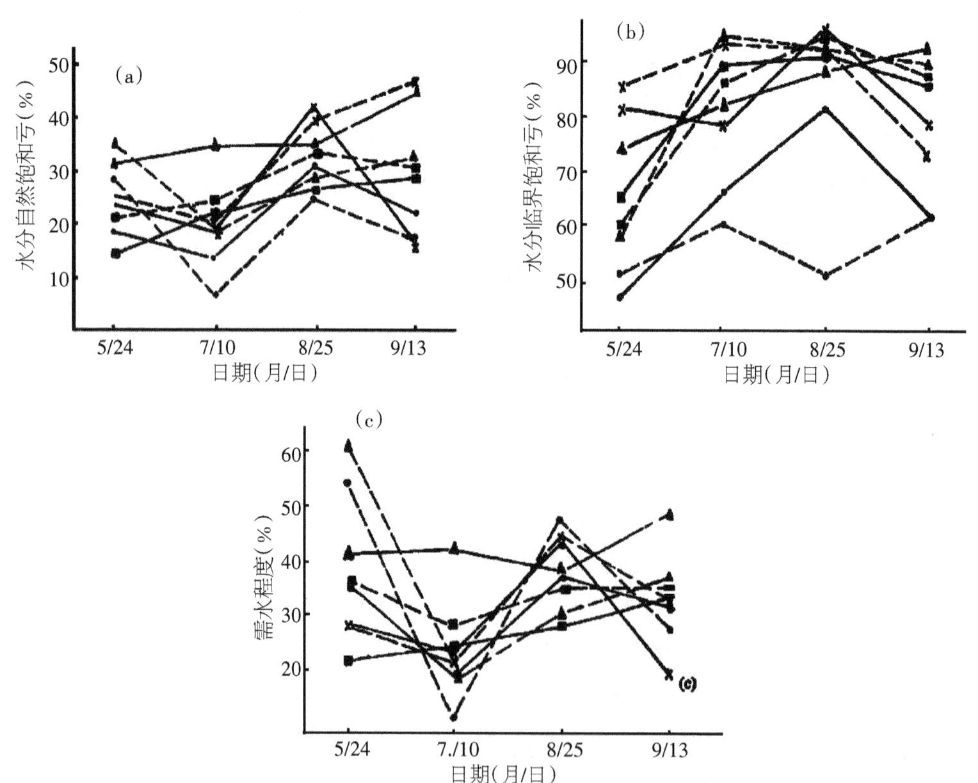

注:▲—▲矮嵩草;▲----▲矮火绒草;×—×垂穗披碱草;×----×羊茅;●—●美丽凤毛菊;●----●麻花艽;■—■雪白委陵菜;■----■鹅绒委陵菜

图4-9 矮嵩草草甸8种植物水分饱和亏及其需水量

临界饱和亏是表示植物抗脱水能力的一个指标，是当植物体内水分减少到临近发生伤害时的最低含水量。矮嵩草草甸植物临界饱和亏约在50%～95%(图4-9b)，这与草原草本植物的50%～108%(包括极端值)基本一致，而比草甸草本高(拉夏埃尔，1985)。这是因为高寒矮嵩草草甸地处高寒地区，风力强，日温差大，全年无绝对的无霜期，土壤常出现冻结等，所以迫使植物具有较高的水分调节能力，才能保证植物的正常生长发育。

临界饱和亏(图4-9b)一般在返青期(5月下旬)最低，因为此期大部分植物叶片还处于幼嫩阶段。草盛期(7月10日到8月25日)大部分植物处于开花期，叶片已经成熟，9月中旬由于气候变冷，曲线下降，但因植物本身的生物-生态学特性不同，所以不同植物曲线下降幅度不一，一些杂草类和禾草类下降幅度较大，如美丽凤毛菊、垂穗披碱草等。而矮嵩草、矮火绒草、雪白委陵菜下降幅度较小。

植物的需水程度也叫相对干旱指数(拉夏埃尔，1985)，是植物达到饱和时所需的水量占植物临界达到饱和时水量的百分比，它反映了植物组织抗脱水(抗旱)能力大小。从表4-8可以看出，矮嵩草草甸植物的需水程度一般在27%～13%，与草甸植物19%～74%(拉夏埃尔，1985)相比，其变化范围较窄而偏低，小于草原草本植物(50%～80%，拉夏埃尔，1985)。矮嵩草、二柱头藨草和羊茅的需水程度在37%～43%。鹅绒委陵菜、黄花棘豆等7种植物在27%～37%。从图4-9c可看出，一般植物在开花期前后较短一段时间内需水程度较低，在营养期和结实-成熟期较高。一些植物如杂类草中的矮火绒草、麻花艽等在营养期(5月24日)需水程度最高。羊茅和垂穗披碱草则在结实期(8月中旬)需水程度最高。鹅绒委陵菜和美丽凤毛菊除开花期需水程度较低外，其他时期需水程度相似。矮嵩草需水程度曲线变化相对比较平稳。雪白委陵菜则随着生育期的进展而逐渐增加，形成一个斜率较小的直线。

上述说明，矮嵩草草甸植物在自然环境下需水程度(27%～42%)明显小于草原草本植物(50%～80%)，说明草甸植物与草原植物在需水程度这一指标上有很大的差异。因此可把需水程度即相对干旱指数作为划分草原植被类型的重要生理指标之一。

与草原相比，草甸植物生长的环境中水分条件是相对充足的，但是由于青藏高原太阳辐射强，风大，平均气温低，昼夜温差大，加之根系较浅，而导致土壤中有效水分在某时期显出不足(返青期和枯黄期)，使得矮嵩草草甸植物在晴天下一般没有达到水分饱和程度。一般植物细胞的延伸生长对水分亏缺最敏感。生长对水分亏缺的敏感性大大超过光合和呼吸，缺水会使膨压降低而抑制延伸生长，但此时所积累的代谢产物可在水分恢复时用于细胞的合成和其他代谢过程。高寒草甸植物环境中的水分条件不一定时刻处于最佳状况，而决定矮嵩草草甸植被的分布可能与植物的历史环境以及其本身的适应特性有关。既然矮嵩草草甸植物水分条件没有充分满足，在膨压较低的情况下，植物生长被抑制而体内积累较多代谢产物，而作为影响高寒地区植物生长的水分因子，可能是高寒植物生物量低、营养物质（粗蛋白，粗脂肪和无氮浸出物含量高，粗纤维含量低）含量丰富的原因之一。因此在植物水分亏缺时进行适当灌溉，使植物处于较高膨压下，能促进植物生长，提高整个植株的高度及其生物量。

沈振西等（1991）认为，矮嵩草草甸有些植物如矮嵩草、二柱头藨草等都有较长的果后营养期，根据植物需水程度和水分亏缺状况，提出在5月中下旬、7月中旬、8月中下旬进行灌溉是较好的时间节点。5月中下旬这段时期内植物需水程度差异较大，灌溉可促进大多数植物的生长。6—7月份矮嵩草草甸降水较充足，大多数植物正处于旺盛的新陈代谢期，生长迅速，尽管此期自然饱和亏较低（小于25%），需水程度亦较低（小于30%），但此期植物对水分要求严格，稍供水不足就会影响植物的正常发育及其产量，因此应注意土壤水分和天气状况，适当灌溉，不仅会促进矮嵩草的生长（需水程度较高），而且可保证大部分植物的正常发育。8月中下旬大多数植物自然饱和亏大于25%，需水程度也大于38%，灌溉可促进垂穗披碱草、羊茅、矮嵩草的生长，同时对植物越冬和翌年的萌发有很重要的作用。

第三节　参考植物蒸散量与植物系数

参考植物蒸散量又称最大可能蒸散量，是表征气候干旱程度以及水资源供需平衡的重要指标，对水资源利用与规划以及节水农业的推广有着深远的指导意义。为了应用到草地研究工作中，我们这里定义为参考植物蒸散量。联合国粮农组织（FAO）于1998年就参考作物蒸散量做出解释，假设作物高度为0.12 m，并有固定的表面阻力为70 s/m，反照率为0.23的参考冠层的蒸散量，相当于高度一致、生长旺盛、完全覆盖地面而不缺水的开阔草地的蒸散量（Smith et al，1992；Allen et al，1998）。

参考植物蒸散量反映了气象条件对植物需水量的影响，植被蒸散系数则反映了不同植物之间的差异，也可反映不同草地类型需水量的差异。植被蒸散系数也可用参考植物蒸散量及实际蒸散量来确定。

一、参考植物蒸散量与植物系数计算

计算参考植物蒸散量的方法很多，归纳起来大致可分为经验公式法、水汽扩散法、能量平衡法和综合法等几大类（彭世彰等，2004）。通过各国研究者对众多计算方法的应用和比较，1998年联合国粮食及农业组织（简称FAO）推荐FAO彭曼-蒙特斯法作为计算参考植物蒸散量的唯一标准方法。我国学者根据我国气候、地理等实际情况，提出了适合我国的彭曼修正公式（正文中的彭曼修正公式法）。早在1995年，宋炳煜（1995）采用“土柱称重法”对典型草原群落蒸散进行了研究分析，吴锦奎等（2005）利用FAO彭曼-蒙特斯法估算并分析了黑河中游低湿牧草的参考植物蒸散量，

而对高寒草甸地区植被表面的蒸散研究涉及较少(戚培同,2008)。这里运用FAO彭曼-蒙特斯法、彭曼修正公式法及Irmark-Allen拟合公式对海北高寒草甸2005年的参考植物蒸散量进行了计算。由于FAO彭曼-蒙特斯法较为全面地考虑了影响蒸散的各种气象因素,且在实际应用中也取得了较好的结果(Martin Smith,2000),加之所需要的气象资料均是直接观测得到。因此以FAO彭曼-蒙特斯法计算的参考植物蒸散量作基准参照,与彭曼修正公式法及Irmark-Allen拟合公式计算结果进行比较。

众所周知,蒸散模型有参考植物蒸散量修正模型和实际蒸散模型。前者是以水分充足供应条件下大气环境对蒸散影响的参照标准,在此基础上采用经验模型修正到实际水分状况下的实际蒸散量。参考植物蒸散量的概念由此而提出。1977年FAO给出了参考植物蒸散量定义,是指一定高度且高度一致、生长旺盛、地面被植被完全覆盖不缺水的状态下,高度8～15 cm的开阔草地的蒸散量,并用经修正的彭曼公式来确定参考植物蒸散量。鉴于该公式(略)因参考高度仅8～15 cm,将造成空气动力学特征和冠层表面阻力发生变化而影响到结果,又因同一种规定的参考植物在不同地区和气候条件下其形态特征发生改变,而造成计算结果缺乏可比性,同时推荐的公式因补偿白天和夜间天气条件所引起作用的修正系数与气象因子有关。因此,在实际应用中受到一定的局限性。1979年FAO又提出了另一版本的彭曼修正公式来估算参考植物蒸散量。这一修正模式在实际应用中得到普遍的认可,发现不论是干旱地区还是湿润地区,彭曼-蒙特斯公式都是最好的一种计算法。为此,于1993年3月FAO推荐用彭曼-蒙特斯公式计算参考植物蒸散量,并于1998年按照彭曼-蒙特斯方程要求,对参考植物蒸散量作了新的定义。

新的定义是参考植物蒸散量为一种假想的参考植物冠层的蒸散发率,假设植物高度为0.12 m,固定的叶面阻力为70 s/m,反射率为0.23,非常类似于表面开阔、高度一致、生长旺盛、完全覆盖地面并不缺水的绿色草地的蒸散速率。也有人将参考植物潜在蒸散量定义为:广阔均匀的草地,在水分供应不受限制时,绿色矮小植物生长期间充分覆盖地面时,通过植物蒸腾和土壤蒸发过程损失的水分总量。可见,定义中对参考植物在蒸散过程中有三个限制条件,分别是“广阔均匀的表面”“矮小植物”“充分覆盖地面”。这也就是在第一节阐述的相关内容和计算方法。经标准化、统一化后,其参考植物蒸散量的彭曼-蒙特斯公式计算有:

$$ET_0 = \frac{0.408\Delta(R_n - G) + \gamma\frac{900}{T+273}u_2(e_s - e_a)}{\Delta + \gamma(1 + 0.34u_2)}$$

$$E_t = K_c K_s ET_0$$

式中:ET_0 为参考植物蒸散量(mm);Δ 为温度-饱和水汽压曲线 T 处斜率(kPa/℃);R_n 为净辐射[MJ/(m²·d)];G 为土壤热通量[MJ/(m²·d)];γ 为干湿表常数;T 为平均气温(℃);u_2 为2 m高度处的日均风速(m/s);e_s 为饱和水汽压(kPa);e_a 为实

际水汽压(kPa)；E_t 为实际蒸散量(mm)；K_c 为植物系数；K_s 为土壤水分修正系数。

有些地区，受条件限制无法得到相关的气象要素，需要用相关参数来估算，有(彭世彰等，2004)：

$$\Delta = \frac{4098 e_s}{(T+237.3)^2}$$

或 $\Delta = \frac{de_s}{dT} = \frac{e_s}{T+237.3}\left(\frac{6463}{T+237.3} - 3.927\right)$

$$e_s = \frac{e^0(T_{max}) + e^0(T_{min})}{2}$$

$$e^0(T) = 0.6018 e^{\left(\frac{17.27T}{T+237.3}\right)}$$

$$u_2 = \frac{4.87 u_h}{\ln(67.8h - 5.42)} \text{ 或 } u_2 = 0.78 u_{10}$$

$$R_n = R_{ns} - R_{nl}$$

$$R_{ns} = (1-a)\left(a + b\frac{n}{N}\right) R_{so} t_b$$

或 $R_{ns} = 0.77 \times \left(a + b\frac{n}{N}\right) R_{so}$

$$t_b = 0.56\left(e^{0.56M_h} + e^{-0.095M_h}\right)$$

$$M_h = \left\{\left[1229 + (614\sin H)^2\right]^{0.5} - 614\sin H\right\} \cdot \left[\frac{(288 - 0.0065h)}{288}\right]^{5.256}$$

其中：a、b 为回归系数，夏半年(4—9月)分别取0.15和0.54，冬半年(10—翌年3月)分别取0.10和0.65(彭世彰等，2004)，FAO推荐的回归系数 a、b 见表4-1；M_h 表示海拔高度为 h 的大气量；H 为太阳高度角。

$$R_{nl} = \sigma\left(\frac{T^4_{max,K} + T^4_{min,K}}{2}\right)\left(0.56 - 0.08\sqrt{e_a}\right)\left(0.1 + 0.9\frac{n}{N}\right)$$

或 $R_{nl} = 2.4502 \times 10^{-9}\left(T^4_{max,K} + T^4_{min,K}\right)\left(0.34 - 0.14\sqrt{e_d}\right)\left(0.1 + 0.9\frac{n}{N}\right)$

$$\gamma = 0.00163\frac{p}{\lambda} = 0.1651 \cdot \frac{\left(\frac{293 - 0.0065z}{293}\right)^{5.26}}{(2.501 - 0.002361T)}$$

$$e_a = \frac{e_d(T_{min}) + e_d(T_{max})}{2} = e^0(T_{min})\frac{RH_{max}}{200} + e^0(T_{max})\frac{RH_{min}}{200}$$

$$R_{so} = \frac{24 \times 60}{\pi} \cdot G_{sc} d_r \left(W_s \sinh_s \sin W + \cosh \cos W \sin W_s\right)$$

$$d_r = \frac{1}{1.00423 + 0.032359\sin\theta + 0.00086\sin 2\theta - 0.008349\cos\theta + 0.000115\cos 2\theta}$$

$$N = \frac{24}{\pi} \cdot \arccos(-\tanh \cdot \tan W)$$

$$W=0.409\sin\left(\frac{2\pi}{365}J-1.39\right)$$

$$G=0.14\left(T_i-T_{i-1}\right)\text{或：}G=0.38\left(T_d-T_{d-1}\right)$$

式中：R_{ns} 为净短波辐射[MJ/(m^2·d)]；R_{nl} 为净长波辐射[MJ/(m^2·d)]；n 为实际日照时数；N 为可照时数；R_{so} 为当地晴天状况下的太阳总辐射(大气顶太阳辐射)；σ 为史蒂芬-玻尔兹曼常数($4.903\times\frac{10^{-9}MJ}{K^4\cdot m^2\cdot d}$；$T_{max,K}$ 和 $T_{min,K}$ 分别为绝对温标的最高气温和最低气温(K)；$T_i(T_d)$和T_{i-1}(T_{d-1})分别为本月与前一月的平均气温(℃)；u_k 为任意高度风速；G_{sc} 为太阳常数(取1360，Jose et al，1995)；W_s 为太阳视角；h_s 为地球纬度；W 为太阳赤纬(或日倾角/rad)。

有些研究者对平均气温(T)采用下式计算：

$$T=\frac{T_{max,K}+T_{min,K}}{2}$$

在得到参考植物蒸发蒸腾量(参考植物潜在蒸散量)的基础上，不难得到植物系数。有：

$$K_c=\frac{E_{pc}}{E_{pa}}$$

式中：K_c 为植物系数；E_{pc} 为任一植物的潜在蒸散；E_{pa} 为参考植物的潜在蒸散。

植物系数实质上反映了不同蒸发面的物理学和生物学特征对能量交换和物质输送的影响，以及对植被蒸腾和土壤蒸发过程的影响。植物系数因植物种类、植物生长发育不同而不同。

二、青藏高原参考蒸散发时空变化特征及影响因素

谢虹和鄂崇毅(2014)基于青藏高原75个气象站点1970—2009年的地面气象观测数据，包括月平均、年平均及每日的平均气温、降水、相对湿度、太阳总辐射、日照时数、太阳净辐射等数据，以及中国气象局气候数据中心提供的气象站点的经度、纬度信息(Ye et al，2009)分析了青藏高原参考蒸散发时空变化特征及影响因素。这里给出谢虹和鄂崇毅(2014)分析的结果(包括图4-10至图4-17，表4-9)，他们界定的青藏高原大致范围介于25—40°N、75—105°E之间，面积大约250万km^2(Li，1993)，约占高原总面积的56%，同时也是海拔超过4000 m的区域(图4-10)。

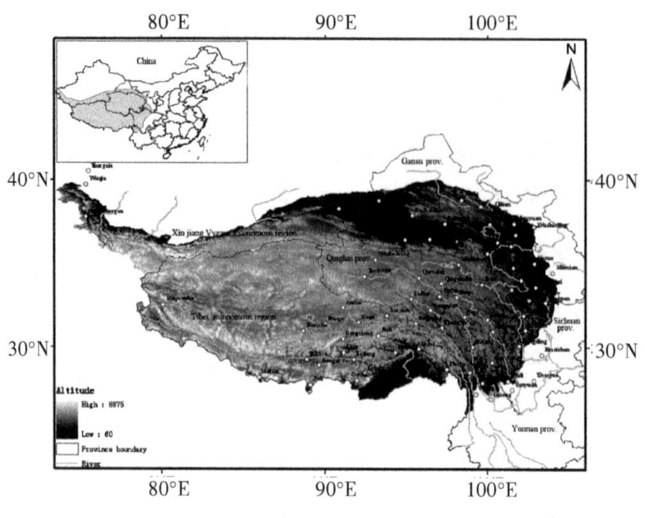

图4-10　研究区及气象站点位置图

研究利用彭曼-蒙特斯模型估算了高原参考蒸散(ET_{ref})年、季及月变化趋势。其中气象数据趋势分析主要用Mann-Kendall非参数检验法(X,2003)。

1.参考蒸散发年时空变化

图4-11和图4-12给出了青藏高原1970—2009年 ET_{ref} 的年变化趋势的空间分布和时间序列。从图中看出,高原年 ET_{ref} 从空间和时间序列上都呈明显的减小趋势,这种趋势在高原南部更为显著。1970—2009年间,最低值出现在1993年,而最高值出现在1973年。青藏高原上呈现为增加趋势的站点主要集中分布在青海省的东北和最南部,大多数显示增加趋势的站点主要沿沱沱河、通天河、黄河源区、澜沧江和金沙江分布。32°N成为 ET_{ref} 增加趋势和减小趋势的分界线, ET_{ref} 增加趋势明显的区域主要分布在32—34°N之间。图4-12显示1970—2005年下降趋势最为显著,2006—2009年间显示出略微的增加趋势。对于整个青藏高原来说, ET_{ref} 呈现明显的下降趋势,平均每年减少0.6909 mm,显著性 P 值为0.2166。青藏高原大部分区域属于需水型区域,潜在蒸散发远高于降水量,通常此类型的区域,降水和蒸发应该显示反向的变化关系,图4-12表明高原降水和蒸发也存在反向关系。

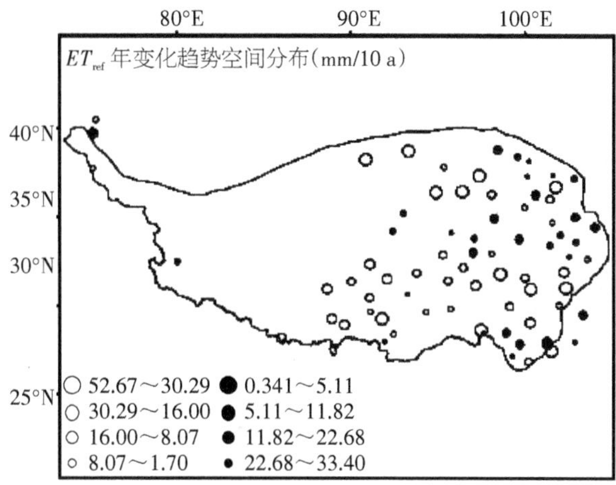

图4-11　青藏高原年 ET_{ref} 变化趋势空间分布

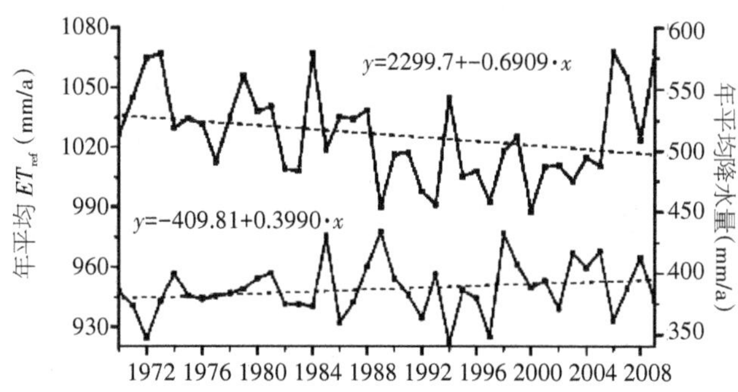

图4-12　青藏高原年平均 ET_{ref} 时间序列

2.参考蒸散发季节和月时空变化

图4-13显示了青藏高原上1970—2009年间 ET_{ref} 季节变化的空间分布，图4-14为季节平均 ET_{ref} 的时间序列。从图4-14可以看出，ET_{ref} 在四个季节中都显示出明显的下降趋势。总体的季节变化的空间分布和年变化空间分布相似，并且地理位置上显示相对的稳定。增加趋势主要分布在青藏高原的中部、东北部和东南部，其中有17个站点在这四个季节中都显示出增加的趋势。在青藏高原北部，呈显著下降趋势的站点主要分布在柴达木盆地，只有两个站点呈不明显的增加趋势（大柴旦和都兰）。呈下降趋势站点数目最多的季节为10—12月（45个站点）。具有最大减少值的季节是4—6月，平均-0.1978 mm/年，随后依次为7—9月、1—3月和10—12月。对于整个青藏高原来说，所有季节都显示出 ET_{ref} 下降的趋势，1—3月为-0.1813 mm/a、4—6月为-0.1978 mm/a、7—9月为-0.1702 mm/a和10—12月为-0.9444 mm/a。

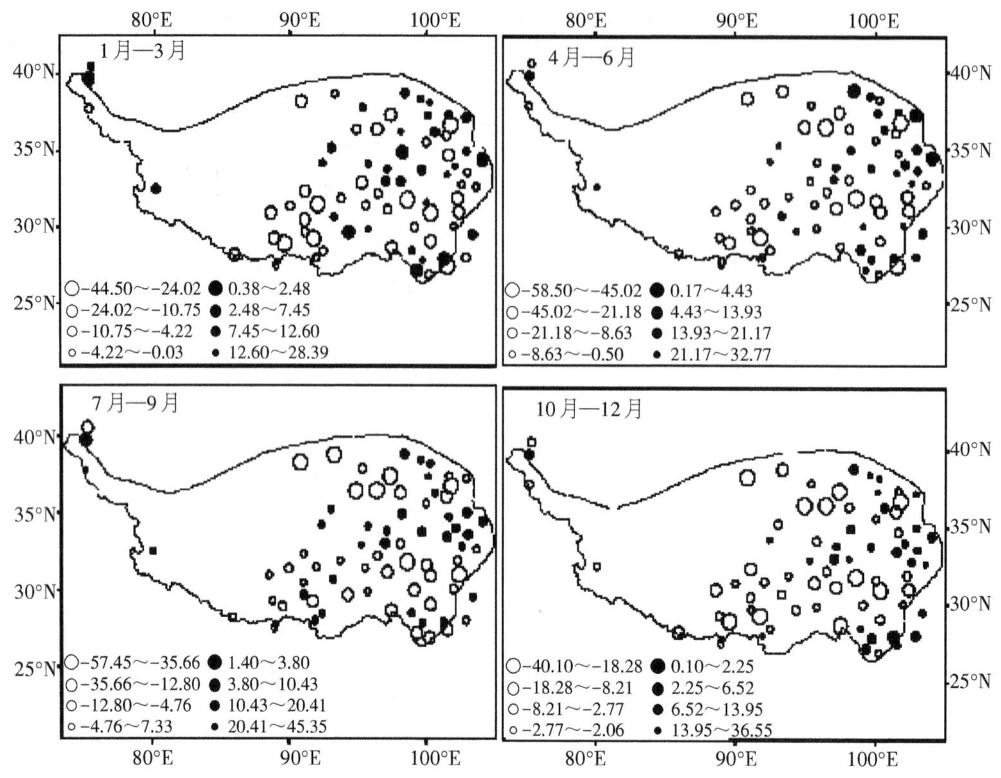

图4-13　青藏高原季节 ET_{ref} 变化趋势空间分布

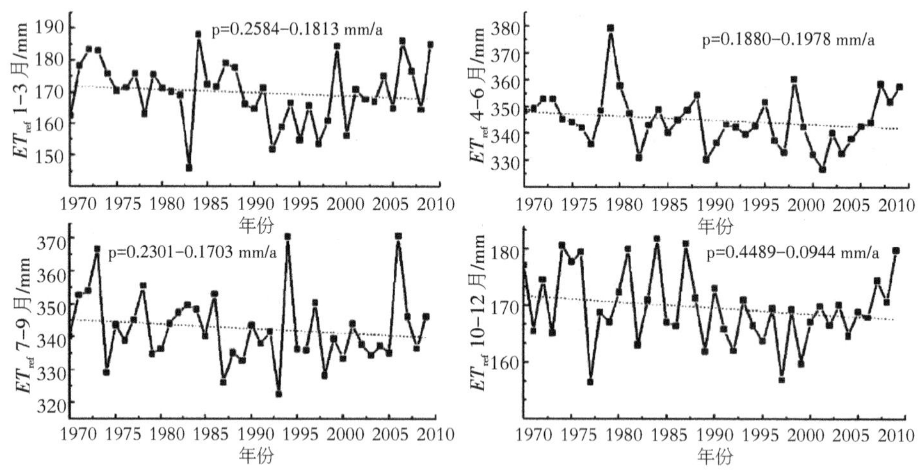

图4-14　青藏高原季节平均 ET_{ref} 时间序列

表4-9为青藏高原1970—2009年各月的参考蒸散发趋势，从表4-9可以看到，1月、4月、7月和9月呈现增加的趋势，其他8个月份都为降低趋势，其中减少的趋势在8月份最显著，为-1.3 mm/10 a。通过线性趋势和MK方法计算出的趋势为-5 mm/10 a

和-6.9 mm/10 a。

表4-9　青藏高原各月的 ET_{ref} 趋势(mm/10 a)(1970—2009年)

趋势	1	2	3	4	5	6	7	8	9	10	11	12	年
线性	0.21	-0.30	-0.75	0.25	-0.89	-0.63	-0.10	-1.50	0.55	-0.49	-0.30	-0.26	-5.00
MK	0.23	-0.23	-0.56	0.31	-0.80	-0.63	0.32	-1.30	0.61	-0.45	-0.27	-0.30	-6.90

3.参考蒸散发对气候因子的敏感性

相关气候因子的变化趋势：图4-15表明，在实际的和去掉变化趋势后的气象因子的时间序列中，青藏高原上风速和太阳辐射的时间序列表现出明显的差别。风速显示的两组数据差别最大，其次为太阳辐射和相对湿度。与风速和太阳辐射相比，相对湿度的变化趋势较小，甚至不明显，1970—1990年相对湿度呈现增加趋势，1991—2010年相对湿度呈现显著的降低趋势，对于1970—2010年间整个高原相对湿度呈现微弱的降低趋势，相对湿度的降低趋势仅为0.0087%/a；风速以0.0200 m/(s·a)的趋势减少；净辐射以0.00655MJ/(m^2·a)的趋势减少。

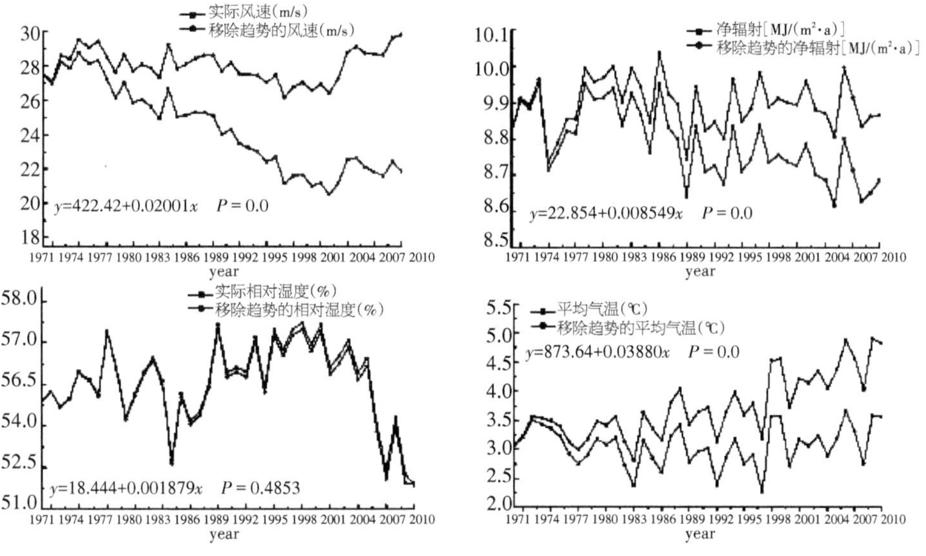

图4-15　气象因子实际和去趋势值的时间序列

不同气候因子对参考蒸散发的影响：图4-16为去趋势后的主要气象因子计算的 ET_{ref} 和实际 ET_{ref} 的对比。如图4-16，去趋势的风速计算出的 ET_{ref} 和实际的 ET_{ref} 之间的差别最大，居于第二位的是太阳辐射变化引起的 ET_{ref} 的变化。相对湿度变化引起的 ET_{ref} 变化幅度很小，甚至不明显。结果显示，风速的降低和净太阳辐射的减弱是

ET_{ref}减小的主要原因,相对湿度的变化对ET_{ref}的降低几乎没有贡献,因为温度的升高会引起实际水汽压曲线斜率的变化和饱和水汽压差的变化,而这两个变量都可以引起ET_{ref}的变化,并且这两个变量的变化对于ET_{ref}的作用是增加还是削弱并不确定,图4-16不能说明气温变化对于ET_{ref}的贡献。

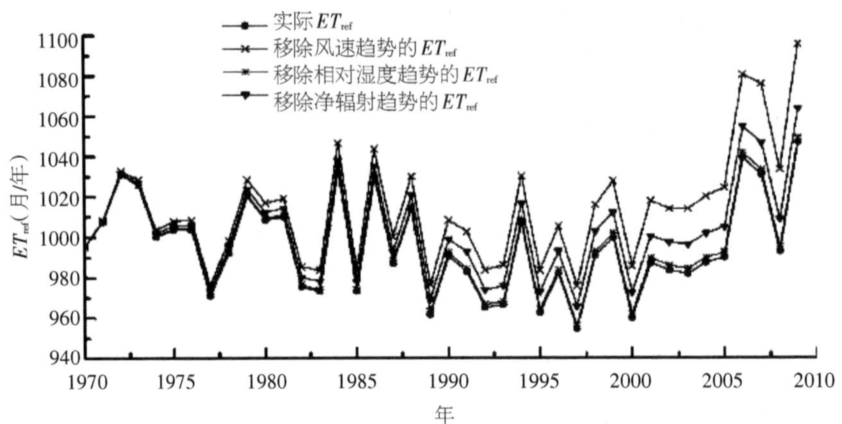

图4-16 实际ET_{ref}及用去趋势变量计算的ET_{ref}时间序列

参考蒸散发对气候因子变化的敏感性:为了进一步分析ET_{ref}对于气象因子的敏感性,进行一种简单并且实用的敏感性分析方法(Paturel et al,1995;Xu et al,1948;Goyaal,2004)。其方法通过改变风速、净太阳辐射、气温和相对湿度,描述了7种气候片段,改变的尺度分别为0、±10%、±20%、±30%。分析的方程有:

$$X(t)=X(t)+X\ ,\ \Delta X=0、\ \pm 10\%、\ \pm 20\%、\ \pm 30\%\ \text{of}\ X(t)$$

其中:X为气象变量;t为时间。

分别将气温、风速、相对湿度、净辐射改变增加或减少实际值的10%、20%、30%,研究蒸散发结果对于原值的变化程度,结果如图4-17。

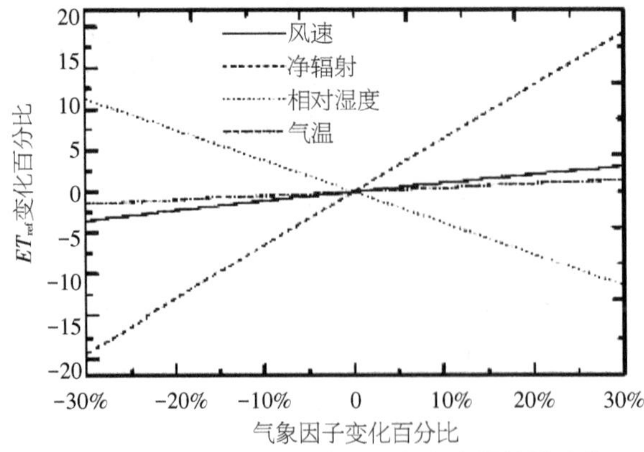

图4-17 ET_{ref}对四个主要气象变量的敏感性

由于风速、净太阳辐射、相对湿度和气温的相对变化引起的 ET_{ref} 的相对变化如图4-17所示。结果表明，ET_{ref} 对于净辐射的变化最敏感，其次是相对湿度、风速和气温。风速、净太阳辐射及气温和 ET_{ref} 都呈正相关，并且 ET_{ref} 对太阳辐射最敏感。而相对湿度的变化和 ET_{ref} 的变化呈负相关的。虽然 ET_{ref} 对相对湿度的变化很敏感，但是相对湿度的微小变化对于青藏高原上 ET_{ref} 的变化基本没有贡献。高原上太阳辐射不仅是最敏感的气候变量，也是引起 ET_{ref} 减少的主要变量，气候敏感性研究揭示了参考蒸散发变化的内在动因，但参考蒸散发的气候敏感性分析并不能完全确定各气候因子变化对于它的实际贡献水平，参考蒸散发的变化不仅与敏感性程度有关，而且还与各气候因子的变化程度有关。

研究表明，近50年来世界各地的潜在蒸散发量大多呈下降趋势（Liu a et al ，2004），被称作“蒸发悖论”（Brutsaert et al，1998），并受到广泛的关注。但近年来有研究表明，潜在蒸散发在中国、澳大利亚等地有上升趋势，潜在蒸散发的上升是否意味着“蒸发悖论”的减弱。研究结果表明，高原潜在蒸散发1970—2009年呈明显降低趋势，但自1996年呈现局部增加趋势，因此“蒸发悖论”是否持续或减弱还有待于结合更加全面和长尺度的观测数据进一步深入研究讨论。Saxton（1975）的研究指出潜在蒸散发对净辐射最为敏感，Hupet等（2001）对比利时的研究指出参考蒸散发对最高气温最敏感。Gong等（2006）对长江流域参考蒸散发的研究结果表明最敏感的气象因子是相对湿度。刘小莽等（2009）的研究表明海河流域的参考蒸散发对水汽压最敏感。本研究表明高原参考蒸散发对净辐射最敏感，和Saxton的研究结果一致。但风速和太阳辐射的下降，尤其是风速的显著下降可能是高原潜在蒸散发下降的最主要原因。在全球变暖的大背景下，很多区域的参考蒸散发呈下降趋势，对气候变化和参考蒸散发间的相互作用和影响过程远不够完善，还需进一步深入量化研究。由于高原地形复杂，气象站点较少，获取数据较难，遥感具有快速、准确、大区域尺度及地图可视化显示等特点，应进一步通过遥感手段对高原蒸散发进行研究（乔平林等，2007）。

三、海北高寒草甸参考植物蒸散量与植物系数

以上采用彭曼-蒙特斯模型分析了整个青藏高原的可能蒸散量。我们也曾对海北高寒草甸植被的参考植物蒸散量及蒸散系数进行了计算（刘安花等，2008；2010）。

1.参考植物蒸散量的季节变化

表4-10给出了由FAO彭曼-蒙特斯法（ET_{PM}）、彭曼修正式公式法（ET_{P}）、Irmark-Allen拟和公式法（ET_{AL}）计算的日平均参考植物蒸散量的季节变化，同时给出了水量平衡法计算的植物生长期5–9月日平均实际蒸散量的季节变化。可以看出，无论是用哪种方法计算参考植物蒸散量其季节变化趋势均一致，在植物旺盛生长期的6、7月高，寒冷的1、12月低，即呈单峰曲线。

但用彭曼-蒙特斯法、彭曼修正公式法及Irmark-Allen拟合公式计算的参考植物

蒸散量差异较大，植物生长季其日均值分别为3.27、6.47、4.31 mm。就FAO彭曼-蒙特斯法与其他两种方法进行相关性分析得出，彭曼-蒙特斯法与其他两种方法相关性较好，且由于彭曼-蒙特斯法与彭曼修正公式法的机理相近，两者的相关性更好。从参考植物蒸散量的月值序列来看，FAO彭曼-蒙特斯法与彭曼修正公式法的结果在1、2月及11月差异不显著，而FAO彭曼-蒙特斯法Irmark-Allen拟合公式计算结果在3、4月及10月差异不显著。彭曼修正公式法与FAO彭曼-蒙特斯公式法结果偏差的主要原因是辐射项中采用不同的系数及是否考虑土壤热通量引起的，空气动力学项的影响较小。

利用3种方法计算的年参考植物蒸散量分别为810.0、1432.3和877.2 mm(其中计算ET_{AL}时将1、12月按0 mm处理)。由于FAO彭曼-蒙特斯法是世界粮农组织所推荐，应用广泛，符合彭曼早期计算可能蒸散量或潜在蒸散量的定义，同时计算自变量因子物理意义严谨，计算过程明晰，与其他两种方法比较有一定代表性。由第五章2005年实际蒸散量约为539 mm，其中植物生长期的5—9月可能蒸散量约为500 mm到660 mm，实际蒸散量约为423 mm，通过比较认为，海北高寒草甸地区年可能蒸散量在810～880 mm是恰当的，而在植物生长季的5—9月可能蒸散量为500～660 mm，这也与张法伟(2017；2018)利用微气象-涡度相关法观测系统水通量计算的结果相一致。

参考植物蒸散量的这一变化主要受各公式中涉及的温度和辐射的年内变化的影响，而风的影响较小。表4-10看到气温和净辐射在年内非生长季低而生长季高的单峰式变化，这一变化导致参考植物蒸散量在年内表现出生长季高非生长季低的变化趋势。12月和1月由于气温极低，日平均净辐射往往小于0 MJ/m²，因而导致利用Irmark-Allen法得到的植被蒸散量在1月及12月呈现负值。

由表4-10看到，植被实际蒸散量峰值的出现时期与参考植物蒸散量有一定差异。参考植物蒸散量FAO彭曼-蒙特斯法、彭曼修正式公式法计算的月日平均最高值在6月，比实际蒸散量月日平均最高值提早。与Irmark-Allen拟和公式计算的日平均参考植物蒸散量相比，实际蒸散量一致。这主要是由于实际蒸散量的影响因素除气象因素外，还与植物生长状况、土壤湿度等有关。而FAO彭曼-蒙特斯法、彭曼修正公式法计算的参考植物蒸散量主要受净辐射的影响。5—6月海北高寒草甸地区因下垫面植被稀少，降水较少，空气干燥，但土壤随消融过程逐渐潮湿，地面长波辐射减小，致使净辐射增加明显，从而导致ET_{PM}和ET_{P}计算结果偏低。因此，实际蒸散量与参考植物蒸散量的变化趋势有所差异。从表4-10中也可看出，彭曼修正公式计算得到的参考植物蒸散量与实际蒸散量的差值(5.07～2.52 mm)明显大于Irmark-Allen拟合公式及FAO彭曼-蒙特斯法计算的参考植物蒸散量与实际蒸散量的差值(分别为2.28～0.73 mm、1.63～0.27 mm)

从以上分析及第五章第四节2005年实际蒸散量可知，海北高寒草甸降水基本能满足整个植物生长期内植物生长和发育所需水分的要求，也就是说土壤水分不是限制植被蒸散的因素，反过来，植被蒸散量的多少在一定程度上决定土壤水分的含量。

2.参考植物蒸散量的两种方法对比分析

由表4-10看到，3种方法计算的日平均参考植物蒸散量在年内变化趋势基本相同，但相同月份3种方法计算结果存在差异。其中彭曼-蒙特斯法和Irmark-Allen拟合公式计算结果在植物生长季较为接近，而彭曼修正法计算结果在植物生长季偏大。这里以彭曼-蒙特斯法为参照，与其他两种方法进行比较分析。

表4-10　2005年各种方法计算的蒸散量及主要影响因子的季节变化

月份	1	2	3	4	5	6	7	8	9	10	11	12
ET（mm/d）	–	–	–	–	1.68	2.28	4.11	3.61	2.19	–	–	–
ET_{PM}（mm/d）	0.71	1.15	1.92	2.72	3.31	3.72	3.46	3.34	2.53	1.82	1.16	0.79
ET_P（mm/d）	0.71	1.35	3.29	4.73	6.26	7.36	7.25	6.78	4.71	2. 79	1.27	0.59
ET_{AL}（mm/d）	-0.57	0.16	1.91	2.95	3.96	4.70	4.84	4.61	3.44	1.91	0.36	-0.68
T(℃)	-12.50	-10.10	-2.42	1.42	5.69	9.37	11.98	11.36	7.51	0.21	-7.09	-12.75
R_n（$MJ/m^2 \cdot d$）	1.91	3.38	5.99	7.87	9.47	10.38	9.72	9.18	6.86	4.82	2.71	1.64
v_2风速（m/s）	1.36	1.95	2.12	1.88	2.06	1.81	1.67	1.67	1.55	1.57	1.37	1.41

表4-11　彭曼-蒙特斯法与其他两种方法逐月参考植物蒸散量的t检验

月份	1	2	3	4	5	6	7	8	9	10	11	12
与ET_P	0.968	0.127	0.000**	0.000**	0.000**	0.000**	0.000**	0.000**	0.000**	0.001**	0.727	0.001**
与ET_{AL}	0.000**	0.000**	0.954	0.475	0.012*	0.002**	0.007**	0.002**	0.007**	0.637	0.000**	0.000**

注：*差异显著，**差异极显著。

图4-18是其他两种方法与彭曼-蒙特斯法计算的日平均参考植物蒸散量结果之间绝对偏差（ΔET）月变化的比较。可以看到，彭曼-蒙特斯法与彭曼修正公式法和Irmark-Allen拟合公式法计算结果的ΔET逐月变化均呈“U”形变化，表现出11月—翌年2月绝对偏差较小，7月绝对偏差最大。彭曼-蒙特斯法与Irmark-Allen拟合公式法的ΔET要小于彭曼-蒙特斯法与彭曼修正公式法的ΔET。从图4-18中还可看出。彭

曼-蒙特斯法与Irmark-Allen拟合公式法的ΔET在3月和10月最小，分别为0.01、-0.09 mm。而彭曼-蒙特斯法与彭曼修正法的ΔET在1月和11月最小，分别为-0.01、-0.12 mm。

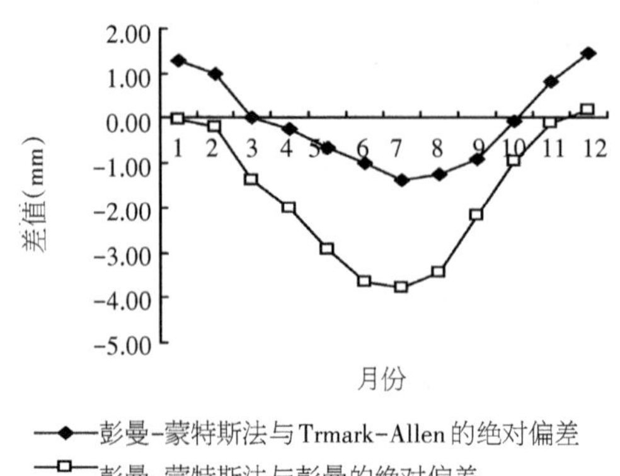

图4-18　计算结果之间的绝对偏差(ΔET)的逐月变化

对彭曼-蒙特斯法与其他两种方法进行逐月参考植物蒸散量t检验的结果(表4-11)也显示彭曼-蒙特斯法与Irmark-Allen拟合公式法计算结果在3、4月和10月没有显著性差异，而其他月份差异极显著。彭曼-蒙特斯法与彭曼修正公式法计算结果在1、2月和11月差异不显著，而在其他月份差异显著。

Irmark-Allen拟合公式与FAO彭曼-蒙特斯法计算结果的偏差显然是由于Irmark-Allen拟合公式是简单的线性拟合引起的。而彭曼修正公式法和FAO彭曼-蒙特斯法计算结果的偏差是由于这两个公式中辐射项和空气动力学项中选用不同的参数而引起的。

一年中四季的气候条件是不断变化的，从而使得辐射项和空气动力学项对蒸散量的贡献也随季节发生变化。图4-19说明了辐射项和空气动力学项偏差在年内的变化规律，空气动力学项在年内基本没有大的变化，说明它对参考植物蒸散量偏差的影响很小；辐射项偏差在年内的变化规律与参考植物蒸散量偏差的年内变化规律是一致的，这就表明参考植物蒸散量偏差主要是由辐射项偏差引起的。辐射项偏差在3—10月更为突出，这也说明辐射系数的不同直接导致参考植物蒸散量偏差。另外，FAO彭曼-蒙特斯法的辐射项中考虑了土壤热通量，而彭曼修正公式中则没有考虑，这也是导致辐射项偏差大的原因之一。

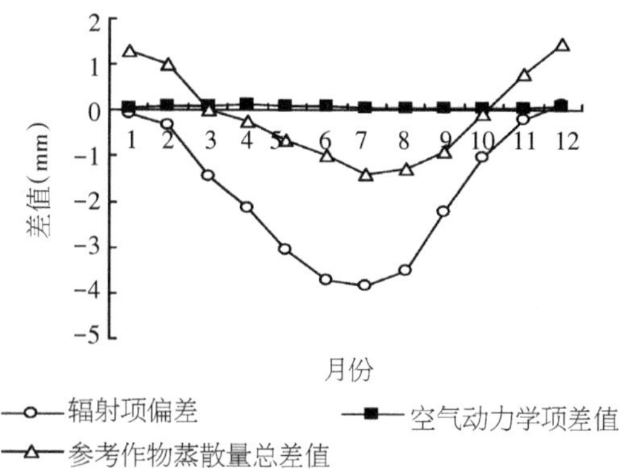

图4-19　参考植物蒸散量、辐射项、空气动力学项月偏差

以FAO彭曼-蒙特斯法计算结果作为标准，与其他两种方法进行对比相关分析（图4-20）可知，彭曼修正公式法与Irmark-Allen拟合公式计算结果与FAO彭曼-蒙特斯法计算结果均有较好的相关性。彭曼修正公式法与FAO彭曼-蒙特斯法计算结果的相关性更好。这主要是由于彭曼修正公式法和FAO彭曼-蒙特斯法的机理一致，仅是系数不同，而Irmark-Allen拟合公式正如前文所说是线性拟合的结果，从而导致不同地区略有差异。

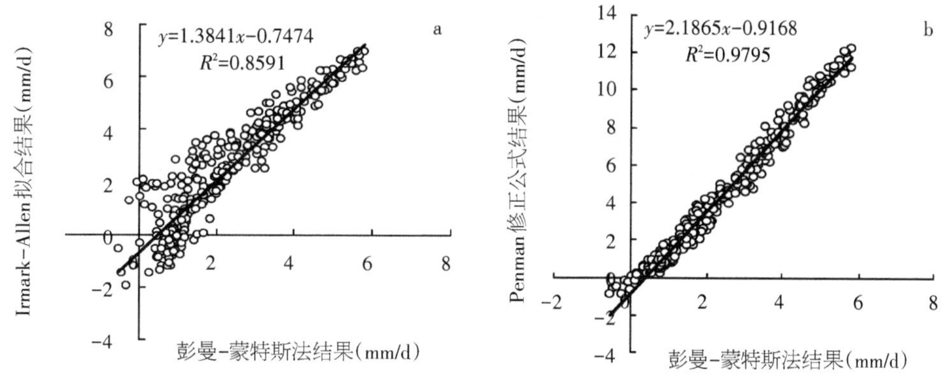

图4-20　不同方法计算结果与FAO彭曼-蒙特斯法对比结果

3.植被蒸散系数

FAO彭曼-蒙特斯公式是1998年联合国粮农组织推荐的计算参考植物蒸散量的唯一标准方法。表4-10中也可看出，3种方法中FAO彭曼-蒙特斯公式计算结果更接近实际蒸散。因此利用此计算结果来确定高寒草甸植被蒸散系数。其计算的植被蒸散系数见表4-12。

表4-12 高寒草甸植被蒸散系数季节变化

月份	5	6	7	8	9
K_c	0.51	0.61	1.19	1.08	0.87

根据表4-12中的结果，将高寒草甸的生长初期定为5月，生长中期定为6、7、8月，生长末期定为9月，则生长初期植被蒸散系数为0.51，生长中期植被蒸散系数为0.96，生长末期植被蒸散系数为0.87，这一结果与FAO推荐牧草初始生长期、生长中期和生长后期的植被蒸散系数（分别为0.4、1.05、0.85）基本接近。这里需要说明的是，为了方便计算，生长初期没有考虑4月下旬，实际上4月下旬植被已开始萌动发芽，而生长中期又加入了8月下旬，实际应将8月下旬归入生长末期。因此计算值有一定出入，但与推荐值比较接近，基本能反映高寒草甸的植被蒸散系数。5月植物进入萌动发芽的生长初期，无论是植被盖度，还是叶面积都较低，因此，这一时期植被蒸散系数也是研究月份中最小的。此后，随着植物的生长速率、叶面积的增加及气温的升高，植被蒸散系数逐渐增大，在植物生长速率最快、叶面积指数较大（高野等，2007）的7月，植被蒸散系数达到最大（1.19），随后随着植物生长的减缓直至停止，植被蒸散系数也逐渐降低。但不论怎样，对于高寒草甸植被蒸散系数取表4-12的结果是基本合理的。

高寒草甸植被蒸散系数的季节变化呈单峰曲线，这一变化与高野等（2007）对嫩江中游草原植被蒸散系数的研究结论一致，但由于气候的不同，嫩江中游草原植被蒸散系数最大值出现在8月，而高寒草甸植被蒸散系数最大值出现在7月。对于高寒草甸植被，其蒸散系数取生长初期为0.51、生长中期为0.96、生长末期为0.87是合理的。

第五章　高寒草甸植被耗水量及耗水规律

水作为生态系统中最基本的环境要素之一，是供给植物生长的主要物质，对植物生命活动、陆生植物分布、净初级生产力及生态系统物质循环等具有重要的影响作用。近年来的全球气候变化对水循环等各个环节产生了重大影响，降水时空分配格局发生改变、气候温暖化加剧等一系列问题影响到地表径流的变化，同时通过不同的方式对蒸散发能力产生影响，进而影响到植被耗水量。植被耗水量及耗水规律是深入理解生态系统碳水循环间耦合关系的重要指标，特别是植被耗水量从传统的彭曼模拟计算式到联合国粮农组织(FAO)推荐的彭曼-蒙特斯计算式看到，植被耗水量是温度、风速、湿度的函数，能反映气候各因素的综合影响。根据前人对经验公式和相关参数的推导计算，并应用到高寒草甸地区植被耗水量及耗水规律的研究中，有助于进一步了解高寒草甸植被的实际蒸散趋势、蒸散强度、影响植被耗水量的可能原因。

为了说明高寒草甸地区植被耗水量和耗水规律，本章主要以青海海北、三江源玛沁县、三江源风火山的观测资料来叙述。

第一节　土壤-植物-大气系统水分运行的界面过程及参数处理

土壤-植物-大气系统中的水分传输属于国际前沿的课题之一。其中，水文循环生物圈方面反映了地圈与生物圈的交叉研究，贯穿于从地下水、土壤水到植物水分与大气水分的水文循环过程，较精准地开展了土壤水分运行模拟、土壤水分利用的计算、植被蒸散与蒸散规律的研究、土壤-植物-大气界面的水分过程及水分运行的综合模型研究与开发(刘昌明,1997)。

20世纪90年代,刘昌明曾探讨提出大气、植物、地表、土壤和地下水层中"五水"系统的相互作用、相互关系和相互转化的研究问题(刘昌明,1993),他认为土壤-植物-大气系统中的水分因自然的和人为的作用必然要和地下水与地表水相联系。从土壤系统来看,土壤水的来源是大气降水、地下水的上升、人为输入地表和地下水(如灌溉)等等。土壤水的散失,则包括直接由土面逸向大气、通过根系吸水进入植物体后蒸腾到大气中去以及由土壤层下渗到地下水层之中。若以土壤水研究为中心,对主要界面过程的分析与土壤水运动可有基本方程:

$$\frac{\partial\theta}{\partial t}=\frac{\partial}{\partial t}\left[D(\theta)\frac{\partial\theta}{\partial z}\right]-\frac{\partial K}{\partial z}-S(z,\ t)$$

式中:D与K分别为扩散率和导水率,θ为t时z深度的土壤含水率;$S(z,t)$为植物根系吸水速率。方程的上、下边界分别受大气和地下水交换的控制。上式与植物(作物)根系吸水、蒸散发及地下水等界面过程联系起来研究,并用数值方法求解,可以完成土壤-植物-大气系统的综合计算与模拟。从土壤-植被-大气系统观测研究来看,要了解其水分运行过程需要监测庞大的数据,涉及土壤、植被、大气等多种参数(图5-1,仿刘昌明,1993)。

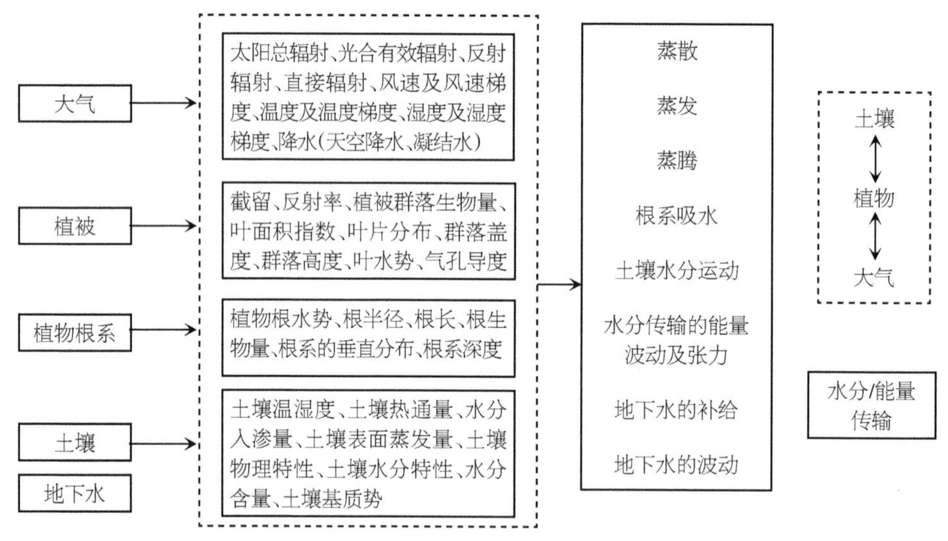

图5-1 土壤-植被-大气系统观测研究的多种参数

目前,相关的研究成果多出自农田,有关草地方面的研究正处于起步阶段,众所周知,草地生态系统中土壤-植被-大气水循环和水分交换有不可替代的作用。为此,有必要对土壤-植物-大气系统水分运行的界面过程进行分析(刘昌明,1997)。也有必要对大气、植被、土壤以及相互间界面水分运动过程中的相关参数给予详细介绍。

一、大气中的水汽扩散、通量密度

1.大气的水汽扩散、通量密度和蒸发速率

大气中的水汽扩散就是水汽的湍流扩散。引起水汽扩散的过程一是不规则的分子运动，另一是大气运动。不规则的分子运动相当于水汽扩散的输送通量密度，为：

$$E_x' = -\rho k_x \frac{\partial q}{\partial x}$$

$$E_y' = -\rho k_y \frac{\partial q}{\partial y}$$

$$E_z' = -\rho k_z \frac{\partial q}{\partial z}$$

式中：E_x'、E_y'、E_z'分别为x、y、z方向的水汽扩散的输送通量密度；k_x、k_y、k_z分别为x、y、z方向上的分子扩散系数；q为比湿；ρ为空气密度。由于不同方向上水汽扩散的输送通量在空间上的不均匀，则体积元$\delta x\delta y\delta z$中在单位时间内所增加的水汽量为：

$$\rho\left(k_x\frac{\partial^2 q}{\partial x^2}+k_y\frac{\partial^2 q}{\partial y^2}+k_z\frac{\partial^2 q}{\partial x^2}\right)\delta x\delta y\delta z$$

由于分子过程的空间尺度很小，在得到上式时，ρ和各方向的分子扩散系数可视为常数。

大气运动中，水汽输送引起的$\delta x\delta y\delta z$体积元中的水汽增加量有：

$$-\left(\frac{\partial\rho uq}{\partial x}+\frac{\partial\rho vq}{\partial y}+\frac{\partial\rho wq}{\partial z}\right)\delta x\delta y\delta z$$

由此得到：

$$\frac{\partial\left(\rho q\delta x\delta y\delta z\right)}{\partial t}=-\left(\frac{\partial\rho uq}{\partial x}+\frac{\partial\rho vq}{\partial y}+\frac{\partial\rho wq}{\partial z}\right)\delta x\delta y\delta z+\rho\left(k_x\frac{\partial^2 q}{\partial x^2}+k_y\frac{\partial^2 q}{\partial y^2}+k_z\frac{\partial^2 q}{\partial x^2}\right)\delta x\delta y\delta z$$

由空气连续方程得：

$$\frac{dq}{dt}=k_x\frac{\partial^2 q}{\partial x^2}+k_y\frac{\partial^2 q}{\partial y^2}+k_z\frac{\partial^2 q}{\partial x^2}$$

并设：$k=k_x=k_y=k_z$，则水汽的扩散方程为：

$$\frac{\mathrm{d}q}{\mathrm{d}t}=k\nabla^2 q$$

式中：t为时间；$\nabla=\frac{\partial^2}{\partial x^2}+\frac{\partial^2}{\partial y^2}+\frac{\partial^2}{\partial x^2}$；$u$、$v$、$w$分别为$x$、$y$、$z$方向上的速率。

不难理解，所谓水汽蒸发率或蒸发速度，就是近地面气层中的垂直水汽通量密度。而任一属性（S，如温度、湿度等）在垂直方向上湍流系数为A的通量密度的表达式有：

$$Q=-A\frac{\partial\overline{S}}{\partial z}$$

式中：A 为垂直方向上的交换系数，而 $\frac{A}{\rho}=k$ 称为湍流系数，可有：$A=\rho\overline{w'(z-z_0)}$。$z$和$z_0$分别代表了一定高度和初始高度；$\bar{S}$ 表示了单位质量空气中从高度 z_0 到高度 z 之间属性（S）的平均值。由此也可以看到，属性输送量的大小与单位质量空气的平均属性含量的梯度大小成正比，而输送方向则由平均属性含量的高值区输向低值区，也表明了湍流输送过程就是使平均属性含量的空间分布趋于均一。这里还要提出的是计算湍流系数时，也可根据风速梯度与温度梯度，可对1 m处的湍流系数进行计算：

$$K=0.10\Delta u(1+1.38\frac{\Delta t}{\Delta u})$$

式中：K为1 m处的湍流交换系数，一般为0.002到0.008；Δt和Δu为两个层次的温度差和风速差，通常取0.5 m和2.0 m的高度。

那么，对于比湿为q的水汽，垂直方向上单位时间t内通过单位面积的蒸发率（E'，或说单位时间t内通过单位面积的水汽量）则有：

$$E'=-\rho k\frac{\partial\bar{q}}{\partial z}$$

进一步，可得到一定时间区间t内的蒸发量为：

$$E=\int_0^t E'\mathrm{d}t$$

这样，根据已知的比湿作为t和z的函数关系，可以确定蒸发速率或蒸发量。

当然，研究者在讨论水汽扩散率时，也采用不同的方式，得到不同的理论计算方法。如水汽扩散率（D_{rv}，m²/s℃）由下式计算：

$$D_{rv}=f(a)D_{atm}vh(d\rho_0/dT_s)(\eta/\rho_1)$$

式中：D_{atm}为空气水汽扩散系数（m^2/s）；v为水汽运动的质流因子；h为相对湿度；ρ_0为水汽饱和度（kg/m^3）；T_s为土壤温度（°K）；η为充气空隙中的温度梯度比；$f(a)$为水分在孔隙介质内流动有效空间的因子；a为空气的容积含量（m^3）；ρ_1为液态水密度（kg/m^3），各因子计算见文献（Cary，1979）。

2.大气水汽扩散运动的相关参数

水汽运动不仅受水分自身因素影响，正如前述（图5-1），它是各种综合因素影响的结果，这就需要了解更多的相关参数。以下给出的是其他各类参数，部分参数是常量，而一部分参数是随环境条件变化的变化量。

（1）水势梯度法的当量导水率

水势梯度下的当量导水率（K_v，m/s）采用Cary（1979）方法计算：

$$K_v=\alpha aD_{atm}vh\rho_0 g/[\rho_1 R(T_s+273.16)]$$

式中：α为曲折系数，a=2/3，其他同前。

(2)湿空气的比热容

湿空气的比热容是指以单位千克绝干气体为基准,将(1+H)kg湿空气温度升高或降低1 ℃所需要吸收或放出的热量,称为湿空气的比热容,简称湿比热容,用C_H表示,单位为kJ/(kg干空气·K):

$$C_H = C_a + C_v H$$

式中,C_a为干空气的比热容,kJ/(kg·K);C_v为水汽的比热容,kJ/(kg·K)。在常用的温度范围内,$C_a \approx 1.01$ kJ/(kg·K),$C_v \approx 1.88$ kJ/(kg·K)。将这些数据代入上式得:

$$C_H = 1.01 + 1.88\,\mathrm{H}$$

上式表明,湿比热容只是温度的函数。然而,空气的比热容没有确定值,即便是在温度确定时,通常使用比定压热容或定容比热容来反映空气比热容的大小,这两者都与温度有关(温差不太大时可认为基本相等)。一定质量的物质,在温度升高时,所吸收的热量与该物质的质量和升高的温度乘积之比称这种物质的比热容(比热),用符号C表示。其国际单位制中的单位是J/(kg·K)或J/(kg·℃)。J是指焦耳,K是指热力学温标,即1千克物质温度上升或下降1开尔文所需的能量。

在普通物理实验中,测定空气比热容比的常用方法较多,有声速测量法、绝热膨胀法、振动法、EDA方法等。大学物理实验中的空气比热容比采用的大多是FD-NCD型测定仪,这种装置是通过人工打气、放气和关闭气阀来实现空气的绝热膨胀等过程,从而测得空气比热容比。此方法简单易操作,但放气后靠人耳听到没气流声时才关闭气阀,这种人工操作容易引起误差。此外,玻璃瓶充气后有形变,瓶内会有水汽,封口老化漏气等问题在实验中都没有考虑。若通过测量声速来测空气比热容比,可避免这一系列问题。

声速测量空气比热容比法,即超声法,是利用在理想气体中声波的传播过程可以认为是一个绝热过程,通过测定声速的方法来计算结果。超声法全为仪器操作,避免了FD-NCD型测定仪实验中的人为因素的影响。超声法测得的空气比热容比误差比用FD-NCD型空气比热容比测定仪测得的误差小,精度高。在超声法中采用双踪显示能直观显示两声波波形大小及相位关系。此外,振动法测量空气比热容比也是一种原理简明、装置简单、易操作的方法,其原理是通过实现热力学中的准静态过程(等温、等容及绝热),小钢球以小孔为中心上下做简谐振动,通过测定振动周期来计算结果。

(3)通用气体常数

通用气体常数是把含有质量为M、体积为V、压强为p、温度为T的单一成分的理想气体,由波义耳-查理定律得到的理想气体状态方程,有:

$$pV = \frac{M}{\mu} R^* T$$

式中:R^*称为通用气体常数;μ是一个气体的摩尔质量。通用气体常数的数值与气体种类无关。对于实际气体，通用气体常数 R^* 与压力、温度、气体种类有关，但温度较高、压力较低时，R^* 近于常数。当 T 较高，$p \to 0$ 时，无论何种气体，R^* =8.314 J/(mol·K)。由于各种真实气体在压力趋于零时都趋近于理想气体，所以由实验测出，当温度(T)为273.3 K时，每摩尔任一气体的值都是22.414 L，因此，在法定计量单位中 R^* = 8.314 J/(mol·K)，写成8314.3 J/(kmol·K)或者8.3143 kJ/(kmol·K)是完全一样的。

(4)空气密度

空气密度是指在一定的温度和压力下，单位体积空气的质量。在标准状况下空气的密度，ρ=29/22.4=1.2946g/L。在常温时(25 ℃)常压下空气的密度 ρ=29/(22.4×298/273)=1.1860 g/L。当温度和压强都变化时，需要利用气体状态方程式进行计算。其一般的表达式有：ρ=1.2837−0.0039 T_a(kg/m^3)

二、植被(地表)−大气界面水汽通量及水汽传输的空气动力学阻力

1.植被−大气界面水汽通量表达

从冠层尺度看，可以将冠层看成一张“大叶”。对于郁闭冠层，冠层下土壤蒸发很小，但土壤水分的急剧变化对冠层阻抗有较大的影响，叶−气界面水汽交换可以根据彭曼−蒙特斯公式计算。

叶−气水汽交换通量由下式表示(刘昌明等，1999)：

$$E = \frac{1}{L}\frac{\Delta(R_n - G) + \rho C_p D/r_a}{\Delta + \gamma\left(1 + \frac{r_c}{r_a}\right)}$$

式中：G 为土壤热通量；Δ 为温度−饱和水汽压曲线斜率；γ 为干湿常数；ρC_p 为空气体积热容量；D 为空气饱和水汽压差；r_a 为水汽传输的空气动力学阻力；r_c 为冠层叶片气孔的总体阻力。

对于稀疏作物，冠层下土壤蒸发不可忽略，作物叶片蒸腾的计算可采用双源模型即Shuttleworth-Swallace(SW)模型计算。

$$E = \frac{1}{L}\frac{\Delta R_{nc} + \rho C_p D_0/r_{ac}}{\Delta + \gamma\left(1 + \frac{r_c}{r_{ac}}\right)}$$

式中：D_0 为冠层内源汇处的饱和水汽压差。

式中阻力项 r_a、r_{ac}、r_{as}、r_c、r_s 和 D_0 是计算 E 的关键参数，参数化方法较为复杂，各水汽传输的空气动力学阻力下面予以叙述。

2.植被−大气界面水汽传输的空气动力学阻力

(1)冠层−大气水汽传输的空气动力学阻力 r_a

冠层−大气水汽传输的空气动力学阻力通常是根据Monin-Obukhov边界层相似理论得到：

$$r_a=\left[\ln\left(\frac{Z-d_0}{Z_{0m}}\right)+\ln\left(\frac{Z_{0m}}{Z_{0h}}\right)-\psi_h\right]\left[\ln\left(\frac{Z-d_0}{Z_{0m}}\right)-\psi_m\right]/k^2u$$

式中：Z 为垂直高度；d_0 为零平面位移；Z_{0m} 为动量传输粗糙度；Z_{0h} 为热量传输粗糙度；ψ_m、ψ_h 分别为动量和热量的大气稳定度订正系数；u 为风速；k 为von Karman常数。对于植被表面，实验和模型显示 $\ln\left(Z_{0m}/Z_{0h}\right)\approx 2$ 。

(2)叶片边界层阻力 $r_{\alpha c}$

叶片边界层阻力与叶片特征宽度、风速有关，可以表示为：

$$r_{ac}=C\left(\frac{W}{U}\right)^{\frac{1}{2}}$$

式中：W 为叶片特征宽度(m)；C为常数，约为90 $s^{1/2}$/ m。

风速在冠层内的衰减可假设为指数形式，即：

$$u(Z)=u(h)\exp\left[-\alpha\left(1-\frac{z}{k}\right)\right]$$

式中：h 为冠层顶高度；α 为衰减系数，约为2.5。

(3)冠层阻力 r_c

冠层阻力可根据Jarvis公式计算，即：

$$r_c=\frac{r_{c,\ \min}}{LAI}F_1(I_s)F_2(D)F_3(T_a)F_4(\theta)$$

式中：I_s 为入射太阳总辐射；D 为空气饱和水汽压差；T_a 为气温；θ 为土壤含水量；F_1、F_2、F_3、F_4 分别为环境因子的胁迫函数，用如下函数表示：

$$F_1=a_1\frac{1000(1+I_s)}{I_s+1000}$$

$$F_2=(1-a_2D)$$

$$F_3=1-a_3(1-T_a)^2$$

$$F_4=a_4\frac{\theta-\theta_\omega}{\theta_f-\theta_\omega}$$

式中：θ_f 为田间持水量；θ_ω 为凋萎湿度。

三、地表(包括植物)-大气界面水分通量密度

裸露土壤(如植株棵间的裸土)直接与大气进行水分和能量的交换。土-气界面容易界定，其界面上的水分通量向上是土面(壤)的蒸发，向下则是水分的入渗(降雨或外来水分的补充)。其水分、能量的通量相对比较容易测定。但是植被间裸土比无植物的裸地条件要复杂得多，棵间裸土能量分配受外国作(植)物生长的影响，土壤热通量不仅与土壤水分有关，还与作(植)物叶面积指数(*LAI*)有密切关系。

现实当中，土壤蒸发与植物蒸腾是同时发生的。因此，常常把这两者合在一起称为蒸散(*ET*)。也就是说，地表(包括植物)-大气界面水分通量密度也是我们常提到的实际蒸散量。在实际地表上由于水分供应往往达不到“充分供应”，植物生长发育等生理生态过程中，植被的蒸腾和土壤蒸发耗去的水分要低于适宜水分供应条件下的水分总消耗量，也就是说，实际蒸散量小于潜在蒸散量。不难理解，耗水量可定义为：在实际当中，耗水量为单位面积上植物群体蒸腾量与土壤蒸发量之和。由此可见，植物耗水量数值上等于实际蒸散量，即耗水量就是实际蒸散量。现行的许多蒸发公式都是计算的蒸散总量（*ET*），往往很难区分 *ET* 中的土壤蒸发量和作物蒸腾量各是多少。

依“土壤-植物-大气连续体”的概念，作物蒸散与土壤、植物、大气条件紧密相关，是三个条件的复合函数，这就需要对更多因子进行观测，也就是说，应全面了解植被-大气界面水汽通量表达中大气、土壤、植物等相关物理参数（图5-1），这样才能准确估算实际蒸散量，系统地研究环境因子对植物蒸散量的影响机制。

大气要素中要掌握太阳总辐射、净辐射、光合有效辐射、风速、水汽压、空气温度、降水量及光（日）照强度等。土壤要素中要掌握土壤水分、容重、质地、结构、水分传导度、反射率、地下水位等。植物冠层中要掌握叶面积指数、植物群落高度、覆盖度、种类、植株和根系的密度、根水势、植物生长期长度等。当然，根据实际情况还要联系植物生物量、枯落物量、碎屑物量和厚度、大气饱和水汽压、地表反射辐射、土壤持水量、土壤温度等。

同需水量一样，实际耗水量可以通过测定表面液态水体的损失量来确定，还可通过测定进入大气的水汽通量来确定。包含微气象法、植物生理学法、水文学法、闪烁仪等测定方法。这里介绍微气象法和水文学法。闪烁仪法和植物生理学法见其他文献。

对地表-大气界面水分通量密度的计算采用的方法较多。较常用的是水势梯度法、能量平衡法和水量平衡法。受数据观测或收集难易，能量平衡法和水量平衡法在生态学领域推广更为广泛。

1.水势梯度法

土壤-植物-大气连续体系统中的水分运动的驱动力是水势梯度，可用于系统地研究该连续体中水分、能量传输及交换，对各界面上的水流通量给予定量分析。土-气界面上的水分运动亦不例外，受水势梯度的驱动，即水分从水势高处向水势低处流动，其水流通量密度与水势梯度成正比，与水流阻力成反比，类似于电学中的欧姆定律，有：

$$q_{sa}=\frac{\psi}{r_{sa}}=\frac{\psi_s-\psi_a}{r_{sa}}$$

式中：q_{sa} 为土-气界面的水流通量密度（W/m²）；ψ_s 为土壤水势（Pa）；ψ_a 为大气水势（Pa）；$\Delta\psi$ 为土壤与近地面大气间的水势差（Pa）；r_{sa} 为从土壤到大气的水流阻力（s/m），包含土壤阻力 r_s 和空气动力学阻力 r_a 两项。

土壤水势 ψ_s 可用张力计在田间直接测定，大气水势 ψ_a 可通过以下公式由空气相对湿度换算而得：

$$\psi_a = \frac{RT_K}{V_W}\ln\left(e_a/e_s\right)$$

式中：R 为气体常数[8.3144 Pa/(m³·K·mol)]；T_K 为绝对温度(K)；V_W 为水的摩尔体积(1.8×10^{-5} m³/mol)；e_a、e_s 分别为空气的实际水汽压和饱和水汽压(Pa)；e_a/e_s 为空气相对湿度。

土壤阻力 r_s 可用以下公式计算(刘昌明等，1999)：

$$r_s = 5.0\times10^{-4}\left(\psi_m/\psi_{m0}\right)^{2.57}$$

式中：ψ_m 为土壤基质势(Pa)；ψ_{m0} 为土壤水分特征曲线上饱和点的进气值(Pa)。

也可用以下经验关系式计算(Camillo，1986)：

$$r_s = -8.05 + 41.4\left(\theta_s - \theta\right)$$

式中：θ_s、θ 分别为表层土壤饱和含水量和实际含水量(体积比)。

空气动力学阻力 r_a 已在前面谈到。在中性层结条件下，由以下方程计算(杨邦杰等，1997)：

$$r_a = \ln\left[(Z-d)/Z_0\right]/k^2u$$

式中：k 为 von Karman 常数；u 为参考高度(2 m)或冠层高度 Z 处的风速(m/s)；d、Z_0 分别为零平面位移和粗糙度(m)。

在只考虑垂直方向的水分运移时，上式同样适用于有作物覆盖的情况。

对于非中性层结，需要利用空气稳定度进行修正，则有：

$$r_a' = r_a \cdot S_t$$

式中：S_t 为稳定度修正系数，由下式给出：

$$S_t = 1/\left(1-10R_i\right)$$

式中：R_i 为理查逊数：

$$R_i = 9.81\,(Z-Z_0)(T_a-T_s)/\left[(T_a+273.16)U^2\right]$$

式中：T_a、T_s 分别为气温和地表温度(℃)。其他符号意义同上。

2.水文学法

水文学法是以水量平衡原理为基础测定区域蒸散量。它是在测定土壤贮水量、入渗量的基础上，根据水量平衡原理，通过余项法得到区域蒸散量。可有水量平衡法、蒸渗仪法、水分运动通量法(零通量面法)。

(1)水量平衡法

按人们熟知的土壤蒸发阶段划为两个或三个阶段：第一阶段为稳定蒸发阶段；第二阶段为土壤蒸发随土壤含水量变化的阶段；第三阶段为土壤蒸发的极限，属水汽扩散阶段。蒸发与土壤水的关系比较复杂，一般认为在蒸发的第一阶段，蒸发受控于能量即太阳辐射，而非土壤湿度，然而在蒸发的第二阶段，土壤湿度是决定蒸发大小的关键因子。按裸土蒸发变化的阶段概念，也可由土壤水量平衡方法得出概念模型：

$$-E=\frac{d\theta(Z)}{dt}$$

棵间蒸发量可由土壤水量平衡的方法来计算。θ、θ_p、θ_f 分别为实际含水量、零蒸发含水量和田间持水量，当 $\theta_p \leqslant \theta < \theta_f$，水分从下向上运行，土表蒸发 E 与 θ 的关系如下：

$$E=\begin{cases}0 & \theta=\theta_p \\ E & \theta_p<\theta<\theta_f \\ E_m & \theta \geqslant \theta_f\end{cases}$$

按前述蒸发阶段的概念，有：

$$\frac{E}{E_m} \propto \frac{\theta-\theta_p}{\theta_f-\theta_p}$$

或 $\frac{E}{E_m}=\left(\frac{\theta-\theta_p}{\theta_f-\theta_p}\right)^m$

式中：m 为表示 $E-\theta$ 关系的指数。

上式结合 $-E=\frac{d\theta(Z)}{dt}$，则可导出：

$$\theta_i(Z)=\theta_p(Z)+\left\{\left[\theta_0(Z)-\theta_p(Z)\right]^{m-1}+\frac{(m-1)F(LAI)E_m}{\left[\theta_f(Z)-\theta_p(Z)\right]^m}\right\}^{\frac{1}{m-1}}$$

显然，棵间蒸发 E 可由时段始末的土壤含水量 $\theta_0(Z)$、$\theta_i(Z)$ 来推算，即：

$$E=\theta_i(Z)-\theta_0(Z)$$

实际当中，水量平衡法是指在给定的时段和地点，依据一定土壤层内水量收支的差额来计算得到。对于草地来讲，无灌溉，其水量平衡方程可简单表示为：

$$E=P+I_1+W_f-I_2-W_s-R_f-\Delta W$$

式中：E 为区域蒸散量（耗水量）；P 为降水量；I_1 和 I_2 分别为地表径流输入（从异地流入）与输出（从测定区流出）；W_f 为地下水补充量；W_s 为土壤底层渗漏量；R_f 为壤中流（有出也有进，这里以输出与输入差值表示）；ΔW 为土壤层上一时段与当前时段间贮水量的变化。

由于高寒草甸试验观测区地势平缓，加之高原地区远离海洋，降水强度不大，可以忽略地表径流，且壤中流进与出差异极小，也可忽略。再者，青藏高原草甸土壤发育年轻，土层较薄，一般维持在40～60 cm，其底层多为砾石或已到达石质接触面，故其毛管补给水显得微小，即地下水补充量也可忽略。这样，在高寒草甸地区的水量平衡可简单表示为：

$$E = P - W_s - \Delta W$$

需要说明的是，蒸散量包括了植被层对降水截留后的蒸发水量（假设是在对截留100%的蒸发），那么，其降水实际进入土壤中的有效降水量在计算时可能高估，但对区域长时间尺度来讲，这种计算耗水量的方法也是适用的。

（2）蒸渗仪法

蒸渗仪法测定蒸散量也是基于水量平衡的原理，国际通用的称重式蒸渗仪（Weighting Lysimeter），但由于水量平衡方程中的土壤贮水变化量难以确定，即使观测也有较大的误差，故人们设想取出一定量的原状土，只要知道土壤的贮水量变化和入渗量，就可以获知该块土壤的蒸散量。为了得到实际蒸腾量，将蒸渗仪埋设于自然的土壤中，并保持其内外的土壤含水量一致，再通过对蒸渗仪的称量就得到实际蒸散量。蒸渗仪可得到植被的实际蒸散量，也可测定植被的蒸腾量，但因蒸渗仪覆盖的面积及深度有限，只能用于小型植被。蒸渗仪的发展已可实现电子控制，因而可以得到精确的、很短时间尺度（如小时尺度）的蒸散量数据，相关介绍见第八章。但设计复杂，成本高，器内的原装土在安装施工中或多或少地使实际土壤结构有所破坏，器内的植物代表性削弱，对测定结果有所影响。

（3）水分运动通量法（零通量面法）

自然状况下，土壤含水量的变化出现向上或下行的蒸发和渗漏过程，但在实际工作中无法对蒸发和入渗所引起的土壤水含量的变化严格区分，土壤含水量的单独测定并不能得到蒸散量。土壤含水量在垂直方向的转折点可将土壤分为两层，转折点之上的土层土壤水向上运动，而之下的水则向下运动，这个转折点形成的面就叫零通量面。零通量面可分为三种类型，即发散型、聚合型、复合型。三种零通量面在土壤水分向上或向下运动中各有其特点，但其大的特征与转折点引起的规律相同，视具体情况而异。利用零通量面法估算蒸散量，首先根据能量平衡法确定土壤水势为零的点，再确定零通量面及其类型，之后根据零通量面之上或之下土壤含水量的变化量确定蒸散量，其精度取决于零通量面的确定和土壤含水量的测定。零通量面法与蒸渗仪法一样，也是小尺度范围内通过测定土壤含水量和入渗量来确定蒸散量的方法，不同的是测定土壤含水量和入渗量的方法不同。零通量面法是有条件的，地下水位高时一般不可用，降水频繁时也难以使用。

3.微气象学-能量平衡法

微气象学法是利用能量平衡和空气动力学理论或扩散方程测定区域蒸散量。具体的测定方法主要有波文比-能量平衡法、空气动力学法和涡度相关法。

（1）波文比-能（热）量平衡法

地面净辐射 R_{ns} 可用安装于地表面的辐射平衡表测定；土壤热通量的测定采用热流板法，热流板埋于地面以下2 cm，轻轻压实，测定作物冠层以下土壤热通量时，热流板置于作物行间或株间；土壤与大气之间的显热交换 H，可用以下公式计算：

$$H=-\rho C_{p}k_{h}\frac{t_{1}-t_{2}}{Z_{1}-Z_{2}}$$

波文比-能(热)量平衡法是依据地表能量平衡方程在假定热量交换系数和水汽湍流交换系数相等的状况下,将分配给感热能量与分配给潜热能量的比值是常数而确定的。地表面能量平衡辐射以及热量、水汽扩散定律有:

$$R_{n}=\lambda E+H+G$$

$$H=-\rho C_{p}k_{h}\frac{t_{1}-t_{2}}{Z_{1}-Z_{2}}$$

$$\lambda E=\frac{1}{\gamma}\rho C_{p}k_{w}\frac{e_{1}-e_{2}}{Z_{1}-Z_{2}}$$

式中:C_p 为空气定压比热[J/(kg·k)];K_W 为湍流交换系数(m^2/s);$\partial T/\partial Z$ 为空气温度的垂直梯度;R_n 为蒸散发面的净辐射能;λE 、H 分别为蒸散发面与大气间的潜热和显热流通量;G 为土壤热通量;ρ 、C_p 分别为干空气的密度和比热;γ 为干湿球常数;t_1 、t_2 、e_1 、e_2 分别为蒸散发面上高度 Z_1 、Z_2 处的气温和水汽压;k_h 、k_w 分别为 Z_1 到 Z_2 高度处的热量和水汽交换系数。波文比是能量平衡公式中显热与潜热之比。假定 $k_h=k_w$,结合上式可得:

$$\beta=\frac{H}{\lambda E}=\gamma\frac{t_{1}-t_{2}}{e_{1}-e_{2}}=\gamma\frac{\Delta t}{\Delta e}$$

上式结合 $H=-\rho C_{p}k_{h}\frac{t_{1}-t_{2}}{Z_{1}-Z_{2}}$ 可得:

$$\lambda E=\frac{R_{n}-G}{1+\beta}$$

波文比-能量平衡法具有理论基础可靠、物理概念明确及计算简单的优点,其对大气层没有特别的要求和限制。通常情况下,精度较高,可作为检验其他蒸散发计算方法的准判别标准。但其最基本的假设条件是空气动量扩散系数、热量扩散系数和水汽湍流扩散系数相等。所以,只有在开阔、均一的下垫面情况下,才能保证较高的精度。在平流逆温和非均匀的平流条件下,该测量结果会产生极大的误差。

(2)空气动力学方法

又称湍流扩散学法,是1939年Thornthwaite和Holzman等基于近地层气流的动力学特征测定蒸散发量的微气象学方法。其基本假设是在近地层中能量或物质的输送与其物理属性的梯度成正比,比例系数(即湍流交换系数)受大气层结条件、气流垂直切变等影响湍流的外因参数的制约。20世纪40年代由苏联学者莫宁和奥布霍夫提出相似理论之后,相关学者利用近地边界层相似理论,可根据测定的温度、湿度和风速的梯度及廓线方程,求解出潜热和显热通量。

根据空气动力学理论,在近地面层空气动力学粗糙表面上,风速和湿度的垂直梯度可分别表示为:

$$\frac{\partial u}{\partial z}=\frac{u^{*}}{k\,(z-d)}\phi_{m}$$

$$\frac{\partial e}{\partial z}=\frac{-\gamma\lambda E}{\rho C_{p}ku^{*}(z-d)}\phi_{w}$$

根据上二式可得：

$$\lambda E=-\rho C_{p}k^{2}(z-d)^{2}\frac{\partial e}{\partial z}\frac{\partial u}{\partial z}(\gamma\phi_{m}\phi_{w})^{-1}$$

式中：k 为Kaiman常数(0.41)；z 为参考高度；d 为零平面位移高度；u^{*} 为摩擦速度；$\partial u/\partial z$ 、$\partial e/\partial z$ 分别为风速和水汽压的梯度；ϕ_{m}、ϕ_{w} 分别为风速、湿度的通用函数。空气动力学法对下垫面及气体稳定度要求严格，只有在湍流涡度尺度比梯度差异的空间尺度小得多的条件下，梯度扩散理论才能成立。故在平流逆温的非均匀下垫面、粗糙度很大的植物覆盖以及在植物冠层内部情况下，该理论不适用。

(3)涡度相关法

涡度相关理论是Scrase于1930年首先提出的，但是由于风速、温度和湿度湍流脉动难以测量，在较长时段内涡度相关理论一度没有取得多大的发展。直到1951年Swinbank首次创造出可以成功测量和记录风速、温度和湿度的湍流脉动的仪器，才使涡度相关法的应用成为可能。1961年，Dyer运用一个模拟倍频电路来获取垂直风速、温度和湿度，可以实现电路一体化，达到99%的能量闭合，是很多现代设备难以达到的。这是一种用特制的涡动通量仪，可直接测算下垫面显热和潜热的湍流脉动值，从而求得流域内植被蒸散发量的方法。其计算公式为(于贵瑞等，2006)：

$$\lambda E=\lambda\overline{\omega' e'}$$

式中：E 为瞬间蒸发量值；ω' 为垂直风速；e' 为湿度的瞬间脉动值。

涡度相关技术基于不连续涡流中水汽浓度涡流上下运动的测量。其优点是物理学基础坚实且测量精度高，使蒸渗仪和其他测定蒸散发量的方法受到有力的挑战。但由于它是一种直接测定技术，因此不能解释蒸散的物理过程和影响机制，而且仪器制造复杂、成本高昂、维护困难。另外，能量非闭合严重，还会因超声脉动仪探头及其支架对气流的扰动引起严重的观测误差，大大限制了其应用。因此，目前涡度相关法还不能作为蒸散发量的常规计算方法。

4.实际蒸散量模拟公式计算法

上述水文学法、微气象法以及未列出的植物生理学法、闪烁仪法等是通过测定相关参数，依据进入大气的水汽量来确定植被实际蒸散量(耗水量)。从19世纪开始，学者们对于实际蒸散量的研究从未中断，并基于相关基础理论提出多种估算方法，下面给出有关估算方法。

(1)彭曼-蒙特斯修正估算法

在植被需水量一节中讨论了潜在蒸散或蒸发力的研究过程。研究者在研究潜在蒸散过程的同时，对估算模式进行修正与验证，进一步给出了实际蒸散量的估算模型。这些模型种类繁多,其中较著名的是彭曼修正模型、彭曼-蒙特斯(Penman-Monteith)模型、Priestley-Talyor模型、互补模型等。后来还发展出遥感蒸散量模型等。以下就实际蒸散量相关模型给予阐述。

在需水量一节中我们曾给出植被充分湿润状态下净辐射为 R_0 时潜在蒸散量计算的彭曼及彭曼-蒙特斯修正公式。

彭曼提出计算蒸发力的公式为:

$$E_p = \frac{\frac{\Delta R_0}{L} + \gamma E_a}{\Delta + \gamma}$$

$$E_p = \frac{\Delta\left(R_0 - G_0\right) + \rho C_p\left(e_s - e\right) r_{an}^{-1}}{\Delta + \gamma\left(1 + r_c \cdot r_a^{-1}\right)}$$

当下垫面并非湿润时,则方程所得到的是实际蒸散量,进而有彭曼-蒙特斯修正计算实际蒸散量的方程,有:

$$E_t = \frac{1}{L} \frac{\Delta\left(R_n - G\right) + \rho C_p\left(e_s - e\right) r_a^{-1}}{\Delta + \gamma\left(1 + r_c \cdot r_a^{-1}\right)}$$

式中: E_t 为实际蒸散量;L 为汽化潜热; R_n 和 G 分别为下垫面净辐射和土壤热通量; r_c 为表面阻力; r_a 为冠层阻抗。其他符号意义同前。

该模型以能量和水汽扩散理论为基础,既考虑了空气动力学和辐射项的作用,又全面考虑了影响植被的生理特征,弥补了彭曼公式中忽略土壤对水汽传输表面阻力作用的缺点,具有很好的物理依据,能清楚地了解蒸散变化过程及其影响机制,为非饱和状态下垫面实际蒸散量计算开辟了好的途径。

值得说明的是,该模式假定在动量输送阻抗和热量输送阻抗相等时取得表面粗糙度,只能适用于中性稳定层结条件下的蒸散量估算,该模型将植被冠面和土壤看为一层,只能在地面完全覆盖、植被低矮的条件下使用,且很难将植物蒸腾与土壤蒸发区分计算。

当然,在第四章我们也提到用参考作物蒸散量计算实际蒸散量的方法与该模式是相联系的。即:

$$E_t = K_c K_s ET_0$$

式中: ET_0 为参考作物蒸散量; E_t 为实际蒸散量; K_c 为作物系数; K_s 为土壤水分修正系数。

不论何种方法,得到的实际耗水量主要受到气候、土壤水分贮量、植被等因素的影响。这些影响过程中,气候条件直接影响植物蒸腾与土壤蒸发,如太阳辐射、温度、风速、湿度等。太阳辐射是蒸发蒸腾汽化潜热的唯一来源,在其他条件相同的状况下,植物吸收太阳辐射能越高,耗去的水分越多。温度不仅是蒸发过程中分子扩散的控制因子,也是植物气孔开放的控制因子,蒸腾强度随温度的升高而增加,进而加大植物的耗水。空气中湿度较小时,其吸水能力会增强,将加大下垫面植被蒸腾和土壤水分的蒸发,植物耗水就多。风不仅有很高的动能,而且风速在近地层对空气扰动大,扩散湍流增强,使近地层和植物层蒸散出来的水汽分子随扩散不断被带到更高更远的气层,代之以较干燥的空气,导致蒸散加强。但风速过大,植物要关闭气孔,以减少蒸腾耗水。气象要素对植被耗水量的影响是极其复杂而重要的,各气象要素间又相互制约、相互影响。

植物蒸散耗水均来自土壤。因此,植被的实际蒸散过程与土壤水分含量密切相关。当土壤水分含量超过临界土壤水分含量时,实际蒸散过程并不受土壤水分的限制,但当土壤水分含量低于临界水分含量时,植被蒸散随土壤水分含量的增加而增加。土壤湿度低,土壤显得干燥,蒸发土层中水分输送能力衰减,将减缓土壤层水分散失而导致耗水减弱,当土壤湿度增加时,从植被根系的土层中将源源不断地向地表输送水分,促使耗水增强,充分湿润的植被-土壤层具有潜在蒸散量就是这个道理。

当然,植被耗水其本身与植物群落的因素也有很大的联系。当土壤水分含量低于适宜水分含量时,植物种类组成及其生长状况是实际耗水的主要因素。同时,植物生育期长短、植物群落结构特征也是影响耗水的主要参量。不同的植物具有不同的水分利用效率、叶面积不同其植物蒸腾与蒸发分配不同就是这个道理。

(2)布德柯气候学计算法

在农业气候学分析中,实际蒸散量大都用气候学计算方法以获得各地的实际蒸散量。而实际上的气候学计算方法较多,这里再介绍几种。

布德柯综合法:布德柯在综合前人研究陆面总蒸发与土壤湿度关系的基础上,得出不充分湿润陆面总蒸发与蒸发力、土壤湿度和临界土壤湿度之间的联系方程:

$$E = E_p \cdot W \cdot W_k^{-1}$$

式中:E 为陆面总蒸散,或称植物耗水量;E_p 为蒸发力;W 为土壤有效水分实际贮水量;W_k 为了解土壤有效水分贮水量而确定的界限。由该式可以看到,当 $W = W_k$ 时,$E = E_p$。当 $W > W_k$ 时,E和E_p 差异减小,也就是说,当土壤湿度高于临界土壤湿度时,总蒸发等于或接近本地蒸发力。当 $W < W_k$ 时,E/E_p 随土壤湿度呈线性关系。显然,当土壤水分不限制蒸发蒸腾过程时,实际耗水量等于此时的蒸发力。当土壤有效水分含量小于临界水分含量时,实际耗水量小于蒸发力。对于充分湿润的陆面,实际蒸散等于潜在蒸散。鉴于此,布德柯变换上式:

$$W_k = \frac{E_p}{E} W$$

$$W = \frac{1}{2}(W_2 + W_1)$$

式中:W_1 和 W_2 分别为初期和末期的土壤含水量,而实际蒸散量 E 可根据下列水量平衡方程:

$$E = P + W_1 + g - I - W_2 - f$$

或热量平衡方程：

$$E = \frac{1}{L}(R - A - G)$$

上两式中：P 为降水量；g 为地下水补给量；I 为渗漏量；f 为地表径流量；L 为汽化潜热；R 为净辐射；A 为水分消耗总量；G 为土壤热通量。

同时，经研究者推演土壤有效水分含量也可得到计算。将 $E = E_p \cdot W \cdot W_k^{-1}$ 和土壤水分供应不受限制时的热量平衡方程 $R = P + G + LE_p$ 代入上述水量平衡方程，并假设地下水补给量和渗漏量为零。

对于某个时段，当 $W<W_k$ 时，有：

$$W_2 = \frac{1}{1 + \frac{E_p}{2W_k}}\left[W_1\left(1 - \frac{E_p}{2W_k} + P - f\right)\right]$$

当 $W \geqslant W_k$ 时，某个时段有：

$$E_2 = W_1 + P - f + E_p$$

计算时，初期的 W_1 需要实际测定。初期的降水量（P_1）还要考虑前期所有降水及蒸散的影响，故：

$$P_1 = P - f + E_{p1}$$

式中：P 为前期全部降水量（如冬季的全部降水量）；E_{p1} 为冬季潜在蒸散。

实际计算过程中，采取逐步逼近方法。当最后一次（如秋末冬初最后一个月）的土壤水分含量约等于第一次（如冬末春初第一个月）的土壤含水量时，则计算过程可告结束。若不相等，则再进行一次计算。将第一次计算得到的最后一个月月末的土壤水分含量当作本次计算的第一个月月初的土壤水分含量进行计算，直到相等或十分接近为止。

另外，黄仲冬等（2014）在研究土壤水分有效性时，给出了土壤水分供应充足与否状况下的计算方法。当土壤水分充足时，植物蒸散量等于潜在蒸散量，其大小由大气条件和植物类型决定。当土壤供水不足时，植物蒸散量还受到土壤水分的限制，其计算公式为：

$$ET_S = \begin{cases} 0 & 0 < s \leqslant s_h \\ ET_w \dfrac{s - s_h}{s_w - s_h} & s_h < s \leqslant s_w \\ ET_w + (ET_p - ET_w)\dfrac{s - s_w}{s^* - s_w} & s_w < s \leqslant s^* \\ ET_p & s^* < s \leqslant 1 \end{cases}$$

式中：ET_p 为潜在蒸散量（cm/d）；ET_w 为当 $s = s_w$ 时的蒸散量（cm/d）；s_h 为吸湿系数，以饱和度表示；s_w 为凋萎系数，以饱和度表示；s^* 为毛管断裂含水量，以饱和度表示（当 $s \leq s^*$ 时，作物受到土壤水分胁迫，蒸散速率降低；当 $s \geq s^*$ 时，作物不受土壤水分胁迫，蒸散速率达到最大，因此 s^* 也称为植物水分胁迫的临界土壤含水量）。

在地下水埋藏较深的条件下，忽略毛管上升水对根系层水分的影响，根系层底部的边界条件为自由排水边界，水分深层渗漏的驱动力主要为重力作用，当土壤水分超过田间持水量时，深层渗漏发生，其大小由饱和水力传导度和土壤含水量决定：

$$L(s) = K(S) = \frac{K_s}{e^{\beta(1-s_{fc})-1}}\left[e^{\beta(s-s_{fc})-1}\right] \quad s_{fc} < s \leq 1$$

式中：$K(S)$ 为非饱和水力传导度（cm/d）；K_s 为饱和水力传导度（cm/d）；s_{fc} 为田间持水量，以饱和度表示；β 为性状参数；其余符号含义同上。

四、地表-植被间湍流交换阻力

地表与冠层间湍流交换阻力 r_{as} 可用下式表述：

$$r_{as} = \int_{z_{as}}^{d+z_0} \frac{dz}{K_{m(z)}}$$

式中：k_m 为冠层湍流交换系数；z_{as} 为土壤表面粗糙度，取0.005 m。k_m 在冠层内的衰减也假设为指数形式，即：

$$K_m(Z) = K(h)\exp\left[-\alpha\left(1-\frac{Z}{h}\right)\right]$$

土壤阻力 r_s 采用经验公式：

$$r_s = 35\left(\frac{\theta_{sf}}{\theta_f}\right)^{2.3} + 100$$

式中：θ_f 为田间持水量，取0.35 cm^3；θ_{sf} 为表层土壤含水量；D_0 为冠层内空气饱和水汽压差，通常定义为冠层源汇高度处的水汽压差，可用下式表示：

$$D_0 = e(T_s) - \left[e_s(T_s) - e_s(T_0)\right] - e_0$$

式中：$e_s(T_s)$、$e_s(T_0)$ 分别为参考高度饱和水汽压和源汇高度处的水汽压；$e(T_s)$ 为参考高度实际水汽压；e_0 为源汇高度处的实际水汽压。

进一步得出：

$$D_0 = D + \frac{\left[\Delta(R_n - G) - (\Delta + \gamma)LE\right]r_a}{\rho C_p}$$

Shuttleworth 等进一步推导得：

$$LE = C_c PM_c + C_s PM_s$$

其中，$PM_c = \dfrac{\Delta(R_n - G) + \left[\rho C_p D - \Delta r_{ac}(R_{ns} - G)\right]/(r_a + r_{ac})}{\Delta + \gamma\left[1 + r_c/(r_a + r_{ac})\right]}$

$$PM_s = \frac{\Delta(R_n - G) + (\rho C_p D - \Delta r_{as} R_{nc})/(r_a + r_{as})}{\Delta + \gamma\left[1 + r_s/(r_a + r_{as})\right]}$$

式中：$C_c=\left[1+R_cR_a/R_s(R_c+R_a)\right]^{-1}$

$$C_s=\left[1+R_sR_a/R_c(R_s+R_a)\right]^{-1}$$

$$\begin{cases}R_a=(\Delta+r)/r_s\\ R_s=(\Delta+r)r_{as}+r_s\\ R_c=(\Delta+\gamma)r_{ac}+\gamma r_c\end{cases}$$

五、土壤根系-叶-大气水分传输的阻力

在土壤-植物-大气系统中，根-土界面是一个极其复杂的系统，界面上的通量即根系吸水，式中的$S(z,t)$用通量(S)表示(刘昌明等，1999)，则：

$$S=\frac{\Delta\Psi_{rs}}{\Delta\Psi_{rs}}$$

式中：$\Delta\Psi_{rs}$、$\Delta\Psi_{rs}$分别为土壤(s)与根(r)之间的水势差和阻力。显然，$S(z,t)$与土壤的性质、水分状况、植物根系的性质(品种，种类)及分布均密切相关。这就需要对植物根系的根长密度、土壤水势、根水势与叶水势进行测定，进而掌握其水流从土壤到根、从根到叶到大气传输的阻力r_{sr}、r_{rl}和r_{la}，分别为：

$$r_{sr}=\frac{\psi_{sr}}{Q_{sr}}$$

$$r_{rl}=\frac{\psi_{rl}}{Q_{rl}}$$

$$r_{la}=\frac{\psi_{la}}{Q_{la}}$$

土壤-植物-大气系统中水分从叶到大气的传输通量直观表现为蒸腾。若用E表示蒸腾速率(mm/s)，也就是前述以水流通量密度来衡量水流通量，为简单起见，假设$Q_{sr}=Q_{rl}=Q_{l\alpha}=E$，也即假设水流速率处处相等。则：

$$r_{sr}=\frac{\psi_s-\psi_r}{E}$$

$$r_{rl}=\frac{\psi_r-\psi_l}{E}$$

$$r_{la}=\frac{\psi_l-\psi_a}{E}$$

六、土壤水与地下水界面交换过程

土壤层下界与地下水的水分交换因地下水位的埋深而变化，地下水位较高时，相互作用很强，反之很弱，这在土壤-植物-大气系统中必须考虑。在这样的条件下，采用国际通用的称重式蒸渗仪很难准确测定蒸散发量。为了解决这个问题，中国科学院地理所20世纪90年代新设计并制造了可以跟踪区域地下水位升、降的大型称重式蒸渗仪，其面积为3 m²、深度为5 m、总质量达34000 kg、称重系统的感量为0.06 kg、精度达到0.02 mm(刘昌明，1997)。由于仪器中可设定潜水位，这就使其研究的功能大为扩充，在界面水文过程研究中其优越性是：(1)系统中水文界面的位置容易测定和设定(用于模拟)；(2)可以获得地下水运动的水文地质参数，如给水度和水力传导度等；(3)可以直接求得垂直方向上往返流动的水分通量，并用于检验各种通量的计算方法。

水分在土壤-地下水间的运动，即饱气带与饱和带之间流通，常常出现临时性界面，即零通量面。关于零通量面的阐述详见其他文献。

第二节　植物蒸腾速率与裸间土壤表面蒸发速率理论

一、植物蒸腾速率

如果忽略不计冠层光合作用耗能和地上生物量的热焓变化，则冠面接受的净辐射主要用于蒸腾潜热和显热交换，即(孙景生等，1993；1995)：

$$R_{NP}=LE+H$$

式中：LE为潜热通量(L为水的汽化潜热，E为植物蒸腾速率)；H为显热通量；R_{NP}为植物冠层所截留的净辐射能，可按下式计算(康绍忠等，1994)：

$$R_{NP}=R_N\left\{1.0-e^{\left[-0.4016LAI\left(1.0+0.09872\left|\sin\frac{t-13}{12}\pi\right|\right)\right]}\right\}$$

式中：R_N为植物冠层上方接受的太阳净辐射。假设水汽传输阻力r_{av}=热量传输阻力r_{ah}=边界层动力学传输阻力r_a，根据能量传输理论可得出蒸腾潜热和显热交换的表达式，并由冠层能量平衡方程经整理得到：

$$LE=\frac{P_0/P(\Delta/\gamma)R_{NP}+(\rho/\gamma)C_P[e_s(T_a)-e_a]/r_a}{(P_0/P)(\Delta/\gamma)+(1+r_{st}/r_a)}$$

式中：ρ、C_P分别为干空气密度和定压比热；γ为干湿表常数；T_a和e_a分别为高度Z处的气温和水汽压；$e_s(T_a)$是空气温度为T_a时的饱和水汽压；D为饱和水汽压-温度关系曲线的斜率；r_a为边界层空气动力学阻力；r_{st}为植物的冠层阻力；P_0/P为气压修正项。

二、裸间土壤表面蒸发速率

经由植物冠层透射到土壤表面的净辐射能主要用于蒸发潜热、显热交换和土壤热交换，其公式表示为：

$$R_{NS}=LE_s+H+G$$

式中：R_{NS}为经由植物冠层透射到地面的净辐射通量；LE_s为潜热通量(其中E_s为地表蒸发速率，L为汽化潜热)；H为感热通量；G为土壤热通量。R_{NS}由辐射观测资料和植物冠层覆盖情况来确定，其计算式有：

$$R_{NS}=R_N-R_{NP}$$

其他通量计算如下：

$$LE_s=\rho\left(C_P/\gamma\right)\left(he_{sat}-e_a\right)/\left(r_s+r_a\right)$$

$$H=\rho C_p\left(T_s-T_a\right)/r_a$$

$$G=R_{NS}-LE_s-H$$

以上3式中：h为贴近地表处土壤表面温度为T_s时的相对湿度；e_{sat}为空气在温度T_s下的饱和水汽压；T_s为土壤表面温度；r_s为土壤表面蒸发阻力；其余符号意义同前。

土壤表面相对湿度按Camillo等（1983）提出的公式计算：

$$h=e^{\left[g\Psi_s/R\left(T_s+273.16\right)\right]}$$

式中：ψ_s为地表土壤水势（m）；g为重力加速度（g=9.81 m/s^2）；R为通用气体常数。

e_{sat}按下式计算：

$$e_{sat}=10\rho_{sat}R(T_s+273.16)$$

其中：$\rho_{sat}=e^{\left[6.0035-4975.9/\left(T_s+273.16\right)\right]}$。

三、阻力参数的确定

1. 边界层空气动力学阻力的确定

中性层结条件下边界层空气动力学阻力（γ_a）一般按下式确定：

$$r_a=r_{am}+r_b$$

其中：$r_{am}=\left[\ln\left(\left(z-d\right)z_0\right)\right]^2/(k^2u_z)$

$$r_b=6.266(u_z/r_{am})^{-1/3}$$

式中：r_{am}为动量传输的边界层动力学阻力；r_b为剩余阻力；d为零平面位移高度；z_0为下垫面粗糙高度；k为卡门常数；其他符号意义同前。d和z_0用Monteiyh（1975）提出的较为简单的近似形式估算：

$$d=0.63hz_0=0.13h$$

式中：h为植物高度（m）。

对于非中性层结的大气在计算动量传输的边界层动力学阻力r_{am}时，应该进行稳定度订正。大多数稳定度订正函数Φ_m都需要两个高度以上的温度梯度资料，而且计算也较为繁琐，为此Monteiyh（1981）提出一个非中性层结条件下r_{am}的简便计算公式：

$$r_{am}=\frac{\left[\ln((z-d)/z_0)\right]^2}{k^2u_z}+\frac{1.6\ln((z-d)/z_0)}{ku_z}$$

国内许多学者用该式和用考虑稳定度订正函数Φ_m的各种模型所算得的蒸腾结果进行了比较，发现其差异可以忽略不计，因此在蒸腾计算中可采用Monteiyh模型计算r_{am}。

2. 冠层阻力的计算

为了估算作物的冠层阻力（r_{ST}），可利用所观测的冠面温度和叶气孔阻力，通过引入冠层温度来反映不同土壤水分状况对作物叶片气孔阻力的影响，采用非线性最小二乘原理，经回归分析，可建立植物受光叶片气孔导度的估算模式：

$$C_a = \frac{a + bR_{np}}{1 + e^{(a_1 + b_1 VPD)}} \cdot \frac{1}{(1 + c\Delta T_c)^{1.124}}$$

式中：a、b、c、a_1、b_1均为回归系数；C_a为气孔导度；$DT_c = T_c - T_h$为实测冠层温度与同一时刻土壤水分充足条件下的冠层温度的差值，冠层温度可以实测到，或按相关模型估算；k为衰减系数，取0.4；VPD为空气水汽压饱和差；其他符号意义同前。

冠层内第i层叶片接收到的净辐射能（R_{ni}）由以下指数函数表示：

$$R_{ni} = R_n e^{(-kL_i)}$$

k为衰减系数，近似取0.4；L_i为自冠层顶部向下累积的叶面积指数。则冠层总的水汽传输导度（g_c）可表示为：

$$g_c = \sum LAI_i g_{ci}$$

式中：LAI_i为第i层叶片的叶面积指数。

从而植物冠层阻力（r_{ST}，s/m）由下式计算：

$$r_{ST} = \frac{100}{g_c}$$

3.土壤表面蒸发阻力的确定

土壤表面蒸发阻力（r_s）是水汽从水汽源运移到蒸发表面时所受到的阻抗，这一概念是从彭曼公式中植被表面蒸发阻力的概念推广而来。Sun等（1982）认为，土壤表面蒸发阻力主要与表面土壤含水量有关，并且建立如下的计算模式：

$$r_s = 3.5(\frac{\theta_{sat}}{\theta})^{2.3} + 33.5$$

式中θ和θ_{sat}分别为0～2 cm土层的土壤容积含水量和饱和土壤含水量。从上式可以看出，在土壤饱和时，r_s较小；当土壤表层逐渐变干时，r_s以高度非线性方式增加。

上式建立的前提条件是当估算空气动力学阻力r_a时，假设大气为中性层结。然而，实际测定资料表明，大气在一日间是高度不稳定的，此时若采用该式计算，蒸发量偏大，因为中性层结条件下，大气的r_a值要比不稳定大气的r_a大，所以r_s可能被低估了。此外，该模型假设表面水汽压等于由表面温度来计算的饱和值，事实上当土壤表面干到一定程度时，相对湿度一般低于1。为此，Camillo和Robert（1986）去除了这些假设，利用实际测定的蒸发资料和同步观测的气象资料，通过反推r_a，建立如下的关系式：

$$r_a = -804 + 4140(\theta_{sat} - \theta)$$

四、植物蒸腾速率的简易计算

以上是严格按彭曼-蒙特斯公式推导，并将植物层分不同层次进行相关水分运动参数的确定，并未对植物蒸腾和蒸发计算的物理参数进行确定。在实际应用中，植被的蒸腾可直接由彭曼-蒙特斯的简易计算，有：

$$E=\frac{\delta H_c+\rho C_P(e_s-e_a)/R_{ac}}{[\delta+\gamma(1+R_{sc}/R_{ac})]\cdot L}$$

式中：δ为饱和水汽压对温度T_a(℃)时的斜率；e_s和e_a为空气的饱和水汽压和实际水汽压；H_c为辐射平衡；ρ为空气密度；C_p为空气定压比热；γ为干湿表常数，L为蒸发潜热；R_{sc}和R_{ac}分别为植物的冠层阻力和冠层的空气动力学阻力。R_{ac}用彭曼(1981)提出的经验公式：

$$R_{ac}=\ln\left(\frac{Z-d}{Z_0}\right)/(K^2U_z)+1.6\ln\left[\frac{Z-d}{Z_0}\right]/(KU_z)$$

式中：U_z为Z处的风速；Z_0和d为下垫面粗糙度和零平面位移；K为Von Karman常数。Z_0和d可由作物高度(h)推算，已在第三章给出。也有不少研究者提出如下经验计算法(孙景生等，1995；王汉杰等，1999；孙淑芬，2005)：

$$\log Z_0=0.977\log h-0.883$$

$$\log d=0.9793\log h-0.1536$$

第三节　遥感蒸散量估算

遥感方法估算农田蒸散量的模式基本上均是用遥感方法获得表面温度(包括作物冠层温度)及能量界面的净辐射通量，并辅助以必要的作物和气象参数来估算农田蒸散量。表面热红外温度能够客观地反映出近地层湍流热通量的大小和下垫面的干湿差异，使得遥感方法比常规的微气象学方法精度高，尤其在区域蒸发计算方面具有明显的优越性。20世纪70年代以来，国外就相继开展了这方面的工作，已取得了一系列成果。从20世纪80年代后期开始，我国也开展了这一领域的研究。

遥感方法的应用前景十分广阔，但其估算的农田蒸散量是不连续的，基本上是一种瞬时测量。而在实际应用中，人们主要关心的是蒸散时段的总量。蔡焕杰和熊运章(1994)等根据瞬时遥感蒸散量与蒸散日总量之间的关系，依据每天一次的观测资料提出了估算农田蒸散日总量。对于草地均可实用，特在此引出，以便今后在草地蒸散量估算中推广应用。

一、遥感农田蒸散量计算模式

用遥感方法估算农田蒸散量的模式有许多种。谢贤群等对国内外现有的几种模式进行了比较，认为陈镜明提出的剩余阻力模式精度最高。陈镜明从植物小气候学原理出发，提出了对Brown-Rosenberg模式的改进模式:

$$\lambda E = R_n - G - \rho C_p \cdot \frac{T_c - T_a}{r_a + r_{bH}}$$

式中：λE 为蒸散强度；R_n为净辐射通量；G 为土壤热通量；ρ 为空气密度；C_p为定压比热；T_c为冠层温度；T_a为气温；r_a为空气动力学阻力；r_{bH}为茎叶边界层上热传输相对于动量传输的剩余阻力。

r_a在中性层结条件下有：

$$r_a = (\ln\frac{Z-d}{Z_0})^2 / k^2 U(Z)$$

式中：Z 为参考高度；d 为零平面位移；Z_0为下垫面粗糙高度；k 为卡曼常数(0.41)；$U(Z)$为 Z 高度处的风速。

$$D=0.63\mathrm{h}, Z_0=0.13h$$

式中：h 为植被高度。

由于植被冠层很少处于中性条件，Hatfield 等（1983）提出了r_a的修正公式：

$$r_{ac} = r_a \cdot \left[1 - n(Z-d) \quad g\frac{T_c - T_a}{T_0 \cdot U^2(Z)}\right]$$

式中：R_{ac} 为经层结修正后的空气动力学阻力；n 为经验常数，一般取5；g 为重力加速度；T_0为以绝对温度表示的空气温度。r_{bH}可用下列计算（陈镜明，1988）

$$r_{bH} \approx \frac{4}{U^*}$$

式中：U^* 为植冠的摩擦风速，有：

$$U_* = k\frac{U(Z)}{\ln(Z-d)/Z_0}$$

二、日总量的估算

日总量与气象条件关系明显，其小气候以24 h为周期的规律性变化，即日蒸散强度亦有类似的日变化过程。Ben-Asher 等（1989）利用蒸渗仪的研究表明蒸散强度日变化过程可有：

$$ET(t) = ET_{max} \cdot \sin(\omega t - \frac{\pi}{2})$$

式中：ET_{max}为一天中最大蒸散强度(mm/h)，在真太阳时的中午测定；ω 为周期频率 $\omega=2\pi/P$，这里 P 为波长(24 h)；t 为真太阳时(h)；$ET(t)$为 t 时的瞬时蒸散强度(mm/h)。

积分上式，并限制其积分上、下限分别为6和18，有：

$$ET_d = \int_6^{18} ET_{max} \cdot \sin(\omega t - \frac{\pi}{2}) \quad \mathrm{d}t = ET_{max} \quad P/\pi = 7.64ET_{max}$$

式中：ET_d为蒸散日总量(mm)。

上式确定上、下限为6和18时，因为一年中平均昼长约为12 h，虽然昼长有变化，但日出后及日落前的一段时间内净辐射通量很小、蒸散也很小，故这一阶段的蒸散量对蒸散日总量的计算结果影响不大。上式只能由真太阳时正午测定的一天中最大蒸散强度估算蒸散日总量，问题较多。为此，假设蒸散日总量与白天任一时刻t的瞬时蒸散强度的比值J有：

$$J=\frac{ET_d}{ET(t)}$$

则有：

$$J=\frac{7.64ET_{max}}{ET_{max}\cdot\sin(\omega t-\pi/2)}=\frac{7.64}{\sin(\omega t-\pi/2)}$$

因此有：

$$ET_d=J$$

$$ET(t)=\frac{7.64ET(t)}{\sin(\omega t-\pi/2)}$$

该式建立了一天中任意时刻t的瞬时蒸散强度与蒸散日总量之间的关系。

第四节　海北矮嵩草草甸植物种蒸腾强度、裸间地表蒸发及与环境因子的相互关系

一、海北高寒矮嵩草草甸植物种蒸腾强度、裸间地表蒸发及与环境因子的相互关系

植物根系吸水和叶面蒸腾是研究植物水分循环的重要环节。水分蒸腾对植物来讲，是必不可少的生理过程，蒸腾是植物吸收水分和矿物质的主要动力之一，同时它降低叶温，避免温度过高对叶组织的伤害。蒸腾强度随植物的种类、物候期和生长环境而变化，反映着植物对水分的利用状况。历来农学家和植物生理学家对植物蒸腾强度都予以高度的重视。

沈振西等学者（1991；钟海民等，1991；杨福囤等，1989）利用海北高寒矮嵩草草甸不同植物种进行了蒸腾强度的季节变化和日变化的观测与分析，并探讨了在高寒气候条件下植物蒸腾规律与环境因子的相互关系（表5-1至表5-7，图5-2，图5-3）。植物种为羊茅、垂穗披碱草、矮嵩草、二柱头藨草、黑褐苔草、鹅绒萎菱菜、雪白萎菱菜、美丽凤毛菊、矮火绒草、甘肃棘豆、麻花艽和柔软紫菀。采用随机取样，二柱头藨草取其茎（叶片退化，极小），其余植物均取基生叶或茎生叶。用钴纸法测定叶片的蒸腾强度，用7151型半导体温度计测定叶温，用Gossen型照度计测定光照强度，用土壤负压计测定土壤（5～10 cm）水分，其他资料由定位站的气象站提供，其中土壤温度为地下5 cm处的测定值。

1. 矮嵩草草甸植物的蒸腾系数和蒸腾效率

蒸腾系数是指制造1 g干物质所需的水分质量，亦称需水量。蒸腾效率为植物每

消耗1 kg水所形成的干物质质量。根据测定的单株(丛)植物干物质生产量和叶面积及平均蒸腾强度(仅考虑生长期内植物在日照下的蒸腾),从物候记载可知植物生长天数为135 d,从气象资料中得知生长期内平均每天日照时数为6.3 h,由下列公式计算出蒸腾系数。

$$蒸腾系数=\frac{叶面积（dm^2）\times 生长天数\times 日均日照时数\times 平均蒸腾强度［g/（dm^2\cdot h）］}{平均干物质生产量（g）}$$

由蒸腾系数推算出植物的蒸腾效率(g)。表5-1给出了矮嵩草草甸10种主要植物的蒸腾系数和蒸腾效率(钟海民等,1991)。由表5-1可以看出,蒸腾系数超过2000.0的有雪白委陵菜、鹅绒委陵菜和美丽凤毛菊3种植物。在1000.0～2000.0间的有矮火绒草、二柱头藨草、甘肃棘豆、麻花艽、矮嵩草5种植物。低于1000.0的有羊茅和垂穗披碱草2种多年生禾草类。上述蒸腾系数较农作物的蒸腾系数高100～500,和在青海共和县所做的芨芨草群落主要植物的蒸腾系数较接近。高寒草甸植物蒸腾系数偏高,这与植物蒸腾强烈及较低的植物生产量有密切联系。

表5-1　矮嵩草草甸10种植物单株(丛)的蒸腾系数和蒸腾效率

植物名称	干物质生产量(g)			叶面积(cm^2)	平均蒸腾强度[$g/(dm^2\cdot h)$]	蒸腾系数	蒸腾效率(g)
	地上	地下	总计				
羊茅	0.159	0.023	0.182	1.29	4.0542	244.40	4.0917
垂穗披碱草	0.290	0.040	0.330	11.58	2.8422	848.25	1.1789
矮嵩草	0.152	0.112	0.264	8.49	4.4862	1227.03	0.8150
二柱头藨草	0.163	0.124	0.287	12.80	3.8208	1449.29	0.6900
雪白委陵菜	0.262	0.034	0.296	16.49	5.4390	2577.05	0.3884
鹅绒委陵菜	0.126	0.082	0.208	14.95	4.1832	2557.18	0.3911
美丽凤毛菊	0.963	0.138	1.101	67.83	3.8424	2013.31	0.4967
矮火绒草	0.097	0.002	0.099	5.81	3.5214	1757.64	0.5689
甘肃棘豆	1.650	1.637	3.287	161.18	3.4698	1447.07	0.8911
麻花艽	0.899	0.500	1.399	69.98	3.2094	1365.38	0.7624

注:生长期按135 d计。生长期日平均日照时数为6.3 h。

矮嵩草草甸10种植物的蒸腾效率,以羊茅最高(4.0917 g),垂穗披碱草次之(1.1789 g),其余均小于1 g,这低于大多数农作物的蒸腾效率(2～10 g)和一般野生植物的蒸腾效率(1～8 g)。但植物的蒸腾效率只能说明植物本身蒸腾耗水的效率,而不能说明它对周围环境中水分的利用情况。

2.植物蒸腾强度的季节动态

分别选择5月底和6—9月的每月月初晴天，从日出到日落对12种植物每隔2 h测定1次植物蒸腾强度。观测发现（表5-2），植物在不同时期由于生长发育节律的不同，加之环境因子的影响，植物蒸腾强度存在季节性变动，总的趋势是，从5月（返青期）起蒸腾强度逐渐增高，8月（生长盛期）达到最大值，以后又逐渐下降，9月（枯黄期）最低甚至停止。不同植物蒸腾强度出现最大值的时期迟早不一。这与植物本身的生态-生物学特性有密切联系。

表5-2　矮嵩草草甸12种植物不同时期的蒸腾强度[×10^{-3}mg/(cm^2·s)]

植物种类	月份				平均
	5、6	7	8	9	
矮嵩草	8.3626	13.1081	12.6480	11.1929	11.4463
黑褐苔草	9.8719	12.5488	11.0208	9.8335	10.8188
二柱头藨草	8.2021	12.1687	13.3097	6.4112	10.2290
羊茅	8.1613	10.9329	12.4263	6.1123	9.4087
垂穗披碱草	10.3719	7.7216	9.4998	4.9726	8.1415
雪白萎蒌菜	7.5463	14.1880	11.4055	–	11.0466
矮火绒草	7.6943	9.4916	12.9069	10.5246	10.1542
鹅绒萎蒌菜	7.0368	12.2026	13.4283	7.5303	10.0495
柔软紫菀	8.7953	10.2311	11.3513	9.2306	9.9021
甘肃棘豆	7.5373	11.3260	10.2499	8.1163	9.3073
美丽凤毛菊	5.9380	8.3997	10.2120	10.7931	8.8367
麻花艽	4.9399	6.0782	9.4726	4.7733	6.3160
平均	7.8715	10.6998	11.4943	8.1355	9.5503

从表5-2还可以看出，12种植物蒸腾强度平均值为9.5503×10^{-3} mg/(cm^2·s)，它们依次为矮嵩草>雪白萎蒌菜>黑褐苔草>二柱头藨草>矮火绒草>鹅绒萎蒌菜>柔软紫菀>羊茅>甘肃棘豆>美丽凤毛菊>垂穗披碱草>麻花艽。蒸腾强度的种间差异，主要与植物叶片的解剖特征（气孔大小、结构、排列与密度等）密切相关。

表5-2也说明，同一种植物随着它们生长发育所处的物候期不同，蒸腾强度也发生相应的变化。总的趋向是：在生长初期（大部分植物处于营养生长阶段，少数发育较早的植物已开花）蒸腾强度较低，随着植物进入生殖阶段（抽穗开花或结实）蒸腾强度增至最高。这同它们的蒸腾面积增大及此时植物活力最强有关。因植物种类不同，最高蒸腾强度出现的时间也有迟早之别，这与植物本身的生态-生物学特性密切

相关。若按同一种植物不同物候期平均蒸腾强度计，禾草中的羊茅(C3植物)高于垂穗披碱草(C4植物)。莎草类的矮嵩草高于二柱头藨草。在杂类草中，雪白委陵菜>美丽凤毛菊>鹅绒委陵菜>矮火绒草>甘肃棘豆>麻花艽。

3.植物蒸腾强度日变化

日出后随着气温的上升、光照的增强及其环境因子的变化，植物蒸腾强度随之增大，在14:00时左右达到最大值，之后又随气温、光照强度的降低而逐渐降低，日落后降至最低，12种植物蒸腾强度日进程见图5-2。钟海民等(1991)选择晴天状况下垂穗披碱草、矮嵩草、美丽凤毛菊3种植物的蒸腾强度日进程(图5-3)，发现具有相同的变化规律，表现出高寒草甸植物的蒸腾强度于清晨日出后，随着温度的上升，空气相对湿度下降，叶内外蒸汽压差变大，气孔开度增大，植物蒸腾随之增强。但达到最大值的时间则因植物种类不同而不一，如矮嵩草出现在中午12:00，为0.0108 mg/(cm^2·s)，而美丽凤毛菊和垂穗披碱草出现在午后14:00，分别为0.0155 mg/(cm^2·s)和0.0121 mg/(cm^2·s)。峰值之后，蒸腾强度又随着日照、温度的逐渐减弱或降低，日落前降至最低值。

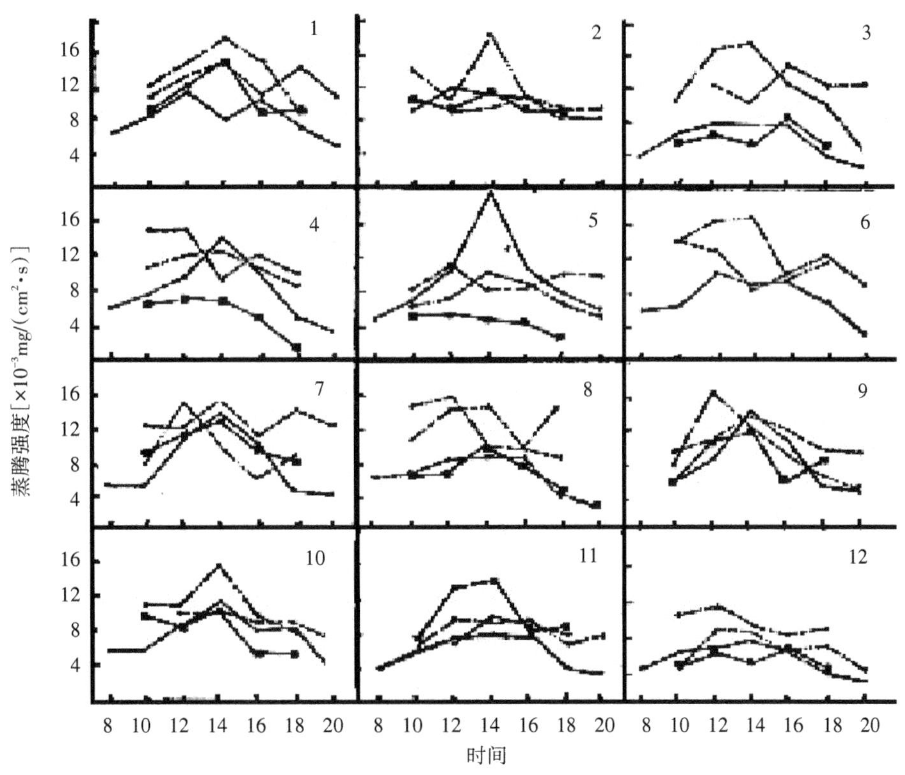

(1) —— 5月低到6月初；-·-·- 7月初；······8月初；·—· 9月初；(2)1、2、3、4、5、6、7、8、9、10、11、12分别为矮嵩草、黑褐苔草、二柱头藨草、羊茅、垂穗披碱草、鹅绒委陵菜、矮火绒草、雪白委陵菜、柔软紫菀、甘肃棘豆、美丽凤毛菊、麻花艽。

图5-2　矮嵩草草甸12种植物蒸腾强度日变化

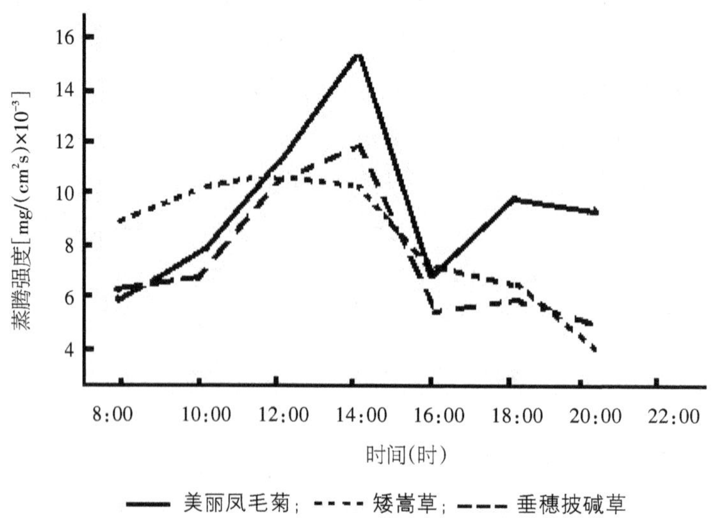

图5-3 矮嵩草草甸3种植物蒸腾强度日变化

由于午后环境因子的瞬间变化较大，图5-2和图5-3中曲线在这段时间出现一些波动，但总的来看仍属“单峰形”曲线。这不仅与环境因子的变化有密切的联系，而且与植物气孔的开闭有一定关系（杨福囤等，1989）。高寒草甸的研究结果与内蒙古羊草群落主要植物孕蕾期首蓿的双峰形蒸腾日变化曲线显然不相同，这可能与高原气温偏低（测定时最高气温仅13.2 ℃）、草甸土壤供水较充足、白天气孔一直开放（表5-3）有关。因此，与草原植物相比，上述无“午休”现象可能是高寒草甸植物蒸腾的特征。

表5-3 矮嵩草草甸3种植物气孔大小和开闭状况（1986年6月21日）

时间	垂穗披碱草			矮嵩草			美丽凤毛菊		
	长	宽	开闭状况	长	宽	开闭状况	长	宽	开闭状况
8:00	0.00	0.00	闭	11.42	1.01	90%开	19.73	8.05	50%开
10:00	17.90	3.12	开	23.88	2.86	开	21.67	8.57	开
12:00	17.90	3.12	开	23.88	2.86	开	25.96	9.35	开
14:00	17.90	3.12	开	23.88	2.86	开	24.40	9.73	开
16:00	17.90	3.12	开	13.76	1.82	稍闭	24.40	9.73	开
18:00	16.35	1.56	稍闭	13.76	1.82	稍闭	19.99	8.04	开
20:00	0.00	0.00	闭	0.00	0.00	闭	0.00	0.00	闭

虽然植物蒸腾强度日变化均呈“单峰形”曲线，但日变化的波动程度在不同时期表现不一。一般在5月底或6月初和9月初植物蒸腾强度日变化波动较小，在7月初或8月初由于热量、光照与水分的供应均较充足，植物新陈代谢旺盛，因而大部分植物蒸腾强度日变化波动较大。垂穗披碱草在5月底或6月初这段时期处于拔节-孕穗阶段，茎叶生长迅速，代谢旺盛，蒸腾强度日变化波动较大；美丽凤毛菊生长发育较迟，8月初至9月初正是孕蕾-开花期（史顺海等，1989），新陈代谢较旺盛，因而蒸腾强度日变化的波动也较大。所以蒸腾强度日变化与植物本身的发育节律也有一定关系。

4.矮嵩草草甸不同植被覆盖条件下地表蒸腾-蒸发强度的变化

在测定不同植被覆盖条件下（矮嵩草草甸、刈割的矮嵩草草甸和裸地）蒸腾-蒸发强度的变化发现（表5-4），植被覆盖地段的蒸腾-蒸发强度大于裸地的蒸发强度。植物根系吸水有两种动力即根压和蒸腾拉力。有植被覆盖地段水分主要通过植物蒸腾和地表蒸发散失到大气中。被刈割的地段，植物虽然没有蒸腾作用，但根系依靠根压仍可不断吸水，水分经伤口流出而蒸散于大气中。无植被覆盖的裸地，水分通过土壤毛细管作用而散失，土表水分蒸发后常形成一层干土层，它能防止水分过量蒸发，因而裸地的蒸发量小于有地被覆盖的地表的蒸腾-蒸发量。这与经气孔扩散水分的速率比同面积自由水要快几十倍的原理（北京农业大学，1980）也有很密切的关系。

表5-4还说明，在不同时期，植被的蒸腾-蒸发强度不一，8月25日测定的结果比6月21日高，这与植物蒸腾面积（叶面积）充分增大有关。同一时期，不刈割和刈割的矮嵩草草甸蒸腾-蒸发强度不同，如6月21日测定的结果是前者较后者低，这与植物处于旺盛代谢生长阶段而导致伤流量较高有关。8月25日测定时，植被已处于生长发育后期，不刈割矮嵩草草甸的蒸腾-蒸发强度高于刈割地。

植物蒸腾作用是多种因素综合作用的结果，一方面受植物本身形态结构和生理状况的影响，如叶子的大小、形状，解剖结构和气孔的形态、结构、分布、密度及开度以及叶肉细胞间隙大小、叶色深浅、角质层厚度、叶表皮附属物等。气孔是水分散失的主要通道，植物可通过气孔的开关有效地调节水分，研究植物的蒸腾，需从研究气孔的形状、结构、分布、密度及开度等方面入手，虽然我们初步观察了气孔，测定了气孔的大小和开度，但还有许多工作有待更进一步深入研究。另一方面是外界环境条件如太阳辐射、气温、空气湿度、风等的影响，它们综合地影响着气孔的开关，在这些因素中，光照起着主导作用，在气候多变的高原，阴晴交加，植物蒸腾也明显出现忽低忽高现象。对植物角质蒸腾、夜间及阴雨天蒸腾方面的研究还需做大量的工作。

表5-4　矮嵩草草甸不同地被覆盖物的蒸腾与蒸发

地被覆盖物	测定时间	6月21日蒸腾-蒸发[mg/(cm²·s)]	8月25日蒸腾-蒸发[mg/(cm²·s)]
矮嵩草草甸	10:00	0.0138	0.0216
	14:00	0.0151	0.0212
	18:00	0.0104	0.0247
	平均	0.0131	0.0225
刈割的矮嵩草草甸	10:00	0.0150	0.0200
	14:00	0.0143	0.0216
	18:00	0.0162	0.0209
	平均	0.0151	0.0208
裸地	10:00	0.00556	0.0159
	14:00	0.00556	0.00597
	18:00	0.00556	0.00597
	平均	0.00556	0.00929

5.植物蒸腾强度与环境因子的线性回归关系

将12种植物蒸腾强度分别与叶温、气温、地表温、土壤温度、相对湿度、光照强度和土壤水分进行相关性分析(表5-5)发现,不同植物的蒸腾强度与环境因子的相关系数不同,同一种植物与各环境因子间的相关系数也不同。二柱头藨草、羊茅、垂穗披碱草、矮火绒草、鹅绒萎菱菜、柔软紫菀、甘肃棘豆和麻花艽8种植物的蒸腾强度仅与温度(叶温、气温、地表温或土壤温度)有显著的相关关系($P<0.05$或$P<0.01$);美丽凤毛菊不仅与温度呈显著的相关关系($P<0.05$或$P<0.01$),还与光照强度呈极显著的相关关系($P<0.01$),矮嵩草的蒸腾强度与土壤水分之间的相关系数最大。

为进一步探讨高寒草甸植物蒸腾变化与环境因子间的关系,将测得的所有植物蒸腾强度及环境因子的数据进行相关性分析,相关程度依次为:叶温>地表温>气温>土壤温度>光照强度>土壤水分>相对湿度。其中土壤水分与蒸腾强度呈显著的负相关关系。说明影响矮嵩草草甸植物蒸腾强度的主要环境因子是温度(叶温、地表温、气温、土壤温度),其次为光照强度、土壤水分,而空气相对湿度对植物蒸腾的影响不显著,为次要因子。

表5-5　矮嵩草草甸12种植物蒸腾强度与环境因子的相关系数

植物种	叶温	气温	地表温	土壤温度	相对湿度	土壤水分	光照强度	样本数
矮嵩草	0.3721	0.2534	0.1965	0.1910	0.3262	−0.4089	0.2085	18
黑褐苔草	0.3675	0.0325	0.2196	−0.0885	−0.1435	−0.5936※※	0.3346	16
二柱头藨草	0.7584※※	0.6253※※	0.7769※※	0.4712※	0.2187	−0.1418	0.3669	18
羊茅	0.7668※※	0.5101※	0.4383	0.3825	0.0740	−0.3522	0.1850	16
垂穗披碱草	0.6270※※	0.3187	0.6873※※	0.2393	−0.4195	−0.2466	0.3022	19
雪白萎蓌菜	0.1871	0.1642	0.0956	0.0572	0.2428	−0.6506※※	0.2167	18
矮火绒草	0.3323	0.5278※※	0.3559	0.4152	0.2519	0.0747	0.0975	18
鹅绒萎蓌菜	0.7355※※	0.4788	0.4576	0.3832	0.3873	−0.4437	0.3773	17
柔软紫菀	0.5463※	0.2105	0.5341	0.1681	0.0993	−0.1835	0.0711	18
甘肃棘豆	0.6427※※	0.4684	0.4421	0.3365	−0.2724	−0.4392	0.3333	16
美丽凤毛菊	0.8050※※	0.6689※※	0.7058※※	0.5320※	−0.1173	−0.3184	0.6852※※	17
麻花艽	0.5824※	0.3541	0.4024	0.3062	0.2387	−0.2162	0.3125	18

注：※※$P<0.01$，※$P<0.05$。

表5-6　矮嵩草草甸植物蒸腾强度与环境因子的相关分析

因素	X_1	X_2	X_3	X_4	X_5	X_6	X_7
叶温	X_1						
气温	X_2 0.6035※※						
地表温	X_3 0.7745※※	0.8040※※					
土壤温度	X_4 0.5077※※	0.9323※※	0.6667※※				
相对湿度	X_5 −0.4950※※	−0.4468※※	−0.5823※※	−0.3552※※			
土壤水分	X_6 −0.0493	0.3055※※	0.2152※※	0.3525※※	−0.3007※※		
光照强度	X_7 0.5453※※	0.1843※※	0.3889※※	0.0350	−0.3571※※	−0.2460	
蒸腾强度	Y 0.4670※※	0.3592※※	0.3940※※	0.2632※※	0.0371	−0.1506※	0.2005※※

注：※※$P<0.01$，※$P<0.05$。

从表5-6看出，除土壤温度与光照强度、叶温与土壤水分间相关关系不显著，以及光照强度与土壤水分、相对湿度分别与其他各环境因子间呈极显著的负相关关系外，其余各环境因子之间均呈极显著的正相关关系，说明这些环境因子之间存在着相互依赖和相互制约的关系。

矮嵩草蒸腾强度与环境因子间线性相关不显著(表5-5),故对自变量(环境因子)逐一进行非线性(双曲线函数、指数函数、对数函数和幂函数)回归,选择其中回归效果最好的。对其他11种植物则采用多元线性逐步回归的方法,将主要的自变量因子引入回归方程,把次要的自变量因子从回归方程中剔除,最终得到一个具有较高精度和较简单的回归方程(刘福,1985)。12种植物蒸腾强度与环境因子的回归方程见表5-7。各回归方程的回归效果均达到显著或极显著($P<0.05$或$P<0.01$)水平。矮嵩草蒸腾强度的回归方程属指数函数。其他11种植物则为逐步回归建立的线性方程。在每种植物蒸腾强度的回归方程中,引入的自变量(环境因子)与每种植物蒸腾强度显著相关的环境因子(表5-5)不完全一致。如美丽凤毛菊,与之蒸腾强度呈极显著相关的因子为X_1、X_2、X_3和X_7,呈显著相关的为X_4,不显著相关的为X_5和X_6,但在逐步回归中,只引入变量X_1、X_6,尽管X_6在相关分析中为不显著的因子,但却对回归方程贡献较大,因此获得的回归方程精度较高且较简单。

表5-7　矮嵩草草甸12种植物蒸腾强度与环境因子的回归方程

植物种	回归方程	相关指数
矮嵩草	$Y=23.8652e^{(-9.3224/X_1)}$	0.9015※※
苔草	$Y=17.1098-4.9599e^{-2}X_6$	0.5936※
二柱头藨草	$Y=6.0388+0.4183X_3-4.0300e^{-2}X_6$	0.8537※※
羊茅	$Y=2.5751+0.4151X_1$	0.7618※※
垂穗披碱草	$Y=4.1853+0.2001X_3$	0.6872※※
雪白萎蒌菜	$Y=22.1472-8.6745e^{-2}X_6$	0.6506※※
矮火绒草	$Y=-16.7784+0.3129X_1+0.4295X_2+0.2380X_4$	0.8778※※
鹅绒萎蒌菜	$Y=-3.1832+0.4150X_1+0.1333X_4-3.1002e^{-2}\times X_6$	0.9004※※
柔软紫菀	$Y=-8.5622+0.1393X_4$	0.8000※※
甘肃棘豆	$Y=3.2533+0.2884X_1$	0.6427※※
美丽凤毛菊	$Y=4.8085+0.2184X_1-1.7413e^{-2}X_6$	0.8591※※
麻花艽	$Y=-4.3985+0.2880X_1+8.0318e^{-2}X_4$	0.7765※※

注:※※$P<0.01$,※$P<0.05$。

在高寒气候下,温度为首要因子,其中叶温与植物蒸腾强度显著相关(表5-6)。

高寒地区气温较低，风速较大，而地表植被对风则有阻滞作用，加之地表有一定的贮热能力，使其地温往往比气温变化范围大，对植物蒸腾的影响也较大。大气相对湿度是影响植物蒸腾的非主要因子，这可能与高寒草甸地区相对湿度较高，变化范围较小有关。

二、海北矮嵩草草甸主要植物气孔分布及开闭规律与蒸腾强度的关系

钟海民等(1991)选取矮嵩草和二柱头藨草等莎草类植物、垂穗披碱草和羊茅等禾草类植物、美丽凤毛菊和麻花艽等杂类草植物为代表，在5月底6月初，选择天气晴朗的一日，从清晨7时到晚上7时，每隔2小时，将上述健康的成熟叶片采下3～4片，剪成3～4 cm长的小段，迅速投入盛有FAA固定液的样瓶中，标明序号，待样品全部采完固定好后，按时间顺序逐一取出，分别撕下叶片的上下表皮；制成徒手切片，置光学显微镜下，观察表皮气孔的分布情况和开闭日变化规律以及气孔器的结构大小，并进行显微拍照。各表皮在每一测定时间内观察10个视野，气孔密度按70个视野统计，以个/mm^2计，气孔开闭日变化按每一测定时间内10个视野统计出气孔的开张率(单位面积上气孔开张的数目占总气孔数的百分比)，单、双子叶植物气孔开度分别以1和3 μm为标准。在采固定样的同时，用钻纸法测定垂穗披碱草、矮嵩草和美丽凤毛菊8种植物蒸腾强度的日变化，从5月底至9月底，每月选择天晴的一日，在同一时间内测定6种植物的蒸腾强度，每次测定重复10次，取平均值，以g/(cm·s)计。在一天中蒸腾强度最高时，用目镜测微尺重复10次测定各植物气孔器的长短轴及气孔的最大开度，取平均值，以mm计。

1.气孔的密度和最大开度

6种植物叶片上下表皮气孔的密度、最大开度和气孔器的大小见表5-8(钟海民等，1991)。可以看出，6种植物上表皮气孔密度最大为美丽凤毛菊(218.0个/mm^2)，羊茅次之(147.0个/mm^2)，矮嵩草上表皮无气孔。从下表皮看，矮嵩草气孔密度居首，为374.0个/mm^2，以下依次为美丽凤毛菊(221.0个/mm^2)、麻花艽(190.0个/mm^2)、二柱头藨草(118.0个/mm^2)和垂穗披碱草(79.0个/mm^2)，羊茅的下表皮没有气孔。矮嵩草、二柱头藨草和麻花艽的气孔集中分布在下表皮，上表皮没有气孔或较少，上下表皮密度比小于1。垂穗披碱草和羊茅的气孔集中分布在上表皮，气孔密度比大于1，美丽凤毛菊上下表皮气孔的分布几乎相等，其气孔密度比等于1。6种植物气孔的最大开度依植物类群的不同发生着变化。三种植物类群中，气孔最大开度居首位的是杂类草植物，为1.1×10^{-1} mm。最小的是莎草类植物，为2.4×10^{-3} mm。禾草类植物的气孔最大开度介于这两类植物之间，为3.0×10^{-3} mm，仅略大于莎草类植物。

表5-8 矮嵩草草甸6种植物叶片的气孔密度、最大开度和气孔器的大小

植物名称	气孔密度(No./mm²)		气孔器大小(mm)		气孔最大开度(mm)
	上表皮	下表皮	上表皮	下表皮	
矮嵩草	0.0	374.0	—	0.046×0.037	0.0024
二柱头藨草	32.0	118.0	0.050×0.039	0.049×0.040	0.0024
垂穗披碱草	114.0	79.0	0.077×0.020	0.067×0.026	0.0030
羊茅	147.0	0.0	0.065×0.020	—	0.0030
美丽凤毛菊	218.0	221.0	0.049×0.041	0.045×0.037	0.0011
麻花艽	78.0	190.0	0.050×0.042	0.045×0.038	0.0011

2.气孔器的大小和形状

通过显微镜观察，杂类草2种植物气孔器的长轴为0.045–0.050 mm，短轴为0.037- 0.041 mm，长短轴差异不大，所以其外形呈椭圆形或近于圆形。禾草类和莎草类植物虽然都是单子叶植物，但两类植物气孔器的大小和形状明显不同，禾草类植物气孔器的长轴在0.065–0.077 mm，比莎草类的长轴(0.046–0.050 mm)要大1/2左右，其短轴(0.020–0.026 mm)却要小于莎草类短轴(0.037–0.040 mm)，长短轴差异较明显，构成气孔器的形状为长扁椭圆形，或近于长方形。莎草类植物气孔器的长短轴差异不大，气孔器的形状为椭圆形，又有菱形轮廓。

3.植物气孔密度与蒸腾强度的关系

植物气孔密度大小与植物蒸腾强度有着一定关系(表5–9，钟海民等，1991)。从表5–9看出，同类草中，植物叶片气孔密度大者，蒸腾强度也高。禾草类中羊茅气孔密度为147.0个/mm²，高于垂穗披碱草(114.0个/mm²)，其四个时期的蒸腾强度均高于后者，平均蒸腾强度为1.13×10^{-2} mg/(cm²·s)，比垂穗披碱草(7.9×10^{-3}mg/(cm²·s))高43.04%。莎草类中矮嵩草的气孔密度和四个时期的蒸腾强度分别高于二柱头藨草，平均蒸腾强度为1.25×10^{-2} mg/(cm²·s)，比二柱头藨草(1.06×10^{-2} mg/(cm²·s))高17.92%。杂类草中美丽凤毛菊气孔密度大于麻花艽，四个时期的蒸腾强度值同样高于麻花艽，美丽凤毛菊的平均蒸腾强度为1.13×10^{-2} mg/(cm²·s)，麻花艽8.24×10^{-2} mg/(cm²·s)，前者比后者高37.14%。这与植物气孔密度大，植物与外界H_2O和CO_2交换的通路也相对增多有关。

表5-9　矮嵩草草甸6种植物叶片5-9月气孔密度和蒸腾强度的关系

植物类群	植物名称	气孔密度（个/mm²）	蒸腾强度[mg/(cm²·s)]				平均
			5月30日	7月17日	8月24日	9月19日	
禾草类	羊茅	147.0	0.01360	0.01410	0.01280	0.04580	0.01130
	垂穗披碱草	114.0	0.00867	0.00856	0.00993	0.00443	0.00790
莎草类	矮嵩草	374.0	0.01050	0.01630	0.01570	0.00731	0.01250
	二柱头藨草	118.0	0.00938	0.01260	0.01500	0.00545	0.01060
杂草类	美丽凤毛菊	221.0	0.01210	0.01230	0.01460	0.00630	0.01130
	麻花艽	190.0	0.00706	0.00871	0.01200	0.00518	0.00824

4.气孔开闭日变化与蒸腾强度日变化

在一天内，植物的蒸腾强度随着气孔的开闭发生着规律性变化。现将矮嵩草等3种植物蒸腾强度的日变化（图5-5；钟海民等，1991）同气孔开闭日变化（图5-4；钟海民等，1991）进行比较。

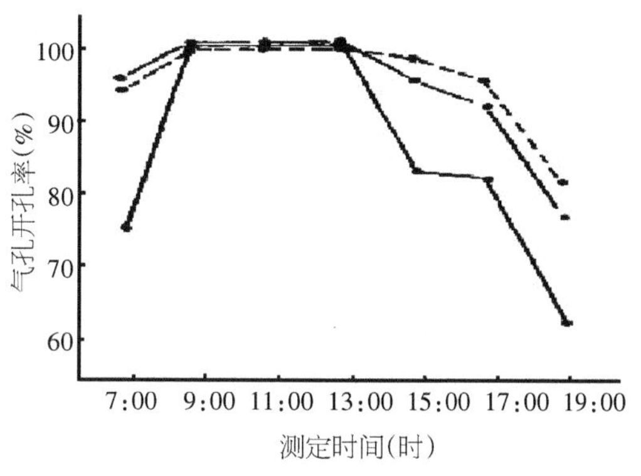

图5-4　矮嵩草草甸3种植物叶片下表皮气孔开闭日变化

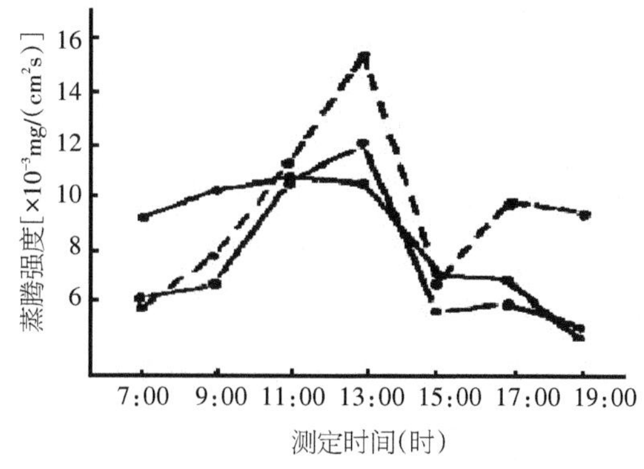

图5-5　矮嵩草草甸3种植物叶片蒸腾强度的日变化

从图5-4和图5-5看到，矮嵩草等3种植物气孔开闭日变化和蒸腾强度日变化是相对一致的。在早晨7:00时，矮嵩草、垂穗披碱草和美丽凤毛菊的气孔开张率分别达到75.0%、94.0%和95.5%，它们的蒸腾强度依次为92.5×10^{-3}、6.15×10^{-3}和5.18×10^{-3}mg/(cm^2·s)。9:00时左右，3种植物的气孔开张率都达到100%，蒸腾强度依次为1.03×10^{-2}、6.17×10^{-2}和7.80×10^{-2} mg/(cm^2·s)。此后，气孔开张率一直保持不变，直到15:00时左右，气孔逐渐关闭，气孔开张率才开始减小。这段时间内，植物蒸腾强度并不因为气孔开张率达到100%保持不变，而是迅速增大，直到峰值。从清晨到中午，随气孔的逐渐张开，气孔开度越来越大，数目也越来越多，所以植物蒸腾强度能迅速增大。矮嵩草的蒸腾强度在11时左右已达到峰值，为1.08×10^{-3} mg/(cm^2·s)，这说明此时其气孔开度已经最大，拥有最大开度的气孔数也最多。另外两种植物在13时左右蒸腾强度达到峰值，垂穗披碱草为1.21×10^{-2} mg/(cm^2·s)，美丽凤毛菊为$1.551.21\times10^{-2}$ mg/(cm^2·s)，而此时，矮嵩草蒸腾强度已降至$1.061.21\times10^{-2}$ mg/(cm^3·s)，其气孔开度正在减小。此后，植物蒸腾强度随气孔开度减小和气孔逐渐关闭而减小，直至日落后气孔全部关闭，植物蒸腾也就停止了。从图5-5中还可看到，3种植物的蒸腾强度在17:00时左右略有回升，但这时的气孔开张率并未变化，这主要是由于风等外界环境因素影响所致。植物气孔开闭和蒸腾强度日变化是随气温的升高、大气湿度的减小而增大，随气温的降低、大气湿度增大而减小，但这种影响过程并不是同步的，植物蒸腾强度通常要比气温最高点和相对湿度最低点提前2 h左右到达。

第五节　覆被变化、土地利用与高寒草甸植被实际蒸散量

一、海北自然植被实际蒸散量

1.植被耗水量(实际蒸散量)、蒸散系数

计算2001年到2007年(2006年未进行土壤湿度的观测，未列)高寒草甸植被生长季蒸散量，可以发现不同降水年份植被耗水量差异较大，在降水少的年份(2001年生长季降水量为297.8 mm)，同期植被耗水量也较少(2001年生长季耗水量为269.67 mm)。在降水较丰富的年份，植被耗水量较多。总体上表现为耗水量与同期降水量呈正相关关系。但也有例外，如2005年降水相对较少，但由于受植物生长季的日照时数较长，平均气温较高(表5-10)等影响，植被耗水量却与其他年份相当。与其相反的是，研究年份中的2003年虽降水较为丰富，但耗水量并不是最高，这主要是因为该年植物生长期气温较低，限制了湍流输送，致使植被耗水量下降。

从表5-10中看到，在所研究的这6年中，除2002、2005及2007年耗水量明显高于同期降水量外，其余年份耗水量与同期降水量相当，且耗水量占同期降水量的90%以

上，说明在海北高寒草甸地区，降水基本能满足植被生长所需水分，同时也表明高寒草甸大部分降水是通过蒸散过程所流失。海北高寒草甸地区多年降水量在425.3～850.4 mm之间，多年平均为560.0 mm，植物生长期的5—9月降水量为444.6 mm（李英年等，2004）。2001—2007年降水量在326.2～545.8 mm，7年平均为461.6 mm，植物生长季平均降水量为424.7 mm，这些值除2001年比多年平均值稍有偏低外，其他年份与多年平均基本相仿，因此可以推算出这6年植物生长期平均耗水量为423.9 mm，可以反映高寒草甸植被多年平均的状况。如果将冬季降水量视为冬季实际蒸散量，那么，在海北高寒草甸地区年实际蒸散量约为539.2 mm（10—翌年4月降水量多年平均约为115.3 mm）。

表5-10 海北高寒草甸地区2001—2005年、2007年植物生长季耗水量、降水量、平均气温等分布情况

年份	2001	2002	2003	2004	2005	2007	平均
季耗水量（mm）	286.7	505.4	425.6	449.8	426.0	450.1	423.9
降水量（mm）	297.7	424.6	458.3	443.6	373.1	423.7	403.5
平均气温（℃）	7.6	7.9	7.1	7.3	8.0	8.3	7.7
水面蒸发量（mm）	761.9	724.6	625.1	665.4	697.4	764.7	706.5
日照时数（h）	1079.7	1013.3	-	907.5	1108.8	1070	1035.9

实验期间的6年中，2003年5—9月降水量及耗水量基本与多年平均相同，为此，这里以2003年为例分析植物生长期季节耗水规律。图5-6给出了2003年植物生长期的耗水变化的季节动态。同时在图5-6也列出了同期月降水量和月平均气温分布状况。

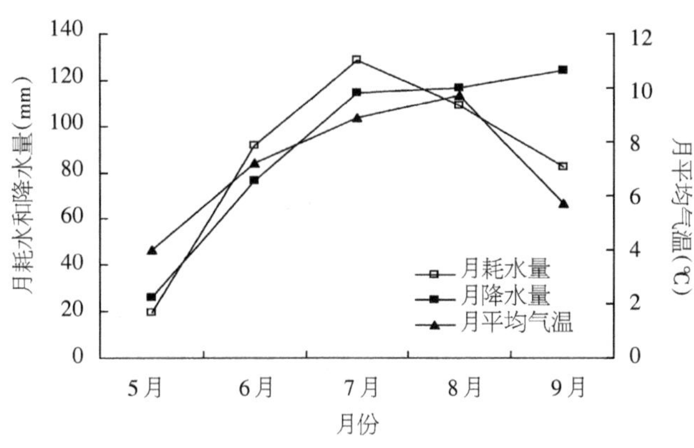

图5-6 海北高寒草甸地区2003年植物生长期耗水量、气温、降水量的月变化

从图5-6中看到，在植物生长期的5—9月，植被耗水量表现出自5月开始逐渐增大，到7月达年内最高，以后下降，表现出明显的单峰式变化。耗水量在植物生长期内的这种变化可用曲线方程：$W=-18.28(N+4)^2+123.77(N+4)-85.11$来拟合（$W$为植被月耗水量，$N$为1，2，…，5），虽然仅用较少的样本容量建立了该曲线方程，但可以看出这种拟合具有很高的相关性（r=0.9908，P<0.05）。耗水量的这种季节性变化与自然降水量和月平均气温等气象环境因子，以及与植物生长过程中发生的植物生理特性具有很大的关系。这在图5-6中可以得到证实（2003年降水在8月稍降低后到9月达年内最高），尽管5月降水量较少，但这一时期冬春积雪融化，冻结土壤开始消融，植被耗水量较低，造成5月份土壤较为湿润，土壤水分含量较高。由于5月温度低（图5-6），日最低气温也常降至-10 ℃左右，土壤蒸发量较少，加之5月上、中旬牧草处于返青—分蘖期，生长速度相对缓慢，植物叶面积小，植被蒸腾低，这些因素导致5月耗水量较少。5月较高的土壤湿度表明，高寒植物初始生长阶段水分条件较好，同时降水也能满足植物耗水所需（5月耗水量为19.38 mm，降水量为26.3 mm）。5月以后至7月温度显著上升，期间降水增多，牧草处于分蘖—开花期，牧草生长速度较快，植被盖度增大，叶面积指数高，良好的光能及热量条件，以及植被发生强烈的蒸腾作用等综合因素的共同影响，导致这一时期植被耗水量显著升高，直至7月达到最高。这段时期虽然降水增多，但同时也伴随着高的耗水量，2003年这一时期的降水量为191.2 mm，但耗水量却达227.23 mm，降水往往满足不了植被耗水量的需要，因此这一时期如果条件允许，应适当灌溉，尤其是在干旱年份，这一时期的灌溉对牧草生长尤为重要。8月虽气温仍较高，降水量还保持丰富，但高寒植被已进入灌浆—成熟期，生长速度缓慢，植物蒸腾消耗的水量已显著减少，加之8月下旬牧草地上生物量达到最大，植被盖度达到100%，土壤蒸发也已减少，植被耗水量减少，8月的降水量能满足耗水所需。9月气温显著降低，植物进入枯黄初期，高覆盖度的植被不仅因枯黄其蒸腾显著减少，而且限制了土壤的蒸发，致使植被耗水量也较低。

2.植被生长期耗水量与水面蒸发的关系

植被耗水量是受多方面综合因素的影响，有植物自身生理的，也有环境气候因素的。对其测定的方法及估算方法也很多。早期彭曼（1948）在建立矮草充分湿润状况下植被可能蒸散力时曾用水面蒸发量乘一定的系数来计算，其表达式是$W=\alpha\times f$，α为水面转换系数，随季节不同而不同；f为水面蒸发量，即认为在充分湿润状况下植被可能蒸散力与水面蒸发存在极显著的正相关。彭曼的这一观点在估算实际蒸散量中得到了广泛应用，但这只是一个假设，其正确性并无严格的理论支持或证明（Bouchet，1963）。Boucher（1963）提出：在1～10 km大而均匀的表面，当水分充足时，表面上的实际蒸散量与可能蒸散量相等。随着土壤水分减少，实际蒸散也减小，原先用于蒸散的能量过剩，使近地层空气温度、湿度、湍流强度等发生变化，导致可能蒸散量增加。

若无平流存在，辐射能量保持不变，实际蒸散的减少量应与可能蒸散的增加量相等，即蒸散互补。也就是说陆面蒸散发量增加或减少的速率与其相应的蒸散发能力的减少或增加的速率相等。国内外不少学者对该法进行了理论与应用研究，Morton（1983）的CRAE模型最为突出。Feng（1991）利用该理论建立模型并应用于陕西渭河流域，最终得到这个模型的研究结果具有合理且精度较高的结论。邱新法等（2003）等通过对黄河流域、松花江流域、乌江流域和淮河流域的研究论证了蒸散互补关系的存在。本书用气象站专用20 cm口径蒸发皿所测的蒸发量作为研究区可能蒸散量指标，分析了植物生长期耗水量与可能蒸散量之间的关系。图5-7给出了本研究区植被耗水量与可能蒸散量的互补关系图。可知，研究区域植被耗水量与可能蒸散量具有较明显的互补关系。这验证了尽管由于地理位置、辐射能量水平、湿润程度等因素的影响，可能蒸散与实际蒸散的相关关系在各地区表现各不同的特征，但两者的互补关系是明显的（邱新法等，2003）。

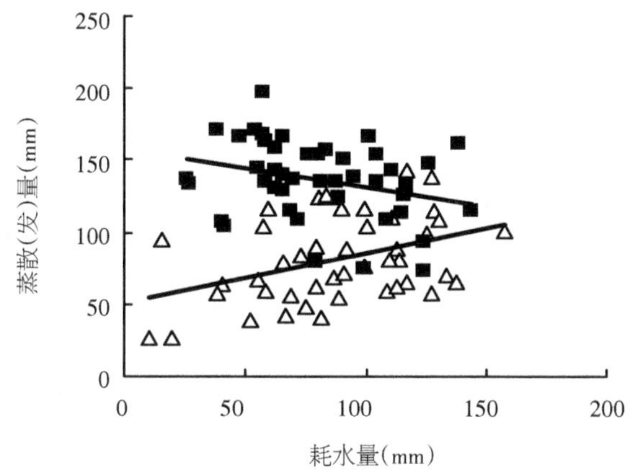

图5-7　海北高寒草甸地区植被耗水量（△）与可能蒸散量（■）互补相关图

3.植被生长期耗水量与地上生物量的关系

由于高寒植物主要生长在5—9月，那么根据上述分析将生长季按5月、6—7月、8—9月3个阶段划分，并联系整个生长期（5—9月）的耗水量，来分析其与植被年地上生物量（因年植被地上生物量系8月底到9月初测定，是年内生物量最高阶段，故可理解为年植被地上净初级生产量）的关系。图5-8给出了在2001—2005年、2007年以及1991—1993年这9年的生物量与耗水量的散点关系图。

从图5-8中看到，不同时期植被地上生物量与耗水量的相关关系差异较大，这主要是由于高寒草甸草场水分条件较好，而在植被生长的不同阶段，水分影响的效应也不同。在植物萌芽生长初期（5月），受冬春积雪及土壤消融的影响，底墒好，植被耗水量与地上生物量的相关性较弱，可知水分条件不是植被地上生物量的限制因素（图5-

8a)，而该时期温度很低，日最低气温往往下降到-10 ℃以下，这种环境可理解温度是限制植被地上生物量的主要因素。植被旺盛生长时期的6—7月，植被耗水量与地上生物量有一定的正相关(图5-8b)，其相关程度优于5月，而该期温度、降水是年内最高(丰富)时期，温度和水分共同构成这一时期限制植物生长的主要因素。在植物生长后期的8—9月(图5-8c)可看出这一时期生物量与耗水量呈负相关关系，说明这一时期过多的水分反而不利于高寒植物的生长。从整个植物生长期的5—9月来看(图5-8d)，年植被地上净初级生产力与期间耗水量具有显著的正相关。

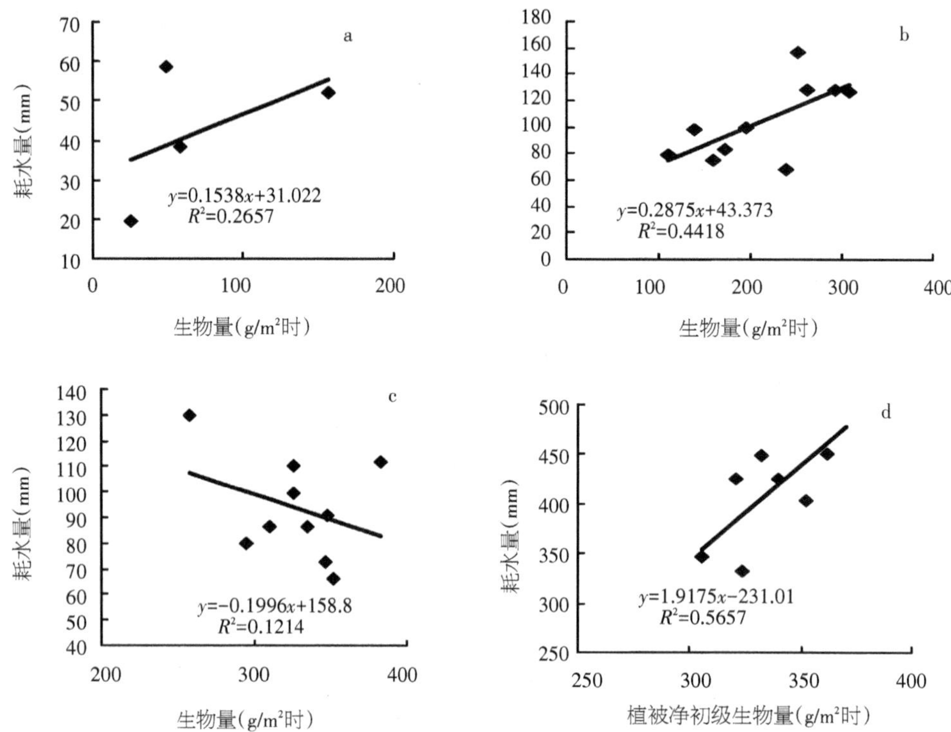

图5-8 海北高寒草甸地区不同时期植被耗水量与地上生物量的关系

4.影响植物耗水量的主要气象因素分析

利用2003—2005年、2007年植物生长季各月的温度、风速、降水量、日照时数等常规气象数据及相应时期的植被耗水量计算值，就上述气象因子与植被耗水量进行相关关系分析(表5-11)。可看出，在植物生长季节，蒸散量与实际水汽压、气温、降水量之间的相关性较好。而风速、日照时数、总辐射与蒸散量的相关关系较差。

表5-11 海北高寒草地植被耗水量与各影响因子的相关分析矩阵

		气温	风速	降水量	日照时数	总辐射	实际水汽压
蒸散量	*R*	0.665**	−0.020	0.478**	−0.086	−0.246	0.857**
	P	0.000	0.919	0.001	0.600	0.523	0.003

注:*差异显著;**差异极显著。

太阳辐射是地球系统的根本能量来源,也是蒸发蒸腾汽化潜热的根本能源,植被表面吸收的辐射能越多,可能耗去的水分也就多。有研究表明,在小麦的生长发育各时期,麦田所获得的辐射能量主要消耗于农田蒸发(程维新等,1994)。在海北地区地表面净得到热量在夏至日附近最为强烈(李英年,2001),但蒸散量一般是7月最高。加之其他因素对蒸散量的影响,蒸散量与太阳总辐射的相关关系较差,同样,日照时数与蒸散量的相关性不明显,实际水汽压与耗水量呈正相关关系(表5-11)。这在一定程度上也验证了水汽压是植被蒸散耗水的结果。

植被冠面的温度随环境温度变化而变化,而且冠面温度往往明显高于环境温度,较高温度的环境下,植被冠面以及近地表层土壤温度高,有利于热分子传导和扩散,温度增高,植物气孔开放明显,气孔阻力减小,植物蒸腾强度将增高,植被耗水明显。从图5-6与表5-11都可看出,气温与植被耗水量之间有较好的相关关系。

土壤水分状况是植被耗水量大小及其变化的一个限制因素。任何时期的土壤水分状况取决于土壤水分的补给来源、消耗途径和保蓄能力,前两项主要由气象条件和植被决定,后者由土壤性质决定。土壤水分的收入项主要包括降水、地下水、地表径流汇入和灌溉水等。从前文分析可知,本研究区土壤水分的补给主要是降水,因此在前面的分析中得出降水量与植被耗水具有相同的变化规律,在表5-11中也得出降水量与植被耗水量有较好的正相关关系。

大气中的水汽垂直和水平扩散能加快水汽蒸发速度(段若溪等,2002)。近地层风速较大时,湍流加强,可使植物蒸散的水汽分子随风和湍流扩散到较大的空间,将不断混合空气,使上空水汽压很快减小,饱和差增大,植被耗水加快。但风速过大时,植物气孔关闭,将减少植物蒸腾耗水,进而使植被耗水量减少。因此,风对植被耗水量的影响较为复杂。风速与植被耗水量的相关关系也不是很明显(表5-11)。

在高寒草甸地区,对植物生长过程中生物量、叶面积指数以及土壤水分动态变化、降水、植被耗水量的季节动态分析表明,高寒草甸植物的整个生长过程可分为3个基本阶段:

(1)植物缓慢生长耗水较低期

自4月下旬日均气温稳定通过≥0 ℃开始,高寒草甸植物萌动发芽,到6月初日平均气温<5 ℃间,植物耗水量低,虽然降水少,但因季节冻结土壤融化,土体含水量高,

温度成为植物生长的限制因素,而水分可满足植物发育生长的需求。

(2)植物强度生长耗水旺盛期

6月至7月,日平均气温稳定通过≥5 ℃,植物进入强度生长阶段,虽然该期降水丰富,但热量条件尚好,太阳辐射强烈,植物叶面积最大,下垫面湍流输送强烈,植物蒸腾与土壤蒸发均较大,植被耗水量明显加大,该期温度越高植被耗水越明显,应该说该期的温度和水分均成为植物生长和生物量提高的影响因素。

(3)植物生长渐止耗水降低期

8月以后,温度缓慢下降,受低温环境影响,植物开始枯黄,蒸腾明显降低,同时土壤表面受高覆盖植被的影响,土壤蒸发亦很低,降水逐渐减少(正常年份前期仍较高),但减少不明显,该期植物耗水下降,水分供应充足,温度条件限制了植物的后期营养生长发育,同时过多的水分条件也不利于植物的生长。

对高寒草甸植被耗水量的研究表明,不同年份植被生育期耗水量不同,大多数年份耗水量随降水的多少而改变,且耗水量略大于降水量。但受环境因素的改变,有时将发生耗水小于降水量的现象。说明降水基本能满足整个植被生长期所需水分。同时也表明矮嵩草草甸大部分降水是通过蒸散过程流失的。虽然就整个植物生长期来看,降水量能满足植物耗水所需,但就植物各个生长期降水量和耗水量差异表明。通过6年观测分析表明,在海北高寒草甸地区植物生长期多年平均耗水量基本保持在423.9 mm。耗水量是众多生物与气候因素影响的结果,因此耗水量也有明显的季节变化。植被生育期耗水量的季节变化呈单峰曲线,随着气温的逐渐升高及植被的生长耗水量也逐渐增多,在降水丰富、气温较高且植被旺盛生长的7月耗水量最大,8月虽然植被生长缓慢,但气温仍很高,且在有些年份8月的气温高于7月,因此植被耗水量仍然很高,随后气温逐渐降低且植被生长也逐渐停止,耗水量也随之降低。植被的生长受温度和水分的影响明显,与此同时,植被耗水量与植被生长状况有紧密地关系。大量文献表明在适宜的温度情况下,水分条件的好坏直接影响到产量,在一定程度上,高产量伴随着较高的耗水量,通过相关关系分析得知,两者具有较好的相关关系。通过对高寒草甸实际蒸散量与水面蒸发量的相关性研究得出了两者为互补关系的结论。这一结论与众多研究者的结论相一致(Morton,1991;邱新法等,2003),也再一次证明了Bouchet的观点。对影响耗水量的气象因子进行的相关关系的分析,得出在植物生长季气温、降水以及实际水汽压与耗水量有较好的相关关系,而风速、日照时数、总辐射与耗水量的相关性较差。

二、海北不同放牧强度与实际蒸散量

1.植被耗水量与水分亏缺

海北高寒草甸冬季放牧草场的不同牧压梯度实验情况见第三章。经4年放牧试验后发现(图5-9),不同牧压梯度下高寒草甸植被实际耗水量在生长季的变化特征基本一致。耗水量表现出自5月有所降低,6月开始升高,7月耗水量达到最大值,以后逐步下降。这种变化特征是因为5月气温和地温均较低，日最低气温常处于0 ℃以下，因此土壤蒸发量仍然较低。此外，植被刚进入萌动发芽返青期，叶片面积很小，加之受低温环境影响，植被生长非常缓慢，植被蒸腾作用较弱，最终致使5月植被实际耗水量较低。6月植物在有利的水热条件下得以生长，植被盖度明显增加，土壤蒸发量有所降低，虽然这个时期温度逐步升高，降水相对增加，植被生长加快，蒸腾作用增强，但大多数高寒植物叶面积不大，相对于5月蒸腾作用增强程度并不明显，综合作用下致使6月植被耗水量反而降低。7月雨热同期现象最为明显，这个时期温度最高，降水量最大，阳光辐射最为强烈，植被发生强烈蒸腾作用，致使植被实际耗水量最大，大气降水往往满足不了植被耗水的需要。8月气温虽然较高，降水较为丰富，但此时高寒植被已进入灌浆—成熟期，生长速度相对缓慢，植被蒸腾作用减弱，植被耗水量减少，并且，这个时期植被地上生物量基本达到最大，植被盖度接近100%，土壤蒸发的水分减少，所以8月份的植被实际耗水量有所降低。9月初以后气温显著降低，降水也明显减少，大多数植物停止生长，植被蒸腾作用较弱，加之部分植物枯黄或倒伏地表，增大了土壤表面的密闭性，土壤蒸发的水分显著减少，致使植被实际耗水量更低。

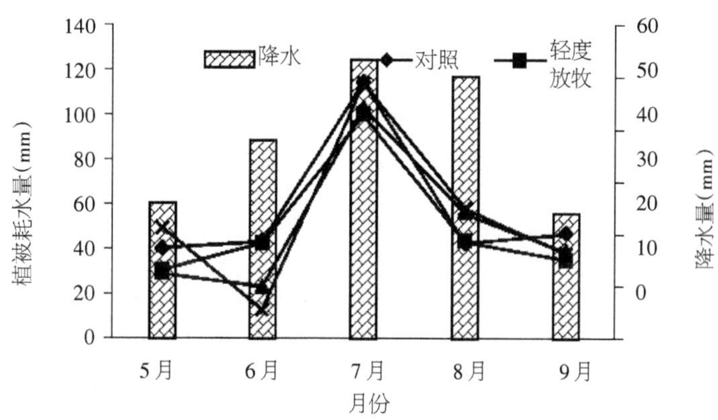

图5-9　牧压梯度下海北高寒草甸植被耗水量的季节动态

植被实际耗水量受到温度、降水、地上生物量、地下生物量、植被盖度、土壤物理性质等因素影响，不同牧压梯度下的植被实际耗水量在同一时期存在一定差异。由图5-9可见，5、6月植被实际耗水量差异较大，7、8、9月差异较小。这是因为生长初期温度较低、降水较少，植被实际蒸散量更多受到地上生物量和植被盖度等因素的影响，从而使得不同牧压梯度下植被的实际蒸散量存在一定差异。7、8月温度较高、降水较为丰富，植被蒸腾作用和土壤水分的蒸发都比较强烈，这个时期温度和降水对实际蒸散量的影响更加明显，因此不同牧压梯度间植被实际耗水量差异较小。9月气温明显降低，降水量减少，但此时植被基本停止生长，并且这个时期植被盖度基本都接近100%，所以实际蒸散量差异也较小。但总体上来讲对照(CK)与重度放牧(HG)的植被实际耗散量较大。图5-10可见，在生长季不同牧压梯度下的高寒草甸植被耗水量与降水量存在正相关关系。其中，对照(CK)、轻度放牧(LG)、中度放牧(MG)的植被耗水量与降水量呈极显著正相关关系，相关系数分别为0.687、0.764、0.710；重度放牧(HG)的植被耗水量与降水量呈显著正相关关系，相关系数为0.641。植被生长主要受到温度和降水的影响，降水是区域水量的补给源，也是蒸发蒸腾的水源。在高寒草甸生长初期，温度较低，降水较少，植被生长缓慢，此时土壤蒸发和植被蒸腾相对较少，导致植被实际耗水量较少；7、8月温度较高，降水较多，植被生长速度最快，土壤蒸发和植被蒸腾最为强烈，植被实际耗水量最大。总之，蒸散是水分循环的重要部分，降水最终会以蒸散的形式重返大气中，植被耗水量与降水量呈极显著正相关关系。

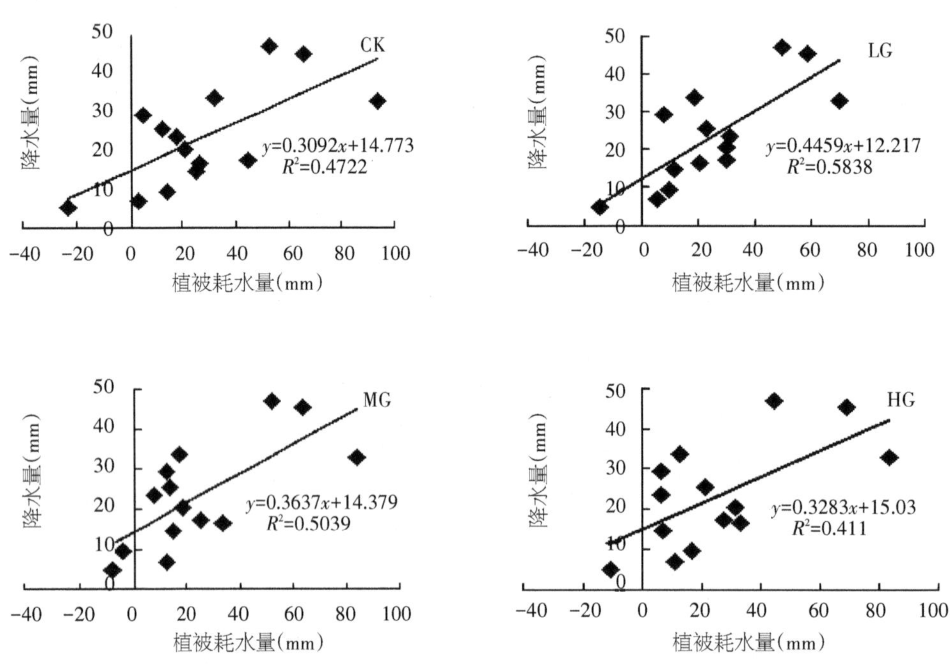

图5-10 牧压梯度下海北高寒草甸生长季植被耗水量与降水量的关系

表5-12给出了海北高寒草甸牧压梯度下植被生长季植被实际蒸散量的季节变化特征(5月是8日至28日的合计值，6、7、8、9均为上月28日至本月28日的合计值)。可知，不同牧压梯度下高寒草甸植被实际蒸散量在生长季的变化特征基本一致。蒸散量表现出生长季初期的5月较低，6月开始升高，7月蒸散量达到最大值，以后逐步下降。随季节变化基本呈现出单峰式曲线变化过程，与同期气温、降水变化趋势一致。统计发现，在植物生长期CK、LG、MG和HG的植被实际蒸散量分别为389.37、350.17、346.15和355.74 mm。经统计分析表明，禁牧状况下植被实际蒸散量

与放牧地差异显著，在放牧梯度区重牧区实际蒸散量高，轻牧次之，中牧最低，但相互间差异不显著。

表5-12　牧压梯度下海北高寒草甸植被蒸散量的季节动态

	放牧强度	月份					生长季合计
		5	6	7	8	9	
降水量（mm）		26.0	85.0	79.0	84.0	53.2	327.2
植被蒸散量（mm）	CK	40.30	96.29	126.60	74.91	51.24	389.37
	LG	30.48	92.05	122.74	62.12	42.79	350.17
	MG	29.11	74.92	117.08	73.70	51.34	346.15
	HG	49.32	57.34	135.05	69.91	44.12	355.74
水分亏缺量（mm）	CK	14.32	11.30	47.6	-9.09	-1.95	62.17
	LG	4.48	7.05	43.74	-21.88	-10.41	22.97
	MG	3.11	-10.08	38.08	-10.30	-1.86	18.94
	HG	23.32	-27.66	56.05	-14.09	-9.08	28.54

根据植被蒸散量与降水量计算出生长季月际植被水分亏缺量(表5-12)，在5月和7月属土壤水亏缺时期，而在8月和9月降水有所盈余，从生长季来看，CK、LG、MG和HG均有水分亏缺，分别是61.17、22.97、18.94和28.54 mm，LG和MG亏缺量较少，从植被蒸散量与降水量差值的植被水分亏缺量来看，重牧不利于水源涵养，但封育禁牧亦影响水源涵养功能的提高，只有适度放牧有利于水源涵养。

在植被生长过程中，不同牧压梯度下的植被蒸散量季节变化与同期降水量存在显著的正相关关系，所不同的是CK、LG、MG和HG条件下，受家畜啃食后残留的枯落覆盖物及植物生长量不同，植物叶面积、覆被等对降水的截留差异较大，导致实际蒸散量与降水量的相关系数不同。CK、LG、MG和HG的植被蒸散量均与降水量呈正相关关系，相关系数分别为0.687、0.764、0.710和0.641。

2.影响植物耗水量的主要气象因素分析

(1)土壤贮水量及植被蒸散量

土壤水分的变化主要受降水和蒸散(发)过程的影响，与土壤水分补给量和消耗量的大小密切相关。研究表明，不论是禁牧还是放牧，植被生长季0～50 cm土壤贮水量、植被蒸散量在生长季变化趋势基本一致。0～50 cm土壤实际贮水量在生长季均表现出5、6月相对较高，7月较低，8、9月变化缓慢，而植被实际蒸散量刚好相反，呈现单峰式变化规律。这种变化与黄土丘陵地区有一定差异。海北高寒草甸地区5月冻结的土壤开始由表层向深层解冻，解冻后的土壤冻结层水分在温度梯度的作用下补充到上层，深层土壤仍然处于冻结状态，阻隔了水分的下渗。加之牧草这时处于返青初期，生长缓慢，植株矮小，叶片面积小，植被蒸腾量低，低温条件下土壤表层蒸发也受到限制，土壤实际贮水量相对较高，但植被蒸散量较低。6月到7月初，降水增多，对土壤水的补给明显，提高了土壤贮水量。虽然植被仍未达较高的覆盖度，土壤蒸发明显，加上一定强度的植被蒸腾，导致蒸散量增加明显，植被蒸散量高。7月中旬后期，降水减少，植被生长旺盛，叶面积大，该期良好的辐射、热量条件使植被和土壤发生强烈的蒸腾蒸发，植被耗水明显，土壤水散失严重，土壤贮水量下降显著。8月到9月初降水又明显增多，虽然植被仍有较高的蒸散量，但降水补给明显，土壤贮水量增加。9月初以后，植被基本停止生长，植被的蒸腾作用减弱，并且此时的生物量最大，一部分枯体倒伏在地表，增大了土壤表层的密闭性，使土壤表层蒸发减弱。同时环境温度降低，土壤出现冻结现象，利于土壤对水分的保持。虽然降水减少，但植被实际蒸散量也显著降低，导致土壤水分略有提高，土壤贮水量随降水波动明显。

尽管不同牧压梯度下土壤贮水量及蒸散量季节变化趋势一致，但牧压梯度作用导致土壤实际贮水量和植被蒸散量在同一时期不尽一致。从5月8日到9月28日来看，0～50 cm整层土壤平均贮水量表现为CK＞HG＞LG＞MG，虽然在生长季不同月份的土壤贮水量有一定的波动，但整体上CK的土壤贮水量保持最大。特别是5—6月初，CK因常年禁牧，没有放牧家畜的践踏，土体疏松，土壤容重减小，孔隙度增大，禁牧还可使地表覆盖物多，覆盖物起到土壤(植被)—大气界面水分变化的“缓冲”器，不仅可延缓降水直接渗入土壤，更大程度上覆盖物保护土壤水不致大量散失到大气，而且也有效降低了热量由表层向深层的传递，从而减缓了冻结土壤的融化，使融冻层对土壤水分的补给作用延长，同时，禁牧地因土壤持水能力增强，从而形成了较高的土壤贮水量。而放牧地受家畜啃食和践踏，植被覆盖相对较低，土壤较硬实，土壤贮水量低，且牧压梯度相互间差异小并高低交替。禁牧与重牧的实际蒸散量较高，这是由于完全禁牧条件下地表保有多年的枯落物，对降水入渗到土壤的过程有一定的缓冲作用，加之地上生物量的截留作用，加强了降水入渗到土壤之前这个阶段的蒸发，从而使蒸散量较大。而重牧组由于过度放牧，牲畜对土壤表层的脚踏较为严重，致使土壤表层较为硬实，不利于水分入渗到土壤，加之植被盖度相对较低，土壤水分蒸发强烈，最终使植被实际蒸散量较高。

(2)环境因素对植被蒸散量的影响

毫无疑问，植被实际蒸散量受到温度、降水、植物生长过程中地上地下生物量累积、植被盖度、叶面积指数、土壤物理性质等多重因素影响。特别是在高寒草甸的自然生态系统中降水是土壤水的主要补给源，也是蒸发蒸腾的水源，即，土壤贮水量除受植物生长过程中发生的蒸散作用影响外，很大程度受制于降水多少的控制，而土壤贮水量的高低直接或间接地通过地表过程影响到植被的蒸散量。本研究发现不论是禁牧还是不同放牧强度试验区，其植被蒸散量与降水量呈现极显著的正相关关系（图5-10，$P<0.01$），因放牧强度不同，其相关程度略有差异，但均达到显著水平。禁牧或放牧强度下植被蒸散量与降水量的相关性还说明，在降水保持一致的状况下，植被蒸散量还受到地表面枯落物、叶面积、生物量、净初级生产量、碎屑物等一系列因素的影响，当然也受到家畜对土壤践踏而导致土壤硬实程度不一致的影响。如，分析植被蒸散量与植被年地上地下净初级生产量呈现负相关趋势，表现出净初级生产量越低，植被蒸散量越高。表明，放牧或禁牧通过改变土壤等相关因素而对蒸散量产生影响。

（3）植被覆盖对水分蒸发的影响

植被覆盖度对土壤水分及地表蒸散发影响较大（Dawson，1993）。一般来说，高覆盖率的蒸腾作用消耗的水分比低覆盖率要多。但当区域内土壤裸露面积大、紫外线强，且风蚀严重时，植被覆盖能起到良好的保护作用，减缓土壤由于温度升高和风力扩散对土壤水分的蒸散（李红琴等，2015）。草地退化后，植被盖度下降，导致地表裸露，地表反照率上升，进而导致裸地反射能量较多；同时，由于裸地土壤含水率较低，显热通量比例较高，导致大气温度较高（李飞，2014），地表对降水蒸发加快。王根绪等（2003）研究发现，覆盖度低于60%的严重退化草地日蒸散发量和覆盖度较高但以低矮密根植物分布为主的草地日均蒸散发量均比人工草地植被高覆盖草地高，这主要是人工草地土壤初始含水量低，从而形成明显的较小蒸散发量。

同时，研究还发现，覆盖度相对较高的坡地退化杂类草草甸草地蒸发速率也较低，高覆盖的两类嵩草草甸草地和低覆盖严重退化河滩草地蒸发速率较高。这反映出植被覆盖对水分蒸发与蒸腾的影响，不仅与覆盖度有关，还与草地地貌部位和土壤初始含水量及土壤结构关系密切。

三、三江源玛沁轻度退化植被封育与未封育实际蒸散量

我们于2013年5—9月每月8、18、28日在三江源玛沁高寒草甸设计的试验地（样地介绍见第三章），进行了轻度退化高寒草甸植被封育与未封育植被蒸散量的研究。

图5-11给出了植物生长期5—9月封育和未封育样地植被蒸散量及降水量的月动态变化。由图5-11可知，封育和未封育样地植被蒸散量季节变化均呈单峰形，5月至7月封育与未封育地植被蒸散量分别以59.02 mm/月和58.01 mm/月的速率上升。7月达最高值（蒸散量分别为160.94 mm和145.96 mm），7月至9月基本以61.34 mm/月和54.51 mm/月的速率下降。两者月际分配与降水量分布基本一致。也可以看出，封育对植被蒸散量的影响因月份不同而异，5、7、8月封育地的植被蒸散量比未封育地高，6月和9月则基本无差异。总体来看，5—9月封育样地植被总蒸散量（395.52 mm）比未封育样地（348.14 mm）增加13.16%（$P>0.05$），两者分别比同期降水量低3.32%和14.90%。高寒草甸冬季寒冷，土壤处于冻结状态，一般冷季降水短时留存在地表后蒸发到大气中。2013年1—4月和10—12月降水量分别为27.4 mm和11.9 mm，依此计算，玛沁高寒草甸封育与未封育地年蒸散量分别可达434.82 mm和387.44 mm。

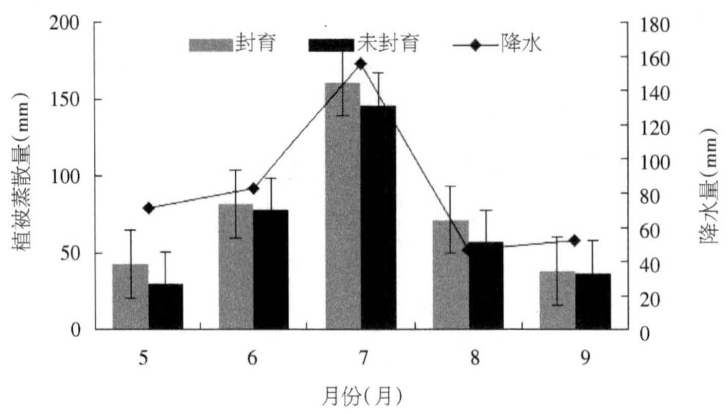

图5-11 玛沁高寒草甸封育和未封育样地5—9月植被蒸散量和降水量的动态变化

由图5-12可知,5、6月封育与未封育地植被生长均有水分正盈余,受温度、地下融水等影响5月较其他月份相比盈余量较大,分别为28.59 mm和41.55 mm。试验年份的7月具有最大降水量为155.5 mm,比历年同期稍有偏高,封育地出现少量水分亏损,而未封育地有所盈余。8月封育与未封育地均出现水分亏缺现象,至植被生长末期(9月),两者土壤水分出现盈余。在整个植被生长季节,与未封育样地相比,封育降低了土壤水分的盈余量。

统计发现,5—9月降水量为409.1 mm,封育和未封育样地总盈余量分别为13.58 mm和70.96 mm,封育地比未封育地低5.23倍。其中,封育样地在7、8月,未封育样地在8月出现水分的少量亏损现象,说明高寒草甸植被生长期降水量基本能满足植物生长,但在8月份土壤水分出现短缺,该时期偏旱。但研究区5—9月总降水量高于封育和未封育样地的植被蒸散量,表明样地植被缺水是由于降水季节性分配不均造成的。

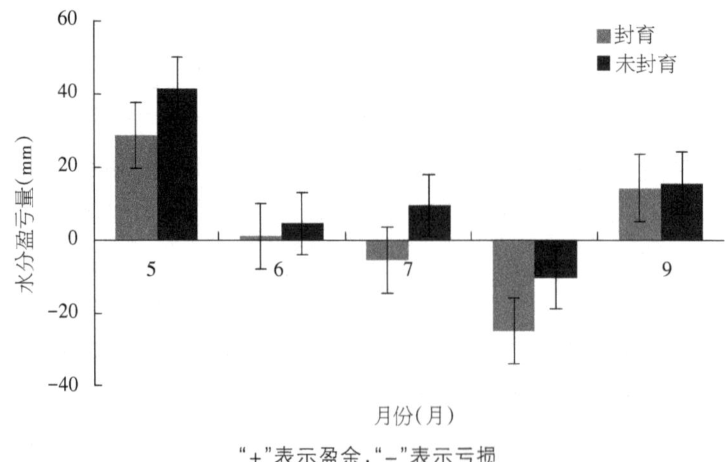

"+"表示盈余,"-"表示亏损

图5-12 玛沁高寒草甸封育和未封育样地5—9月水分盈亏量的动态变化

图5-13为分析玛沁高寒草甸5—9月平均植被耗水量与降水量的关系图，可以看出，季节性放牧和自然放牧样地植被耗水量均与降水量呈弱的正相关关系。

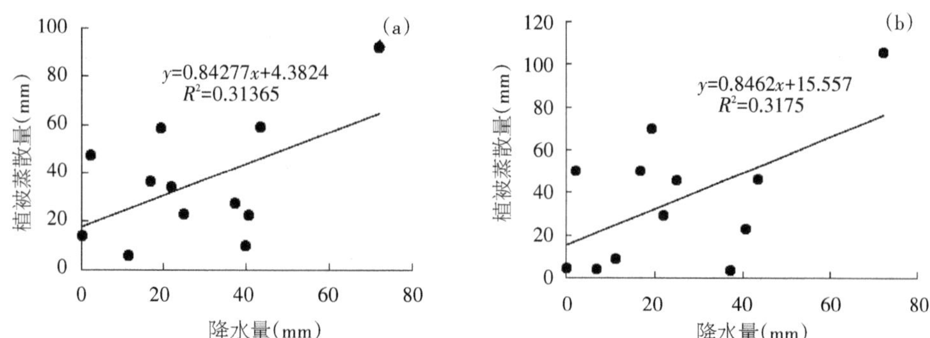

图5-13　玛沁高寒草甸封育(a)与未封育(b)样地植被蒸散量与降水量的关系

四、三江源玛沁不同退化阶段与实际蒸散量

三江源玛沁不同退化程度样地位于果洛州大武镇西南7 km处。样地分为轻度退化、中度退化、重度退化以及极度退化(裸地)四种类型。我们于2017年5—10月每月7、20日左右在不同退化阶段试验地进行高寒草甸植被蒸散量的研究。

图5-14为植物生长期5—10月不同退化程度样地植被蒸散量与降水量的季节动态变化。整体来看，不同退化程度样地植被蒸散量季节动态基本一致，5月到7月逐渐增加，6月、7月植被蒸散量较高，7月至10月逐渐降低，呈明显的单峰趋势变化。

由图5-14可以看出，在不同退化阶段，自5月到7月植被实际蒸散量增加，7月到10月又逐渐减少，而且减少幅度较5到7月的增加幅度大。同时，也看到不同退化阶段在同一时期具有明显的不一致性，这可能与植被生长环境条件的随时改变而产生的主次引导作用不同有关，相关结论仍需要进一步观测研究。

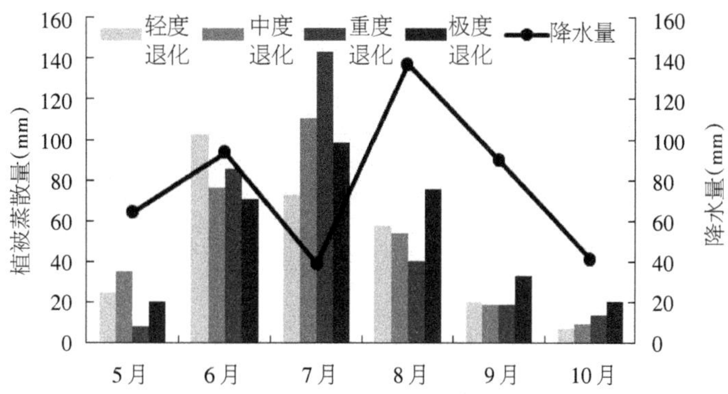

图5-14　三江源玛沁不同退化程度植被蒸散量与降水量的动态变化

统计不同退化阶段实际蒸散量发现，轻度退化、中度退化、重度退化、极度退化的植被蒸散量分别为285.24、304.59、309.92、318.32 mm，表现出随退化程度加剧，植被蒸散量增加，比同期降水量(465.20 mm)分别增加179.96、160.61、155.28、146.88 mm。这与植被退化后裸露地表面积大，而裸露地表的水分蒸发大有关。这也可以证实，虽然退化的植被蒸腾可能更大，但与植株间裸地相比其蒸腾可能较蒸发小。

五、三江源玛沁极度退化的"黑土滩"人工建植与实际蒸散量

样地设在玛沁县东30 km处，相关试验及人工建植龄选择等已在第三章做过详细介绍。分析资料为2015年5—10月测定值。分析不同建植年限的人工草地植被实际蒸散量见图5-15。

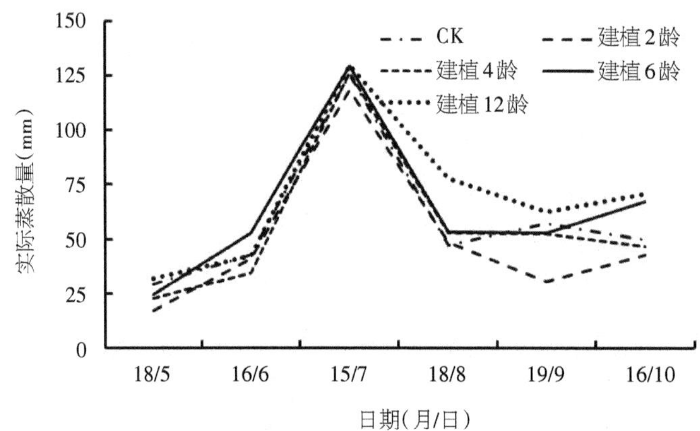

图5-15 玛沁"黑土滩"不同年限建植的人工草地土壤贮水量季节变化

由图5-15看到，人工建植草地植被实际蒸散量在植物生长期季节变化明显，不同年限建植的人工草地植被蒸散量均出现5月低，随季节进程逐渐增加，到7月达最大，而后下降到8月后基本保持到10月中旬。

就植物生长期5月1日到10月16日累计量来看，建植12龄的人工草地蒸散量最大(415.16 mm)，建植2龄的最低(198.89 mm)，中度退化的原生植被(CK)、建植4龄、建植6龄的人工草地植被蒸散量介中，分别为351.96、335.84、380.38 mm。建植12龄、6龄、4龄、2龄及CK的蒸散量与期间降水量(383.50 mm，图5-16)相比，分别相差41.66、-3.12、-47.66、-84.61和-31.52 mm。总体表现出随建植龄延长植被实际蒸散量增加。

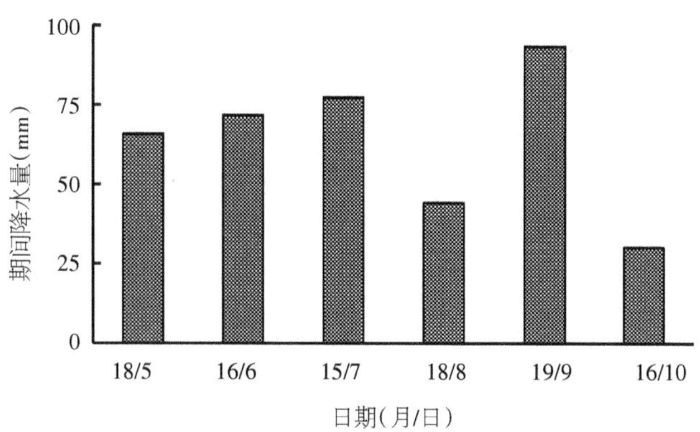

图5-16 不同年限人工草地建植区降水量季节变化

六、三江源风火山植被覆盖变化与实际蒸散量

范晓梅等(2010)在2007年长江源区风火山高寒草甸区采用蒸渗仪(Lysimeter)称重法观测了数据蒸散量。这里给出范晓梅等(2010)风火山植被覆盖变化与实际蒸散量的研究结果(包括表5-13至表5-17,图5-17),他们试验观测场建在敦宰加陇与左冒西孔曲汇流处的坡面上,海拔高度4745 m,34°45′N,92°54′E,年平均气温、相对湿度、降水量及水面蒸发分别为-5.2 ℃,57 %,328.9 mm,1316.9 mm。试验选择最能代表风火山流域不同草甸状况的未退化、中度退化、严重退化的高寒草甸作为研究对象,植被覆盖度分别对应为92%、65%、30%(表5-13)。在每个盖度上分别设置3个蒸渗仪(Lysimeter)。Lysimeter的制作材料为白铁皮,直径30 cm,深度25 cm,容器底部放容积为1000 mL的烧杯,用来收集内筒渗漏的水。内桶装原状土,土表层与桶口齐平(宋克超等,2004)。小型蒸渗仪精度为±0.013 mm,每天20:00定时称重。蒸散计算式是依据蒸渗仪水量平衡原理:

$$E=(G_1-G_2)\times 10/(\rho_{\omega}A)+P-I_f$$

式中:E为蒸散量(mm);G_1和G_2分别为前后两次测得的蒸渗仪重量(g);ρ_w为水的密度(g·cm^{-3});A为蒸渗仪内筒表面积(cm^{-2});P为降水量(mm);I_f为下渗量(mm)。

小流域中建立了自动气象观测站,观测项目有气温、风速、空气湿度、降雨等,采集频率为15 min,计算得到日均值气象资料。土壤水分的观测采用荷兰Eijkelamp公司生产的FDR水分观测仪,其观测精度为±2%。在4—10月,在8:00—20:00之间,每隔2 h测定一次土壤水分;在1—3月和11—12月间,每隔6 h测定一次土壤水分,均取日平均值进行计算。同时在实际观测之前,对FDR进行率定。采用Excel 2003和SPSS 13.0统计软件对试验数据进行处理及分析,得到植被覆盖变化与实际蒸散量,结果如下。

1.不同时期高寒草甸实际蒸散变化

根据植被生长状况及土壤水热过程把整个生长季分为四个阶段:冻结期(2007年1

月初—4月上旬、10月中旬—12月底)、生长前期(2007年4月中旬—5月中旬)、生长期(2007年5月下旬—8月中旬)和生长后期(2007年8月下旬—10月上旬)(Song et al,2005)。

表5-13　研究区不同盖度下高寒草甸植被特征

盖度(%)	退化程度	建群种	优势种	土壤状况
92%	未退化	以矮嵩草为主的多种物种混合生长的草甸	矮嵩草、藏嵩草、短穗兔儿草、兰花棘豆、冷地早熟禾、红景天	草甸无裸露、剥落现象
65%	中度退化	建群种的优势明显下降,中生杂类草增多	藏嵩草、紫花龙胆、垫状点地梅、火绒草等	草甸有剥落现象,秃斑地3.6%,分布不均匀
30%	严重退化	由草甸种和草原种共同组成	垫状点地梅、火绒草、青藏野青茅等	草甸呈现秃板块分布,秃斑地占38.2%,水土流失严重

高寒草甸在不同时期日均蒸散量变化剧烈(表5-14),92%、65%和30%盖度下高寒草甸的年内总蒸散量分别为314.71、289.48和246.22 mm。可以看出,在不同盖度下高寒草甸的实际蒸散量均表现为生长期>生长后期>生长前期>冻结期,且生长期的蒸散量要远远大于其他时期。在生长初期,92%、65%和30%盖度下蒸散量分别达到0.49、0.53和0.56 mm/d,总体表现为随着植被盖度降低,日均蒸散量和总蒸散量均呈现逐渐增大的趋势。在生长期,不同盖度下高寒草甸蒸散发均达到一年中的最大值,蒸散量分别为2.35、2.19和1.81 mm/d,该时期蒸散量占到全年总蒸散量的68%以上。总体上看,在这一时期,随着植被盖度的降低,日均蒸散量和总蒸散量呈现逐渐减小的趋势。在生长后期,92%、65%和30%盖度下蒸散量分别为1.13、0.98和0.85 mm/d,表现为随着植被盖度降低,日均蒸散量、总蒸散量呈现逐渐减小的趋势。在冻结期,尽管这一时段历时较长,但蒸散量在蒸散总量中所占比例很小,仅为6%左右,表现为随着植被盖度降低,日均蒸散量、总蒸散量均呈现逐渐减小的趋势。

表5-14　不同时期高寒草甸的实际蒸散量统计特征值

时期	92%			65%			30%		
	df	Σf	γ	df	Σf	γ	df	Σf	γ
生长前期	0.49	20.09±0.32	0.06	0.53	21.73±0.36	0.07	0.56	23.78±0.39	0.08
生长期	2.35	215.28±1.17	0.11	2.19	201.48±1.2	0.12	1.81	166.52±1.25	0.14
生长后期	1.13	57.62±0.65	0.07	0.98	49.98±0.68	0.08	0.85	43.35±0.74	0.1
冻结期	0.12	21.72±0.15	0.02	0.09	16.29±0.14	0.01	0.07	12.57±0.12	0.01
合计	1.02	314.71±0.57	0.07	0.95	289.48±0.60	0.07	0.82	246.22±0.63	0.08

注:df为日均蒸散量(mm/d);Σf为蒸散为蒸散量±标准差(mm);γ为变异系数。

2.高寒草甸实际蒸散的月变化

图5-17为3种不同盖度下的高寒草甸蒸散量的月变化。从图中可以看出，2007年1—3月蒸散量维持在一个很低的水平，蒸散量平均仅为0.10、0.09和0.07 mm/d。4、5月蒸散值呈现增加趋势，6月草甸蒸散量大幅度增加，从5月的0.69、0.72和0.74 mm/d增至1.73、1.68和1.29。7月蒸散量达到最大，分别为2.58、2.55和2.31 mm/d，是研究区主要的水分支出月。8月蒸散量有所减小，9月草甸进入生长后期，蒸散量急剧减小，从8月的2.25、2.11和1.77 mm/d减小至1.05、0.97和0.82 mm/d。此后，10—12月蒸散量进一步减小，蒸散量平均仅为0.23、0.21和0.19 mm/d。3种不同盖度下蒸散量的最大差别出现在6—8月这一时段，主要原因是植被进入了生长旺盛期，不同盖度下的高寒草甸地上和地下生物量的差异进一步显著，从而使得太阳辐射、气温等气象因子和土壤水分状况对高寒草甸的影响有所不同，从而加剧了不同盖度下蒸散量的差异。1—3月和11—12月，3种不同盖度下高寒草甸的月蒸散波动幅度很小，4—5月和9—10月的波动幅度有所增加，6—8月的波动幅度较大，其中7月和8月波动幅度尤为明显。

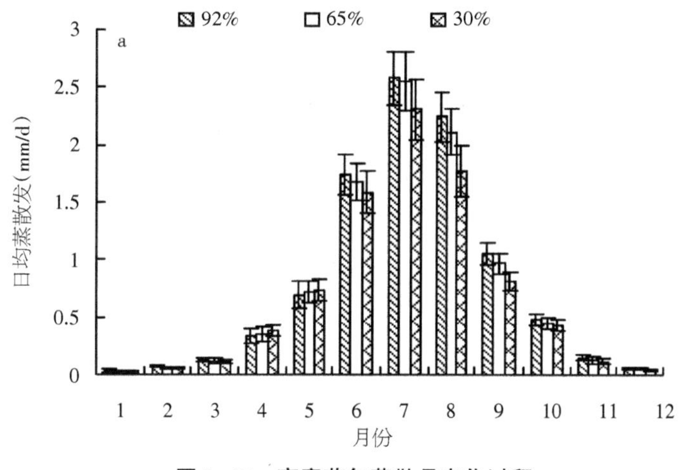

图5-17　高寒草甸蒸散月变化过程

3.影响高寒草甸蒸散的气象因子分析

蒸散过程通常受到能量供给条件、水汽输送条件等物理因素的影响。其能量供给条件主要源于太阳净辐射，水汽输送条件取决于相对湿度及风速的大小。可见，影响蒸散的主要气候因子有净辐射、气温、相对湿度和风速等(李林等，2000)。

为了了解蒸散与气象因素的关系，对蒸散与各气象因素间的相关性进行了分析(表5-15)，三个盖度下的蒸散量与大部分气象因子都有较好的相关性。不同时期高寒草甸蒸散对净辐射、平均气温和降水均有良好的响应，相对湿度只在生长期有较好的响应，且呈现负相关，而风速对各个时期蒸散的影响并不显著。说明蒸散与以上气象因子的综合变化关系密切,是高寒草甸小气候的综合反映。

表5-15　不同盖度下高寒草甸蒸散量与气象因子的相关性

气象因子	不同植被盖度下蒸散								
	生长前期			生长期			生长后期		
	92%	65%	30%	92%	65%	30%	92%	65%	30%
净辐射(W/m^{-2})	0.70*	0.73*	0.75*	0.76*	0.74*	0.71*	0.79*	0.77*	0.74*
平均气温(℃)	0.75*	0.79*	0.81*	0.79*	0.76*	0.71*	0.83*	0.8*	0.75*
降水(mm)	0.89*	0.92*	0.87*	0.79*	0.77*	0.73*	0.79*	0.78*	0.76*
相对湿度(%)	-0.56	-0.57	-0.54	-0.71*	-0.73*	-0.74*	-0.61	-0.59	-0.54
平均风速(m/s)	0.48	0.49	0.46	0.55	0.54	0.51	0.51	0.49	0.45

注:*表示数据在0.05水平上差异显著。

对不同植被盖度的蒸散量与0～40 cm土层的土壤含水量的关系进行相关分析(表5-16),结果表明,3种不同盖度的高寒草甸的蒸散量与土壤表层0～20 cm的土壤含水量显著相关。其次,92%和65%盖度的高寒草甸蒸散量对20～40 cm土层的土壤含水量影响也达到显著水平,这主要是因为该土层是大量根系集中分布层,是植物根系吸水以及植物生长发育的利用所造成。植被盖度愈高,土壤含水量对蒸散量的影响愈小,反之亦然。

表5-16　不同盖度下高寒草甸日蒸散量与日平均土壤含水量的关系模拟

时期	土壤深度(cm)	植被盖度(%)	土壤水分(%)	拟合曲线	R^2	R	标准误
生长前期	0～20 cm	92	10.18	$y=0.062e^{0.208x}$	0.51	0.71	0.25
		65	13.74	$y=0.081e^{0.14x}$	0.53	0.73	0.27
		30	16.11	$y=0.086e^{0.207x}$	0.56	0.75	0.31
	20～40 cm	92	10.45	$y=0.001e^{0.576x}$	0.49	0.70	0.29
		65	8.68	$y=0.003e^{0.57x}$	0.51	0.71	0.26
		30	6.27	$y=0.022e^{0.283x}$	0.47	0.68	0.30
生长期	0～20 cm	92	26.86	$y=0.008e^{0.217x}$	0.64	0.80	1.11
		65	28.49	$y=0.219e^{0.068x}$	0.68	0.82	1.14
		30	32.42	$y=0.00004e^{0.357x}$	0.73	0.85	1.16
	20～40 cm	92	33.60	$y=0.402e^{0.044x}$	0.61	0.78	1.30
		65	32.55	$y=0.081e^{0.101x}$	0.62	0.79	1.24
		30	24.54	$y=0.019e^{0.137x}$	0.58	0.76	0.85

续表5-16

时期	土壤深度(cm)	植被盖度(%)	土壤水分(%)	拟合曲线	R^2	R	标准误
生长后期	0～20 cm	92	32.61	$y=0.0008e^{0.246x}$	0.62	0.79	0.31
		65	29.46	$y=0.133e^{0.058x}$	0.65	0.80	0.37
		30	27.32	$y=0.0002e^{0.281x}$	0.67	0.82	0.34
	20～40 cm	92	40.90	$y=10^{-7}e^{0.383x}$	0.59	0.77	0.29
		65	32.12	$y=0.003e^{0.197x}$	0.61	0.78	0.28
		30	26.79	$y=0.0003e^{0.237x}$	0.56	0.75	0.31

单因子相关分析可以判断某个因子对蒸散的作用性质,但每个因子不是独立作用的。为了更准确地分析环境因子与蒸散的关系,需要进行多元逐步回归分析。以生长前期、生长期和生长后期为例,对高寒草甸蒸散和环境因子进行回归分析(表5-17)。

表5-17　高寒草甸环境因素与蒸散的回归分析

时期	植被盖度(%)	主要影响因子	回归方程	相关系数	F值	显著性系数
生长前期	92	气温、净辐射和0～20 cm土壤水分	$ET=0.046T_a+0.014R_n+0.013W+0.179$	0.730	6.515	0.000
	65		$ET=0.053T_a+0.019R_n+0.018W+0.130$	0.707	5.998	0.000
	30		$ET=0.064T_a+0.020R_n+0.027W+0.076$	0.806	7.342	0.000
生长期	92	气温、净辐射、降水、相对湿度和0～20 cm、20～40 cm土壤水分	$ET=0.030T_a+0.004R_n-0.026H_s+0.042P+0.168W+0.016w-1.319$	0.595	16.665	0.000
	65		$ET=0.024T_a+0.007R_n-0.019H_s+0.049P+0.163W+0.031w-2.994$	0.617	17.468	0.000
	30		$ET=0.117T_a+0.068R_n-0.014H_s+0.064P+0.232W+0.102w-8.770$	0.562	15.619	0.000
生长后期	92	气温、净辐射、降水和0～20 cm土壤水分	$ET=0.128T_a+0.061R_n-0.023P+0.136W-4.081$	0.600	6.479	0.000
	65		$ET=0.120T_a+0.066R_n+0.024P+0.068W-2.638$	0.602	6.524	0.000
	30		$ET=0.079T_a+0.076R_n+0.019P+0.079W-2.735$	0.573	5.617	0.000

注:ET为蒸散;T_a为气温;R_n为净辐射;H_s为相对湿度;P为降水;W为0～20 cm土壤水分;w为20～40 cm土壤水分。

逐步回归分析显示:

(1)影响生长前期不同覆盖条件下高寒草甸蒸散的主要因子有:气温、净辐射和表层土壤水分，复相关系数为0.707以上，*F*检验（*F*≤0.05）达显著水平。对于生长前期来说，由于多年冻土活动层的融化，土壤水分是充足的，含水量达到10.18%以上，而该时期气温才接近0 ℃，可供给高寒草甸蒸散发的热量有限。可见，在生长前期热量因子对高寒草甸蒸散有着重要的影响。

（2）影响生长期高寒草甸蒸散发的主要因子有：气温、净辐射、相对湿度、降水和土壤水分，复相关系数为0.562以上，*F*检验（*F*≤0.05）达显著水平。这一时期是高寒草甸生长高峰期，此时也是植物生理需水的高峰时期。研究区降水主要集中在该时期，达到全年降水量的70%，活动层土壤融化深度不断加深，土壤含水量增大，两者为高寒草甸蒸散发过程提供良好的水分条件。净辐射和气温在该时期均达到了全年最高，给蒸散提供了充足的热量条件，此时降水与活动层土壤含水量的多少直接决定着蒸散量。综上所述，水分因子对生长期蒸散起着至关重要的作用。

（3）影响生长后期高寒草甸蒸散的主要因子有：气温、净辐射、降水和表层土壤水分，复相关系数为0.573以上，*F*检验（*F*≤0.05）达显著水平。研究区在9月上旬气温明显下降，9月上旬或10月上旬活动层从土壤表层开始冻结，减缓了土壤水分与大气的交换，抑制了表层土壤水分的蒸发。气温和活动层地温成为该时期蒸散量的主控因素，该时期影响因子与生长前期相近，作用原理相似，水分充分，而热量不足。可见，热量是影响高寒草甸草地生长后期蒸散的控制性因子。逐步回归分析表明，在生长前期和后期，气温和净辐射是最主要的影响因子，影响程度大于其他环境因子。因此，热量是生长前期和后期影响高寒草甸蒸散的控制因子，而水分因子是生长期蒸散的主导影响因子和驱动力。

以上在长江源区利用小型蒸渗仪对92%、65%和30%盖度的高寒草甸蒸散进行的观测表明，在生长前期高寒草甸蒸散量随植被盖度降低呈增加趋势；而在生长期、生长后期和冻结期，高寒草甸蒸散量随植被盖度降低呈减小趋势，且盖度变化对生长期蒸散量的影响尤为显著。高寒草甸蒸散还呈现出明显的月变化趋势，从4月中旬开始，蒸散量逐渐增大，6月蒸散量增加幅度最大，7月达到最大，随后逐步减小，9月减小幅度最大，在10月中旬随着冻结期的开始，蒸散量降至年最低值。由于植被盖度的变化，高寒草甸在6—8月蒸散量差异显著。单因子相关分析发现高寒草甸蒸散与气温、净辐射、相对湿度、降水和土壤含水量等环境因素的变化都有很好的响应。蒸散量和土壤含水量的相关性分析表明，表层土壤水分含量与蒸散量的相关性高于深层土壤水分含量，并且随着植被盖度的减小，高寒草甸蒸散对土壤水分的依赖越明显。逐步回归分析表明高寒草甸不同时期影响因子的入选因素不同，生长前期和后期主要有气温、净辐射和表层土壤水分；生长期主要有气温、净辐射、相对湿度、降水和土壤水分。气象条件在生长前期和后期很大程度上制约着蒸散的变化，而下垫面条件则在生长期对蒸散有着重要的影响。

第六章　高寒草甸植物水分利用效率

水是地球表面的一种最普通物质，同时又是最重要的物质，对生命体有着十分重要的作用。水分不仅决定植物在地球表面上的分布，而且还影响农作物的产量和林木的生长。在水分供应一定的条件下，水分利用效率越高的植物，其生产的干物质越多。

植物水分利用效率是指植物光合作用生产的光合产物量与蒸散作用消耗的水分之比(Rosenberg et al，1983；闫伟明，2017)，不仅反映生态系统碳水循环及其相互关系(胡中民等，2009)，同时也是揭示陆地植被生态系统对环境变化响应的重要指标，主要受到初级生产力和蒸散作用两个过程的影响。较高的植物水分利用效率意味着植物较强的干旱环境适应能力，因此，明确植物水分利用效率的影响因素，有助于了解植物对环境变化的响应和水分利用策略。在叶片尺度上，测定植物水分利用效率的方法有气体交换法和稳定性碳同位素法。气体交换法主要是通过测定叶片瞬时的CO_2和 H_2O 交换通量来计算，测定方便、快捷，但是只能代表某特定时间内叶片的水分利用效率，结果受环境影响较大；碳同位素法是目前普遍采用的方法之一，由于$\delta^{13}C$可以反映CO_2的碳同位素比值，可以作为评估水分利用效率的间接指标，由于测定结果更为可靠且不受取样时间和空间的限制，能较好地反映植物的水分状况，是目前比较可靠的方法(Donovan et al，2007)。

CO_2浓度、温度、水分、臭氧和紫外线辐射等环境因素均可以影响植物水分利用效率(王庆伟等，2010)，但是其与叶片养分化学计量比之间的关系目前仅仅在小区水平上得到了证实(Cernusak et al，2010)。研究认为，C_3植物中叶片氮(N)含量的增加会提高植物叶片的水分利用效率，主要是因为叶片N含量与光合能力相关，在一定的蒸腾速率下，植物光合速率也更大，从而提高了水分利用效率(Toft et al，1989；Duursma et al，2006)。此外，光合产物的合成需要蛋白质等物质的参与，蛋白质等物质的合成需要核糖体等的参与，因此叶片N和磷(P)元素会影响核糖体物质合成，进而影响植物光合产物合成。植物对养分的吸收与转运又依赖植物的蒸腾作用(Cernusak et al，2010；Craine et al，2008)，因此植物水分利用效率与叶片养分可能存在着耦合关系

(Cernusak et al,2010;2007)。Ficusinsipida在幼苗中证实了叶片N:P与植物水分利用效率之间的关系;此外,Yan等(2015)在农田中也确认叶片养分与植物水分利用效率之间的关系,但是区域尺度上植物水分利用效率与叶片养分的关系还不清楚。因此,明确区域尺度上养分与植物水分利用效率之间的关系,可以帮助我们更好地理解生态系统中的水分—养分耦合关系。

植被(物)水分利用效率可分为四个层次,即光合器官进行光合作用时的水分利用效率(光合与蒸腾速率之比)、整个群体水平上的水分利用效率、产量水平上的水分利用效率和生态系统生产水平上的水分利用效率(王天铎等,1991;刘昌明等,1999)。下面逐一介绍。

第一节 高寒草甸植被的水分生产率

一、植被的水分生产率及水分的"入"和"出"

近年来,国内外越来越多地采用"水分生产率"来衡量水资源利用状况及水管理。"水分生产率"往往在农业生产中应用较多。由于问题不同,出发点不同,采用的分析计算方法不同,结论也就大不相同。为此,李远华等(2001)对水分生产率的概念、计算方法、影响因素和用途给予了详细的解释。给出"水分生产率指单位水资源量在一定的作物品种和耕作栽培条件下所获得的产量或产值,单位为kg/m³或元/m³"的定义。对于自然植被来讲,其植被的水分生产率我们可以定义为,当地植被类型在当地气候条件下单位水资源量供给下所能获得的净初级生产量,根据实际需要,净初级生产量可划分为地上净初级生产量(ANPP)、地下净初级生产量(BNPP)和地上地下总的净初级生产量(NPP)。依据定义可以看出,植被的水分生产率是指植物消耗单位水量的产出,其值等于植被净初级生产量与植物净耗水量或蒸散量(蒸发蒸腾量)之比。因此,要了解植被的水分生产率,就必须掌握"生产量"和"消耗的水量"。我们可以通过多种方法得到植被净初级生产量,较常用的是收获法。要了解一定区域一定时间段内的水分收支状况,才能对区域水量平衡有个明确的认识。水量平衡则是对一定时段内测算区域上各项收支水量相等的描述。而其水分的"入"和"出"是水量平衡的主要因素。

1)入流量:指流入植被计算区域内的所有水量,包括降水、人为输入(如灌溉)水、地表水和地下水流入量,其值为毛入流量。净入流量为毛入流量加上计算区域内地下水、土壤水等储水量的变化量,如果在某一计算期和计算区域内储水量减少,则净入流量大于毛入流量,反之,则净入流量小于毛入流量。

2)可利用水量:在净入流量中,扣除下游计划用水量,均为本区域可利用水量。

由于总有部分水量不可利用或调配，区域内消耗水量只占可利用水量的一定比例。

3)消耗水量：消耗水量指区域内的水使用后或排出后不可再利用。它是水分计算中的一个重要概念，一般人们所关注的水分生产率正是指每单位消耗水量所获得的利益。水分消耗的途径包括植被蒸腾、土壤水分蒸发，流入海洋、沼泽、咸水体或其他无法利用或不易利用的区域，被污染后不能再利用，合成植物体等。显然，水分消耗有符合人类目的生产性消耗和与人类特定目的不一致的非生产性消耗。

4)出流量：指计算区域内没有用于消耗的那部分水量，包括调配水量与非调配水量。调配水量指根据政府部门或水管理单位的水权、水法等法规规定的必须分配出来用于下游各部门以及本区域非灌溉的那部分水量，如养殖、环保等；而非调配水量是指流量中扣除调配水量后所剩余的水量，主要是由于区域内蓄水、保水设施不足及管理运行措施不当而没有被利用。

掌握上述水分的生产率及水分的“入”和“出”概念，就可进行水分利用状况的评价。目前，主要用水分消耗利用百分比和水分生产率有关参数来表征水分利用情况。虽然可用消耗水的利用率或生产性耗水比例反映水分利用情况，但这类指标不能反映出水分消耗的有益程度。因此，引入植被水分的生产率，以反映水的利用效率及产生的经济效益。它不仅可反映出植被水分消耗与植被净初级生产量的关系，而且还可反映出植被，甚至是非农牧业方面水分的利用情况。总的研究目的是明确水分消耗和转化的途径，使我们对水分的利用朝高效节水方向发展。

二、植物水分利用效率的研究

1.植物水分利用效率测定方法的发展

李荣生等(2003)对植物水分利用效率及其研究进展进行了较为系统的报道。随着科学技术的发展，测定植物水分利用效率的方法得到不断的改进。过去测定植物水分利用效率的方法有两种：一种方法是测定植物在较长时期生长过程中形成的干物质量和耗水量，以每千克水产生多少克干物质来表示水分利用效率；另一种方法是短期测定光合速率(A)和蒸腾速率(E)，以A/E表示水分利用效率(林植芳等，1995)。这两种方法都有一定的局限性。Wright等(1988)指出，在大田试验中从季节用水和生物量计算水分利用效率仍有一定的难度和误差。而Martin和Thorstenson(1988)认为，用便携式光合测定仪测定光合速率和蒸腾速率的方法得到的水分利用效率只代表某特定时间内植物部分叶片的行为，而且人们对短期所得的结果(第二种方法)和长期整体测定结果(第一种方法)之间的关系尚未明确(Wright et al，1988)。现在国际上常用的是第三种方法，即稳定C同位素技术。这种技术起源于地球化学，但经过近20年的发展，已经成为现代生态学研究的一种新方法(林光辉等，1995)。这种技术的主要原理是稳定C同位素比($\delta^{13}C$)或稳定性C同位素判别系数Δ与C_3植物的水分利用效率具有很强的相关性，从而将其作为植物水分利用效率的指标(Farquhar et al，1982；Knight et al，1994；Sun et al，1996)，它为植物的水分研究，特别是植物长期水分利用效率的研究提供了一个新的方法和途径，且克服了常规方法只能进行短时间和瞬时植物水分利用效率研究的缺点（严昌荣，1997）。近年来，稳定C同位素技术已应用在一些农作物的水分利用效率的研究上，如花生（Wright et al，1988）、棉（Hubick et al，1987）、小麦（Farquhar et al，1984）、大麦（Hubick et al，1989）、番茄（Ehleringer，1991）等，并被视为选育良种的可靠指标之一（Wright et al，1988）。

2.植物水分利用效率的时空变化

植物水分利用效率在不同季节、不同时间的差异明显。蒋高明等（1999）的研究认为，植物在晚夏的水分利用效率比初夏的低。赵平等（2000）对海南红豆的研究表明，水分利用效率最高值出现在上午较早时分。水分利用效率还随着植物的生育期而变化。樊巍（2000）的研究表明，冬小麦在灌浆前期水分利用效率较高，后期则较低。

植物水分利用效率除与时间有关外，还随空间的变化而变化，这个空间尺度可以是气候带和方位，也可以是高度。渠春梅等（2001）认为，温带植物的水分利用效率最高，其次是亚热带植物，最低的是热带植物；森林边缘与森林内部的水分利用效率有区别，森林边缘0～10 m的水分利用效率大小顺序为西向植物水分利用效率>东向植物水分利用效率和西向植物水分利用效率>北向植物水分利用效率。除了上述空间变化外，Ehleringer等（1986）的研究还表明，植物的水分利用效率从未干扰区到干扰区呈逐渐升高趋势。

当然，植物的水分利用效率在空间上的不同，与不同类型的植物具有很大的关系。植物种类及其植被类型不同，其水分利用效率不同。渠春梅等（2001）的研究表明，常绿植物的水分利用效率显著低于落叶植物；乔木、灌木、草本和藤本植物的水分利用效率也有所不同，藤本最高，乔木和灌木差别不大，但都高于草本植物，藤本植物与灌木差别不大。蒋高明等（1999）的研究认为，豆科、禾本科和藜科中具C_4光合途径或固N能力的一些植物（灌木或草本植物）具有较高的水分利用效率。Nobel（1991）认为，景天酸（CAM）植物水分利用效率比C_3和C_4植物高，Farquhar等（1982）认为，C_4和CAM植物水分利用效率比C_3植物高。王月福等（1998）研究表明，在水分充足条件下，湿地植物的水分利用效率高于旱地植物，在水分胁迫条件下，耐旱植物水分利用效率高于湿地植物。

3.植物水分利用效率的影响因子

影响植物水分利用效率的有外部因子，也有内在的机理过程。影响植物水分利用效率的外部因子有很多，如光照、水分（Farquhar et al，1982）、空气温度、叶温、饱和差等（樊巍，2000），CO_2浓度（蒋高明等，1997）、干旱、冰冻、降温（Morecroft et al，1990）等均对植物水分利用效率有影响，但影响程度不同。樊巍（2000）认为，空气温度、叶温和饱和差是影响水分利用效率的最主要因子，而Farquhar等（1982）则认为，光照和水分是植物水分利用效率的主要影响因子。支持Farquhar的研究有很多，如渠春梅等

(2001)的研究认为,水分条件是植物水分利用效率的主要决定因素。严昌荣等(1998)的研究表明,在干旱生境中生长的植物具有较高的水分利用效率。蒋高明和何维明(1999)的研究也表明,随着生境沿着由湿到干的不同水分供应等级,如从湿地、滩地、固定沙丘至流动沙丘,光合作用和蒸腾作用呈现减弱的趋势,而水分利用效率则呈现升高的趋势。Damesin等(1990)研究表明,湿度越大,植物水分利用效率越低。林植芳等(1995)的研究表明,光照越强,植物的水分利用效率越高。水分利用效率还与植物在不同季节时的水分亏缺程度有关。Morecroft和Woodward(1990)的研究结果表明,降温、冰冻和干旱均可提高植物的水分利用效率,而减压和喷灌则降低植物的水分利用效率。蒋高明等(1997)的研究表明,CO_2浓度越高,植物水分利用效率越高。

同时,植物水分利用效率除了受外部因子影响外,还与植物内在因子如叶水势、气孔导度、光合速率、蒸腾速率和光合途径有关。黄占斌等(1997)研究认为,叶水势通过对蒸腾速率和光合速率的影响程度不同而影响植物水分利用效率。郭贤仕等(1994)研究表明,水分利用效率随着光合速率的升高而升高,而蒸腾速率低的植物水分利用效率高(李秧秧,1998)。气孔也是影响植物水分利用效率的重要内在因子,接玉玲等(2001)对苹果进行研究,结果表明,植物水分利用效率随着气孔导度下降反而上升。理论上讲,CO_2的扩散阻力是水蒸气的0.64倍(赵平等,2000),因此,气孔导度对光合速率的影响比蒸腾速率大。随着气孔导度的下降,蒸腾速率比光合速率下降得快,从而使水分利用效率升高。植物由于CO_2固定的最初产物不同而分为C_3植物、C_4植物以及CAM植物,这些植物因其内部光合途径和其他生理特征的不同,其水分利用效率也不同,一般来说,CAM植物的水分利用效率比C_3和C_4植物的高(Nobel,1991),C_4植物的比C_3植物的高(蒋高明等,1999)。

植物水分利用效率还与植物的遗传物质基础有关。植物水分利用效率不仅受到内外因子影响,而且还有其遗传物质基础。张正斌(1998)的研究表明,植物水分利用效率与染色体倍数有关,在小麦进化中,随着染色体倍数递增,小麦旗叶水分利用效率有进一步提高的趋势。贾秀领等(1999)研究表明,高产基因型植物具有高的水分利用效率。Farquhar等(1989)认为,植物水分利用效率是由多个基因决定的。目前研究表明,对不同植物来说,这些基因位于不同染色体上。Martin等(1989)利用RFLP(Restriction fragment length polymorphism)和$\delta^{13}C$分析方法,鉴定了影响番茄水分利用效率的基因位于B、F和Q染色体上。

Mian等(1996)用同样方法鉴定了影响大豆水分利用效率的基因位于LG12(G)、LG17(H)和LG18(J)染色体上。Handly等(1994)通过对中国春小麦-Betzes大麦附加系的地上部$\delta^{13}C$分析,认为大麦4H染色体上载有控制水分利用效率的基因。张正斌等(2000)研究认为,小麦A组染色体上载有控制高水分利用效率的基因,A组染色体无论在缺失长臂或短臂时,其端体都保持较高的旗叶水分利用效率,在1AL、2AL、

2AS、7AS染色体臂上载有控制高水分利用效率的基因。对小黑麦附加系的研究表明,4R染色体上载有控制高水分利用效率的基因,而5R染色体上有抑制高水分利用效率的基因。

同时,植物水分利用效率与植物的抗旱性有关,但两者不是同一概念。抗旱植物的水分利用效率不一定高。如CAM植物是抗旱植物,水分利用效率高,但深根耗水型抗旱植物的水分利用效率不高。水分利用效率受品种、栽培技术和环境条件等许多因素的影响,近50年来的实践证明,水分利用效率随着作物产量的增加而增加,但作物的抗旱性不一定增加。在正常供水条件下,抗旱品种全生育期耗水量一般比不抗旱品种少,但产量低,水分利用效率也低。在干旱条件下,抗旱品种产量比较稳定,与不抗旱品种比较,水分利用效率通常较高(刘友良,1992)。

影响水分利用效率的因素很多,因此改变任一影响因素就可以改变植物水分利用效率。从群落层次来说,可以通过植树种草、改坡地为水平梯田、改善土壤结构、施肥、喷施抗蒸腾剂和合理耕作等措施来提高水分利用效率(刘友良,1992),如林带可以提高冬小麦的水分利用效率(樊巍,2000),外生菌根可以提高板栗苗木在正常情况下的水分有效利用率(吕全等,2000),前期干旱锻炼使谷子的水分利用效率显著提高(郭贤仕等,1994),也可通过修剪等措施调节植物自身的库—源关系来提高水分利用效率(刘孟雨,1997)。

第二节　水分利用效率表述

水分利用效率是用以描述植物产量与消耗水量之间关系的名词(Kramer et al,1979),随着科学技术的发展而发展。20世纪初,Briggs和Shantz等用需水量来表示水分利用效率,指为了生产一个单位的地上部分干物质量或作物的产品所用的水量(Kramer,1983),这个定义有欠缺的地方,它虽然表明植物生长所必需的一定水量,但是实际上它只表示在当时的环境条件下生产一定量的干物质从叶片所蒸腾的水量,再加上植物所保持的那部分水分。几乎同一时间Widtsoe(肖,1965)用蒸腾比率一词来表示水分利用效率,这个名词与需水量的区别只是不包括植物体所保持的那一小部分水分而已。1957年Koch认为阴天时测定的光合速率和蒸腾速率之比比晴天时测定的高(Kramer et al ,1979)。1969年Tranquillini将光合速率与蒸腾速率之比称为蒸腾生产率(Kramer et al,1979),又称蒸腾效率(ПБ拉斯卡托夫,1960),用以表示水分利用效率。1976年Begg和Turner定义植物水分利用效率=产生的干物质量/耗水量,耗水量包括植物蒸腾和蒸发量(Kramer et al,1979),这个词比蒸腾比率更符合农林生产实际,因为在田间和林地,棵间蒸发与植物蒸腾难以分别测定。综上所述,植物水分利用效率经过一段发展过程，至今普遍认为，对植物叶片来说，植物水分利用效率=光合速率/蒸腾速率（张正斌等，1997）。对植物个体而言，植物水分利用效率=干物质量/蒸腾量。对植物群体来说，植物水分利用效率=干物质量/（蒸腾量+蒸发量）（刘文兆，1998）。对农林生产来说，通过栽培措施已可将蒸发量控制到最小，因此通过减少蒸发量来提高水分利用效率的余地不大。现在提高水分利用效率最好的办法就是提高植物本身的水分利用效率，因此在此主要论述植物本身水分利用效率。因为植物个体水分利用效率可用叶片水分利用效率来估算（Morgan et al，1993），所以植物个体水分利用效率与叶片水分利用效率在某种意义上是一致的。

一、植物的水分生产率计算方法

植物的水分生产率可以有下列方法计算:

$$W_P = \frac{W}{(m+p+d)}$$

或：$W_P = \frac{W}{ET}$

式中：W_P 为植物的水分生产率（kg/m^3）；W 为植物净初级生产量（kg/hm^2）；m 为人为输入（如灌溉）水量（m^3/hm^2）；p 为有效降水量（m^3/hm^2）；d 为地下水补给量（m^3/hm^2）；ET 为植物蒸散（蒸发蒸腾）量（m^3/hm^2）。

广义的水分生产率是评价区域水分利用效率最客观的指标之一。在“资源型缺水”时，水分生产率也是评价区域水分利用效率的最重要指标:

$$W_{PK} = \frac{W}{(R+P+U-D\pm\Delta)}$$

式中：W_{PK} 为某一区域的水分生产率（kg/m^3）；W 为某一区域植物净初级生产量的总量（kg）；R 为从地面进入该区域内的总水量（m^3）；P 为进入该区域内的总降水量（m^3）；U 为地下水补给量以及通过侧渗进入该区域内的总水量（m^3）；D 为流出该区域的总水量（m^3）；Δ 为该区域内的储水量变化（m^3），储水量减少为正，反之为负。

广义的水分生产率包含了总降水量（不是有效降水量），降水利用率越高，水分生产率越高。同时，区域内水的重复利用率越高，水分生产率越高。因此，在农业生产上追求水分生产率与节水利用的目标是一致的。由于植物蒸散消耗只占区域水分总消耗的一部分，因此对于封闭的区域，按上述公式所计算的结果始终较小。值得指出的是，无论采用何种计算方法，各因素应采用实测值或通过水量平衡计算。否则，评价将失去意义。

二、叶片水平上的水分利用效率

叶片水平上的水分利用效率也称为水的生理利用效率或蒸腾效率，它是指单位水量通过植物叶片蒸腾散失时光合作用所形成的有机物量，它取决于光合作用时的光合速率与蒸腾速率的比值，是水分利用效率的理论值。

根据农业气候学相关扩散定律，水汽和CO_2通量可由浓度梯度和扩散阻力来描述。那么单位叶片净光合速率表示为(Bierhuizen et al,1965)：

$$P_n=\frac{\Delta C}{r'_b+r'_s+r'_m}=\frac{C_a-\Gamma}{r'_b+r'_s+r'_m}$$

式中：P_n为叶片净光合速率；ΔC为空气CO_2浓度与CO_2补偿点之差；r'_b和r'_s分别为CO_2扩散入叶片的边界层阻抗和气孔阻抗；r'_m为CO_2扩散入细胞叶绿体中叶肉阻抗；C_a为空气CO_2浓度；Γ为空气CO_2补偿点(相当于细胞质体中CO_2浓度)。

同样，单位叶面积的蒸腾速率有：

$$T=\frac{\Delta_{H_2O}}{r_b+r_s}=\frac{\left(\rho\frac{\varepsilon}{P}\right)(e_{ls}-e_a)}{r_b+r_s}$$

式中：T为叶片蒸腾速率；Δ_{H_2O}为细胞间隙中水汽浓度与大气浓度之差；r_b和r_s分别为水汽扩散的边界层阻抗和气孔阻抗；ρ和P分别为空气密度和大气压；ε为水汽和空气的摩尔质量比；$e_{ls}-e_a$为叶片水汽压梯度。

因此，叶片水平上的水分利用效率(WUE_l)表示为：

$$WUE_l=\frac{(C_a-\Gamma)(r_b+r_s)}{\left(\rho\frac{\varepsilon}{P}\right)(e_{ls}-e_a)(r'_b+r'_s+r'_m)}$$

三、群体水平上的水分利用效率

植物群体的水分利用效率为植物群落CO_2净同化量与蒸腾量之比，也即植物群落CO_2通量和植物蒸腾的水汽通量之比。群体水分利用效率与单叶水平相比，更接近实际情况，可表征区域的水分利用效率。有：

$$WUE_c=\frac{F_c}{EL}$$

式中：WUE_c为群体水平上的水分利用效率；F_c为植物群落CO_2通量；EL为植物蒸腾的水汽通量。

区域植物群体CO_2通量和水汽蒸散通量可由涡度相关法直接测定，或波文比-能量平衡法测定等。在波文比-能量平衡法中水汽通量(EL)可由以下公式计算：

$$EL=\frac{R_n-G}{(1+\beta)L}$$

式中：R_n为净辐射；G为土壤热通量；L为汽化潜热；β为波文比，有：

$$\beta=\frac{C_p\rho}{L\rho_a}\cdot\frac{\partial T_p}{\partial W}$$

式中：C_p为定压比热；ρ为空气密度；T_p为平均位温；ρ_a为干空气密度；W为空气湿度(质量混合比)。

CO_2通量(F_c)可由下式计算：

$$F_c=\frac{R_n-G}{C_p(\gamma+1)}\cdot\frac{\partial C}{\partial T_e}$$

式中：γ 为水汽平均密度与干空气平均密度之比；C 为 CO_2 质量混合比浓度；T_e 为有效温度,可由下列公式计算得到：

$$T_e = T_p \frac{L}{C_p} \cdot \frac{W}{\gamma + 1}$$

四、产量水平上的水分利用效率

产量水平上的水分利用效率是指植物群落水平上单位耗水量的产量,这里的产量一般指植物自养呼吸消耗后的净初级生产量,或经济产量。计算时考虑土壤表面的无效蒸发,对节水和水分利用更有实际意义。产量水平上的水分利用效率(WUE_y)可表示为：

$$WUE_y = \frac{Y}{WU}$$

式中：Y 为植物产量；WU 为植物耗水量。

需要解释的是,对于产量来讲,植物产量多指净初级生产量或经济产量。但对于有些研究的需要,这个净初级生产量可以细分到地上净初级生产量、地下净初级生产量或地上地下总的净初级生产量等,还有农作物收获的粮食产量(并不包括根茎生产量)等,随研究的对象、目的不同而不同。植物耗水量系指植物生长发育时的用水量,其包括的范围也较大,一般可分为植物总的耗水量,及植物的蒸散量,从而得到人们普遍认同的水分利用效率,也称蒸散效率。部分地区还有灌溉水,从而认为是灌溉水利用率。另外,还有天然降水形成的天然降水利用率。

根据有些研究的需要,还可将植物对降水的截留排除后仅计算有效降水的利用效率,以及通过有效降水入渗土壤再确定蒸散量后的植物水分利用效率。

除此,分子生物学研究者还开展细胞水平上的水分利用效率的研究,来分析物种间或品种间水分利用效率的差异状况。这里不讨论了。

五、生态系统生产水平上的水分利用效率

生态系统水分利用效率(*WUE*)是指生态系统的植物消耗单位质量水分所固定的 CO_2(或生产干物质)的量,是深入理解生态系统水碳循环间耦合关系的重要指标,也是评估生态系统对气候变化适应和响应的综合特征(Hu et al,2008;胡中民等,2009;米兆荣等,2015;Körner,1999)。在早期和区域的研究中,由于生态系统尺度的蒸散和生产力难以直接获取,在区域水分基本守恒的假设上(即区域蒸散损耗和降水输入持平),多采用地上净初级生产力(*ANPP*)与系统降水的比值,即降水利用效率(*PUE*)来近似表示系统水分利用效率(Hu et al,2004;Guo et al,2012;Li et al,2015;李红琴等,2013)。随着涡度相关技术等观测技术的发展,越来越多的研究采用生态系统总初级生产力(*GPP*)与植被蒸腾的比值或者生态系统净初级生产力(*NPP*)与系统蒸散的比值来代表生态系统水分利用效率,并取得了丰硕的成果(Xiao et al,2013;Zhang et al,2011;李辉东等,2015)。研究者也对系统水分利用效率的计算和应用做了大量的工作。

第三节 高寒草甸产量水平上的水分利用效率分析

一、海北自然植被水分利用效率

我们曾报道过海北高寒草甸地区11年自然状况植被水分利用效率的研究(李红琴等,2013)。2001—2011年11年的观测表明(图6-1),海北高寒矮嵩草草甸植被,地上、地下净初级生产碳量以及地上地下总的净初级生产碳量平均分别为176.88、378.10、554.98 g/m^2。最高年份分别可达210.15 g/m^2(2009年)、531.24 g/m^2(2008年)、736.45 g/m^2(2008年),最低年份分别为152.82 g/m^2(2003年)、286.94 g/m^2(2003年)、439.96 g/m^2(2003年),最高年份比最低年份分别高出27%、46%和40%。统计分析地上、地下净初级生产碳量以及地上地下总的净初级生产碳量与同期植被耗水量之间的关系表明,其相关显著性很差,且呈现一定的负相关,其中地下净初级生产碳量与同期植被耗水量之间的相关性可达到$P<0.1$的检验性水平。但地上、地下净初级生产碳量以及地上、地下总的净初级生产碳量分别与同期平均气温分别达到$P<(0.05\sim0.01)$的检验水平(李红琴等,2013;李英年等,2006)。这些相关性表明,高寒草甸植被耗水量可满足植物生长的基本需求。由于植被耗水量与同期降水量具有显著的相关性,从而也进一步证实,高寒草甸地区水分条件不是限制植物生长发育的主要因子,相反,由于与同期温度相关性较好,表明区域植物生长发育和植被净初级碳量受热量条件影响明显。但是,我们也在研究中发现,在植物生长旺盛时期的6—7月,由于温度高,植物光合作用强度大,植被的蒸腾加大,需要消耗大量的水分,导致该期间出现水分亏缺,生物累计量与耗水量仅有显著的正相关。地上、地下净初级生产碳量间有很好的协调关系,两者间达极显著检验水平。但地上净初级生产碳量与地下现存生物碳量差异很大。地下净初级生产碳量比地上净初级生产碳量平均高200 g/m^{2}以上。

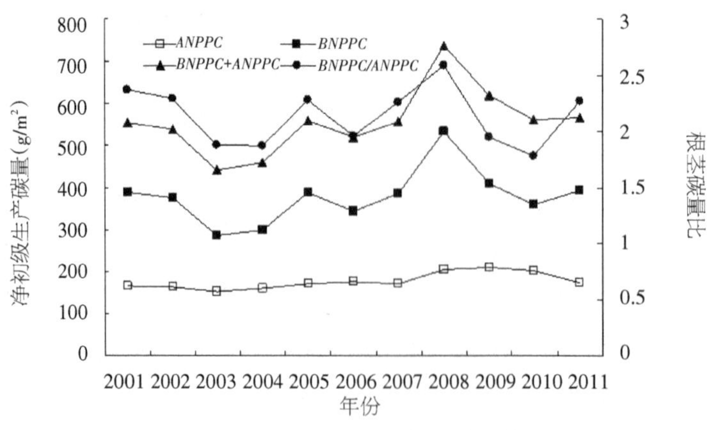

图6-1 2001—2011年植被净初级生产碳量的年际变化

统计净初级生产碳量地下地上比发现，11年的平均值为2.137，在1.781（2010年）到2.369（2001年）之间波动。当然碳含量由相关折算系数计算得到，而且地下生物量换算系数（0.40）较地上的低（地上为0.45），那么对应的地下地上净初级生产碳量的比值（根冠比）稍高，11年的平均值为2.404。

尽管以上分析表明，在海北高寒草甸地区水分条件可满足植物生长发育的需要，也表现出净初级生产量与温度条件具有较好的正相关性。但是，植物在生长过程中的不同时期对水分的需求有所不同，如5月植物萌芽生长初期受冬春积雪及土壤消融水的影响，底墒好，植物耗水量与地上生物量有一定的正相关，但达不到显著性检验水平，该时期水分条件不是植物地上生物量的主要限制因素。说明该时期温度仍然很低，日最低气温往往下降到-10 ℃以下，可认为温度是植物地上生物量形成的限制因素。植物旺盛生长时期的6—7月，耗水量与地上生物量之间有显著的正相关关系，其相关程度好于5月，温度和水分共同构成该时期影响植物生长的限制因素。说明在植物旺盛生长的6—7月，虽然降水丰富，但温度高，耗水明显，水分利用率相对较高，水分条件限制了植物生物碳量的提高。在植物生长后期的8—9月份生物量与耗水量呈负相关关系，从而说明这一时期过多的水分反而不利于高寒植物的生长。表现出5月、6—7月、8—9月各期受降水胁迫的影响不仅不同，同时也应提出的是，就是温度条件再好，没有降水的补给而发生耗水，将直接导致植物净初级生产碳量的提高，为此，对生产水分利用率的分析就不可缺少。

分别计算地上、地下及地上地下总的净初级生产量的耗水利用率发现（图6-2），其水分利用效率多年平均分别为0.431、0.930和1.361 g/（m²·mm），最高年份分别可达0.573 g/（m²·mm）（2008年）、1.484 g/（m²·mm）（2008年）、1.812 g/（m²·mm）（2001年），最低年份分别为0.355 g/（m²·mm）（2004年）、0.666 g/（m²·mm）（2004年）、1.021 g/（m²·mm）（2001年），最高年份比最低年份分别高出38%、55%和44%。

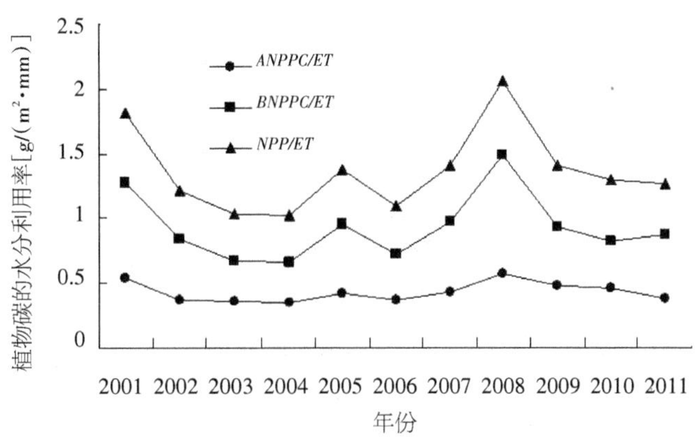

图6-2　2001—2011年海北高寒草甸水分利用率年际变化

注：*ANPP/ET*、*BNPP/ET*和*NPP/ET*分别为植物地上、地下和总的净初级生产量的耗水利用率。

水分利用效率的这种分布特点，与（孙洪仁等，2005）紫花苜蓿地上部分水分利用效率[8～12 kg/(hm²·mm)]基本相近或稍偏低，也与（卢玲等，2007）整个中国西部地区地上部分植物水分利用效率单位平均值0.32 g/(m²·mm)一致。卢玲等（2007）对中国西部地区地上部分植物水分利用效率研究时指出，西部地区尤其是青藏高原的草地和寒漠面积分布最广，但它们的*WUE*都很低，年均*WUE*多在0.4 g/(m²·mm)以下，甚至接近0。并指出，比较青藏高原高、中和低覆盖度草地*WUE*的峰值分别为0.66、0.47和0.28 g/(m²·mm)，而年均值分别为0.41、0.27和0.08 g/(m²·mm)，呈现出明显的随草地覆盖度降低而减小的趋势。同时还指出，青藏高原海拔超过4000 m的高山寒漠生态系统，常年极端的低温导致其生长季节短暂且生产力水平极其低下，*WUE*很低，年均仅为0.06 g/(m²·mm)。该值与西北地区沙漠边缘植被极为稀疏的戈壁生态系统*WUE*接近。我们进行的高寒草甸水分利用率是在植被盖度很高，植被基本未退化的区域进行的，而且土壤湿度与盖度之间存在一定的显著关系（李英年等，2006）。由此看来，我们计算得到的海北高寒草甸地上生物碳量的水分有效率年均值0.431 g/(m²·mm)是可信的，依11年地下与地上净初级生产量平均比（2.137）计算，其地下净初级生产量和地上地下净初级生产碳量的水分利用效率[分别为0.930和1.361 g/(m²·mm)]也是可信的。

二、海北牧压梯度与封育禁牧植被水分利用效率

2017年（贺慧丹等，2017）在海北放牧梯度实验地也进行了水分利用率的研究。海北高寒草甸地区5—9月降水量约占全年降水量的80%（李英年等，2004），雨热同期，有利于植被地上地下生物量的积累。高寒草甸的整个生长过程可分为5月（植物初期营养生长期）、6—7月（植物强度生长期）、8—9月（植物生长末期）（肖继兵等，2014；李英年等，1993）。但由于不同月份气候环境和植物生长状况不同，使得植物生长过程中水分消耗差异较大。牧压梯度下高寒草甸的实际耗水量和水分有效利用效率差异较大。表6-1给出了海北高寒草甸5月8日至9月8日期间的实际耗水量和净初级生产量，并对不同牧压梯度下高寒草甸水分有效利用率进行了比较。

表6-1 牧压梯度下高寒草甸植被净初级生产量与水分有效利用率的变化特征

牧压梯度	封育禁牧	轻度放牧	中度放牧	重度放牧
地上净初级生产量(g/m²)	344.610	418.864	333.646	340.836
地下净初级生产量(g/m²)	915.010	1297.978	1381.010	1230.417
总的净初级生产量(g/m²)	1259.620	1716.842	1714.656	1571.253
耗水量(mm)	342.580	315.002	307.300	317.742
地上水分有效利用率(%)	0.101	0.133	0.109	0.107
地下水分有效利用率(%)	0.267	0.412	0.449	0.387
水分有效利用率(%)	0.368	0.545	0.558	0.495

从表6-1还可见，地上净初级生产量、地下净初级生产量和总的净初级生产量的最大值分别为轻度放牧、中度放牧、轻度放牧，而封育禁牧与重度放牧的值相对较小，由此说明，适度放牧有利于提高植被的地上、地下净初级生产量。此外，牧压梯度下植被地上、地下的净初级生产量的转换与分配发生变化，封育禁牧、轻度放牧、中度放牧、重度放牧的地下净初级生产量分别为地上净初级生产量的2.655倍、3.099倍、4.139倍、3.610倍。可见放牧会使植物的光合作用产物更倾向于往地下分配，这是因为植物受到牲畜的啃食与践踏后，自身会产生一种应对外来胁迫的机制，将光合作用产物更多地储藏于地下，为来年的生长储存能量。

分析发现，植物生长期的实际耗水量表现为封育禁牧＞重度放牧＞轻度放牧＞中度放牧，完全禁牧时耗水量最大。而高寒草甸在生长季的水分有效利用率表现为中度放牧＞轻度放牧＞重度放牧＞封育禁牧。显然，水分有效利用率越大，表示蒸散一定量的水分后获得的干物质越多。完全禁牧的条件下由于不受牲畜的啃食，特别是在生长季初期仍然保有较多立枯体，对大气降水有一定的截留作用。枯落物层由多年累积形成，地表覆盖物起到土壤(植被)—大气界面水分变化的"缓冲"器，可延缓降水直接渗入土壤，这一部分水作为无效降水直接蒸发到大气中，对植物生长所起的作用较小，水分有效利用率最低。所以，适度放牧使枯落物较少，能够提高水分有效利用率，有利于提高高寒草甸净初级生产量。从经济学的角度考虑，适度放牧的高寒草甸其生态价值更高。

三、三江源玛沁季节放牧与封育恢复植被水分利用效率

在三江源玛沁高寒草甸区选择季节性放牧与封育植被，进行了植被生产量水分利用效率的调查(贺慧丹等，2017)。研究中*ANPP*采用9月初最大测定值，植被耗水量采用植物生长期的5月至9月初的总耗水量。从表6—2可以看出，季节性放牧对高寒草甸*WUE*的影响因其指标不同而异，季节性放牧样地5—9月*ANPP*的*WUE*比自然放牧地高53.85%，而*BNPP*和*NPP*的*WUE*则分别比自然放牧低13.06%和9.97%。同时，也可以看出季节性放牧或是连续放牧对*BNPP*和*NPP*的*WUE*的影响比对*ANPP*的*WUE*大。由于放牧使样地地上生物量一部分转化为动物食物，从而影响*WUE*，所以这里不能简单地解释为季节性放牧与封育能提高植被生产力的水分利用效率。但总体来看，*BNPP*和*NPP*远大于*ANPP*，受到的影响相对较小，对季节性放牧下*WUE*的分析仍有意义。

表6-2　玛沁高寒草甸季节性放牧与自然放牧样地生长期植被生产量和的水分利用率

指标	季节性放牧			自然放牧		
	ANPP	*BNPP*	*NPP*	*ANPP*	*BNPP*	*NPP*
植被生产量(g/m^2)	78.75	1151.74	1230.49	46.21	1145.78	1191.99
WUE[g/(m^2·mm)]	0.20	2.91	3.11	0.13	3.29	3.42

第四节　高寒草甸生态系统水平上的水分利用效率

高寒嵩草草甸生态系统与其他生态系统相比，有着独特的生态水文过程，尤其是长期处于低温、缺氧、CO_2浓度低以及强辐射等环境胁迫的海北高寒嵩草草甸生态系统，对气候变化的响应十分敏感，其系统*WUE*在时间尺度上存在如何波动的特征，一直是全球变化研究的热点和难点（Guo et al，2015；Mcfadden et al，2003）。高寒草甸系统的水分利用效率和降水、气温正相关（闫巍等，2006；叶辉等，2012）或关系较小（米兆荣等，2015；Fu et al，2006），是植物种群演替和系统稳定性的重要指示特征（陈世伟等，2015；Yang et al，2010）。但大多是基于遥感空间观测资料，缺乏有效的地面验证，因此，有必要依据原位观测数据研究高寒草甸系统水分利用效率的时间变化特征及其主控因素，为理解高寒草甸应对气候变化的生态策略和草地系统的优化管理提供理论依据（Xiao et al，2013；Zhu et al，2014）。

为此，利用微气象-涡度相关法观测资料，分析了2015年植被生长季（4—10月）的系统水分利用效率（总初级生产力/植被蒸腾量）的变化特征和主要环境影响因子（宋成刚等，2017）。微气象-涡度相关法观测设在海北站地势平坦、地形开阔，且具有足够大“风浪区”的矮嵩草草甸试验场内，用于观测净生态系统CO_2交换量（*NEE*）和微气象因子。该系统主要由开路CO_2/H_2O快速红外分析仪（LI-7500，Li-Cor Inc，USA）和三维超声风速仪（CSAT-3，Campbell Scientific，Utah，USA）组成。观测高度为2.2 m，采样频率为10 Hz，每30 min输出平均值，同步观测微气象指标。具体包括：1.5 m处空气温度和相对湿度（HMP45C，Vaisala，Finland）；1.5 m的太阳辐射、净辐射通量（CNR-1，Kipp&Zonen，Netherlands）和光合光量子通量密度（LI-190SB，Li-Cor Inc，USA），及冠层红外温度（SI-111，Apogee，USA）；0.5 m处的降水（52203，RM Young，USA）；5、10、15、20和40 cm的土壤温度和容积含水量（Hydra Probe II，Stevens，USA）；以及5 cm土壤热通量（HFT-3，Campbell Scientific，USA）等环境因子，数据输出为30 min的平均值。本研究选取2015年植物生长季（4月15日—10月20日）数据。在进行生态系统水分利用效率计算前，需要对涡度通量观测数据得到的相关参数以及叶面积指数、蒸散与蒸发、空气导度、冠层导度等进行如下计算和分析。

叶面积指数（*LAI*）的数据分别来自MODIS陆地产品MOD15A2，其空间和时间分辨率分别为1.0 km × 1.0 km和8 d。植被数据来自美国橡树岭国家实验室的分布式主动存档中心（http://daac.ornl.gov/MODIS/modis.html）。为了便于和通量数据进行比对，利用多项式（$LAI=\left(\frac{a+bx}{1+cx+dx^2}\right)^2$，$a$、$b$、$c$、$d$为拟合参数，$x$为日历天）插值*LAI*，将其扩展为每天的数据($R^2=0.99$,$P<0.001$)。

系统蒸散与蒸发首先利用EddyPro 6.1 (Li-Cor Inc,USA)对10 Hz高频数据进行二次坐标旋转、除趋势和*WPL*密度校正。由于电力、仪器故障、天气突变等原因,观测数据不可避免地出现缺失或“野点”。采用非线性方程对缺失通量数据进行插补、计算后获取生态系统总初级生产力(*GPP*)(张法伟等,2012)。生态系统水分利用效率采用*GPP*和植被蒸腾量(*T*)的比值(*GPP/T*)来表示(Hu et al,2008;Zhu et al,2014)。涡度相关观测的水汽通量为生态系统蒸散,利用简单的经验方程区分系统蒸散量(*ET*)和土壤蒸发量(*E*)(Alberto et al,2014)。

$$T=ET\times\left(1-e^{K\cdot LAI}\right)$$

其中,*K*为冠层消光系数,高寒草甸系统中一般取0.8(Zhu et al,2014),*LAI*为群落叶面积指数。

空气导度(*Ga*,m/s)可采用下式计算,冠层导度(*Gc*,m/s)通过Penman-Monteith方法反推计算(Gu et al,2008)。

$$\frac{1}{G_a}=\frac{W_s}{U_*^2}+6.2U_*^{-0.67}$$

$$\frac{1}{G_a}=\frac{\rho C_p VPD}{\gamma LET}+\frac{\beta\Delta-\gamma}{\gamma G_a}$$

其中,W_s为2 m处风速(m/s),U_*为摩擦速度(m/s),ρ为空气密度(kg/m^3),*VPD*为饱和水汽压差(kPa),C_p为空气定压比热(kPa/℃),γ为湿度计常数(kPa/℃),β为波文比(显热通量/潜热通量),Δ为饱和水汽压曲线斜率(kPa/℃),L为水的汽化潜热(MJ/kg),*ET*为蒸散量[mm/(m^2·s)]。上述变量可通过涡度相关直接观测或间接计算获得(董刚,2011)。

基于Kolmogorov-Smirnov对*GPP*、*T*和*WUE*的日均数据分布进行正态检验,结果表明,三者日均数据为正态分布($0.11<P<0.16$),以月份为单因素,对*GPP*、*T*和*WUE*进行方差分析,利用最小方差法(LSD)进行梯度间差异的显著性分析。针对环境因子之间存在共线性和非独立性,利用增强回归树(Boosted regression tree,BRT)的方法分析环境因素对生态系统水分利用效率的影响。BRT方法是基于分类回归树算法的一种机器自学习方法,是通过随机选择和自学习方法产生多重回归树,进而能够提高模型的稳定性和预测精度(Elith et al,2008)。环境因素包括空气温度(T_a),饱和水汽压差(*VPD*),2 m风速(W_s),光合光量子通量密度(*PPFD*),净辐射(R_n),5 cm土壤含水量(*SWC*),5 cm土壤温度(T_s),冠层温度(T_c),叶面积指数(*LAI*),空气导度(G_a),冠层导度(G_c)。设置BRT的学习速率为0.001,每次抽取50%的数据进行分析,训练比重为50%,并进行10次重复交叉验证。

一、高寒草甸系统水分利用效率季节动态

日均生态系统总初级生产力(*GPP*)和日均植被蒸腾量(*T*)呈现出夏季高、春秋低的变化特征(图6-3)。单因素方差分析的结果表明,除了4月和10月之间的*GPP*($P=0.33$)和T($P=0.76$)无显著差异外,其余月份之间差异明显。逐步回归的结果表明*GPP*与*LAI*密切相关,两者呈现出对数饱和型[$GPP=3.68\ln(LAI)+4.11$, $r^2=0.86$, $P<0.01$],T则主要和冠层导度(G_c)线性相关($T=49353G_c-0.67$, $r^2=0.84$, $P<0.01$),进一步的分析表明,G_c主要受*PPFD*($r^2=0.62$, $P<0.001$)而非*LAI*($r^2=0.33$, $P<0.001$)调控。

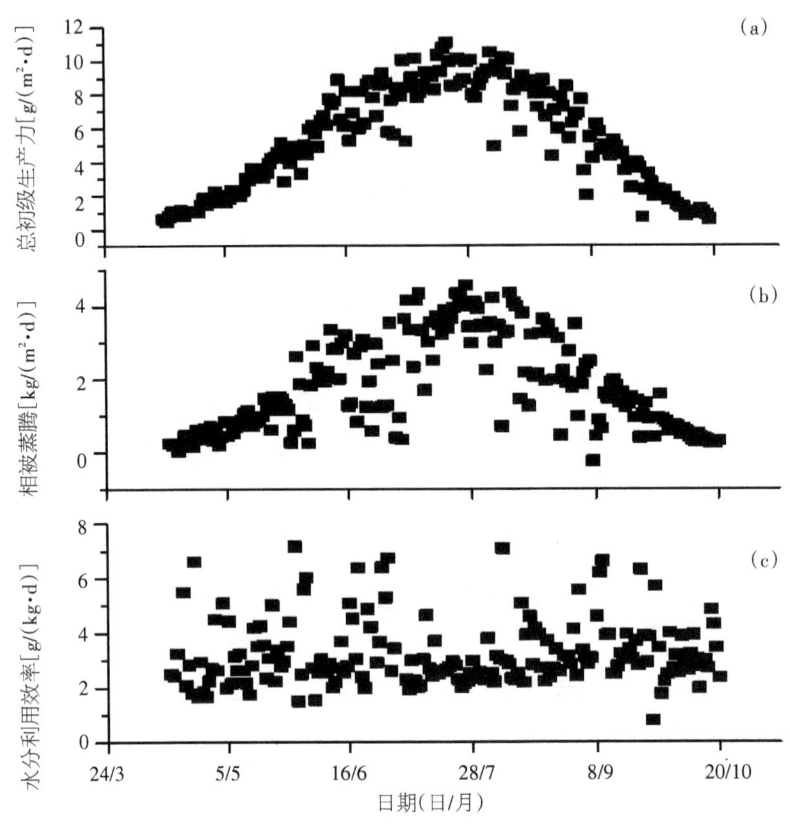

图6-3 总初级生产力(a)、植被蒸腾(b)和系统水分利用效率(c)的季节动态

二、高寒草甸系统水分利用效率影响因素

增强回归树(BRT)对*WUE*的估计变异系数(*CV*)的标准偏差为0.029,回归树*CV*的相关系数为0.75,表明结果十分可信。BRT的结果表明*PPFD*、*VPD*、R_n、G_c和G_a是对*WUE*变化影响最大的5个自变量,合计解释了57%的变异(图6-4)。其中*PPFD*、*VPD*和R_n与*WUE*负相关,表明在辐射较低和饱和水汽压差较小的情况下,系统具有较高的*WUE*。进一步分析表明,*PPFD*、*VPD*和R_n均是通过调节T($r>0.40$, $P<0.001$)而非*GPP*($r<0.30$, $P<0.06$)来影响*WUE*。

研究中发现，*LAI*和T_s显著指数相关，而和土壤容积含水量关系较小，究其原因是高寒环境的风速较大且辐射较强，高寒植物长期形态进化适应造成其气孔多分布在叶片背面，而且多被绒毛和蜡质层包围，冠层导度远远小于空气导度（Körner, 1999；Mcfadden et al, 2003），暗示大气水汽亏缺和冠层导度对该系统蒸散的作用大于有效能（净辐射与土壤热通量之差）的作用（Mcfadden et al, 2003）。

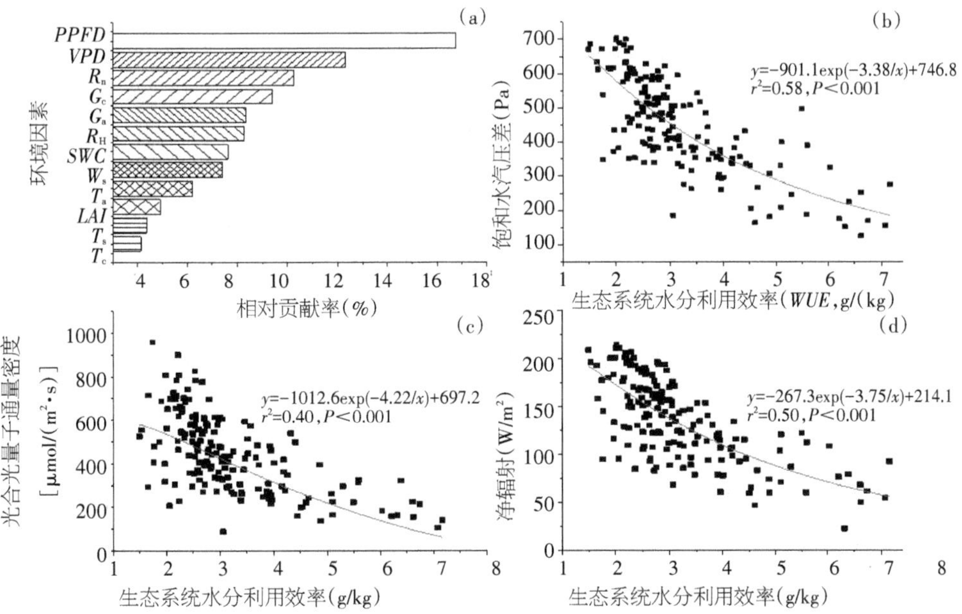

图6-4　系统水分利用效率影响因素的影响力(a)及其作用方式(b、c、d)

注：*PPFD*光合光量子通量密度；*VPD*饱和水汽压差；R_n 净辐射；G_c 冠层导度；G_a空气导度；R_H空气相对湿度；*SWC* 5 cm土壤含水量；W_s 2 m风速；T_a空气温度；*LAI*叶面积指数；T_s 5 cm土壤温度；T_c 冠层温度。

对高寒草甸系统水分利用效率季节动态分析发现，*GPP*与*LAI*密切相关，两者呈现出对数饱和型，这主要由于高寒植物之间光合能力的差异较小（Mcfadden et al, 2003），在生长季开始阶段*GPP*随*LAI*迅速增大。但随着*LAI*的增大，叶片之间逐渐出现遮光效应，光竞争效应增强，加之高寒植物通常较为低矮，叶片密度较高，群落的光合速度增长相对缓慢（Hu et al, 2008；Körner, 1999）。*T*与G_c呈线性相关，表明冠层高度和群落结构对*T*影响较大（Mcfadden et al, 2003）。进一步的分析表明，G_c主要受*PPFD*而非*LAI*调控，暗示高寒植被对水分利用具有内在的进化趋同性（米兆荣等，2015；Körner, 1999；Huxman et al, 2004）。由于本研究消除了植被生长（*LAI*）对*WUE*的影响，*WUE*平均为3.24 g/kg（图6-3），和东北松嫩草甸系统接近（董刚，2011），而与科尔沁沙地植物差异较大（孙学凯等，2008）。总体而言，海北高寒嵩草草甸没有明显的季节趋势($P = 0.10$),表现出保守性的水分利用策略。偏相关分析表明,*WUE* 主要受 *T*($r= -0.81$, $P< 0.001$)而非 *GPP*($r= 0.77$, $P< 0.001$)调控。

在辐射较低和饱和水汽压差较小的情况下,系统具有较高的 *WUE*,这和藏北高寒草甸(闫巍等,2006)及东北松嫩草甸(董刚,2011)的研究结果相似,表明该方式可能是植被实现最优水分利用的一种普遍适应性策略(Zhang et al,2011;李辉东等,2015),并进一步分析表明,*PPFD*、*VPD* 和 R_n 均是通过调节 *T* 而非 *GPP* 来影响 *WUE*。这主要是由于高寒植物栅栏组织发达,叶绿体小而多,强光低温型的光合系统对环境因子变化的再适应能力较强。比如,高寒植物可在一到数天之内调节最适光合温度以适应当前温度。而植被蒸腾主要受气孔导度调节,而且多以快速响应为主,由于高寒系统水分供给相对充足(Li et al,2015),高寒植物在辐射和大气水分亏缺升高时,通过增大气孔导度来增大蒸腾而降低叶温(Fu et al,2006),从而避免生理伤害(董刚,2011),但此时光合能力基本处于饱和或缓慢增加状态,系统水分利用效率降低。

目前,生态系统水平水分利用效率的研究尚处于初始阶段,其深度、广度还需进一步深入和扩展。

第七章　高寒草甸地表径流、有效降水及入渗

地表径流是大气降水落到地面后，被地被物截留、土壤吸收和渗入地下后所剩下的部分。在高寒草甸地区，由于植被覆盖度较高，腐殖质较厚，对降水的截留作用较大，而广泛分布在0～30 cm的植被根系使高寒草甸表层土壤蓄水保水能力较强，对降水有明显的吸收和缓冲作用。此外，高寒草甸土壤侧渗概率较小。所以，在一定的坡度条件下，地表会形成径流。降水是地表径流最主要的来源。其中，有效降水是指自然降水中实际补充到植物根层的土壤水分中有利于植物利用的部分。降水主要是通过入渗进入土壤被植被吸收，土壤入渗是降雨-径流循环中的关键一环，它是反映土壤侵蚀能力的重要指标。水分在土壤中的入渗过程受到多重因素的共同影响，总结各影响因素下土壤入渗的变化规律，将有助于进一步研究地表径流的机理及其规律。本章通过对地表径流、有效降水量、土壤水分入渗等的叙述分析，可以为高寒草甸退化、土壤侵蚀、高寒草甸水源涵养等提供重要的理论依据和科学参考。

第一节　地表径流

一、地表径流与观测

大气降水落到地面后，一部分蒸发变成水蒸气返回大气(包括降雨经过林冠、草冠等地被物的截留和拦截作用而蒸发)，一部分下渗到土壤成为地下水。其余部分沿着斜坡形成漫流，通过冲沟、溪涧，注入河流，汇入海洋，这种水流称为地表径流。它是组成流域出口断面处的径流量，特别是洪峰径流量的最重要的分量。

降雨后在地表饱和层未建立前不产生地表径流。一经建立，不论其厚度如何，地表径流立即产生，表现出径流的形成是一个连续的过程。对集水区而言，产生地表径流的必要条件是降雨，充分条件则是建立地表饱和层。地表径流产流时除非下伏土层已接近饱和，土壤水分布一般不连续。所建立的饱和层随降雨持续逐步向下扩充

其厚度，随降雨停止而收缩、消失。由于饱和层的存在，使得集水区降雨下渗接近于积水下渗，并在一定程度上阻断了降雨强度的影响。该种条件导致径流出现包括停蓄（填洼）、漫流（坡面漫流）及河槽集流（河川径流）等阶段，即地表径流分为坡面流和河川径流（伍光和，2009）。

地表径流量是衡量陆地系统涵养水源、水土保持等功能的一个重要指标（王晶，2006；周国逸等，1995；王方圆，2014；魏强等，2008）。地表径流引起的土壤侵蚀是水土保持学科中最为重要的研究内容之一，土壤侵蚀的产生与地表径流有着密切的联系。在水力侵蚀区，地表径流是导致土壤发生侵蚀的动力。在倾斜的坡面上，当降水强度大于林冠层、活地被物层、凋落物层的截留和土壤下渗强度时，部分水量暂留于地表，当其积贮量超过一定的限度时即向低处流动，此现象下的地表径流往往易导致土壤侵蚀的产生（马雪华，1993），致使水土保持功能衰减。不仅如此，地表径流也综合反映了流域气候、植被、土壤等因素的特征。

目前，国内外对地表径流的研究方法主要有标准径流小区法、人工降雨模拟法、遥感地理信息系统、核素示踪法等。

采用标准径流小区法可以实时观测地表径流对自然降雨的响应，若要得到定量的结果，则需要足够的资料和可靠的数据，获得大量资料的研究年限可长达几年甚至几十年，耗费巨大的人力和财力，而且不能很好地控制单一变量，效率较低。

采用人工模拟降雨法可以设定降雨因子，可在短期内得到不同条件下地表径流和土壤侵蚀的相关数据，具有试验经费少、速度快、易控制、适应性强等优点，近年来受到广泛的重视和应用。人工模拟降雨法，因试验地点的不同可分为室内和野外两种。室内试验，有的是在试验大厅内种植不同的植物，在不同降雨条件下进行研究；有的是把野外原状土样运回降雨大厅进行相关研究。野外试验也可分为两种，即在不考虑林冠层和考虑林冠层作用的情况下进行的研究。人工降雨模拟可以在短时间内获得大量的数据，可以很好地控制单一变量，并且可重复验证，不受自然降雨的偶然性的影响，可以方便地研究不同降雨强度、不同降雨量、不同植被类型等的径流状况，通过多次反复试验可以分析出地表径流与各因素的定量定性关系。

20世纪末，随着地理信息系统和遥感技术的发展，加上两者的结合，使得对水土侵蚀的研究由定量化走向数字化，但由3S技术作出的各种因子或综合因子作用下的综合图只能人工判读，这样很大程度上影响了准确度，并降低了工作效率。核素示踪法可以定性定量地研究水土侵蚀，但其适用范围有限，只适合于小流域，在大流域内很难实现。

水文模型在径流研究中应用十分广泛。第一次明确阐述汇流时间概念的是Mulvany（Eyad，2016）提出的比例法。近年来，随着地理信息系统和遥感技术的发展，获取大面积分布式相关数据来运作水文模型得以实现，典型的模型有WATFLOOD（Kouwen et al，1993）、LISFLOOD（Marco et al，1996）、SWAT（Arnold et al，2008）、HMS（Feldman,2000)等。但是不同水文模型适用的范围不尽相同,很难有统一的模型适用各类研究区,所以需要根据本研究区的特性对原有模型进行调整和改进,才能加以利用。

地表径流的大小直接受制于流域的地形、地貌因素和气候、气象因素。地表径流一般流入江河,流进大海,而湖泊和大面积的沼泽地、大洼地则起着储存径流的作用。地表径流与降水类型、地形及岩石透水性有关。不同类型的降水形成不同的地表径流,大雨和暴雨形成较大的地表径流,短时间的小雨形成小的地表径流或不形成地表径流。当斜坡很陡时,大气降水很快地流向附近的低地,而稍微被割切的地形区地表径流则缓慢。如果斜坡为植物所覆盖,地表径流就减小。在不透水的黏土质岩石地段地表径流大,在透水的沙和裂隙岩石地段地表径流显著减小。

降雨类型(雨强、雨量、降雨历时)是产生地表径流的先决条件,每一降雨因子对地表径流的影响不尽相同。李耀明等(2009)在研究缙云山区森林植被类型的地表径流对降雨因子的响应中得出,降雨量与径流量呈极显著的二次函数关系,10 min最大雨强与径流量呈极显著的一次函数关系,与平均雨强显著相关,但与降雨量及降雨历时关系不显著;袁建平等(1999)利用人工模拟降雨方法分析了众多因子对林地、农地、裸地的产流历时的影响,结果表明,雨强和植被覆盖度是影响林地产流历时的主要因素。

有植被覆盖区,其植被类型、植被盖度、枯落物对径流有明显影响。降水首先要经过植被的过滤作用才能到达地面,对地表径流具有影响作用的植被因子包括林分组成、林冠大小、植被覆盖度、植被枯落物等。刘延惠等(2005)在研究不同植被类型的地表径流情况时得出每种植被类型对地表径流的调节作用大小结果是:灌木林>阔叶林>针阔叶混交林>针叶林>退耕还林新造林;金雁海等(2006)研究坡面产流时亦得出林冠冠幅、林分密度与径流量成负相关关系;汪有科(1992)认为,植被的有效覆盖率应为60%;王秋生(1991)则指出,灌木林有效覆盖率应在40%以上,乔木林的有效郁闭度应该在30%以上。众多研究者针对不同地区的研究结果并不统一,但大体上可以得出,草地的有效覆盖率>灌木林的有效覆盖率>林地的有效郁闭度。

植被枯落物的覆盖具有直接的水文涵养效应,枯落物的覆盖可以增加地面的粗糙度,延缓和阻止地表径流的产生,从而起到涵养水源的效应。何常青等(2006)在研究华北地区地表径流对落叶松枯落物覆盖的响应时得到,枯落物量与曼宁阻力系数呈显著的二次函数关系,即随着枯落物量的增加,曼宁系数越大,产生的地表径流就越少。

土壤类型和土壤性质乃至降水前土壤含水量在地表径流产生的过程中发挥着重要作用。潘云和吕殿青(2009)在研究土壤容重对土壤入渗能力的影响时得出,土壤容重与产流能力呈反比;李卓等(2009)在研究土壤质地对土壤入渗性能的影响时得出,土壤黏粒含量与产生地表径流的能力呈反比;李雪转等(2006)在研究土壤的入渗能力与土壤有机质含量的关系时得出,土壤有机质含量与土壤的入渗能力呈正相关,进而影响地表径流的产生。

地形(坡度、坡长、坡位)对地表径流的作用也不可忽视。肖登攀等(2010)在研究太行山麻岩区的产流过程中得出,径流量与坡度呈正相关;张金池等(2004)在研究不同土地利用类型土壤的侵蚀量的坡度效应时得出,在一定范围内,地表径流随着坡度的增大而增加,达到临界坡度后,径流量反而随其增大而减少;陈晓安等(2011)研究了黄土丘陵沟壑区不同雨强下坡面土壤侵蚀对坡长的响应,结果表明,雨强在一定范围内,径流量随着坡长的增加而减少,当雨强较大时,则相反。目前有关坡位的研究甚少。

研究坡面径流及径流形成机理,可为流域水资源的合理利用和调配,生态系统水源涵养功能,维护流域生态安全,加强生态保护工作提供指示性意义。

二、高寒草甸的地表径流

应该说,因高寒草甸土壤有机质含量高,容重低,加之区域年内降水很少出现25 mm/d的降水量,因此,在平缓地很少发生径流。为此,关于高寒草甸区地表径流的报道相对较少。朱宝文等(2009)在海晏草甸化草原选择一定坡地,进行了地表径流的观测与分析。观测在试验区内设有2个径流场,分布在同一坡面和同一海拔高度,面积均为2 m×5 m,长与坡面等高线相垂直,宽与坡面等高线平行。植被组成和覆盖度无明显差异,坡度为20°,坡向为NW-SE。径流场的两侧筑有隔离带,上部设有截水沟和较大的土埂,以防外界径流流入场内,出水口直径为2 cm圆形导水塑料管,下用1000 mL塑料瓶收集地表径流。所建试验区植被和土壤保持自然状态。

试验采用闭合小区的常规方法,用自记雨量计观测降水量和降水过程。降水测量仪器安置在试验区东南方(水平距离100 m)的气象观测场内,主要观测内容有降水量、降水强度、降水历时、地表径流量等。观测时间因降水而异,大雨或连续降水产生径流后及时用雨量筒观测集水缸内的径流量,以径流深(mm)表示,精度为0.1 mm。因两个径流场植被组成、坡度和覆盖度均无大的差异,径流分析用两个观测值的平均值。

由于高寒植被覆盖度较高,其对降水的截留作用较强,明显减小了雨滴对地表的冲击作用。同时,高寒植物根系发达,且土壤孔隙较大,降水入渗能力较强,尤其在未受干扰(放牧轻)的草甸上,降水入渗速率甚至高于已知的最大降水强度。同时,由于高寒草甸腐殖质较厚,植被根系广泛分布于0～30 cm土壤层,使高寒草甸表层土壤蓄水保水能力较强,对降水有明显的吸收和缓冲作用。青藏高原远离海洋,日最大降水量远小于我国东部地区,较少超过30 mm/d,降水强度较小的状况下,降水在土壤根系的影响下滞留在浅层土壤,向深层土壤的入渗量较小,植被对降水起着吸收器和缓冲器的作用。此外,高寒草甸土壤侧渗概率较小,所以,高寒植被区地表径流普遍较小,只有在一定坡度条件下,地表较容易形成径流。

根据水量平衡方程,当降水量一定时,蒸发量增大,径流量就会减小。所以,河川径流量减少值大体与蒸发量的增加值相当。当土壤水达到饱和时,一部分水就可能以壤中流或入渗的形式流入河道,成为河川径流的一部分。高寒草甸生态系统持水能力较强,当有暴雨事件发生时,可以起到削减洪峰的作用,使河流水位比较稳定。当降水较少时,可以补充河流水量。因此,高寒草甸具有较强的调节径流的功能。

地表月径流量随着时间的变化差异显著。每年5月开始降水就有地表径流发生,至10月结束(图7-1;朱宝文等,2009),具有显著的年变化。径流量主要集中在雨季(6—9月),不同年份间径流量差异较大,2006年径流量峰值明显高于2007和2008年。径流量的大小与年降水量及降水分配的均匀程度、频度,尤其是高雨量级的频度密切相关(图7-2;朱宝文等,2009)。径流系数以夏季最高,占年总径流量的72.6%,其次是秋季,占总径流量的23.4%,春季地表径流最少,仅占总径流量的4.0%,冬季无地表径流发生。

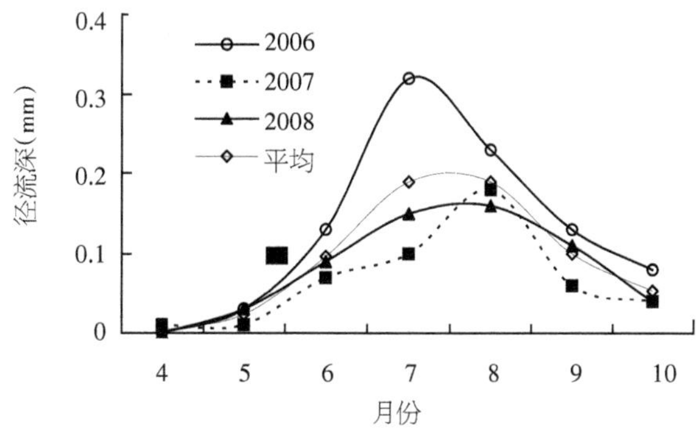

图7-1　高寒草甸草原4—10月径流量的季节变化

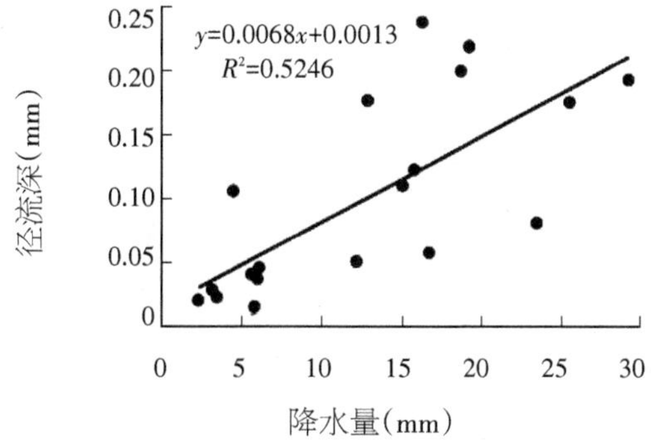

图7-2　降水量与地表径流关系

降水径流显著影响着坡地土壤侵蚀状况,通常在其他自然条件相近的情况下,降水量大小及其出现频率是反映一个地区水土流失程度的重要因素之一,而降水强度大小则反映着降水对此影响的程度。在17次地表径流资料中仅观测到2次土壤侵蚀现象，分别是2006年7月3日和2007年8月11日，土壤侵蚀量分别可达120、96 kg/hm²。可见，高寒草甸水土流失主要集中在盛夏的7、8月，年水土流失量主要由几次大降水造成，一般降水情况下水土流失程度较小。

在一年中的不同季节，植被群落高度、覆盖度、凋落物厚度、降水强度及前期土壤含水量不同，导致草地发生的径流量有所不同。图7-3为20°坡度条件下草地地表径流和降水强度之间的关系（朱宝文等，2009）。统计发现，降水量小于3.0 mm时，地表径流很低。降水量为3.0～10.0 mm时，地表径流量仅占年总径流量的16.9%，83.1%的径流产生在＞10.0 mm的降水量条件下，而年内＞10.0 mm降水量仅占全年降水量的7.7%～9.7%。径流量与降水量之间存在显著的正相关关系（f=0.0068x+0.0013，n=19，r= 0.7243）。可以认为，在高寒草甸地区，降水量＞10.0 mm的降水事件比较容易产生径流。

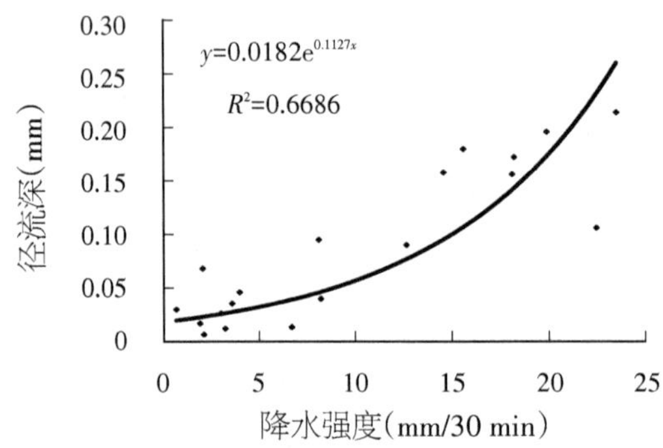

图7-3 降水强度与地表径流的相关关系

除降雨量对地表径流形成的影响之外，降雨历时和强度对地表径流的形成也有较大影响。若将降雨历时及产生地表径流的各降雨过程按5、10、20、30和60 min时的最大瞬时雨强分别与对应径流量进行回归处理发现，降雨历时与径流量之间无明显规律可循，但径流量与降雨强度呈现指数函数的拟合关系（表7-1）。其中30 mim最大雨强与地表径流之间达极显著相关水平。表明一次降雨过程中，30 min最大雨强＜10 mm时，产生的地表径流量基本在0.05 mm以内，当30 min最大雨强≥10 mm后，地表径流量明显增大，大部分均大于0.1 mm。30 min最大雨强≥10 mm引起的地表径流量占总径流量的82.6%。

表7-1 各瞬时雨强与径流量的回归方程

时段	方程
5 mim	$y = 0.0168e^{0.0987x}$,r=0.6006*
10 mim	$y = 0.0297e^{1.0153x}$,r=0.5736*
20 min	$y = 0.0351e^{0.1301x}$,r=0.4391*
30 mim	$y = 0.0182e^{0.1127x}$,r=0.8177**
60 mim	$y = 0.0417e^{0.1304x}$, r=0.5047*

注:y为径流量,x为雨强;**表示0.01信度,*表示0.05信度。

因为前期土壤含水量状况会影响降水入渗速率,所以,径流量的大小除受降雨强度及频度的影响外,还与植被及土壤层的干湿程度有关。对不同层次的土壤水分和径流量进行偏相关分析发现(图7-4;朱宝文等,2009),地表径流量和侵蚀量与0～20 cm表层的土壤水分呈现显著的相关关系。表明表层土壤含水量的高低,会对地表径流发生发展产生一定的影响,而下层土壤水分状况则基本上不影响径流量。这也说明高寒草甸区径流多为超渗产流。

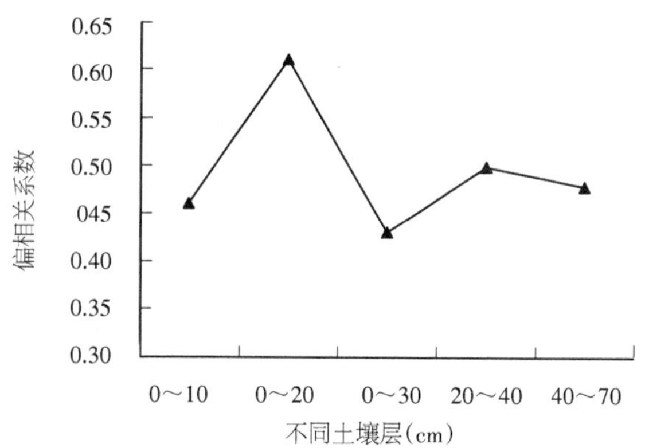

图7-4 不同层次前期土壤水分与径流量的偏相关关系

三、影响高寒草甸地表径流的因素分析

地表径流是受多方面因素影响的结果,在平缓滩地因高寒草甸分布区降水强度不甚高,并且高山草甸土质松软,土壤有机质含量高,土壤容重低,植物根系发达,易吸纳较多的水分。由此认为,在平缓的高寒草甸降水到达地表后径流较少,甚至不产生径流。但在有坡度的区域可以产生径流现象。说明在高寒草地坡度是地表径流发生的必要条件,而植被覆盖度不仅影响降水截留、蒸腾、下渗,而且也影响着地表径流。植被对径流量的影响有两个方面(范月君等,2016):一方面可以涵养水源,降低

土壤表面的蒸发，使流域径流量增加；另一方面，植物本身的生长会消耗一定水量。随着水分从叶面散失，植被使流域径流量减少（高洋洋等，2009）。一般来说，太阳辐射基本不变的条件下，下垫面的状况很大程度上决定了未来大气状态和天气，并对河流径流等降水的分配起到一定作用（王欢等，2013）。马艳利用R eg CM3 区域气候模式对三江源退化湿地与该地区周边气候进行了对比，发现黄河源区夏季降水增加、平均温度升高与该区域湿地的减少有关，并影响了该区的水资源数量和质量（马艳，2006）。通过对20世纪60年代、80年代和2000年的卫星遥感图像对比发现，近40年来，高寒草甸退化演替的主要原因是气候变暖（徐明等，2009），仅长江源区退化高寒草甸和高寒沼泽草甸面积达到1569.1 km^2，其中高覆盖度草地10.28%，中覆盖度草地21.36%，低覆盖度草地27.23%（逯军峰等，2009），估算的径流减少量为6.84×10^8 m^3。高寒草甸草地退化加剧了长江源区流域径流减少，自然洪灾径流增加（朱延龙等，2011）。另外，研究还发现，小于6 mm降雨但产流率较高的区域大部分植被覆盖度良好，且为原生高覆盖度植被。对于大于11 mm强降水的高覆盖度草甸有利于降水分配的径流涵养功能，能减弱降水形成的洪水等自然灾害。

目前，人们对植被覆盖对于流域径流量展开了广泛的讨论，有的研究认为植被面积增加促使流域径流量减少，有些研究认为植被面积增加有利于径流量的增加。因此，有关高寒草甸植被覆盖变化对径流量的影响还需进一步验证和补充。

第二节　海北高寒草甸地区的有效降水量

在第二章第四节已对海北高寒草甸和玛沁高寒草甸两个典型区的自然降水进行了分析，在第五节也分析了区域凝结水量的年后状况。生态系统中我们更加关心的是有效降水量，有效降水才是生态系统物质交换能量流动的基础。为此，本节围绕高寒草甸典型区有效降水状况进行分析。

一、有效降水量

在第一章第四节我们给出了有效降水的概念。即有效降水可由水量平衡方程来计算：

$$P_e = P - R_s - E_r - I_v - W_f$$

式中：P_e 为有效降水；P 为降水量；R_s 为地表径流；E_r 为降水期间的蒸散量；I_v 为植物对降水的截留量；W_f 为土壤底层下渗量。

需要指出的是，分析一个地区水分的输出和输入除了考虑上述平衡方程的各要素外，还要考虑凝结水量，高寒地区因冬季土壤冻结，降水无法下渗等因素。即，降水量不仅是天空中的自然降水量，也包括了地表物的凝结水量，如在海北站观测得到

1981—2016年的多年平均自然降水量为542.55 mm，根据海北高寒草甸地区不同年份、不同时间段观测的结果统计计算得出年总凝结水量为100.73 mm，即在海北高寒草甸地区实际降水量可能达到643.28 mm。同时，不同地区土壤厚度不一致，其渗漏量不尽相同，如海北高寒草甸地区因土层厚，一般大于60 cm，对底层(60 cm处)土壤渗漏量观测发现，年内渗漏量仅在1.00 mm以内，而三江源的玛沁地区因土层较薄，40 cm处有达9.6 mm的渗漏量(见本章第七节)。另外，冬季因大地封冻，即使产生很大的降水(雪)，也因冻结层阻隔其降水而成为无效水。因此，为了分析降水的有效性和无效性，这里进行了以下假设：

1)因在高寒草甸地区对凝结水的观测较少，仅见零星报道，而且其相互间差异性大(见第二章第五节)，我们在海北高寒草甸地区的观测发现，有100.73 mm的年凝结水量，故按此值作为多年平均处理进行讨论。同时，也假设凝结水量全部在日出后被蒸发到大气中而成为无效水，但为了说明问题，在计算中还要考虑该项。

2)同样，对于高寒草甸雨季植被对降水的截留量的研究也比较少(见第二章第二节)。

3)由于高寒草甸分布区进入11月以后，土壤冻结深度已超过38 cm，直至次年4月初土壤表层才开始出现融冻现象，长达5个月时间土壤表层处于冻结状态(李英年等，2017)，受干燥寒冷气候的影响，土壤表层形成一定的干土层。该期间产生的降水受这些因素的影响无法下渗至土壤层，而以汽化、升华的过程蒸(挥)发到大气中，而不能转化为土壤水，故把此阶段的11月到翌年3月的降水量假设为无效水。但是，与第五章不同的是，这里认为，10月的降水量是可以转化为土壤水的一部分，且降水量的多少影响到次年植物的生长，这是因为10月降水量的多少可以衡量冬季土壤冰冻水含量的高低，到翌年植物进入生长初期时对植物初期营养生长有利(Li et al，2015；李英年等，2005)，故10月的降水量是有效的。而在第五章中我们因未观测土壤湿度，并未进行蒸散量的估算，故10月降水量视为无效降水。4月下旬虽然植物进入萌动发芽状态，但深层(一般在20 cm)冻土仍然存在，因此时正值我国北方干旱时期，土壤表面易形成干土层，当有降水发生时还未入渗至深层就已蒸发到大气中，土壤冻结层的融冻水可完全满足植物营养生长的需要(李英年等，2005)，故4月降水可视为无效降水也是可以理解的。

4)高寒草甸地区由于植物长期生长在寒冷的环境中，植物根系发达但多为须根系，一般集中分布于土壤表层，90%的根系生长在0～20 cm的土壤表层，40 cm以下的土层根系生长量极低，甚至不到根系总量的5%(王启基等，1998)。再者，广大高寒草甸地区土壤发育年轻，土壤粗骨性强，大多地区的土层在40 cm以上，以下多为砾石结构或为石质接触面。研究还发现(第九章)土壤水分随降水波动呈现正相关关系，但主要发生在土壤0～40 cm层次，40 cm以下变化平稳，即降水在土壤中的转化主要发生在0～40 cm的浅层。为此，在这里我们假设在玛沁观测的40 cm层次的年渗漏量值

9.6 mm为多年平均渗漏量。

5)由于我们所选择的试验地比较平缓,故其地表径流可假设为0。

通过这些假设,以及对降水量和蒸散量的观测,我们便可以用水量平衡方程区分区域的有效降水和无效降水。

二、海北高寒草甸的有效降水量分析

由上述假设,我们以海北高寒草甸多年平均降水量为例,分析降水的有效性和无效性。由第二章第四节和第五节,以及植被对降水的截留量、蒸散量等水分的输入、输出可计算出海北高寒草甸生态系统的有效降水量及无效降水量。其中:

降水的输入项有:自然降水量为542.55 mm;凝结水量为100.73 mm。

土壤水的输出项有:凝结水蒸发为100.73 mm;植被蒸散量为539.2 mm(见第五章,其中10月蒸散量由8—9月假设直线下降推算得到),冷季(11月到翌年4月)自然降水蒸发量为31.71 mm。土壤40 cm层次渗漏量为9.6 mm(见本章第六节)。

植被对降水的截留量虽然在第三章做了详细分析,但分析中仅考虑每日均有降水发生状况下的结果,实际中在降水小于5 mm时,且植被覆盖度较大(一般在70%以上)时方可产生截留。在植被盖度及生物量较低时,截留量低。多年观测发现,在海北高寒草甸地区降水日数很多,全年达153 d左右,特别是植物生长期的5—9月,降水日数要占年内总降水日数的93%左右。日降水量大于5 mm的降水日数多年平均也只是36 d左右,日降水量大于10 mm、大于25 mm的日数分别在18 d和3 d天左右。可见,海北高寒草甸地区日降水强度较低。在这种降水日数多、降水强度不大的状况下,植被层对降水的截留量相对较高。限于多种原因,我们并未进行植被对降水的实际截留观测,但从植被季节生物量与截留量关系看,并考虑日降水量小于5 mm时基本被植被截留,只有很小一部分下渗到土壤表面,则年内将有50%的降水被截留,截留的这部分降水又称为无效水而蒸发到大气中,则高寒草甸的有效降水量实际上仅只是天空降水量(542.55 mm)的50%,即约为271.28 mm。约有372.01 mm的无效水(凝结水量与截留量之和)。

第三节　土壤水分入渗观测

一、入渗及入渗速率观测

土壤入渗性能和持水能力是土壤重要的物理性质,决定着土壤—植被—大气连续体(SPAC)水分与能量的交换,是陆面过程的重要部分(尤全刚等,2015)。两者可作为评价土壤水分调节功能和涵养水源的重要指标,也是影响土壤侵蚀的重要因素(赵洋毅等,2010)。放牧将导致土壤结构及其理化性质发生改变,进而影响水分在土壤中的入渗过程。放牧强度增加造成动物践踏增强，导致土壤容重增加、孔隙度减小和土壤渗透阻力加大，最终使土壤水分保持能力下降，放牧影响效应主要作用于表层土壤(Lei et al,2012)。植被退化后土壤毛细管受到破坏，土壤紧实度也随之改变，进而影响土壤水分入渗。当植被得到恢复时，土壤结构得以重建，土壤有机质、微生物随之增加，这种条件有利于土壤水分的入渗。所以，研究者也较多地关心土壤水分的入渗状况。而且讨论土壤水分入渗对人们认识草地退化或恢复的物理机制有重要意义。

目前测定土壤入渗速率的主要方法有注水法、人工降雨法和水文法。注水法(也称双环法)通常采用同心入渗装置，一般常用的同心环为二同心铁环，内外环中维持同样水层深度，通过记录某一时段的入渗量来计算土壤入渗率变化过程。注水法仅能反映土壤本身的入渗特性，而对于不同坡度、不同雨强情况下的土壤入渗规律很难模拟。

由于马里奥特容器(马氏筒)是一个由气阀控制的密封容器，顶部设置有可启闭密封盖的进水口，底部有出水口、进气口(与出水口在同一高程)和玻璃水位计，出水口与试验土体相连接。在大气压力作用下，为入渗内环提供稳定的积水入渗水头，并根据容器内水位的变化得到土壤水分入渗速率。在试验操作时，首先进行马氏筒的安装与调试，当马氏筒处于待用状态后，选择试验样地进行安装试验。先记下马氏筒初始水位；打开放水阀门，待水流进入入渗内环时，拔掉有机环的橡胶塞，同时启动秒表计时，待入渗环中自由水面与有机玻璃环底面相接时，迅速塞上橡胶塞，堵住有机环小孔；然后开始根据设定时间读数。每隔一定时间记录水面下降高度，设计5 min或者10 min的时间间隔观测，直到4个相同的时间段内入渗水量基本相同时停止。入渗进行一段时间后，入渗量将会减小。为进一步提高灵敏度，则应将两个进气阀中的一个关闭。试验过程中，外环中也应不断加水，以保持外环的水面高度与内环相同。试验结束后，应将有机环中存留的水量用量杯计量，以确定开始时加进去的水量。

双环法测定的是积水型有压点源入渗速率，能测定土壤本身的入渗特性，能较好地反映水向土中入渗的过程。用双环法测出土壤水分入渗速率随时间的变化，一方面可以模拟土壤水分的入渗过程，另一方面可以对比分析出土层表面特性的不同对土壤水分入渗的影响。

人工降雨法是通过人工降雨装置来模拟天然降雨，在降雨强度均匀不变的条件下，观测地表径流过程，用人工降雨量和观测的径流资料进行计算。用人工降雨法进行试验时不受地形、坡度等条件的限制，可以较为真切地反映天然降雨过程中的土壤水分入渗变化。人工降雨法是一种面源入渗，在供水(降雨)不充分的情况下的入渗，可以测出降雨过程中土壤水分沿土层深度和时间的变化，能够更好地分析验证影响土壤水分入渗的因素。

水文法是利用径流试验场或小流域中实测的降雨与径流过程资料，通过水文分析的方法来推求其入渗方程,由该方法求出的入渗率为该径流场或小流域的平均入渗率。水文法可用于一个流域土壤平均入渗速率的测定,不能用于单点土壤入渗速率的测定,且误差较大。

综上所述,三种测定土壤水分入渗的方法各有优缺点,研究人员可以根据试验要求,选取适合的研究方法。

二、底层水分渗漏量观测及改进

降水渗入土壤后,除一部分贮存于土壤形成土壤水外,当土壤含水量超过田间持水量时多余的水分主要产生向下的运动,虽然这部分水不被植物利用而不计入有效降水,但从潜水和土壤层以下到地下水层间的非饱和带来看,仍然是一种补给,对于水资源来说是有效的。同时,深层渗漏是水量平衡中水分输出的因素之一。所以,确定通过土壤层向下运动的水量(渗漏水量)对于草地的水源涵养功能的研究有重要意义。为此,在草地生态系统的研究过程中还要考虑深层渗漏量的影响。

通常将渗漏量定义为下边界的水流通量,当只考虑重力水运动而忽略毛管水运动时,深层渗漏估计为(刘昌明等,1999):

$$D=\beta k_s$$

式中:D为下边界处的深层渗漏;k_s为近下边界土壤层的饱和土壤导水率,β为0～1的参数,决定于下边界的性质。当下边界为自由排水面,$\beta=1$;当下边界为零通量面,$\beta=0$;处于中间状态,下边界有半透水性的土壤,$0<\beta<1$。

有关土壤底层渗漏量的观测已有较长的历史。20世纪60年代起,中国科学院地理所就已应用土壤蒸发器测定土壤水的渗漏状况。经过多年的研究和实践,地理所于1985年在中国科学院禹城综合试验站安装了一台原状土的自动称重蒸发渗漏器-蒸渗仪。蒸渗仪是实地测量植被蒸散量和降水(或灌溉)入渗补给地下水量的设备,也称作Lysimeter(这个有的写Lysimenter,有的写Lysimeter,后者较多)。事实上,对土壤水分渗漏量观测是一个复杂的过程,由于原生植被的破坏,给观测精度带来巨大的不确定性。蒸渗仪的设置:将原状土盛于土桶内,桶内土壤表面与仪器外界大田土壤表面持平,为保证桶内外水分“入”和“出”的独立,桶的上缘露出地表10 cm。土桶内体积较大,一般在5 m^3以上,土桶内土壤干重可达8 t以上,土壤变湿后重量至少为10 t,连同土桶自身重量和安装土重量,可达12 t。该蒸渗仪称重8 t的土壤,测定的蒸散渗漏误差在1%～2%,称量系统可以灵敏地反映40 g的重量,相当于蒸发皿内0.014 mm水分的重量变化,具有很高的分辨率,可以求出短时段内的蒸发量和渗漏量(唐登银等,1987),这极大地使土壤深层渗漏的观测精度得到提高。近年来,各类大小口径的蒸渗仪观测系统已应用到不同生态系统的观测当中。

为研究三江源退化草地封育与未封育示范区的渗漏量状况,我们也曾自行设置了土壤水渗漏量观测系统(图7-5)。该系统在每个试验区设2个重复。因高寒草甸土壤层浅薄，40 cm已达石质接触面，因此按土层0～10 cm、10～20 cm、20～30 cm和30～40 cm四个层次梯度观测。每个重复设计时，先截取15、25、35 cm长，内径为20 cm（与气象站蒸发和降水观测器皿内径相同），管壁厚4 mm的5根钢管。架设时考虑到保持土壤原状结构不受破坏，刚性垂直砸入土壤中（为便于砸入，底部提前设计为刀刃状）。地表预留5 cm高度以防止钢管内外水相互流动而影响精度，即砸入土壤的钢管深度分别为10、20、30、40 cm。为避免管壁截面受降水流动而产生误差，上沿也设计为刀刃状。待钢管垂直砸入土壤后，再在并排的中央挖220 cm（长）×80 cm（宽）×100 cm（深）的坑道，在坑道内侧不同深度用小铲或改锥平行掏空至钢管底部，置稍大于钢管直径的尼龙网（防止渗漏时泥沙掉落影响到漏斗水的正常流动），然后套上提前准备好的接水漏斗，并密封漏斗与钢管接触处。每个漏斗底部连接有内径0.6 cm的软塑管，并连接到坑道内底部储水瓶。整个安装完毕后在不影响软管正常导流的状况下，用土填实钢管底漏斗周围所掏空的部分，最后用3 cm厚的防潮隔热材料将坑道四侧加固，顶部做230 cm（长）×90 cm（宽）的隔热防潮盖板。

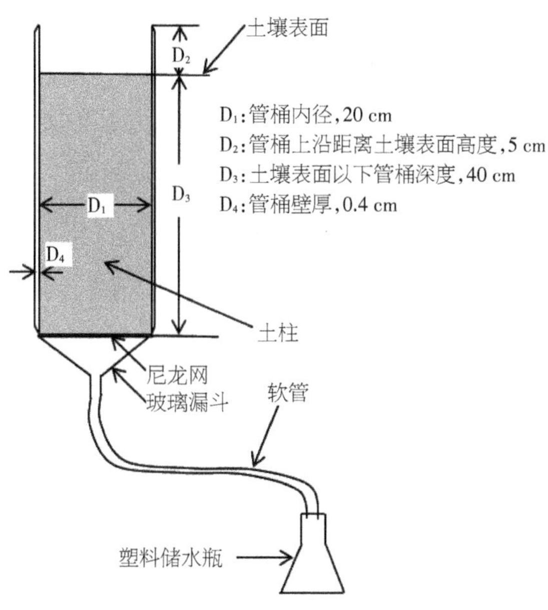

图7-5　土壤水分渗漏观测系统

考虑到气象站有内径20 cm的降水观测皿，并配有专用量杯，故可用专用量杯直接进行渗漏观测，观测与土壤湿度测定同步进行，遇较大降水过程时，适时增加观测次数，避免储水瓶渗漏水外溢。

三、入渗模拟计算的基本理论与公式

土壤水分入渗是一个复杂的过程，它涉及土壤饱和、非饱和带中的水、空气、水汽在水力梯度、温度梯度、浓度梯度、渗透梯度等影响下的动态流动，进而影响到森林流域的界面产流。合理的土壤入渗模型是研究水源涵养林保水功能的重要手段。由于林地坡面水分入渗一般属于非饱和水分运动,故对土壤水分运动基本方程,即使是最简单的边界条件,严格意义上解析亦十分困难。为此,许多学者提出了模拟林地土壤水分入渗过程的纯经验公式和半理论、半经验公式,如Philip模型、Smith入渗模型和Holtan入渗模型等,但仍以Philip模型为主(吴长文等,1995;陈丽华等,1995)。

土壤入渗是分析模拟土壤侵蚀过程的重要参数,同时也是实施水土保持规划时需要认真考虑的因素。总结各因子下的土壤入渗的变化规律,将有助于研究地表产流的机理及其规律,揭示水量转化关系及"五水"(大气降水、地表水、地下水、土壤水、植物水)转化机理,以从更深层次上弄清水量转化规律。这对土壤侵蚀的预测和防治、洪水的预报、各种水土保持措施的最优化配置及其效益评价都具有极为重要的指导意义。同时,在增加土壤蓄水、土壤水分最优化调控,合理有效地利用土壤"水库"的调节功能,提高土壤水分生产力等方面具有重要的理论和现实意义。然而,土壤水分入渗又是水文预报中最难解决的问题之一,这是因为流域产流与汇流都发生在流域的下垫面上,而土壤作为介质,其特性是入渗产流的关键。土壤的入渗性能受制于许多内在因素,诸如土壤剖面特征、土壤含水量、土壤导水率及土壤表面特征等。特别是土壤导水率又取决于土壤孔隙的几何特征(总孔隙度、孔隙大小分布及弯曲度)、流体密度、温度等因子。不同土地利用类型和方式等外界条件对土壤内在理化性质均有显著的影响,从而形成不同外界条件下土壤入渗的特异规律(赵西宁等,2004)。

入渗过程是非饱和土壤水分的运动过程,属于广义渗流理论的研究范畴,其基础为法国工程师Darcy提出的达西定律。对于一维垂直入渗情况,达西曾得到如下计算公式(程艳涛,2008):

$$q=-k\frac{\mathrm{dH}}{\mathrm{dz}}=-k\frac{\mathrm{d}\left(H_{\mathrm{p}}-z\right)}{\mathrm{dz}}$$

式中:q为通量;H为总水头;H_{p}为压力水头;z为入渗深度;k为导水率。在非饱和土壤中,H_{p}是负值,可用吸力势ψ表示:

$$q=k\left(\frac{\mathrm{d}\psi}{\mathrm{d}z}+1\right)$$

在此基础上,结合液体连续方程$\frac{\partial\theta}{\partial t}=-\frac{\partial q}{\partial z}$,导出描述非饱和土壤水分运动的基本偏微分方程:

$$\frac{\partial\theta}{\partial t}=\frac{\partial}{\partial z}\left(\frac{k}{c}\times\frac{\partial\theta}{\partial z}\right)-\frac{\partial k}{\partial z}$$

式中:θ为土壤含水量;t为时间;z为垂向坐标(入渗深度);k为饱和导水率;c为水容量。k和c分别是θ的函数,等式右侧第1项表示吸力梯度的作用,第2项表示重力的作用。该式为入渗理论的基本表达式,它可通过数值分析法求解。

研究者在围绕上述基本理论的基础上,构建了多种形式的入渗模拟计算公式。

较为著名的有以下几个：

1）Kostiakov公式

该公式是Kostiakov（1932）提出的：

$$f(t)=at^{-b}$$

式中：$f(t)$为入渗速率；t为入渗时间；a，b分别为由试验资料拟合的参数。当$t\to\infty$时，$f(t)\to 0$，当$t\to 0$时，$f(t)\to\infty$。而当$t\to\infty$时，只有在水平吸渗情况下才出现。垂直入渗条件下，显然不符合实际。但在实际情况下，只要能确定出t的期限，使用该公式还是比较简便而且较为准确的。

2）Green-Ampt公式

Green和Ampt（1911）根据最简单的土壤物理模型，推出了一维土壤水分入渗方程：

$$i(t)=at^{-\frac{1}{2}}+i_c$$

式中：$a=\sqrt{0.5i_c}h_s\delta$，h_s为湿润锋面处有效或平均基质吸力；δ为水分饱和差；i_c为土壤稳渗速率。该式是在假设饱和入渗理论的基础上，经过数学推导得到的。

3）Horton公式

Horton（1940）从事入渗试验研究得出一个他认为与他对渗透过程的物理概念理解相一致的方程：

$$i=i_c+(i_o-i_c)\mathrm{e}^{-kt}$$

式中：i_c、i_o和k是特征常数；i_c为稳渗速率；常数k决定着i从i_o减小到i_c的速度。这种纯经验性的公式虽然缺乏物理基础，但由于其应用方便，许多试验研究仍然沿用至今。

4）Philip公式

Philip（1957）对Richards方程进行了系统的研究，提出了方程的解析解：

$$I(t)=\int_{\theta_i}^{\theta_0}z(\theta,\ t)\mathrm{d}\theta=k(\theta_i)t$$

式中：$I(t)$为累积入渗量；$z(\theta,\ t)$为土壤含水量；θ_i为土壤初始含水量；θ_0为土壤饱和含水量；$k(\theta_i)$为初始含水率时的导水率；t为时间。在此基础上得出了Philip简化公式：

$$i(t)=i_c+\frac{S}{zt^{1/2}}$$

式中：$i(t)$为入渗速率；S为吸渗率，$S=\int_{\theta_i}^{\theta_0}\eta_1(\theta)\mathrm{d}\theta$；$i_c$为稳渗速率，$i_c=\int_{\theta_i}^{\theta_0}\eta_2(\theta)+k(\theta_i)$；其他符号同前。该式得到了田间试验资料的验证，具有重要的应用价值。但Philip公式是在半无限均质土壤、初始含水率分布均匀、有积水条件下求得的。因此，该式仅适于均质土壤一维垂直入渗的情况，对于非均质土壤，还需进一步研究和完善。再者,自然界的入渗主要是降雨条件下的入渗,其与积水入渗具有很大的差异,因而将其直接用于入渗计算则不够确切。

5)Holtan公式

Holtan (1961)入渗公式表示的是入渗率与表层土壤蓄水量之间的关系:

$$i = i_c + a(w - i)^n$$

式中:i_c、a、n是与土壤及作物种植条件有关的经验参数;w是厚度为d的表层土壤在入渗开始时的容许蓄水量。该公式仅适用于$i< w$的情况。总的说来,Holtan入渗公式难以精确地描述一个点的入渗特征,但用它来估算一个流域的降雨入渗也许是适用的。

6)Smith公式

Smith(1972)根据土壤水分运动的基本方程,对不同质地的各类土壤进行了大量的降雨入渗数值模拟计算,提出了一种入渗模型:

$$i = R \qquad t \leqslant t_p$$

$$i = i_\infty + A\ (t - t_0)^{\alpha} \qquad t > t_p$$

式中:i_∞、A、t_0、α是与土壤质地、初始含水量及降雨强度有关的参数;R为降雨强度;t_p为开始积水时间;i_∞为土壤稳渗速率。

7)方正三公式

方正三(1958)在Kostiakov公式的基础上,对大量野外实测资料进行分析后提出的入渗公式:

$$k_t = k + k_1/t^{\alpha}$$

式中:k、k_1、α是与土壤质地、含水率及降雨强度有关的参数。

8)蒋定生公式

蒋定生和黄国俊(1986)在分析Kostiakov和Horton入渗公式的基础上,结合黄土高原大量的野外测试资料,提出了描述黄土高原土壤在积水条件下的入渗公式:

$$f = f_c + (f_1 - f_c)/t^{\alpha}$$

式中:f为t时间时的瞬时入渗速率;f_1为第1 min末的入渗速率;f_c为土壤稳渗速率;t为入渗时间;α为指数。当$t=1$时,式中左边等于f_1;当$t\to\infty$时,$f = f_c$。该式的物理意义比较明确。但该公式是在积水条件下求得的,与实际降雨条件还有一定的差异。

上述入渗公式,无论是理论的还是经验的,在一定程度上都反映了土壤水分入渗规律,因而都有其使用价值。但根据实际分析双环入渗的结果,利用达西模型公式,计算土壤入渗系数,然后利用Kostiakov和Horton公式回归分析该研究区不同植被覆盖度下的入渗特性较为合适。

降雨入渗事件中积水发生时间与雨强和表层5 cm初始土壤含水量密切相关,拟合出的趋势线决定系数可高达90%以上。但对试验结果的分析时显示，影响入渗的显然不止此两个因素。入渗过程还受降雨间歇时间的控制，相邻连续事件积水发生时间有明显的提前趋势，但并非等于“0”。由于间歇期土壤水分在重力和扩散作用下再分布，使得土壤水分由近似“活塞流”运动逐步转化为扩散运动为主，初始降雨入渗事件的平均速度往往较后续入渗均速大一个数量级，运行速度大为减缓。此外，入渗过程中，湿润锋运行速度存在明显的波动。对于试验开始的入渗事件，入渗速率尽管存在波动，但总体上有随时间延长逐步减少的趋势。在经历再分布过程后，降雨入渗事件湿润锋运动存在滞后效应，也就是说对降雨响应存在一个时间上的滞后，且这种波动作用较初始入渗更加显著。土壤质地不同，其渗漏速率不同，当土壤水分达到饱和状态时，将向底层潜水层渗漏。有些地区，即使土壤水分达不到饱和状态，但因水的重力势能作用也可渗漏到底部潜水层。

可以看出，对土壤入渗模型的研究，多偏重机理方面的研究，模型结构复杂，参数难以测定，给实际生产应用带来不便。虽然，不少学者也提出了许多半理论、半经验或纯经验性的入渗公式，但这些公式仅能描述入渗速率随时间的变化规律，且多属单点入渗，不能很好地定量分析土壤水分入渗的时空变异规律。对于入渗影响因素的研究，由于受试验条件的限制，所得结果差异也较大。因此，将来对土壤水分入渗的研究应转化为具有空间变异性的非均质入渗问题的研究，将单点入渗模型扩展到较大区域上的动态研究，增加高新技术和手段在土壤入渗上的应用研究。所有这些问题的研究，对于揭示土壤水分入渗机理和土壤侵蚀预报，具有重要的理论意义和应用价值。

第四节　覆被变化、土地利用与高寒草甸土壤水分入渗

一、退化的黑土滩恢复过程中土壤的入渗状况

我们采用迷你盘式渗透计(mini disk infiltrometer)在泽库退化为黑土滩的高山嵩草草甸进行了土壤水力导度测定。在极度退化的黑土滩上，通过严格控制放牧强度使自然植被恢复。相关样地情况见第三章第二节。渗透计的原理如下：

渗透计的上下两个空室都要灌满水。上室(或起泡室)控制吸力。下室(水室)中的水分要下渗到土壤中，下渗速率取决于在上室中选择的吸力，下室像量筒，有体积(mL)刻度。渗透计底部是一个多孔的烧结不锈钢盘，控制水分在开放空气中不会渗出。盘的直径很小，可以在相对水平的土面上进行无干扰测量。

观测时首先记录起始水的刻度值，当时间为0 s时，把渗透计放到地表，保证仪器与土壤表面紧密接触，当水渗透时，每隔5 s记录刻度值，至单位时间内的下渗量保持基本

一致时结束。经过反复试验,我们所在试验区的亚高山草甸土的稳定时间为30 min。

通过观测累计渗透量以及时间等数据,用下列步骤模拟计算得到土壤水力导度(K):

$$I = C_1 t + C_2 t^{1/2}$$

$$K = \frac{C_1}{A}$$

式中:I为累积渗透量;C_1(m/s)和C_2(m/s$^{-1/2}$)是参数;C_1与水力导度有关,C_2与土壤吸力有关,C_1实际上就是累积渗透与时间的平方根制图得到的斜率;t为渗透时间;A为与土壤van Genuchten模型有关的参数值,对于特定的土壤以及吸力率和渗透计盘半径,可根据下式计算:

$$A = \frac{11.65\left(n^{0.1}-1\right)e^{\left(2.92(n-1.9)ah_0\right)}}{\left(ar_0\right)^{0.91}} \qquad (n \geqslant 1.9)$$

$$A = \frac{11.65\left(n^{0.1}-1\right)e^{\left(7.5(n-1.9)ah_0\right)}}{\left(ar_0\right)^{0.91}} \qquad (n < 1.9)$$

式中:n和a为对应土壤van Genuchten模型的参数;r_0为盘半径;h_0为盘表面的吸力。

迷你盘式渗透计是理想的野外测量工具。外形小巧,测量需要的水可非常方便地用个人水瓶携带。我们发现,泽库高山嵩草草甸退化为黑土滩后自然恢复初期、恢复中期、恢复中后期的3个阶段累积渗透量与时间的平方根具有显著的关系(图7-6),表现出变化曲线有着共同的变化趋势。黑土滩恢复初期和中期在20 min内累计渗透量分别为3.42和2.05 cm,随恢复时间延长累积量减少;而在同地区的轻度退化、中度退化和极度退化的高山嵩草草甸进行水分渗透时发现,20 min内累积渗透量分别为1.22、2.19和2.99cm,表现出植被退化加重,累积渗透量增加。

分析发现,恢复初期、恢复中期、极度退化、中度退化和轻度退化5种阶段,土壤水力导度分别为$0.53×10^{-4}$、$0.37×10^{-4}$、$0.49×10^{-4}$、$0.46×10^{-4}$和$0.24×10^{-4}$ cm/s ,同样表现出累积渗透量随恢复时间延长而降低,随植被退化程度减轻而降低。

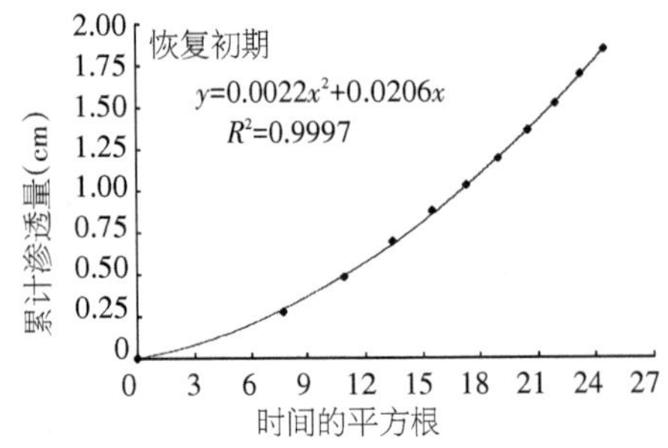

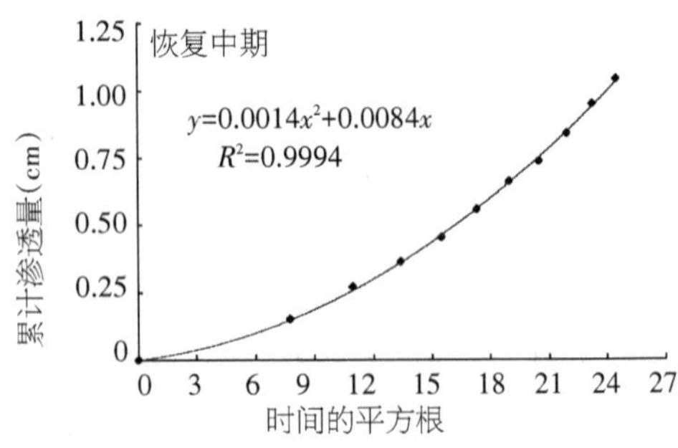

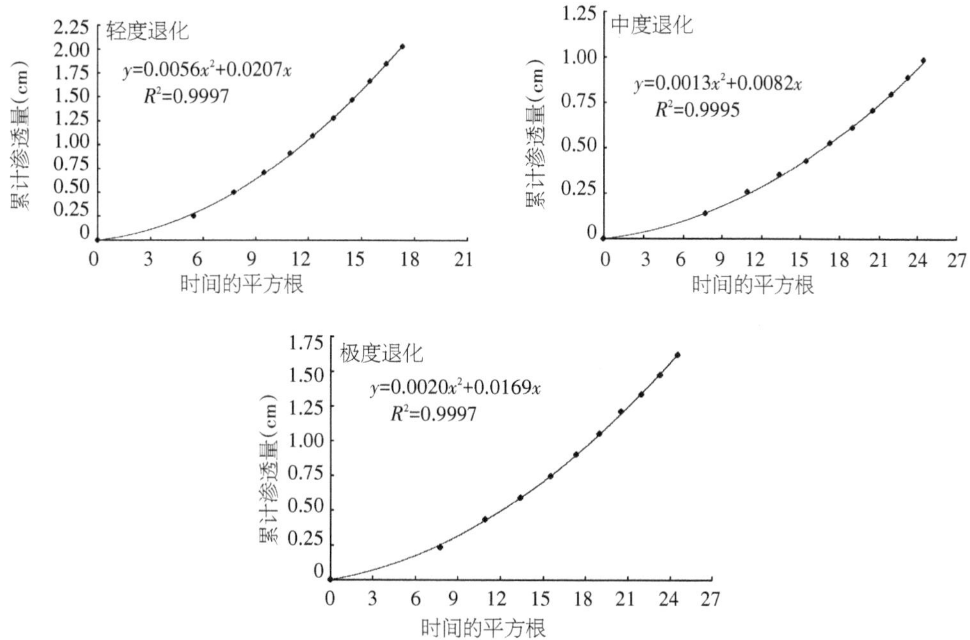

图7-6　三江源泽库高山嵩草草甸退化为黑土滩恢复初期、恢复中期和原生植被极度退化、中度退化和轻度退化各阶段土壤水分累计渗透量与时间的平方根关系

二、不同退化阶段土壤水分入渗状况

2017年6月6日采用迷你盘式渗透计对三江源玛沁高寒草甸地区不同退化阶段的土壤水力导度进行了测定。图7-7给出了不同退化阶段的土壤水分累计渗透量与时间的平方根关系。发现不同退化阶段土壤水分累计渗透量随时间变化趋势相似。极度退化、重度退化、中度退化和轻度退化的4个阶段其累计渗透量不尽一致。总体表现出随退化程度减轻而有所增大，10.5 min内累积渗透量分别为1.26、2.71、3.97和2.29 cm。这可能与极度退化的草甸土壤结构受到破坏、土壤孔隙度下降，不易容纳较多的水分，而在重度、轻度和中度退化草甸，虽然土壤已处于退化状态，但草毡层尚存，草毡层仍有大量的植物根系存在，土壤结构未被完全破坏，根系又有一定容纳水分的能力，故有较高的累积渗透量有关。

统计表明，极度退化、重度退化、中度退化、轻度退化的土壤水力导度分别为0.45×10^{-4}、1.01×10^{-4}、1.45×10^{-4}、0.63×10^{-4} cm/s，表现出极度退化草甸土壤水力导度最低，中度退化草甸土壤水力导度最高。

高寒草甸区植物根系对土壤水分变化影响很大。由于高寒草甸植物根系主要集中分布在0～20 cm土层，大量的须根主要分布在土表层。此外，啮齿类动物地下洞道分布也较浅。浅层的植物根系和频繁的动物活动将导致较大的孔隙，从而影响降水入渗，以及各层土壤含水量的空间分布特征。当有降水产生时，相当数量的水分迅速通过土壤大孔隙迁移，到达深层土壤，甚至成为地下水，这种现象被称为优先流现象。土壤优先流是一种由土壤大孔隙传导的非平衡管道流，土壤水分和溶质绕过土壤基质，只通过少部分土壤体向下快速运移。因此根系集中分布层的土壤饱和导水率明显比较大，甚至高于浅层土壤。不同土壤发生优先流的程度不同，植被盖度大、根系发达、结构发育好的土壤更容易形成优先流。

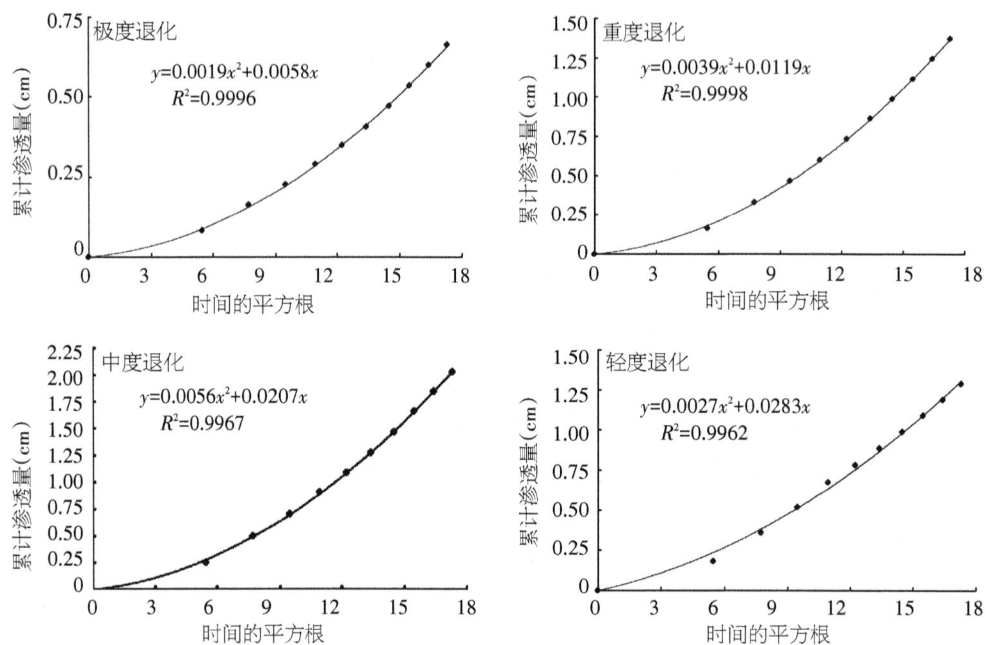

图7-7　三江源玛沁高寒草甸地区不同退化阶段的土壤水分累计渗透量与时间的平方根关系

同时，高寒草甸植物根系的死根和活根交织在一起，盘根错节，在土壤表层形成的草毡层具有很高的有机质和很小的土壤容重。这也导致上层土壤较深层土壤存在较高的土壤空隙度，其导水率也较高。

试验结果表明，因土地利用的不同所导致的不同退化阶段，土壤水分的入渗速率是不同的，但总的变化趋势一致。在下渗的初期阶段，下渗速率较大，但随下渗量的增加而迅速递减，并表现出在10 cm左右的土层，其变化趋势出现一个拐点。在水分入渗的开始阶段，植被盖度高的区域比植被盖度低的区域水分入渗速率大，这是因为盖度大的区域，地表植被比较多，根系比较多，土壤空隙也就比较多，有利于土壤水分的入渗。在随后的变化过程中，植被盖度高的区域土壤水分入渗速度也比较快，而且饱和稳定得慢。这是因为植被盖度高的区域，根系比较多，孔隙度比较大，蓄水能力比较强，有利于土壤水分的下渗。

因此，在植被盖度高的区域，水分入渗率大，达到饱和稳定需要的时间长。这也说明了在一次降雨后，植被盖度低的区域地表水分饱和稳定得快，入渗速率小，水分更容易从地表流失，不利于水分的入渗，也就不利于水分的涵养和地下径流的产生。在植被条件和土壤状况一定的情况下，土壤初始含水率对饱和导水率的影响很小，可以忽略。如果地温也一致的情况下，饱和导水率就保持不变，和土壤的初始含水率无关。

同时发现，决定入渗速率的因素为土壤水势梯度和水力传导度。土壤含水量主要从入渗水流湿润区的平均势梯度方面影响土壤水分的入渗能力。土壤含水量越高，水分入渗锋面的上水势越高，则水分入渗锋面与地表间的平均势梯度越小，因此土壤初始含水量越高，土壤入渗能力越低。土壤的初始含水量只影响土壤水分的入渗过程，不会影响土壤水分入渗的结果。初始含水量高的土壤，它的初始入渗速率小，稳定得快，初始含水量低的土壤，它的初始入渗速率大，稳定得慢。土壤的饱和导水率与土壤初始含水量无关。

三、不同放牧强度下的土壤水分入渗

放牧强度是影响土壤水分入渗的重要方式。由于表层土壤受放牧家畜践踏而被压实，使得降雨不能迅速下渗，加之地表植被和凋落物覆盖减少，容易产生地表径流，引发水土流失（侯扶江等，2004），而且蒸发作用加强，土壤水分丧失，难以满足植被生长需要，导致草地干旱化。可见，放牧条件下，表层土壤入渗性能关系到地表产流量及其侵蚀力的大小，且严重影响植被的生长。同时，表层土壤作为高寒草甸水分传输基质，对水源涵养具有重要作用（尤全刚等，2015）。杨思维等（2016）在祁连山地区进行了放牧强度下高寒草甸表层土壤入渗的研究。他们通过3年控制放牧试验，基于高寒草甸表层土壤物理性状、入渗过程及土壤水分特征曲线等方面的观测，分析了高寒草甸土壤水分入渗对短期放牧的响应。其中，放牧强度设置A（2.75只羊/hm^2）、B（3.64只羊/hm^2）、C（4.35只羊/hm^2）、D（4.76只羊/hm^2）、E（5.20只羊/hm^2）5个处理。他们对入渗的研究显示，各放牧强度的土壤入渗速率均随入渗时间的延长渐趋平缓（图7-8）。初始入渗率最大，随着时间推移逐渐减小，最终达到稳定入渗。入渗瞬变阶段（0～18 min），各处理入渗速率随时间的延长急剧减小，除A与D处理的初始入渗率接近外，整体表现为B＞C＞A＞D＞E；进入渐变期（18～30 min），入渗率减小且趋缓，C处理变化较大，其他处理减小速率较慢，B与C处理相差不大，但均超过A处理，D与E处理几乎无差异；稳定入渗阶段（＞30 min），48 min前B与C处理入渗率无差别，之后C比B处理稍高；整个阶段A处理入渗率明显低于B与C处理，且明显高于D与E处理。表明中度放牧强度（3.64～4.35只羊/hm^2）能使土壤入渗性能得到明显改善，从而延缓地表径流发生的时间，降低土壤侵蚀发生的可能性。

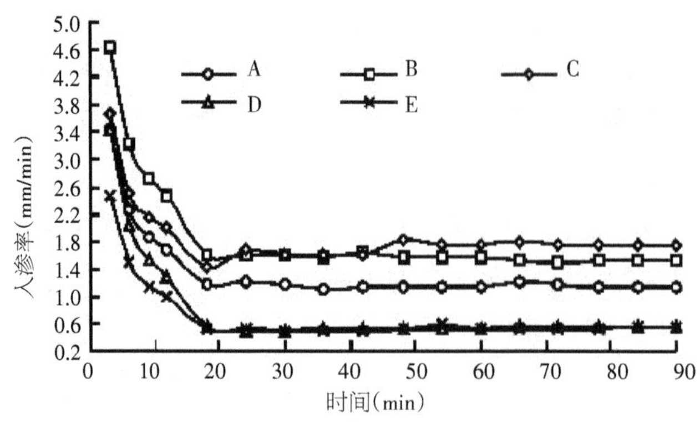

图7-8　不同放牧强度下的土壤水分入渗率

第五节　影响土壤水分入渗的因素分析

土壤入渗是降雨-径流循环中的关键一环,它是反映土壤侵蚀能力的重要指标。近年来许多专家建议(刘致远,2008),将“增加土壤入渗、就地拦蓄降雨径流”作为防治土壤侵蚀的战略决策。由此可见,通过探讨不同外界条件(诸如不同植被类型、地形地貌、土地利用类型和方式)下的土壤入渗性能,总结各因子下土壤入渗的变化规律,将有助于进一步研究地表径流的机理及其规律。这对土壤侵蚀的预测和防治、各种水土保持措施的最优化配置及其效益评价都具有极为重要的指导意义。同时,在增加土壤蓄水、提高土壤水分生产力等方面具有重要的理论和现实意义。

据有关研究(Lei et al,2012;杨思维等,2016),草地的入渗过程分为3个阶段,即瞬变段、渐变段和平稳段。瞬变段在0～4 min,其累积入渗量,人工草地为18.0 mm,天然草地为14.10 mm;渐变段持续时间在120～140 min,即草地达到稳定入渗的时间。前30 min累积入渗量,人工草地57.46 mm,比天然草地(42.47 mm)高15 mm。比较稳渗率,发现人工草地单元的值最大(4.24 mm/h),自然草地单元次之。同一时刻两条曲线入渗速率关系:人工草地>天然草地>禁牧草地>放牧草地。可见水土保持种草措施可以显著提高土壤入渗率,特别是人工草地作用更加明显。

这些入渗量及入渗速率的不同,除受自然因素影响外,也受到人类活动、土地利用过程中覆被变化的影响,表现出影响土壤水分入渗的因素众多。因此,掌握这些影响因素,对了解区域土壤入渗具有重要意义。对于土壤水分入渗的影响因素分析如下。

一、土壤性质

土壤性质是影响土壤入渗的一个重要因素。早在20世纪80年代,田积莹

(1987)、蒋定生等(1984)就对黄土高原土壤入渗及效果进行了大量的研究。研究认为,土壤性质对土壤入渗能力的影响是重要的一环,土壤入渗主要取决于土壤机械组成、水稳性团粒含量、土壤容重。土壤质地愈粗,透水性能愈强。土壤稳渗速率随着大于0.25 mm的水稳性团粒含量的增加而增加。容重减小,说明土壤有机质含量丰富,土壤通透性明显,其入渗速率增大。容重增大,土壤入渗率减小。Helalia(1993)对黏土、黏壤土、壤土进行了50个田间入渗试验,发现土壤质地与稳渗率的关系弱于结构因子与稳渗率的关系,特别是有效孔隙率与稳渗率的相关性达极显著检验水平。

土壤的通透性主要取决于非毛管孔隙,这些大孔隙结构对土壤入渗性能产生巨大的影响。在水分渗透上起决定作用的孔隙是植物根系腐烂后形成的管状孔隙,根系在土体内的增大、增粗,与土体之间常形成间隙;植物枯枝落叶分解释放养分归还给土壤,对土壤结构产生巨大影响。一方面,枯枝落叶为土壤中的动物、微生物提供食物,生物活动易在土体内产生孔隙;另一方面,枯落物分解后形成的腐殖质或非腐殖质与黏粒结合形成微团聚体,使土体变得疏松透水,提高了土壤表面的粗糙率,阻缓径流,起到了增加入渗的作用。林冠、枯枝落叶的拦截作用,延长了降雨过程,有利于提高入渗速率,增加积累入渗量。

另外,土壤表面特征也是主要的影响因素。如凹凸面不同,土体结构不同,其入渗状况不同。在凸型或小山丘土壤表面的水分更易发生外流,导致土壤含水量较低,土壤水分入渗速率相对较高。土壤质地组成多为沙砾结构(沙壤土),其渗漏速率大于壤土。硬实土壤,因结构紧实,将减缓入渗速率;松散的土壤,水分更易入渗。

二、土壤表层结皮

土壤结皮封堵了土壤水分入渗的通道,使土壤的入渗能力急剧衰减。从20世纪20年代开始,国内外先后有许多学者对该方面进行了研究。Hillel(1960)提出了结皮形成过程,认为由于雨滴打击,土壤表层团聚体遭到破坏,分散的颗粒填充了土壤表面的孔隙,土壤表面被压实。Eigle和Moore(1983)的研究表明,土壤结皮对裸地入渗的影响大大超过其他因素的影响,其减少入渗量可达80%左右。江忠善(1983)、王燕(1992)认为,雨滴动能是影响土壤表层结皮的重要因素,雨滴直径越大,其质量和着地动能越大,地表越易结皮。Baunhardt(1990)通过代数式不断修正降雨过程中表层土壤饱和含水率、孔隙度、进水土水势、比水容及布鲁斯指数,建立了以Richards方程为基础的假定结皮厚度为5 cm的数值模型。陈浩和蔡强国(1990)也通过二次降雨得出有结皮的径流量是无结皮的6.4～24.5倍。

入渗的初期和末期(或说入渗稳定期)阶段,土壤结皮有不同的影响效果。在初始入渗阶段,入渗速率在有结皮的地表要远远小于无结皮的地表。这是因为结皮封堵了土壤水分入渗的通道,使土壤的入渗能力急剧衰减。曲线变化趋势明显不同,也就是土壤水分下渗过程不同,有结皮的地表土壤水分入渗速率初始值小,然后变大,最后变小并慢慢趋于稳定,无结皮的地表土壤水分入渗速率随时间的变化慢慢变小,最后趋于稳定。这是因为土壤结皮封堵了土壤水分入渗的通道,使土壤水分初始入渗率很小,结皮经过一段时间的浸泡,能溶于水的有机质和矿物质慢慢溶于水中,结皮慢慢开始解体,土壤孔隙度增大,从而使土壤水分入渗率慢慢变大,随着水分入渗量的增多,土壤水分慢慢饱和,入渗速率也就随之慢慢减小。而入渗速率稳定后,有结皮的地表也要小于无结皮的地表。土壤结皮大大削弱了土壤的入渗能力,降低了水分的入渗效率,对水分的入渗与涵养很不利。土壤结皮的形成一方面减小了土壤的入渗能力,从而增大了径流的侵蚀力,另一方面又增大了土壤的抗侵蚀能力。如何精确地描述这两种完全相反的作用是高精度土壤侵蚀预报模型建立的重要内容之一,深入了解土壤结皮的形成机理以及对土壤侵蚀的影响,是达到这一目标的关键。

三、土壤初始含水率

土壤初始含水率的状况直接影响着降雨后土壤水分的入渗,土壤初始含水率低时,水更易从高水分浓度区向低水分浓度区迁移,进而提高水分的入渗速率。目前关于初始含水率对入渗的影响研究,大多是在含水率分布均匀的前提下研究其对入渗速率的影响。Bodman和Colman(1944)认为,在入渗初期,随着含水率的增加,土壤入渗速率减小。随着时间的延续,含水率对入渗的影响变小,最终可以忽略。国内一些研究结果(贾志军等,1990)表明,土壤平均入渗率与土壤含水率呈负相关的线性关系。随着土壤初始含水率的增加,同一时间内非稳渗阶段的入渗速率迅速降低,趋于稳定入渗速率的时间缩短。

四、地形地貌

1.不同坡度对入渗速率的影响

坡度是主要的地貌形态指标之一,历来是地貌学和土壤侵蚀学的重要研究领域。关于土壤水分入渗与坡度的关系,已经有许多学者(郭继志,1958;蒋定生等,1984)根据各自的试验资料进行过大量的研究,分别得到不同的函数关系,他们所建立的经验公式中坡度的差别较大,其原因可能是统计方法和研究区域不同所致。有学者认为,在渗透率较大的坡面上,入渗速率与坡度成反比关系(蒋定生等,1984),也有学者指出,在渗透率较小的条件下,入渗速率与坡度无关(郭继志,1958)。

许多研究表明,随着坡度的增加,土壤稳渗率呈现下降的趋势。在0°～20°坡度范围内,坡度越大,稳渗率越小,而且两者存在一定的线性关系,经拟合关系为:$I_c = 36.64 - 1.03a$ 。相关系数r=−0.98;I_c为稳渗率(mm/h);a为地面坡度(°)。各单元平均入渗速率随坡度的增加呈指数曲线下降。据研究,无论是刺槐林地、农耕地还是裸荒地,随着坡度的增加,土壤稳渗率均呈现下降趋势。因此,要想增加土壤降水入渗,必须减缓地面坡度,变坡地为平地。

2.不同坡向对入渗速率的影响

坡向不同,土壤入渗性能也存在较大差异。试验表明,阳坡初始入渗率大于阴坡,但随着时间的推移,阳坡土壤入渗率衰减快于阴坡,造成阴坡入渗率大于阳坡,这是由于阴坡植被状况好于阳坡，且阴坡枯枝落叶层厚度优于阳坡，阳坡初始入渗率大与其初始含水率低有关。

3.不同坡位对入渗速率的影响

同一坡向不同位置的入渗性能不同。试验表明，无论是林地、草地还是农田，土壤稳渗率和产流历时数值均随坡位由上而下逐渐增加；坡顶的初始入渗率大，而入渗率随时间衰减较快；坡脚的初始入渗率小于坡顶，但坡脚的入渗率随时间下降较慢，而稳渗率要大于坡顶。具体表现为，在同一雨强作用下，由坡上部到坡下部随土壤初始含水率的递增，阴坡地土壤初始入渗率呈规律性变化；坡中部达到稳渗的时间略高于坡上部，而坡下部出现稳渗的时间则高于坡上部。

五、降水因素

从水土保持的角度来看，降雨对入渗的影响主要是通过雨型、雨滴直径和降雨强度来描述。雨型不仅对土壤的入渗过程有较大的影响，也是影响土壤侵蚀和洪峰流量的主要因素。其变化形式复杂多样，有学者（张汉雄，1983）曾利用统计分析的方法将黄土高原的暴雨雨型分为猛降型、递增型和间歇型3类。Rubin（1966）、Aken等（1984）的研究表明，不同降雨强度下入渗曲线形式是相同的，如果降雨历时足够长，均质土壤的稳定入渗率、入渗总量与降雨强度无关，但瞬时入渗速率受降雨强度的大小和时间变化影响较大。也有一些研究结果（王玉宽，1991）表明，随着降雨强度增大，土壤稳定入渗率有增大的趋势。目前，有关降雨对入渗的影响，大多是以恒定雨强为前提，对于非恒定雨强的研究较少。

六、下垫面因素

对于改变下垫面增加入渗的研究非常广泛，从许多研究结果（伟祥，1990；朱显漠，1982）可以看出，随着植被覆盖度的增加，地表产流历时明显推迟，降雨入渗量显著增加。但当土壤含水量、降雨量和降雨强度很大时，随着植被覆盖度的增加，累积入渗量增加的幅度变小。在高强度的降雨条件下，连续5年采用少耕法耕种的农田比采用常规法耕种的农田土壤平均入渗率高24%（周择福，1997）。王晓燕（2000）用人工降雨法研究保护性耕作下的地表径流与水分入渗得出，保护性耕作具有明显的减缓水土流失，增加入渗的结果。在秸秆覆盖、土壤压实及表土耕作3因素中，覆盖对径流和入渗的影响最大，压实次之，耕作的影响最小。

七、植被群落

对草地而言，植被密度对入渗影响较大。由于天然草地长期超载、过度放牧，植被覆盖度下降，雨滴直接打击地面形成了较为致密的结皮层，使入渗速率降低。而人工草地表层土质疏松，特别是豆科牧草具有更好的改良土壤的能力，所以入渗速率较大。近几年随着国家生态安全建设、生态屏障建设、国家公园设置等需要，开展了一系列大范围的禁牧封育、退牧还草等生态工程，这将促进植被群落恢复，使土壤容重降低、土壤有机质含量提高，土质趋于松软，利于水分的入渗。

1.植被覆盖度与生物量

在其他条件基本一致的情况下，覆盖度不同，则单位面积上枯落物凋落量、分解速度和养分归还量也不同，从而导致土壤入渗速率和入渗量不同。研究证明，土壤水分的入渗速率随植被覆盖度的增加而增加，即覆盖度越大稳渗率越大，两者具有显著的正相关关系。

大多数研究者认为，累积入渗量与植被覆盖度关系明显，可用经验公式 $y = ae^{bx}$ 来描述，即在单位时间内土壤入渗量随覆盖度的提高而呈幂函数增大。

2.植被类型

特定的气候环境对应特定的土壤类型和植被类型，进而决定了当地植物根系、土壤有机质、土壤容重等物理性状的分布状况，这些物理性状的改变，终究影响到土壤水分的水流速率。如在青藏高原那些相对湿润的高寒草甸、高寒灌丛等区域，其土壤水分入渗速率较降水较小的高寒草原更为明显。我们通过相关性检验发现，分布在海北的高寒灌丛草甸、矮嵩草草甸、泽库和玉树的高山嵩草草甸区的土壤水分入渗速率相对于玛多高寒紫花针茅草原、刚察高寒西北针茅草原等地的高，且均具有显著性差异，而在高山嵩草草甸与矮嵩草草甸之间，沱沱河荒草原与玛多高寒草原之间差异不显著。可见灌丛化、草甸化可提高土壤水分入渗性能，而草原化和荒漠化则降低土壤水分入渗性能。

3.植被根系生物量

植被生物量，特别是地下生物量是影响土壤水分渗漏的主要指标之一。在青藏高原植被生物量(特别是地下生物量)较高的区域，一般保持着原有顶级群落结构状况的植被类型，这种原生植被类型环境下，土壤有机质含量丰富，土壤容重较低，土质较为松软，降水产生时入渗速率也较大。发达的植物根系还可使上层水通过根系转运至下层，也可提高土壤水分的入渗速率。

我们在1991年7月初(见第九章第二节)进行矮嵩草(平缓滩地)、草甸化草原(山地阳坡)土壤湿度观测时发现了一个有趣的现象，在发生降水后24小时内观测的0～20 cm的土壤湿度(占干土中的百分比)，草甸化草原(63.32%)大于矮嵩草草甸(56.89%)，降水36小时后，草甸化草原的土壤湿度(36.84%)明显小于矮嵩草草甸(45.44%)。这个现象证明，草甸化草原(或矮嵩草草甸向高山嵩草草甸过渡带)因植被根系发达，在产生降水时水分易滞留在根系部位，矮嵩草草甸相对于草甸化草原根系较少，上层水易下渗到深层。历经一定时间后草甸化草原上层水以重力作用经过根系层后，其下渗速率明显加快。

4.枯落物与碎屑物

在放牧强度较低，或退牧还林(草)的区域，每年牧草不被家畜所利用，或因粪便污染不被家畜所觅食而存在大量的枯落物，有些地区因家畜粪便堆积、枯落物碎末化后形成半腐殖质碎屑物，这些枯落物、碎屑物因低温环境下不易完全被分解，在地表形成了一定厚度的覆盖物，也影响到土壤水分的渗透。枯落物、碎屑物的存在一方面可减缓土壤水分的散失，增加了初始含水量而降低入渗速率，另一方面可通过缓冲作用，滞后降水的入渗速率。枯落物、碎屑物的存在也可促使土壤有机质含量增加，还可降低食草动物的反复践踏而提高土壤松软程度，有利于土壤水分入渗。枯落物、碎屑物对降水入渗的影响较为复杂，既有促进入渗的一面，也有阻滞入渗的一面。

八、人类活动及土地利用方式的改变

影响土壤降水入渗的主要因素是土壤的自身性质，如土壤质地、容重、含水率、孔隙度等因子，而人类活动通过对这些因素的影响，间接地对土壤入渗产生了影响。比如水平梯田减小了地面坡度，增加了地表糙率，削弱了径流流速；不同整地措施，诸如鱼鳞坑、水平阶等，能拦蓄降水。以上土地利用方式改善了土壤的理化性状，能起到较好的强化入渗作用。

放牧影响土壤水分入渗是通过改变土壤物理性状而实现的。放牧对高寒草甸土壤压实的同时，也使高寒草甸植被覆盖度和根系生物量减小，导致土壤容重增加，土壤孔隙度和水稳性团聚体减少，引起土壤透水性、透气性和导水性下降，并改变土壤入渗过程（王启兰等，2008）。随着放牧强度的加剧，入渗特征值均表现先增加后降低，且3.64只羊/hm^2与4.35只羊/hm^2放牧强度下的入渗特征值均明显高于4.76只羊/hm^2和5.20只羊/hm^2放牧强度下的入渗特征值。表明合理的放牧强度（适度放牧）较高强度放牧（重度放牧）能够增加土壤的入渗能力（杨思维等，2016）。这可能是因为在适度放牧下，家畜的排泄物及家畜对植物的适当啃食有利于微生物和植物根系的生长发育，促进土壤水稳性团粒结构形成（薛冉等，2014），使根系与土壤接触面形成无数微小导水通道和储水小空间，增加土壤通气性，同时其稳定的团粒结构还能增强土壤结构的稳定性，防止土壤表面结皮的形成，并使土壤稳定入渗速率保持恒定，提高降雨的入渗率（尤全刚等，2015）。合理放牧强度较高强度放牧能够保持良好的土壤结构，从而具有较高的入渗能力。已有研究表明，高寒草甸土壤退化与过重的放牧载畜量直接相关（黄麟等，2009），放牧明显改变区域内土壤的入渗作用，高强度放牧可能会导致产流能力降低，加速草地土壤侵蚀和水土流失，从而破坏高寒草甸生态系统的稳定性。同时，不同放牧强度下土壤的入渗曲线均随时间的延长渐趋平缓，表现出土壤入渗过程经历瞬变、渗漏和稳定入渗3个阶段（Liu et al，2011）。

封育（退耕还草）的草地，既能促使植被恢复（不易长期封育），同时又能减轻放牧家畜的践踏，这种状况下可保持较多的枯落物、碎屑物，还可增加土壤有机质，降低土壤容重，进而影响土壤水分的渗透。近年来，在三江源、祁连山等地区国家为恢复退化的草地进行人工草地建设，使那些退化为黑土滩的草地重新焕发出勃勃生机。不论是补播还是深耕翻地播种，虽然破坏了土壤结构，导致毛管受损，影响到入渗，1～2年内入渗速率减缓，但当植被得到生长恢复的第4年以后，其入渗速率逐渐增加。说明补播和深翻在短期损伤原有的土壤结构后，维持5～8年就可以恢复土壤结构的稳定性(He et al,2018)。

第六节　高寒草甸土壤底层入渗量的观测

一、海北自然植被模拟降水入渗量

刘安花(2008)曾在海北高寒原生植被的矮嵩草草甸进行渗漏量的观测分析，发现，一次降水后影响土壤水分入渗的主要因素有土壤性质、土壤初始含水率、降水强度、降水历时等因素。通过模拟灌溉试验发现(表7-2)，在高寒草甸区当降水强度为10 mm/h，降水量为10 mm，土壤初始含水率在36%时仍无土壤水分渗漏现象发生，土壤初始含水率达到38%以上后就会产生土壤渗漏。在降水量小于10 mm时，一般情况下不发生50 cm土层的渗漏。这与前文在进行水量平衡的分析与假设的结果是一致的。

由表7-2可看出，渗漏量在0～20 cm土层最大，随着土层深度的增加，渗漏量逐渐减少，但在0～40 cm土层却增加，这可能是由于土体在填装时未压紧，即没有完全保持原状土所致，也可能是由土壤特性所决定的，还有待于进一步试验与研究。在初始土壤含水率为38.58%时，0～60 cm土层渗漏量要高于0～50 cm土层，这是什么原因导致的尚不清楚。始渗时间与降水时间的差值随土层厚度增加呈增大趋势，渗漏发生时间也随土层厚度的增加而延长。实际上由于入渗桶内装填的土壤并不能保证是完全的原状土，尤其是土体与桶壁接触面上多少会存在一定缝隙，这就影响了试验数据。因此上述试验数据，理论上始渗的初始土壤湿度值还会大些，而渗漏量会偏小些。根据2007年降水资料，日降水大于10 mm的天数5月份为2 d，6月份为5 d，7月份为2 d，8月份为3 d，9月份为4 d。而日降水量大于20 mm的仅在7月出现1 d(经多年观测表明，大多数年份仅1 d，有的年份不出现)，而且降水维持时间也长，但也未观测到深层渗漏现象。因此认为，在高寒草甸地区植物生长季产生的深层渗漏极少，在用水量平衡法计算实际蒸散量时忽略深层渗漏是合理的。

本研究当初设计时，是在截面积较小的桶内进行，但由于试验周期短，原状土装入桶内时可能受到一定的影响，发生土壤质地受到破坏，土质变松，植物根系扯断等现象，加上仅在装入原状土的7个月后马上开展试验，原装土与桶壁接触面未充分黏结，将导致不同模拟试验水分下渗差异较大，虽然取得了一定的试验结果，但很不理想。为此，随时间的延长，经过1～2年的植被生长周期，原装土与桶壁充分接触后继续进行这项试验，会有良好的结果。

表7-2　高寒草甸模拟降水(10 mm)后土壤0～60 cm土层水渗漏试验部分结果

初始含水率(%)	渗漏量(mm)				
	0～20 cm	0～30 cm	0～40 cm	0～50 cm	0～60 cm
37.59	–	–	–	–	–
36.18	–	–	–	–	–
48.48	3.00	2.00	2.55	1.60	1.40
38.58	2.45	1.4	2.2	1.65	2.4

二、三江源自然植被封育与未封育降水入渗量观测

我们(Yang et al，2016)曾在青海省果洛州玛沁县大武乡河谷地带(N34°28′47.52"，E100°12′05.37"，海拔高度3763 m)进行了土壤水分的水流观测。试验于2013年3月在研究区选取自2003年开始围栏封育的草甸作为试验样地，在封育样地围栏外500 m的放牧区设置自然放牧样地(对照)。自然放牧样地的放牧强度为1.36只羊单位/hm²，全年放牧。封育样地在11月至次年5月进行放牧，放牧强度为1.00只羊单位/hm²，其余时间完全禁牧。放牧的牲畜均为藏系绵羊，观测样地为60 m×60 m，在围栏封育和自然放牧样地中部距围栏15、35、45 m处分别设置土壤渗漏水试验装置，即每个处理3个重复。

图7-9展示了2013年土壤非冻结期(5—9月)降雨量及0～40 cm层次土壤渗漏水量的旬动态变化。结果显示，高寒草甸植物生长季自然放牧和封育样地土壤水渗漏量均呈单峰变化趋势，两者均在5—6月和8—9月较低，7月达到峰值。封育措施显著提高了植物生长季高寒草甸40 cm深处土壤水渗漏量，自然放牧样地在5—9月土壤水渗漏量为0.0～3.1 mm，均值为0.6 mm；封育样地为0.0～4.1 mm，均值为1.0 mm。封育样地5—9月土壤水渗漏总量(14.7 mm)比自然放牧样地(9.6 mm)高出53.1%($P<0.05$)，两者分别占同期降雨总量(423.6 mm)的3.4%、2.2%。相关分析结果表明，封育和自然放牧样地土壤水渗漏量与降雨量呈显著正相关关系($r=0.87643$，$P<0.001$；$r=0.83789$，$P<0.001$)。

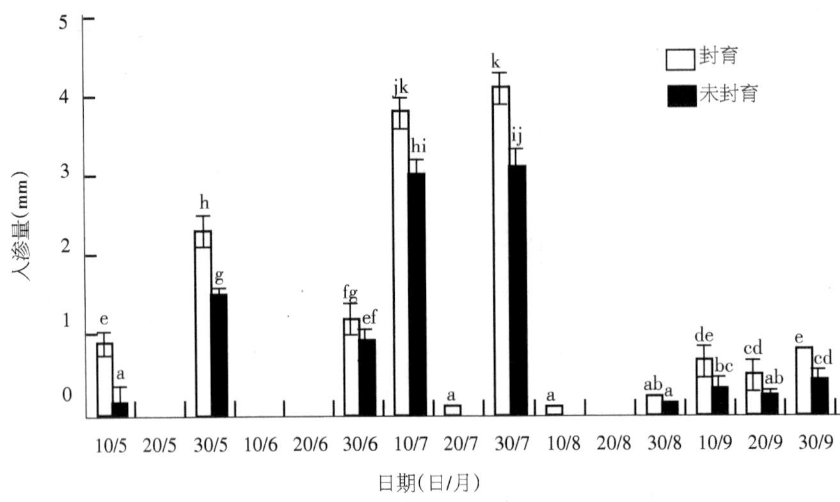

图7-9 封育和自然放牧样地5—9月土壤水渗漏量

此外,我们也测定了土壤可溶性碳淋溶量。观测分析发现(图7-10),除自然放牧及封育样地在5—7月土壤可溶性碳淋溶量明显高于8—9月($P<0.05$),两者在5—7月平均土壤可溶性碳淋溶量分别为5.2、3.6 g/m²,而8—9月平均土壤可溶性碳淋溶量分别为1.2、0.4 g/m²。同时,由图7-10可以看出,封育措施明显提高了植物生长季高寒草甸40 cm深处土壤可溶性碳淋溶量,封育样地在5—9月土壤可溶性碳淋溶量为0.0~13.8 g/m²,均值为3.6 g/m²;自然放牧样地为0.0~10.5 g/m²,均值为2.3g/m²。封育样地5—9月土壤可溶性碳淋溶总量(53.8 g/m²)比自然放牧样地(34.6 g/m²)高出55.5%($P<0.05$)。相关分析结果表明,高寒草甸存在明显的土壤可溶性碳淋溶现象,封育和自然放牧样地土壤可溶性碳淋溶量与土壤水渗漏量呈极显著正相关关系(r=0.98579,$P<0.001$;r=0.99008,$P<0.001$)。主要原因有以下两点:一是封育措施能够提高土壤和植被有机碳密度,增加了土壤中的可淋溶碳源;二是封育措施改善了土壤水入渗能力,提高了土壤水渗漏量。20世纪末,Scholes(1999)提出陆地生态系统净碳汇的估计值为2 Pg/a,并预测在未来几十年将趋于饱和。与之相反,季劲钧等(2008)认为,21世纪末青藏高原东部半干旱地区不会出现碳饱和现象,这一地区仍将起到碳汇作用。本研究结果结合青藏高原高寒草甸面积(Ni,2002),可以推断出高寒草甸在土壤非冻结期(5—9月)的土壤可溶性碳淋溶量为2.20×10^7 t,占该区植被年固碳量的7.5%(张金霞等,2003)。由于高寒草甸土层浅薄,其厚度多在30~40 cm(曹广民等,2010),土壤可溶性碳会不断地随土壤水渗漏到地下水系统,最终汇入江河湖泊,这与土层较厚的地区有所不同,从而使高寒草地土壤始终具有一定的固碳空间,这一结果间接地支持了季劲钧的观点(季劲钧等,2008),也从一定程度上解释了高寒草甸具有较强固碳功能的原因。同时也证实高寒草甸土壤非冻结期土壤碳淋溶量高达34.6 g/m²,占该区域土壤呼吸年均CO_2通量(陶贞等,2007)的18.1%,这对揭示高寒草地土壤"碳流失"过程具

有重要意义。

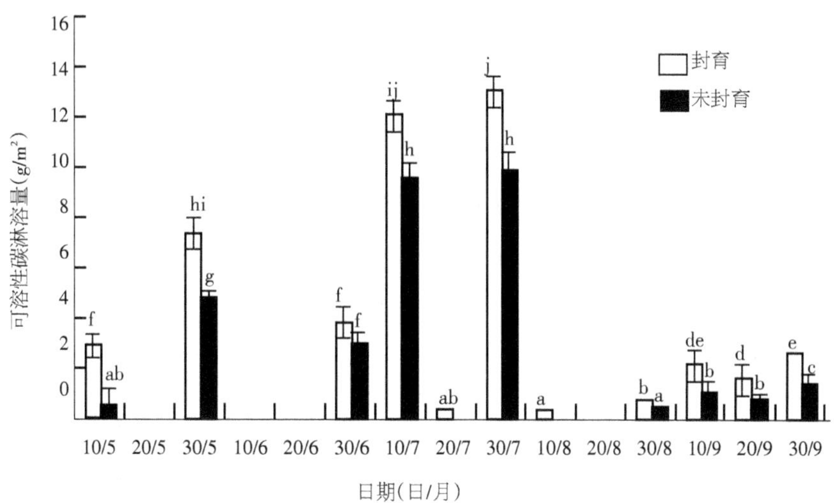

图7-10　封育和自然放牧样地5-9月土壤可溶性碳淋溶量

土壤水渗漏是土壤水分损失的重要途径之一，也是降水、地表水、土壤水和地下水相互转化过程中的一个重要环节(何念鹏等，2011)。研究发现，高寒草甸土壤水渗漏具备以下特征：(1)土壤水渗漏量与降雨量呈极显著正相关关系。(2)5—6月和8—9月土壤水渗漏量较低，7月较高。(3)在土壤非冻结期(5—9月)，高寒草甸自然放牧草地土壤水渗漏量为0.0～3.1 mm，均值为0.6 mm，总土壤水渗漏量为9.6 mm，占同期降雨量的2.2%。青藏高原高寒草甸面积约为$6.37\times10^5\ km^2$(Ni，2002)，依此推断，土壤非冻结期高寒草甸土壤水渗漏量可达到$6.1\times10^9\ m^3$，占到黄河上游多年(1919—2010年)平均径流量($226.3\times10^9\ m^3$)(李二辉等，2014)的2.7%。封育措施能够提高植被覆盖度(Wu et al，2010)，降低土壤容重，增加土壤入渗能力(Naeth et al，1990)，最终造成高寒草甸封育样地渗漏量高于未封育样地。高寒草地植被根系主要分布在0～30 cm土层(Yang et al，2009)，40 cm以下土层土壤水分很难被植被利用。因此，适度放牧将有利于减少高寒草甸土壤水分的流失，提高土壤水分的利用效率。

我们(李红琴等，2016)在研究高寒草甸渗漏量的同时，也在玛多高寒草原进行了渗漏量的观测，发现植物生长期内的5月1日到9月28日，0～40 cm土层实际贮水量为16.898～98.16 mm，40 cm底层土壤渗漏量为6.70～8.55 mm，占同期降水量的3%～4%。依此推算，年内约有11.00 mm的降水渗入地下。

第八章　高寒草甸土壤贮水量、持水量及水源涵养功能

土壤水分是土壤组成的一部分。土壤水分在土壤形成过程中所起的作用极其重要。这是因为土壤层内的物质主要靠土壤水分进行运移,土壤水分在很大程度上参与土壤内部的物质转化过程,矿物质风化剥蚀、有机化合物的合成与分解等均以土壤水分运动有关。不仅如此,土壤水分还是植物生长发育过程中营养成分的供给渠道,势必会影响植物生长发育过程中许多化学、物理、生物等过程。同时,土壤贮水能力的高低、水分变化和运动、水分在土壤中的滞留时间、持水量等会直接影响水源涵养功能,该功能在调节大江大河水流方面扮演着重要角色,是自然界水循环过程中的一个重要环节。因此,探究土壤水分在土壤中的贮存、运移,以及与土壤其他组成成分和植被层之间的关系非常重要。

第一节　土壤水分的划分与监测

一、土壤水分的划分

土壤水分因研究方法不同,划分的方法也不同。从土壤水分的形态、数量、变化和有效性来看,根据土壤水分所受到的力的作用,可把土壤水分划分为吸附水、毛管水、重力水。吸附水(束缚水)是受土壤吸附力作用而保持的水分,毛管水是受毛管力的作用而保持的水分,重力水是受重力支配易向深层土壤运动(迁移)的水分,三者相互联系,在一定条件下可相互转化,不同的土壤类型中其存在的形态不尽相同。

土壤中粗细不同的毛管孔隙连通形成复杂多样的毛管体系,等有外来水补给时,将借助毛管力悬着在土壤中的某一部位。土壤毛管悬着水达到最多时的含水量称为田间持水量,在数量上包括了吸附水和毛管悬着水。当一定深度的土壤水分贮存量达到田间持水量时,若继续供给水分,该土体的持水量不再增加,只能进一步湿润下层土壤。当土壤含水量达到田间持水量时,土壤/植被蒸散起初很快,而后逐渐减慢。当土壤含水量降低到一定程度后,较粗毛管悬着水出现断裂,但细小毛管仍可维持而

充满水，蒸散将明显下降，此时的土壤含水量称为毛管联系断裂含水量(毛管断裂量)。

考虑到植物生长与发育过程中植物吸收利用土壤水分的难易程度，把植物不能吸收利用的水称为无效水，把植物吸收利用的水分称为有效水。所以，通常把土壤萎蔫系数看作土壤有效水的下限，把植物根因无法吸水而发生永久萎蔫时的土壤含水量称为萎蔫系数(萎蔫点)。当然，萎蔫系数也因土壤质地、植物类型以及气候环境等不同而不同。一般把田间持水量视为土壤有效水的上限，因而，田间持水量与萎蔫系数之间的差值即土壤有效水最大含量。

此外，为了解土壤最大能容纳的水量，引出最大持水量(饱和持水量)概念，它表征了土壤能容纳的最大水量。

依据以上对土壤水分含量类型的划分，其各类型水分含量的有效性及阈值区间可用图8-1的简单模式给出。

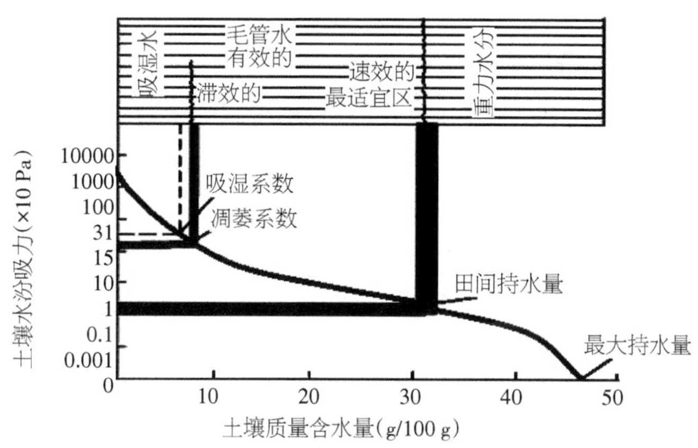

图8-1 土壤水分类型划分及有效性综合示意

二、土壤含水量的表示方法

土壤含水量是表征土壤水分状况的指标，称谓很多。主要称谓有土壤含水量、土壤含水率、土壤湿度等，但表示的含义基本一致。下面就几个含水量的表示方法逐一介绍。

质量含水量(θ_m)：指土壤水分质量与干土质量的比值。因同一地区重力加速度相同，故又称重量含水量。无量纲，有：

$$\theta_m = \frac{W_1 - W_2}{W_2} \times 100\%$$

式中：W_1为湿土质量；W_2为干土质量，系105 ℃条件下的烘干土质量；$W_1 - W_2$为土壤水分质量。

土壤容积含水量(θ_v)：单位土壤总容积中水分所占的容积分数，或称容积湿度、

土壤水的容积分数。无量纲,有:

$$\theta_v = \frac{土壤水容积}{土壤总容积} \times 100\%$$

由于水的密度近似等于1 g/cm^3,故有:

$$\theta_v = \rho \cdot \theta_m$$

式中:ρ 为土壤容重。

一般,土壤质量含水量多用于农化分析中,大多数情况下应用的是容积含水量。容积含水量也表示土壤水的深度比,即单位土壤深度内水的深度。这有利于与降水量(覆于地表的厚度)做比较。

土壤相对含水量:系指土壤含水量占田间持水量的百分数。可说明土壤毛管悬着水的饱和程度,有效性和水、气的比例。有:

$$土壤相对含水量 = \frac{土壤含水量}{田间持水量}$$

另外,土壤水贮存量也是一种表达方式,将在本章第二节中介绍。

三、土壤含水量(率)的测定

随着科技水平的发展,土壤水分含量的测定除经典的烘干法外,还有较多的观测方法。其中经典烘干法和时域反射仪的TDR法较为常用。

1.烘干法

烘干法是常用的土壤含水量测定的标准方法。测定方法:首先在田间地块选择有代表性的取样点,按所需要的深度分层用土钻取样,将所取的土样及时放入铝盒并盖好盖,及时称重(此时的质量为湿土与铝盒的共同质量,W_1)。然后在室内打开铝盒盖,置于温度控制在105～110 ℃条件下的烘箱内,烘至恒重,再称重(此时的质量为干土与铝盒的共同质量,W_2)。则土壤质量含水量可由下式计算得到:

$$\theta_m = \frac{W_1 - W_2}{W_2 - W_3} \times 100\%$$

式中:W_3 为铝盒质量。

为了最大限度地真实反映田间实际土壤水分含量,取样时应保持较多的重复(不能少于3个重复)。当得到至少3个重复样的水分贮量后再取其平均值。另外,取样时注意土钻对土壤上下的“连带”影响,及时清理“连带”来的非观测层次的土壤。

2.TDR法

TDR法也叫时域反射仪法,在国内外得到普遍的使用,它是利用土壤三相水的电磁性质而发明的。根据电磁理论,电磁脉冲在导电介质中传播时,其传播速度与介质的介电常数 ε 有关。土壤属低损耗介质,介电常数近似等于实际测得的介电常数,称为土壤表观介电常数(ε_a)。研究者通过大量试验证明,电磁脉冲在土壤中传播时,其介电常数 ε_a 与土壤容积含水量 θ_v 有很好的相关性,与土壤类型、密度等几乎无关,进而提出经验公式：

$$\theta_v = -5.3\times10^{-2} + 2.92\times10^{-2}\varepsilon_a - 5.5\times10^{-4}\varepsilon_a^2 + 4.3\times10^{-6}\varepsilon_a^3$$

由TDR系统测定电磁脉冲在波导棒中的传播时间t，计算ε_a，即可求得土壤含水量。由于θ_v与ε_a具有很好的相关性，几乎与土壤质地、温度、含盐量无关，所以可以获得较高的测量精度。

3.其他方法及比较

表8-1较为详细地介绍了烘干法、TDR法等几种水分测定的方法及其优缺点等（刘安花，2008）。此外，新的测定手段也在不断地出现。总的来说，近几十年国内外土壤水分测定仪器有了很大改善。在不断对水分物理机理认识的基础上，使得土壤水分测定方法朝着准确、快速、安全、连续、非破坏性、自动化、低成本、宽量程、少标定、易操作的方向发展。

表8-1　土壤水分测定方法比较

测定方法	基本原理	优点	缺点
烘干法	在105 ℃左右烘干土壤，计算水分占干土重的比率	直接测定土壤含水量，成本低，简单易行，准确性高	费时费力，破坏性强，不利于原位测定，取样过程会造成蒸发误差
中子水分仪法	通过记录快中子遇到与之质量相近的氢原子变为慢中子的数量来计算土壤含水量	仪器探头在一个相当大的土壤样本测定，测量值具代表性。可对原位土壤进行连续测定。不受土壤水状态影响，测定数据准确性较高。仪器价格适中	测定的慢中子数有赖于标准曲线转换成含水量，标定过程会有误差，此外，仪器有一定的放射危害
TDR法	电磁波在土壤介质中的传播速度与土壤的介电常数呈对应关系	快速、准确，可对原位土壤进行连续自动监测	测量值需要校正，仪器价格昂贵，沙石含量高时，测量数据不准
GMP管式土壤水分测试法	利用TDR原理，根据探测器发出的电磁波在不同介电常数物质中的反射不同，计算土壤含水量	可自由测量土壤等被测物的不同深度剖面含水量	探管由PVC塑料制成，易变形
γ射线法	γ射线在穿透土壤时，能量衰减程度与土壤含水量呈对应关系	快速、准确，可对土壤进行连续自动监测	测量值受土壤干容重影响大，仅适于实验室测定
张力计法	负压管的负压与土壤吸力呈对应关系	价格较便宜，操作简单，可对原位土壤长期监测	受温度影响大，在土壤含水量低时即失效。此外，负压管中的水进入土壤，会带来误差

续表8-1

测定方法	基本原理	优点	缺点
露点微伏计法	通过导电的方法测量热电偶探头温度，探头的特定温度是被测定区间水势的直线函数	能测定较低土壤水势，可对原位土壤长期监测	测量值受温度变化影响很大，土壤水分含量很高时测量误差很大
电阻法	电阻材料电阻的变化与周围土壤水势有对应关系	价格便宜	对土壤类型、盐分浓度和土壤温度敏感，测量范围随电阻块不同而各异
15 bar压力膜仪法	对含有土样的容器施加一定的压力，迫使土壤水分渗出，达到平衡时，土壤基质势与所加压力值相等，通过其他方法测量此时土壤水分含量，从而标定土壤的水分特征曲线	可以测定水分特征曲线及其滞后现象，十分适用于深入研究节水灌溉和高效施肥技术	取样过程会破坏测定点的土壤，不利于原位测定，且会造成蒸发误差
遥感法	不同含水量的土壤反射的电磁波强度不同	测量的空间范围大	只能测量地表状况，需要地面监测指标阐述处理与验证，测定结果误差较大
GPR法	电磁波在土壤中的传播速度与土壤的介电常数呈对应关系	测量的空间范围较大	只能测量地面以下几厘米的土壤，且需已定点测定数据为基础，测定的数据精度较差

第二节　土壤水分贮量及气候学计算

一、土壤贮水量

土壤贮水量(土壤水贮量)系一定面积和土层厚度的土壤中含水量的绝对数量(容纳的含水量)，以土层深度(mm)表示，广泛应用于水利、水文、农业气候、植被气候学中。其表达方式主要有2种：

1.水深(D_w)

一定厚度一定面积的土壤中所含水量相当于相同面积水层的厚度，量纲为[L]。有：

$$D_w=\theta_v\cdot h$$

或 $D_w = \rho \times H \times W_d \times 10$

式中：D_w 为土壤贮水量(mm)；θ_v 同前，为土壤容积含水量；ρ 为土壤容重(g/cm^3)；H为土壤厚度(cm)；W_d为实测的土壤质量含水率(占干土重百分比，%)；10代表把水层定为mm的转换系数。h或H为土壤厚度。可以发现，该公式计算后其土壤贮水量单位为cm或mm(较多地用mm)，这与气象中降水、蒸散等资料中常用的mm一致，方便进行直接比较。

通常情况下，土壤容重在不同土层变化较大，也就是说土壤并非均一。那么，在计算一定深度土壤贮水量时要分层计算，然后将一定深度范围的不同土壤层次厚度的含水量进行累加。如1 m厚的土体的含水量(水深)，若分层计算，有：

$$D_{w,\ 1m} = \sum_{i=1}^{n} \theta_{vi} \cdot h_i$$

式中：$D_{w,\ 1m}$ 为1 m厚度的土壤总的贮水量；n为将1 m土壤划分为含水量均一的n个层次；θ_{vi} 为第i层的土壤容积含水量；h_i 为i层的土壤厚度(cm)。

实际当中，农业气候学研究者常用到土壤有效水分贮存量。土壤有效水分贮存量(D_u)是指土壤中含有的大于凋萎湿度的水分贮量。计算公式有：

$$D_u = \rho \times H \times (W_d - W_k) \times 10$$

式中：W_d 为实测的土壤质量含水率；W_k 为凋萎湿度(用质量含水量表示)；其他意义同前。

2.绝对水体积(容量)

绝对水体积(容量)指一定面积一定厚度的土壤所含水量的体积，量纲为[L^3]。数量上可简单地用水深(贮水量)与指定的面积(如m^2、亩、hm^{2}等)的乘积表示，但要注意单位的一致性。绝对水体积与所要计算的对象的土壤面积、厚度有很大关系。

二、土壤贮水量的气候学计算

土壤贮水量的气候学计算法大体可分动力学方法、水量平衡方法及经验公式法(欧阳海，1990；刘昌明等，1999)。

动力学方法：土壤水分运动是水分动力学计算方法的依据。土壤水运动方程有：

$$\frac{\partial W}{\partial t} = \frac{\partial}{\partial z} K(P) \frac{\partial P}{\partial z} - \frac{\partial K(P)}{\partial z}$$

式中：W 为土壤体积湿度；K 为土壤水分传导系数(m/d)；P 为土壤水压(m)；z 为土壤深度(m)；土壤传导系数、土壤水压与土壤湿度有关，可在土壤物理的相关论著中查到。

水量平衡法：任一时段植物层土壤水分平衡方程有：

$$W_a = (W_H + P + M_r + M_n + \Gamma) - (E + E_t + N_r + f + N_b)$$

式中：W_a 为末期土壤层含水量；W_H 为初期土壤层含水量；P 为到达土壤表面的大气降水量；M_r 为地下水补给量；M_n 为地表水补给量；Γ 为土壤孔隙的水汽凝结量；

E 为土壤蒸发量；E_t 为植物蒸腾量和光合作用耗水量；N_r 为水渗入下层量；f 为地表径流量；N_b 为土壤层水分侧向渗漏量。

该方法计算时因地区不同，地下水补给、地表径流等视实际情况可以忽略不计。进行土壤水分贮量计算时需要初期土壤水分观测资料，还需要实际蒸散量等值，当然，实际蒸散量可在气象环境要素下通过气候分析法计算得到。

魏丽果经验公式法：魏丽果利用旬土壤水分有效含水量资料建立了经验公式法，其一般式为：

$$\Delta W = at + bP + cW_h + d$$

式中：ΔW 为旬土壤有效水分含量变化值；W_h 为旬初土壤有效含水量；t 为旬平均气温；P 为旬降水量；a、b、c、d 为经验系数。

契尔克夫经验公式法：契尔克夫采用魏丽果经验，建立如下公式：

$$W_a = at + bP + cW_h + d$$

式中：W_a 为末期土壤层有效水分贮量；其他意义同上。

拉祖莫娃经验公式法：拉祖莫娃建立的经验公式有：

$$\Delta W = aP + b\Delta D + c$$

式中：ΔW 为冬初到春季开始时土壤有效水分含量的变化量；P 为同期降水量；ΔD 为冬初土壤有效水分差，是土壤实际有效水分贮存量与田间持水量的差；a、b、c 为经验系数。

第三节　高寒草甸的土壤含水率

一、海北高寒草甸土壤含水率

1.含水率的日变化

图8-2展示了2003年1月(冬季)、4月(春季)、7月(夏季)、10月(秋季)矮嵩草草甸0～20 cm土壤水分平均日变化规律(刘安花，2008；刘安花等，2008)。

从图8-2可看到(刘安花，2008；刘安花等，2008)，4个月的土壤水分日变化趋势相同，均表现出早晚含水率较高，中午低的"U"形变化趋势。1月份土壤水分从9:00开始降低，其他3个月基本上都是从8:00开始降低，而土壤水分的上升均是从20:00开始。这一变化规律首先与温度、空气湿度、风速等气象因素的日变化相关，日间温度上升，风速增大，将加大土壤表面的蒸发速率；其次在植物生长季植物叶片气孔开度增大，导致蒸腾随之增加，使土壤水分散失严重而下降。14:00正是温度最高时期，这一时间也是夏季植物蒸腾和年内任何时候土壤蒸发的最强烈时期(其中冬季土壤蒸散主要表现为土壤的蒸发)，从而使0～20 cm日均土壤含水量达日间最低(杨福囤，1989)。

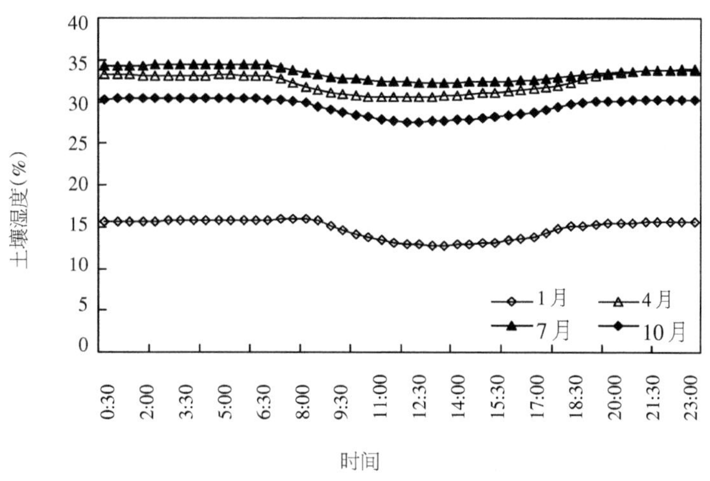

图8-2　2003年不同季节矮嵩草草甸土壤水分月平均日变化

从4个月平均日变化来看，土壤含水率7月>4月>10月>1月，表明降水量的高低直接影响土壤含水量的高低。7月正是海北站地区降雨最为丰富的时期，2003年的7月无降水日仅为5 d，月降水量为106.1 mm(占全年降水总量的近25%)，丰富的降水加上高寒草甸土壤很高的地下生物量和土壤有机质，对降水的阻滞明显，使7月土壤水分保持较高水平；4月土壤水分仅次于7月，主要是由于4月季节冻土开始消融，冻融使底层土壤水迁移到土壤表层，增大了0～20 cm的土壤湿度；10月降水急剧减少，从9月份的95.3 mm降到16.4 mm，导致土壤湿度降低，但由于土壤表面覆盖物较厚，土壤蒸发较小，另外，大部分植物停止生长，植物蒸腾下降，0～20 cm土层平均土壤湿度仍保持较高水平；1月降水稀少，大气湿度低，风速大，虽然有底层季节冻土维持，但土壤表面经长时间的蒸发，形成一定的干土层，同时由于放牧的影响，枯黄植被被家畜啃食，地表覆盖物减少，甚至裸露，土壤蒸发能力加大，使得在这4个月中1月土壤湿度最低。

图8-2还可看到，1、4、7、10月这4个月中，土壤0～20 cm平均日变化的振幅1月、4月、10月较大，而7月最小，表明在降水丰富、土壤湿度较高的时期，土壤湿度的日变化振幅减小，这点也可从不同天气状况得到证实。如在植物生长季的8月选取时间间隔较近的典型晴天和阴雨天来分析土壤水分日变化(图8-3)。

从图8-3可明显看出，不论是晴天还是阴雨天，土壤0～20 cm平均土壤湿度的日变化趋势基本一致。所不同的是，阴雨天气下，土壤湿度高，其日变化振幅小，为7%，同时日变化因降水分配不均而波动性明显。晴天状况下太阳辐射强，空气湿度低，土壤蒸散强烈，土壤水分散失量大，晴天的土壤湿度日变化明显，而且土壤湿度较低，日变化振幅大，为10%，比阴雨天日变化振幅高3个百分点。另外发现，在晴天状况下，清晨表现出较高的土壤湿度，可能是由于晴天状况下，地表及天气凝结水强，导致0～

20 cm具有较高的土壤湿度。

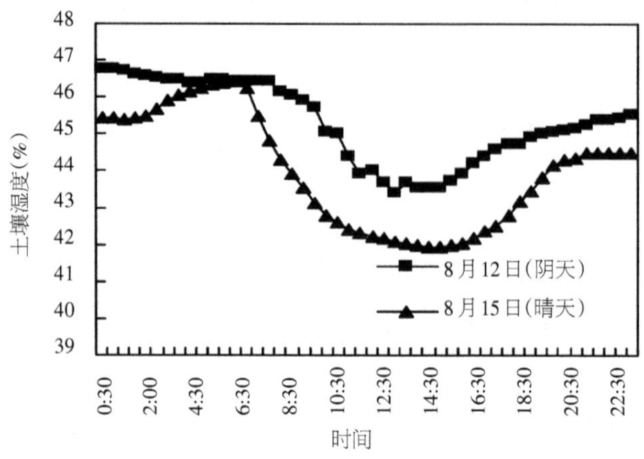

图8-3 2003年8月典型晴天与阴天的土壤湿度日变化

2.含水率的垂直变化及其各层次间的关系

分析2001年和2003年土壤水分的垂直变化情况,图8-4为2001年(贫水年)和2003年(丰水年)植物生长期(5—9月)每月20日观测的土壤水分的垂直变化情况。可以看出,2001年和2003年垂直变化总体趋势基本一致,即随土层深度的增加,土壤水分逐渐降低。但在不同垂直深度,不同年份土壤含水量表现不尽相同。不论是贫水年,还是丰水年,0～20 cm层次土壤含水量均变化剧烈,随着深度的增加,土壤含水量迅速降低,贫水年降低程度高于丰水年。从20 cm到60 cm,土壤含水量均持续降低,贫水年下降程度更明显。就不同深度土壤含水量而言,贫水年土壤含水量明显低于同层次丰水年,这也印证了土壤水分与自然降水的正相关关系。从不同时间土壤垂直变化曲线的紧凑性上也可以看出,2001年各月土壤水分的垂直变化较小,而2003年同一深度不同月份土壤含水量差异较大。导致这些差异的主要原因是降水量的明显不同,此外,与植物生长过程中植物根系的吸水性、滞水性、水分蒸散等也有很大的联系。

高寒草甸植被根系主要分布在0～20 cm,该层植物根系所占比例最大,也是土壤水分最为丰富的一层,这一层土壤含水量直接影响着植物的生长发育。虽然0～20 cm层面蒸散量大,但大气降水可直接快速地补给该层,同时该层也可得到下层土壤水分的补给。可以看出,高寒草甸土壤表层水分既受到降水量、气温、下层土壤水分补给等环境因素的影响,又受到植被枯落物、根系吸收作用等植物因素的综合影响。因此,该层土壤含水量波动情况是整个垂直剖面中最大的一个。20～40 cm为根系微利用层,该层土壤含水量对植物生长也有一定的影响,当上层土壤水分不足时,该层的土壤水分通过毛管作用可上升到上层土壤。该层土壤含水量受大气降水的影响较小,同时40～60 cm土层含水量进一步减少,无法向上补给,加之地下水位较深,水分补给困难。因此,20～40 cm层面土壤含水量较低。也正是由于这些原因,该层土壤水分的波动最小。40～60 cm层面土壤含水量较低,又无地下水补给。同时,植被根系无法吸收该层的土壤水分,因在干旱季节,为上层土壤提供水分也十分有限。因此,40～60 cm层面土壤含水量随深度不断降低。值得注意的是,40～60 cm层面土壤水分也主要靠降水补给,其波动也较大。

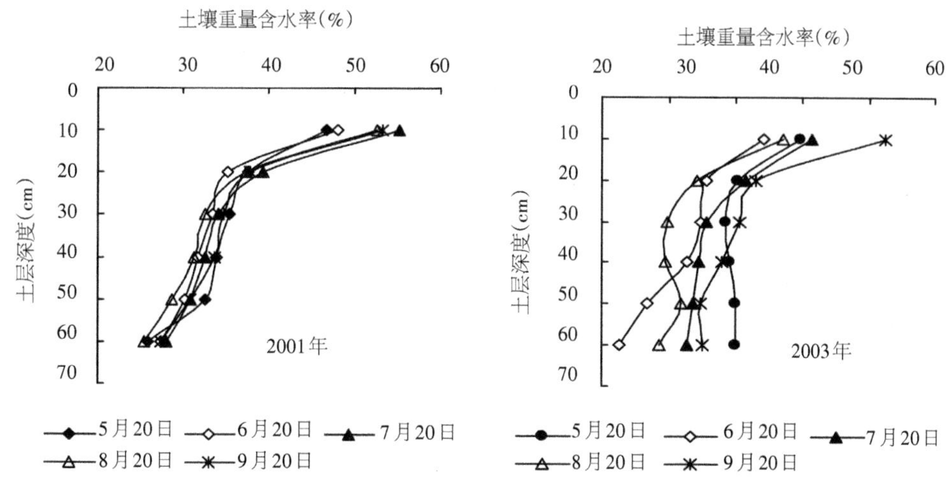

图8-4 2001年与2003年嵩草草甸土壤水分垂直变化

采用多元统计分析中的相关分析法对不同降水水平年(表8-2)的各层土壤湿度之间的相关性进行分析(表8-3),结果表明,无论是少水年还是多水年高寒草甸各土壤层土壤湿度的相关趋势均为:表层土壤含水率与中层土壤含水率的关系密切,与深层土壤含水率的相关性次之,这说明中层土壤水主要源自表层渗流,而降水产生的表层渗流则只有小部分直接到达深层土壤,中层土壤水与表层土壤水的相互转化要比中层土壤水与深层土壤水的相互转化更为活跃;深层土壤含水率与中层土壤含水率的相关系数大于与表层土壤含水率的相关系数,说明深层土壤水主要来自中层土壤水的二次渗流,其消耗也要经过中层土壤水;中层土壤含水率与表层土壤含水率的相关系数要小于与深层土壤含水率的相关性系数,这是由于中层土壤水的补给来自表层土壤水下渗和深层土壤水向上的消耗,而深层土壤水主要来自中层土壤水的下渗。

表8-2 高寒草甸2001—2007年及多年平均(1980—2001年)降水量比较

年份	2001年	2002年	2003年	2004年	2005年	2006年	2007年	多年平均
降水量(mm)	326.1	447.0	545.8	528.7	407.9	560.8	480.6	560.0

表8-3 不同降水水平年各层土壤含水率之间的相关关系系数表

年份	项目		土壤湿度		
			0～20 cm	20～40 cm	40～60 cm
2001年	土壤层次	0～20 cm	1	0.564	0.427
		20～40 cm	0.565	1	0.805
		40～60 cm	0.427	0.805	1
2003年	土壤层次	0～20 cm	1	0.590	0.427
		20～40 cm	0.590	1	0.749
		40～60 cm	0.427	0.749	1

3.土壤含水率的季节变化与降水补给关系

海北高寒草甸地下水有上层、中层和下层水(图8-5a),中层以下的水位较深,基本在9.0 m以下,且年内变化平稳。上层水上限在土壤表层以下2.6 m处,埋深3.5 m左右。水面离地面距离受地表水渗漏影响显著,具有显著的季节变化(图8-5b)。夏季降水丰富时补给明显,地下水位抬升,冬季降水减少、土壤冻结后地下水位下降明显。虽然图8-5a显示表土层达2.6 m,实际上并非如此,一般该层次上层土壤为60～80 cm,以下到2.6 m之间是以沙壤土或以微小砾石与土混合组成的结构。这些结构中小砾石所占比例很高,加之矮嵩草草甸植物根系多分布在0～20 cm(王启基等,1998),较深层土壤毛管数量少,导致地下水对土壤水分的补给量极低,故地下水对矮嵩草草甸土壤水的补给可忽略不计。因此,自然降水是土壤水的主要来源,当然还有凝结水的补给(见第二章)。然而,由于年份不同,受大气环流振荡的不同影响,各年间降水量分布差异较大,进而造成不同年份土壤含水量差异较大。

图8-6为2001年到2005年植物生长季(5—9月)0～60 cm月平均土壤含水量与同期降水量的相关关系。可以看到,年平均土壤含水量与同期降水量呈正相关关系。说明在海北高寒草甸地区5—9月降水量决定了这一期间0～60 cm月平均土壤含水量的高低。

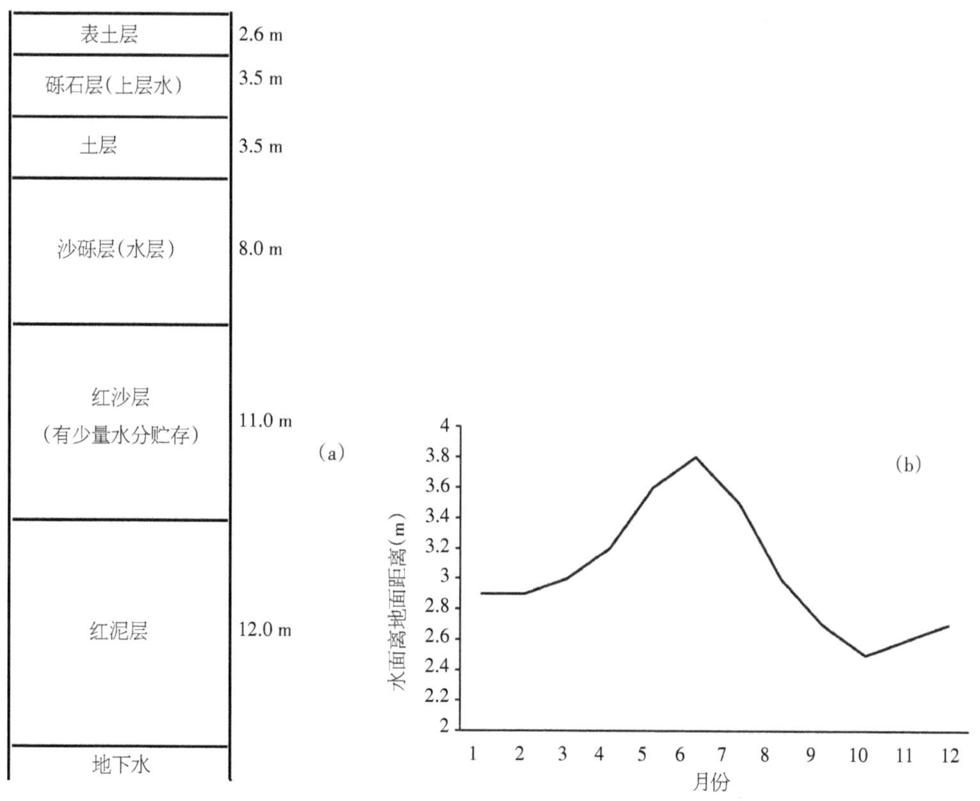

图8-5　海北高寒草甸土壤地下水分布结构及表层水的季节变化

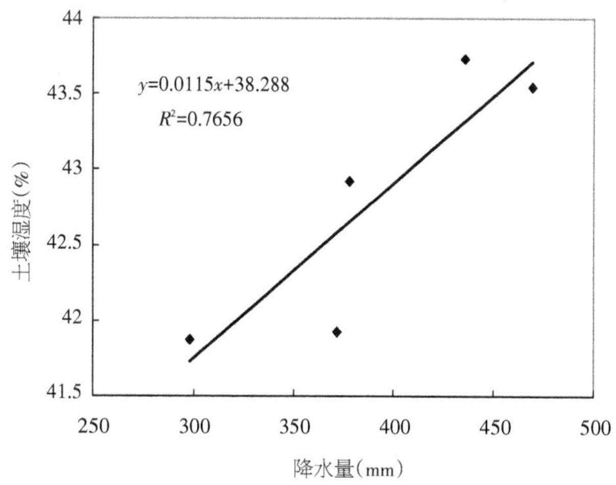

图8-6　2001—2005年植物生长季（5—9月）0～60 cm土壤水分与降水量的关系

海北高寒草甸地区降水量分布总的趋势是植物生长季高，冷季少，5—9月降水量占到年降水量的79%，而冷季10月到翌年4月仅占年降水量的21%，特别是寒冷的11月到次年3月，降水量仅占年降水量的4%。而且，年际间降水的旬变化差异也显著，最高和最低旬降水量出现的时间有所不同。也正是由于不同年降水量及年内降水分布时间的差异,导致不同年际间土壤含水量存在较大差异。

图8-7为2001年(贫水年)和2003年(丰水年)植物生长期(5—9月)降水量的旬变化状况。可以看出,2001年和2003年植物生长季前中期(5—7月上旬)降水量均较低,植物生长季中后期(7月中旬至9月上旬)降水量明显提高且波动加剧。

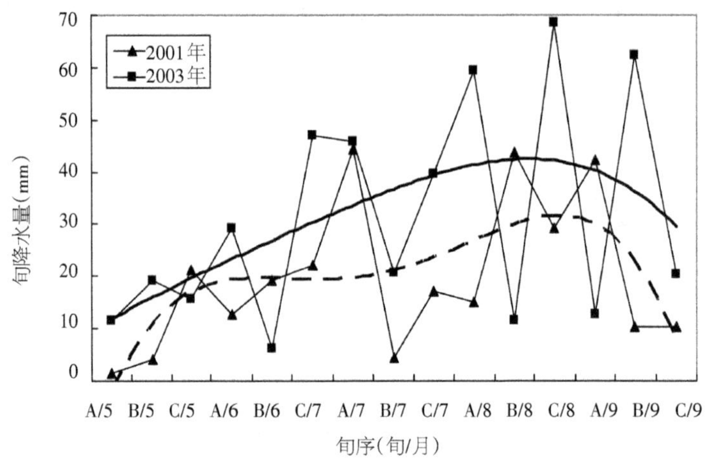

A、B、C分别代表上、中、下旬

图8-7 2001年和2003年植物生长期(5—9月)海北站降水分布

图8-8为2001年和2003年植物生长期海北高寒矮嵩草草甸区0～30 cm和0～60 cm平均土壤含水量的季节变化。可以看出,不论是0～30 cm还是0～60 cm,其土壤含水量随时间的变化基本表现出上升一下降一波动变化一再上升的趋势。除个别时间外,丰水年(2003年)土壤含水量均高于贫水年(2001年),结合图8-7可以看出,高寒草甸土壤含水量的大小直接取决于降水量。

通常,土壤水分的季节变化可划分为消耗期、积累期、消退期和稳定期等四个时段(鲍新奎等,1994;鲍新奎等,1993)。对土壤水分的垂直分布主要用两种方法进行划分:一种是从可利用状况对土壤水分层次进行划分,一般分为弱利用层(0～10 cm)、利用层(10～60 cm)和调节层(60 cm以下)等;另一种是以土壤水分变化程度(常以变异系数或标准差表示)作为主要指标,可根据土壤水分变化特性将土壤水分划分为土壤湿度活跃层、活动层,或划分为速变层、活跃层、次活跃层、稳定层等,但这种划分在高寒草甸地区略存在差异。

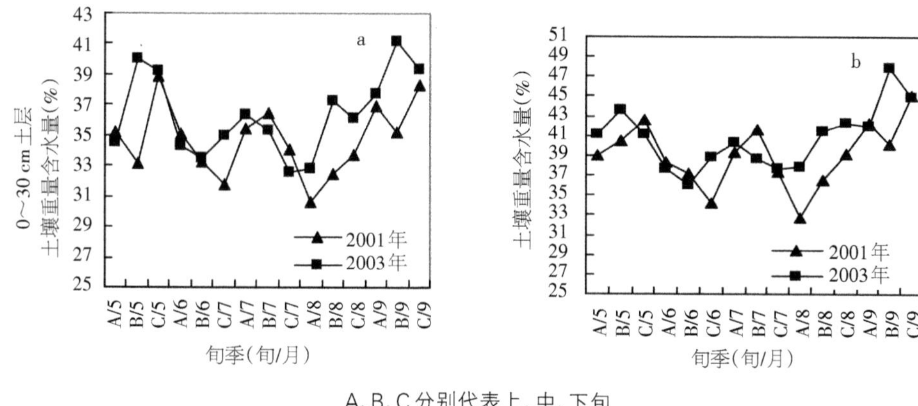

A、B、C分别代表上、中、下旬

图8-8 2001年和2003年植物生长期5—9月0～60 cm与0～30 cm土壤水分的旬变化

植物开始生长阶段(4月末到5月初),尽管最低气温常处于0 ℃以下,但气温已开始逐渐回升,季节冻土随天气转暖从地表向深层逐渐融化,底层土壤冻结层水分将在土壤温度梯度作用下源源不断地补充到上层土壤,30～60 cm以下冻结层仍然维持且阻隔了水分的下渗。同时,此时植物刚刚进入萌动发芽阶段,植被叶面积很小,蒸腾较低。由于气温较低,土壤水分蒸发也十分有限。因此,在这一阶段融冻水提高了土壤水分。植物返青期(5月中下旬到6月末),气温逐渐升高,融冻土层增厚,融冻水补给上层土壤水的能力逐渐下降。虽然这一阶段降水有所增加,但由于植物从返青阶段进入旺盛生长初期,土壤蒸发及植被蒸腾明显增加,土壤水分散失严重,综合作用造成这一时期土壤含水量下降明显。植物生长旺盛期(7月初到8月低),气温达到年内最高水平,土壤季节冻结层完全融化,表层土壤水分可以向深层土壤入渗。此外,植物生长加快,叶面积增大,植物蒸腾明显提高。尽管此时降水量达到最高水平,但降水对土壤水分的输入小于植被蒸散消耗,其间土壤水分依大气降水变化而变化,波动明显,而且有所下降。至植物生长末期(9月),大部分植物停止生长,植物枯黄或倒伏,增大了土壤表面的密闭性,植物蒸腾和土壤蒸发明显下降。同时,这一时期温度下降,土壤出现冻结现象,冻结过程使土壤水分稳定聚集。因此,尽管9月末降雨逐渐减少,但土壤含水量逐步增多。整个植物生长季土壤含水量与降水量呈明显的正相关,且波动周期随降水间隔增宽而延长。因此,按照土壤水分这一季节变化特征,高寒草甸可分为春季水分补给期、夏季波动消耗期和冬季冻结水分稳定聚集期。

上述分析表明,高寒草甸土壤湿度的日变化具有较明显的规律,表现出早晚高、中午低的特点。1月份土壤水分从9:00开始降低,而其他三个月基本上都是从8:00开始降低,而土壤水分的上升均是从20:00开始。1、4、7、10月这4个月的日均土壤水分最低点均出现在14:00左右。这4个月中,1月土壤含水率明显低于其他月份,其他月份的含水率大小依次是10月<4月<7月,这主要受降水的影响,其次与土壤季节冻

土的融冻有关。就植物的生长季来看,在少降水年的2001年和平降水年的2003年土壤湿度在植物生长季的变化基本一致,只是因降水减少以致土壤湿度降低,另外,随旬降水分布的不同,有个别旬土壤湿度有一定差异。植物生长季土壤湿度的变化与植物生长、土壤消融与冻结、气候条件等有很大的联系。少降水年的2001年和平降水年的2003年土壤湿度在垂直变化上也基本一致,但由于降水量的多寡,导致各个土层2003年的波动要大于2001年的,少降水年的2001年不同月份土壤湿度的垂直变化基本一致,但在平降水年的2003年,月际之间差异较2001年明显。根据植物根系对土壤水分利用情况对土壤水分进行垂直分层,可将高寒草甸土壤水分分为根系利用层和根系微利用层。

4.土壤含水率的年际变化

不同气候年景,因受降水、蒸散以及其他环境因素的影响,土壤含水量因地因时不断发生变化,就是同一地点不同时间、相同时间不同年份等其土壤水分含量亦有很大的不同,是一个动态的随机变化过程。如我们观测和收集到的海北高寒草甸(0~60 cm土层)和三江源甘德高寒草甸地区(0~50 cm土层)5月底、8月底、5—8月平均状况就能说明这一点(图8-9)。此外,不同地区、不同时间土壤水分含量变化明显,而且年际间变化的差异主要取决于降水多少,受气象干旱和湿润影响显著,与降水量的变化呈现显著的关系(第五章)。统计甘德1992-2004年13年间和海北1991-1993年、2001-2005年的5-8月的平均含水量表明,甘德高寒草甸地区0~50 cm土层多年平均含水量为19.22%,海北高寒草甸地区为36.13%。海北地区较甘德地区高,主要与土壤结构有关,前者为沙壤土质,后者为壤土结构。

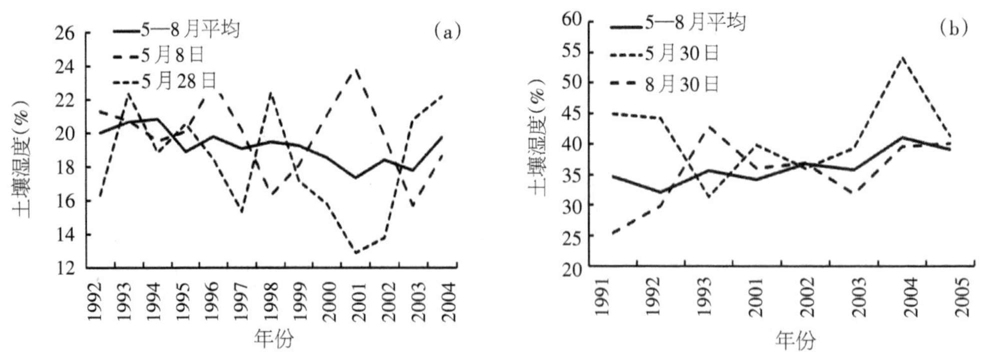

图8-9 海北和三江源甘德高寒草甸地区土壤湿度年际变化

二、三江源甘德高寒草甸土壤含水率

鲍新奎和李英年(1994)曾利用三江源区甘德县牧业试验站土壤水分观测资料,分析了土壤含水率的变化规律,并进行了预测模拟。

1.土壤水分季节变化

甘德高寒草甸地区地表解冻至冻结的4月18日至10月8日期间，0～50 cm土壤湿度5年平均为18.85%（占绝对干土重），比海北高寒草甸地区土壤的37.78%低18.93个百分点；其中6月8日最高，平均为23.20%，9月28日最低，平均为16.63%，分别比寒毡土同一时期低23.52和2.34个百分点。

在5年的每个观测日内，因降水补给和蒸散损失的差异，湿度起伏明显，但其季节变化均呈相似的“W”形，因而文中以不同年份同一日期的湿度平均值为对象，讨论其变化规律发现，0～50 cm土体的平均含水率在年内不同季节出现两个极高值和两个极低值（图8-10）。

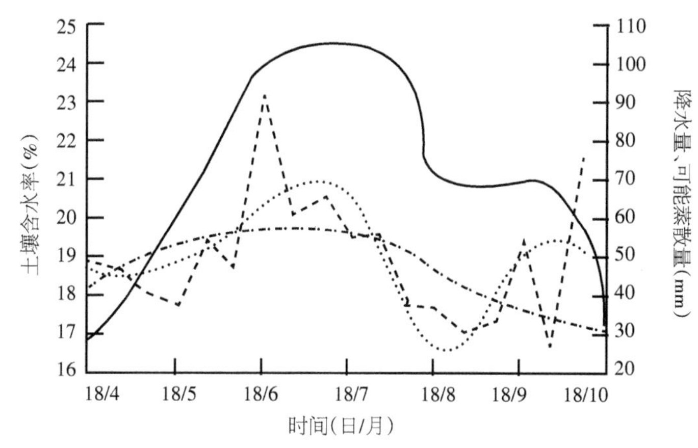

图8-10　甘德高寒草甸0～50 cm土壤含水率的季节变化

极高值分别出现在6月下旬和冷季土壤冻结期，而极低值出现在5月上旬和9月下旬。根据湿度的季节变化特征，对实测数据5年平均值用谐波分析法进行拟合，结果如下：

$$M' = 18.9556 - 0.5098\cos\omega(T-1) + 0.6237\cos 2\omega(T-1) + 0.4711\cos 3\omega(T-1)$$
$$+0.9618\sin\omega(T-1) - 1.0356\sin 2\omega(T-1) - 0.1694\sin 3\omega(T-1)$$

式中：M'为土壤水分含量（占干土重的%）的模拟值；由于土壤水分变化具有很好的周期性，因而谐波数取3项；$\omega = \dfrac{2\pi}{n}$为基频；n为18（也是全期内所观测的次数）；t为时序，4月18日为0，4月28日为1……10月8日为18。

对拟合方程进行显著性检验，相关指数R=0.6221，F检验计算值为10.0997。拟合结果的动态变化见图8-10。

从图8-10看到，湿度随季节推进表现为4个时期，即水分消耗期、水分补偿期、水分波动散失期和冷季土壤冻结水分稳定聚集期。

水分消耗期：从土壤开始解冻的4月上中旬至牧草开始返青的5月上旬，历时约3旬。土壤由稳定冻结开始自上而下融化。地表植被受冬季放牧及多风天气影响而消失，地面近似裸露，白天吸收太阳辐射而迅速升温，中午前后可达28 ℃左右，晴天微风下可超过35 ℃，夜间地表长波辐射冷却极为强烈，土温急剧下降，最低温度可达-10 ℃以下，表土温度日较差为年内最大，处于日消夜冻状态，下层冻土仍保持，但其上限因消融而下降。融冰水从冻结层表面上升补给融化层。此期大气降水少，平均仅30.36 mm，但同期下垫面最大可能蒸散量达44.79 mm（用Penman法计算超过100 mm），远大于同期降水，这造成土壤剧烈蒸发失水，结果5月中旬0～50 cm平均湿度比解冻初期（4月18日）低1.14个百分点，下降了6%，是年内第2个低值期。

水分补偿期：从5月中旬牧草返青开始到6月下旬牧草生长初期，历时5旬。该期气温逐渐升高，日均气温稳定通过≥3 ℃，融冻土层增厚，冻土层出现于50～90 cm，降水量明显增多，但降水强度不大，地表径流不发育，降水下渗保蓄于土体中。牧草普遍返青，进入旺盛生长的初期阶段，地表有一定的植被覆盖，由于植被的缓冲作用，表土温度昼夜变化不如前期剧烈，地表蒸发有所下降，此时牧草幼小，叶面积不大，蒸腾量较小。下垫面最大可能蒸散量约为91.44 mm（充分湿润面蒸发潜力约为189 mm），比大气降水量150.56 mm少59 mm左右，深层冻土仍维持，这不但阻碍融冻水的渗漏损失，且使其通过毛管引力补给土体。此时土壤湿度最高，0～50 cm平均湿度自5月中旬的17.68%到6月下旬增至23.20%，上升5.52个百分点，提高了31%。

水分波动散失期：从7月上旬到9月下旬，历时9旬。期内气温全年最高，旬平均气温7.03 ℃，日均气温稳定通过5 ℃，7月平均气温8.89 ℃。降水最丰沛，平均为207.34 mm，但受下垫面性质影响，热力作用下大气层结不稳定，对流旺盛，降水的时间分布不均衡，强度大，雷阵雨频繁，地表径流发育。此时下垫面最大可能蒸散量为140.59 mm，充分湿润面的蒸发潜力达306.99 mm，又逢植被生长旺盛期，叶面积达最大值，植物耗水最多，特别是7—8月中旬蒸腾量极大，土壤蒸散强烈，虽有降水补充，但仍入不敷出，湿度波动下降，如遇降水过程时间长、水量大时，湿度迅速上升，入渗深度可超过50 cm土体，而遇数日无降水天气，含水量便迅速下降，呈强烈的波动性，且此波动周期随降水间隔增宽而延长，其峰值亦因每次降水量的递降而减小。0～50 cm平均湿度从6月28日的23.20%降至9月下旬的16.63%，减少6.57个百分点，各土层湿度均出现年内最小值。

冷季土壤冻结水分稳定聚集期：从10月上旬地表出现明显冻结至翌年土壤解冻的4月上旬（3月下旬）止，约19旬。期内气温低，旬平均气温-8.67 ℃，1月平均-14.79 ℃，日平均在10月下旬起降到0 ℃以下，≤-10 ℃的天数＞90天，≤-20 ℃的天数约20天，日绝对最低温常出现-30 ℃的低温；降水极少，19旬内仅77.30 mm，占年降水量的15.32%，旬平均仅4.07 mm。期内植被盖度逐渐降低，牧草枯黄，凋落物增多，蒸腾趋于停止。10月初西太平洋副热带高压东撤南退，蒙古冷高压建立但仍弱小，大气层结稳定，降水虽较前下降，但仍达36.58 mm，且多以雨夹雪的细雨为主，下渗充分，加之凋落物的覆盖，蒸发较小。至11月初，地温下降，表土出现稳定冻结，冻层自上向下延伸。在结冻过程中，土壤水分从下部相对暖和的底土向表层冻土转移聚集，并结成冰晶，随冰晶"长大"，含水量提高。稳定冻结后，蒸散仅在地面以冰的升华形式发生，耗水近于停止，土体湿度稳定。因而冷季成了土体湿度较高、变化较小的稳定期，固态水是此时贮水的主要形态，至来年地温回升，地表解冻，水分散失强度才有增加。冷季蓄水给来年牧草正常发芽返青生长提供了良好墒情，而冰晶融化是土壤水分的主要补给源，这是春季降水少而寒冻毡土区域不发生春旱的根本原因。

2.土壤水分的空间分布

自然状况下，土壤湿度的高低及其变化取决于水分补给与消耗间的数量对比及改变过程，寒冻毡土各层次湿度的变化如图8-11所示。

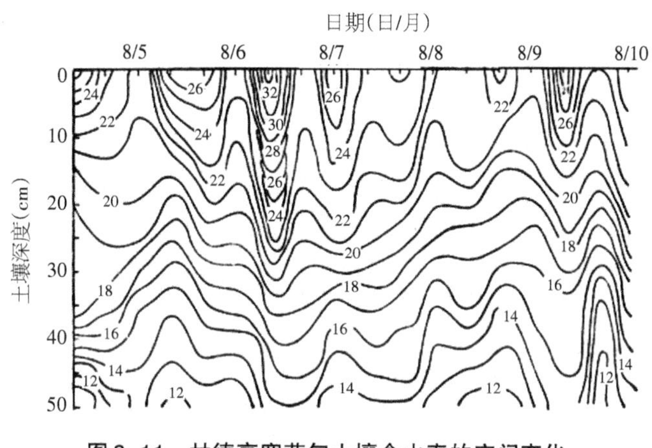

图8-11 甘德高寒草甸土壤含水率的空间变化

图8-11说明，因土层的空间位置不同，其湿度高低及季节变化形式均不同，主要表现有下列特征：

1)剖面湿度的垂直变化：降水持续时间及雨量差异是影响不同深度含水量变化的直接因素，雨量愈大，持续时间愈长，湿度变化的影响深度就愈大。图8-11湿度等值线说明，无论是不同的水分时期或整个生育期，不同土层的平均湿度不同，变化幅度亦不同。表土0～10 cm的5年平均湿度为23.67%，绝对湿度最高达39.40%（1987年6月日28日），绝对湿度最低达12.74%（1987年9月8日），变幅达26.67个百分点；底土40～50 cm平均湿度为13.92%，比表层低9.57个百分点，绝对湿度最高达20.20%（1989年5月18日），绝对湿度最低达6.7%（1989年8月29日），分别相当于表层的一半左右，变幅也仅13.5个百分点（表8-4）。

不同土层平均湿度（M）随深度（H）增加而下降，这种变化规律可用直线方程描述。

全生育期：$M = 25.11 - 0.25H$，$n = 5$，$R = -0.9991$，$P < 0.001$

融冻失水期：$M = 23.245 - 0.173H$，$n = 5$，$R = -0.9931$，$P < 0.001$

水分补充期：$M = 26.895 - 0.287H$，$n = 5$，$R = -0.9987$，$P < 0.001$

水分波动期：$M = 24.025 - 0.221H$，$n = 5$，$R = -0.9947$，$P < 0.001$

土壤冻结初期：$M = 24.680 - 0.264H$，$n = 5$，$R = -0.9889$，$P < 0.005$

表8-4　高寒草甸不同土层平均含水量

时期	项目	土层(cm)				
		0～10	10～20	20～30	30～40	40～50
土壤解冻期	平均湿度(%)±标准差	22.7±1.6	20.2±0.8	18.8±0.6	17.5±2.4	15.4±4.0
	最大含水量(%)	24.3	20.7	19.2	19.9	19.9
	最小含水量(%)	21.2	19.2	18.1	15.1	12.3
	极差	2.1	1.5	1.1	4.8	7.6
水分补充期	平均湿度(%)±标准差	25.4±3.9	22.8±2.6	19.7±1.9	16.5±1.7	14.2±1.6
	最大含水量(%)	32.0	27.1	22.7	18.3	15.9
	最小含水量(%)	22.1	21.4	17.1	14.2	12.5
	极差	9.9	5.7	5.6	4.1	3.4
水分波动期	平均湿度(%)±标准差	22.6±1.9	21.2±1.6	18.6±1.6	15.9±1.0	14.2±1.1
	最大含水量(%)	26.0	23.8	21.4	17.3	15.7
	最小含水量(%)	21.1	19.0	16.8	14.1	12.4
	极差	4.9	4.8	4.6	3.2	3.3
土壤冻结期	平均湿度(%)±标准差	22.9±1.4	21.4±1.7	18.4±2.7	14.6±2.5	13.1±1.9
	最大含水量(%)	23.9	22.6	20.3	16.3	14.4
	最小含水量(%)	21.9	20.2	16.5	12.8	11.6
	极差	2.0	2.4	3.8	3.5	2.8
生育期平均	平均湿度(%)±标准差	23.7±2.6	21.6±1.9	18.9±1.7	16.2±1.7	13.9±1.3
	最大含水量(%)	39.4	30.0	27.7	23.7	20.2
	最小含水量(%)	12.7	14.2	11.8	9.3	6.7
	极差	26.7	15.8	15.9	14.4	13.5

平均湿度随深度增加而下降的变化规律，与湿度受地下水制约的土壤不同，说明寒冻毡土的湿度变化不受地下水影响，其水分补给主要依赖降水。湿度具有随降水的年间变化及季节改变而起伏的特征。各方程斜率差异表明，不同时期湿度梯度不同，其中，水分补给期最大，冻结初期次之，融冻期最小。这与不同时期水分的补给和蒸散对比有关，也受土体内水分再分配影响。水分补充期，降水＞蒸散，但雨量不大，影响深度有限，表土水分获得补充，下部土层低湿度没有改变，故湿度梯度较大；结冻初期表土受冷凝水补充，尤其下部土层水分向表层冻土迁移，湿度梯度也较大；融冻期冰晶融化，湿度上升，但表土蒸散强烈，故湿度梯度最小。

从表8-4还看到，不但平均湿度随土层深度增加而减小，且不同土层的最大含水量、最小含水量和极差都呈相似的变化规律，这无疑与土层结构、土壤有机质的数量变化所引起的持水能力差异有关。

不同土层的湿度波动范围和方式不同。在生育期内最大湿度为39.4%，出现于表层，而最小含水量(6.7%)出现于底土，相差32.7个百分点。表示变异的标准差、极差通常都是上层＞下层，说明表土湿度变化剧烈而底土相对稳定，这与表土受降水、蒸散影响强烈有关。但土壤融冻期不同，0～30 cm与上述规律一致，但30～50 cm的标准差、极差较大，这与测定时0～30 cm已完全解冻，而30～50 cm处于解冻期前后有关。

2)不同土层湿度的季节变化：剖面各土层湿度5年平均值的季节变化及谐波分析模拟结果如图8-12和表8-5。

不同土层各年的湿度均具相似的“W”形变化，年内出现两个明显的低值，第一个在5月中上旬土体解冻时，此时雨季尚未来临，因可能蒸散量是降水的2.5～3倍，地表蒸散强烈而出现；但年内最小湿度常在8月下旬或9月上旬出现，此时雨季结束而温度尚高，干燥度＞3.0，蒸散旺盛而产生。湿度高峰出现在解冻初期(受融冻水制约)及冻结期(受水分再分配影响)，而最大值出现在6月下旬，这与此时降水已增多，而植被盖度正在扩展，蒸散损失尚小有关。

降水渗入土壤后，并不完全停滞在表层，在重力和吸力影响下由表层湿土向下部干土移动，因而不同土层湿度的峰、谷出现的时间并不一致，滞后时间因土层位置而异，一般40～50 cm滞后0～10 cm 1～2旬。

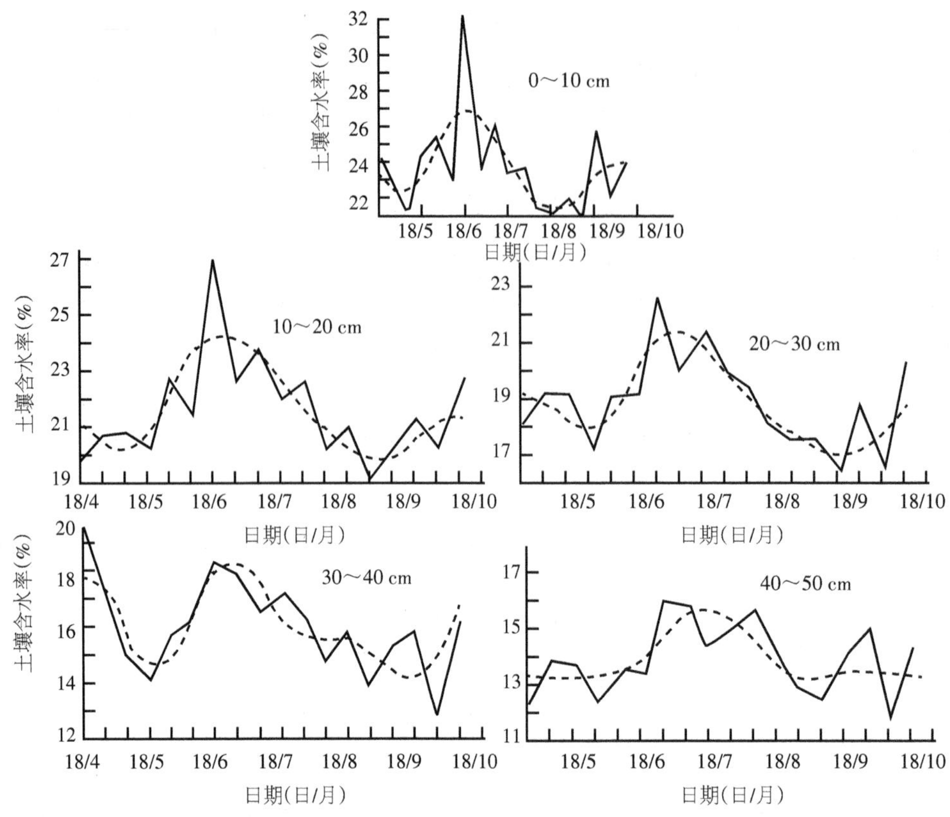

图8-12 甘德高寒草甸不同土层土壤含水率实测值与模拟值季节变化(——实测含水率;------模拟含水率)

表8-5 高寒草甸土壤不同土层水分季节变化谐波分析

土层	谐波方程及有关系数							相关指数	F检验值
	$M=M_0+\sum_{k=1}^{8}\left(a_k\cos k\omega(T-1)+b_k\sin k\omega(T-1)\right)$								
	M_0	a_1	a_2	a_3	b_1	b_2	b_3		
0～10 cm	23.6728	−0.5184	−0.0729	0.2500	1.5871	−1.6022	−0.3021	0.6532	11.9060
10～20 cm	21.5472	−1.0555	0.2501	0.2683	1.2602	−1.0984	−0.2723	0.7796	24.7915
20～30 cm	18.9011	−0.8182	0.7211	0.3878	1.2250	−0.7768	0.0981	0.8103	30.5965
30～40 cm	16.1839	−0.2980	−0.9656	1.0139	0.7774	−0.4805	0.4070	0.7600	21.8830
40～50 cm	13.9189	−0.9079	0.3974	−0.1111	0.3465	−0.5148	0.1867	0.6761	13.4751

3.水分控制层段的湿度变化

为根据气候数据估测土壤水分状况，美国土壤系统分类中提出水分控制层段的概念，并认为细壤质、粉沙质或黏质的水分控制层段为10～30 cm，粗壤质的深度在20～40 cm。依土壤普查资料，寒冻毡土不同层次的质地在沙质壤土至壤质黏土间，故水分控制层段在10～30或20～40 cm。植物生育期内，其平均湿度及谐波方程的拟合结果如下(图8-13)：

其中，10～30 cm的模拟方程为：

$$M = 20.2867 - 1.0310\cos\omega(T-1) + 0.5161\cos 2\omega(T-1) + 0.3978\cos 3\omega(T-1) + 1.3226\sin\omega(T-1) - 1.0563\sin 2\omega(T-1) - 0.0212\sin 3\omega(T-1)$$

(R=0.9802，F=98.0284，n=18)

20～40 cm的模拟方程为：

$$M = 17.5689 - 0.5148\cos\omega(T-1) + 0.8540\cos 2\omega(T-1) + 0.6711\cos 3\omega(T-1) + 1.0384\sin\omega(T-1) - 0.5763\sin 2\omega(T-1) - 0.3002\sin 3\omega(T-1)$$

(R=0.9802，F=98.0072，n=18)

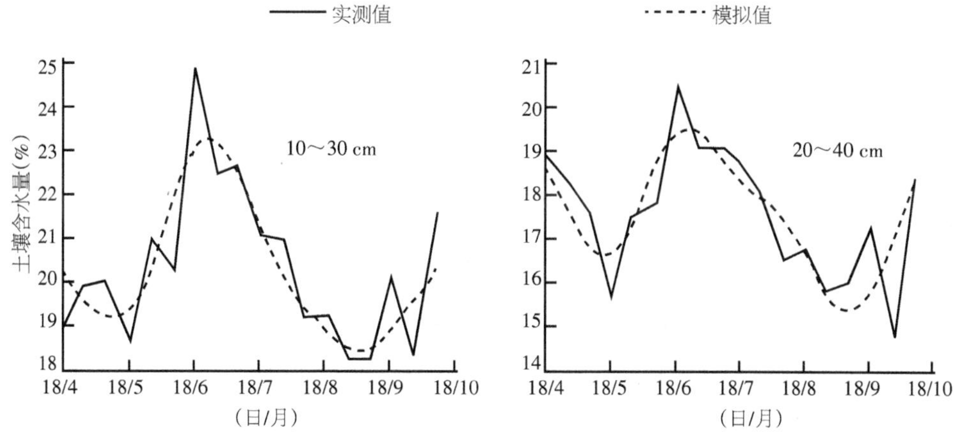

图8-13　甘德高寒草甸土壤水分控制层段含水率的季节变化

图8-13指出，测定期内控制层段的湿度变化亦呈“W”形。在5年观测中，不同土层的最低湿度及其出现时间略有差异，20～30 cm最低湿度为11.8%(1987年9月8日)，而20～30 cm为9.3%(1987年9月28日)，持续时间均不足1旬。青藏高原植物凋萎湿度约3%，而我们测定的值约6%或10%(矮嵩草或燕麦)。由此可知，在5年观测期内水分控制层段全部或部分呈现干燥的累计时间远小于90天，甚至不出现。由此判定，寒冻毡土为湿润水分状况。

三、海北不同地形部位土壤含水率

鲍新奎和李英年(1993)也曾对海北站地区不同地形部位(山地阳坡、阴坡和平缓滩地)的土壤含水率进行过观测分析。其中,山地阴坡为金露梅灌丛草甸,山地阳坡和平缓滩地为矮嵩草草甸(阳坡稍带有草甸化草原特征)。其结果如下:

1.土壤水分的特征及季节变化

现将1991年植物生长期(5-9月)内不同地形条件下的土壤含水量百分率的动态变化资料绘如图8-14。

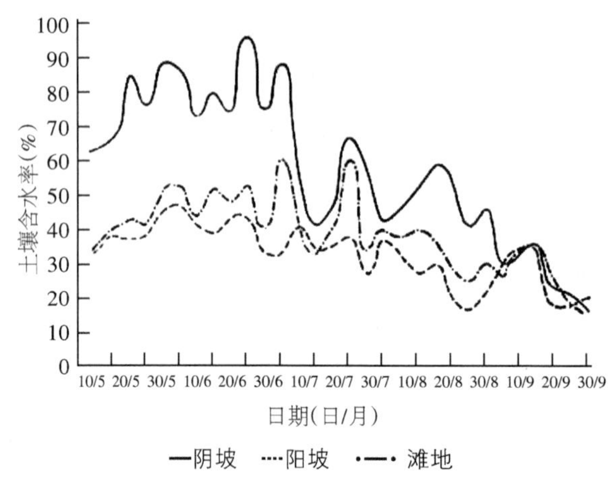

图8-14 海北高寒草甸不同地形部位0～60 cm土壤含水率季节变化

由图8-14可知,高寒草甸土壤在植物生育期内整个土体的含水量都较黄土区各土类高,甚至高于西藏河谷地区的农业土壤和东北地区的黑土。其中,发育于阴坡高寒灌丛植被下的普通土壤最高,生育期内土壤平均含水量达56.9%,地表苔藓植毡层最高达178.6%;平缓滩地高寒草甸植被下的钙积寒毡土次之,平均为37.8%,草皮层最高达81.1%;而处于阳坡的土壤最低,平均为31.9%。然而它们总的变化趋势相近。在植物返青至枯黄期内可分成三个时期,全年可分成四个时期,即植物返青的融湿期、雨季植物旺盛生长的水分波动期、雨季后植物枯黄期间的失墒期和冬季冻结过程中土壤剖面内水分重新分配的聚墒期。

(1)植物返青的融湿期:由于地形条件对热量再分配作用的影响,融湿期出现的早晚、持续时间的长短有所不同。一般阳坡出现较早,约4月中下旬,持续时间较短;阴坡出现较迟,约5月中下旬,但持续时间较长;而滩地处于两者之间,约5月上中旬。融湿期内,气候干燥,降水稀少,依Penman经验公式计算,此时干燥度平均为1.61,而1991年4—5月平均为1.83。但在土壤解冻期,融冰水既不能通过冻层下渗,蒸发损失又不多,融化层含水量很高,为年内湿度最高或次高时期。就地形条件而言,阴坡明显高于阳坡,滩地处于两者之间,但接近阳坡。

(2)植物旺盛生长的水分波动期:6—8月是雨季,降水集中且充沛,温度高,植物生长旺盛。据10年气象记录,此时干燥度为0.91～0.97,多年平均值为0.93,由此可知，这时期土壤水分以下渗为主，淋溶强烈。但此时期土壤水分状况变化剧烈，在降雨期间，尤其连续降雨时，土壤含水量高，且以重力水形式下渗至底土；但如几日不降雨，土壤含水量很快降低，波动变化强烈，如阳坡0～60 cm土壤平均含水量最高可达43%，而最低时仅15.6%。阴坡土壤含水率最低时仍高达40%以上，但由于最高含水量很高，变化幅度仍然很大，如7月上旬前后以晴天为主，土壤湿度从74.4%骤降至40.6%。滩地处于两者之间，但相对与阳坡接近。

（3）植物枯黄时间的水分散失期：9月下旬以后，进入旱季，旬平均降水量减少至20 mm以下，温度下降，植物开始逐渐枯黄，表土开始出现不稳定的结冻，常呈日融夜冻状态，土体含水量持续减少。此时期内，一般难见持续的大降水过程，而土层的融冻变化又使下层水分上移。因而整个剖面趋于变干，且剖面中部土层湿度相对较高，而底土含水量常比表土更低。

（4）冻结期：10月份以后，植物全部枯黄，蒸腾消失，土表稳定冻结，地面蒸发亦明显降低，但土体水分却出现强烈的再分配作用。下部母质层的水分以气态和液态水的形式向冻结层迁移，由于冻结过程是由上向下逐渐发展，故未冻结土层的水分向冻结层集中，冻土层含水量（包括固态水）明显增加，直至土体全部冻结为止。

由上述可知，早春植物返青时，高寒草甸土壤湿度与大气湿度并不一致，此时气候干燥，是年内最干燥少雨的季节，但土壤却是最湿润的时期之一。因此，土壤在植物返青时，一般不会有春旱发生，相反，因土壤含水量丰富，使地温升高迟缓。一般融湿期可持续到区域雨季的来临，为此，高寒草甸土壤的水分条件可满足植物前期生长的需要，甚至阴坡可出现过湿现象，下部出现还原过程。在植物旺盛生长的雨季，土壤湿度明显依赖降雨，尤其连续降雨的状况。如连续降雨时间较长，且有足够的雨量时，水分可以渗透至土体以下，但连续几天无降雨出现，土壤湿度明显下降，表层反映最为强烈。雨季后，由于气温下降，植被逐渐枯黄，蒸腾量减少，但此时大气相对湿度明显减低（$<70\%$），蒸发旺盛（9月$E_Q>75$ mm），加之土壤尚未稳定冻结，故土体失水明显，是年内土壤湿度最小的时期。至冬季土壤结冻时，底土水分向冻结层迁移集中，土体含水量重新增加。

2. 土壤湿度的剖面变化

亚高山带不同坡向的植被类型不同，致使高寒草甸土壤的湿度及其垂直变化在不同时期产生明显差异（图8-15、表8-6）。

图8-15a是高寒草甸土壤解冻至冻结过程中，植物生育期内平均湿度的变化状况。由图可知，湿度高低与坡向有关，表现为阴坡较高，阳坡较低，滩地居中；且不论坡向如何，平均湿度均遵循着随剖面深度增加而逐渐降低的共同变化规律。但其下降速率与坡向关系密切，一般阳坡的下降速率较小，阴坡较大，滩地处于两者之间。由于上述规律，决定了高寒草甸土壤具有表层湿度较高，且不同坡向间差异较大，而底土的湿度较低，且相互差异较小的水分特征。

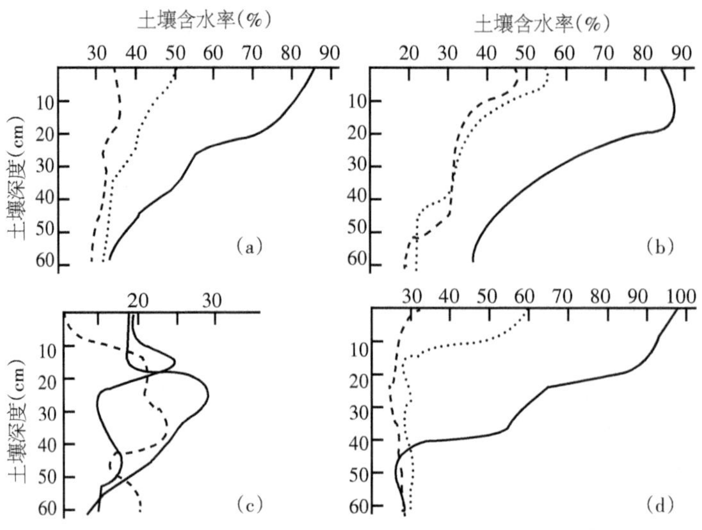

a 非冻结期平均；b 融湿期；c 雨季期；d 旱季冻结前期。——阴坡；⋯⋯滩地；------阳坡

图8-15　海北高寒草甸不同地形部位土壤含水率的垂直变化

图8-15b至图8-15d分别是植物返青融湿期(5月5日)、雨季的旺盛生长期(7月25日)及旱季初期的植物枯黄期(9月25日)的土壤湿度状况。由图可知,在融湿期和雨季高寒草甸土壤湿度高,且不同坡向间差异明显,一般阴坡湿度远大于滩地,而滩地大于阳坡。它们虽都表现为随深度增加而湿度降低,但阴坡高湿度层的厚度远大于滩地和阳坡。至9月中下旬,植物逐渐枯黄,表土出现不稳定冻结,旬平均降水量由40 mm突然降至15～20 mm,高寒草甸土壤的湿度却趋于下降,不同坡向间的湿度差异亦逐渐缩小甚至消失(图8-15d)。与图8-15b或图8-15相比可知,不同层次湿度的变化幅度不同,表层降低幅度最大,结果剖面中部湿度最高。

由上述不同地形条件下高寒草甸土壤水分状况可知,阴坡能满足对水分要求较高的高寒灌丛或高寒灌丛草甸植被的生长发育,土壤淋溶也较强烈,指示性元素钙(包括镁)的碳酸盐下迁距离较深,常是普通寒毡土的分布区。滩地与阳坡湿度较低,常为高寒草甸占据,是钙积寒毡土的分布区。其中,宽广的滩地虽较阳坡湿润,但对植被生长发育和物质迁移而言,仅表现为数量变化而无本质差异,故它们的植物组成和土壤类型相似。由此认为,土壤湿度是区域植被类型和土壤形成的制约因素,非冻结期内根层平均含水量60%左右大致可作为土壤类型分异的界线。

表8-6列出了生育期内不同植被类型,不同地形条件下各类土壤的湿度平均值、标准差及变异系数。湿度平均值体现了与图8-15一致的变化规律,但由标准差可知,各土层的波动大小不同,阴坡的普通寒毡土,0～20 cm湿度变化最大,40～60 cm温度变化最小,20～40 cm居中;阳坡的钙积土壤呈相似的变化规律;滩地略有不同,草皮层(0～10 cm)湿度变化大,10～60 cm土层湿度变化较小且较一致。由此可知,剖面

上部为湿度的强烈活动层，中部为次活跃层，剖面下部为相对稳定层。但层次的厚度在不同地形部位略有差异，阴坡及阳坡的强烈活动层为0～20 cm，次活跃层为20～40 cm，而40 cm以下为改变较小的稳定层；滩地的强烈活动层为0～10 cm，10～60 cm的湿度变化均较稳定。为了比较不同地形部位各类土壤湿度的变化强度而计算了变异系数（*CV*），由*CV*可知，阴坡土壤湿度的变异系数（0.50）最大，这与融湿期和雨季连续降水时湿度很大，而旱季湿度又较小有关；阴坡土壤的湿度变异系数（0.39）较小，这主要与融湿期及雨季湿度不高而旱季含水量较低有关。滩地土壤湿度相对变异居中。

表8-6　1991年高寒草甸土壤非冻结季节湿度统计

地形条件	植被类型	土壤类型	深度（cm）	湿度（干土%）	标准差	变异系数（*CV*）	最大/最小	极差
阴坡中上部	高寒灌丛草甸	亚高山草甸土	0～10	83.6	48.2	0.48	178.6/12.7	165.9
			10～20	77.2	38.3	0.50	164.2/18.6	145.6
			20～30	56.7	21.4	0.38	100.5/10.7	89.8
			30～40	50.4	22.5	0.47	102.7/14.6	88.1
			40～50	40.2	17.1	0.43	85.9/15.8	48.8
			50～60	33.3	14.9	0.45	57.9/9.1	46.7
阳坡中下部	高寒草甸	高山草甸土	0～10	34.5	13.4	0.39	61.3/10.2	51.1
			10～20	5.5	12.9	0.36	67.8/13.0	54.8
			20～30	31.3	10.2	0.33	47.3/12.2	35.1
			30～40	31.7	9.2	0.29	49.9/10.7	39.2
			40～50	29.9	8.3	0.28	46.2/11.2	35.0
			50～60	28.3	8.7	0.31	41.5/8.1	33.4
滩地	高寒草甸	高山草甸土	0～10	48.8	19.7	0.40	81.1/15.3	65.8
			10～20	42.0	12.3	0.29	67.4/22.4	45.0
			20～30	38.7	12.3	0.32	66.0/14.7	51.3
			30～40	33.4	10.6	0.32	60.5/15.4	45.1
			40～50	32.4	8.5	0.26	47.2/17.5	29.7
			50～60	31.4	9.2	0.29	47.0/9.9	37.1

3.控制层段的土壤湿度

1991年降水量明显偏低，仅相当于多年平均降水量的65%～70%。雨季6、7、8月的降水仅相当于同期多年平均降水量的67.7%。9月更低，仅相当于多年平均降水量的36%，是海北站有记录的11年中最低的一年，但从土壤系统分类出发，主要需要掌握控制层段土壤有效水量的有无或多少，了解该层段部分或全部呈现干燥的时间天数，为此，1991年的降水稀少状况，对确定寒毡土的分类地位有效。

依青海省第二次土壤普查资料统计，高寒草甸土壤剖面各层平均为中壤，物理性黏粒（<0.01 mm）含量在32.75%～35.61%，变动于粗壤质、细壤质、细粉质间，由此估计，其控制层段为10～30 cm或20～60 cm，此层段在植物生长期的湿度变化动态如图8-16所示。

由图8-16可知，不论地形条件的异同，或是植被、土壤类型的差异，土壤湿度有相似的变化规律，无论10～30 cm或20～60 cm的控制层段，在土壤解冻后的整个生长期内，土壤湿度是在融湿期和雨季最高，在旱季或连续不降水时，湿度趋于下降，直至冻结为止。图8-16指出：土壤融湿期的高湿度状况（>30%）常可维持到雨季来临，这对高寒草甸植物早期生长有利。相反，由于融冰水过多，而下部冻结层又阻止重力水下渗而出现暂时性的冻结层上滞水，导致冻结层上全部或部分土层过饱和水分状况的存在，上层滞水常随地形沿冻结层表面由高处向低处流动而产生土壤内的侧渗水流，这在解冻期自然断面上经常可见，且随解冻深度增加而逐渐加深。

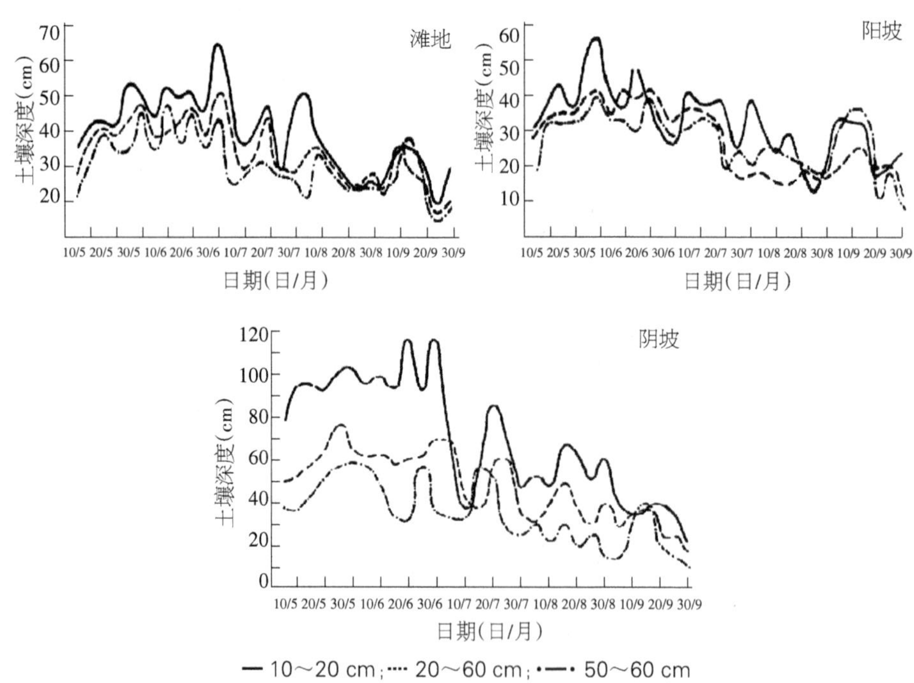

图8-16　海北高寒草甸不同地形部位土壤控制层段及底层土壤含水率的季节变化

由于机械组成的影响，土壤水分控制层段的深度与厚度不同，细壤质、粗粉质及细粉质等为10～30 cm，而粗壤质为20～60 cm。由图8-16可知，不同深度控制层段的土壤平均湿度高低不同，无论地形条件如何，高寒草甸土壤越接近地表的湿度愈大，且变化波动强烈；愈深处则湿度较低，变化也较平缓，因此，50～60 cm土层的湿度最小，在融湿期及雨季，土壤湿度较高（>20%），远大于凋萎湿度，植物生长正常。但雨季以后，土壤水分散失远多于补给，土壤湿度明显下降，尤其50～60 cm处湿度最小，结冻前<10%的时间长达5～10天或更多，但是否小于植物的凋萎系数，尚有待进一步测定比较。即使以10%作为凋萎系数，控制层段部分呈干燥的时间最长的阳坡（约70天）也不足50 cm地温>5 ℃天数（175天）的一半。

第四节　人类活动、覆被变化与高寒草甸土壤贮水量

一、海北高寒草甸不同放牧强度及封育禁牧土壤贮水量

我们曾于2015年对海北冬季放牧草场不同放牧强度及封育禁牧的高寒草甸进行了土壤贮水量的监测与分析（贺慧丹等，2017）。其中封育禁牧试验地从1998年开始在不同年份建立，不同放牧强度分别在2011年建立，放牧强度的设置见第三章。

图8-17给出了海北高寒草甸牧压梯度下植被生长季0～50 cm土壤实际贮水量及降水量的季节动态变化。从图8-17可见，不论是禁牧还是放牧梯度下，土壤贮水量在生长季节变化趋势基本一致。5月积雪融化，土壤解冻，土壤季节冻土随天气转暖从地表向深层逐渐融化，融化的土壤冻结层水分在土壤温度梯度的作用下源源不断地补充到上层。但该时期环境温度仍然较低，30～60 cm以下冻结层仍然维持且阻隔了水分的下渗。加之牧草这时处于返青期，生长速度相对缓慢，植株矮小，叶片面积也较小，植被蒸腾很弱，土壤表面有一定的蒸发，但受低温环境影响，蒸发受到限制，土壤实际贮水量相对较高且变化平稳。6月到7月初，由于降水增多，对土壤水的补给增强，另外这一时期地表有一定植被覆盖，综合作用下土壤贮水量增加。7月中旬至8月底，降水丰沛，对土壤水有一定的补给作用，但由于气温较高，植物生长加快，植被叶面积较大，良好的辐射、热量条件使植被和土壤发生强烈的蒸腾蒸发作用，导致这段时期虽然降水增多，但伴随着高的耗水量，降水满足不了植被的需要，使这个时期土壤实际贮水量最低，其间土壤水分依大气降水变化而变化，波动明显。9月初以后气温显著降低，土壤出现冻结现象，冻结过程使土壤水分稳定聚集；大多数植物停止生长而进入枯黄期，生物量达到最大，植被盖度大，部分植物枯黄或倒伏，增大了土壤表面的密闭性，植物蒸腾和土壤蒸发下降，虽然降水减少，但植被实际耗水量也显著降低，导致土壤水分提高。随季节变化，土壤水分可分为春季水分补给期、夏季波动消耗期和冬季冻结水分稳定聚集期。

在植物生长季，牧压梯度导致土壤实际贮水量在同一时期不尽一致（图8-17）。特别是5—6月初的春季水分补给期阶段，因常年禁牧封育，地表覆盖物多，不仅可缓解土壤表层水分的蒸发，而且使热量下传缓慢，延迟土壤底层冻结融化，加强了冻结

层融化后对土壤水分的补给作用，加之禁牧条件下植被返青较晚，植被的蒸腾作用较弱，表现出较高的土壤贮水量；而放牧梯度试验地土壤贮水量低，且相互间差异小并高低交替。6月中旬以后，禁牧封育区土壤贮水量与放牧梯度试验地的差距减小，但仍然最高，总体表现出禁牧封育＞重度放牧＞中度放牧＞轻度放牧。这种差异维持到7月中旬后，4种试验地植被蒸腾和土壤蒸发基本接近。所不同的是，因放牧干扰的滞后性，后续影响可导致生物量有所不同，进而使蒸散略有差异，使4种试验地土壤贮水量差异明显减小。

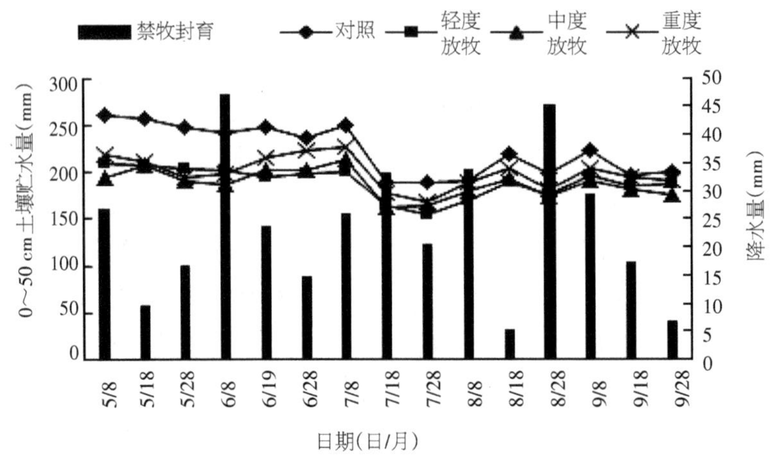

图8-17 植物生长期0～50 cm土壤实际贮水量季节动态

从5月8日到9月28日0～50 cm土层的平均水平来看，土壤贮水量禁牧封育＞重度放牧＞轻度放牧＞中度放牧，分别为222.82、199.71、189.00、187.69 mm，其中轻度放牧与中度放牧之间差异不显著，而其他各试验组之间差异显著。说明禁牧封育与放牧地相比保持有较高的土壤贮水量。禁牧封育系常年禁牧，植被枯落物层厚，覆盖物起到土壤(植被)—大气界面水分变化的缓冲器作用，可延缓降水直接渗入土壤，覆盖物更大限度上保护土壤水不致大量散失到大气中。同时，禁牧地因没有放牧家畜的践踏，土壤容重减小，土体疏松，孔隙度增大，土壤持水能力增强，从而形成了较高的土壤贮水量。重度放牧样地的放牧强度大，植被地上部分生物量低，易受外界低温影响，植物地上光合产物及能量分配迁移至地下，导致地下生物量较高，地下生物量对土壤水分具有保持作用。同时，地表受家畜踩踏比较硬实，使土壤蒸发及植被蒸腾均有所降低，加之地上生物量的降低还可降低植被冠面对降水的截留，使降水入渗增加，进而导致重度放牧较轻度放牧、中度放牧的土壤贮水量高。轻度放牧、中度放牧植物生长良好，植被盖度稍高，不仅截留较多的降水，及时蒸发到大气，而且植被的蒸腾作用较大，使土壤水量散失较大，终究导致土壤贮水量下降。也就是说，虽然在生长季不同月份的土壤贮水量有一定的波动变化，但整体上禁牧封育的土壤贮水量保持最大。说明禁牧封育能促使土壤贮水量增加，利于水源涵养功能的提高，放牧使土壤贮水量减小。

二、三江源高寒草甸不同退化阶段的土壤贮水量

高寒草甸不同退化阶段土壤贮水量在整个生长季的变化趋势基本一致(图8-18)，表现为在生长季初期土壤贮水量较高，旺盛生长期土壤贮水量较低，生长季末期土壤贮水量较高。5月植被处于返青阶段，蒸腾量较低，此外由于低温限制了土壤水分蒸发，加之季节性冻土的消融对土壤水分有补偿作用，最终致使土壤贮水量较高。6月植被生长加快，温度升高，植被蒸腾和土壤水分蒸发加剧，但与此同时大气降水也明显增多，综合作用下使土壤贮水量仍然保持较高水平。7月植被蒸腾和土壤水分蒸发散失的水分比降水补给的水分要多，使得该时期土壤贮水量最低。生长季末期由于系统蒸散较低，所以该时期土壤贮水量增加。高寒草甸不同退化阶段土壤贮水量在整个生长季来看，重度退化高寒草甸的土壤贮水量稍高于轻度退化、中度退化和极度退化的土壤贮水量，而轻度退化、中度退化和极度退化高寒草甸三者之间的土壤贮水量差别不大。但就5月到10月初的平均水平来看，0～40 cm土壤层次贮水量表现出中度退化、轻度退化、极度退化基本一致，分别为116.26、113.82和117.61 mm，波动范围在4.00 mm之内，而重度退化显得较高，比中度退化、轻度退化、极度退化要高出10.00 mm左右，其原因尚需要进一步研究分析。

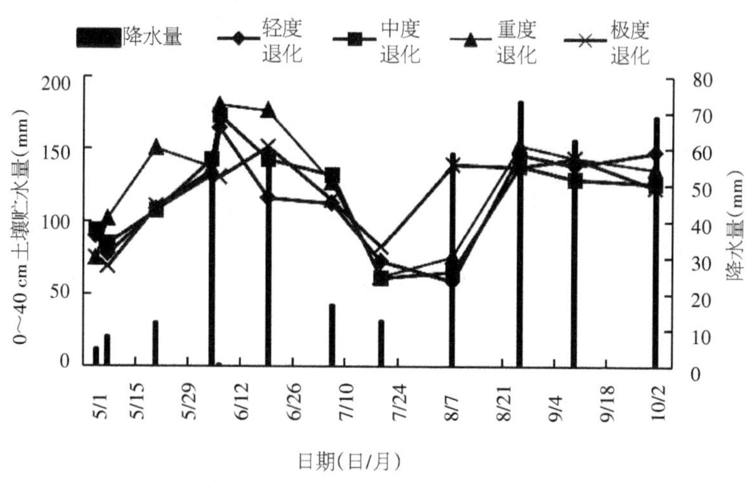

图8-18　三江源高寒草甸不同退化阶段土壤贮水量

三、三江源高寒草甸封育状况下土壤贮水量

三江源生态治理工程中，封育禁牧是有效恢复和重建植被的办法之一。随封育时间延长，植被在正向演替的恢复过程中，其固碳持水能力、土壤水贮存量、生物量以及物种多样性等均可发生改变(何念鹏等，2011；Wu et al，2010；Bilotta et al，2007；范

月君等，2012）。徐翠等（2013）曾提到，退化使土壤孔隙度等物理性质发生改变，从而影响土壤水分涵养能力。周印东等（2003）认为，自然植被的正向演替对表层土壤有机质含量有明显的促进作用，表层土壤田间持水量、容重、总孔隙度等与土壤持水性能相关的指标都与有机质含量呈显著或极显著相关。我们（贺慧丹等，2017）以三江源玛沁县高寒草甸为研究区域，针对土壤贮水量对封育措施响应的问题，选择封育和自然放牧地为试验区，在测定土壤湿度、持水量、容重、孔隙度等指标的基础上，分析了植被恢复过程中封育措施下土壤容重、持水能力、贮水量时空变化特征及环境影响机制。试验样地相关情况见第三章介绍。

图8-19给出了2013年果洛玛沁高寒草甸封育7年与未封育措施下0～40 cm土壤层次贮水量以及降水量在植物生长期的季节动态。从图中可以看到，封育与未封育措施下0～40 cm土壤层次贮水量动态变化基本一致，封育区0～40 cm层次土壤贮水量波动幅度大于未封育样地且量值较高。两者贮水量差距在5月底6月初、8月底以后较为明显。在植物生长期的5—9月，封育与未封育措施下5月初到7月中旬土壤贮水量保持较高的水平，7月下旬以后，土壤贮水量下降明显，进入9月略有升高。土壤贮水量的这种变化不仅与降雨具有极大的相关性，而且与植物生长对土壤水的利用消耗有关。

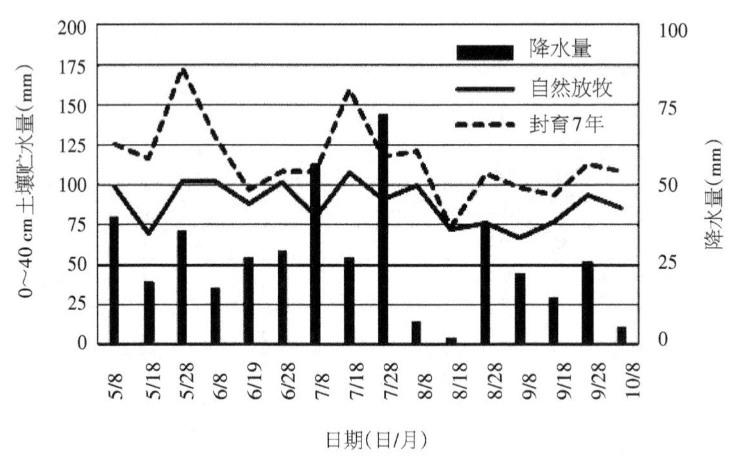

图8-19　封育7年和未封育样地土壤贮水量及时段降水量的季节动态变化

从季节动态来看，5月到6月初，受低温环境影响，植物生长缓慢，叶面积较小，蒸腾作用不强，土壤蒸发也受到温度影响较弱，底层土壤（一般在40 cm层次以下）仍维持冻结状态，冻结层在融化过程中不断产生融冻水来补给土壤上层，冻结层依然存在，阻止了水分下渗，加之自然降水，促使了土壤贮水量增加。6月中旬到7月下旬，降水明显增多，但植被生长达到一定高度，叶面积处在增加阶段，有降水补给但也有较高的蒸散量，两者共同作用下土壤贮水量也较高。其中，7月底封育区降水量具有最高值，但属于雨热同期，蒸发强烈，温度的升高和降雨的增加，植被快速生长，植被生长旺盛，消耗大，所以虽然这一时期降水量大，但贮水量最高值却小于5月底。2013年8月与多年平均降水量相比是偏少的一年，整个8月降水量仅为46.8 mm，是多年平均降水量的9.1%，降水偏少明显，加之在相对较高的温度环境下蒸散加大，导致8月土壤水散失严重，贮水量下降明显。进入9月后，随温度下降，日最低气温常处在0 ℃以下，植被生长减缓，叶面积处在下降阶段，植物进入枯黄期，地面形成一定的枯落物，郁闭度大，植被蒸腾下降明显，土壤蒸发受较高的郁闭度影响而降低，土壤水分散失减少，加之温度低，土壤表面日消夜冻，使土壤水分容易积聚，缓慢提高了土壤贮水量。形成了土壤贮水量5月到6月初的融冻集聚期、6月中旬至9月初的波动消耗期和9月以后的蓄积期。

统计发现，5—9月封育与未封育措施下0～40 cm层次土壤平均贮水量在73.38～173.23 mm范围波动，平均分别为115.68和88.34 mm。封育7年后，土壤贮水量比未封育试验区高27.34 mm，平均按3.91 mm/a的速率增加。所表现的贮水量变化说明封育措施能有效提高土壤贮水量，有利于土壤水源涵养。

图8-20给出了封育与自然放牧的未封育样地0～40 cm层次土壤贮水量的垂直变化。从图中可以看出，封育和未封育土壤贮水量在植物返青期（5月18日）和地上生物量达最大时期（8月18日）的上层0～10 cm和深层30～40 cm土层表现为土壤贮水量未封育大于封育样地，而在强度生长期的7月18日和植物枯黄初期（9月18日），0～40 cm土层均表现为土壤贮水量封育大于未封育样地。

从图8-20a看到，在植物生长初期的5月18日，封育和未封育措施下，土壤20～30 cm土层贮水量均高于其上层和下层，这与上层地面裸露，土壤已融化，底层仍有强度不大的土壤冻结有关。植物生长初期地表蒸发和较小的植被蒸腾导致上层土壤水散失相对较高而导致土壤贮水量低，而下层土壤仍维持一定的冻结层，其土壤水由冻结水和非冻结水组成，大多非冻结水已通过土壤温度梯度的作用补充到上一层次，在提高上层土壤贮水量的同时降低了下层土壤贮水量。

植物进入强度生长期的7月18日（图8-20b），土壤贮水量在垂直方向上表现为随土壤深度增加而降低。封育与未封育试验区垂直变化一致，在任何层次均表现为封育区明显高于未封育试验区，且因前期较高降水的影响，垂直变化上均表现出土壤表层高而深层低。7月是年内雨量最为丰沛的时期，约达155.5 mm，占植被生长期5—9月降水量409.1 mm的38%，7月9日到7月18日期间，阶段降水量仍达40 mm。7月也是年内温度最高的时期，在降水量的增加及良好的热量条件下，植被生长加快，虽然植被蒸腾强，但不及降水的补给大，导致土壤上层土壤贮水量较高。由于植被根系大多分布较浅，一定程度上阻滞降水入渗土壤后的重力水下渗，使大部分水分集中于土壤上层，使深层土壤贮水量相对较低。

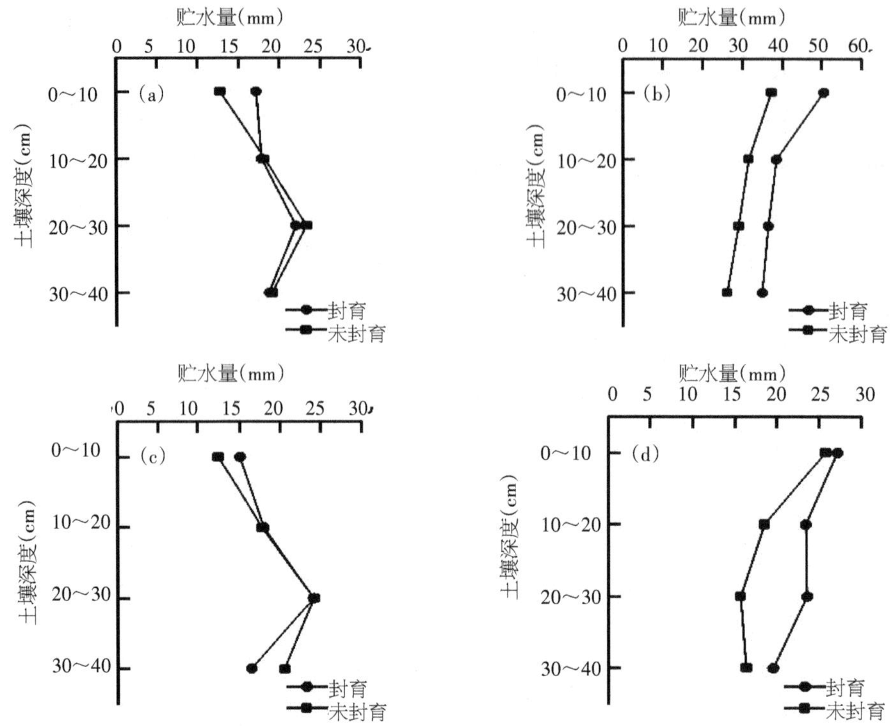

图8-20　封育与未封育样地5月18日(a)、7月18日(b)、8月18日(c)和9月18日(d)土壤贮水量的垂直变化

8月是植被地上生物量达最大的时期，8月9日到8月18日(图8-20c)期间降水最少，仅为2.3 mm，而降水量的多少是影响土壤水分的主要因素(刘安花等，2008)。这一时期温度较高，太阳辐射强，植被蒸腾和土壤蒸散强烈，丰富的地上生物量对降水有截流作用，使原本很少的降水很难渗入土壤，土壤水分散失量大，导致土壤上层贮水量达年内最低，而深层水由于重力作用得以保存，所以深层土壤贮水量高于上层土壤贮水量。

9月18日(图8-20 d)植被基本进入枯黄期，土壤贮水量变化规律与7月18日相似，封育区与未封育区土壤表层贮水量分别为27.2和25.8 mm，差异很小，但受8月15日前后稍大降水量的影响，在土壤水分的滞后效应下0～10 cm土层贮水量有所提高，且封育区大于未封育区。这时期植被生长逐渐停止，植被蒸腾作用减弱，地表由于被枯落物和腐殖质覆盖，蒸散作用也较弱，对降水的截流以及拦蓄使水分多集中于地表，这一时期地下生物量较高，能很好地涵养水分，故土壤浅层0～10 cm贮水量高于10～40 cm的深层贮水量。

四、三江源高寒草甸“黑土滩”人工建植草地与土壤贮水量

样地设在玛沁县东30 km处，相关试验及人工建植龄选择等已在第三章做过详细介绍。分析不同年限建植的人工草地土壤贮水量见图8-21。

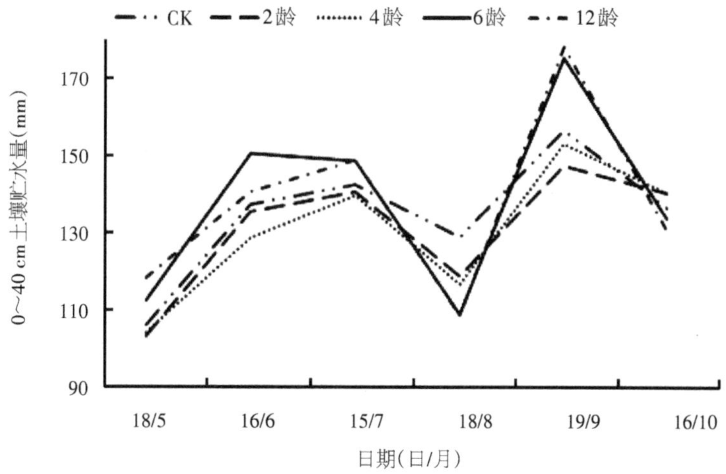

图8-21　玛沁“黑土滩”不同年限建植的人工草地土壤贮水量季节变化

从图8-21可看到，高寒草甸退化为“黑土滩”后经人工草地建植，不同年限建植的人工草地土壤贮水量季节变化基本一致，土壤贮水量5月中旬后期最低，8月中旬后期次低，9月中旬后期最高，6月中旬至7月中旬次高，紧随期间的水变化而变化(试验在2013年进行，该年7月下旬到8月20日期间降水量比多年平均偏低)。不同建植龄间是略有差异的。但可以看出，随建植龄的延长，土壤贮水量增加，5月18日到10月16日期间，建植2龄、4龄、6龄和12龄土壤平均贮水量分别为127.81、127.25、134.88和134.19 mm，自建植2年到12年土壤贮水量按0.63 mm/a的速率增加。建植6年后土壤贮水量与中度退化的对照样地(0～40 cm土层土壤贮水量为133.35 mm)相比增加了3.54 mm。也就是说，人工草地建植6年时，土壤贮水量与当地自然环境植被下的土壤贮水量接近。同时表明，人工建植的草地，在初期5年以内其土壤贮水量较自然植被低，建植6年后恢复到自然植被贮存蓄水的能力。

五、土壤贮水量的影响因素分析

土壤水分的变化主要受降水和蒸散(发)过程的影响，与土壤水分补给量和消耗量的大小密切相关。韩丙芳等(2015)研究不同生态恢复措施对黄土丘陵区典型草原土壤水分时空变异的影响时发现，土壤水分的变化可分为强烈水分丢失期、土壤水分蓄积期和缓慢蒸发期。本研究表明，不论是禁牧还是放牧，高寒草甸0～50 cm土壤实际贮水量在生长季均表现出5、6月相对较高，7月达到极低值，8、9月缓慢升高，即随季节变化土壤水分可分为春季水分补给期、夏季波动消耗期和冬季冻结水分稳定聚

集期。

分析高寒草甸生长期5—9月0～40 cm层次土壤平均贮水量与环境要素关系发现（表8-7，图8-22），5—9月平均土壤贮水量与土壤容重呈极显著负相关（图8-22a），与地下生物量、地上生物量和有机碳密度分别呈极显著正相关（图8-22b）、显著正相关（图8-22c）和无相关关系（图8-22 d）。与土壤容重呈极显著负相关，说明随着土壤容重增加，土壤紧实，孔隙度降低，大部分水分在地表被蒸发，土壤水分渗水率降低，土壤贮水率下降（李红琴等，2015）。与地下生物量呈极显著正相关，反映了虽然植被生长好的状况下蒸腾提高，但较多的根系量是水分贮存的重要物质条件（吴启华等，2014），同时，高寒草甸区的植被根系大多位于0～20 cm土层，尤其根系死后被分解留有的空隙，增加了土壤孔隙度，水分下渗较多，贮水量高。地上生物量大，虽然对地面的覆盖可以减少土壤蒸发，但植被本身蒸腾作用较强，耗水明显，进而降低了土壤贮水量，由于地上生物量高低与植被覆盖度关系较大，绿体植物覆盖度增加可减少土壤水的蒸发，也可减少降水对土壤水的补给，但可增加植被的蒸腾，故实际上土壤贮水量与地上生物量的关系显得复杂（王洁等，2017）。草地生态系统中有机碳主要储存于土壤中，其中土壤有机碳密度的大小取决于土壤容重、土壤有机质含量及土层厚度，容重增加，有机碳密度降低。封育样地未被啃食，枯落物较多，地面蒸发降低，而枯落物分解能使土壤有机质增加，提高有机碳密度，改善土壤结构，有利于土壤持水，贮水量增加。

表8-7　土壤贮水量与容重、地下生物量、地上生物量以及有机碳密度的相关性检验

类型	贮水量	容重	地下生物量	地上生物量	有机碳密度
贮水量		-0.933**	0.963**	0.943*	0.747
容重	-0.933**		-0.961**	-0.850	-0.841*
地下生物量	0.963**	-0.961**		0.831	0.944*
地上生物量	0.943*	-0.850	0.831		0.832
有机碳密度	0.747	-0.841*	0.944*	0.832	

注：*表示显著相关性检验$P<0.05$，**表示极显著相关性检验$P<0.01$。

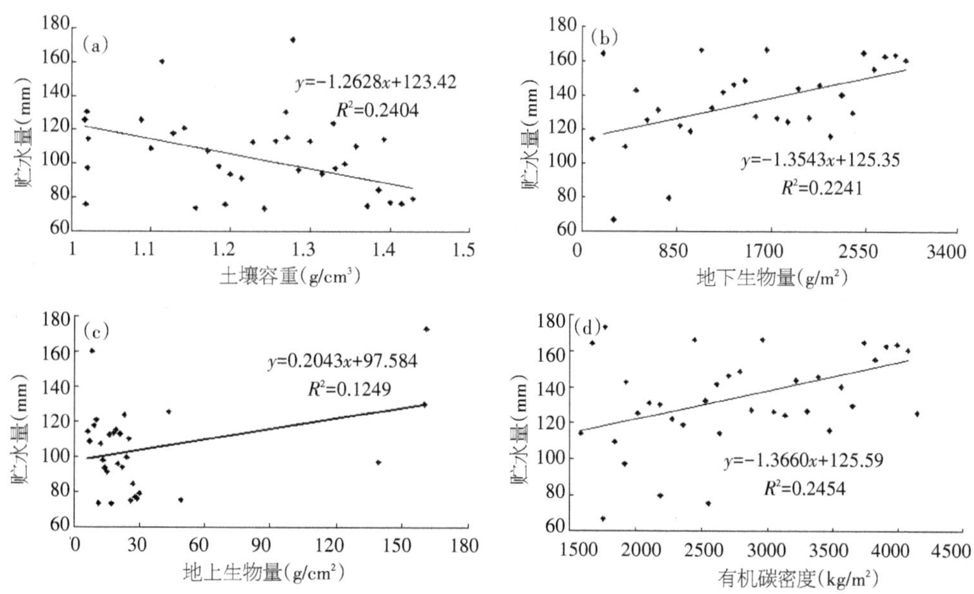

图8-22 封育与未封育样地5—9月平均土壤贮水量与土壤容重(a)、地下生物量(b)、地上生物量(c)以及有机碳密度(d)的关系

土壤贮水量还受土壤有机质、生物量等多种因素的影响，而土壤表层更易受到温度等的影响。赵中秋等(2008)认为，不同土地利用类型土壤的自然含水量、持水性能、供水性能和渗透性能均有显著差异。本研究表明，封育区长期禁牧，地面枯落物和腐殖质较多，特别是植物生长初期的5月、6月以及植物生长末期以后，枯落物和腐殖质均较多，对地面覆盖度大，郁闭环境和大量的枯草堆积减少了蒸散，进而使土壤贮水量增加。未封育区由于自然放牧，受家畜啃食践踏影响，土壤孔隙分布的格局发生变化，土壤总孔隙减少，渗透阻力加大(Leung et al，2015)，影响土壤重力水分的下渗，植被生物量和对地面的覆盖度都较封育低(何晴波等，2017)，所产生的郁闭环境较轻，植物的蒸腾和土壤蒸发增强，故封育区土壤贮水量高于未封育区。封育还提高了土壤有机质含量，使土壤的团粒结构增加，稳定性团聚体增加，提高了土壤颗粒间的总孔隙度，有利于提高贮水能力。这也与郭泺等(2005)关于森林土壤蓄水能力受森林类型枯落物的厚度、孔隙度、有机质含量、温度、土温、容重等多方面因素的影响的结果相一致。说明不同利用方式下土壤水分特性与土壤的其他性质如土壤有机质含量、孔隙度、结构团聚体稳定性、容重等有直接或间接的密切关系。

土壤的贮水能力在某种程度上还与降水量呈显著相关，一个地区一定时段内降水量增加，贮水量也增加(马宗泰，2009)，但是所有变量的增加或减少都不是单一因素作用的结果。贮水量受降水量影响，又与植物生物量、有机质和土壤质地有关(白晓等，2017)。同样，不同时期封育与未封育措施下，土壤贮水量随深度加深其变化规律不尽相同，差异性各有不同。从整体看，高寒草甸的封育措施对土壤上层的影响较大。

放牧强度不同对土壤贮水量也有着重大影响。不同牧压梯度下的植被由于受到牲畜的踩踏程度不同,土壤容重出现差异,并且其地上生物量及地下生物量等一系列生态要素也发生了改变,从而导致不同放牧强度下的土壤实际贮水量和植被实际耗水量不尽相同。例如,我们在海北矮嵩草草甸进行不同放牧强度试验时发现,从5月8日到9月28日0～50 cm整层的平均水平来看,土壤贮水量表现为禁牧封育＞重度放牧＞轻度放牧＞中度放牧,虽然在生长季不同月份的土壤贮水量有一定的波动变化,但整体上禁牧封育的土壤贮水量保持最大。5、6月植被实际耗水量差异较大,7、8、9月差异较小,总体上来讲,禁牧封育与重度放牧的植被实际耗水量较大。一方面,这是因为禁牧封育地上生物量相对较大,对大气降水有一定的截留作用;并且,枯落物层由多年累积形成,植被枯落物层厚,地表覆盖物起到土壤(植被)—大气界面水分变化缓冲器的作用,可延缓降水直接渗入土壤,从而使一部分水分还未进入土壤就已经蒸发,导致植被耗水量较大。另一方面,常年禁牧封育,地表枯落物与腐殖质层相对较厚,其可减缓地表水分的蒸发,有利于保持土壤水分含量。此外,禁牧封育土壤有机质含量较高,毛管孔隙度相对较高,在各种生态环境因素的作用下,使得土壤实际贮水量相对较高。

高寒草甸在不同放牧梯度下,其地上生物量、地下生物量、土壤结构、容重等一系列要素都会发生改变,从而致使其不同牧压梯度下随季节变化土壤水分的“期”不一致,就是土壤水分有效利用率也不尽一致,进而影响到水源涵养功能(熊远清等,2011)。放牧能够使净初级生产力更倾向于往地下分配,这是高寒植被遭受牲畜践踏啃食等胁迫后而产生的自我保护机制。同时,放牧强度增加会造成草地植物功能群组成发生变化,物种多样性及地上净初级生产力降低,枯落物及土壤覆被减少,土壤有机碳含量下降,土壤孔隙度降低,土壤容重增加,土壤持水能力下降(Wheeler et al,2002)。

第五节　土壤水分贮量的季节动态模拟

土壤水分变化不仅有季节变化,而且在季节变化过程中受植被生长、环境因素改变的影响,其水分贮量也不断发生变化,进而引起季节植物生长在季节变化过程中出现水分盈亏现象,为此,模拟土壤水分变化对掌握土壤水资源状况显得特别重要(康绍忠,1990;康绍忠,1987;希勒尔,1950)。我们也曾尝试对高寒草甸土壤水分的年际动态给予模拟预报预测(李英年,1998)。

一、海北高寒草甸土壤水分周期振荡的谐波预报法

高寒草甸地区，无灌溉条件。植物生长期(5—9月)降水量在多年平均值上下变动，变异率小，时段降水量相对较稳定。高寒草甸植物根系主要分布在0～20 cm土层，该层植被根系发达，盘根错节，具有很强的滞水和持水能力。60 cm以下多为砾石结构，其对地下水的上升具有较强的阻隔作用。可以看出，高寒草甸土壤水分的变化主要受到自然状况影响。因此，我们把土壤水分随着时间的变化过程归结为周期性变化、随机性分量及趋势性分布三个主要部分来决定：1)由于植物需水(耗水)规律和气候年周期性变化，在植物生长期造成土壤水分的周期性波动。周期性波动在土壤水分变化过程中占较大的比例。例如，4月下旬至10月中旬，高寒草甸0～60 cm土层平均土壤含水量为167 mm，其中，周期项可达到120～150 mm，占0～60 cm土层平均土壤含水量的80%左右，这在以下的分析中可以得到证实。2)在不同年份相同阶段内，由于气候等因素，特别是降水因素的随机分布，使土壤水分产生不同的分布特征和随机波动。3)由于长期气候趋势及人类活动叠加的持续干扰影响，地表发生趋势性演替，造成生态环境的变化，表现出土壤水分趋于某一方向发展，如波动中递增或递减。土壤湿度变化的这三部分可用时间序列的加法模式来确定(Gvpta et al，1986)：

$$W(t)=W_f(t)+W_p(t)+W_\delta(t)$$

式中：$W(t)$为时间t(t=1，2，…，N，为数据测定序列，本文以旬为序，共18旬)序列下某一定深度内的土壤总体水分的变化量；$W_f(t)$为土壤水分周期变化项；$W_p(t)$为不同年景土壤水分的随机分量；$W_\delta(t)$为土壤水分随长时间尺度变化的趋势量(如随年代际气候变化的影响的长期趋势变化)，由于土壤水分长期趋势量在短时间尺度内变化十分微小，表现极不明显，因而可以忽略，即$W_\delta(t)=0$。故土壤水分的变化量可视为周期项和随机分量项的叠加。周期项和随机分量分别以下列数学方法描述。

周期分量[$W_f(t)$]：可用谐波分析方法处理。谐波分析是根据傅立叶级数理论，将复杂的周期函数或周期序列用不同振幅和位相的正弦波叠加而成。对土壤水分在一定时段内的时间序列{$W(t)$}(t=1，2，…，N)，可用下列谐波叠加做周期估计：

$$W_f(t)=A_0+\sum_{k=1}^{p}(A_k\cos\omega_k t+B_k\sin\omega_k t)$$

式中：ω_k为各谐波的频率，$\omega_k=\dfrac{2\pi k}{T}$；$N$为时间序列长度；$T$为基本波的周期；$k$($k$=1，2，…，$p$)为谐波序号(数)，一般为$1<p\leq\dfrac{n}{2}$；$A_0$、$A_k$、$B_k$分别为傅氏(谐波)系数($A_0$是观测时段内资料数据的算术平均值)，以下列方法确定：

$$A_k=\frac{2}{N}\sum_{k=1}^{N}\left[W(t)\cdot\cos(\frac{2k\pi}{N\cdot(t-1)})\right]$$

$$B_k=\frac{2}{N}\sum_{k=1}^{N}\left[W(t)\cdot\sin(\frac{2k\pi}{N\cdot(t-1)})\right]$$

$$A_0=\frac{1}{N}\sum_{k=1}^{N}[W(t)]$$

随机分量 $W_p(t)$：随机分量是土壤水分随时间变化的实际量减去周期分量的剩余量，即 $W_p(t)=W(t)-W_f(t)$。土壤水分的随机分量主要是受各年景气候波动的影响，一般情况下，随机分量在产生降水的时段内土壤水分很快得以提高，而几天没有降水发生时土壤水分便急剧减少，表现出土壤水分与降水具有明显的正相关关系。当然，土壤水分的随机分量还受到其他气候因子的干扰和影响，这里仅考虑降水的影响。因此，所分离出的土壤水分随机分量可用下列回归方程描述：

$$W_p(t)=a+bR$$

式中：a、b 为回归系数；R 为降水量(mm)。需要说明的是，冬季降雪量很小，即使有较大的雪量，也会很快蒸发，蒸发速率远大于下渗速率，因而，在进行模拟时未考虑冬季降雪的影响，仅考虑植物生长期间的土壤水分变化情况。

由于随机分量是由回归方程来描述的，故可进行线性回归检验。周期项的模拟效果采用费希尔检验法(林纪曾，1981)。

假定 $W_f(t)$ 序列为独立随机变量，并服从正态分布：

$$S_k=\frac{C_k^2}{2}=(A_k^2+B_k^2) \qquad (k=1,2,\cdots \frac{N}{2})$$

式中：S_k 为随机变量 $W_f(t)$ 的周期。设 $S_k^0=\max\{S_k\}$ 和 $S=\sum_{k=1}^{l}S_k$。则有统计量：$y_0=\frac{S_k^0}{S}$，并服从费希尔分布：

$$P\{y>y_0\}=\sum_{j=1}^{r}(-1)^{j+1}\cdot\frac{k!(1-jy_0)^{k-1}}{j!(k-j)!}$$

式中 r 为下列算式确定的正整数

$$\frac{1}{r+1}\leqslant y_0<\frac{1}{r}$$

对于给定的显著水平 a，如果 $P\{y>y_0\}<q$，则认为相应于 S_k 的周期是显著的，否则该周期不显著。

上述在建立土壤水分动态变化随机模拟方程时，采用1992年观测的实际土壤水分资料，利用随机模拟方程及1993年降水资料，对该地区1993年植物生长期间土壤水分含量进行预测预报。从1992年4月下旬牧草发芽初期到9月中旬牧草完全枯黄终止，共观测18个旬的土壤水分资料，建立周期分量的谐波方程有：

$$W(t)=172.75+20.856\cos\omega(t-1)+11.065\cos2\omega(t-1)+3.222\cos3\omega(t-1)-16.616\cos4\omega(t-1)+19.045\cos5\omega(t-1)-2.270\sin\omega(t-1)+6.284\sin4\omega(t-1)-10.339\sin5\omega(t-1)$$

式中：$W_f(t)$ 为模拟土壤水分周期含量估算值(mm)；$\omega=\frac{2\times180^\circ}{T}$，为基频；$n$ 为时间序列上观测的总次数；t 为观测时间序列，其中4月中旬为0，5月上旬为1……10月中旬为18。同时，考虑到在植物生长期间随季节变化植被耗水(需水)及总的气候波动有一定的周期性特点，对谐波数k取5便可满足需要。通过模拟计算周期分量，4月下旬—10月中旬0～60 cm土层土壤含水量平均约为146 mm，在土壤总含水量中占有很大比例。

所分离出的剩余水分（随机波动分量）对0～60 cm土层的水量贡献较低，仅30 mm左右，约占土壤水分的18%，与自然降水量具有明显的正相关，其直线回归方程如下：

$$W_p(t)=-26.042+0.863R$$

式中：$W_p(t)$为模拟土壤水分随机波动量（mm）；R为自然水量（mm）。其相关系数$r=0.492$，方差比$F=5.106$，样本数$n=18$，虽然相关系数较低，但仍达显著相关水平（$P<0.05$）。需要说明的是，由于土壤水分和降水量观测与统计，特别是降水产生时其观测时间延迟，造成较大的时间差异。因而，在建立直线回归方程时，对降水量的统计和土壤水分观测时间一致，即采用前次观测土壤水分到当前观测时段内的降水统计量，为便于计算仍以旬为单位。最后得出高寒草甸地区土壤水分动态变化的随机模拟方程：

$$W(t)=W_f(t)+W_p(t)$$

利用随机模拟方程对1992年土壤水分回代模拟计算结果表明，其模拟效果的拟合率很高，其相对误差仅为7.2%。图8-23为实际土壤含水量与模拟土壤含水量的比较。为了验证预报效果，这里利用1992年资料建立的随机模拟方程，对1993年4月下旬至9月中旬植物生长期间土壤水分动态变化进行预测预报。结果表明，预测预报准确率很高（图8-24）。统计结果表明，相对误差很低，平均为8.9%，最高为12.4%。18个旬中，相对误差低于10%的占67%，而大于15%为3次，仅占17%。说明对土壤水分不仅具有可预报性，而且预报效果极佳。当然一个地区受土壤质地、降水分布等条件的限制，其土壤水分动态变化复杂，有着自身的变化规律，其构建预报方程也将有所不同。

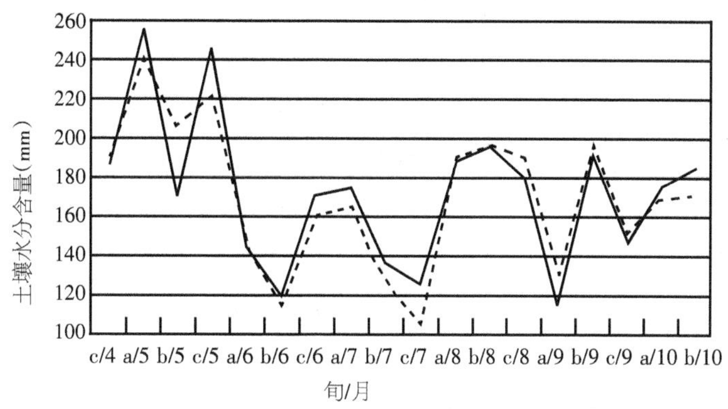

A 上旬，B 中旬，C 下旬；------模拟值，——实际值

图8-23　海北高寒草甸土壤水分含量动态变化模拟值与实际值比较

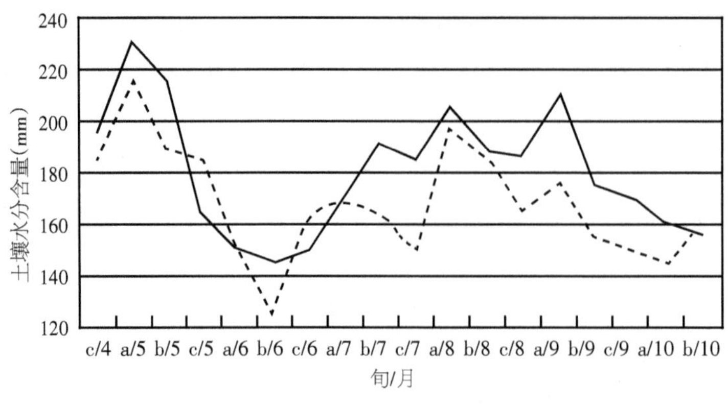

A 上旬,B 中旬,C 下旬;------模拟值,——实际值

图8-24　利用模拟方程对1993年海北高寒草甸土壤水分含量预报效果

第六节　高寒草甸土壤水分运动物理参数及水分特征曲线

一、土壤容积热容量、导热率

温度是影响土壤水运动的主要因素之一,现行的土壤水运动模型往往只考虑水分动态的模拟,而忽略了土壤中热量输送过程的模拟。因此,这种模拟不能完全反映土壤水的运动及土壤水和浅层地下水之间的交换规律。进一步研究土壤水系统的水分和热量的输送机制及它们间的相互关系,是土壤水研究中不可忽视的重要课题。

1.土壤容积热容量

由于自然土壤由多种成分组成,通常不用比热,而采用容积热容量来表示土壤增热或冷却时温度变化的强度。土壤热容量一般分两种,即容积热容量和重量热容量。

容积热容量(S)是指单位原状土壤温度升高或降低1 ℃所吸收或放出的热量。重量热容量(C)是指单位质量土壤温度升高或降低1 ℃所吸收或放出的热量。为此,土壤容积也具有两种表达方式:一种是土壤质量热容量,即1 g土壤温度升高1 ℃所需的热量,用C_w表示,单位是J/(g·℃);另一种是体积热容量,即1 cm^{3}原状土壤温度升高1 ℃所需的热量,用C_v表示,单位是J/(cm^3·℃)。两者的换算关系式是$C_v=C_w \cdot d$。其中,d是土壤密度(g/m^3)。据估算,在土壤孔隙度为50%、含水量为30%时,土壤的体积热容量一般为168 J/(cm^3·℃)。

不同土壤的容积热容量是不同的,其数值大小取决于土壤的机械成分、孔隙度和含水量。水的容积热容量约比土壤中矿物质的容积热容量大一倍左右,所以当土壤湿度增加时,容积热容量将急剧增大。土壤孔隙度越大,则土壤吸收水分的可能性也越大,故土壤容积热容量随土壤湿度和孔隙度的增大而增大。因此,土壤的容积热容量应该是土壤中固体成分(如矿物质和有机质)、水和空气的容积热容量的加权平均值。通常,水(20C°时)的容积热容量为4.187×10³ J/(L·K),黏土为6.030×10³ J/(L·K),湿黏土为2.680×10³ J/(L·K),含根的轻质土为3.768×10³ J/(L·K)。在干燥情况下,土壤热容量约0.406 cal/(cm³·K)。土壤热容量越小,土温受热量影响而发生的变化就越敏感。由于土壤的固体物质热容量变化不大,所以整个土壤热容量的大小决定于土壤中空气和水分的含量,随土壤湿度增大而增大,随土壤孔隙度增大而减小。如沙土含空气多,水分少,热容量就小,黏土则相反。

De Vries(1963)曾提出如下土壤容积热容量[C_h ,J/(m³·K)]的经验公式:

$$C_h = \left[1.92(1-\theta_s)+4.18\theta\right]\times 10^6$$

式中:θ_s为饱和含水量(m³/m³);θ为土壤容积含水量(m³/m³)。

2.土壤导热率

土壤导热率(λ)是指在标准状况下,单位厚度(一般指1 cm)土层内,温度升高1 ℃,每单位时间(s)内通过单位横截面(1 cm²)的热量数(热通量)。导热率也称土壤温度扩散率,土壤导热率用来表示传导土壤热量的强度,单位J/(cm·s·℃)。显然,土壤表面吸收太阳净辐射能之后,其热量一部分用于它本身升温,一部分借分子传导的形式把热量传入临近土层,使下层增温。反过来,当土壤表面冷却,温度下降到比深层土壤温度低时,热量将由深层输入。土壤具有将所吸收热量传导到邻近土层的性能,称为导热性。同时,土壤三相物质的导热率相差很大,土壤固体>土壤液体>土壤空气。土壤中的这种热量交换过程是一种分子交换过程,可用下式表示:

$$Q_s = -\lambda \cdot \frac{\partial \theta}{\partial z}$$

式中: λ 为土壤导热率; θ 表示温度; z 表示土壤湿度。当温度由地面向地中递减时,温度梯度($\frac{\partial \theta}{\partial z}$)为负, Q_s 便为正,表示有热量自地表向下输送。反之,当土壤温度由地面向下逆增时,温度梯度($\frac{\partial \theta}{\partial z}$)为正, Q_s 为负,热量由深层向上输送,热量散失。土壤中的热的传导过程很复杂,主要包括两个交错进行的过程:一是通过空隙中空气或水分传导;二是通过固相之间接触点直接传导。导热率其本身表达了温度高低影响下的热量传输过程,但水分的传导或传输与温度梯度的作用具有很大联系。有些水分传输是依托温度梯度的作用而迁移。而土壤导热率(λ)可用土壤各组成部分导热率的加权平均值来计算(De vries,1963;Camillo,1983;Camillo et al,1983):

$$\lambda = \frac{X_w\lambda_w + K_s X_s \lambda_s + K_a X_a(\lambda_a + \lambda_{vap})}{X_w + K_s X_s + K_a X_a}$$

式中:X_w、X_s、X_a分别为单位体积土壤水分、固体变化和空气所占的百分比;λ_w、λ_s、λ_a和λ_{vap}分别为水、固体、干空气和水汽的导热率;K_s、K_a分别取决于土壤颗粒形状和排列的固相加权因子。根据研究(Sepaskhah et al,1979),当温度为25 ℃时,λ_w=0.595,

λ_s=2.148，λ_a=0.0256。

水汽导热率计算采用下式计算（杨帮杰，1983）：

$$\lambda_{vap} = 0.02477e^{0.0554T_s}$$

对球状颗粒，加权因子K_s、K_a按（Farouki，1981）来计算：

$$K_s = \frac{2}{3}\left[1 + \frac{1}{3}(\frac{\lambda_s}{\lambda_w} - 1)\right]^{-1} + \frac{1}{3}\left[1 + \frac{1}{3}(\frac{\lambda_s}{\lambda_w} - 1)\right]^{-1}$$

$$K_a = \frac{2}{3}\left[1 + \frac{1}{3}(\frac{\lambda_a}{\lambda_w} - 1)\right]^{-1} + \frac{1}{3}\left[1 + \frac{1}{3}(\frac{\lambda_a}{\lambda_w} - 1)\right]^{-1}$$

土壤导热率是表示土壤温度波的传播特征。利用振幅求热传导是简捷而经常使用的方法。设深度Z_1、Z_2 cm处日最高和最低温度的差为T_1、T_2℃，则温度的扩散率K（cm^2/s）有：

$$K = \frac{6.68 \times 10^{-6}(Z_2 - Z_1)^2}{(\ln T_1 - \ln T_2)^2}$$

二、土壤水分扩散率、传导率（导水率）

1.概述与计算

土壤水分扩散率是土壤水分或土壤水汽流动的一种表述，是指土壤水分自高值（浓度）区向四周单位面积的低值（浓度）区运动的过程。土壤水扩散率$D(\theta)$用水平土柱渗吸法测定，其测定原理为：忽略重力作用，将密度均一、初始含水率均匀的土柱，在进水端维持一个接近饱和的稳定边界含水率，使其水分在土柱中做水平渗吸运动。将这种定解条件下的一维水平流动的土壤水分运动基本方程通过Boltzmann变换，最后可得扩散率[$D(\theta)$，cm^2/min]的近似计算式为：

$$D(\theta) = -\frac{\Delta\lambda}{2\Delta\theta_v}\sum_{\theta_{va}}^{\theta_v}\lambda\Delta\theta_v$$

$$\lambda = xt^{1/2}$$

式中：λ为Boltzmann变换参数（cm^2/min）；x为渗吸的水平距离（cm）；θ_{va}为土壤的初始含水率（cm^3/cm^3）；$\Delta\theta_v$为含水率的计算步长。

采用水平土柱法测得的土壤水分扩散率表示法还有：

$$D = ae^{(b\theta)}$$

式中：D为土壤水分扩散率（m^2/s），a、b为回归系数；θ为土壤含水率。

土壤水分的导水率指单位水势梯度下水分通过垂直于水流方向的单位截面积的饱和土壤水的流速。根据饱和流达西定律，土壤处于水饱和状态时，便需用饱和导水率计算其通量。饱和导水率也是土壤最大可能的导水率，常以它作为参比量，比较不同湿度条件下土壤的导水性能。土壤导水率作为重要的水力特征参数之一，准确测量和计算不仅有助于促进土壤非饱和带的水分运动过程理论研究，同时可为合理确定水分亏缺提供科学依据。土壤水分的导水率[$K(\theta)$，cm/min]可采用水分特征曲线

$S(\theta)$ 和扩散率 $D(\theta)$ 推求，即：

$$K(\theta)=C(\theta)\times D(\theta)=-D(\theta)\frac{d\theta}{dS}$$

式中：$C(\theta)$ 为土壤比水容量(cm^{-1})；$\frac{d\theta}{dS}$ 为土壤含水率对吸力的导数；负号说明随着吸力增加，土壤含水量降低，土壤释放出水分。其中比水容量是吸力增加一个单位量土壤所能释放出的水量，反映了不同吸力时土壤水有效量，可以作为土壤抗旱性的指标(宋孝玉等，2003)。

土壤饱和导水率与土壤结构、容重以及孔隙特性等密切相关。土壤水分的传导率用土壤水分特征曲线和扩散率(k，m/s)计算的通用表达式有：

$$K=ae^{(b\theta)}\left[1+ce^{(d\theta)}\right]^{2}$$

土壤饱和导水率(K_t)用环刀法测定根据达西定律(De Vries，1963)求得，计算公式为：

$$K_t=\frac{Q\times h}{S\times t\times L}$$

式中：K_t 为土壤饱和导水率，Q 为渗透过一定截面积 S 的水量，h 为土层厚度，渗透经过的距离，S 为土壤环刀横截面积，t 为渗透过水量 Q 时所需的时间，L 为水层厚度。

王一博等(2010)采用土壤入渗仪(2800K1)测定土壤饱和导水率。其土壤入渗仪由供水量测定系统、入渗部件和支架等部分构成。用以下公式求得土壤饱和导水率与土壤基质势(王红兰等，2012)：

$$Q_s=\frac{2\pi H^2}{C}K_s+\pi r^2K_s+\frac{2\pi H}{C}\Phi_m$$

式中：Q_s 为水流通量，cm^3/min；K_s 为土壤饱和导水率，cm/min，为便于分析，在分析过程中将其转换成cm/d；Φ_m 为土壤基质势，cm；C 为形状系数(无量纲)，由经验计算公式确定(Zhang et al，1998)；H 为压力水头，cm；r 为洞口半径，cm。

令 $a^*=K_s/\Phi_m$，则有：

$$K_s=\frac{CQ_s}{\left(2\pi H^2+C\pi r^2\right)+2\pi H/a^*}$$

$$\Phi_m=\frac{CQ_s}{\left(2\pi H^2+C\pi r^2\right)a^*+2\pi H}$$

其中，a^* 为入渗过程中重力与毛管力的比值，1/cm，由于水温、水质对土壤饱和导水率的影响很小，因此可以忽略。对饱和导水率进行测定时采用野外原位观测法，并在每个样地随机选取3个重复，以提高数据的可信性。

2.高寒草甸的水分扩散率和导水率

王一博等(2010)在三江源达日三种类型高寒草甸地区(嵩草＋杂草为主的高寒嵩草草甸，植被盖度为80%；灌丛＋嵩草＋杂草为主的高寒灌丛草甸，植被盖度为

60%;植被严重退化的"黑土滩"地,植被盖度为5%左右)进行了土壤导水率的试验研究。分析表明,土壤导水率与土壤深度之间呈现对数相关关系(图8-25),随着土层深度的增加,土壤导水率逐渐变小。

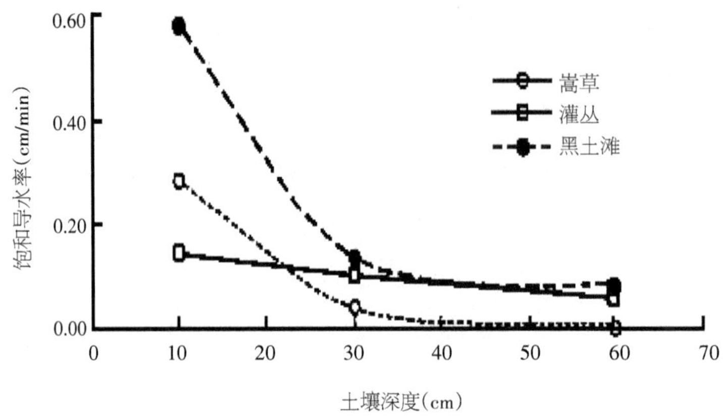

图8-25　土壤饱和导水率随深度的变化

试验结果显示,三种不同植被类型的土壤导水率随土壤深度的变化都呈现对数相关关系,但有很大的差异(表8-8)。

表8-8　高寒草甸土壤导水率(K_s)与土壤湿度(h)的关系

植被类型	拟合方程	R
嵩草草甸	$K_s = -0.1640\ln(h) + 0.6451$	0.9303
灌丛草甸	$K_s = -0.0468\ln(h) + 0.2562$	0.9790
黑土滩	$K_s = -0.2896\ln(h) + 1.2131$	0.9135

在表层0～10 cm土层中,黑土滩的导水率最大,主要是表层土壤失去了植被的保护,土壤含水量低,所以表层黑土滩的饱和导水率比较大。嵩草草甸的导水率比灌丛草甸的大,是由于植物根系的分布使土壤内形成无数微小导水通道和储水小空间,而且这层土壤富含有机质和其他矿物质,这些物质有很强的亲水性,这层土壤的水分由于植物生长和植物蒸腾作用水分流失比较快,这也是造成嵩草草甸这层土壤导水率大的原因之一。相比之下,嵩草草甸的土壤导水率随深度的变化比灌丛草甸和黑土滩的变化要强烈,在10～60 cm深度土壤中三者的总体变化率分别为98%、60%和85%;嵩草草甸土壤的导水率随土层深度变化最大。在30～60 cm深度的土壤中,黑土滩土壤的导水率随土壤深度的变化最小,变化率仅为38%,而灌丛草甸和嵩草草甸

草地的导水率呈持续减小趋势,这说明植被对土壤导水率有一定的影响。在30 cm深处的土壤嵩草草甸的导水率最小,由于嵩草草甸草地植被根系分布较浅,一般深度为5～20 cm,在30 cm左右深度植被对土壤水分没有耗散作用,土壤水分相对较大,所以导水率较小。但在典型的沟谷河滩地,灌丛草甸草地和嵩草草甸草地退化严重,原有的优势物种和建群物种大量消失,毒杂草蔓延,植被盖度较低,土壤厚度变薄,仅为20～40 cm,且土壤中有大量沙砾石侵入。在这个区域土壤导水率试验证明,嵩草草甸的入渗性变化率高于灌丛草甸以及黑土滩的,而黑土滩的导水率则高于灌丛草甸和嵩草草甸的导水率,这说明植被退化以后土壤孔隙度、土壤颗粒结构、土壤透水性等内部结构发生了改变。当植被严重退化以后,植被类型减少且植物群落结构简单,植物根系浅而且不发达,退化后表层土壤受到严重侵蚀,土壤出现粗粒化现象,土壤的通透性增强,表层土壤变得容易干燥(牛亚菲,1999;彭珂珊,1995;包维楷等,1999),这些综合变化都对土壤的导水率有强烈影响。

三、土壤水分吸力、比水容量、持水性能与水分特征曲线

1.概述、观测与计算

土壤水的基质势或土壤水吸力是随土壤含水率而变化的,其关系曲线称为土壤水分特征曲线或土壤持水曲线,也叫作土壤特征曲线或土壤pF曲线。土壤水分特征曲线表示了土壤水的能量(水势,或说土壤水吸力)和数量之间的关系,反映不同土壤的持水和释水特性,也可从中了解给定土壤的一些土壤水分常数和特征指标。曲线的斜率倒数称为比水容量,是用扩散理论求解水分运动时的重要参数。曲线的拐点可反映相应含水量下的土壤水分状态,如当吸力趋于0时,土壤水接近饱和,水分状态以毛管重力水为主。吸力稍有增加,土壤含水量急剧减少时,用负压水头表示的吸力值约相当于支持毛管水的上升高度。吸力增加而含水量减少微弱时,以土壤中的毛管悬着水为主,土壤含水量接近于田间持水量。饱和含水量和田间持水量间的差值,可反映土壤给水度等。故土壤水分特征曲线是研究土壤水分运动、调节利用土壤水、进行土壤改良等方面的最重要和最基本的工具。应用数学物理方法对土壤中的水运动进行定量分析时,水分特征曲线是必不可少的重要参数。

土壤水分吸力是指土壤水的负压力,是土壤基质对水分的吸附和保持能力。土壤水因受到土壤基质的吸附作用和毛管作用,其表面通常形成一个凹形的弯月面,暗示其压力低于大气压力。若以大气压力做参比,则土壤水的压力为负。为了使用方便,将负压力定义为吸力,以便将负号消除,故土壤水吸力在数量上与土壤水负压力相等,通常简称土壤吸力。它既能形象地描述土壤基质对水的吸持作用,又可以避免使用负数,故被广泛接受。

需要注意的是,土壤水分吸力是土壤在承受一定吸力情况下所处的能态,并不是指土壤对水的吸力。由于基质势和溶质势一般为负值,在分析时欠方便,所以将两者的相反数(正数)定义为吸力,也可分别称之为基质势力和溶质势力。由于在土壤水

分的保持和运动中，不考虑溶质势，故一般所谈及的吸力是指基质势，其值与基质势相等，但符号相反。

所谓土壤比水容量，是指在土壤吸力变化一个单位时，土壤吸入或释放的水量，即土壤水分特征曲线的斜率。通过对水分特征曲线经验方式 $C_\theta = a \cdot S^{-b}$ 求一阶导数，可得高寒草甸土壤的比水容量变化方程：

$$C_\theta = \frac{d_{\theta_g}}{ds} = a \cdot b \cdot S^{-(b+1)}$$

土壤持水能力，仅能反映植物可能利用的水量，而供水强度与速率的大小则取决于土壤比水容量的大小。同时也看到，土壤水分吸力、比水容量、持水性能与水分特征曲线是相互影响的关系。

通常土壤含水量 Q 以体积百分数表示，土壤吸力 S 以大气压表示。由于在土壤吸水和释水过程中土壤空气的作用和固、液体接触不同的影响，实测土壤水分特征曲线不是一个单值函数曲线。当土壤中的水分处于饱和状态时，含水率为饱和含水率 θ_s，而吸力 S 或基质势 ψ_m 为零。若对土壤施加微小的吸力，土壤中尚无水排出，则含水率维持饱和值。当吸力增加至某一临界值 S_a 后，由于土壤中最大孔隙不能抗拒所施加的吸力而继续保持水分，于是土壤开始排水。饱和土壤开始排水意味着空气随之进入土壤中，故称该临界值 S_a 为进气吸力，或称为进气值。一般地说，粗质地沙性土壤或结构良好的土壤其进气值是比较小的，而细质地的黏性土壤其进气值相对较大。由于粗质地沙性土壤大小孔隙均有，故进气值的出现往往较细质土壤明显。当吸力进一步提高，次大的孔隙接着排水，土壤含水率随之进一步减小，如此，随着吸力不断增加，土壤中的孔隙由大到小依次不断排水，含水率越来越小，当吸力很高时，只有在十分狭小的孔隙中才能保持极为有限的水分。

土壤水分的基质势与含水率的关系，目前尚不能根据土壤的基本性质从理论上分析得出，因此，水分特征曲线只能用试验方法测定。为了分析应用的方便，常用实测结果拟合出试验关系。常用的经验公式形式有：

$$S = a\theta^b \left[或 S = a\left(\theta/\theta_s\right)^b \right]$$

$$S = A\left(\theta_s - \theta\right)^n / \theta^m$$

式中：吸力 S 为土壤水吸力，单位常用cm或Pa表示；θ 为含水率；θ_s 为饱和含水率；a、b、A、m、n 为相应的经验常数。

压力膜仪是目前公认的仪器设备，国际上一般都承认这种设备所测定获得的数据，所以在国内很多领域都有应用。它的原理是用高压气泵（或者高压氮气瓶）向一个密封的容器中充气加压，压力范围可调，从0到15 bar（压力单位，巴）都可以，土壤样品置于其中，下垫特制陶瓷板（陶瓷板起着透水不透气的作用，将加压后土壤中渗出的水分转移到密封容器外），一般24小时后，样品中的水分保持恒定，取出样品，称重，烘干，再称重，测定含水量，以此类推，可以得到土壤特征曲线。

用压力薄膜技术测得的试验地土壤水分特征曲线如下：

$$S=\frac{a}{1+e^{(b+c\theta)}}$$

式中：θ 为土壤容积含水量（m^3/m^3）；s 为土壤水吸力值（m）。

由水分特征曲线求得土壤的比水容量（C_w，1/m）可表示为：

$$C_w=-d\theta/ds=\frac{\left[1+e^{(b+c\theta)}\right]^2}{ace^{(b+c\theta)}}$$

式中：a、b、c 的大小与上式相同。

在农学研究上，由于作物忍受干旱的能力有限，一般压力为15 bar时，也就认为是最大压力值了，此时土壤已经极为干燥。当土壤水势发生变化时，采用任一方法测定土壤水分含量，就能按不同水势下的土壤含水量数值描绘土壤特征曲线。有些研究者提出了滞后现象，认为相同吸力下的土壤水分含量，释水状态要比吸水状态大，即为水分特征曲线的滞后现象。滞后现象在沙土中要比在黏土中明显，这是因为在一定吸力下，沙土由湿变干时，要比由干变湿时含有的水分更多。产生滞后现象的原因可能是土壤颗粒的胀缩性以及土壤孔隙的分布特点（如封闭孔隙、大小孔隙的分布等）。

在野外取样时，选取具有代表性的标准地挖掘土壤剖面，用环刀按照土层0～10、10～20、20～30、30～40 cm分层取样，每个组合重复3～5次，用烘干法和浸水法测定土壤的自然含水量、土壤的各项物理性状和持水性能指标。其土壤持水性能是指单位面积最大持水量（t/hm^2），为10000（m^2）×土壤总孔隙度（%）×土层厚度（m）×水比重（t/hm^3）。而单位面积有效持水量（t/hm^2），为10000（m^2）×土壤非毛管孔隙度（%）×土层厚度（m）×水比重（t/hm^3）。当然还要测定土壤物理性质，如容重、毛管孔隙度等。采用比重瓶法测定土粒密度，计算出总孔隙度、非毛管孔隙度和土壤有效持水量。计算公式为（丁绍兰等，2009）：

$$P_{总}=\left(1-\frac{D_P}{D_v}\right)\times100\%$$

$$P_{毛}=1-P_{非}$$

式中：D_P、D_v 分别为土壤容重、土粒密度（g/cm^3）；$P_{总}$、$P_{毛}$、$P_{非}$ 分别为总孔隙度、毛管孔隙度、非毛管孔隙度（%）。

2.自然放牧

土壤水分特征曲线受多种因素影响。首先，不同质地的土壤，其水分特征曲线各不相同，差别很明显。一般来说，土壤的黏粒含量愈高，同一吸力条件下土壤的含水率愈大，其吸力值愈高。这是因为土壤中黏粒含量增多会使土壤中的细小孔隙发育。由于黏质土壤孔径分布较为均匀，故随着吸力的提高，含水率缓慢减少，如水分特征曲线所示。对于沙质土壤来说，绝大部分孔隙都比较大，当吸力达到一定值后，这些大孔隙中的水首先排空，土壤中仅有少量的水存留，故水分特征曲线呈现出一定吸力以下缓平，而较大吸力时陡直的特点。水分特征曲线还受土壤结构的影响，在低吸力范围内尤为明显。土壤愈密实，则大孔隙数量减少，而中小孔径的孔隙增多。因此，在同一吸力值下，干容重愈大的土壤，响应的含水率一般也要大些。

温度对土壤水分特征曲线亦有影响。温度升高时，水的黏滞性和表面张力下降，基质势相应增大，或说土壤水吸力减少。在低含水率时，这种影响表现得更加明显。土壤水分特征曲线还和土壤中水分变化的过程有关。对于同一土壤，即使在恒温条件下，由土壤脱湿（由湿变干）过程和土壤吸湿（由干变湿）过程测得的水分特征曲线也是不同的。这一现象已被很多试验资料所证实，这种现象称为滞后现象。

我们曾采集自然土柱方法进行了高寒草甸土壤水分特征曲线的观测与分析（曹广民等，1998）。采集的土柱先置于1000 mL玻璃烧杯中，埋入负压计，用称重法测定土壤含水量，负压计测定土壤水吸力，绘制土壤水分特征曲线。测定脱水变化曲线时，将土柱灌水饱和，然后任其自然蒸发脱水，定时（每日08、12、16、24时）测定各蒸发过程的土壤含水量与水吸力，至土柱水分不再蒸发，即负压计读数达最大且数值稳定为止。测定吸水变化曲线时，给土柱分次定量加水，平衡后测定其含水量和对应的水吸力，至土柱水吸力不再变化，约为零时为止。针对三江源和海北高寒草甸区，进行了其水分特征曲线特征的研究（图8-26）。其中两地土壤基本物理性状见表8-9。

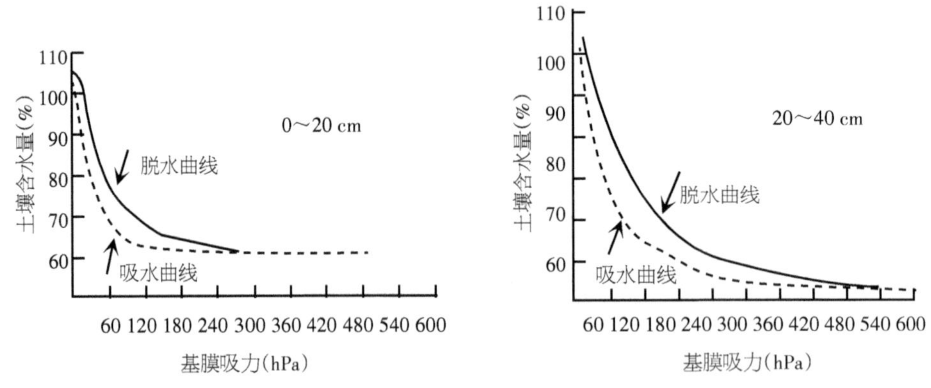

图8-26　海北、甘德高寒草甸土壤水分特征曲线

从图8-26可看出，青藏高原高寒地区土壤水吸力在0～600 hPa范围内变动，土壤含水量在15.4%～105.7%范围内变化。从水分特征曲线来看，持水曲线在65～600 hPa之间变化平稳，在65 hPa以下的低吸力段曲线变化幅度较大。若用幂指数曲线方程（Graham，2005；华孟等，1993）：$\theta_g = a \cdot S^{-b}$［$\theta_g$为土壤含水量（%）；$S$为水吸力（hPa）；$a$、$b$为回归系数］对高寒草甸土壤水分特征曲线进行回归模拟，结果发现（表8-10）：回归方程中参数a决定了曲线的高低，即持水能力大小，a值越大，持水能力越强；参数b决定曲线的走向，即土壤含水量随土壤水势降低而递减得快慢。参数a和b的大小，主要受土壤质地（主要是＜0.01 mm物理性黏粒量）、有机质结构的影响。其方程的回归参数见表8-10。

表8-9　高寒草甸土壤的基本物理性状

地点	深度(cm)	容重(g/cm^3)	有机质(g/kg)		机械组成(mm)		
			粗有机质*	有机质	2～0.05	0.05～0.002	<0.002
海北站	0～20	0.72	12.85	105.4	594.0	266.2	139.9
	20～40	0.94	2.4	47.7	560.2	219.4	98.0
三江源玛沁	0～10	0.59	97.8	302.4			
	10～25	0.86	4.120	124.4			
	25～50	0.97	2.10	81.3			

注：粗有机质指筛选分离出来的半分解的植物根系。

表8-10　高寒草甸土壤水分特征曲线模拟方程

深度(cm)	水分状态	模拟方程 $\theta_g=a\cdot S^{-b}$		
		a	b	$R(n)$
0～20	脱水	86.7417	0.2152	-0.9511(45)
	吸水	82.5191	0.2289	-0.9839(21)
20～40	脱水	61.3056	0.2009	-0.9816(49)
	吸水	40.8222	0.1470	-0.9845(17)

由表8-10可见，高寒草甸土壤的含水量与水吸力具有很好的负相关关系，均达极显著水平($P<0.001$)。据此可对高寒地区高寒草甸土壤的水吸力和含水量进行互相推算，以应用于田间水分的调控管理。

我们曾对青北青南土壤水分吸力做过分析（曹广民等，1998）发现，不同吸力状况下，高寒草甸土壤的比水容量见表8-11。

表8-11　高寒草甸土壤的比水容量[$mL/(hPa\cdot cm^3)$]

吸力(hPa)		0.1	0.2	0.3	0.4	0.5	0.6	0.7	0.8
土壤厚度	0～20 cm	0.4989	0.2149	0.1313	0.0925	0.0766	0.0565	0.0469	0.0399
	20～40 cm	0.4590	0.1997	0.1227	0.0869	0.0664	0.0534	0.0444	0.0378

由表8-11可看出，高寒草甸土壤比水容量均随土壤水分吸力的增大而渐趋减小。同一土壤，随土层深度的增加，比水容量亦渐趋减小。

高寒草甸土壤的高有机质含量、低容重，使土壤保蓄较多的水分，加之高原独特的气候条件，水热同期，植物生长季短，自然降水主要集中于植物生长季的5—9月，植物消耗水分最多的季节也是降水较多的时期，水分能得到及时补充。观测资料表明，高寒草甸植物生长季的5—9月土壤平均含水量远高于它们的凋萎含水量（12.5%～15.4%）。同时，冬季土壤冻结，土壤水分不易散失，因此，在通常状况下，高寒草甸土壤水分状况不会成为限制生产力的障碍因子。但遇干旱年份或生育期降水不均，土壤含水量便迅速下降，虽然仍高于凋萎含水量，但满足不了植物生长的需要，将对牧草生长有一定的影响。

土壤的持水性是表征土壤吸持水分的能力，但土壤吸持的水分并不能全部被植物所吸收，因此借助土壤比水容量说明土壤水分的有效性和供水能力的强弱。有比水容量的计算式（程慧艳，2007；高泽永，2015）：

$$C_\theta = a \cdot b \cdot S^{-(b+1)}$$

其中：C_θ 表示比水容重[mL/(MPa·g)]；θ 表示土壤水含量（v/v）；S 表示土壤水吸力（MPa）。

由此可知，$a \cdot b$ 反映土壤的供水能力，其值越大，表示土壤供水性或耐旱性越强，$b+1$ 的值能反映土壤失水的快慢，其值越大，即失水越快，比水容重变化越大（表8-12），中度影响迹地 $b+1$ 值最小，表明中度影响迹地土壤失水性较其他影响迹地慢。$a \cdot b$ 值逐渐减小，土壤的供水能力逐渐减弱，耐旱性降低。

表8-12　高寒草甸不同土壤吸力条件下土壤比水容重

影响迹地	土壤吸力(MP)							
	0.001	0.01	0.03	0.05	0.08	0.10	0.30	0.50
未影响	73.4885	4.2386	1.0866	0.5770	0.3223	0.2445	0.0627	0.033
轻度	79.5379	4.3710	1.0950	0.5753	0.3182	0.2402	0.0602	0.0316
中度	46.9228	2.8667	0.7554	0.4063	0.2296	0.1751	0.0461	0.0248
重度	55.8470	3.1477	0.7981	0.4217	0.2344	0.1774	0.0450	0.0238
极重度	47.6571	2.7741	0.7143	0.3801	0.2127	0.1615	0.0416	0.0221

高泽永（2015）在青藏高原多年冻土区热融湖塘对土壤水文过程的影响时，进行了不同土壤吸持水分能力下不同影响迹地的研究。由土壤在不同吸力条件下的土壤

比水容重变化(表8-12)认为,土壤在低吸力条件下释放的水量较多,同时植物吸收水分所消耗的能量较少,土壤在高吸力条件下释放的水量较少,植物吸收水分所消耗的能量较多。当比水容量达到10^{-1} mL/(MPa·g)量级时,在未影响迹地和轻度影响迹地时土壤水分吸力为0.24 MPa,而其他影响迹地条件下土壤水分吸力达到0.17 MPa,表明热融湖塘影响程度较轻时,可利用的土壤水分范围较广。同时,未影响迹地与轻度影响迹地土壤在低吸力段下的可供水性明显强于其他影响迹地。

在持水性上,热融湖塘的形成改变了土壤粒度、容重、水分及有机质等参数,同时也使植被类型发生了演替,因而土壤水分特征参数发生了变化,如表8-13所示,表征土壤持水能力的a值随着热融湖塘影响程度的加剧而逐渐减小,说明0～10 cm土壤的持水能力逐渐减弱,这与土壤环境和植被环境的变化有着直接的关系。热融湖塘的形成,使土壤变得疏松,细颗粒物质减少,而粗颗粒物质相应增多,由于细颗粒物质具有较大的表面吸附力,因此对土壤水分的吸持能力降低,有研究表明,持水性与土壤稳定性团聚体含量呈正比关系(杨永辉等,2009)。同时,植被退化使其根系对土壤水分的保持能力降低。土壤持水性的变化不是某一个因素作用的,而是一个综合作用的系统。土壤持水能力是决定土壤环境稳定的重要因素,持水性的降低使得土壤水分极易丢失,表现为随影响程度的加剧,土壤水分减少。青藏高原多年冻土区植被的生长对于土壤水分的变化极度敏感,因此土壤持水能力降低改变了多年冻土区土壤的水文过程,导致高寒生态系统的退化,同时也使已退化的高寒生态系统难以得到恢复。

表8-13　高寒草甸土壤持水能力的a值随着热融湖塘的变化状况

未影响	$y=0.0588x^{-0.239}$	0.0588	0.239	0.0141	0.9965
轻度	$y=0.0507x^{-0.260}$	0.0507	0.260	0.0132	0.9858
中度	$y=0.0502x^{-0.214}$	0.0502	0.214	0.0107	0.9985
重度	$y=0.0125x^{-0.235}$	0.0425	0.235	0.0100	0.9826
极重度	$y=0.0379x^{-0.249}$	0.0379	0.249	0.0094	0.9826

王一博等(2010)在三江源达日县高寒草甸地区开展过土壤水分特征曲线的研究工作。他们选择不同植被类型和覆盖度的样地,分别在不同样地分层(0～20、20～50 cm)取土样,然后在实验室用SCR20型高速冷冻离心机进行测定。当连续入渗数据不变时,即土壤水分达到饱和,然后将饱和后的土样在不同转速下离心90～120 min,使水分达到平衡后称重,计算不同吸力下的土壤含水率。即:

当转速为n_i(r/min)时,有土壤基质吸力(S_i,Pa):

$$S_i = 1.12 \times 10^{-3} R \times n_i^2$$

式中：R为离心半径(cm)。其中，在S_i吸力下的土壤质量含水率(θ_g)为：

$$\theta_g = (S_i\text{时的土样重} - \text{烘干土样重})/\text{烘干土样重}$$

容积含水率(θ_v)为：

$$\theta_v = \theta_g \times r_d$$

式中：r_d为土壤干容重(g/cm^3)。

以土壤质量含水率θ_g为纵坐标，水吸力S(基膜吸力)为横坐标，即可得到土壤不同基质吸力下的体积含水率(表8-14)和水分的特征曲线(图8-27)。

从表8-14可以看出，同一测点同一吸力对应的不同土层的含水率差别很小，而且土壤剖面也很均匀，整个剖面可用1条土壤水分特征曲线表示(图8-27)。根据测定结果对各测点不同土层含水率的平均值分别用幂函数经验公式和指数经验公式进行拟合，得出含水量(θ, cm^3/cm^3)与土壤水吸力(S, 0.1 MPa)关系的最佳拟合方程为幂函数形式，$\theta = 19.67S^{-0.181}$ (R^2=0.975)。

表8-14　达日高寒草甸不同吸力状况下土壤体积含水率(%)

深度(cm)	容重(g/cm³)	基质吸力(0.1 MPa)										
		0.1	0.2	0.4	0.6	0.8	1.0	2.0	4.0	6.0	8.0	10.0
0～20	1.27	30.16	28.63	24.31	21.84	20.29	19.58	18.24	16.05	14.62	13.34	13.05
20～50	1.20	29.50	24.05	22.69	20.94	20.41	19.20	16.82	15.43	13.96	13.54	12.27
0～50	1.24	29.83	26.34	23.50	21.39	20.35	19.39	17.53	15.71	14.29	13.44	12.66

王一博等(2010)进行试验的土壤，其质地均是沙壤土。故表现出低吸力段(＜0.1 MPa)的较窄范围内，水分特征曲线陡直，而在中高吸力段(＞0.1 MPa)的较宽区间，曲线却趋于平缓。在低吸力范围内土壤所能保持或释放出的水量取决于土壤结构和孔隙分布特征，主要是毛管力起作用。在中高吸力段则决定于土壤质地，主要是土壤颗粒的表面吸附起作用(雷志栋，1988)。由于试验地土壤质地是沙壤土，粒间孔隙较大，毛管力微弱，施加较小吸力，大孔隙中的水即被排出，保持在中小孔隙中的水分只有在较大吸力范围内才能缓慢释出，这也是黄河源高寒地区高寒草甸土壤持水力低的内在原因。

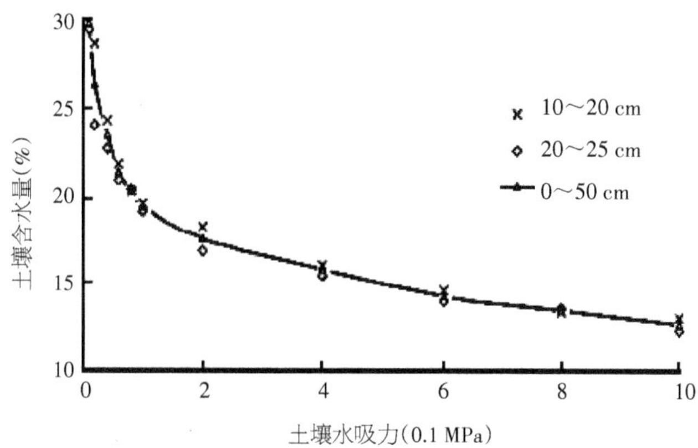

图8-27　达日高寒草甸0～50 cm平均土壤水分特征曲线

3.不同放牧强度

杨思维等(2016)在祁连山地区进行了短期放牧强度下高寒草甸表层土壤入渗和水分特征曲线的研究。他们通过3年控制放牧试验，基于高寒草甸表层土壤物理性状、入渗过程及土壤水分特征曲线等方面的观测，分析了高寒草甸土壤水分入渗对短期放牧的响应。放牧试验设计5个放牧梯度(分别为A:2.75只羊/hm^2，B:3.64只羊/hm^2，C:4.35只羊/hm^2，D:4.76/hm^2，E:5.20只羊/hm^2)。土壤容重和初始含水量(质量含水量)采用烘干法测定。总孔隙度计算公式为:总孔隙度=(1-容重/土壤密度)×100%(土壤密度为2.65 g/cm^3)。土壤毛管孔隙度参照相关文献(中国科学院南京土壤研究所，1978)分析;土壤非毛管孔隙度用总孔隙度减去毛管孔隙度获得。通气孔度用总孔隙度减去土壤容积含水量(土壤容重×土壤初始含水量)获得。土壤入渗率参照刘芝芹等室内环刀法(刘芝芹等，2014)测定;土壤水分特征曲线参照沃飞等压力膜仪法(沃飞等，2009)，并用Gardner模型(宁婷等，2014)拟合:

$$\theta = aS^{-b}$$

式中:θ为土壤质量含水量(g/g);S为土壤水吸力(×100 kPa);a、b为参数，其中a决定曲线高低，可反映土壤持水能力的强弱，a值越大，持水能力越强，同时利用拟合方程计算低、中吸力段的土壤质量含水量，可表示土壤持水能力;比水容量由Gardner方程求导得来:

$$C(\theta) = \frac{d\theta}{d\psi} = -\frac{d\theta}{dS} = abS^{-(b+1)}$$

式中:θ、S、a、b的含义同上;ψ为土壤基质势(×100 kPa)，$\psi=-S$。用100 kPa的比水容量值表示土壤供水能力。

杨思维等(2016)的研究发现，各放牧强度低、中吸力段土壤含水量存在差异(图8-28)，因此土壤持水能力也不同。低吸力段[(0.1～0.8)×100 kPa]受毛管力的作用，土壤含水量变化范围较大，B和C处理土壤含水量明显高于其他处理，且A处理土壤含水量明显高于D与E处理，但D与E处理土壤含水量较接近，且随吸力增加趋于集中；当在100 kPa以上时，B处理土壤含水量最大，C处理次之，但两者较为接近，其他处理土壤含水量差别不大，且随吸力增加而趋于一致。而中、高吸力段B和C处理较A、D、E处理土壤含水量要大，可能与B和C处理土壤颗粒表面吸附力大有关。综合参数a和各吸力段土壤含水量可知，中等程度放牧干扰（3.64～4.35只羊/hm²）有助于土壤持水能力的提高，而较轻（2.75只羊/hm²）和高强度放牧（>4.35只羊/hm²）对土壤持水能力并没有促进作用。

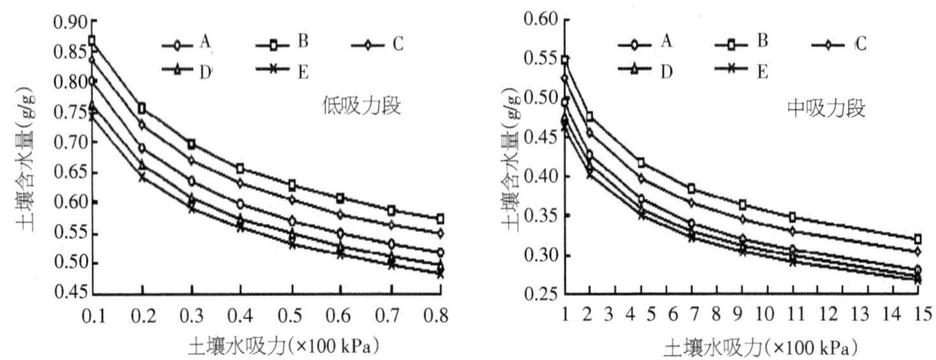

图8-28　祁连山放牧强度下高寒草甸不同吸力段土壤水分含量

表8-15　高寒草甸不同放牧强度土壤水分特征曲线拟合参数

处理	a	b	R^2	F	P
A	0.494	0.208	0.954	125.20	0.000
B	0.548	0.199	0.975	236.28	0.000
C	0.525	0.202	0.976	241.86	0.000
D	0.477	0.204	0.963	157.24	0.000
E	0.464	0.203	0.970	195.25	0.000

同时，低、中各吸力状态下放牧对土壤比水容量的影响一致，随放牧强度增加，均表现为先增后减的趋势（表8-15）。低吸力段各放牧强度的比水容量均处于10^{-1}数量级，说明放牧对低吸力段的土壤供水能力影响较小。100 kPa时，D、E处理比水容量出现10^{-2}数量级，而其他处理在200 kPa时出现10^{-2}数量级；随着吸力增加，D与E处理均有不同程度的减小，由此可知，较高放牧强度（4.76～5.20只羊/hm²）能降低土壤供水能力，土壤耐旱性较差。

研究还发现，放牧强度对表层土壤水分保持能力有显著影响，且放牧强度增加是引起草地土壤保水、持水能力下降的主要原因(Lei et al,2012)。2.75～4.35只羊/hm²的放牧处理(合理放牧)有助于土壤持水能力提高,而4.76～5.20只羊/hm²处理(重度放牧)对土壤持水能力具有显著削弱作用。其原因可能为合理的放牧强度(轻度、中度放牧)有利于高寒草甸地下根系生物量的增加,促进高寒草甸土壤更多的细根分布,而细根代谢产生的有机质有利于土壤颗粒的胶结和土壤毛管孔隙度的形成,促进了土壤微生物的生长发育,土壤微生物通过缠绕作用和分泌物的胶结作用,进一步提高土壤有机质的输入(薛冉等,2014),增加土壤颗粒对水分的吸附,降低土壤水分向深层下渗,从而增加表层土壤持水量;重度放牧草地表层土壤覆盖度减小,地表裸露程度增大,减少了植被对降水的截留与缓冲,增加了降水对裸地的溅蚀,土壤蒸发随之增大,土壤水分不易保持(周秉荣等,2008),同时重度放牧导致根系浅层化、减量化(李凤霞等,2015),表层土壤容重增大,土壤孔隙度和水稳性团聚体减少,土壤入渗率降低(王启兰等,2008),有限的降水以地表径流迅速流失,土壤储水空间变小,导致土壤保水和持水能力变弱。土壤的供水能力作为影响土壤环境的重要因素,也是高寒生态环境退化的重要影响因子之一(文晶等,2013)。100 kPa时的比水容量值可很好地表征土壤供水能力(宁婷等,2014)。比水容量达到10^{-2}数量级时,土壤的供水能力就难以满足作物生长;比水容量达10^{-2}数量级时的吸力值越大,土壤耐旱性越好(宁婷等,2014;Liu et al, 2011)。2.75～4.35只羊/hm²较4.76～5.20只羊/hm²提高了低吸力段的土壤比水容量,但各放牧强度土壤的比水容量达到10^{-2}数量级的吸力值并未增大,表明短期放牧对低吸力段供水能力的作用并不明显,明显的提高作用发生在高吸力段,这可能与本研究表征土壤结构的容重和孔隙状况未受放牧强度的显著影响有关。但土壤吸力为100 kPa时,4.76～5.20只羊/hm²处理的比水容量值达到10^{-2}数量级,可能高强度放牧破坏了土壤团粒结构稳定性,限制了土壤水分的运动性和有效性,从而对植物生长产生不利影响(宁婷等,2014)。总之,合理放牧可以提高土壤有效水分的利用,高强度放牧会导致土壤失水干旱,增加高寒草甸生态系统环境退化的风险。

放牧作为高寒草甸草地生态系统的最主要的干扰方式之一,牲畜的践踏活动导致草地表层土壤物理特性发生一系列的波动,影响草地土壤结构和侵蚀程度,对土壤水分传导产生直接影响,导致土壤入渗、持水和供水性能对放牧强度产生不同程度响应。因此有效地协调高寒草甸土壤入渗、持水能力和有效供水的关键是设置合理的放牧强度。同时,研究者普遍认为无论是草地植被还是土壤对放牧强度的响应,最好用长期放牧试验来评估(Klein et al, 2004;丁小慧等,2012;周华坤等,2004;黄麟等,2009)。但也有研究表明,由于牧民放牧家畜数量逐年持续增加,使草地超出最大载畜能力(曹建军等,2008;黄麟等,2009),家畜践踏作用增强,短期内过重的放牧载畜量是引发草地生态系统功能退化的导火索(黄麟等,2009;侯扶江等,2004)。本研究也表明,表层土壤初始含水量、入渗、持水和供水能力对短期放牧反应敏感,尤其短期内高强度放牧对这些指标的削弱效应,表明它们可作为土壤质量变化的早期预测指标，并向该区短期放牧引起高寒草甸生态系统功能变化，甚至潜在的退化风险发出了预警信号。因此研究短期放牧对高寒草甸生态系统的影响具有更全面和深远意义而不容忽视。

杨思维等(2016)对短期放牧梯度下的土壤水分特征曲线表明(图8-29)，放牧试验设计为5个放牧梯度(分别为A：2.75只羊/hm²、B：3.64只羊/hm²、C：4.35只羊/hm²、D：4.76/hm²、E：5.20只羊/hm²)。可以发现，随着土壤水吸力增加，各处理土壤含水量均表现“快速下降—缓慢下降—基本平稳”的变化趋势，曲线形态较接近，且变幅较一致。同一水吸力条件下，各处理土壤含水量有所不同，表现出曲线高低相异。说明由于放牧强度不同，同一生态环境下形成的土壤具有不同的理化特性，导致土壤水分特征曲线存在差异，持水能力表现各异。经SPSS拟合，各处理R^2均大于0.95，呈极显著拟合效果($P<0.01$)，说明各放牧样区水分特征曲线适用Gardner模型分析(表8-15)。结合图8-29和表8-15参数a可知，土壤持水能力B>C>A>D>E，但B与C处理的a值较接近。表明经过3年放牧，中度放牧(3.64～4.45只羊/hm²)样地持水性能较其他处理样地要好，土壤不易失水。

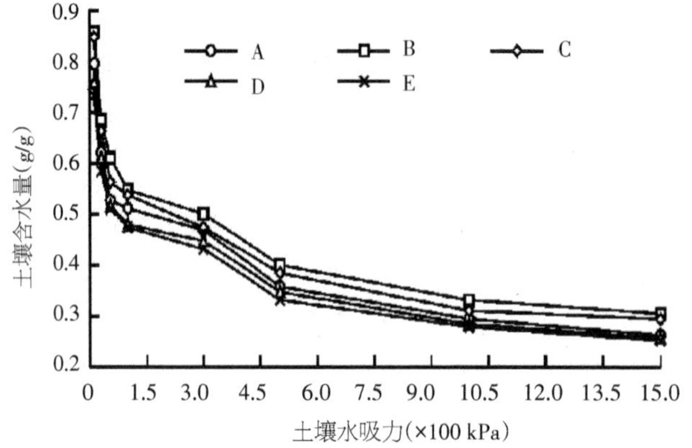

图8-29　短期放牧梯度下土壤水分特征曲线

放牧强度试验表明，合理放牧(4.35只羊/hm²)有利于土壤水分的贮存，随着放牧强度加剧，土壤孔隙分布降低，高强度放牧(4.76～5.20只羊/hm²)土壤水分更容易丢失。短期放牧影响土壤的入渗过程，随着放牧强度增加，各阶段土壤入渗特征值均呈先增加后降低趋势，且短期高强度放牧(4.76～5.20只羊/hm²)降低了土壤的入渗性能。短期高强度放牧(4.76～5.20只羊/hm²)削弱了土壤持水和供水能力，合理放牧强度(3.64～4.35只羊/hm²)有助于保持土壤持水和供水能力。

第七节　高寒草甸土壤持水量

土壤持水量是指某种状态的土壤抵抗重力所能吸持的最大水量。用于比较土壤水分的保持能力。其数值大小与土壤颗粒的物理化学性质特别是颗粒大小、结构、容重和有机质含量等有关。近年来,关于土壤持水量有着诸多的研究报道(张万儒等,1986;魏强等,2012;韩凡香等,2016;丁绍兰等,2009;程慧艳,2007;高泽永,2015;杨永辉等,2009)。对持水量的理解也因为研究对象或衡量的标准不同而异。大多数状况下以萎蔫湿度或田间持水量为基准,来分析毛管持水量、最大持水量等。为此,其研究的目标不同,测定的指标有所不同,主要包括萎蔫湿度、田间持水量、毛管持水量、最大持水量等。

一、土壤持水量观测方法与分析

这里重点介绍用环刀法测定萎蔫湿度、田间持水量、毛管持水量、最大持水量等。将装有湿土的环刀揭去带孔的盖子,在盖子上放入滤纸,然后重新盖上盖子,把垫有滤纸底盖的一面朝下放入平底盆内,再把环刀不带孔的盖子揭开,往盆里注水,并加至盆中水位与环刀上沿平齐为止,使环刀吸水达12 h,此时环刀土壤中所有孔隙都充满了水,盖好上、下底盖,水平取出,用干毛巾擦掉环刀外侧沾的水,立即称重(M_2)。然后,将吸水12 h后的环刀垫滤纸的带网眼的底盖一面朝下,放置在铺有干沙的平底盘中2 h,此时环刀中土壤的非毛管水分会全部流出,但毛细管中仍充满水分,盖上底盖后立即称量(M_3)。再继续将环刀放置在铺有干沙的平底盘中24～48 h,盖上底盖称量(M_4)。按照下列公式分别计算土壤饱和持水量、毛管持水量及田间持水量(中国土壤学会农业化学专业委员会,1984;张万儒等,1986)。

土壤可实现的最大持水能力(土壤饱和含水量,又称最大持水量)计算:系土壤孔隙全部充满水时的含水量。将装有湿土的环刀(环刀质量为m)揭去上、下底盖,仅留垫有滤纸带孔底盖,放入平底盆或其他容器内,注入并保持盆中水层高度至环刀上沿为止,使其吸水达12 h(质地黏重的土壤浸泡时间可稍长),此时环刀土壤中所有孔隙都充满了水,盖上上、下底盖,水平取出,用干毛巾擦掉环刀外侧沾的水,立即称量(m_1),即可算出土壤饱和持水量(g/kg、mm):

$$\text{土壤饱和持水量(g/kg)}=\frac{(m_1-m)-(m_2-m)\times K_2}{(m_2-m)\times K_2}\times 1000$$

$$\text{或(mm)}=\frac{0.01\times \text{上层厚度(cm)}\times \text{土壤密度}(\text{g/cm}^3)\times \text{土壤饱和持水量(g/kg)}}{\text{水的密度}(\text{g/cm}^3)}\text{。}$$

土壤毛管持水量计算:土壤毛管持水量指土壤能保持的毛管支持水(上升水)的

最大量。可以计算土壤毛管孔隙的比例。将上述称量(m_1)后的环刀，仅留垫滤纸的带网眼的底盖，放置在铺有干沙的平底盘中2 h，此时环刀中土壤的非毛管水分已全部流出，但毛细管中仍充满水分。盖上底盖后立即称量(m_2)，即可计算出毛管持水量(g/kg，mm)：

$$土壤毛管持水量(g/kg)=\frac{(m_2-m)-(m_2-m)\times K_2}{(m_2-m)\times K_2}\times 1000$$

$$或(mm)=\frac{0.01\times 上层厚度(cm)\times 土壤密度(g/cm^3)\times 土壤毛管持水量(g/kg)}{水的密度(g/cm^3)}。$$

土壤田间持水量(又称土壤最小持水量)计算：自然状态下的土壤持水量称为田间持水量，是决定植物有效水的上限值，是土壤排除重力水后所保持的毛管悬着水的最大量，它是植物有效水的上限。将上述称量(m_2)后的环刀，如前一样继续放置在铺有干沙的平底盘中，保持一定时间(沙土1昼夜，壤土2～3昼夜，黏土4～5昼夜)，此时环刀中土壤的水分为毛管悬着水。盖上上、下底盖，立即称量(m_3)后计算得到：

$$土壤田间持水量(g/kg)=\frac{(m_2-m)-(m_2-m)\times K_2}{(m_2-m)\times K_2}-\frac{1-K_2}{K_2\times 100}\times 1000$$

$$或(mm)=\frac{0.01\times 上层厚度(cm)\times 土壤密度(g/cm^3)\times 土壤田间持水量(g/kg)}{水的密度(g/cm^3)}。$$

最佳含水率下限(g/kg)= 田间持水量(g/kg)×0.7

$$或(mm)=\frac{0.01\times 上层厚度(cm)\times 土壤密度(g/cm^3)\times 最佳含水量下限(g/kg)}{水的密度(g/cm^3)}。$$

水分换算系数(K_2)：称量(m_3)环刀中的土壤，取约20 g样品(m_4)，放在已知质量的铝盒中，立即在分析天平上称量，置于105 ℃±2 ℃烘箱中烘至恒定质量(m_5)，测出土壤水分换算系数。用此系数将环刀中湿土质量换算成烘干土质量，即可算出土壤水分含量(质量含量g/kg，容积含量g/L)和土壤密度(g/cm³)。

$$水分换算系数(K_2)=m_5/m_4$$

当然，期间还可以得到容重、土壤孔隙度、非毛管孔隙度、总孔隙度、土壤通气度、土壤有效持水量等指标，有：

$$环刀内烘干土质量(g)=(m_3-m)\times K_2$$

$$土壤密度(g/cm^3)=\frac{(m_2-m)\times K_2}{V}$$

式中：V为环刀容积，cm³。

土壤孔隙度计算：由测定的容重和密度按孔隙度=1−容重/密度来计算。

非毛管孔隙度(S_{np}，体积百分数)：

$$S_{np}=\frac{[土壤饱和持水量(g/kg)-土壤毛管持水量(g/kg)]\times 土壤密度(g/cm^3)}{水的密度(g/cm^3)}$$

土壤有效持水量的计算：$SC_W=S_{np}\times H\times W$，式中：$SC_W$土壤有效持水量(g/m²，为便于与降水量比较，也可算到mm水量，下同）。

毛管孔隙度（体积百分数）：$=\frac{0.1\times \text{土壤毛管持水量（g/kg）}\times \text{土壤密度（g/cm}^3\text{）}}{\text{水的密度（g/cm}^3\text{）}}$

总孔隙度（体积百分数）＝非毛管孔隙度（体积百分数）+毛管孔隙度（体积百分数）

土壤通气度（体积百分数）＝总孔隙度（体积百分数）-土壤体积含水量(g/L)×0.1

$=\text{总孔隙度（体积百分数）}-\frac{\text{土壤质量含水量（g/kg）}\times \text{土壤密度（g/cm}^3\text{）}}{\text{水的密度（g/cm}^3\text{）}}$

土壤有效持水量根据土壤非毛管孔隙度和土层厚度计算，计算公式为：

$$S=P_{\text{非}}\times\frac{H}{10}$$

式中：S为土壤有效持水量(mm)；$P_{\text{非}}$为土壤非毛管孔隙度(%)；H为土层厚度(cm)。

土壤层蓄水量：土壤层蓄水量主要取决于土壤非毛管孔隙度的大小和土层厚度。只有土层厚，土壤非毛管孔隙度高，贮存于土壤中的水量才多。计算公式如下（李振新等，2006；杨澄等，1997；秦嘉励等，2009）：

$$Q=\sum\left(S_i\times\gamma_i\times H_i\right)$$

式中：Q为土壤层蓄水量($\times10^6\ m^3$)；γ_i为第i种植被类型下土壤的非毛管孔隙度(%)；H_i为第i种植被类型下土层厚度（根据实际调查，取平均厚度，cm）。

为了保证土壤持水量各指标测定的准确性，环刀取样要重复得足够多，至少不低于3个重复。对土壤层次划分越小越好，有按土壤发生层次来取样的，有按土壤理化性态垂直分布结构分层来取样的，也有按自然垂直厚度分层取样的。

二、高寒草甸的土壤持水量

1.海北夏季放牧草场放（禁）牧梯度下高寒草甸土壤持水量

高寒草甸在不同放牧梯度下，其地上生物量、地下生物量、土壤结构、容重等一系列要素都会发生改变，从而致使其不同牧压梯度下高寒草甸的土壤水分有效利用率不尽一致，也影响到水源涵养功能（熊远清等，2011）。放牧能够使净初级生产力更倾向于往地下分配，这是高寒植被遭到牲畜践踏啃食等胁迫后而产生的自我保护机制。同时，放牧强度增加会造成草地植物功能群组成发生变化，物种多样性及地上净初级生产力降低，枯落物及土壤覆被减少，土壤有机碳含量下降，土壤孔隙度降低，土壤容重增加，土壤持水能力下降（Wheeler et al，2002）。海北夏季放（禁）牧梯度试验坡度约为5°，中心点地理坐标为37°41′N、101°21′E，海拔高度3545 m。夏季放牧梯度试验地系杂草类草甸。

调查发现，放牧3年后不同土层的土壤容重均发生变化（表8-16）。从表中可以看出，同一牧压下土壤容重均随着土壤深度的增加而增大，其中禁牧封育自0～10 cm表层(0.59±0.06 g/cm³)到20～40 cm深层(1.26±0.02 g/cm³)变化幅度最大,重度放牧的变化幅度最小,0～10 cm为0.70±0.07 g/cm³,20～40 cm为0.97±0.06 g/cm³。0～10 cm层次的土壤容重在重度放牧时最大,轻度放牧时最小,禁牧封育略大于轻度放牧,表现出土壤容重随放牧强度增大而增大,但差异性不显著。10～20 cm土壤容重在轻度放牧、中度放牧、禁牧封育和重度放牧时表现基本一致,分别为0.80±0.10、0.77±0.04、0.75±0.05和0.74±0.13 g/cm³,均无显著差异。20～40 cm的土壤容重为禁牧封育>轻度放牧>中度放牧>重度放牧,表现出随放牧强度增大而减小,轻度放牧、中度放牧和重度放牧的容重差别较小,但均显著小于禁牧封育的容重。表现出不同放牧强度下自表层到深层,其土壤容重变化趋势各不相同,0～10 cm的表层重度放牧的容重最大,而在20～40 cm的较深层次则是禁牧封育最大。表明土壤表层容重与牧压梯度下牲畜对土壤的践踏程度不同有关,重牧时表层土壤受牲畜践踏影响程度大,土壤容重最大。但较深层次的土壤容重在较短时间内受到的影响不明显,甚至在20～40 cm出现随放牧强度增大而减小的现象,说明放牧对0～10 cm以下土壤容重造成的影响远小于表层土壤,家畜对这些土层结构的影响可能要经过长期的作用才能显现出来(Mara et al,2001;石永红等,2007)。

表8-16 高寒草甸夏季放牧草场牧压梯度下土壤容重(g/cm³)变化

放牧强度	土层(cm)		
	0～10	10～20	20～40
禁牧封育	0.59±0.06a	0.75±0.05a	1.26±0.02a
轻度放牧	0.54±0.15a	0.80±0.10a	1.07±0.05b
中度放牧	0.66±0.04a	0.77±0.04a	1.03±0.02bc
重度放牧	0.70±0.07a	0.74±0.13a	0.97±0.06c

注:小写字母表示牧压梯度下同一土层进行差异性比较的结果,字母相同表示差异不显著(P=0.05)。

牧压梯度下的土壤贮水能力:牧压梯度下的自然含水量、最大持水量和毛管持水量的分布如表8-17所示。从表8-17可看出,0～40 cm层次自然含水量由大到小为重度放牧>轻度放牧>中度放牧>禁牧封育,禁牧封育、轻度放牧、中度放牧和重度放牧自然含水量分别为161.29±9.51、168.51±8.03、162.63±9.01和187.89±18.03 mm,其中轻度放牧比禁牧封育高4.48%,中度放牧仅比禁牧封育高0.83%,重度放牧比禁牧封育高16.49%。土壤自然含水量在0～10 cm层次禁牧封育、轻度放牧、中度放牧和重度放牧分别为46.23±4.03、48.20±6.06、41.27±2.98和48.94±5.91 mm,表现为重度放牧最大,轻度放牧略小于重度放牧，仅比重度放牧小0.74 mm，中度放牧最小；10～20 cm表现出重度放牧＞禁牧封育＞轻度放牧＞中度放牧，各牧压梯度下的差别不大；20～40 cm表现为重度放牧＞中度放牧＞轻度放牧＞禁牧封育。除20～40 cm重度放牧自然含水量显著大于轻度放牧和中度放牧外，其他同层次不同牧压梯度间土壤自然含水量均无显著差异。

从表8-17可看出，0～40 cm层次最大持水量表现出重度放牧>轻度放牧>中度放牧>禁牧封育，在禁牧封育、轻度放牧、中度放牧和重度放牧下分别为242.99±9.17、258.97±7.89、250.01±0.71和265.28±6.07 mm，轻度放牧、中度放牧和重度放牧分别比禁牧封育高出6.58%、2.89%和9.17%。0～40 cm总的毛管持水量为轻度放牧>重度放牧>禁牧封育>中度放牧，在禁牧封育、轻度放牧、中度放牧和重度放牧下分别为206.32±8.98、215.61±4.48、191.45±4.42和213.88±19.89 mm，轻度放牧比禁牧封育高4.50%，中度放牧则比禁牧封育低7.21%，重度放牧比禁牧封育高3.66%。在重度放牧样地，尽管牲畜对表层土壤踩踏严重，但由于其杂类草比例大，而这些杂类草形成的根系有向深层土壤生长的趋势，使得深层土壤容重较小，而有机质等较大，故在重度放牧样地各土壤持水量反而较高。

表8-17 高寒草甸季放牧草场牧压梯度下的土壤贮水能力

指标	放牧梯度	土层(cm)			
		0～10	10～20	20～40	0～40
自然含水量(mm)	禁牧封育	46.23±4.03a	44.43±4.07a	70.64±2.41c	161.29±9.51b
	轻度放牧	48.20±6.06a	44.04±3.67a	76.26±0.99bc	168.51±8.03ab
	中度放牧	41.27±2.98a	43.67±3.46a	77.68±3.14b	162.63±9.01b
	重度放牧	48.94±5.91a	48.15±7.93a	90.80±5.55a	187.89±18.03a
最大持水量(mm)	禁牧封育	73.93±1.31ab	67.97±2.38a	101.10±5.71c	242.99±9.17c
	轻度放牧	77.50±2.45a	69.04±4.17a	112.43±1.79b	258.97±7.89ab
	中度放牧	70.89±1.44b	65.47±1.41a	113.65±0.94b	250.01±0.71c
	重度放牧	71.41± 2.48b	69.93±1.39a	123.94±5.18a	265.28±6.07a
毛管持水量(mm)	禁牧封育	63.62±1.89ab	58.23±2.21a	84.46±5.78b	206.32±8.98ab
	轻度放牧	67.44±2.59a	57.91±2.33a	90.26±3.19ab	215.61±4.48a
	中度放牧	56.32±4.32b	50.65±2.76a	84.47±4.49b	191.45±4.42b
	重度放牧	58.11±5.64b	56.41±7.95a	99.36±8.07a	213.88±19.89a

注：小写字母表示牧压梯度下某项指标同一土层之间进行差异性比较的结果，字母相同表示差异不显著(P=0.05)。

最大持水量在0～10 cm层次为轻度放牧＞禁牧封育＞重度放牧>中度放牧，禁牧封育、轻度放牧、中度放牧和重度放牧分别为73.93±1.31、77.50±2.45、70.89±1.44和71.41±2.48 mm，轻度放牧显著大于中度放牧和重度放牧。10～20 cm层次重度放牧最大，为69.93±1.39 mm，中度放牧最小，为65.47±1.41 mm，两者之间相差4.46 mm，但各牧压梯度下均无显著差异。20～40 cm深层重度放牧＞中度放牧＞轻度放牧＞禁牧封育，只有轻度放牧与中度放牧无显著差异。毛管持水量在各层的分布特征：0～10 cm层次轻度放牧＞禁牧封育＞重度放牧＞中度放牧，轻度放牧显著大于中度放牧和重度放牧，比中度放牧、重度放牧分别多11.12 mm、9.33 mm。10～20 cm的毛管持水量为禁牧封育最大，轻度放牧次之，中度放牧最小，各牧压梯度下均无显著差异。20～40 cm的毛管持水量为重度放牧＞轻度放牧＞中度放牧＞禁牧封育，重度放牧大于轻度放牧，但两者并无显著差异。

牧压梯度下，0～10 cm土层的土壤最大持水量和毛管持水量均为轻度放牧最大，自然含水量轻度放牧略小于重度放牧。土壤自然含水量、最大持水量和毛管持水量在10～20和20～40 cm均为重度放牧最大（10～20 cm的毛管持水量除外），说明放牧对表层土壤的持水能力影响更加明显，轻度放牧对提高土壤表层持水量有利，但较深土层因放牧试验仅进行了3年，表现不明显。

放牧地表层土壤受牲畜的踩踏影响最明显，放牧强度增大，土壤表面硬度增加，土壤空隙度减少，土壤毛管持水量减少，导致表层土壤含水量减少（Seitlheko et al，1993；张蕴薇等，2002）。此外，随着放牧强度的增大，放牧家畜对草地植被的采食增加，地面植被覆盖的减少使土壤水分蒸发增加，土壤保水能力下降，这些因素都能引起放牧地土壤持水能力的降低。

土壤持水能力表征了一个地区土壤含水量的高低，主要受土壤总孔隙度、毛管孔隙度、容重、有机质、土壤颗粒组成、地上地下生物量、枯落物、腐殖质层等的影响（周择福等，1994）。土壤的最大持水量和毛管持水量能较好地反映土地的持水、供水能力，并影响凋落物分解与土壤表层的物质和能量（李召青等，2009）。高寒草甸地下部分发育旺盛，根系贮存量较多。因受高海拔的制约，冬半年漫长而寒冷，致使根系在低温冻结期不易矿化，即使在夏半年，也因地温不高和过分潮湿而分解较弱，大部分死根保持原有外形与韧性长期贮留在近地表层。随着新根茎在表层的生长和伸展，在短密的茎节上萌生大量须状根系与原有的活根和死根相互交织，形成覆盖于地表的毡状草皮层，使表层因不同年龄的活根和保持原状的死根交织盘结，草毡状有机土壤物质大量积存。草毡状有机物质的数量和体积随着发育年龄增长而增加，地下生物量高。本研究所在的高寒杂草类草甸，处于高海拔高山稀疏草甸的下部，其地下生物量也保持在1700 g/m^{2}以上，相应的土壤有机质含量也高。而根系对大气降水有阻滞作用，当有降水产生时会大量地留存地表，提高了土壤水分含量，表现出很高的土壤持水能力。而那些退化的植被，土壤有机质、生物量均较低，容重较大，使土壤持水能力显著下降。同时，植被地上部分生物量（包括枯落物、半腐殖质层）的多少，也直接影响到土壤表面的蒸发、植被的蒸腾，进而影响土壤持水能力。

有研究表明（Nemes et al，2006；Pachepsky et al，2004），土壤容纳与保持水分的性能与土壤容重、有机质等土壤理化性质有着非常密切的关系。有研究者认为（易湘生等，2012；李红琴等，2013），地表覆被状况、植物根系生物量也可能是导致土壤持水性差异的重要原因。分析海北杂草类草甸表明（表 8-18），自然持水量、最大持水量与地上生物量、枯落物量均呈现负相关性，虽然未达到显著性检验水平（P>0.05），说明地上生物量（这里指的是绿色植物）高时，耗水明显，反映了该期植被仍有较强的蒸腾作用，导致土壤散失水分较多。由于上年度枯落物经过整个暖季良好的水热作用基本分解，9 月的枯落物大多由当年生长的植物所形成，虽然枯落物覆盖对土壤表层起到减少土壤水分散失的"膜"的作用，但当年的枯落物大多处于立枯状态，基部为绿色的生长状态，仍可发生蒸腾作用，而出现负相关关系。

表 8-18　海北杂草类草甸土壤持水性能与植被生物量、土壤有机质和容重的相关性系数

持水量	地上生物量	枯落物	半腐殖质层	地下生物量	土壤有机质	土壤容重
自然持水量	−0.7145	−0.6063	0.3047	0.7486**	0.6507*	−0.9819**
最大持水量	−0.6184	−0.6727	0.6735	0.7597**	0.6655*	−0.9934**
毛管持水量	−0.0939	−0.0788	0.4667	0.7839**	0.6654*	−0.9773**

注：* 显著相关（P<0.05），** 极显著相关（P<0.01）。

土壤自然、最大持水量分别与半腐殖质层量呈现弱的、强的正相关关系，这种关系表明半腐殖质层直接覆盖在地表面，其厚薄直接影响到土壤水在地表的蒸发，半腐殖质量多，覆盖层厚，土壤水分不易散失，将提高土壤自然含水量，同时半腐殖质层厚，一来减缓了土壤向硬实的发展，二来使土壤有机质增多，对最大持水能力的提高有利。

从表 8-18 还可看到，自然持水量、最大持水量和毛管持水量与地下生物量、土壤有机质均呈现显著的正相关关系（P<0.05），而与土壤容重出现极显著的负相关关系（P<0.01）。说明地下生物量大、土壤有机质多时，土壤可贮存大量的水分，起到涵养水源的作用。土壤容重综合反映了土壤质地、肥力、持水能力的变化特征，容重大时，土壤紧实，持水较少。

从各土壤持水量与地上生物量、枯落物、半腐殖质层、地下生物量、土壤有机质和容重等因素的相关分析可以看出，自然、最大和毛管持水量与地下生物量、土壤容重均在P=0.01水平上显著相关，其中各持水量与地下生物量极显著正相关，地下生物量大时，土壤疏松，孔隙度大，因而持水能力大，而各持水量与土壤容重极显著负相关，容重大时，土壤紧实，孔隙度小，持水能力相应较小。自然、最大和毛管持水量与有机质含量在P=0.05水平上显著正相关，土壤的有机质较高时，土壤团粒疏松多孔，因而持水能力大。自然持水量和最大持水量与地上生物量、枯落物表现出负相关性，但均未达到显著水平。毛管持水量与地上生物量、枯落物无相关性，由于毛管孔隙受地上生物量、枯落物影响很小。自然、最大和毛管持水量与半腐殖质层均表现出正相关性，但未达到显著水平，可能由于半腐殖质层紧密覆盖土壤表面，可以有效减少土壤水分蒸发。从土壤持水机理和相关分析来看，土壤持水量与多种因素有关，其中地下生物量、土壤有机质和容重等是主要的影响因素。

2.海北冬季放牧草场放(禁)牧梯度下高寒草甸土壤持水量

冬季放(禁)牧梯度试验在海北高寒矮嵩草草甸进行。样地设置情况见第三章。放牧强度试验开展3年后，调查了土壤持水量状况(祝景彬等，2018)。发现经不同放牧强度处理3年后，表层土壤容重、饱和持水量出现显著差异(图8-30，表8-19)，土壤底层无显著差异，说明短期放牧对土壤容重的影响主要体现在土壤表层，对于深层土壤的影响并不显著。同时发现，不同土层的饱和持水量、毛管持水量和田间持水量整体上表现为轻度放牧、中度放牧相对较大，而封育对照和重度放牧相对较小。表明适度放牧有利于提高土壤的持水能力，而禁牧和重度放牧都不利于土壤持水能力的提高。

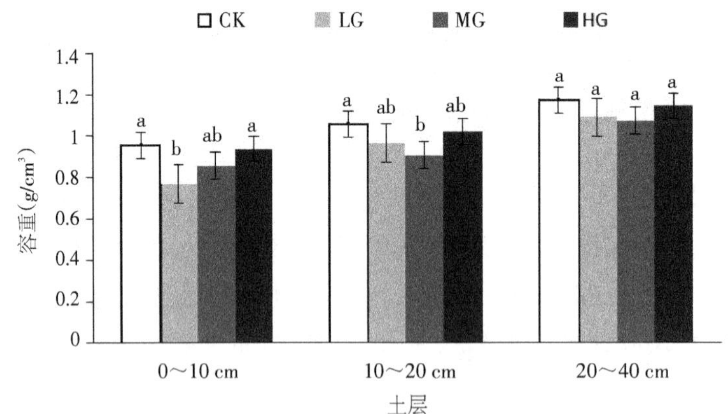

CK、LG、MG、HG分别表示封育对照、轻度放牧、中度放牧、重度放牧

图8-30 牧压梯度下高寒草甸土壤容重的变化特征

表8-19　冬季放牧草场牧压梯度下高寒草甸土壤持水能力的变化特征

指标	梯度	土层(cm)			
		0～10cm	10～20cm	20～40cm	0～40cm
饱和持水量（mm）	CK	60.30±1.94b	57.52±5.50b	105.92±5.36a	223.74±9.33b
	LG	64.19±1.93a	60.95±1.74ab	109.58±6.85a	234.71±5.58ab
	MG	62.74±2.82ab	64.68±2.86a	118.29±13.35a	245.71±18.13a
	HG	61.32±0.85ab	61.20±2.24ab	107.14±4.51a	229.66±5.72ab
毛管持水量（mm）	CK	59.25±1.86a	57.02±5.49a	104.89±5.38a	221.16±9.04a
	LG	61.40±2.15a	60.21±2.10a	104.81±4.47a	226.41±2.31a
	MG	60.27±1.51a	62.49±1.37a	112.29±13.36a	235.06±15.88a
	HG	59.86±1.46a	58.56±4.52a	102.74±5.75a	221.16±8.64a
田间持水量（mm）	CK	55.69±1.95b	54.48±5.43a	99.13±5.70a	209.29±6.38a
	LG	59.25±2.72a	56.96±1.11a	98.69±4.32a	214.90±2.52a
	MG	56.77±1.76ab	58.91±4.34a	99.89±18.68a	215.56±22.90a
	HG	56.82±0.59ab	55.52±4.51a	98.77±7.46a	211.11±11.21a

饱和持水量、毛管持水量和田间持水量三者之间表现出极显著正相关关系（$P<0.01$，表8-20），三者对于不同牧压梯度表现出一致的响应。土壤容重与持水能力表现出极显著负相关关系（$P<0.01$）；地下生物量、有机质和土壤持水能力的相关性虽然不显著（$P<0.1$），但仍能说明地下生物量、土壤有机质同土壤持水能力呈正相关关系。

表8-20　冬季放牧草场牧压梯度下高寒草甸土壤持水能力与各因素的相关性

指标	饱和持水量	毛管持水量	田间持水量	容重	地下生物	有机质
饱和持水量	1	0.973**	0.915**	−0.913**	0.508	0.404
毛管持水量	0.973**	1	0.960**	−0.889**	0.516	0.53
田间持水量	0.915**	0.960**	1	−0.899**	0.551	0.565

3.三江源高山嵩草不同退化阶段与土壤持水量

2016年8月中旬在青海省黄南州泽库县选取试验样地（N 35°04′39.08"，E 101°29′03.58"，海拔3687 m），按高寒草甸退化的相关划分标准（王启基，2006；赵新全，2011；马玉寿等，2002），选定原生植被、轻度退化、中度退化和重度退化样地（表8-21）进行了土壤持水能力的研究(杨永胜等,2017),每个处理3个重复,重复样地大小为5 m×5 m,不同处理样地相互间隔200 m。每个样地原位测定土壤表面硬度、抗剪强度。同时,在每个样地的中央点和以中央点为中心的4个角各设置一个采样点(即每个处理有5个重复),分别采集0～10、10～20、20～30 cm的土样和环刀样品。土壤样品分别标号装袋后带回实验室,供土壤有机碳和全氮的测定。环刀样品用于测定土壤容重及持水能力。

表8-21　泽库不同退化程度样地植被状况

草地状态	总盖度(%)	平均高度(cm)	物种数	植被状况
原生植被	95	2.5	14	存在明显的草毡层,地表生物结皮盖度为17%,优势植物为小嵩草、矮嵩草及火绒草
轻度退化	65	1.4	5	存在明显的草毡层,地表生物结皮盖度为20%,优势植物为披针叶黄华
中度退化	45	3.2	4	存在明显的草毡层,地表生物结皮盖度为5%,优势植物为兰石草、雪白委陵菜
重度退化	20	1.1	4	无草毡层,地表无生物结皮,优势植物为甘肃马先蒿和兰石草

由图8-31可知,随着高寒草甸退化程度的加剧,不同深度土壤容重变化趋势不同:从原生植被至重度退化阶段,0～10 cm土壤容重先缓慢增加,之后快速提高;10～20 cm土壤容重呈先增加后趋于稳定的变化趋势,而20～30 cm土壤容重无显著变化。同时,也可以看出,不同退化阶段高寒草甸土壤容重随土壤深度的变化趋势差异明显:原生植被、轻度退化及中度退化样地土壤容重随土壤深度的增加先快速提高,后趋于稳定,而重度退化样地土壤容重无显著变化,基本稳定在1.13 $g·cm^{-3}$上下。

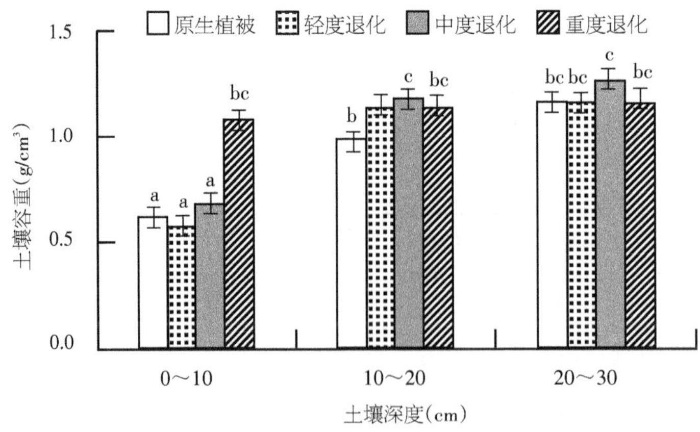

图8-31　泽库高寒草甸不同退化程度样地土壤容重

从原生植被至中度退化阶段，高寒草甸0～10 cm土壤饱和持水量、毛管持水量及田间持水量均呈增加趋势（表8-22），三者分别提高4.59、5.60、7.88个百分点。与中度退化相比，重度退化样地0～10 cm土壤饱和持水量、毛管持水量及田间持水量分别降低17.64、12.31、13.34个百分点，两者差异均达到显著水平（$P<0.05$）。随着退化程度的加剧，高寒草甸10～20、20～30 cm土壤饱和持水量、毛管持水量及田间持水量均呈现先降低后增加的趋势。原生植被及三种退化样地土壤饱和持水量、毛管持水量及田间持水量均随着土壤深度的增加而逐步降低。

容重是土壤的主要物理性质之一，其大小与土壤的紧实度、孔隙度及渗透率密切相关（曹丽花等，2011）。本研究结果显示，高寒草甸0～20 cm层面土壤容重随着退化程度加剧和深度的增加逐步增大，这与相关学者在三江源高寒草地（伍星等，2013）的研究结果一致。这主要是因为高寒草地植被根系含量随深度的增加而快速降低（刘育红等，2014）。同时，退化加剧促使高寒草甸地下根系减少（伍星等，2013），降低了土壤紧实度。而重度退化样地由于地表植被稀少，土壤草毡层消失，造成其土壤容重随深度无显著变化。由于高寒草甸植被多为浅根系植物，其根系主要集中在0～20 cm范围内（刘育红等，2014），造成高寒草甸退化对0～20 cm层面土壤容重影响较大，尤其是根系密集的0～10 cm层面，而对20～30 cm层面无显著影响。说明高寒草甸退化会提高土壤紧实度，降低土壤孔隙度和水分渗透能力。

表8-22 泽库高寒草甸不同退化程度样地土壤持水特征

土壤深度	退化程度	饱和持水量（mm）	毛管持水量（mm）	田间持水量（mm）
0～10	原生植被	66.68±1.72b	56.14±1.70bc	46.50±1.66ab
	轻度退化	70.22±1.18ab	61.58±1.66ab	54.36±0.72a
	中度退化	71.27±1.68a	61.74±0.84a	54.38±0.96a
	重度退化	53.60±1.32cde	49.43±0.80de	41.04±1.04cd
10～20	原生植被	57.50±3.30c	53.26±3.12cd	45.48±3.54bc
	轻度退化	51.60±0.48def	48.44±0.90de	41.42±0.64cd
	中度退化	48.76±0.52efg	42.64±3.56g	34.98±2.80e
	重度退化	55.22±1.66cd	49.06±0.42de	43.10±0.46cd
20-30	原生植被	51.28±1.34defg	57.60±1.46ef	40.42±1.26d
	轻度退化	50.60±2.52defg	47.16±2.04ef	40.82±1.68cd
	中度退化	46.40±0.76g	42.22±1.50g	34.54±1.22e
	重度退化	48.02±1.60fg	43.18±0.46fg	34.90±1.54e

理论上土壤容重越大，其孔隙度越小，土壤持水能力会相应地降低（徐翠，2013）。但本研究中，土壤饱和持水量、毛管持水量及田间持水量的结果并未支持这一观点。本研究发现，从原生植被至中度退化阶段，高寒草甸土壤容重逐渐增加，表层土壤（草毡层）持水能力呈增加趋势。出现差异的原因主要是本研究区高寒草甸存在较厚的草毡层（约7 cm）。近年来，相关学者（尤全刚等，2015）发现当土壤中大孔隙较多（土壤容重介于0.9～1.34 g/cm^{3}之间），土壤水吸力小于0.1×10^5 Pa时，土壤持水能力随着土壤容重的增大而增大（伍星等，2013）；但当土壤中大孔隙较少（土壤容重大于1.34 g/cm^3），土壤水吸力大于0.1×10^5 Pa时，土壤持水能力随着土壤容重的增大而减小。本研究中高寒草甸草毡层由植被根系缠绕穿插而成，存在大量的大孔隙，土壤水分可通过优先流快速流失，造成原生植被土壤草毡层持水能力相对较低。随着退化的加剧，土壤中植被根系含量降低，造成土壤中大孔隙数量降低，表层土壤持水能力逐步增加。可以看出，土壤容重与土壤持水能力的关系并非简单的正相关或者负相关，要依据具体所处范围土壤容重而定。由于不同地区土壤质地、类型及结构不同，其“范围”值大小也不尽相同，具体到某一特定区域，还需进行针对性的研究。

随着退化程度的进一步加剧（由中度退化至重度退化阶段），高寒草甸草毡层消失，土壤持水能力显著降低，说明草毡层是保障高寒草甸水源涵养功能的关键因素之一，这与李婧等在高寒矮嵩草草甸的研究结论（李婧等，2012）是一致的。研究区多大风天气（周毛措，2015），且降水较集中，在无草毡层保护的情况下，地表土壤细颗粒极易被风吹蚀或随降水进入深层土壤，使地表出现粗粒化现象（尤全刚等，2015；文晶等，2013），从而加速土壤的流失和贫瘠化。因此，保持一定厚度的草毡层不仅有利于维持高寒草甸土壤较高的贮水功能，也有助于减少土壤流失。

4.三江源高寒矮嵩草草甸封育恢复阶段与土壤持水量

图8-32给出了玛沁高寒草甸封育与未封育措施下土壤容重的变化。可知，封育与未封育土壤容重均随着深度增加而增加，最大可达1.39 g/cm^3。封育使不同层次的土壤容重均有所下降，与未封育区相比，0～40 cm整层土壤平均容重降低了11%，其中0～10 cm和10～20 cm差异显著（$P<0.05$），而20～40 cm无显著差异。

封育11年后土壤不同层次的最大持水力、毛管持水力、最小持水量均有所增加（表8-23），0～40 cm整层分别达201.96、177.37、156.62 mm，比未封育区分别高11.34、15.05、15.14 mm，分别增加了6%、9%和11%。封育11年来，高寒草甸土壤饱和持水量、毛管持水量和田间持水量分别按1.03、1.37和1.38 mm/a的速率增加，封育11年后毛管持水量和田间持水量增加速率较高。尽管封育样地与未封育样地持水能力差异均未达到显著水平（$P>0.05$），但封育后三个指标均高于未封育样地，说明封育措施能提高土壤的持水能力。

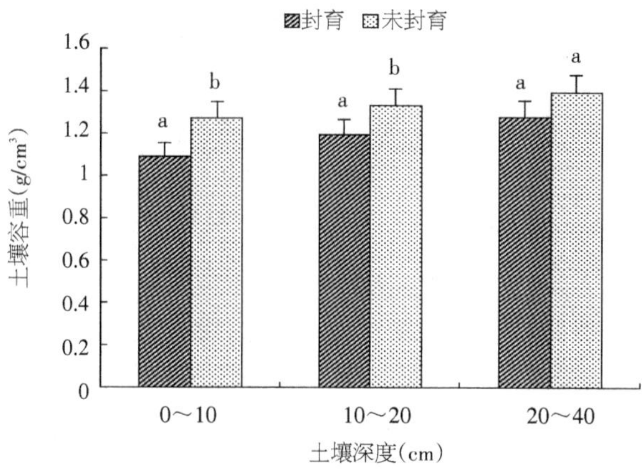

图 8-32　封育和未封育土壤容重与土壤深度的关系变化

注：图中字母不同表示两者达到0.05显著水平，字母相同表示两者未达到显著水平。

李红琴等(2016)在研究高寒草甸封育恢复对土壤持水能力影响的同时，也在玛多高寒草原进行了封育状况下持水能力的观测与分析(表略)。观测发现，植物生长期内的5月1日到9月28日，0～40 cm土壤实际贮水量在16.89～98.16 mm，年内植被实际蒸散量约为334.86 mm，稍大于同期年降水量(318.50 mm)。围栏封育后，0～40 cm土壤平均容重降低6%，土壤毛管持水量和饱和持水量分别增大了16%和14%。近10年的封育不仅降低了土壤容重，而且使土壤毛管持水量和饱和持水量分别按1.95 mm/a和1.77 mm/a速率增加，表明封育在一定程度上提高了土壤的水源涵养能力，对草场恢复有利。

表 8-23　三江源玛沁高寒矮嵩草草甸封育恢复阶段土壤容重及土壤持水量

深度(cm)	处理	类型(平均值±标准差)			
		容重(g/cm³)	饱和持水量(mm)	毛管持水量(mm)	田间持水量(mm)
0～10	封育	1.09±0.01	53.48±0.58	47.81±1.02	43.55±1.81
	未封育	1.27±0.05	51.7±3.25	44.51±2.74	39.27±2.99
10～20	封育	1.19±0.02	50.87±2.31	42.61±3.51	39.79±2.12
	未封育	1.33±0.05	46.31±3.82	38.89±4.50	34.66±4.28
20～40	封育	1.28±0.05	97.61±2.30	86.95±1.06	73.28±2.76
	未封育	1.39±0.05	92.62±3.63	78.93±0.59	67.54±6.79

张社奇等(2005)的研究表明，土壤容重会随着土层深度增加而增加，这与本研究

的结论一致。土壤容重的大小主要受土壤孔隙度的影响，土壤疏松多孔，则容重越小，毛管吸水力越大，最大持水能力越大。通常来讲，土壤的最大持水能力越强，贮水能力越强，对水源的涵养功能越高。植物也通过提高土壤有机质含量改变土壤的结构，使土壤容重降低，并且使毛管孔隙度增大，有利于土壤的持水性（Wu et al,2010）。本研究中放牧草地遭受家畜踩踏严重，土壤板结，土壤孔隙度减小，容重增加。而土壤持水能力与容重关系密切(Su et al,2015)，放牧使土壤容重增加，渗透阻力加大，土壤的保水和持水能力下降。而禁牧避免了家畜的影响，土质变得松软，表层受到雨水、冻融、根系等作用的影响变得疏松，水分入渗能力加强，土层疏松，容重降低，同时，封育区植被生长良好，植被高度、盖度、地上和地下生物量均提高明显，物种丰富度和多样性也较高(孙宗玖等,2007)，土壤结构改善，也利于土壤容重的下降，水分更易下渗，土壤持水能力提高(David et al,2015;李建兴等,2013)。这表明封育不仅影响土壤容重，还可提高生物生产力，同时，对生物固碳和土壤持水能力的提高也有利。

植被截流的因素不可忽略。侯琼等(2011)指出，随着覆盖度的增加，植被截留量增多，频繁而量小的降水过程增加了植被截留的概率，使累积截流量占降水量的比例增大。表明，长时间禁牧，植被逐渐得到恢复，地上和地下生物量都有提高，地面覆盖度增加，对降水的截流和拦蓄作用明显。土壤持水力还与植被根系有关系(Schenk,2005)，因为植物的根系直接着生在土壤中，所以土壤水分含量的多少直接影响到植物根系的生长和发育，反过来，植被根系也会影响土壤的持水能力。该试验样地处于高寒地区，昼夜温差大，气候干旱，植被类型主要为矮嵩草等具有大量地下根系的高寒草甸，能保护土壤表层，减少水力和风力及冻融作用的侵蚀作用，同时，植被根系的存在能增加土壤孔隙度，尤其死亡的根系经过分解，留下的孔隙使土壤变得更松软，从而使表层容重降低。这也与随着土壤深度增加，土壤容重增加，饱和持水力、毛管持水力和毛管孔隙度降低的结果相一致。

我们曾在甘德高寒草甸进行土壤持水量的观测，并与青北的海北高寒草甸进行了比较研究(曹广民等,1998)。发现高寒草甸分布区海拔高，气温极低，严酷的气候环境条件下，形成了以适应寒冷气候的耐寒性中生、多年生草本植物，植物地下根系发达，主要分布于0～20 cm的土壤表层，土壤有机质含量丰富，容重较低，特别是土壤草毡表层及暗沃表层的存在，使土壤含水量保持较高的水平，有较长时间的饱和水分状况。其土壤持水量特征见表8-24。

由表8-24可见，高寒草甸土壤的持水能力极强，土壤饱和含水量达69.1%～140.2%，植物根系分布层(0～20 cm)的贮水量在田间持水量时为771.3～1235.5 t/hm²。同时可以看出，高寒草甸土壤以无效水为主，占植物根系分布层总贮水量的48.7%，有效水仅占总贮水量的39.4%。

表8-24　三江源甘德高寒草甸土壤持水特征

地点	深度（cm）	饱和含水量		田间持水量		萎蔫含水量		吸湿水	
		（%）	（mm）	（%）	（mm）	（%）	（mm）	（%）	（mm）
海北	0～20	104.40	150.39	53.58	77.06	12.50	17.98	3..09	5.62
	20～40	94.68	178.02	35.91	67.38	11.91	22.29	2.32	4.36
甘德	0～110	140.19	91.04	82.04	53.19			4.54	2.95
	10～25	84.31	101.36	51.47	62.00			3.54	4.26
	25～51	69.09	174.36	39.41	99.180			2.88	7.26

影响高寒草甸土壤持水量的因素是土壤容重及有机质含量。分析表明，高寒草甸土壤的饱和含水量与土壤容重呈显著的线性负相关关系（$P<0.01$），表明容重越小、土壤饱和含水量越大。而田间持水量与土壤有机质呈线性正相关关系（$P<0.01$），即土壤有机质含量越高，田间持水量越大。

5.三江源巴塘高山嵩草草甸封育恢复阶段与土壤持水量

2013年8月下旬对玉树巴塘高山嵩草草甸（N 32°49′31.27"，E 97°10′29.79"，海拔3901 m）封育9年后的相关生态功能属性进行了调查（杨永胜等，2016）。需说明的是，该试验地完全禁牧封育。而就近的自然放牧地放牧强度约为1.2只羊单位/hm^2。

调查发现，由于自然放牧条件下牲畜对植被群落的采食和践踏明显影响了植物的再生过程，降低了植被高度，造成自然放牧样地除有少数毒杂草黄帚橐吾外，其余植被高度均在0.2～3 cm之间，植被群落结构单一，仅有1层结构。封育9年后，植被群落结构增加至3层，分别为：(1)由矮火绒草等植被组成的低层结构，植被高度介于1.0～3.8 cm之间；(2)由高山嵩草等植被构成的中层结构，植被高度介于5.5～15.0 cm之间；(3)由短芒落草和刺参构成的高层结构，植被高度介于25.0～33.0 cm之间。表明封育措施能够丰富高寒草甸地区植被的垂直分层结构，这将有助于植被群落提高光能利用率，进而增加单位面积的植被生产力。

实施封育措施后，高寒草甸禾本科和豆科牧草的盖度和高度迅速增加，占据上层空间，在群落内部形成阴湿环境。同时，封育措施造成植被枯落物量和类型增加，引起土壤中分解物和分解者含量提高（Bradford et al，2002），随着封育时间的延长，土壤养分不断积累（沈艳等，2012）。这些因素造成耐阴耐湿的植物在群落中逐渐萌发和生长，形成群落的中层和下层结构，提高了群落植被的物种丰富度，增加了群落的复杂程度、均匀度以及优势度物种。也正是由于群落内形成阴湿环境，阳性杂草类植物的生长则逐渐受到抑制，甚至消失（赵景学等，2011；殷国梅等，2014）。

值得注意的是，经过9年的封育，尽管草场退化趋势得到了一定程度的遏制，适口性差的草、毒杂草比例下降，优良牧草比例上升，群落结构明显，草地裸露斑块面积减少，整个植物群落有向气候顶级群落恢复演替的趋势。但是群落中毒杂草还占有一定比例，物种多样性指数增加未达到显著水平，这说明高寒草甸植被恢复是一个漫长的过程，短时间内是无法完全恢复的（Meissner et al，1999）。因此，实际生产中，要严格控制放牧强度和时间，尽量避免造成高寒草地的退化。

9年封育措施降低了土壤容重，增加了土壤有机碳含量（表8-25）。其中，封育样地0～10、10～20、20～40 cm深度土壤容重均低于自然放牧样地，降幅分别达到4.2%、14.7%、1.6%，两者差异在10～20 cm层面达到显著水平（$P<0.05$），封育样地0～40 cm整层平均容重比自然放牧样地降低7.0%。尽管未达到显著水平，封育样地0～10、10～20、20～40 cm深度土壤有机碳含量均高于自然放牧样地，增幅分别为55.2%、23.4%、4.4%，封育样地0～40 cm深度土壤有机碳总量比自然放牧样地高出16.1%。说明封育措施能够降低土壤紧实度，提高高寒草甸土壤固碳及水源涵养能力。

由表8-25可以看出，封育样地土壤饱和持水量、毛管持水量及田间持水量均高于自然放牧样地，且随着土壤深度的增加，两者差异越明显。其中，0～10、10～20、20～40 cm深度土壤饱和持水量分别增加1.9、4.8、11.8 mm，毛管持水量分别增加2.1、9.1、13.8 mm，田间持水量分别增加19.4、9.3、10.8 mm。从0～40 cm整个土层来看，封育样地土壤饱和持水量、毛管持水量及田间持水量分别比自然放牧样地高18.4、25.1、22.0 mm，三者增加速率分别为1.4、1.9、1.7 mm/a。再次证明了封育措施能够改善高寒草甸土壤持水能力，提高该区域土壤水源涵养能力。

表8-25　巴塘高寒草甸土壤容重、有机碳含量及持水特征参数

土层深度（cm）	样地	容重（g/cm^3）	土壤有机碳（kg/m^2）	饱和持水量（mm）	毛管持水量（mm）	田间持水量（mm）
0～10	自然放牧	1.0±0.0a	3.40±0.7a	58.0±2.3ab	56.6±1.3b	54.0±1.2b
	封育	0.9±0.0a	5.28±0.8a	59.9±3.4bc	58.7±3.6b	56.0±2.3b
10～20	自然放牧	1.2±0.1b	4.53±1.9a	51.5±2.9a	46.9±4.3a	42.7±3.9a
	封育	1.1±0.1a	5.59±0.3a	56.3±2.4ab	56.0±2.3b	51.9±3.5b
20～40	自然放牧	1.6±0.0c	14.29±3.6b	66.7±2.3c	62.00±1.5b	53.6±2.7b
	封育	1.5±0.1c	14.93±0.8b	78.4±2.4d	75.84±1.6c	64.4±3.6c

封育措施降低了高寒草甸0～40 cm层面土壤容重，其中，两者差异在10～20 cm层面达到显著水平（$P<0.05$）。这主要是因为封育措施能够避免牲畜对土壤的反复踩踏，减小了土壤紧实度（李凤霞等，2015）。此外，封育措施避免了牲畜对植物的啃食，显著改善了植被生长状况，植被根系含量增加，从而提高了植被根系范围（0～40 cm）

内土壤孔隙度(Wang et al,2008),特别是10～20 cm层面(高延超等,2013)。封育措施可明显改善高寒草甸土壤持水能力。其中,封育样地0～10、10～20、20～40 cm深度土壤饱和持水量、毛管持水量及田间持水量均高于自然放牧样地(李红琴等,2015),封育样地0～40 cm整个土层土壤饱和持水量、毛管持水量及田间持水量增加速率分别为1.4、1.9、1.7 mm/a。造成这种现象的原因除了封育措施降低土壤容重外,还包括:(1)封育措施对植被盖度的提高增强了草地对降尘和风蚀细粒物质的截留,提高了土壤黏粉粒含量(文海燕等,2005),增强了土壤保水性;(2)封育措施能够提高土壤有机碳含量,这不仅改善了土壤结构,增加了土壤孔隙度,而且还改变了土壤胶体状况,使土壤吸附作用增强(刘效东等,2011)。

6.三江源泽库高寒高山嵩草草甸自然恢复阶段与土壤持水量

2017年8月调查了三江源东部区泽库高寒高山嵩草草甸退化和自然恢复各阶段0～40 cm土壤最大持水量。调查发现,0～40 cm土壤层次最大持水量随植被从原生植被(实际上已发生退化,他人也常定义为轻度退化)、中度退化到重度退化3个阶段表现出先略有增加后再迅速下降的趋势,在中度退化阶段0～40 cm土壤层最大持水量达255.43 mm,比轻度退化的原生植被高4.75 mm,比重度退化高21.07 mm(图8-33)。

而在不同恢复阶段,恢复初中期、恢复中期、恢复后期0～40 cm土壤层次的最大持水量稍高(在226.34～229.54 mm之间),恢复初期和恢复中后期较低,分别为216.58和218.61 mm。不同恢复阶段的最大持水量相互间均无显著差异,但与中度退化和轻度退化植被相比,土壤最大持水量有显著差异。而极度退化的高山嵩草草甸0～40 cm土壤最大持水量保持与恢复初中期、恢复中期、恢复后期基本相同的水平(为226.16 mm)。但也发现,不论是退化阶段还是恢复阶段,土壤最大持水量在土壤0～20 cm表层变化明显,如极度退化、重度退化、中度退化、轻度退化4个阶段0～20 cm层次最大持水量分别为121.51、126.82、139.51、135.07 mm,最高值与最低值相差18.00 mm,20～40 cm底层最大持水量分别为104.85、107.79、115.92、115.61 mm,最高值与最低值相差11.07 mm。恢复初期、恢复初中期、恢复中期、恢复中后期、恢复后期10～20 cm表层最大持水量分别为113.06、129.6、129.34、115.29、123.57 mm,最高与最低值相差16.54 mm,20～40 cm底层最大持水量分别为103.52、99.94、96.99、103.31、105.59 mm,最高与最低值相差8.60 mm。表现出退化阶段和恢复阶段土壤最大持水量主要与土壤表层的退化和恢复有关。

毛管持水量、田间持水量与最大饱和持水量具有极显著的相关关系,变化规律相同。由于对泽库高寒高山嵩草草甸退化和自然恢复各阶段0～40 cm土壤最大持水量研究,仅是尝试性开展研究的初步工作,其调查结果的变化规律也较复杂,也有可能受土壤异质性的影响。作为参考,这里仅给出初步的研究结果,更多的相关结果仍需要进一步调查与分析。

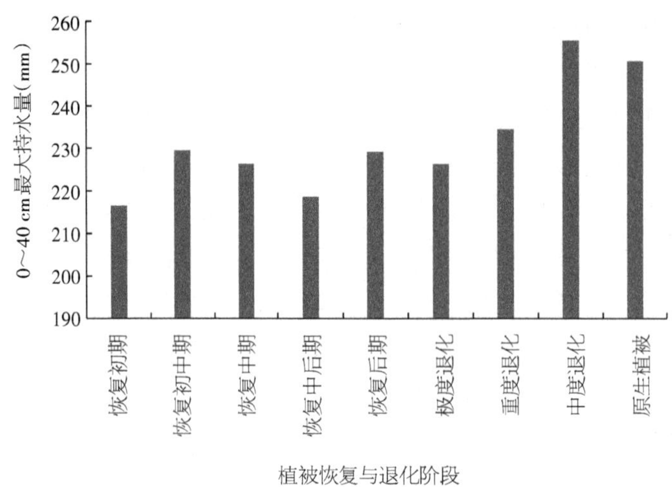

图8-33　三江源泽库高寒高山嵩草草甸退化和自然恢复各阶段0～40 cm土壤最大持水量

7.三江源玛沁"黑土滩"矮嵩草草甸人工建植草地与土壤持水量

草地退化有多种形式,其中"黑土滩"是三江源高寒草甸一种特殊的典型极度退化类型,是区域生态环境恶化的综合标志。表现在植被退化后草毡表层完全剥蚀,植被稀疏,取而代之的是毒杂草群落。一般黑土斑面积在20%以上,土层浅薄,地表裸露,鼠类活动猖獗,鼠洞密布。据统计,三江源区的1.5亿亩退化、沙化草地中,失去生态功能的黑土滩面积就达7000多万亩。为缓解生态系统的恶化,加强植被、土壤恢复,实施了青藏高原生态安全屏障治理建设(State,2005,2010)。众多的生态环境治理中,对黑土滩实施人工草地建植是有效恢复和重建植被的重要途径(Ma et al,2002;Shang et al ,2007;Shang et al,2008)。

经过十多年人工草地建设,黑土滩生态系统退化趋势得到遏制,在提高土壤质量,改善土壤理化性质,增加植被覆盖度与地上生物量,促进植物生长和植被恢复等方面取得了良好的效果(Feng et al,2010)。Wu等(2010)发现,建立人工草地可以改变高寒草甸环境,改善土壤养分和增加植物覆盖度,提高土壤碳储存和植物生物多样性。Su等(2015)指出,土壤水分与地面蒸发密切相关,与退化黑土滩相比,人工建植草地因植被覆盖度增加,土壤蒸发减少。Dong等(2012)认为,人工草地随建植年限延长,土壤容重呈现"V"字形变化趋势。但这些研究多注重建植植被恢复过程中相关生态参数的比较,而对关键生态指标的恢复演替规律、驱动机制及其阈值区间的研究显得薄弱,更缺乏植被恢复演替中固碳持水、群落结构及其与建植年限之间的关系研究,特别是土壤持水能力对人工建植年限、植被群落和土壤理化性质演替的响应研究鲜有报道。围绕三江源玛沁县高寒草甸极度退化的黑土滩,选择人工草地建植、极度退化的黑土滩和轻度退化植被为研究对象,开展人工建植年龄序列上植物群落结构、土壤容重、有机碳和全氮及持水能力的监测,分析土壤持水能力对建植年限及生态要素的响应，并依演替变化规律确立土壤持水最佳承载量可能达到的建植年龄，以期为高寒退化草甸生态系统的恢复和治理提供基础数据和科学依据。

2016年进行了不同年限建植的人工草地相关生态系统功能方面的调查。调查发现（表8-26），退化为黑土滩后植被盖度下降的同时（He et al，2018），土壤表层剥落侵蚀，基本处于裸露状况，各层土壤容重无显著差异。经人工建植后土壤容重随土壤深度增加而增大，除建植6龄外，建植2龄、4龄和12龄0～10 cm与10～20、20～40 cm均有显著差异（$P<0.05$）。与禁牧封育相比，建植12龄0～10、10～20 cm土壤平均容重分别降低了16.21%、8.65%，20～40 cm增加了0.98%，尤以0～10 cm层次显著，表明人工建植对表层土壤容重影响较大。这与建植初期的松耙处理有关，但更大程度上受制于植物生长，根系不断扩展并增加土壤有机质等的影响。此外，建植6龄时各层土壤容重与禁牧封育1年差异不明显，0～10 cm比禁牧封育1年高，20～40 cm略低。至建植12龄时，0～10 cm层次土壤容重比禁牧封育1年低，20～40 cm则较高。说明建植年限影响了土壤各层容重。

从0～40 cm整层来看，土壤平均容重自建植2龄至12龄逐渐降低，其中建植6龄、12龄比禁牧封育显著降低了8.27%、7.52%（$P<0.05$）。说明人工建植6龄后土壤容重达最小并趋于平稳，同时也证实土壤容重随建植年限延长而降低，有助于土壤质量的改善（Feng et al，2010）。

表8-26 三江源玛沁高寒矮嵩草草甸退化为"黑土滩"建植年限及封育下的土壤理化性质

样地	土壤层次（cm）	容重（g/cm³）	毛管孔隙度（%）	非毛管孔隙度（%）	总孔隙度（%）	有机碳（kg/m²）	全氮（kg/m²）
禁牧封育	0～10	1.34±0.11	45.89±1.56	4.55±4.81	50.45±3.26	4.54±0.86	0.04±0.003
	10～20	1.33±0.13	46.37±3.99	1.52±0.68	47.89±4.08	2.63±0.46	0.03±0.001
	20～40	1.33±0.01	45.73±1.23	1.84±1.73	47.57±0.96	2.00±1.21	0.02±0.005
	平均值	1.33	46.00	2.64	48.64	3.06	0.03
禁牧封育1年	0～10	1.16±0.11	53.88±0.65	3.36±1.61	57.25±1.50	4.35±0.49	0.03±0.004
	10～20	1.23±0.06	50.20±0.58	2.70±1.84	52.90±1.81	4.22±0.75	0.04±0.000
	20～40	1.29±0.08	47.13±3.29	2.14±2.55	49.26±2.76	2.72±0.40	0.03±0.007
	平均值	1.23	50.41	2.73	53.14	3.76	0.03
建植2龄	0～10	1.18±0.14	51.09±2.06	3.05±1.89	54.14±3.62	3.64±0.89	0.03±0.002
	10～20	1.38±0.11	46.67±3.63	1.00±0.11	47.67±3.69	4.25±0.34	0.03±0.002
	20～40	1.45±0.06	41.78±2.29	1.98±0.92	43.76±1.41	2.28±2.12	0.03±0.004
	平均值	1.34	46.51	2.01	48.52	3.39	0.03

续表 8-26

样地	土壤层次(cm)	容重(g/cm³)	毛管孔隙度(%)	非毛管孔隙度(%)	总孔隙度(%)	有机碳(kg/m²)	全氮(kg/m²)
建植4龄	0～10	1.21±0.21	53.15±9.58	2.26±1.26	55.42±10.09	3.81±0.61	0.04±0.000
	10～20	1.29±0.08	48.30±2.90	1.38±1.08	49.68±3.28	3.12±0.34	0.04±0.001
	20～40	1.46±0.11	44.24±5.19	2.09±0.74	46.33±4.85	2.91±0.17	0.02±0.003
	平均值	1.32	48.56	1.91	50.47	3.28	0.03
建植6龄	0～10	1.18±0.06	49.57±0.72	5.33±2.65	54.90±1.94	3.88±0.26	0.03±0.005
	10～20	1.22±0.08	49.50±3.76	1.95±0.91	51.45±3.28	3.55±1.00	0.03±0.003
	20～40	1.27±0.07	48.54±3.34	2.79±1.29	51.33±3.03	2.82±1.53	0.03±0.009
	平均值	1.22	49.20	3.36	52.56	3.42	0.03
建植12龄	0～10	1.12±0.09	54.94±3.04	2.47±1.99	57.41±1.46	4.70±0.44	0.04±0.003
	10～20	1.21±0.06	51.34±4.00	2.22±0.62	53.56±4.60	4.11±0.19	0.04±0.003
	20～40	1.34±0.10	46.43±3.49	1.48±0.38	47.91±3.80	4.19±0.42	0.03±0.007
	平均值	1.22	50.90	2.06	52.96	4.33	0.04

注：表中20～40 cm层次数值是两层的平均值。

土壤毛管孔隙度和总孔隙度均表现为随建植年限延长而增加(表8-26)，土壤总孔隙度在建植2龄略有降低，建植4龄、6龄、12龄相对禁牧封育分别提高了3.76%、8.06%、8.88%。同时，禁牧封育各层孔隙度差异不明显，而建植后土壤孔隙度随土层深度加大而增加，与土壤容重相反。证实人工建植可提高土壤总孔隙度，增加透气性，利于土壤的水源涵养。

分析发现，非毛管孔隙度均是0～10 cm层次具有最大值。但除建植12龄与禁牧封育外，禁牧封育、建植2龄、建植4龄、建植6龄均在0～10 cm最大，10～20 cm降低，20～40 cm又升高，表现出0～10 cm>20～40 cm>10～20 cm。这与禁牧封育土层较浅薄，20～40 cm土壤砾石化明显，一定程度上增加了土壤的非毛管孔隙度，而建植耕播破坏了部分土壤表层毛管孔隙度，使土壤非毛管孔隙度增加有关，最终表现为20～40 cm高于10～20 cm层次。

进行不同建植龄阶段的持水量和持水能力的研究(He et al，2017)发现，不同建植年龄及禁牧封育的土壤持水量自土壤表层至深层具有相似的变化规律(表8-27)，表现出表层大于深层，且差异明显。建植后各土层土壤饱和持水量均随建植年龄增加而增加。建植2龄时，因松耙处理影响，0～10 cm层次土壤饱和持水量高于禁牧封育的，而10 cm到40 cm层次低于禁牧封育的。但与禁牧封育1年相比，各层次均较低。建植6年后土壤饱和持水量比禁牧封育的增加幅度明显，与禁牧封育1年的基本相同，之后随建植年龄延长变化缓慢，到建植12龄时0～10、10～20、20～40 cm层次的比禁牧封育同层次的分别增加了13.81%、11.83%和0.71%，与禁牧封育1年相比，均有相同的变化特点。说明人工建植对土壤浅层饱和持水量影响较大，并随建植时间延长影响到深层。

表8-27　三江源玛沁高寒矮嵩草草甸"黑土滩"建植年限及禁牧封育土壤持水量

	饱和持水量（mm）			毛管持水量（mm）			田间持水量（mm）		
	土壤层次（cm）			土壤层次（cm）			土壤层次（cm）		
	0～10	10～20	20～40	0～10	10～20	20～40	0～10	10～20	20～40
禁牧封育	50.45±3.26	47.89±4.08	47.57±0.96	45.89±1.56	46.37±3.99	45.73±1.23	44.63±0.94	44.89±3.80	44.62±1.57
禁牧封育1年	57.25±1.50	52.90±1.81	49.26±2.76	53.88±0.65	50.20±0.58	47.13±3.29	51.27±1.88	48.32±2.33	46.42±4.07
建植2龄	54.14±3.62	47.67±3.69	43.76±1.41	49.57±0.72	46.67±3.63	41.78±2.29	48.84±0.51	45.56±3.70	39.98±3.53
建植4龄	54.90±1.94	49.68±3.28	46.33±4.85	51.09±2.06	48.30±2.90	44.24±5.19	49.80±1.92	46.87±2.36	42.96±5.25
建植6龄	55.42±9.09	51.45±3.28	51.33±3.03	53.15±9.58	49.50±3.76	48.54±3.42	51.14±9.06	48.72±3.63	47.10±2.19
建植12龄	57.41±1.46	53.56±4.60	47.91±3.80	54.94±3.04	51.34±4.00	46.43±3.49	52.94±0.94	50.42±3.80	44.88±1.57

注：表中20～40 cm层次数值是两层的平均值。

不同建植年龄及禁牧封育土壤毛管持水量和田间持水量0～10 cm和10～20 cm层次均表现为禁牧封育<2龄<4龄<6龄<12龄，而20～40 cm为2龄<4龄<禁牧封育<12龄<6龄。说明土壤浅层更易受地表环境的影响，表现的规律性明显，而较深层次变化与建植年龄有关。不同的是，禁牧封育各层间土壤毛管持水量和田间持水量无显著差异，建植6龄与12龄0～10、10～20 cm土壤毛管持水量和田间持水量均小于禁牧封育的，20～40 cm大于禁牧封育的。这可能与土壤容重变化有关。

从0～40 cm整层来看（图8-34），0～40 cm土壤持水能力表现出随建植年龄延长土壤持水量增加，建植12龄时，土壤饱和持水量、毛管持水量和田间持水量相比禁牧封育分别增加了6.88%、8.39%和8.03%。由于饱和持水量、毛管持水量及田间持水量变化规律一致，所不同的是后两者比饱和持水量分别低4%和7%左右，故以下仅分析饱和持水量的变化状况来说明土壤持水量随建植年龄的变化关系。从图8-34可看到，建植2龄时的（189.32 mm）比禁牧封育的（193.47 mm）值稍低，下降速率为2.08

mm/a，以后随建植年龄延长而增加，从建植2龄到6龄（209.01 mm）增加速率为3.71 mm/a，建植6龄到建植12龄（206.79 mm）略有降低，6年时间降低速率为0.37 mm/a。人工草地建植初期的6年内饱和持水量比禁牧封育和建植2龄的分别增加了8.04%、10.40%。在建植6龄以后持水量变化平稳，与禁牧封育的基本相同，趋于稳定。说明人工建植初期土壤持水量增加迅速，建植6龄时达到最高，显示建植6龄后土壤水源涵养功能最为明显。

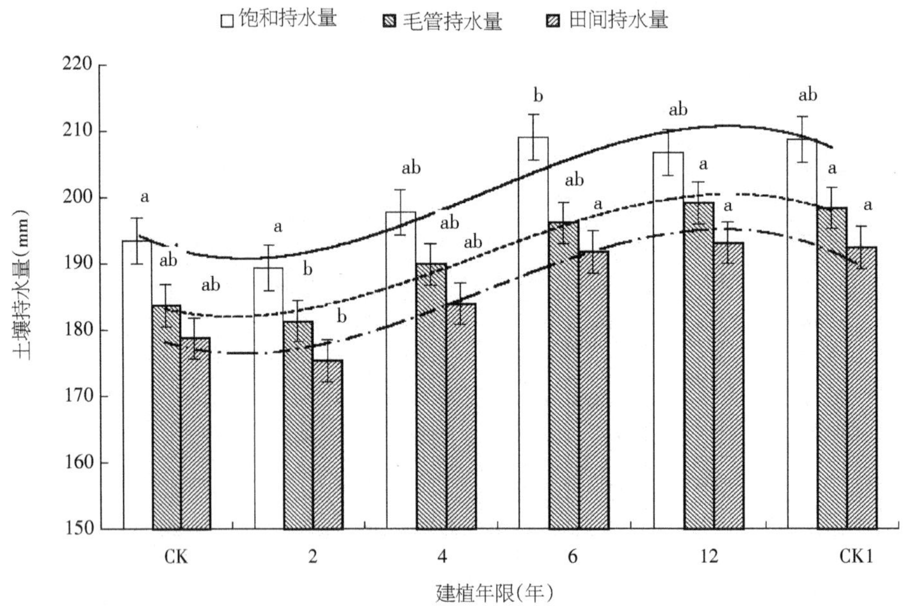

图8-34　不同建植年限0～40 cm整层土壤饱和持水量、毛管持水量、田间持水量变化

以饱和持水量与环境要素间相关性检验分析发现（图8-35），土壤持水量与土壤容重呈极显著的负相关关系（$P<0.01$），与物种数、地下生物量、土壤毛管孔隙度、总孔隙度、土壤有机碳、全氮6种因素呈现显著或极显著的正相关关系（$P<0.05$或$P<0.01$），与地上生物量、群落平均高度、盖度、土壤非毛管孔隙度无显著相关性（$P>0.05$）。这与Li et al等（2017）结果相似。这是因为随建植年龄延长，植被生长恢复，影响了地下植被根系的数量，并逐渐对土壤理化性质产生作用，造成土壤孔隙的变化，改变了土壤容重，从而对土壤的持水能力产生影响。而退化土壤的恢复首先表现在土壤容重等物理指标的变化上，发达的根系直接参与土壤的发育过程，提高了土壤有机质含量，改善了土壤孔隙状况。土壤水分是存在于土壤孔隙中，并吸附在土壤矿物质和有机质颗粒的表面，土壤孔隙和有机质的增加，提高了土壤持水能力，直接影响到土壤的水源涵养功能。

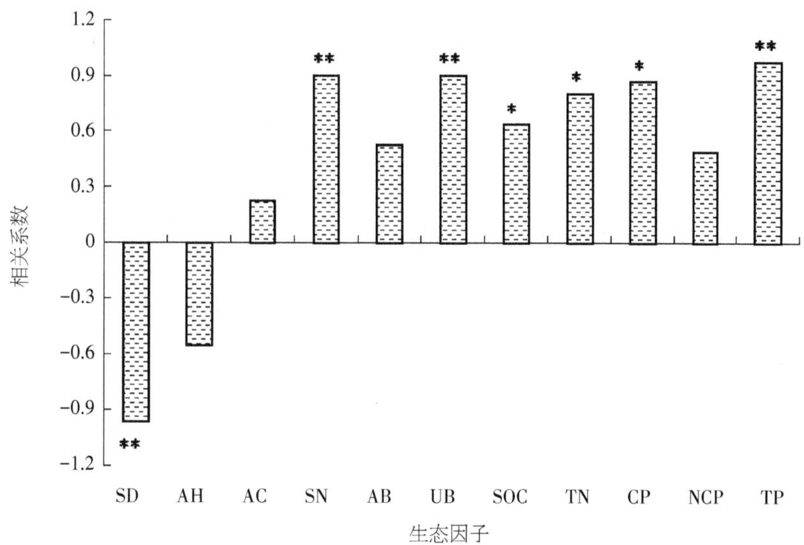

图8-35　土壤饱和持水量与各影响因子的关系

注:"*"和"**"分别表示土壤饱和持水量与影响因子具有显著相关性($P<0.05$)和极显著相关性($P<0.01$)。横坐标字母分别代表不同生态因子(SD—土壤容重;AH—平均高度;AC—平均盖度;SN—物种数;AB—地上生物量;UB—地下生物量;SOC—土壤有机碳;TN—土壤全氮;CP—土壤毛管孔隙度;NCP—土壤非毛管孔隙度;TP—土壤总孔隙度)。

土壤水源涵养功能的大小与植被、土壤厚度、土壤孔隙状况等密切相关(Christine et al,2014;Leung et al,2015;Celik,2005)。人工建植措施的实施需要对试验区进行人工耕播,建植初期植被覆盖度低,对土壤水分的保墒作用较弱。对土壤进行翻耕,改变了原有土壤孔隙度与有机质的分布,使土壤容重略有增加(Wu et al,2010),土壤颗粒变得紧实,土壤水分入渗率变小(David et al,2015),影响土壤持水能力(Li et al,2013)。随建植年龄增加,至建植12龄,植被覆盖度增加,蒸发减少,对保水有一定作用,植被根系及根系分泌物逐渐增多,枯落物和地下生物量增加(Wu et al, 2010),导致植物残体归还量增多(Johnson et al,2001),而植物残体是土壤有机质形成的主要来源(Frank et al,1995),土壤有机质在较湿的环境下矿化作用减弱(Luo et al, 2014),存留的有机质较多,可以提高土壤层的通透性和持水能力。同时,植物残体归还具有滞后性,植物残体凋落后先进入0～10 cm层次,然后缓慢被转移到底层,使土壤表层具有较多的植物残体,从而提高土壤层的透水保水能力(Chen et al,2016),从而间接地提高了土壤水源涵养功能(Wall et al,2003)。这些均表明人工建植措施可以提高水源涵养量与土壤持水能力。

Feng等(2010)通过对退化草地人工建植的研究表明,与未建植的退化样地相比,人工建植3年和7年,土壤持水能力分别增加了9%和4%。本研究表明,人工建植4龄、6龄、12龄土壤饱和持水量比黑土滩分别增加了1.94%、8.04%和6.88%。也表明,建植6龄时土壤饱和持水量达最大值，12龄时有所下降。而建植2龄、4龄、12龄比轻度退化植被分别低10.22%、5.53%和0.92%，建植6龄比轻度退化高0.16%（$P>0.05$）。此外，建植12龄时，土壤毛管持水量和田间持水量相比对照黑土滩分别增加了8.39%和8.03%，仅比建植6龄增加了1.52%和0.70%。说明建植6龄后，土壤毛管持水量和田间持水量增加速率变缓，并有趋于稳定的趋势。联系Feng等（2010）人工建植7年较建植3年持水能力明显下降可以得出，人工建植6龄时土壤持水能力可基本达到最佳状态。

8.三江源农牧交错区土地利用与土壤持水能力

李令等（2017）也曾于2015年7月下旬在位于青海省海南藏族自治州贵南县过马营镇南部约18 km处的退耕还草区（在西宁-果洛公路168 km右侧，试验样地位于贵南县过马营镇南哇什滩，101°12′～101°14′N，35°96′～35°98′E，海拔3040～3152 m）选取原生植被（对照，放牧强度为1.2只羊/hm²）和原油菜地经退耕还草11年样地（简称退耕还草11年），两者相距100 m。退耕还草样地是2004年通过耕耙-施肥-播种-轻耙（覆土）-镇压的方式进行播种，播种牧草为无芒雀麦和冷地早熟禾，两者播种密度分别为25、8～11 kg/hm²，播种面积为400 m²。经一次种植后，对长期围栏封育等土地利用下的土壤持水量进行了调查，调查试验期间，在每个试验区设置大小均为2 m×2 m的样地。调查时，在样地的中央点和4个角各设置一个50 cm×50 cm观测样方，即每个处理有5个重复研究区。以下为该农牧交错区土壤持水能力状况。

经退耕还草11年后，油菜地0～10、10～20、20～40 cm土层的土壤容重均分别比原生植被样地低8.34%、2.92%、4.18%（表8-28）。0～40 cm土层土壤容重整体下降5%。同时，也可以看出，原生植被样地和退耕还草11年样地土壤均质化程度较高，两者土壤容重均随着深度无显著变化（$P>0.05$），说明退耕还草并长期封育有利于降低土壤紧实度，提高土壤孔隙度，从而提高土壤固碳持水能力。

分析发现，退耕还草11年样地0～10、10～20、20～40 cm层面土壤饱和持水量、毛管持水量及田间持水量均不同程度地高于原生植被样地，两者差异在20～40 cm层面达到显著水平（$P<0.05$）（表8-28）。从0～40 cm整层来看，退耕还草11年样地土壤饱和持水量、毛管持水量和田间持水量分别比原生植被样地高出12.01、11.26和9.55 mm。再次直接证明了退耕还草能够改善高寒草甸土壤持水能力，提高该区域土壤水源涵养能力。

土壤持水能力表征了一个地区土壤水源涵养能力的高低，主要受土壤总孔隙度、容重、有机质含量、土壤颗粒组成等的影响（吴启华等，2014）。土壤饱和持水量、毛管持水量及田间持水量是衡量土壤持水能力的重要参数，能够表示土壤贮水能力的强弱。本研究结果显示，退耕还草11年样地0～10、10～20、20～40 cm土层土壤饱和持水量、毛管持水量及田间持水量均高于原生植被样地。造成这种现象的原因主要有：退耕还草措施降低了0～40 cm土壤容重，提高了植被盖度，延长了草地的覆盖时间，减少了土壤水分的挥发；退耕还草措施提高了0～20 cm土壤有机碳含量，不仅改善了土壤结构，增加了土壤孔隙度，而且还改变了土壤胶体状况（李永强等，2016），使土壤吸附作用增强。说明退耕还草措施能够改善农牧交错区的土壤持水能力，提高该区域土壤水源涵养能力。然而，当退耕还草达到某一年限时，会出现生境干旱化的现象（高阳等，2016）。因此，在生产实践中，实施退耕还草措施须注意年限，应根据草地恢复状况制定适宜的封育期限，不宜采取长期封育，应适当采用轮牧、游牧方式加速草地的恢复。

表8-28　三江源农牧交错区原生植被与退耕还草11年土壤容重、持水特征参数

土壤深度（cm）	样地	容重（g/cm³）	饱和持水量（mm）	毛管持水量（mm）	田间持水量（mm）
0～10	原生植被	1.20±0.02[ab]	53.67±2.56[a]	50.58±2.20[a]	49.95±2.07[a]
	退耕还草11年	1.10±0.02[a]	57.27±2.66[a]	53.53±2.61[a]	52.31±2.39[a]
10～20	原生植被	1.27±0.02[b]	52.95±1.33[a]	51.41±0.87[a]	50.49±1.09[a]
	退耕还草11年	1.23±0.03[ab]	53.92±0.29[a]	51.89±0.53[a]	50.78±0.61[a]
20～40	原生植被	1.25±0.03[b]	103.66±3.60[b]	99.44±3.81[b]	97.75±4.13[b]
	退耕还草11年	1.19±0.02[ab]	111.10±0.29[c]	107.27±0.15[c]	104.65±0.23[c]

注：同列不同小写字母表示差异显著（$P<0.05$）。

三、土壤持水量对长中短期封育的响应及稳定性

我们曾选择青藏高原不同地区（三江源、藏北、甘南、川西、海北等）的高山嵩草、矮嵩草草甸植被类型，历时4年收集从自然植被（包括极度退化、中度退化、重度退化、轻度退化植被类型）、封育1年到封育50多年349个样点（极少数样点为3个连续年取样）0～10、10～20、20～40 cm土壤环刀，每个样点3个重复，分析其0～40 cm层次土壤持水量随封育年限的变化状况（图8-36）（He et al，2019）。

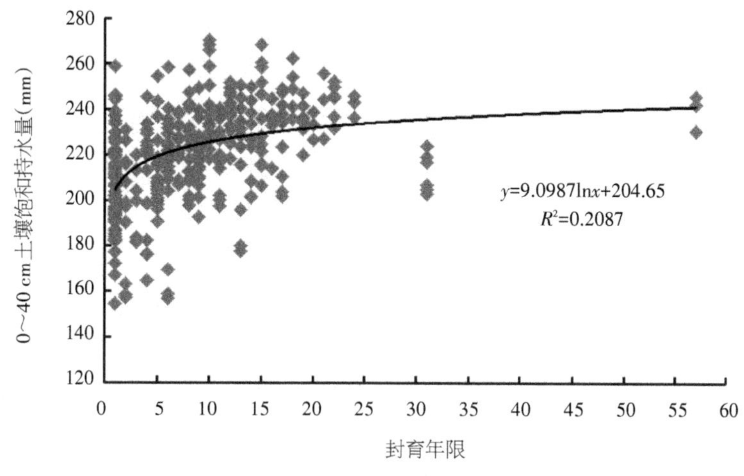

图8-36　高寒草甸0～40 cm土壤最大持水量随封育年限的变化

图8-36表明，高寒草甸0～40 cm层次土壤最大持水量随封育年限具有极显著对数关系（n=331，P<0.001）。0～40 cm层次土壤最大持水量最低至154 mm，最高可达270 mm，最低一般出现在无植物生长、极度退化的黑土滩，有些地区偶见植物生长，但主要为单一的、极少量的、根系扎入土壤较浅的杂类草植物，如细叶亚菊、柔软紫菀、兰石草、海乳草等。不论对极度退化的高寒草甸还是不同退化程度的高寒草甸进行封育，其土壤最大持水量随封育年限延长均表现出急剧增加，到达一定封育年限后增加速率降低，出现稳定状态。由图8-36可看到，0～40 cm土壤层次最大持水量从极度退化封育1年开始，到封育5～6年时，其最大持水量增加显著，可从平均195 mm上升到220 mm，封育年限达到7年以后，0～40 cm土层的最大持水量普遍得到提高，表明在封育初期到封育达到7～8龄时，其0～40 cm土层的最大持水量随封育年龄延长升高最为明显，封育8～10年以后其增加速率放缓。封育10年以后最大持水量随封育年龄延长更趋缓慢。从图8-36还可看到，封育56年后其最大持水量并非最高，一般最高约出现在封育15～18年的范围。这说明，不论是极度退化为黑土滩的高寒草甸植被，还是中度退化或重度退化或轻度退化的高寒草甸植被类型，禁牧封育后，在8～10年内其土壤0～40 cm土层的最大持水量上升很快，以后减缓，封育8～10年是土壤水源涵养功能提升最为明显的阈值。而且也说明，在青藏高原广阔的高寒草甸地区，0～40 cm整层土壤所能达到的最大持水量平均约为230 mm，极个别地区可以达到240 mm，封育8～10年后趋于基本稳定。

四、高寒草甸土壤持水能力等级划分

自20世纪80年代以来，高寒草甸植被受温暖化效应及人类活动加剧的影响，出现了严重的退化现象，明显影响到高寒草甸的水土保持及水源涵养功能。为缓解地区生态系统恶化，改善土壤和植被状况，更好发挥生态安全屏障作用，近十几年来，我国政府在青藏高原地区实施了诸多生态环境治理工程和项目，高寒草甸局部地区生态环境已有所改善。然而，由于高寒草甸土壤持水方面的监测、研究相对落后，目前尚无统一、规范化的高寒草甸土壤持水能力分级标准，无法对高寒草甸土壤持水能力进行系统的判定。为了准确判断和评价高寒草甸地区土壤持水能力，依照国家标准化工作导则的要求，我们也制定了土壤持水能力判定等级划分的规范。相信此规范的发布实施将有助于准确判断不同区域高寒草甸土壤持水能力，也有利于客观地评价生态治理工程对高寒草甸土壤持水能力的影响。

我们学科组（中国科学院西北高原生物研究所陆地生态系统过程与功能对全球变化响应学科组），在国家重点研发计划（2016YFC0501802；2017YFA0604801）、中科院战略先导专项（XDB03030502）、国家自然科学基金（31300385；31270523）、青海省自然科学基金（2016-ZJ-943Q；2014-ZJ-901）及青海省国际合作项目（2015-HZ-804）等项目的支持下，历时5年，在青海省海北州门源县，海南州兴海县，海西州天峻县，玉树州巴塘乡，果洛州大武镇、达日县、甘德县、泽库县东科日村、河南县，西藏自治区申扎、那曲，川西高原，甘南草原等广泛分布的高寒草甸（主要为矮嵩草草甸、高山嵩草草甸）区域，系统地取得66个样地，每个样地5个重复的植物群落结构、高度、盖度、生物量、物种多样性和丰富度，土壤容重、有机碳、全氮、pH值、持水特征、环刀法的饱和持水量等指标。通过大量的野外监测分析数据，结合项目组前期有关研究结果，以及前人的文献报道制定了《高寒草甸土壤持水能力等级划分》地方标准。目前已通过青海省质量监督局组织的相关专家审定。

通过对高寒草甸植被盖度、0～40 cm平均土壤容重、0～10 cm土壤有机质、0～40 cm平均土壤有机质、0～10 cm地下生物量及0～40 cm总地下生物量与0～40 cm土壤饱和持水量进行相关分析（图8-37）可知，高寒草甸0～40 cm平均土壤容重与土壤饱和持水量呈极显著负相关关系（R^2=-0.85，P<0.01），植被盖度、0～40 cm平均土壤容重、0～10 cm土壤有机质、0～40 cm平均土壤有机质、0～10 cm地下生物量及0～40 cm总地下生物量与0～40 cm土壤饱和持水量相关性水平均达到显著水平（P>0.05）。因此，将土壤饱和持水量和0～40 cm平均土壤容重纳入等级划分标准中，土壤有机质、植被盖度及地下生物量不纳入等级划分标准中。

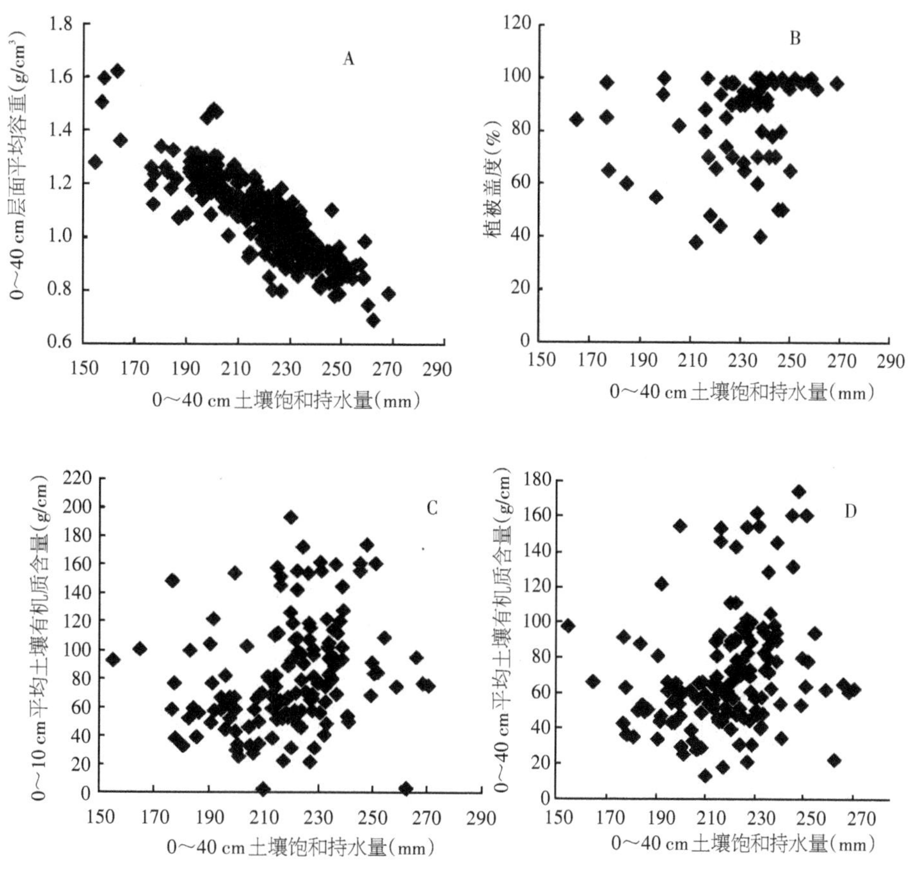

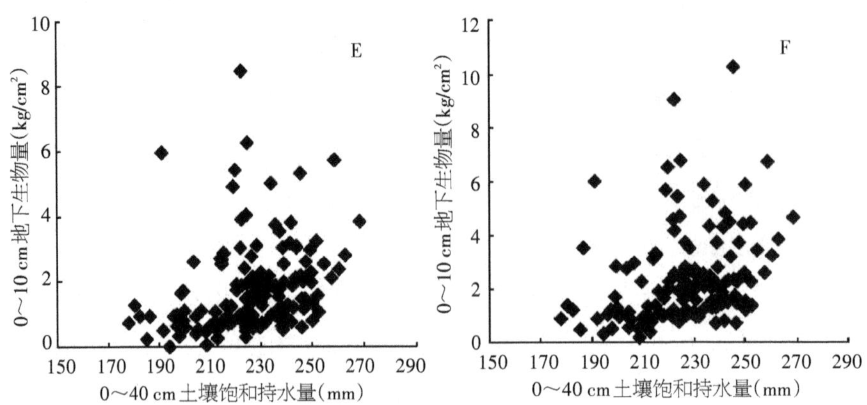

图8-37 高寒草甸0～40 cm平均土壤容重(A)、植被盖度(B)、0～10 cm土壤有机质(C)、0～40 cm平均土壤有机质(D)、0～10 cm地下生物量(E)及0～40 cm总地下生物量(F)随0～40 cm土壤饱和持水量的变化状况

土壤0～40 cm层次饱和持水量随不同退化程度及原生植被的分布状况(图8-38),联系上面谈到的土壤饱和持水量随长短期封育年限(图8-36)状况,可以计算出0～40 cm土壤最大持水量平均值(R_0),同时,利用高寒草甸不同封育年限及退化程度实际土壤持水量(R)与序列均值(R_0)的距平值(d)变化,可分别计算正、负距平平均值(分别用d_+和d_-表示,距平值为0时,归正距平)。经计算,可得R_0、d_+、d_-分别为219.82、15.95、-18.58 mm。同理,可计算出高寒草甸0～40 cm平均土壤容重的R_0、d_+、d_-分别为1.06、0.12、-0.12 g/cm³。利用距平值法(表8-29),可提出高寒草甸土壤持水能力分级标准(表8-30)。

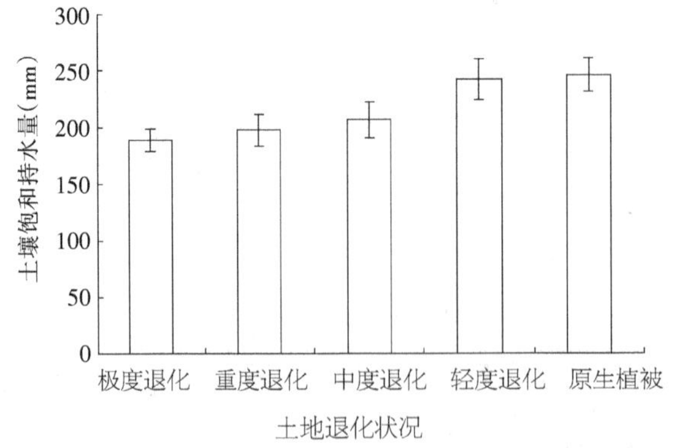

图8-38 高寒草甸不同退化程度0～40 cm土壤饱和持水量

表 8-29　高寒草甸土壤持水能力划分方法

持水能力分级	强	较强	一般	较弱	极弱
土壤饱和持水量	$R \geq R_0+2d_+$	$R_0+d_+ \leq R < R_0+2d_+$	$R_0+d_- < R \leq R_0+d_+$	$R_0+2d_- < R \leq R_0+d_-$	$R \leq R_0+2d_-$

表 8-30　高寒草甸土壤持水能力评估指标及相应阈值范围

土壤持水能力等级	0～40 cm 饱和持水量总和(mm)	土壤容重(g/cm^3)
强	≥252	≤0.8
较强	236～252	0.8～0.9
一般	201～236	0.9～1.2
较弱	183～201	1.2～1.3
极弱	≤183	≥1.3

注:各参数范围中右边数值包含在本范围中,左边数值包含在下一范围中。

第八节　土壤水分的有效性

一、土壤水的蓄积效应

土壤孔隙是蓄存和调节水分的重要场所。从土壤表层到地下水饱和带之间,土壤孔隙中有一定的空气,这些空气形成了通气带或包气带,其厚度随地下水位埋深不同而发生变化。在地下水位埋深上部的非饱和带是土壤水分贮存的场所,从土壤水资源评价与利用来讲,植物生态学家更关心的是植物根系带,生态学家也关心土壤水的蓄积能力(实际上就是"土壤水分库")、滞水能力(在土壤中的维持时间)。根系层处在包气带的最上部,其中的土壤水分能直接被植物吸收利用并积极参与陆地水分循环,不断发生水量的补给、消耗,是植被-土壤界面最为活跃的一层。

田间持水量和凋萎湿度及其相应的蓄水、持水能力是十分重要的水分常数。通常超过田间持水量的重力水分,不可能长时间存在于土壤中,故田间持水量维持时的蓄水能力可作为土壤最大蓄水能力,凋萎湿度以下的土壤水分不能被植物利用而成为无效水分。而田间持水量与凋萎湿度之间的有效水分的土壤蓄水能力则为最大有效蓄水能力。

由于土壤蓄水量具有明显的季节变化,土壤的有效调节能力(田间持水量的最大蓄水能力与实际蓄水能力之差)也发生响应变化。

植物(作物)的根系在不同深度吸收土壤水分,而不同植物的深度差别很大,从几十厘米到几米。就大多数农作物来说,根系的深度多在2 m之内,其吸水深度很少超过2 m,因此农田一般取2 m土层作为农作物根系层的平均深度是适宜的。而青藏高原广泛分布的高寒草甸、高寒草原地区,因海拔高,温度低,虽然有较强烈的太阳辐射,但土壤层热量下传至深层是十分困难的,一般在40 cm层次以下土壤温度变得恒定(李英年等,2017),该环境条件下,植物根系主要分布在土壤的0~20 cm层,到40 cm以下其地下根系量基本为零;再者,高寒草甸地区土壤封育年轻,其厚度较薄,只有那些坡积物、洪积物、古冰水沉积物区域较厚些,大部分地区处于40~60 cm的厚度,特别是在三江源大部分地区多在40 cm层次。这就是说,对于高寒草甸地区取40 cm层次作为根系层的平均深度是合适的。根系层之下的土壤水分较少参与水分循环,只有静储量,进行水、土壤资源评价时可不予考虑。土壤蓄存和调控水分的作用可用根系层的蓄水能力来表示,它依土壤类型、结构、质地和地下水位埋深等因素而有差异,通常可用三个基本土壤水分常数(即饱和含水量、田间持水量和凋萎湿度)来计算。

根系层土壤为重力水饱和时的蓄水能力称为饱和蓄水能力。它是土壤所含水分的最大容量。在天然条件下,只有遇到特大暴雨或河流泛滥时,低洼地的土壤被水淹而使土壤水分达到饱和状态或者因某种原因地下水位上升到地表面致使土壤为水饱和状态。但在大多地区,因下渗、径流、蒸发等影响,饱和状态逐渐消失。

田间持水量和凋萎湿度及其相应的蓄(持)水能力是两个十分重要的水分常数。超过田间持水量的重力水不可能存在于土壤中,故田间持水的蓄水能力可作为土壤的最大蓄水能力,凋萎湿度以下的土壤水分不能被植物利用,为无效水分。田间持水量与凋萎湿度之间为有效水分,此时土壤的蓄水能力为最大有效蓄水能力。

在表8-19可以看到,海北高寒矮嵩草草甸0~40 cm土壤的饱和蓄水能力多在221.16~245.71 mm,田间最大蓄水能力在209.29~215.56 mm,有效蓄水能力介于11.87~30.15 mm,一般都超过当地一次日最大降水量,海北高寒草甸地区日降水量≥10.00 mm,≥25.00 mm的日数年内一般分别在16~20天和2~4天,日降水量≥30 mm的出现概率更小。这就是说,如果有足够的入渗时间,其一次日最大降水量可以为土壤的有效蓄水能力所调蓄。

近几年,国家在青藏高原不同地区实施生态屏障环境治理建设,进行退耕还草(林)的封育措施,其土壤环境发生改变,地表径流大大减少(Li et al,2017),土壤有机质含量增加,土壤包气带厚度增大,饱和持水量不断增加。

二、土壤水分有效性在植物生理过程中的影响作用

土壤水分有效性评价是根据土壤水分对植物生长有效性原理,按照凋萎湿度、生长阻滞含水量和田间持水量对土壤水分进行分级分析(闫伟明,2017;王孟本等,1999)。在半干旱地区常以土壤田间持水量的60%作为生长阻滞点。田间持水量的

60%～80%属中效水，80%～100%的水分属易效水；低于60%为难效水。有人将树木的永久凋萎点（< -20×10^5Pa）作为有效水的下限，将土壤水分分为重力水（> -0.3×10^5Pa）、速效水（-0.3×10^5Pa～-10×10^5Pa）、迟效水（-10×10^5Pa～-20×10^5Pa）和无效水（< -20×10^5Pa）（刘世梁等，2003；Son et al，1993），认为在田间持水量中，有效水（速效水+迟效水）和无效水分布约占2/3和1/3。杨文治（2001）引入土壤水库总库容（相当于饱和持水量所容纳的水分）、调节库容（其上限相当于田间持水量容纳的水分）、死库容（低于凋萎湿度）、有效库容（田间持水量与凋萎湿度之间土壤所含水分）等概念评价土壤水分有效性。在生长季内，林地土壤水分随大气降水及林分的蒸散而变化，不同林地土壤的含水量一方面反映了森林涵蓄水分能力的大小，另一方面表明各林地对林木生长水分的有效供给状况，从而在一定程度上也指示植被的水分亏缺状况。

土壤水分有效性是限制植被生长的重要限制因子之一，一些比较湿润的地区也常常遭受不同程度的干旱胁迫（闫伟明，2017；Sadras et al，1996；Soltani et al，2000）。植物生长需要消耗大量的土壤水分，但是不同植物的耗水机制表现出一些差异，且不同植物的水分有效性阈值由于土壤特性、植物生育期和环境条件的差异也表现出一些差异。因此，准确评价植物的土壤水分有效性阈值就成为农林草业学者们亟待研究的问题。就目前而言，不同的生理参数被用来定量描述植物对干旱胁迫的响应，包括叶水势、叶片相对含水量、叶片或者冠层水平气体交换参数等（Casadebaig et al，2008）。此外，叶绿素荧光参数作为一种快速无损的评价方法，也常常被用来描述植物对干旱胁迫的响应（Baker et al，2004；Bresson et al，2015）。作为植物水分亏缺的指标，同样可以作为土壤水分有效性的评价参数，明确植物是否遭受干旱胁迫及遭受干旱胁迫的程度。

气候变化模型研究表明，未来降雨模式的改变可能导致干旱半干旱地区的干旱更加严重与频繁（Myhre et al，2013；Tignor et al，2013）。因此，交替干旱胁迫下植物土壤水分有效性评价也成为生态学家关注的重点。植物在经历干旱胁迫后，由于一些相关蛋白和转录因子的积累，植物对随后的土壤水分下降的响应更为敏感，并可以快速地做出反应（Bahaus et al，2014；Boyko et al，2011；Bruce et al，2007），同时也可以通过渗透调节等来适应随后的干旱胁迫（Hartmann et al，2013），而土壤水分有效性阈值下限的提高，表明植物经历过干旱胁迫后，在较高的土壤含水量时便降低了生理活动，尤其是光合作用的快速下降，会导致光合产物积累的下降，提高了植物因碳饥饿致死的风险（Plaut et al，2013）。

当土壤含水量高于土壤水分有效性阈值上限时，土壤水分对植物各生理参数同等有效，而当土壤水分继续下降时，土壤水分有效性快速下降；不同的生理参数表现出不同的土壤水分有效性阈值，气体交换参数的土壤水分有效性阈值最高，荧光参数的土壤水分有效性阈值最低；不同类型植物土壤水分有效性阈值也表现出一定的差异，木本植物土壤水分有效性阈值低于草本植物；此外，交替干旱胁迫也显著影响了植物土壤水分的有效性阈值，植物经历干旱胁迫后土壤水分有效性阈值提高。

三、土壤水分有效性评价概述

土壤水分有效性是在描述土壤含水量在“田间持水量”到“永久萎蔫点”之间对植物生长有效性程度时提出的一个概念，是指在临界值之上的土壤水分对植物生长的影响程度，包括植物株高和茎粗生长的变化、叶片的生长、产量或者生物量、光合作用等形态及生理指标。但“田间持水量”至“凋萎湿度”的土壤水是否对植物同等有效，曾经有过长期的争论。但从土壤—植物—大气系统的观点出发，认为土壤水的有效性不仅取决于土壤水本身(含水量或水势)，同时也取决于大气的蒸发要求。当大气蒸发要求很低时(例如1.4 mm/d)，则10^4～10^6 Pa的土壤水都能完全满足这一要求(AET/ET=1)，所以这个范围内的土壤水是等效的；但当蒸发要求高时(例如5.6 mm/d)，只有≤ 2× 10^4 Pa的土壤水才能充分满足这一要求(AET/ET= 1)，而> 2× 10^4 Pa的土壤水只能部分满足这一要求(AET/ET< 1)，吸力愈高满足程度愈小，所以它们是不等效的(周凌云等，2003)。

土壤田间持水量是一个表示土壤持水能力的指标，在水文研究中非常重要，是指排水良好且地下水较深的土壤经充分降雨或灌水后，经过一定时间，土壤剖面中能够维持的比较稳定的土壤含水量，田间持水量在同一类型土壤中是一个常数，常被认为是大多数植物可以利用的土壤有效水分的上限(Kirkham，2014)，常用来作为灌溉上限进行灌溉补水。田间持水量的概念最早是由 Veihmeyer等(1931)提出来的。田间持水量作为土壤持水能力的指标，具有相对平衡和定量的意义。

田间持水量是土壤的一种物理属性，其持水能力的大小与土壤的结构类型、有机质的含量以及土地利用方式有关。不同类型的土壤田间持水量不同，同种类型的土壤由于所处环境气候或土地利用方式的不同，其田间持水量也不尽相同，一般情况下，黏土>壤土>沙土(陈晓燕等，2004)。李玉山等(1985)对黄土高原土壤田间持水量的实测研究表明，可以根据土壤田间持水量将黄土高原划分为三个区域，分别为20%～24%、16%～20%和12%～16%的田间持水量；80%的黄土高原区域，土壤田间持水量都介于20%～22%的土壤含水量范围内，包括南部的轻壤带、中壤带及重壤带，土壤的持水能力非常接近；而北部的沙壤带，其田间持水量在13%～19%的土壤含水量范围内。黄土高原地下水埋藏较深，一般在五六十米，降雨补充的土壤水分是黄土高原非常宝贵的水资源来源，在田间持水量条件下，黄土高原2 m深的土层内土壤储水量可达450～550 mm，对植物的生长起着至关重要的调节作用。

永久萎蔫点又被称为凋萎系数，最早由Briggs 等(1912)提出。他们认为在一个给定的土壤含水量下，植物叶片开始出现萎蔫，但是在充满水汽的条件下植物又可以恢复原状，而维持这个土壤含水量，植物无法生长，这时的临界土壤含水量就被称为凋萎系数。Furr 等(1945)后来把这个临界土壤含水量定义为初始萎蔫点，即在一个特定植物的特定生育期内，下部的叶片开始萎蔫，但在饱和水汽环境中又不能恢复；第二个萎蔫点就是永久萎蔫点，即植物整株开始萎蔫，并且在饱和水汽环境中不能恢复的土壤含水量。通常认为土壤含水量在初始萎蔫点和永久萎蔫点之间还存在一个相当大的范围(Gardner et al,1964)。李玉山等(1985)采用幼苗法对黄土高原地区121个耕层土样的研究发现，土壤萎蔫点含水量等值线与土壤质地区分线几乎平行分布，由南向北逐渐减小，重壤带> 8%，中壤I带和II带分别介于5%～7%和7%～9%的土壤含水量，轻壤带为4%～5%，沙壤带为3%～4%，从而推断出土壤萎蔫含水量的大小与土壤颗粒组成显著相关，继而通过相关性分析研究发现，土壤萎蔫含水量与土壤中细沙(0.25～0.05 mm)及粗粉粒(0.05～0.01 mm)的含量呈显著负相关关系，而与黏粒(< 0.01 mm)的含量显著正相关。

随着土壤科学的发展，研究人员发现，永久萎蔫点是动态变化在土壤水分供给不足以阻止植物萎蔫的土壤含水量范围内，跟土壤的性质(质地和组成)、植物根系的分布、植物蒸腾速率及温度等有关(Kirkham,2014)。干旱胁迫下植物基部叶片通常先开始萎蔫(Horton,1974)，因此可以根据基部叶片萎蔫的变化来推断初始萎蔫点，顶部叶片萎蔫且在复水后不能恢复时，意味着土壤水分降低到了植物所能承受的极限，即最终永久萎蔫点。

对于田间土壤来说，田间持水量到永久萎蔫点之间范围内的土壤含水量对植物生长是有效的，通常也被称为有效含水量，即土壤水库中能够被植物吸收利用的水分。土壤有效水是干旱半干旱地区土壤水分—植物供需关系研究的一个重要方面。近年来，随着土壤—植物—大气传输(SPAC)理论的发展以及水分运输测定技术的进步，研究人员认为土壤水分对植物的有效性不只取决于土壤水势或含水量，也依赖于土壤的供水能力，同时也与植物根系的吸水能力有关。植物对土壤水分的吸收与土壤性质(土壤导水率、扩散率、土壤吸力与水分之间的关系等)、气象条件(温度、风速、蒸气压亏缺值等)及植物特性(根系深度及密度、根表面积、根系生长速率和叶面积指数等)有关，是一个综合的动态过程。因此只有将土壤因素、气象因素和植物因素进行综合考虑，才能对土壤水分有效性做出更加全面的认识(郭庆荣等，1994；邵明安等，1987)。基于SPAC水分运动理论，邵明安等(1987)对土壤水分有效性的概念做了进一步完善，建立了能够反映根系吸水机理的数学模型，从理论上定量地描述了植物根系吸水与根系密度的关系。

土壤水分有效性准确的评价方法和标准是国内外学者一直探索的问题。目前，国内外评价土壤水分有效性的指标主要包括以下五种：1)产量和生物量指标(Liu et al,2004；郭庆荣等，1994)；2)植株伸长速率(Zunzunegui et al,2002)；3)植物叶片蒸腾强度(吴元芝等，2010)；4)根系吸水速率(邵明安等，1987)；5)植物叶片光合速率和气孔导度等(Cuevas et al,2006)。这些评价指标在使用时各有利弊，如产量和生物量指标在评价一年生植物时比较准确，但是需要破坏性取样；植株伸长速率的影响因素很多，而植物叶片蒸腾强度有可能会低估土壤水分的有效性。土壤水分对植物生长的有效性是一个动态过程，受到土壤理化性质、植物类型及生育期及环境因素的影响，因此依据植物某一特定生育期根系吸水速率与土壤含水量的关系来判断植物的土壤水分有效性缺乏代表性。邵明安等(1987)和郭庆荣等(1994)先后研究了黄土区土壤水分有效性动态曲线，但研究结果差异很大，前者认为土壤含水量在40%～80%的田间持水量范围内对植物生长几乎等同有效，后者认为土壤含水量在55%～95%的田间持水量范围内呈现抛物线规律递减，且下降速度越来越快，但是目前两种几乎相反的结果都在使用。土壤水分有效性的评价是对植物对土壤水分吸收利用能力的定量描述，根据研究目的，土壤水分有效性的评价指标有很多种，也可以采用一定的数学手段综合考虑各种因子的影响。

四、高寒草甸土壤水分的有效性

土壤水分有效性与植物类型和生长发育时期密切相关，因此对于不同植物类型及生育期的土壤水分有效性研究也是极为重要。经典的土壤水分有效性包括了Veihmeyer等(1950)提出的等效学说和Richards等(1952)提出的非等效学说。等效学说认为土壤含水量在田间持水量到永久凋萎点范围内对植物的生长是同等有效的，即土壤含水量在永久凋萎点之上时，植物的各种生理活动不会受到抑制，但是当土壤含水量降到永久凋萎点以下时，植物各种生理活动受到抑制。而非等效学说又可分为两种观点：一种是极易有效和有效性递减观点，持有这种观点的研究人员认为土壤含水量在田间持水量和永久凋萎点之间存在一个临界点，在临界点之上时，土壤水分对植物的生长同等有效，即极易有效，但是当土壤含水量低于临界点时，土壤水分有效性递减；另一种是有效性递减观点，认为土壤含水量在田间持水量到永久凋萎点之间，土壤水分对植物的有效性是随着土壤含水量的下降而降低的，植物的生长在土壤含水量降到永久凋萎点之前就已经受到抑制。郭庆荣等(1994)和邵明安等(1987)针对黄土高原地区土壤水分有效性的研究结果表明，黄土高原地区土壤水分对农作物生长并非同等有效。

大多数研究表明，土壤水分下降时植物各项生理活动会随着土壤含水量有着协同变化，而且这种协同变化可以根据植物生理活动的动态变化来反映土壤水分对植物生长的有效性，可用数学函数模型来表达。如指数函数模型下，土壤水分有效性随着土壤水分的下降先缓慢下降后迅速下降，植物生长随土壤水分下降的指数函数模式也得到了研究证实(Sinclair et al，2005；Wahbi et al，2007)。线性分段函数模型下，早期土壤含水量的下降不会影响植物生长，但是当土壤含水量降低到某一临界值后，植物生长受到抑制且随着土壤含水量的下降线性降低(Masinde et al，2006；Wu et al，2011)，这一过程包括了等效学说和非等效学说两种观点。在S型曲线函数的模式下，植物生长随着土壤水分的下降先缓慢下降，后迅速下降，然后再缓慢下降。然而由于植物类型和评价指标的不同，导致目前土壤水分和生理指标关系的研究存在较大差异。邵明安等(1987)利用根系吸水的研究发现，田间持水量附近土壤水分有效性下降很快，而在40%～80%田间持水量的土壤含水量范围内土壤水分有效性几乎等同有效，而采用植物光合生理指标研究发现，土壤水分有效性随着土壤含水量先增大后降低（张光灿等，2003）。

鉴于上述不同植物类型及生育期的土壤水分有效性不同，我们也应关注高寒草甸植物类型、植被生产过程中的土壤水分有效性。

五、土壤水分有效性的影响因素

土壤水分有效性受到多种因素的影响，气候条件（Ge et al，2013；Stahl et al，2013）、土地利用方式（白一茹等，2009；李笑吟等，2006）、耕作方式（张宝林等，2005）、地形（孟秦倩等，2008）以及土壤本身特性（Wu et al，2011；吴元芝等，2010）等因素均对土壤水分有效性有重要的影响。Wu等（2011）在土壤质地对植物水分有效性的研究中发现，黑垆土土壤水分有效性高于黄绵土，同时温度和湿度也显著影响了三种土壤的水分有效性（吴元芝，2010）；土地形对水分有效性也有显著影响，吕殿青等（2008）研究发现，地形上，坡上及坡下土壤水分有效性高于坡中位置；降水量及降水的分布也会导致土壤水分有效性的差异（黄仲冬等，2014）；不同土地利用方式也会导致土壤水分有效性的差异（李笑吟等，2006）。此外，植被类型、植物物种、密度、生育期及根系的生长都会影响植物对土壤水分的吸收能力，进而影响植物的土壤水分有效性。然而，对高寒草甸植被的土壤水分有效性的动态机制认识仍不是很清晰。虽然，我们尝试分析了相关点区域上的土壤水分有效性，但仍处于探讨阶段，这将限制对高寒草甸甚至是高寒草地区域生态—水文系统的深入认识，也阻碍了退化高寒草地植被恢复过程中"土壤水库"的可持续利用。

第九节　高寒草甸土壤系统水源涵养能力及其价值

近年来，随着生态系统服务功能及其价值核算在国内外备受重视（Costanza et al，1997；Daily，1997；De Groot et al，2002；李文华等，2002），生态系统水源涵养能力的研究也受到极大的关注。涵养水源是生态系统的重要服务功能之一，生态系统水源涵养能力与植被类型和盖度、枯落物组成和现存量、土层厚度及土壤物理性质等密切相关，是植被和土壤共同作用的结果。生态系统涵养水分功能主要包括截留降水、抑制蒸发、涵蓄土壤水分、缓和地表径流、补充地下水和调节河川流量等功能（穆长龙等，2001；邓坤枚等，2002）。这些功能主要以"时空"的形式直接影响河流的水位变化。时间上，它可以延长径流时间，或者在枯水位时补充河流的水量，在洪水时减缓洪水的流量，起到调节河流水位的作用。空间上，生态系统能够将降雨产生的地表径流转化为土壤径流和地下径流，或者通过蒸发（腾）的方式将水分返回大气中，进行大范围的水分循环,对大气降水在陆地进行再分配。

尽管生态系统水源涵养能力包括了众多的指标,但研究者针对研究对象不同,对水源涵养能力定义有所不同。有的学者用蓄水能力的计量来表达,计量包括植被层、枯枝落叶层和土壤层截留降水的综合能力(刘世荣等,1996;石培礼等,2004)。有的学者用凋落物层和土壤蓄水量来代表生态系统涵养水分能力,如李红云等(2004)利用此法对济南市南部山区森林涵养水源总量进行了计算。也有学者用土壤蓄水量来代表生态系统涵养水分能力,如李金昌(1999)利用此法计算出长白山森林生态系统涵养水分的量。还有学者以年径流量作为功能指标来计算其涵养水分功能(薛达元,1999)。如前所述,生态系统服务功能既包括了植被系统,也包括了土壤系统。

一、土壤水源涵养能力及其价值的估算

如前所述,植被/土壤水源涵养能力的表达方式很多。我们在本书中所指的土壤水源涵养能力主要是指田间持水量、毛管持水量、最大持水量、土壤层蓄水量等,为了比较也将萎蔫湿度归为土壤水源涵养能力的范畴中。

土壤水源涵养功能是指一定的时空范围和条件下土壤将水分保持在生态系统内的过程和能力(吕一河等,2015)。尽管目前有多种方法评价土壤水源涵养,但综合来看,主要包括三个方面的土壤持水性能:土壤入渗能力、土壤现存贮水能力和潜在蓄水能力(赵丽等,2014)。在参阅已有土壤水源涵养研究文献基础上(熊远清等,2011;徐翠等,2013;白艳莹等,2016;赵丽等,2014),结合专家意见,选择土壤饱和导水率、土壤现存贮水量、土壤田间持水量和饱和贮水量4个指标评价土壤水源涵养功能。其中,土壤饱和导水率可表示土壤入渗能力、土壤田间持水量和饱和贮水量,代表土壤潜在蓄水能力。用土壤水源涵养功能指数(SWI)表征大小(Zhang et al,2015),计算公式为:

$$SWI=\sum_{i=1}^{n}\frac{S_i}{n}$$

式中,n为选择的土壤持水性能指标数量,S_i为各指标得分。各土壤持水指标越大,表示土壤持水性能越好,因此,S_i采用升降幂函数计算(Zheng et al,2005),计算公式为:

$$S_i=\frac{X_i-X_{min}}{X_{max}-X_{min}}$$

式中,X_{max}和X_{min}分别为土壤第i个指标的最大值和最小值;X_i为第i个指标的值。

而水源涵养能力价值目前多根据水库的蓄水成本、供水价格、电能生产成本、级差地租、海水淡化费用和区域水源运费等确定。这里主要采用影子价格法对生态系统水源涵养量进行价值化(秦嘉励等,2009)。公式有:

$$v=Q\times a$$

式中,v为生态系统水源涵养价值($\times10^8$元);Q为生态系统水源涵养量($\times10^6 m^3$);

a 为水的单价(元/m^3)。其中,水的单价取国内综合平均水平的成本价,如秦嘉励等(2009)在研究岷江上游典型生态系统水源涵养量及价值时,水的单价取四川综合平均水成本0.43元/t来计算。不同学者因研究对象不同,或区域综合平均水平不同,采用的成本价差异较大,如《西海都市报》于2017年5月15日报道青海省每年向下游多输送近60亿m^3的清洁水时,采用了目前西宁市生活用水价格(2.71元/m^3)来推算(赵俊杰,2018)。

二、三江源区域土壤系统水源涵养功能分析及其价值

刘敏超等(2006)从物质量和价值量两方面来定量评价三江源地区生态系统涵养水分的功能。数据来源参考文献(青海省农业资源区划办公室,1997)、1∶1 000 000中国植被图集(中国科学院中国植被图编辑委员会,2001)、青海省农业自然资源数据集(青海省农业资源办公室,1999)、三江源生物多样性—三江源自然保护区科学考察报告(李迪强等,2002)以及课题组多次科考调查的数据等。其涵养水源评估方法一方面从凋落物层和土壤蓄水能力角度来定量评价生态系统涵养水分功能,另一方面以三江源地区年径流量作为指标来评价其涵养水分功能,然后使用影子价格法定量评价生态系统涵养水分功能的价值。根据我国每建设1 m^3库容的成本花费为0.67元(1990年不变价)为依据来计算三江源地区生态系统水源涵养价值(欧阳志云等,1999;欧阳志云等,2004)。其整个三江源土壤贮存水能力用下式进行计算:

$$W_t = \sum_{i=1}^{k} P_i \cdot H_i \cdot A_i \cdot \gamma$$

式中:W_t 为土壤蓄水能力(t);P_i 为第 i 类土壤的非毛管孔隙度(%);H_i 为第 i 类土壤水分渗透的峰面厚度(cm);A_i 为第 i 类土壤的面积(hm^2);γ 为水的密度(t / m^3)。

上式与第七章提及的土壤层蓄水量计算式所不同的是,这里考虑了整个三江源较大尺度上的土壤层蓄水量。

刘敏超等(2006)从土壤蓄水能力角度分析表明,三江源地区的土壤总面积为3.2634×10^7 hm^2(包括可可西里的土壤面积),土壤涵养水源能力为1.6314×10^{10} t,价值为1.0930×10^{10}元(表8-31)。

三江源地区土壤总面积为3263.4×10^4 hm^2(包括可可西里的土壤面积),土壤类型分为15个土类,其中主要为高山草甸土、高山草原土、高山寒漠土和沼泽土,分别占总面积的49.50%、24.86%、7.12%、7.08%。土壤厚度15～110 cm。各土壤类型最大持水量变化范围为129.00～1169.75 t/hm^2,其中潮土、黑钙土、泥炭土、灰褐土、栗钙土、山地草甸土最大持水量较大,分别为1169. 75、1109.68、888.13、800.32、754.65、746.36 t/hm^2。

三江源地区土壤涵养水源能力为1.6314×10^{10}t,其中高山草甸土、高山草原土、沼泽土和山地草甸土涵养水源能力为8.207×10^9、3.447×10^9、1.616×10^9、1.149×10^9t,分别占水源能力总量的50.30%、21.13%、9.90%、7.05%。三江源地区土壤涵养水源能力总价值为1.093×10¹⁰元，其中高山草甸土、高山草原土涵养水源价值分别为5.498×10⁹、2.310×10⁹元。

表8-31 三江源地区生态系统土壤涵养水源能力与价值分析

土壤类型	面积（$\times10^4hm^2$）	厚度（cm）	非毛管孔隙度（%）	最大持水量（t/hm^2）	持水总量（$\times10^8t$）	价值（$\times10^8$元）
高山寒漠土	232.39	15	8.60	129.00	3.00	2.01
高山草甸土	1615.27	44	11.45	508.07	82.07	54.98
亚高山草甸土	13.68	44	11.45	508.07	0.70	0.47
高山草原土	811.41	44	9.64	424.83	34.47	23.10
山地草原土	154.01	64	11.57	746.36	11.49	7.70
灰钙土	26.41	82	9.76	800.32	2.11	1.42
栗钙土	27.70	75	10.06	754.65	2.09	1.40
盐土	4.55	57	10.00	571.05	0.26	0.17
草甸土	32.88	63	8.25	523.94	1.72	1.15
沼泽土	230.94	63	11.02	699.68	16.16	10.83
泥炭土	92.25	63	13.99	888.13	8.19	5.49
潮土	0.24	125	9.36	1169.75	0.03	0.02
风沙土	13.95	25	8.26	207.43	0.29	0.19
新积土	3.75	30	10.40	312.00	0.12	0.08
黑钙土	3.97	110	10.09	1109.68	0.44	0.30
合计	3263.40				163.14	109.30

注:土壤类型面积来源于《三江源自然保护区生态环境》(《三江源自然保护区生态环境》编辑委员会,2002),土壤面积包括可可西里的土壤面积,土壤厚度和非毛管孔隙度来源于《青海土壤》。其他为湖泊、河流、雪山等无表土地段。

《西海都市报》于2017年5月15日报道(赵俊杰,2018),青海省每年向下游多输送近60亿m^3的清洁水,按目前西宁市生活用水价格(2.71元/m^3)推算,三江源区每年向下游地区输送的水的总价值达到162.60亿元。这个巨额数据,得益于三江源植被恢复、水源涵养能力的提升。也说明三江源地区在一期恢复治理工作下得到初步的改善,增加了“水塔”的效果。数据显示,一期工程实施10年来,三江源地区水资源总量增加84亿m^3,湿地面积增加1×10^4 km^2,林草生态系统水资源涵养量增加28.4亿m^3,而且水质始终保持优良。

三、全球变化对高寒草甸水源涵养功能的影响

1.气候变化对高寒草甸水源涵养功能的影响

青藏高原属于气候变化的敏感区和生态脆弱带(孙鸿烈等,2012)。在全球变化及其影响下的高寒草甸生态系统变化驱动下,草地冻融过程加剧,首先影响土壤温、湿度,进而影响地气间能量和水分交换,高寒草地的水文循环过程发生了显著变化(Bewket et al,2005;彭雯等,2011;程国栋等,2013)。而气温升高和冻土退化是造成这些变化的原因之一。冻土退化、冻土上限和地下水位下降使浅层土壤水分大量流失,导致区内表土层趋于干旱化,致使短根系植被枯死和植被产生逆向演替,植被盖度降低,土地退化、沙化和荒漠化,水土流失严重,最终使生态环境恶化(金会军等,2010;2006)。全球气候变化及其作用下的冻土环境变化导致该区域近15年间高寒沼泽草甸生态系统分布面积锐减28.11%,高寒草甸生态分布面积减少了7.98%(王根绪等,2006)。国际IGBP的高纬度研究样带如西伯利亚和阿拉斯加等地的大量研究也表明,伴随全球气候变化,植被生态系统产生显著而深刻的影响(Song et al,2012;Walker,et al,2003)。

极地生态系统研究表明,气候温暖化对植被分布格局和演替产生重要的影响(Marchand et al,2005;Moline et al,2004;Zavaleta et al,2003)。伴随植被结构、格局和生产力变化,水循环和水文过程发生了较大变化,表现在:降水径流系数的持续递减和降水—径流关系减弱;出源径流趋于减少,洪水发生频率显著增加;水源涵养指数持续减小(王根绪等,2009)。

2.土地利用格局变化对高寒草甸水源涵养功能的影响

人类活动对高寒草地水源涵养功能的影响主要是通过过度放牧造成的植被退化。放牧所引起的草地植被覆盖的变化和区域土地利用格局驱动着草地生态水文过程的变化(Bilotta et al,2007;王永明等,2007)。近几十年来,在气候变化和超载放牧尤其是后者的显著作用下,中国草地生态系统退化严重,抑制生态功能和生产效益的发挥(Akiyama et al,2007;Han et al,2008)。根据本研究监测,在草地退化过程中,天然草地进入小嵩草群落时期的演替状态,草地的持水能力最强,而入渗能力较小。土壤的保水能力增强的同时,小嵩草特殊的生物学特性却需要更多的水分来维持生长,草地的自然含水量减少,草地向着干旱化方向发展。之后,杂类草入侵,逐渐形成退化草地,草地的土壤水分入渗性能增强,但是持水性能却很差,这就使得草地生态服务功能减弱,从而引起草地质量下降,导致土壤与生态系统退化。

总之,土地利用格局的变化会引起土壤的干旱化,土壤干旱化进程的加剧,使土壤水分入渗速率和产流量加大,导致了草地生态系统的水源涵养功能减弱。

3.青藏高原高寒草地的适宜性管理

高寒草地草毡表层是土壤物质交换和能量流动的重要场所。从禾草—矮嵩草阶

段到小嵩草草毡表层开裂期阶段，草毡表层从1.66 cm加厚到4.3 cm，土壤持水能力增强，土壤水分库容增加。小嵩草草毡表层剥蚀期，残余草毡表层厚17.5 cm，草毡表层受到破坏，土壤砾石层裸露，质地变粗，土壤水分深层渗漏加快，土壤水分以无效水形式流失。而在冻土融化的规律下，草毡表层的破坏，相当于增加了土壤水分库容，且为深层或植物无法利用的水分容量。所以草毡表层的存在是高寒草地水源涵养传输的基质，其存在对水源涵养具有重要作用。

然而，草毡表层加厚，土壤水分库容增大的同时，也引起了生物结皮的发生、发育，黑色生物结皮、白色菌斑阻滞水分入渗，使其无法发挥水源涵养功能。结合土壤水分入渗与水源涵养功能的关系，草毡表层开裂期即草毡表层4.3 cm左右时，为草地所能发挥水源涵养功能的极点。保持一定厚度的草毡表层，是维持高寒嵩草草甸贮水功能，减少土壤水土流失的关键（林丽等，2010），草地草毡表层厚度为4 cm左右时是草地生产与生态服务功能的最优时期。

对于轻度和中度退化草地来说，草地恢复的物质基础得以保留，采取围栏封育，草地就会逐渐得到恢复。而重度退化草地的治理则必须通过人工植被的恢复重建来实现。在退化草地上建立多年生人工草地，能够改善土壤微环境，为地带性植被的入侵创造适宜条件，实行人工草地植被演替与地带性植被自然入侵的连接，可以大大缩短高寒退化草地地带性植被的恢复进程（尚占环等，2005）。随着高寒草地植被生态系统的退化加剧，恢复的难度和经济投入难以估量（Milton et al，1994），水源涵养功能急剧下降，"中华水塔"面临严重威胁，生态屏障功能大受限制。

第九章　高寒草甸生态系统水源涵养功能价值评估

近年来，生态系统服务功能与价值的研究在国内外备受重视，受到科学界的高度关注。涵养水源是生态系统的重要服务功能之一，水源涵养能力与植被类型、植被盖度、枯落物组成和现存量、土层厚度及土壤物理性质等密切相关，是植被和土壤共同作用的结果。生态系统水源涵养功能主要包括截留、抑制蒸发、土壤蓄水、增加降水、缓和地表径流、补充地下水和调节河川流量等功能。这些功能主要以"时空"的形式直接影响河流的水位变化。高寒草甸是我国重要的水源涵养功能区，通过不同方式对高寒草甸生态系统水源涵养功能进行价值评估，计算水源涵养效益，可以为社会经济发展和提高牧民生活质量提供强有力的指导意义。本章以三江源为例，研究发现三江源地区生态系统水源涵养功能巨大，保护其生态系统结构和功能对我国江河中下游地区和东南亚国家生态环境安全和区域可持续发展具有重要作用。

第一节　水源涵养功能的概念与计算

一、水源涵养功能的概念

水源涵养一词的来源，可追溯到20世纪初德国建立水源涵养林时期。水源涵养概念进入我国后，最早应用于林业科学领域中的水源涵养林和水源涵养区的区划之中。目前，关于水源涵养涉及的研究范围很广。

国内外对水源涵养功能的研究方向有所差异。水源涵养林、生态系统水源涵养功能等研究属于生态水文学范畴，森林水源涵养功能则属于森林生态水文学内容。在森林水源涵养作用方面，国外学者多关注森林植被层、枯落物层、土壤层涵养水源的机制及水源涵养能力等方面发展的研究（Hewlett，1980）。Pablo Siles、Johannes Dietz、Tobon Marin等通过长期生态系统观测数据，在森林生态系统对降水的分配方面进行了大量的研究（Marin et al，2000；Johannes et al，2006；Siles et al，2010）。也有研究者通过有林地与无林地相互对比的方式评价植被对径流量的影响，扩展了水源涵养功能的内涵（Burt et al，1992）。在生态系统服务功能的提出与全球水资源短缺的背景下，水源涵养功能的研究迅速成为生态学者们共同关注的重点。Costanza等（1997）提出了生态系统服务体系，与之对应，生态系统水源涵养功能可理解为水量供给、水量调节以及水质改善等。水量供给是水源涵养功能在生态系统中最直接的体现，水量调节与水质改善则是间接作用。目前国外对水量供给与水量调节的关注大多集中于评估其经济价值，为政府决策提供依据，其研究方法主要是利用水文模型模拟森林中的水调节（水量和水质）服务，即在计算森林面积变化与水量变化相关性的基础上，利用情景分析预测森林水调节服务的未来变化趋势。我国在水源涵养功能方面的研究大多集中在森林水源涵养的机理机制、价值评估、水源涵养林结构与功能、水源涵养林效益评估及优化配置方式等方面（成晨，2009；陈祥伟等，2007；高鹏等，1993；刘阳，2008）。森林水源涵养功能的内涵与表现形式随研究对象、研究目的、研究尺度等不同而异（王晓学等，2013）。张彪等（2009）、司今等（2011）、刘飞等（2008）、王晓学等（2013）对森林水源涵养能力的内涵、水源涵养过程、水源涵养量计算方法等进行了对比分析与归纳总结，为森林水源涵养功能的完善奠定了较好的理论基础。随着水资源需求量的不断增加以及水环境的急剧恶化，水资源紧缺已成为世人所共同关注的全球性问题（姜文来，1998）。因而其涵养水源的功能尤其受到人们的重视（高成德等，2000）。自20世纪初森林与水的关系研究开始以来，陆地生态系统水源涵养功能的研究首先从森林的水源涵养功能开始，也一直是生态学与水文学研究的重点内容，而且发表了大量研究成果（余新晓等，2004；赵传燕等，2003；陈东立等，2005）。但对草地水源涵养功能的研究报道则相对薄弱，近些年才有所涉及（戴其文等，2010；熊远清等，2011；谢高地等，2001；聂忆黄等，2009；李士美等，2015）。

不论是森林还是草地，对于水源涵养功能至今未形成一个公认的定义，而是不同的研究者有不同的认识和界定（孙立达等，1995；王治国，2000）。由于对水源涵养功能内涵理解的不一致，经常导致不同地域甚至同一地域的研究案例欠缺可比性，严重阻碍了陆地生态系统水源涵养功能研究成果的有效利用。而且，目前的水源涵养功能研究已由过去的简单定性和个别因素评价，发展到了定量、多因素的综合计量评价（藤枝基久，1994），并已公开发表多种计量方法（侯元兆等，2003）。但关于这些计量方法的综合比较分析，尤其是方法的适用条件和局限性却鲜于报道。

人们也意识到，与森林一样，草冠截留、枯枝落叶层截持、土壤水分入渗与贮存以及草地蒸散等水文过程在草地生态系统及其水源涵养功能及其调节中起到非常重要的作用。也可以将高寒草地水源涵养功能划分为狭义概念和广义概念来进行分析：狭义的水源涵养功能是指草地拦蓄降水或调节河川径流量的功能，表现为生态系统内多个水文过程及其水文效应的综合表现；而广义的水源涵养功能具有多种表现形式，主要为拦蓄降水、调节径流、影响降雨和净化水质等。尽管其中的某些功能还存在争议，但是对多个具体功能形式进行综合评估已受到重视。因此，我们在研究水源涵养功能时也要注重草地对降水的拦蓄、草地蓄水对河水流量（增或减）的影响，这也是进一步客观认识与正确评价草地生态系统水源涵养功能的重要组成内容。

二、水源涵养的功能与作用

植被能调节气候、涵养水源、净化空气等，有效地改善生态环境。随着当前水资源缺乏以及各种污染引起的水质下降，解决水资源问题已成为人类面临的重要任务，植被与水之间的关系也成为当今社会关注的热点。草地的水源涵养功能是一个动态的、综合的概念，水源涵养功能涉及植被、气候、地质地貌、社会经济等多个因素之间的相互作用和影响，是一个极其复杂的综合概念。

1.拦蓄降水

拦蓄降水功能是草甸生态系统对降水的拦截和贮存作用，主要包括植被和枯枝落叶层的截留以及土壤蓄水（刘世荣等，1996），是涵养水源的主要表现形式。降落到草甸植被上的雨水，一部分到达植被冠层而被吸附，这些被保留的雨水一部分直接蒸发返回大气，一部分随保留雨量的增加或因风的吹动而从各层面滴落至地表面（植物冠滴下雨量）；还有一部分顺着植株茎秆（树干）流到地面（干流量）；还有一部分降水未接触植物体而直接穿过冠层间隙直接落到地表（穿透雨量）；此外，植物冠层还吸收很小一部分雨量（植物容水量）。植物冠层对降水的拦截作用，一方面有利于减轻洪水期所承受的降雨量（张理宏等，1994）；另一方面，可以减弱雨滴的动能，缓和降水对地表面的直接击溅和冲刷（万师强等，1999）。植物冠层截留功能的大小可用植物冠层截留量表示，是截留储量、附加截留量和茎秆容水量之和（陈东立等，2005），其大小受降水特性（降水量、降水强度与降水的时空分布）、植物群落结构（植物种类、盖度、高度、枝叶方向与结构和干燥程度）中多种因素的影响（万师强等，1999）。

穿过植物冠层或从冠层滴下的雨水，一部分与地表层枯落物、碎屑物、苔藓层接触而被截留。其截留雨量的大小与其生物量、厚度等关系密切。在高寒草甸生态系统中，植被生物量本身并不高，而且在部分地区由于长期放牧，加之枯落物易被放牧家畜的粪便污染，且高寒地区温度低分解缓慢，在地表得到长期累积，对降水的截留作用所占的比例份额也是较高的，因此在计算时不可忽视。

在森林的研究工作中，地上的枯枝落叶层因具有较大的水分截持能力，而不可忽视（赵玉涛等，2002；刘世荣等，1996）。在草地生态系统中也应给予高度重视，它能吸收和截留经由植物冠层滴落水、直接到达的降水等落到地表的一部分雨水，常用最大持水量或有效持水量表示。其中前者与枯落物的组成种类和分解程度有关，而后者不仅与枯落物单位面积干质量、种类、质地有关，而且与枯落物的干燥程度、紧实度、排列次序等密切相关（余新晓等，2004）。枯枝落叶层的蓄水保水作用，能够影响降雨对土壤水分的补充和植物的水分供应（Putuhenu et al，1996），也是草地水源涵养功能的一个重要水文层次。

降水通过植物层冠面、枯枝落叶层、碎屑物截留，到达土壤表层后将产生再次分配，其中一部分在土壤表面直接蒸发，一部分水分向土壤下渗。下渗的水分一部分滞蓄于土壤中，形成土壤水，被植物根系吸收蒸腾或直接蒸发回归大气，一部分入渗到土壤中的水分贮存于包气带和饱水带中，形成壤中流（或称土内径流）；当降水强度大于入渗强度或暂时贮存于土壤中的水分超过一定限度时，就会产生地表径流。土壤层是生态系统储蓄水分的主要场所（Ji et al，1999），其蓄水能力的大小依赖于土壤种类、土壤容重、孔隙度和有机质含量等因素，实际研究中通常以静态的土壤水分涵蓄能力（持水能力）和动态的水分调节能力（渗透能力）进行综合评价，前者主要依赖于土壤孔隙，而后者取决于土壤非毛管孔隙，这是因为非毛管孔隙更有利于地表水转化为土壤水或土壤径流和地下水。

2.调节径流

植被能够影响水文过程，促进降雨再分配，影响土壤水分运动以及改变产流汇流条件等，从而缓和地表径流，增加土壤径流和地下径流，在一定程度上起到了削峰补枯、控制土壤侵蚀、改善河流水质等作用（张志强等，2001）。青藏高原高寒草甸植被及其土壤具有较强的持水能力，对河川径流量的影响以及削减洪峰和增加枯水径流的功能也应受到高度关注。

由于自然条件、研究方法、区域面积等因素的不同，以及植被与径流错综复杂的关系，影响河川径流总量的研究结论也不一致。李文华等（2001）研究森林生态系统时认为，森林的存在对河川年径流量影响不大，它既可增加年径流量，也可减少年径流量。这与不同自然地理环境以及不同植被结构类型对大气降水截留、降水再分配、地表径流、地下径流以及蒸发（散）的影响不尽相同有关。表现出实际研究中需要根据具体条件进行具体分析，而不能将某一环境条件下得出的结果作为一般规律加以应用。关于植被对洪水径流的影响也有不同的观点（Andreassian，2004）。如多数学者在森林研究中认为，森林植被可以减少洪水量、削弱洪峰流量、推迟和延长洪水汇集时间。但有人认为森林对前期洪水有益，而对后期洪水不利（Bonell，1993）。也有研究认为，森林对洪水特性并无显著影响（刘世荣等，1996）。因此，关于植被与洪水的关系不宜一概而论。一般说来，植被对大雨乃至暴雨具有较大的调节能力，而对大暴雨和特大暴雨的调节能力有限。

3.影响降水量

植被对降水量的影响是一个争论已久的问题。一种观点认为植被有增雨作用（Molchanov，1963），另一种观点认为植被有减雨作用（周国逸等，1995）。还有人认为植被与降水无关或者关系甚小（Richard，1980；Tangtham et al，1989）。不过多数学者认为，通常情况下森林对降水量的影响程度很小（于静洁等，1989），但也不能排除在特定情况下森林表现出增雨作用（李贵玉等，2006）。

但从理论上讲，当植被和土壤表现较高的蓄水能力和土壤湿度时，利于下垫面水分的蒸发，可供给近地气层空气水汽，增高大气水汽含量，在同等温度条件下其饱和差减小，使近地层空气水汽含量易达到凝结点，进而增加降水量。特别是在高海拔地区，下垫面辐射冷却强烈，昼夜温差大，更易产生凝结水。再者，当植被拦蓄降水后，被截留的降水大部分会蒸发而成为无效水，减少了对土壤水分的补给，即有效降水下降，进而影响植物生长过程及其光合用水的利用。

4.调节气候

一定的气候类型基本上决定了该地土壤—植被的分布类型状况。形成土壤—植被—大气统一的连续系统体，三者相互依存，相互影响，相互作用。当下垫面性质改变后，区域内气候也随之发生改变(张家诚等，1987)。植被性质的改变是受多方面因素的影响，其中土壤湿度的改变是重要的影响因素之一。降水不变或降水增加不多的情景下，气候持续趋暖化将造成土壤植被的蒸散量加大，土壤湿度降低，气候变得更为干燥。较好的植被可提高土壤贮存水分的能力，减少地表径流，降低水土流失。较高的土壤水分及较大的植被覆盖度分布区域，地面粗糙度加大，可减少近地层温度的垂直梯度，空气水汽含量增多，地—气水分和热量交换速度加快，有利于水汽向上输送，易触发局部地区湿对流发展，降水概率加大，降水也相应丰富。在增大地表面粗糙度的同时，可减小近地面水平风速。与裸地相比，植被存在较大的土壤水分和湿度，可使区域土壤和空气的热容量增大，导致温度日较差、年较差降低，气候变化平稳。另外植被的存在，可使地表对太阳短波辐射的反射率降低，潜热能增加，从而调节大气温度、能量贮存于地表等物理过程。这些过程可调节气候系统的能量、水分的分配，从而导致气温、降水等一系列气候因子向新的平衡态发展。

Namias(1959)认为，降水较少时，土壤较干，消耗于土壤水分蒸发的热量较少，从而加强了地表向大气的热通量输送，高层大气反气旋环流得以加剧，导致降水较少的天气形势容易维持。在土壤较湿的情景下，降水形势与之相反。20世纪70年代以来，大气环流模式及其地—气耦合模式、地—气相互作用的数值模拟试验结果表明(刘永强等，1992)，土壤水分、植被类型的改变，将会导致气候发生明显的变化，其土壤湿度的变动会给地区气候带来持续性波动或异常。

李英年等(2002)的研究发现，当反射率增加或减少5%时，下垫面温度降低或升高0.06 ℃左右，相应气温将降低或升高约1.1 ℃。同时，土壤湿度增加后下垫面反射率减小，在其他条件不变的情景下，土壤吸收热量多，下垫面温度得以提高，植被的蒸散量增大，局部地区空气水汽含量增多，有利于降水的产生。表明较高的土壤水分和良好的植被覆盖度可使降水有所增加，温度有所提高。同时，在降水增加的状况下，植被存在较强的持水能力，会导致地表径流减少，得以提高土壤水分含量，进而对气候变化的平稳性有利，气候异常现象减弱。表明土壤植被具有调节气候的能力，植被覆盖度和土壤湿度越大，初始扰动导致系统异常维持的时间越短，因而系统回到正常平衡状态的速度也就越快。尽管植被盖度增加会使径流量减少，但与植被和土壤变得较湿润相比，反射率减小所造成的增温效应明显。从而证实地一气系统异常的持续性特征与土壤和植被状况的水源涵养能力有一定的联系。

也有人将植物通过光合作用吸收大气CO_2释放氧气作为调节气候的指标之一（马致远，2004），虽然，将释放氧气归为调节气候的想法有待商榷。可以肯定的是，当绿色植被增加氧气释放后，有利于环境条件的改善，在杀灭细菌、减少噪音、美化环境、提高人类生存生活的环境质量方面是非常有意义的。值得一提的是，众所周知，大气臭氧及臭氧层一般是由于普通氧气在闪电以及强烈紫外线照射情况下形成的，即氧气含量（浓度）的增加有利于闪电诱发的臭氧量提高。臭氧层对地球上的生命相当重要，因它能滤除紫外线，才能使地球表面有灿烂多姿的植物，才能有形形色色的动物和人类生活的环境。就目前青藏高原来看，因所处高海拔区域，空气稀薄，太阳紫外辐射极其强烈，如在海拔3200 m的海北高寒草甸地区，紫外辐射要占太阳总辐射的4%左右（李英年等，2002；2006；2008）。如果没有臭氧层的吸收，紫外辐射会更高。虽然，适当的紫外辐射可使高寒草甸植物茎部短，叶面积小，根部发达，叶绿素含量高，色彩艳丽，干物质积累迅速，波长较长的紫外辐射（UV）可对植物生长产生刺激作用。但是，量值过大的紫外辐射，UV波段特别是UV-B段部分能抑制植物生长，能杀伤病菌孢子，对大多数植物具有伤害性，波段更短的UV可直接杀死植物。同时，强紫外辐射也能灼伤动物及人的皮肤，甚至致癌，危害人类及动植物生存的环境。

三、生态系统水源涵养功能定量化计算方法

草地生态系统是世界上分布最广的植被类型之一，具有为人类提供净初级物质生产、碳蓄积与碳汇、气候调节、水源涵养、水土保持、防风固沙、改良土壤和维持生物多样性等生态系统服务功能（Frelichova et al，2014；Lu et al，2013）。目前，对草地生态系统服务功能及其价值研究相对较少（辛玉春等，2012；赵萌莉等，2009），多是在一些区域生态系统服务评估中有所体现（刘兴元等，2012；鲁春霞等，2004）。完好的天然草地不仅具有截留降水的功能，而且比空旷裸地有较高的渗透性和保水能力，对涵养土壤中的水分有着重要的意义。

近年来，不同尺度下土壤水分与水源涵养的研究已成为国际生态水文研究的热点问题（徐翠等，2013；Egoh et al，2011）。然而，国内外对草地生态系统的水源涵养服务功能的时空异质性研究目前还较为薄弱，尤其是对小尺度水平上的草地水源涵养服务功能异质性的研究。实际上，草地类型异质性研究对准确评估其生态系统服务价值至关重要，对草地类型异质性特征的认识不足，是导致一些草地生态系统服务功能与价值评估的研究方法过于简单、研究结果存在较大分歧的重要原因（高雅等，2014）。解决这一问题的关键，即是在小尺度水平上构建草地生态系统服务功能综合评价体系，同时兼顾相应生态系统服务类型在时间上和空间上的变化特征及其潜在价值与实际表达价值的差异，并实现静态分析与动态分析相结合（刘兴元等，2012）。张彪等（2009）曾在研究森林生态系统水源涵养功能及其计算中给出了详细的计算方法。了解森林生态系统的水源涵养功能及其计量方法对于草地生态系统的水源涵养功能及其计量方法就简单多了。

为此，参考张彪等(2009)以及其他学者(姜志林，1984)对森林生态系统的水源涵养功能及其计量的方法，对草地生态系统水源涵养功能及其计算给予报道。

1.土壤蓄水能力法

土壤蓄水能力法认为生态系统涵养的水量主要贮存在土壤层内，因此可以用土壤层厚度和非毛管孔隙度的乘积来表示(马雪华，1993)。土壤蓄水能力法比较简单，可操作性强；不过这种方法仅考虑了土壤层次的蓄水功能，而忽略了植被蒸散的影响以及草冠、枯落物、碎屑物等作用层对水分的拦蓄作用；而且这种方法反映的是静止状态土壤的暂时蓄水量，实际情况下土壤非毛管孔隙蓄水是动态的，因此草甸生态系统涵养水分的数量还需要根据降雨强度、雨量分布等实际情况而定。

土壤蓄水量法应用比较广泛，也是计算方法发展比较迅速的一种计量水源涵养功能的方法。通过分析土壤水分物理性质，特别是在研究森林生态系统水源涵养功能时，认为土壤非毛管孔隙度直接关系着水分下渗能力，利用该指标计算土壤蓄水量的方法较为成熟，也是受众多学者认可的方法之一。随着科学的发展，张彪等将土壤蓄水量法进行了改良，形成了与水源涵养量实际值更加接近的基于土壤动态蓄水的森林水源涵养能力计量方法(张彪等，2009)。

2.综合蓄水能力法

综合蓄水能力法是指综合考虑植被冠层截留量、枯落物(包括碎屑物)持水量和土壤层贮水量的方法，其中植被冠层截留量可以通过截留率与降水量计算，枯落物持水量通过凋落物存量与最大(或有效)持水能力计算，土壤层蓄水量通过土壤非毛管孔隙度和土壤厚度计算。这种方法综合考虑了植被枯落物、绿体作用层对降水的拦蓄作用，比较全面，有助于比较分析不同作用层拦蓄降水功能的大小，但需要大量的实测数据，因此计算起来比较复杂，但是这种方法也忽略了植被蒸发(散)消耗的影响。值得注意的是，这种方法计算的结果仅反映理论上最大的蓄水量，并不代表实际状态下植被系统的蓄水量。综合蓄水量法是较多学者广泛接受的方法之一，并且已经应用在不同种类的森林生态系统以及区域生态系统服务功能中水源涵养量的估算当中(李晶等，2008)，该方法完整地体现了森林生态系统结构中各层对降水的容纳能力，认为生态系统水源涵养量是冠层截留量、枯落物截持量以及土壤截留量三层的加和值。同样，该方法也适宜草地生态系统水源涵养功能定量化的计算。

3.植被冠层截留剩余量法

植被冠层截留剩余量法认为土壤拦截、渗透与储藏的雨水数量即为涵养水源量，在降雨过程中，未被植被冠层(包括灌木层)截留而落到地表的雨水，由于重力的作用不断通过土壤下渗，而土壤通常不会因水分饱和产生地表径流，而且假设土壤下渗速度快，不产生地表径流。因此植被冠层截留剩余的水量就是草地植被的水源涵养量，可以通过降雨量和植被冠层截留量计算所得(王栋等,2007;张彪等,2009;邓坤枚等,2002)。这个方法只涉及2个参数,比较简单,但由于忽略了植被蒸散和地表径流,计算结果往往大于实际涵养水量。

4. 水量平衡法

水量平衡法基于地表水循环理论,与区域水源涵养功能内涵最为匹配,该方法将生态系统看作是一个"黑箱",以水量的输入(降水)和输出(蒸散、地表径流)为着眼点,从水量平衡的角度考虑,降水量与植被蒸散量以及其他消耗量的差即为水源涵养量。水量平衡法是研究水源涵养机理的基础(聂忆黄等,2009;孙立达等,1995),能够比较准确地计算水源涵养量,而且容易操作,因此理论上来说,这是计算水源涵养量最完美的方法,也是目前使用频率最高的方法。但是,该方法也存在一定的局限性(姜志林,1984),一是植被的蒸发(散)目前还难以准确测量,二是研究区内降水量、植被蒸发(散)和地表径流的空间差异性一般被忽略掉,因此研究区的空间范围不宜过大。

5. 降水储存量法

地表得到的降水量可以通过平均降水量与植被覆盖率来计算,即这种方法主要是根据植被蒸发(散)的经验值计算水源涵养量,简便易行,可操作性强;但由于植被生态系统的蒸散受植物群落、物种、退化程度、海拔、降水量等多种因子的综合影响,其涵养水量占降水量的实际比例难以准确估计,而且这种方法也忽略了地表径流等因素的影响。

6. 年径流量法

年径流量法是指假设草地水源涵养量等于年径流量,并且假设每年蒸散耗水量相同,那么草地水源涵养量可由评价区的年径流量乘以植被覆盖率计算所得。这种方法比较简单,可操作性强;但是该方法建立在一种假设条件下,实际上草地水源涵养量并不等于年径流量,而且在不同年景或植被发生退化时草地蒸发量差别很大,对径流的影响也很复杂,因此计算误差较大。

7. 地下径流增长法

侯元兆等(2003)在研究森林水源涵养量时指出,与无林区相比,有林区地下径流呈增长趋势,因此地下径流的增长量即为森林水源涵养量。我们的研究也反映草地植被覆盖度的高低直接影响到土壤下层水的渗漏,一般随植被转好地下径流呈增长趋势(杨永胜等,2017),从而也可认为草地地下径流的增长量即为水源涵养量。地下径流增长法比较简单实用,所需数据量少,而且均可通过实测得到。但是,这种方法计算出的地下径流增长量,虽然包括了草地水源涵养量的主要部分,但并不是全部,此方法计算的结果比实际值偏低;而且在现实中很难找到理想的(如降水、植物群落、种类组成,以及土质等相一致)比对观测样地或分布区域。因此,这种方法也难以实际应用。

8.多因子回归法

多因子回归法是指以经度、纬度、海拔、植被覆盖率等多项因子为自变量，以降水量、蒸发量、年干燥度、年径流量、径流系数等因子为因变量，运用数量理论和计算机进行多项回归计算，从而总结出回归系数的方法。这种方法考虑了草地水源涵养量的主要相关因子，有利于反映植被覆盖率变化等变量因子所产生的结果，比较准确全面；但多元线性回归模型的建立，需要大量观测数据来确定回归系数，但通常情况下因观测资料短缺而难以实际应用，加上下垫面因素的差异，即使建立起模型，也不能扩展应用。

除了上述简要说明的现在应用较多的计量水源涵养功能的方法之外，随着研究手段的先进化、研究对象的多样化以及研究尺度的扩大化，水源涵养量量化方法发生着深刻的变革。遥感、生态建模等数据获取与处理手段的日新月异推进了水源涵养功能的估算方法往多时空尺度以及多种方法结合的方向发展，生态系统的复杂性与特点决定了水源涵养功能研究方法的多样性，需要根据研究目标采用合适的方法，分析得到较为精确的结果。

同时，应该重视土地利用与气候变化对地表蒸发（散）的作用会对水源涵养功能产生影响，Dunn等（1995）通过模型模拟与情景分析证明，低地集水区比高地集水区更容易受到土地利用与气候变化对蒸发（散）的影响，这些说明，不同的估算方法需要不同的数据源，需要根据研究尺度、研究对象、研究目的选择最为合适的计算方法。

9.有效水源涵养量的计算

草地生态系统有效水源涵养量是指土壤含有的大于凋萎系数的水分储存量，按下式计算（李士美等，2015）：

$$H_e = \rho_i \times h_i \times (W_i - W_w) \times 10$$

式中：H_e 为第 i 层土壤有效水源涵养量（mm）；ρ_i 为第 i 层土壤容重（g/cm^3）；h_i 为土层厚度（cm）；W_i 为第 i 层土壤质量含水量（%）；W_w 为第 i 层的土壤凋萎系数（%）。

草地生态系统土壤涵养有效水分的上限为田间持水量，因而草地土壤潜在水源涵养量可以用下式计算：

$$H_p = \rho_i \times h_i \times (W_f - W_i) \times 10$$

式中：H_p 为第 i 层土壤潜在水源涵养量（mm）；W_f 为第 i 层土壤的田间持水量（%）；其他符号意义同前。

草地生态系统水源涵养的最大能力为饱和含水量，此时土壤水包括吸湿水、膜状水、毛管水和重力水。在土壤水分饱和的情形下，如果水分进一步输入，则形成地表积水或径流。因而，草地生态系统土壤水源涵养的最大能力可以用土壤饱和含水量来表征。

考虑到土壤自然含水量，则草地剩余水源涵养量可以用下式计算：

$$H_s = \rho_i \times h_i \times (W_s - W_i) \times 10$$

式中：H_s 为第 i 层土壤潜在水源涵养量（mm）；W_s 为第 i 层土壤的饱和含水量（%）；其他符号意义同前。

土壤质量含水量与体积含水量之间的换算关系如下：

$$v_i = \rho_i \times W_i$$

式中：v_i 为第 i 层土壤体积含水量（%）；其他符号意义同前。

10.区域尺度上的草甸水源涵养量计算

区域尺度上的草甸水源涵养量根据水量平衡法计算：

$$W = (1 - \rho) \times R \times A$$

式中：W 为水源涵养量（m^3/a）；ρ 为多年平均蒸发（散）率（%）；R 为年降水量（mm）；A 为草甸生态系统面积（hm^3）。

复杂地区（如地形复杂、种类组成复杂、土壤厚度不同）水源涵养功能权重不尽一致，要进行权重分配分析，有：

$$a_i = \frac{d_i \times c_i \times A_i}{\sum_{i=1}^{n}(d_i \times c_i \times A_i)}$$

式中：a_i 为第 i 个草甸小斑块的水源涵养权重；d_i 和 c_i 分别表示第 i 个草甸小斑块的土壤层厚度（cm）和土壤非毛管孔隙度（%）；A_i 为第 i 个草甸小斑块的面积（hm^3）。

四、水源涵养功能经济价值评估方法

生态系统服务功能与价值的研究近年来受到科学界的高度关注（Costanza et al，1997；Daily，1997；De Groot et al，2002；李文华等，2002）。水源涵养是生态系统的重要服务功能之一，水源涵养能力与植被类型和盖度、枯落物组成和现存量、土层厚度及土壤物理性质等密切相关，是植被和土壤共同作用的结果。生态系统水源涵养功能主要为：截留降水、抑制蒸发、涵蓄土壤水分、增加降水、缓和地表径流、补充地下水和调节河川流量等功能（穆长龙等，2001；邓坤枚等，2002）。这些功能主要以“时空”的形式直接影响河流的水位变化。在时间上，它可以延长径流时间，或者在枯水位时补充河流的水量，在洪水时减缓洪水的流量，起到调节河流水位的作用；在空间上，生态系统能够将降雨产生的地表径流转化为土壤径流和地下径流，或者通过蒸发（腾）的方式将水分返回大气，进行大范围的水分循环，对大气降水在陆地进行再分配。

蓄水能力计量包括植被层、枯枝落叶层和土壤层截留降水的综合能力（刘世荣等，1996）。石培礼等（2004）应用此法对长江上游地区主要森林植被类型的蓄水能力进行了初步研究。有的学者用凋落物层和土壤蓄水量来代表生态系统水分涵养能力。李红云等（2004）利用此法对济南市南部山区森林水源涵养总量进行了计算。也有学者用土壤蓄水量来代表生态系统水分涵养能力。李金昌（1999）利用此法计算出长白山森林生态系统水分涵养量为 136×10^8 t。此外，薛达元（1999）对长白山保护区森林生态系统间接经济价值评估时，以年径流量作为功能指标，计算其水分涵养功能为 1.04×10^9 t/a。刘敏超等（2006）从凋落物层和土壤蓄水能力角度出发，采用欧阳志云等（1999；2004）的研究方法，定量评价了三江源地区生态系统水分涵养功能。

当前，应用广泛且较权威的生态系统服务价值多基于Costanza等和千年生态系统评估（MA）提出的生态系统服务分类体系，根据每一种生态系统每一项生态服务价值计算区域总生态系统服务价值，谢高地等对Costanza等提出的方法进行了修正，提出了适合我国天然草地的不同草地类型单位面积服务价值因子表（谢高地等，2001）。

除此之外，基于上述两种生态系统服务分类，针对每项服务计算价值，用一些特殊的生态经济学方法进行经济效益的评估，主要的评估方法有：直接市场价值评估方法、替代市场法、条件价值模拟法、集体评价法等，其中，替代市场法用于评估生态系统间接服务功能可行性较高，其关键在于替代功能特征的精确定义与替代参数的准确选取（刘兴元等，2012）。刘兴元等（2011）总结归纳了国内外关于草地生态系统服务价值评估的方法，建议首选直接市场价值评估方法评估生态系统服务价值，如果条件不具备，则采用替代市场法评估，并基于Costanza等提出的生态系统服务分类系统评估了藏北高寒草地生态系统服务价值，以单位体积库容工程费用作为水源涵养的影子工程价格评估了水源涵养功能。赖敏等（2013）利用了替代市场法中的替代成本法、机会成本法以及影子工程法评估了三江源区生态系统间接使用价值，其中，也以单位水库库容造价作为影子工程价格评估了三江源区水源涵养功能价值量。崔丽娟（2004）在评估鄱阳湖湿地生态系统服务功能中，也是采用单位库容作为影子工程价格评估了鄱阳湖湿地生态系统的水源涵养价值。

然而，评估生态系统服务功能价值时，如果评估地区不同而又不考虑社会的发展程度和人类的支付意愿，就可能导致其结果远远超过社会经济的承受能力，补偿落实不到实处，这有悖于生态系统服务功能价值评估的初衷。为弥补这一不足，人们引入表征人们支付意愿的社会阶段发展系数。如，李金昌（2002）对典型生态系统水源涵养的总价值进行了修正，将其所产生的“外部效益”进行“内部化”，公式如下：

$$V=v\times\frac{l}{1+\mathrm{e}^{\left(3-\frac{1}{E_n}\right)}}$$

式中：V 为修正后的生态系统水源涵养价值；l 为社会阶段发展系数；e为自然对数底数；E_n 为恩格尔系数（由地区城镇与农村居民的平均恩格尔系数按其人口比例加权平均）。秦嘉励等（2009）在研究岷江上游典型生态系统水源涵养量及价值时指出，岷江上游地区2005年生态服务功能价值修正系数为0.22。对于青藏高原高寒草甸生态系统尚未见该方面的讨论和报道。一般也认为，“社会的发展程度和人类的支付意愿”变化不甚明显，而未被考虑是可以理解的。

第二节　高寒草甸水源涵养功能及价值

一、青藏高原水源涵养能力总体状况

聂忆黄等(2009)简单地介绍了青藏高原水源涵养能力。认为1982—2003年的22年降水量从东南到西北逐渐减少,东南部分地区最高可达1000 mm以上,向西北地区减到不足30 mm。其大部分地区都属于干旱半干旱区,约占总面积的70%。利用能量平衡原理计算1982—2003年陆地蒸发量发现,受高亢开阔的地形及高空强劲西风动量下传的影响,青藏高原蒸发作用非常强烈,风速较大,加上较高的日照时数,高原东南部陆地蒸发量最大,最大值甚至高过800 mm。这种气候(主要是针对水分的输出与输入)条件下,高原西北部分区域,蒸发量远远大于降雨量,划为水源涵养能力弱的区域;水源涵养量在0～200 mm的区域,划为水源涵养能力一般区;水源涵养量在200～400 mm的区域,划为水源涵养能力中等区;水源涵养量在400～600 mm的区域,划为水源涵养能力强的区域;水源涵养量大于600 mm的区域,划为水源涵养能力极强区。其中,水源涵养能力是按每个空间单元能提供给江河补给量以及能进入土壤贮存量之和来计算的。

聂忆黄等(2009)还认为,青藏高原对于其境内大江大河流水量的补给主要发生在高原东南部。如果说江河源头冰川孕育了大江大河的诞生,那么这些区域的水源补给可以看作是大江大河得以维系与发展的主要因素。如果结合降雨量来看,在降雨充足的很多地区其水源涵养能力也较强,这与该区植被接收到充足雨水补给有关。有些地区即使接收到充足的雨水补给,但其水源涵养能力也很弱,比如在青藏高原南部局部地区,尽管有丰富的降雨,但是由于实际陆地蒸散(发)量很大,造成该区域无法涵养水源,这些区域可能是植被覆盖程度较低,水土流失严重的区域。

聂忆黄等(2009)也进行了青藏高原水源涵养经济价值的评估与计算。根据青藏高原水源涵养量分布态势,统计得到1982—2003年青藏高原年平均水源涵养量为3451.29亿 m^3/a,水源涵养的价值为年水源涵养量乘以水价,水价可用影子工程价格替代,根据1988—1991年全国水库建设投资测算,每建设1 m^3库容需投入成本费为0.67元(鲁春霞等,2004),以此作为水价,则青藏高原不同生态系统年水源涵养的经济价值为2312.37×10^8元/a。

二、高寒草甸生态系统水源涵养功能具有显著的时空异质性

为了深入研究并探讨草地水源涵养服务功能的时空异质性,李士美和谢高地(2015)以海北高寒草甸生态系统为研究对象,以其土壤水分定位监测数据为基础,运用土壤蓄水能力法定量评估草地生态系统水源涵养服务功能的时空变化特征,以增

进对草地生态系统服务形成机理的理解，并为生态系统服务价值评价方法提供科学依据，进一步增强生态系统服务价值评估的科学性。研究中认为，目前中小尺度的草地生态系统水源涵养服务功能的计量主要采用土壤蓄水估算法(李婧等，2012)。然而，土壤中涵蓄的水分对于植物的生长并非等效，凋萎系数以下的土壤含水量为“死库容”土壤水，通常只有介于凋萎系数和田间持水量的部分才能被植物利用。因此，草地生态系统水源涵养服务主要分为有效水源涵养服务、潜在水源涵养服务和剩余水源涵养服务。

1.有效水源涵养量的时空异质性

土壤水分的季节变化取决于各个时期水量平衡要素之间的关系。水分收入大于消耗，土壤水分含量增加，反之则减少。4—10月，矮嵩草草甸0～40 cm土层的平均有效水源涵养量为108.8 mm，仅为金露梅灌丛0～40 cm土层平均有效水源涵养量的47.78%。不同层次的土壤有效水源涵养能力存在显著的异质性，如矮嵩草草甸0～10、10～20、20～30、30～40 cm土层的平均有效水源涵养量分别占23.59%、22.98%、16.91%和36.52%，而金露梅灌丛则分别为10.90%、18.34%、33.92%和36.84%。

草地生态系统有效水源涵养量的周期性波动是植物耗水规律和气候年周期性变化综合作用的结果，土壤有效水源涵养量呈现显著的阶段性，均以9月中下旬的有效水源涵养能力最强。4—10月是海北站雨季，在此期间土壤各层次的有效水源涵养量均出现了剧烈的变动。降水过后，土壤含水量和有效水源涵养量迅速上升，然后随着土壤表面蒸发失水和植被蒸腾失水土壤有效水源涵养量出现急剧下降，往复循环，直至雨季结束。矮嵩草草甸30～40 cm和金露梅灌丛20～30 cm土层的有效水源涵养量变异系数最小，分别为15.74%和19.47%，这说明深层土壤比表层土壤的有效水源涵养能力更为稳定。线性回归分析结果表明，矮嵩草草甸0～40 cm土层有效水源涵养量与10～20 cm土层有效水源涵养量的相关性最为显著，金露梅灌丛则与30～40 cm土层的有效水源涵养量相关性最强。

2.潜在水源涵养量的时空异质性

在地下水位较低的情况下，土壤中所能保持的毛管悬着水的最大量，是植物有效水的上限。由于海北站地处西北内陆地区，草地土壤水分基本上全依赖于降水，因而土壤水分多数时间内难以达到田间持水量，具有比较显著的潜在水源涵养能力。在整个观测期，矮嵩草草甸和金露梅灌丛的平均潜在水源涵养量分别为204.8 mm和328.0 mm，变异系数分别为7.35%和13.94%。不同层次的土壤对潜在水源涵养的贡献率不同，其中矮嵩草草甸0～10、10～20、20～30、30～40 cm土层的平均潜在水源涵养量分别占2.79%、32.33%、30.39%和34.49%，而金露梅灌丛则分别为16.05%、35.53%、16.38%和32.04%。土壤潜在水源涵养量也呈现显著的季节变化特征，其中矮嵩草草甸6月10日的潜在水源涵养能力最大，为232.9 mm；而金露梅灌丛8月15日的潜在水源涵养能力最大，为420.7 mm。不同层次的土壤呈现不同的季节变化规律，其中矮嵩草草甸0～10 cm土层的潜在水源涵养能力变异系数最大，为78.49%。而金露梅灌丛20～30 cm土层的变异系数最小，为27.99%。线性回归结果表明，矮嵩草草甸0～40 cm土层的潜在水源涵养量与10～20 cm土层的潜在水源涵养量相关性最为显著，而金露梅灌丛则与30～40 cm土层的潜在水源涵养量相关性最为显著。

3.剩余水源涵养量的时空异质性

草地生态系统土壤的最大水源涵养能力为饱和含水量，此时土壤中全部孔隙被水占据，若水分进一步增加则形成地表径流，因此剩余水源涵养量反映了现实土壤蓄水的最大能力。在整个观测期，矮嵩草草甸和金露梅灌丛的潜在水源涵养量分别为539.9～593.3 mm和548.2～734.0 mm，变异系数分别为2.39%和7.13%。其中，矮嵩草草甸剩余水源涵养量的最大值出现在6月10日，最小值出现在9月25日；而金露梅灌丛剩余水源涵养量的最大值出现在8月15日，最小值出现在9月10日。矮嵩草草甸的平均潜在水源涵养量仅为金露梅灌丛平均潜在水源涵养量的88.29%。就不同层次的土壤平均潜在水源涵养能力而言，矮嵩草草甸30～40 cm土层的剩余水源涵养量最大，占45.88%，0～10 cm土层的剩余水源涵养量最小，仅占7.64%。金露梅灌丛也呈现相似的分配规律，其中30～40 cm土层最大，占33.87%，0～10 cm土层最小，仅占14.54%。线性回归结果表明，矮嵩草草甸0～40 cm土层的剩余水源涵养量与10～20 cm土层的剩余水源涵养量相关性最为显著，而金露梅灌丛则与30～40 cm土层的剩余水源涵养量相关性最为显著。

完好的天然草地不仅有截留降水功能，而且有较高的渗透性和保水能力。然而，由于草地植被覆盖类型和土壤理化性质的差异，草地生态系统的水源涵养服务功能具有显著的空间异质性。而且，由于降水、植物耗水的季节变化，相应的水源涵养服务功能也呈现相应的动态变化。然而，目前对水源涵养服务仍以静态评估为主，动态性较差。此外，谢高地等(2006)认为，生态系统服务的实现具有复杂性，应该将其区分为潜在生态系统服务和现实生态系统服务两种类型，否则难以恰当地度量这种生态系统服务的强度。刘兴元等(2012)也认为有必要对生态系统服务的潜在价值与实际表达价值加以区分，并主张实现生态系统服务静态评估与动态分析的结合。本研究基于海北站土壤水分定位观测数据，分析了两类草地生态系统水源涵养功能的时空异质性，并根据水源涵养服务功能实现程度的差异将水源涵养服务功能区分为有效水源涵养服务、潜在水源涵养服务和剩余水源涵养服务。

草地生态系统有效水源涵养量是介于凋萎系数和田间持水量之间的土壤水分储存量，即土壤含水量等于凋萎系数时土壤有效水源涵养量为0，而潜在水源涵养量和剩余水源涵养量为最大值。

随着土壤水分增加，土壤有效水源涵养量增加，而潜在水源涵养量和剩余水源涵养量降低。当土壤水分含量达到田间持水量时，土壤有效水源涵养量达到最大值，土壤潜在水源涵养量达到最小值0，而剩余水源涵养量则在土壤含水量等于饱和含水量时达到最小值0。

研究发现，矮嵩草草甸和金露梅灌丛的水源涵养服务功能存在显著差异，矮嵩草草甸的平均有效水源涵养服务量仅为金露梅灌丛的47.78%，这主要由于两类草地土壤持水性质的差异，如矮嵩草草甸0～20、20～40 cm凋萎含水量分别为18、22.3 mm，而金露梅灌丛则分别为19.1 mm和18.1 mm。表现出高山灌丛草甸土的持水能力高于高山草甸土。徐翠等(2013)测得三江源区未退化草地0～30 cm土层的水源涵养量为188.43～189.74 mm，张国胜等(1999)发现青海海北牧草地0～50 cm土层的最大水分储量为170.3 mm，这介于本研究中矮嵩草草甸和金露梅灌丛的平均有效水源涵养量之间。

在整个观测期，自然降水主要集中于植物生长季的5—9月，植物消耗水分最多的季节也是降水较多的时期，水分能得到及时补充，土壤含水量远高于凋萎系数，具有比较显著的有效水源涵养服务能力。与有效水源涵养能力不同，潜在水源涵养服务与剩余水源涵养服务反映了土壤发挥水源涵养服务功能的潜在能力。本研究发现矮嵩草草甸的平均潜在水源涵养量和平均剩余水源涵养量分别为有效水源涵养量的1.88和5.20倍，而金露梅灌丛分别为其的1.44和2.82倍。但由于地处西北内陆地区，年降水量较少，潜在水源涵养服务和水源涵养服务难以转变为现实有效水源涵养服务，这与农田生态系统潜在水源涵养服务(李士美等，2014)有所不同，农田生态系统由于灌溉等水分的输入，能够实现潜在水源涵养服务向有效水源涵养服务转变。由于土壤水分是草地植物群落特征的重要限制因子(杨景辉等，2012；李新乐等，2013；洪光宇等，2013)，因此实现典型草地合理管理与可持续利用必须首先考虑如何合理利用水资源，增进草地有效水源涵养服务功能。

三、三江源地区生态系统水源涵养功能服务价值

刘敏超等(2006)利用文献(青海省农业资源区划办公室，1997)、1∶1000000中国植被图集(中国科学院中国植被图集编辑委员会，2001)、青海省农业自然资源数据集(青海省农业资源区划办公室，1999)、三江源生物多样性—三江源自然保护区科学考察报告(李迪强等，2002)以及课题组多次科考调查的数据等从凋落物层和土壤蓄水能力角度来定量评价三江源地区生态系统水分涵养功能。根据我国每建设1 m^{3}库容的成本花费为0.6元(1990年不变价)为依据，来计算三江源地区生态系统水源涵养价值(欧阳志云等1999；2004)。

从植被凋落物层和土壤蓄水能力角度分析水源涵养结果表明，三江源地区总面积3.63×10^8 hm^2，其中植被总面积为2.87×10^7 hm^2，植被凋落物涵养水源能力为1.55×10^8 t，价值为1.04×10^{8}元。三江源地区土壤总面积为3.26×10^7 hm^2(包括可可西里的土壤面积)，土壤涵养水源能力为1.63×10^{10} t，价值为1.09×10^{10}元。三江源地区植被凋落物和土壤水源涵养能力总计为1.65×10^{10} t，水源涵养能力总价值为1.10×10^{10}元。

从三江源地区年径流量来分析，三江源地区河流主要分为外流河和内流河两大类。外流河主要是通天河、黄河、澜沧江(上游称扎曲)三大水系。内流河主要分布在西北一带,为向心水系,河流较短,流向内陆湖泊,积水面积45225.5 km^2,多年平均流量27.61 m^3/s,年总径流量209×10^8 m^3。三江源地区的年径流量合计为493×10^8 m^3,价值为330.31亿元。其中,长江源地区流域面积15.85×10^4 km^2,地表水以河流、湖泊、沼泽和冰川形式存在,主要有楚玛尔河、沱沱河、尕尔曲、布曲和当曲等5条河流,其中沱沱河最长(375 km),径流的补给主要来自天然降水和冰川融水,多年平均流量431.5 m^3/s,年总径流量177×10^8 m^3。澜沧江源区流域总面积37422 km^2,主要以降水、融冰雪补给,多年平均流量为344 m^3/s,年总径流量为107×10^8 m^3。黄河源区河川径流主要来自大气降水,其次为冰雪融水和地下水的补给。

由于植被层对一次性降水的截留大部分散失于蒸发(腾)中,不能对河川径流做出贡献。因此,如果就涵养土壤水分和补充地下水、调节河川流量的功能而言,水源涵养能力主要包括植被凋落物层和土壤层中涵养的水资源,有学者提出,水源涵养效益是枯落物持水量和土壤水分涵养量之和(穆长龙等,2001)。另一方面,三江源地区降水量小,蒸发量大,年平均降水量为262.2～772.8 mm,年蒸发量为730～1700 mm,故植被层截留降水量少,且很容易蒸发。故本研究从凋落物层和土壤蓄水能力角度来定量评价生态系统水分涵养功能,而没有计算植被层截留降水的量。

另外,从三江源地区地下水来分析,长江源区、澜沧江源区地下水属山丘区地下水,主要是基岩裂隙水,其次是碎屑岩孔隙水,此外长江源区还有冻结层水。其补给来源主要有天然降水的垂直补给和冰雪融水补给,以水平径流为主。山丘区地下水通过河川外泄,与地表水重复,故其地表水资源量即为水资源总量。根据青海省水利水电勘测设计院水资源调查,估算长江源区地下水资源量约为65.82×10^8 m^3,澜沧江源区地下水资源总量为38.06×10^8 m^3。

四、典型高寒草甸生态系统水源涵养功能及服务价值

作为个例,这里在水量平衡基础上,计算了8月底单位(m^2)植被层(包括绿体、枯落物层、半腐殖质碎屑物层)、0～60 cm土壤层生态系统水源涵养量,以及其功能价值。

试验区因地势平缓,地表径流极小,甚至不发生径流。海北高寒草甸地区60 cm底层渗漏量小于2 mm。为此,渗漏对海北高寒草甸地表径流、地下深层渗漏量可以忽略不计。那么,由第二章知道,在海北高寒草甸有542.55 mm的自然降水量,凝结水量为100.73 mm,由第五章知道,植被的蒸散量为539.2 mm,那么生态系统的水源涵养量则由水分的输入与输出之差确定,为104.08 mm,换算至重量为3.27 kg/m^2。若根据我国每建设1 m^3库容的成本花费为0.6元(1990年不变价)为依据计算(欧阳志云等1999;2004),则海北高寒草甸地区单位(m^2)生态系统水源涵养价值为1.96元/m^2。

8月底植被层绿体、枯落物、半腐殖质碎屑物的最大持水量平均可达142.43、1.43、1.26 mm,冬季放牧草场0～60 cm土壤层最大饱和持水量可达223.74 mm,那么其总的水资源量为上述之和，为368.86 mm的水深量，换算为重量为11.58 kg/m²，其生态系统水源涵养量的潜在价值则为6.95元/m²。

采用同样方法可以计算其他地区的水源涵养量、潜在涵养量，及其对应的价值。

五、草地退化对土壤水源涵养能力的影响

草地退化是植被与土壤系统性退化的结果，植被与土壤系统性退化最终导致草原退化（冯瑞章等，2010）。草原退化不仅包括草地植被的变化，也包括土壤性质的变化。草地退化土壤的表现形式主要体现在：土壤含水量降低，容重增大，表层颗粒粗化等。研究发现，土壤容重随草地退化程度加剧而显著增大，土壤含水量则呈现出地表不同分层不同变化趋势，且在中度退化阶段最大（曹丽花等，2011）。

土壤含水量降低的主要原因是退化草地土壤裸露面积增加且植被覆盖度低，太阳辐射加剧了土壤水分蒸发（周华坤等，2005）。同时，研究还发现土壤容重、土壤总孔隙度、土壤毛管孔隙度随草甸退化程度加剧发生逐级显著性变化，与土壤水源涵养量呈极显著正相关关系，土壤容重与之为负相关关系，其他两个指标为正相关关系。在土壤理化性质与水源涵养功能的关系方面，不同退化阶段草甸水分涵养能力与土壤类型、土壤pH值、土壤养分等指标有关。其中，土壤有机质、土壤水解氮含量、土壤交换性盐基总量与土壤水源涵养量间呈极显著正相关关系，土壤pH值与土壤水源涵养量则呈极显著负相关关系（徐翠等，2013）。不同退化程度草甸的土壤水源涵养量：未退化为1884.32～1897.44 t/hm²，中度退化为1360.04～1707.79 t/hm²，重度退化为1082.38～1550.10 t/hm²。影响土壤水源涵养量降低的直接因素是土壤总孔隙度与毛管孔隙度，间接原因则主要是地下生物量与地上生物量的减少（徐翠等，2013）。

第十章 高寒草甸水资源分配及评价

水资源是流域或区域水的数量、质量及时空分布状况，了解水资源是规划、开发、利用、保护和管理区域水资源的基础，也是衡量区域生态功能的主要指标、政府决策的重要依据。开展水资源量的调查，掌握区域水资源状况，研究不同尺度流域的水文循环过程，模拟流域的水资源变化，是水资源管理的基础。青藏高原与其他地区一样，也存在水资源紧张的问题。受全球气候变化的影响，青藏高原的大部分地区水源涵养、水调节功能等明显衰减，造成季节性江河断流和丰水及枯水期的间歇期缩短现象，而且旱涝事件频繁发生，也说明水资源出现紧张的同时，水循环、水平衡过程也受到影响。

为此，本章也讨论了与水资源量相关的有关参数变化过程，以及对全球变化的响应状况。同时，围绕三江源及其高寒草甸区降水、土壤、植被水资源开展区域评价。

第一节 大气、植被、土壤水资源的内涵与计算

水资源是世界经济可持续发展、人类社会进步和生态环境良性循环最基本的物质支撑条件。随着全球工业化及经济的高速发展，全球气候变化问题已成为当今世界各国共同面对的重大环境课题之一，全球气候变化对水循环要素的影响，必然导致水资源在时空上的重新分配。近几十年来，气候变化对水循环及其伴生过程影响日趋明显，所引起的水资源效应已成为全球普遍关注的问题。

广义而言，地球的水圈、岩石圈、大气圈和生物圈储存的水都是水资源。但一般仅评价由大气降水补给的可供人类利用的狭义的水资源，即地表水资源和地下水资源。地表水主要有河流水和湖泊水，由大气降水、冰川融水和地下水补给，以河川径流、陆地蒸发和土壤入渗的形式排泄。土壤水指包气带的含水量，上面承受降水和地表水的补给，下面接受地下毛管水的补给，主要消耗于土壤蒸发和植物蒸腾，一般是

在土壤含水量超过田间持水量的情况下才下渗补给地下水,或形成壤中流汇入河川,故它具有供给植物水分,并连通地表水和地下水的作用。地下水为赋存于潜水位以下含水层的水量,由降水和地表水的入渗补给,以河川径流、潜水蒸发和深层越流排泄。所以降水、地表水、土壤水、地下水之间,存在相互转化的关系。

水资源评价是对流域或区域水资源数量、质量、时空分布特征及其开发利用条件进行全面分析和评估的过程,是水资源规划、开发、利用、保护和管理的基础性工作,也是衡量区域生态功能的主要指标,政府决策的重要依据。加强水资源开发利用与水资源综合管理是应对水资源紧缺的重要途径,研究不同尺度流域的水文循环过程、模拟流域的水资源变化是水资源管理的基础工作。受全球变化影响,青藏高原的大部分地区水资源量存在时间和空间的差异,因而,关于土壤水资源数量及其结构的评价是生态学、植物学、水文学家所关注的重要问题。所以评价水资源状况,掌握水资源分配,对区域经济发展,协调水利用量是非常重要的,这也对水资源及其水源涵养功能的提升有重要的作用。

一、降水、径流水、蒸散水资源

降水是自然界一切生物活动的水分来源。其资源量的高低用降水量多少来衡量。不同地区,受大气气团属性、远离海洋程度不同,其降水分布不同。就是同一地区远离海洋程度一致,但因地形作用,其降水受气流动力爬坡抬升以及热力影响下的降水量也有所不同,但归根结底也与气流的输送有关。当然,凝结水也是降水资源量的一部分。

不同地区降水量的多寡,决定了区域气候的湿润度,进而影响地区植被盖度、植被分布类型、生产力高低等。

径流水、蒸散水也是水资源的一部分。径流包括了地表径流、江河水径流。蒸散就是区域植被和土壤表面发生的蒸腾与蒸发的量。径流水、蒸散水与区域植被、气候相关联,其产生的数值变化就是各自的水资源量。

二、土壤水资源

1.土壤水资源的争议

土壤水的研究有着极其长久的历史,是传统土壤学研究的一个重要分支,但是把土壤水作为资源来加以研究的历史却不长。20世纪70年代苏联地理学家李沃维奇首次使用“土壤水资源”这一术语之后,国内外学术界对土壤水资源的概念进行了长期无休止的争论。目前,关于土壤水资源的研究虽然取得了一些进展,但其研究体系还不成熟。从对水资源需求和研究的学术意义上看,以资源的观点研究土壤水是有必要的,土壤水资源可以纳入水资源评价体系中去。如何对土壤水资源量做出合理的评价,为高效利用土壤水资源提供理论基础,已成为当前水资源合理配置的关键之一。

随着对土壤水分研究理论和研究方法的不断深入,土壤水资源的概念被提出,并取得了一些进展和成果。Falkenmark(1995)提出,将降水的一支分为径流量,也称蓝水,另外一支分为水蒸气流,也称绿水(刘昌明等,2006),最早被李沃维奇(苏联地理水文学家)提出的“土壤水资源”概念逐步得到国内研究者的认可,对于西方学者,他们多用“绿水”来定义土壤水,虽然把土壤水作为水资源很少有明确论述,但是他们在土壤水理论和应用方面进行了大量研究,也做出了非凡贡献。1993 年,西方学者菲德斯来中国访问,他在北京农业大学《土壤水作为资源的研究趋势》学术报告中,第一次对土壤水的资源特性进行了肯定,近年主要从评价和计算方面加深了研究(Zhang et al,2015;Shen et al,2015)。

当定义了土壤水资源之后,国内的学者开始对这个概念做出不同层面的理解。施成熙等(1984)提出当土壤水在还未成为浅层潜水的一部分时,可以将其作为水资源研究,但土壤水也能形成土壤水库,这时在土壤水分被调蓄后可以向根系层补给,起到后备水源的作用。冯谦诚等(1990)将存在于根系带中,由于参与水分循环导致被植物利用后可恢复的水量当作土壤水资源量。王浩等(2006)认为土壤水资源是存在于土壤的包气带中,在生活和生产中能被人类直接和间接利用的土壤水量,它不但具有更新能力,而且对促进天然生态环境的良性循环维持具有一定作用,因此,可以将它当作广义水资源组成的重要部分。

有学者提出,即使土壤水可以被划入水资源,但并不是说它能作为水资源的一个组成部分进行评估,因为土壤水与地表水、地下水并不一样,土壤水资源是在一定评价周期和计算空间内,来源于大气降水和潜水蒸发的淡水水体,能储存于土壤中,具有更生和补充能力,可被农业生产及生态环境所利用(沈荣开,2007)。另外,从土壤水的有效利用角度提出的土壤水资源的概念,强调产生经济效益的有效性,这样的提法是可取的。但目前介绍的方法或建议中其具体操作尚有许多不明确的地方,如“有效降雨”应如何界定。在地下水埋深不大的地区,潜水蒸发(地下水补给)对作物(植被)的补给可达到相当的数量,如何准确进行估算?在以水量平衡为基础的土壤水资源计算时,如何正确计算土层的厚度?上述问题都尚待研究和解决。

总体来说,我国学者认为土壤水资源对生态、环境的保护具有重要意义,可以为农、林、牧业等方面直接利用,可由土壤岩性决定其资源量大小,与计算的时段、选择的耕作措施、气候条件、作物种类及产量水平、蒸腾蒸发影响及潜水埋深等因素关系密切,具备可更新能力的水量(易秀等,2007)。近些年,国内外学者对土壤水资源理论已经进行了大量的研究,在土壤水资源概念、属性、基本特征、水分运移和农业利用等方面均取得了很大的进展(Marco,2010)。土壤水资源虽然有争议,但也已由单一的学科走向多学科的交叉(康绍忠等,1996),为土壤水资源研究与评价奠定了基础。

2.土壤水资源的内涵

土壤中的水分一部分能被植物利用,一部分不能被植物利用。而能利用的这部分水分叫有效水,反之为无效水。凋萎含水量即植物永久凋萎时的土壤含水量,是可利用水分的下限,田间持水量是土壤水可利用水分的上限。只有凋萎含水量到田间持水量之间的水分对植物最为有效,叫作有效含水量。这一土壤的最大有效水量就是土壤水资源量,等于该土壤的田间持水量减去凋萎含水量,即植物可利用的水资源。换句话说,土壤水资源就是存在于非饱和带中,可以被农业、生态、环境利用的水量。

土壤水普遍存在于陆地表面的土壤中,具有分布的广泛性和连续性,使土壤水资源得以充分利用。我国大陆土壤水资源与可更新的总水资源相比,占有相当大的比例。土壤水在无降水时段被植物利用或蒸腾消耗,腾出水分储存空间,在降水期通过降水入渗补给,土壤水分得到补充。另外,土壤水的储蓄特性受到土壤质地的影响,沙质土保水性差,渗透性强,降水容易下渗或者蒸发,而壤质土和黏性土保水性较好。除了无土栽培,任何水(不管是天然降雨还是人工灌溉)都必须转化为土壤水之后才能为植物所吸收利用。植物有了足够的水分,才得以生存、发育、形成果实。适宜的土壤水条件同时又是维持区域生态平衡、防止环境恶化的基本保证。土壤水消耗后,腾出的土壤蓄水库容(孔隙)可以蓄存新一轮的降雨(或其他地表来水),具有明显的可再生的特点(沈荣开,2008)。从这些意义上讲,将土壤水作为一个完整的个体,认定其具有资源的属性是说得过去的。

土壤水资源是一个过程量,有时间概念,可以更新。而土壤水是一个状态量,在土壤中无处不在。土壤水资源的补给来源只有大气降水。而土壤水的补给来源包括大气降水、浅层地下水以及灌溉等其他方式。土壤水的储存区域为非饱和包气带,该土壤层类似一个水库。土壤水库与实际水库有相似的特性,当水分进入土壤评价层并且被该层土壤滞蓄储存之后,能够被植物吸收利用。尽管在这一过程中,一部分水分没有参与植物的生命过程,通过土壤直接进入大气当中,但是这部分水量的蒸发过程调节了植物的生长土壤环境(温度、盐分等),同时仍有可以被利用的潜在价值。

土壤水资源只反映不同土质可利用的存储能力和数量,而土壤水则主要反映土壤水中的各类土壤水分状态和不同的数量。土壤水资源以年计算其资源量。一年中土壤水资源受降水、土壤质地和植被可利用的土壤层厚度等因素影响,每年有一个更新的资源量。土壤水资源在时间上的分布与降水量在时间上的分布相一致,年内变化较大。一般情况下,降水多的时期,土壤水资源储量大。

土壤水资源的属性是指可以被植物吸收利用的土壤水量,是存在于根系吸水层的土壤水量,主要指土壤层中可被农业生产及生态利用的、一定时期内具有更新补充能力的淡水水体。土壤水库的强大存储和调节能力不仅可将非播种期的水分积存于作物生长旺盛期,而且也有利于水循环过程的调节。土壤水的补给、存储以及运移不仅有利于为人类提供生产和生活资料,而且也利于生态与环境的恢复和维护。土壤水资源是天然的、数量巨大的、可供利用的、能长期利用的资源,符合水资源的定义,当属资源类型。

滞蓄在土壤中的大部分水量，虽然不能被人类直接利用，但可以间接通过提供水分满足作物（植物）的需要，满足生态社会的需要。通过降雨—土壤蒸发—植物蒸腾—大气降水—降雨的水分循环得到更新，有可靠的补给来源。通过耕作措施和工程措施可加以控制，在被植物吸收利用的过程中，一方面生产农产品直接为人类社会服务，另外一方面产生一系列的生态功能间接地服务于人类，具有很强的资源属性。这部分水量不但数量巨大，同时已经间接地被人类开发利用，服务于人类社会的生产生活，因此非常有必要从资源的角度出发对其进行评价。

但是，和传统的关于资源的概念和人们都熟悉的地表水资源和地下水资源的认识不同，蓄存在包气带土层中的土壤水的来源及其数量，从其有效性的角度讲，除了决定于自然因素外，当然也有人为的干扰因素。既然资源不能脱离其“自然”的属性，在计算土壤水资源时就必须将各种影响因素加以界定，人们在定义土壤水资源时，从不同的角度切入，必然会产生不同的看法。归纳不同学者对土壤水资源所下的定义，可大致分为两大类。一类是建立在静态水均衡模型的基础上，该模型不考虑区域储存量（包括地表水体的储存量、地下水储存量和包气带土壤水储存量）的变化，即认为在各个水文年度间，区域的总储存量保持恒值。区域水均衡要素仅包括降水（来水）、径流（地面径流和地下水径流）以及陆面蒸散（耗水）三大部分，而其中的地面蒸散量就是土壤水资源。另一类是以农业利用为主体，从降雨或土壤水对农作物的有效利用的角度提出的。

从土壤水的补充来源讲，除了降雨之外，人工灌溉、河流、沟渠、湖泊等地表水体的入（侧）渗以及潜水蒸发（地下水向包气带土层的补给）也都是土壤水的重要来源。一次降雨入渗所能补给土壤水的多少，以及地表水体的入渗或潜水蒸发的强度又与包气带土层土质、结构及雨前剖面含水率状况密切相关。包气带土层土质和结构属自然因素，但其厚度却与当地的水文地质条件及地下水动态有关。包气带雨前的储水状况与发生降雨的季节，降雨间歇期的长短及该时期的气象条件，地表植被覆盖率、植被类型、结构、生育阶段等密切相关。在同样的包气带土层厚度的前提条件下，降雨间歇期长，大地的蒸散消耗的土壤水分多，腾空的土壤水库库容大，由天然降雨转化成土壤水的比例就大。反之，如若降雨时土层的存蓄容积小（土层较湿润），降雨转化为土壤水的数量就小。可以看出，在这些因素中，既有自然因素，也有许多人为（人类活动）因素，涉及的影响因素包括时间、空间、土壤、气象、水文及水文地质、农业、社会经济等方面。

3.土壤水资源的特性

土壤水资源既有地表水资源及地下水资源的周期性和多年平衡性等共性，也有多方面的特性。土壤水资源自身依赖于降水，其时空分布特点受降水影响显著，资源数量受土壤质地和植被类型影响。土壤水资源只能被植物利用，消耗于蒸腾蒸发。土壤水资源面广且量大，具有易耗散性、就地利用性，不易被保存，也无法被人工直接提取、运输和做其他用途。无须修建大型水利工程，植物就可以利用土壤水资源，具有可恢复、可更新、可再生性。因此，土壤水资源的分布具有一定的广泛性和连续性。

同时，土壤水资源具有可更新性与易耗性。土壤水具有不断补给与排泄的动态特征，土壤水资源是一个过程量，间断性地受到大气降水的补给，同时又连续性地通过植物和裸地向大气中散发。与地下水资源相比，土壤水资源表现出较强的不易保存的特性，保存在土壤中的水分有被利用的潜在价值，但是如果不及时利用或采取人工措施加以保存，就会以无效蒸发的形式消耗。另外，在入渗补给的过程中如果土壤含水量超过了田间持水量，就会以深层渗漏的形式补给到地下水或形成壤中流。由于土壤水积极参与陆地水分循环，因此，它是一种可更新的动态资源。

然而，受地理环境、地形地貌、土壤结构和物理性质等条件的限制，土壤水资源又有明显的时空分布上的不均匀性。土壤水资源的补给来源主要是大气降水。大气降水在空间上的分布不均必然影响土壤水资源量的空间分布。另外，土壤水资源也反映了土壤对水分保持的能力，因此，土壤质地与土层厚度的空间分布规律也会对土壤水资源量的空间分布产生影响。大气降水在年内以及年际之间存在着较大的差异，同时年初土壤含水量的不同，造成了土壤水资源量在年内以及年际之间分布的不均。

因植被类型不同，植物需水和耗水具有很大的差异，进而导致土壤水资源对植物的有效性有所不同。应该说，土壤水资源是植物生存的直接供水水源，是维系植物生长发育的重要因素，是维持陆地生态系统稳定的必要条件。土壤水资源对植物的有效性必须考虑两个方面的内容：一是土壤含水量的范围必须是在田间持水量和凋萎含水量之间的水分，当含水量大于田间持水量，超过田间持水量的水分为重力水，该部分水量不可能长时间保留在土壤中，也不能被作物吸收，凋萎含水量以下的水分也不能被作物吸收利用。二是根据作物的根系分布特性，必须是储存于一定深度之内的水分才能被作物吸收，因此在土壤水资源评价时，要考虑土壤评价层的深度。

因陆地生态系统的水从地下补给很低，其水分来源主要还是依靠自然降水，为此，土壤水资源对降水的依赖性很强。通常情况下，降水量的多少对土壤水资源量的多少起着决定性的作用，土壤水资源在时间上的分布与降水量在时间上的分布基本吻合。降水量多的时段，形成的土壤水资源量也大，降水量少的时段，形成的土壤水资源量小。

目前，陆地生态系统受人类活动加剧，人们对于水的利用不断加深，水资源日趋紧张，有些地方缺水严重。需要提到的是，土壤水资源有着不可开采性与替代性，但有可调控性。土壤水资源为非重力水，虽然具有液态的特性，但不能作为开采资源加以利用和管理，作为资源，就地利用是可以的。土壤水资源的存在形式决定了其被利用的方式。土壤水资源的储存方式为土壤空隙储存，存在形式为非饱和水，通常情况下只有重力水才有可能被开采利用，所以土壤水资源不能被开采，只能被就地利用，但可以通过土壤水资源利用效率的提高，实现降水、地表水、地下水的优化配置和土壤水资源替代。

虽然，随科技水平的提高，对于降水也可调控，其技术尚未完全成熟。而对土壤水的利用既有明显的可调控能力，如可以通过人为措施（改变微地形，松土覆地膜、秸秆、沙砾等）调控水分的输入输出过程，增加有效补给，减少无效损失，使得土壤水资源与作物需水在时空上分布一致。但不论怎样，在气候温暖化、人类活动加剧的今天，我们要意识到水资源的重要性。水资源并非是用之不竭的，为此，进行水资源的评价，充分利用现有水资源，提升水源涵养功能等意义重大。

4.土壤水资源的计算

目前，大部分有关土壤水资源量的计算方法都是以水量平衡原理为计算基础的，例如，许发奎等（1994）提出了计算农田灌溉条件下的土壤水资源量的计算公式；冯谦诚等（1990）提出用降水补给量、潜水蒸发量、大气凝结水等补给量的方法，推求土壤水资源量；贾鑫等（2009）对土壤水资源量进行分区计算，提出评价土壤蓄水量、区域土壤水资源总量、区域土壤湿度系数和可开发利用的土壤水资源的方法；夏自强等（2001）给出了对单位面积土柱土壤蓄水量、最大可利用的土壤水资源量和可被植被直接吸收利用的土壤水资源量的计算公式；张洪业（1999）给出了流域土壤水资源总量、区域土壤水资源总量和某一时段土壤水资源量的计算式；刘丽芳等（2009）提出了地下水补给、无开采、有开采、灌溉补给和用消耗量计算一个单元的土壤水资源量的公式方法；沈荣开（2008）提出根据选取计算时段的不同，可采用数值计算法和水均衡方程计算土壤水资源数量；肖德安等（2009）选用不同的系数，包括降雨入渗系数、土壤蒸发系数、植被吸收系数、土壤水补给地下水系数及地表水、地下水补给土壤水系数等，对土壤水资源量的水量平衡参数进行计算；马德宇等（2013）利用蒸发或补给量对自然山区和平原区进行分区土壤水资源量计算，由于地形、地貌、地下水埋深以及人类活动等因素对土壤水资源都有明显的影响，土壤水资源应分区计算。李雪峰（2014）对山前平原土壤水资源进行评价研究时提出，确定评价层，进行分层计算等。这些关于土壤水资源的计算方法，主要还是以水量平衡原理为基础的，而且多见于农田。

总结各位学者的研究，针对某一个特定区域，如果把地表水、土壤水、地下水作为一个整体来看，则天然情况下一定时期内的补给量是降水量。排泄量包括河川径流量、蒸散（发）量、地下水潜流量。而总补给量与总排泄量之差即为区域内地表水、地下水和土壤水的储水变量。即一定时段内的区域水量平衡公式有：

$$\Delta U = P - (\Delta R + \Delta U_g + E)$$

式中：ΔU 为包括地表水、地下水以及土壤水三部分的区域储水变量；P 为计算时期内计算区域的（下同）降水量；ΔR 为地表径流出、入量的差值；ΔU_g 为地下水径流出、入量的差值；E 为总蒸散发量。

如上所述，土壤水资源是根据每次降雨进行计算的，用水均衡方法计算时可有两种模式。

（1）以本次降雨开始至下次降雨前为计算时段，其水均衡方程为：

$$P+S_{前1}+G_{e}=R+G_{i}+E+S_{前2}$$

$$\Delta S=S_{前2}-S_{前1}$$

$$S_{r}=P+G_{e}-\left(R+G_{i}\right)=\Delta S+E$$

式中：P 为本次降雨总量；$S_{前1}$ 为本次降雨前土层的储水量；$S_{前2}$ 为下次降雨前（亦即间歇期末）土层的储水量；G_{e} 为降雨间歇期的潜水蒸发量；R 为本次降雨所产生的地表径流量；G_{i} 为本次降雨所产生的深层渗漏量（在以整个包气带为均衡计算区时，即为降雨对地下水的补给量）；E 为计算期内地表蒸散（发）量；S_{r} 为本次降雨所形成的土壤水资源。如果本次降雨与下次降雨前土层储水量一样，ΔS 值为零，则本次降雨所形成的土壤水资源等同于计算期内地表蒸散（发）量（$S_{r}=E$）。这里表达了一个重要概念，即只有计算时段始末土层储水量没有变化，才能将该时段的土地蒸散（发）量等同于土壤水资源量。

（2）根据降雨前、后土层储水增量直接计算本次降雨所获得的土壤水量。由于计算时段的不同，水均衡方程可改变为（降雨入渗期不考虑潜水蒸发）：

$$P+S_{前}=R+G_{i}+E'+S_{后}$$

$$\Delta S'=S_{后}-S_{前}=P-（R+G_{i}+E'）$$

$$S_{c}=\Delta S'+E'=P-（R+G_{i}）$$

式中：P、R、G_{i} 所代表的意义与上述相同；$S_{前}$ 为雨前土层的储水量；E' 为计算期内地表蒸散发量；$S_{后}$ 为雨后（指土层达到田间持水率的时间，可考虑定为雨后2～3 d）土层的储水量；S_{c} 为本次降雨所获得的土壤水增量。则本次降雨所形成的土壤水资源 S_{r} 为：

$$S_{r}=S_{c}+G_{e}$$

式中:G_{e} 为本次降雨至下一次降雨期间的潜水蒸发量。

一个水文年度的土壤水资源总量为各次降雨所求得的 S_{r} 的总和，即：

$$S_{r总}=\sum_{i=1}^{n}S_{ri}\qquad i=1，\ 2，\ 3，\ \cdots，\ n$$

式中：$S_{r总}$ 为一个水文年度（或计算期）的土壤水资源总量；S_{ri} 为第 i 次降雨所求得的土壤水资源量；n 为计算期内降雨的次数。

原则上讲，上面公式中所求得的 S_{r} 值是一样的。前者求 S_{r} 时，涉及的均衡要素为 P、R、G_{i}、G_{e} 或 E 和 $S_{前1}$、$S_{前2}$。P、R、G_{i} 值可取实测资料，或者根据已有的研究报告估算（选定）。有植被生长条件下，潜水蒸发 G_{e} 值涉及地下水埋深、植被类型及生育阶段等诸多因素，是一个难以确定的数值；E 值与植被类型、生育阶段、实时的气象条件、地下水位埋深及土壤墒情等有关；$S_{前1}$、$S_{前2}$ 是土层计算时段始末的实际储水状况，这些数据无法从历史资料中找到。采用后者计算 S_r，可以避开 $S_后$ 和 $S_前$ 值，但仍需要求得 G_e。因此说，尽管建立在宏观的水均衡模型的运算并不复杂，但由于某些均衡要素难以确定，单独采用这种方法计算是得不到可信的结果的。

基于水量平衡原理的主要计算模型包括：根据土壤含水率和土样容重计算土壤水含量即储存量的数学模型、利用四水（大气水、地表水、土壤水与地下水）转化关系计算土壤水含量即调节量的数学模型（王保秋等，1999）；对典型试验区土壤水资源量补给项、排泄项和消耗项进行计算与评价的HYDRUS-1D模型，认为在地下水浅埋区，人为地将地下水资源与土壤水资源分割开来是不适宜的，评价土壤水资源应将土壤水—潜水作为一个系统统一评价（王水献等，2005）；从小尺度水文学的土壤水循环角度看，依据水量平衡原理来确定的土壤水资源的计算模型，即基于有效降水量的平原区土壤水资源求解模型，是计算小尺度土壤水资源量的另一种有效方法，具有良好的适用性（董艳慧等，2008）；通过定义土壤水资源的概念，确定了土壤水资源评价分区和评价层厚度，提出的土壤水资源计算模型及各要素计算方法，在河北省平原区进行了应用，得到了该区的土壤水资源数量（张金堂等，2009；孟霄，2008）。水量平衡法计算土壤水资源数量的理论是合理的，但是没有一个能广泛应用的模型。当然也有不基于水量平衡原理的土壤水资源数量的计算方法，如Celano等（2011）提出利用勘探技术计算果园的土壤水资源的量，Richter等（2012）构建土壤冠层辐射传输模型计算黄土丘陵区不同土地利用类型的单位面积土壤水资源量。另外，遥感反演土壤水分一直是国内外研究的热点，基于TerraSAR X平台的土壤水分研究也不断取得新进展（陈鹤群等，2013）。上述模型的计算方法如下：

其中，在区域尺度上将有效利用土壤水资源量以及评价层中未被利用的量作为土壤水资源的评价部分。有效利用的土壤水资源量即通过植被利用形成的绿水，采用排泄法进行计算，其在数量上等于陆面植被蒸散量（有效蒸散量），未利用的土壤水资源量采用评价层的土壤水分总量去除凋萎含水量以下的水分总量来进行数量评价，两者之和为总土壤水资源量。则土壤水资源计算公式有：

有效利用土壤水资源量：$W_f = \sum_{i=1}^{n} E_i + \sum_{i=1}^{n} T_i$

未利用的土壤水资源量：$W_u = SW - W_p$

土壤水资源量：$W_s = W_f + W_u = \sum_{i=1}^{n} E_i + \sum_{i=1}^{n} T_i + SW - W_p$

式中：$\sum_{i=1}^{n} E_i$ 为不同植被覆盖下棵间散发量的累计；$\sum_{i=1}^{n} T_i$ 为实际被不同植被吸收利用量的累计；W_s 为土壤水资源量，W_f 为有效利用土壤水资源量，W_u 为未利用土壤水资源量，SW 为评价层土壤水分含量，W_p 为评价层凋萎含水量。

在土壤水资源评价模型方面,目前没有一个模型能够达到普适性。有利用土壤的容重、含水量对土壤水含量或者说是土壤储存量进行计算的,是通过四水转化的相互关系得到可调节的土壤水含量,称作可调节量使用的数学模型(王保秋等,1999);有以水量平衡原理为依托,以有效降水量为基础,从小尺度水文学的土壤水循环角度出发,确定一种土壤水资源的计算模型(董艳慧等,2008)。张金堂等(2009)、孟霄等(2008)在对河北平原区进行土壤水资源评价时提出对土壤水资源实行分区评价,给出评价层厚度,提出区域土壤水资源量的计算模型。王水献等(2005)对HYDRUS-1D模型进行优化,把土壤水—潜水作为土壤水资源的一个子系统,进行统一评价和计算土壤水资源。

前面阐述了用水均衡方程来计算土壤水资源的方法。有时,依据水分运动状况,也可计算土壤水资源。我们在第一章、第二章做过简单的水分运动的物理过程介绍,为了更为准确地核定土壤水资源量,这里再利用土壤水分运动物理过程,依数值计算法进行土壤水资源计算。数值计算可以建立在一维土壤水运动的Richards方程上。有:

$$\frac{\partial\theta}{\partial t}=\frac{\partial}{\partial z}\left[k\ (\theta)\frac{\partial h}{\partial z}\right]+\frac{\partial k\ (\theta)}{\partial z}-S(z,t)$$

目前,求解Richards土壤水运动方程已基本上不存在技术难题,相当多的通用计算软件,如SWAP、HYDRUS-1D等均能求解各种初、边值一维土壤水和盐运动的计算,问题的关键是要正确建立土层剖面的计算概化模型,提供准确的上、下边界和初、边值条件,获得足够长的农业、气象、水文地质资料,以及选用准确的土壤水运动参数。

与前述的水均衡计算不同,数值计算不再是按降雨过程分次计算,而必须是连续计算,即按整个水文年度进行连续运算,数值计算的输出包括任意时刻的土壤含水率、降雨入渗补给地下水或地下水向上补给通量、地面蒸散(发)强度等。上述各项输出应用到前述水均衡计算中,将相应时刻的水均衡要素代入相应的公式得每次降雨的 S_r 值,最后即可求得一个水文年度(或一定计算期)的土壤水资源总量 $S_{r总}$。

不难理解,土壤水循环过程中水是不断地消耗与蒸散的,或经深层渗漏补给地下水,而又不断地为降水所补充的可更新的水资源。它的变化与陆地表面的水热变化密切相关,故其更新周期以一年计算最合适。因此,与其他可更新水资源的估计一样,土壤水资源一般指一年中土壤可供植物利用的水量。它可用下式估计(马德宇等,2013;周凌云等,2003):

$$W_{SR}=S_i+\sum\Delta S$$

式中:W_{SR} 为土壤水资源量;S_i 为初始土壤有效储水量;ΔS 为每次降雨后的土壤水增量。各量均以mm计算。该式说明土壤水资源由两部分组成,一部分为周期开始时的土壤有效储水量，另一部分为一年中进入土壤的有效降水量。但是，也有学者对该方法提出质疑（沈荣开，2007），认为在时间上针对每一个土壤水的更新周期、按照降水量的大小以及降水间歇期的消耗情况（农田蒸散发）逐次计算土层的储存增量，然后进行累加方可。在空间上，由于地形、土质、水文地质、农业种植结构、土地利用程度乃至气象等条件的差异，也不适宜按整个流域（区域）进行计算，可考虑按上述各因子的差异程度进行分区，在一个区域内采用集中参数模型进行计算。在有人工灌溉的地区，由于人工灌溉所增加的土壤水不能计入土壤水资源，在进行长时段的连续计算时，需要将人工灌溉所增加的土壤水储量扣除。

一年中土壤水资源在土壤中的丰歉状态，受地面雨热状态的影响，但不完全与雨热同步。它的亏缺与丰沛滞后于气候上的干湿季节。例如，在高寒草甸地区的植物生长期内，气候上的干旱期为4—6月，而土壤水的亏缺期在7月。气候上的湿润期为6—9月，而土壤水的丰沛期为5月等。另外，它与不同的利用方式有密切关系。由此可见，土壤水资源在土壤中的状态受气候、水文条件的影响显著。

应当指出，切不可将每次观测得到的土壤有效储水量累计起来求取土壤水资源量，因为每次观测的结果都可以看成是一定时段的土壤水收支平衡量与初始有效储水量之和，故进行累加时造成初始土壤有效储水量重复计算。实际上，因为收（有效降水）支（蒸散）时多时少，故土壤水资源在土壤中呈不同的丰歉状态。若一年中的总收入与总支出相等，则其有效储水量恢复到初始值，这时便可由一年的总蒸散量代替总有效降水量来估计其土壤水资源量。

三、总水资源量的计算方法

关于水资源总量的概念、计算方法较多。这里引入维普（http://www.cqvip.com）的载文做详细介绍其水资源总量的概念、计算方法，以及对多种地貌类型的混合区水资源订正了计算的原理[维普咨询（http://www.cqvip.com）]。

1.水资源总量的概念

若把地表水、土壤水作为区域内的一个整体，则在天然情况下的总补给量为大气降水量。总排泄量为河川径流、陆地蒸发、地下越流之和。总补给量与总排泄量之差为区域内地表、土壤、地下的蓄水变量（图10-1）。表示一定时段内的区域水量平衡方程式为：

$$P=R+E+U_g\pm\Delta V$$

式中：P 为大气降水量；R 为河川径流量；E 为陆地蒸发量；U_g 为层越流排泄量；ΔV 为陆表、地下水蓄水变量，在多年平均的情况下，$\Delta V\approx0$。

若将河川径流（R）划分为地表径流量（R_s，包括坡面流和壤中流）和河川基流（R_g），将陆地蒸发划分为地表蒸（散）发（E_s，包括植物截流蒸（散）发，地表水体蒸发和包气带蒸（散）发和潜水蒸发（E_g）。在多年平均的条件下，上式水量平衡方程可改写为：

$$P = (R_s + R_g) + E_s + E_g + U_g$$
$$= R_s + (R_g + E_g + U_g) + E_s$$

其中包气带蒸发 E_s，在目前条件下，尚不能全部为我们所利用，因此如果将区域水资源总量定义为当地降水量资源扣除目前尚不能利用的部分 E_s，即为水资源总量，故有：

$$W = P - E_s = (R_s + R_g) + E_g + U_g$$

或

$$W = R + E_g + U_g$$

当地下水面向深层越流的数量（U_g）可以忽略时，水资源总量即为河川径流量（R）加上潜水蒸发量（E_g），因为潜水蒸发量是可以通过地下水的科学开采而夺取的。在未能夺取潜水蒸发之前，河川径流量即为区域水资源总量。

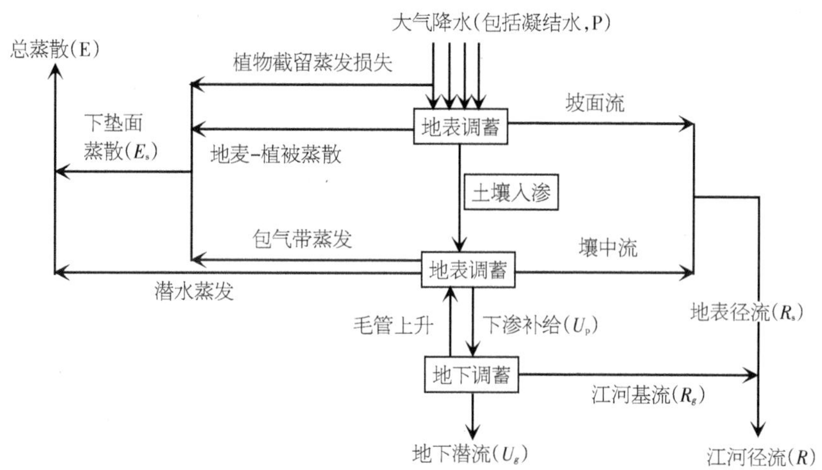

图10-1　区域水循环基本概念模型

2.水资源总量的计算方法

由懋正等(1991)曾经给出区域水资源的估计公式：

$$W_{SR} = P - R_s - R_g$$

式中：P 为年降水量；R_s和R_g 分别为年地表水资源量与年地下水资源量。该式的优点是可以利用一个地区多年的水文资料对其土壤水资源量做出估计，从而得出该地区种植业可直接利用水量的基本概念。实质上只把一年中进入土壤的有效降水量估计为土壤水资源量，没有把周期开始时的土壤有效储水量计入，这是与 $W_{SR} = S_i + \sum \Delta S$ 式的区别。应当指出，当 $\sum \Delta S \geq S_i$ 时，$W_{SR} \approx \sum \Delta S$，在这一条件下它

与 W_{SR} 式相同。

在水资源总量评价中，我们将河川径流作为地表水资源量，把地下水总补给量作为地下水资源量。由于地表水和地下水相互联系而又相互转化，河川径流中，包括一部分地下水排泄量。地下水总补给量中，又有一部分来源于地表水体的入渗。故不能将地表水资源量和地下水资源量直接相加作为水资源总量，而应扣除相互转化的重复水量。即

$$W = R + G - D$$

式中：W 为水资源总量；R 为地表水资源量(即河川径流量)；G 为地下水资源量；D 为地表水(河川径流)与地下水资源间的重复计算量。

重复量 D 的确定方法，因地下水评价类型区而异，下面按三种地貌类型区域分别予以计算的说明。

(1)单一山丘区：这种类型包括一般山丘区、岩溶山丘区。地表水资源量为当地的河川径流量；地下水资源量以排泄量计算，相当于当地降水入渗补给量。地表水和地下水相互转化的重复量为河川基流量，分区水资源总量按下式计算：

$$W_m = R_m + G_m - D_{rgm}$$

式中：W_m 为山丘区水资源总量；R_m 为山丘区地表水资源量，即河川径流量；G_m 为山丘区地下水资源量，即河川基流量($Q_{基}$)和山前侧向流出量($Q_{侧渗}$)；D_{rgm} 为山丘区地表水资源与地下水资源间的重复计算量，此处即为河川基流($Q_{基}$)。也即:

$$W_m = R_m + \left(Q_{基} + Q_{侧渗}\right) - Q_{基} = R_m + Q_{侧渗}$$

(2)单一平原区：设平原区的河川径流为(R_p)，地下水资源为(G_p)，重复计算量为(D_{rgp})，则平原区的水资源总量(W_p)为：

$$W_p = R_p + G_p - D_{rgp}$$

其中平原区地下水资源(G_p)由三部分组成：第一部分为平原区内降雨的入渗补给量($Q_{雨渗}$)，第二部分为当地的地表水体补给量($Q_{表补}$)，第三部分为上游山丘区或相邻地区侧向渗入量($Q_{侧渗}$)。因此平原区的地下水资源为三者之和：

$$G_p = Q_{雨渗} + Q_{表补} + Q_{侧渗}$$

在开发利用地下水较少的地区，$Q_{雨渗}$ 中有一部分要排入河道，成为平原区的河川基流($Q_{雨基}$)，即成为平原区河川径流的重复量。$Q_{雨基}$ 可由下式估算：

$$Q_{雨基} = Q_{雨渗} \times \frac{Q_{河排}}{G_p} = \theta_1 Q_{雨渗}$$

式中，$Q_{河排}$ 为平原河道的基流量，可通过分割基流或由总补给量减去潜水蒸发量求得。θ_1 为平原区河川基流占平原区总补给量的比值。

$Q_{表补}$ 的水源有二部分：一部分来自上游山丘区($Q_{表补m}$)，此部分将在山丘区与平原

区的重复量计算中讨论。另一部分来自平原区的河川径流（$Q_{表补p}$），即

$$Q_{表补}=Q_{表补m}+Q_{表补p}$$

设平原区的（$Q_{表补p}$）占水体补给量（$Q_{表补}$）的比例为（θ_2），即有：

$$Q_{表补p}=\theta_2 Q_{表补}$$

$$Q_{表补m}=(1-\theta_2)\,Q_{表补}$$

式中：θ_2 值可通过调查确定。平原区的地下水资源，与平原区的河川径流的重复量为：

$$D_{rgp}=Q_{雨基}+Q_{表补p}=\theta_1 Q_{雨渗}+\theta_2 Q_{表补}$$

由此，平原区的水资源总量为：

$$\begin{aligned}W_p&=R_p+G_p-D_{rgp}\\&=R_p+\left(Q_{雨渗}+Q_{表补}+Q_{侧渗}\right)-\left(Q_{雨基}+Q_{表补p}\right)\\&=R_p+Q_{雨渗}\left(1-\theta_1\right)+Q_{补给}\left(1-\theta_2\right)+Q_{侧渗}\end{aligned}$$

这就是说，平原区本身的水资源总量，系由平原本身产生的河川径流，加上上游山丘区的侧向流入，上游山丘区来水所补给的地表水体补给量，平原区降水的入渗补给量的一部分构成。

（3）多种地貌类型的混合区：一般情况下，水资源分区内往往存在两种以上的地貌类型区。如上游为山丘区，下游为平原区。在计算全区地下水资源时，要先扣除山丘区地下水与平原区地下水之间的重复量。这个重复量由两部分组成：①山前侧向流出量（$Q_{侧渗}$）；②山丘区河川基流量对平原地下水的补给量。这部分水量随当地水文特性而异，有的主要来自汛期的河川径流，有的是非汛期的河川径流。而我们要扣除的是山丘区的基流（$Q_{基}$），并不是山丘区的河川径流（R_m），基流仅是河川径流的一部分。一般计算这部分基流乃采用河川径流（R_m）乘以山丘区补给系数 K［山丘区河川基流（$Q_{基}$）与山丘区河川径流的比值］求得。因此山丘区河川基流对平原区的地下水的补给量为 $K\left(1-\theta_2\right)Q_{表补}$。这样，山丘区与平原区的重复量为 $Q_{侧渗}+K\left(1-\theta_2\right)Q_{补给}$，这是汛期的算法。在非汛期，一般情况下，河川径流全部为基流。此时山丘区对平原地下水的补给量为 $\left(1-\theta_2\right)Q_{表补}$。故山丘区与平原区的重复量为 $Q_{侧渗}+\left(1-\theta_2\right)Q_{表补}$。因此，全区地下水资源总量为：

$$\begin{aligned}G&=G_m+G_p-D_{mpg}\\&=\left(Q_{基}+Q_{侧渗}\right)+\left(Q_{侧渗}+Q_{补给}+Q_{雨渗}\right)-\left[Q_{侧渗}+K\left(1-\theta_2\right)Q_{表补}\right]\\&=Q_{基}+Q_{侧渗}+Q_{雨渗}+\left[1-K\left(1-\theta_2\right)Q_{表补}\right]\ \text{（汛期算法）}\end{aligned}$$

或

$$\begin{aligned}G&=\left(Q_{基}+Q_{侧渗}\right)+\left(Q_{侧渗}+Q_{补给}+Q_{雨渗}\right)-\left[Q_{侧渗}+\left(1-\theta_2\right)Q_{表补}\right]\\&=Q_{基}+Q_{侧渗}+Q_{雨渗}+\theta_2 Q_{表补}\ \text{（非汛期算法）}\end{aligned}$$

式中：G 为全区（包括山丘区和平原区）地下水资源量；G_m 为山丘区地下水资源量；G_p 为平原区地下水资源量；D_{mpg} 为山丘区地下水资源与平原地下水资源间的重复计算量；$Q_{基}$ 为山丘区河川基流量；$Q_{侧渗}$ 为山丘区侧向流出量，即平原区侧向流入量；$Q_{表补}$ 为平原区地表水体入渗补给量；$Q_{雨渗}$ 为平原区降水入渗补给量；K 为山丘区河川基流量占山丘区河川径流量的比值；θ_2 为来自平原本身的地表水体入渗补给量占平原区地表水体补给总量的比值。

由于计算全区地下水资源量时，已扣除了不同类型区间，即山丘区与平原区间的重复计算量，所以在计算水资源总量时只考虑地表水资源量与地下水资源量间的重复计算。设重复计算总量为 D，山丘区地下水资源与河川径流量间的重复计算量为 D_{rgm}，平原区地下水资源与河川径流间的重复计算量为 D_{rgp}，故有：

$$D=D_{rgm}+D_{rgp}=Q_{基}+\left\{\theta_1 Q_{雨渗}+\left[1-K\left(1-\theta_2\right)Q_{表补}\right]\right\}\text{（汛期算法）}$$

或 $D=Q_{基}+\left(\theta_1 Q_{雨渗}+\theta_2 Q_{表补}\right)$（非汛期算法）

全区水资源总量应是地表水资源量（河川径流）与地下水资源量之和，扣除重复计算量求得。即

$$\begin{aligned}W&=R+G-D\\&=R+\left\{Q_{基}+Q_{侧渗}+Q_{雨渗}+\left[1-K\left(1-\theta_2\right]Q_{表补}\right\}\left\{Q_{基}+\theta_1 Q_{雨渗}+\left[1-K\left(1-\theta_2\right)Q_{表补}\right]\right\}\\&=R+Q_{侧渗}+\left(1-\theta_1\right)Q_{雨渗}\text{（汛期算法）}\end{aligned}$$

或
$$\begin{aligned}W&=R+\left(Q_{基}+Q_{侧渗}+Q_{雨渗}+\theta_2 Q_{表补}\right)-\left(Q_{基}+\theta_1 Q_{雨渗}+\theta_2 Q_{表补}\right)\\&=R+Q_{侧渗}+\left(1-\theta_1\right)Q_{雨渗}\quad\text{（非汛期算法）}\end{aligned}$$

从总资源量来看，上述两种算法虽然具有不同的重复量分配（不同地貌类型间和地表水资源和地下水资源间），但其水资源总量是相同的。即流域的水资源总量是河川径流（R），山前侧向流出量（$Q_{侧渗}$）和消耗于潜水蒸发的降水入渗量部分（$1-\theta_1 Q_{雨渗}$）的和。根据上述水资源总量计算方法，则可统计出流域各二级区的水资源总量。

从宏观的意义上说，土壤水资源是在一个水文循环周期内，某一计算区域内拟评价计算的土层中由于潜水蒸发和各次降水所引起的土壤水蓄存量变化量的累计值。在计算一个地区"可利用的"土壤水资源量时，首先要限定计算空间，即在平面上，仅针对计算区域中的农业用地（包括生态保护地）的面积。在剖面上，仅考虑能被植被利用的包气带的土层深度（即确定一个评价土层）。在此前提下，由潜水蒸发和每次大气降水补给并储存于土壤中、可被农业生产及生态环境利用的，具有更生、补充能力的淡水水体即为可利用的土壤水资源。

第二节　大气、植被、土壤水资源评价方法

我国目前的水资源评价体系中主要集中在评价可见的、可以被人类直接利用的地表水资源与地下水资源——蓝水，土壤水资源并未纳入水资源评价体系当中（王浩等，2004）。由于研究者的经验和偏好不同、试验条件限制、研究方法差异等原因，研究往往具有不确定性及局限性，结果可能存在较大的系统差异，因此，对土壤水资源评价的研究不能只停留在农田尺度范围内。在对区域土壤水资源量进行评价时，主要是从土壤水资源数量和质量两方面来进行评价。土壤水资源的数量评价是土壤水资源评价的基础，只有对研究区的土壤水资源数量有了大致的了解，才能更好地对该区的土壤水资源进行利用。土壤水作为资源已被普遍认同，但是，由于土壤水资源本身难以保存、不便开采和时空变异性等特点，现阶段国内外对区域土壤水资源评价的研究并不多，关于土壤水资源的范畴迄今仍未得到统一，致使区域土壤水资源评价的内容和方法至今尚未形成统一的共识。

一、降水及凝结水资源指标及评价

大气降水是农牧业水分供应的主要来源，就是诸如区域江河水、湖泊水等水源的水量也与本地大气降水密切相关。土壤水分贮存量及其消长也是依大气降水量的多少为基础。在生态系统水量平衡中，降水量是生态系统重要的输入部分，而且气象部门有较长时间序列的观测数据，且易被人们所理解，故研究者多以降水量的高低来评价生态系统水分条件的好坏、干湿程度等。当然，研究者也根据降水资料来分析水分的季节性分配，乃至其与植被类型、生产力等的关系。如青藏高原的高寒草原区年降水量一般为200～400 mm，植被地上生产力在200 g/m^{2}以下，而高寒草甸年降水量则为400～700 mm，植被地上生产力在150～600 g/m^{2}之间。

在进行牧业生产的气候分析中，常用的降水量指标除了包括候、旬、月、年降水量外，根据需要还包括生长季与非生长季降水量，或植物不同生长发育期（物候期）阶段降水量等，分析过程中还要考虑降水变率、降水保证率等常用指标。高寒草甸植物生长期短，有些短花植物，如莎草科的大部分植物种，有时仅在数天或一周时间内完成生长、开花、结果、成熟的生命历程，为此，在进行植物生长分析时用月或年的降水量来评价就显得粗糙，用候或旬等降水时间段的量值就更为精准，其意义也就更为明确。但用年降水量特别是年际降水量，在评价地区土壤水源涵养能力、土壤贮水量等时实际意义更为明显。

有了不同时间尺度降水量的分布状况，便可做出水分资源评价，因而可给我们提出水源涵养能力提升、合理进行牧业生产等的气候依据。

在进行降水资源利用评价中我们不仅关注上述谈到的多年平均状况，也要关注其年内的季节分配（包括植物生长季与非生长季）状况、各月间的变异系数、正态分布型特征，以及年际之间的变异状况等，这些因素主要包括降水系数、降水距平百分率、降水的正态性等。

当然，凝结水也是降水的表现形式。正如第二章提到的，凝结水在生态系统层面也是主要的水资源之一，它的作用在干旱半干旱区的意义更大。在高寒草甸地区，因降水相对丰富，其作用稍有弱化，但其意义也是明显的。由于凝结水的存在，低温环境（温度甚至低于-7℃以下）影响下的植物，也不至于冻伤，其凝结水的作用是不可忽视的。为此评价降水资源时也应对凝结水资源给予关注。

二、植被水资源指标及评价

对于一定区域的植被来讲，植被的贮（蓄）水、含水、最大持水、需水、耗水等均是组成植被水资源的指标。

土壤水的年循环量等于其蒸散量。因此，植被蒸散量是土壤水资源的数量评价。即，土壤水资源量（W_{sr}）由植被蒸散量（E）组成，而植被蒸散量包括了植物蒸腾量（T）和裸露土壤水分蒸发量（E_S）：

$$W_{sr} = E = E_S + T$$

依此我们就推算出区域植被水分资源的评价。目前，随研究水平和观测手段的不断提高，研究者对于土壤水蒸发、植被蒸腾等机制过程的研究不断深入，考虑的参量如叶面积、土壤湿度等更加精准，研究时间尺度趋于缩短化（小时、日、候、旬等），联系大气—土壤—植物系统关系，最后累加拓展到植物生育期乃至年等更长时间尺度植被水资源分布与评价。

三、土壤水资源指标及评价

1.土壤水资源评价的发展过程

1995年Falkenmark提出将降水分为两支，一支是水蒸气流——绿水，另一支为径流量——蓝水（刘昌明等，2006）。我国目前的水资源评价体系中主要集中评价可见的、可以被人类直接利用的地表水资源与地下水资源——蓝水，而土壤水资源并未纳入水资源评价体系当中（王浩等，2004）。近些年，国内外学者对土壤水资源理论进行了大量的研究，在土壤水资源概念、属性、基本特征、水分运移和农业利用等方面均取得了很大进展（易秀等，2007；Marco，2010），土壤水的研究也已经由单一学科走向多学科交叉（康绍忠等，1996）。

对土壤水的研究过去主要集中在农田尺度，限于区域环境条件和农田管理措施，往往具有不确定性及局限性，并且受研究者的经验偏好、试验条件、研究方法等影响，结果存在较大的差异。由于土壤水资源具有难以保存、不便开采和时空变异大等特点，因此目前国内外对区域土壤水资源评价的研究并不多，评价的内容和方法也尚未形成共识。

2. 土壤水资源评价的必要性问题

以往的水资源评价(规划)主要集中在农田生态系统中,并且没有忽略"土壤水资源"。确实,在形式上现今的水资源规划、流域规划、灌区规划等似乎都没有明确列出利用土壤水资源(或土壤水)的具体内容,但这并不代表在过去的规划设计中忽略了土壤水(或土壤水资源)这一重要因素。在传统的灌区规划或灌溉工程设计中,灌溉制度设计是确定灌溉用水量及用水过程的重要依据,水资源规划中的农业用水量的计算也基本如此。以采用水量平衡法制定灌溉制度的设计为例(郭元裕,1997),该方法在运算过程中,重要的控制条件之一就是土层(计划湿润层)的储水能力,并将降雨(或人工灌溉)蓄存在土壤中的土壤水作为农作物蒸腾消耗的有效水分加以利用。计算中同时还考虑了地下水对农作物的补给量,而超过计划湿润层蓄水能力的降雨作为深层渗漏不予考虑。在没有专门进行灌溉制度设计的规划中,起码也要对当地农田用水的历史状况进行认真的调研,查阅相关设计规范或借鉴类似地区的灌溉用水模式,最后才确定灌溉用水量。这里虽然没有见到具体的运算,但所选的数据应能反映当地作物需水规律,这个客观规律的实质就是充分地考虑蓄存于土壤层中水资源的结果。"靠天吃饭"的雨养农业区,人们选用的种植制度是从多年实践中摸索出来的,而这种种植制度必定是适应当地的气象(降水)条件的。上述各种估算方法不一定十分科学和足够精确,但它在计算灌溉用水时(对水资源的需求时)充分考虑了"土壤水资源"或是"有效降雨"是不容置疑的。

和地表水、地下水资源的开发利用模式完全不同,土壤水不能人工转移、输运,也不能人工提取和集中储存,它仅能在一定水势梯度下被植物根系吸收或向大气蒸发,没有植物就不存在土壤水的被利用;土壤水的再生周期就是降雨的间歇期,这个间歇期也就是土壤水资源的调节期,这期间土壤水被利用得少,一场降雨就可能产生更多的地表径流和深层渗漏,其所能形成的土壤水资源就会减少。任何情况下,土壤水的利用或再生都发生在平面上,也就是说,土壤水来源域、供给域和利用域基本上是同一体。这些特性决定了人们无法在大面积上将土壤水集中成一个水体,即不能像地表水或地下水资源那样,从宏观或者以某一定范围内从一个整体的角度去谈论土壤水资源。比如,按前节所述的方法,我们可以求得某一区域的土壤水资源总量,但它仅是一个数字,作为分析的只能是某一具体地点某一具体时间上的点资源量,而且该量值的可利用量决定于实际的降雨状况与该点植物的实时消耗状况,绝不能随意调配。这种情况表明,人们无法也不应该将"土壤水资源"与地表水资源、地下水资源相提并论。诚然,对土壤水资源的特征,它如何能被有效地利用,如何充分挖掘其潜力,土壤水在生态环境保护方面的作用等等,都可以进行更广泛深入的研究(夏自强等,2001;王浩等,2006;杨路华,2007;沈荣开,2007;王晓红,2004)。

3. 土壤水资源评价指标

针对土壤水资源数量评价指标的问题,国内的学者提出了自己不同的见解。例如，通过探讨土壤水资源的评价内容与方法，提出用土壤水资源年补给量、作物生长期土壤水资源可利用量等指标进行土壤水资源量的评价（靳孟贵，2006）。围绕水资源的有效性、可控性和再生性三大特点建立了土壤水资源评价的指标分别为：土壤蓄水量、最大可能被利用的土壤水资源量、可能被作物直接吸收利用的土壤水资源量以及用于国民经济生产的土壤水资源量和用于维持生态环境的土壤水资源量，初步构建了土壤水的评价体系（王浩等，2006）。另外，张宽义等（2006）在河北省土壤水资源资料分析的基础上，对河北省土壤水资源选取了地形地貌、干旱指数、土壤质地和植被条件4个评价指标做评价；邬春龙等（2007）针对黄土丘陵区土壤水资源特点，以土壤水资源数量为核心，构建了包括土壤水资源最大存储量、土壤水资源可利用量、土壤无效水资源量、土壤水资源实际存储量的区域土壤水资源数量评价指标体系，等等。

按照一个地区的降水总量即该地区的潜在水资源量（当地自产水资源，有时也得考虑霜露的凝结水量）的观点，一些学者认为，扣除了地表水资源和地下水资源后的这部分水资源量应纳入"土壤水资源"的范畴。据此认为我国半干旱、半湿润地区土壤水资源量十分丰富，"它是河川径流量的几倍到十几倍"，"土壤水资源是一种非常重要并有很大资源量的可更新水资源"，继而得出"灌溉农业的发展对水资源的需求量日益增大，必须把水资源开发利用的重点放在土壤水资源上"的结论（沈荣开，2008；夏自强等，2001）。不少认同土壤水作为水资源的重要组成部分的研究论文也都持有类似的观点，撰文阐述开展土壤水资源评价的必要性（王浩等，2006），有些部门拟将区域土壤水资源评价列入当地水资源规划工作的议事日程，并且开展了土壤水资源分区等项目的目标、对象都很具体的研究工作。上述这些认识、论点、建议乃至某些政府部门的行政行为，已经涉及如何评估、规划和利用我国水资源的问题。

土壤蓄水量、有效利用量等是土壤水资源评价中经常使用的指标（邬春龙等，2008；郭忠升，2010）。针对明确土壤水资源的组成，利用这些评价指标更好地表征土壤水资源的目标，一般将土壤水资源评价指标确定为以下几种（王锋，2016）：

土壤蓄水量（土壤贮水量）：土壤蓄水量是通过逐层累加土壤湿度的实测值得到的，是指在某一时刻一定的深度范围内土壤层中实际蓄存的一个水量。土壤蓄水量随着时间和空间的动态变化很大，同时土壤蓄水量与土层计算的深度有关。

最大可能存储的土壤水资源量：土壤水存在于土壤裂隙或孔隙之中，其形式主要有四种，即重力水、薄膜水、吸着水以及毛管水。土壤水能够稳定存在并被完全利用的仅是位于作物的凋萎含水点和田间持水量两者之间的那部分水分，这主要是由不同种类的水具有不同的性质决定的。最大可能存储的土壤水资源量指评价层的土壤水分含量始终达到田间持水量时，作物凋萎点和田间持水量之间的水资源量。

有效利用的土壤水资源量：植被生长所用的土壤水资源量即为土壤水的有效利用量，包括植被蒸腾和棵间蒸发量，植被蒸腾水量消耗于植物的生理过程，属于高效利用量,棵间蒸发量属于低效利用量。可以看出,有效利用的土壤水资源在数量上为有效蒸散量。

未利用土壤水资源量:土壤水资源被植物吸收利用后,存储于土壤中且大于凋萎含水量的水资源量,这部分土壤水资源有待利用。

4.土壤水资源评价方法

土壤水资源作为可再生资源的一种,根据它的循环性和可再生性特征,结合地表水和地下水资源的评价方法,依据区域水循环的水量平衡原则,可以采用循环量或可更新量等来表征土壤水资源的数量。

区域水循环水量平衡方程:水资源最基本的特点是以年为周期的水分循环过程,因而水资源评价必须采用它的年循环量作为指标。同一地区不同时间,其量值不同,同一时刻不同地点的值也有很大差异。而且,因研究目标或衡量指标的不一致,观测的深度也不一致,因此,在不同地区观测到的每一组数据,并依此得到的土壤湿度和土壤储水量数据,在衡量地区水分盈亏多少、实际贮水量与饱和持水量差异性、生态系统水源涵养能力,以及在水循环过程中所占有量等方面就显得极其珍贵和重要。特别是在年周期的时间尺度上,评价土壤水分的资源量,其重要性应等同于地表水资源和地下水资源,掌握其年循环量中土壤水分的年补给量和年消耗量。

就某一地区来讲,区域土壤水分的年平衡方程有:

$$P = R_s + R_g + E$$

式中:P 为年平均降水量;R_s 为年平均地表径流量;R_g 为年平均地下截留量;为年平均区域蒸散量。

不难理解,一定区域的降水量经复杂的水量转化,最终形成地表水、土壤水和地下水,其区域水资源平衡可有方程(由懋正等,1996;刘昌明,1999):

$$W_r = W_s + W_g + W_{sr}$$

式中:W_r 为区域水资源总量,等于年降水量;W_s 为年地表水资源量;W_g 为年地下水资源消耗量;W_{sr} 为年土壤水资源量。

实际上,上述区域土壤水分的年平衡方程和区域水资源平衡方程的等式两端一一对应,并且相等。右端第一项是由地表径流量(R_s)表征的地表水资源(W_s),第二项是由地下径流量表征的地下水资源,第三项是由蒸散量表征的土壤水资源。由此得到评价区域水资源的基本方程为:

$$W_{sr} = P - R_s - R_g$$

上式表明,区域蒸散量是土壤水的年循环量,即土壤水资源量的数量评价指标。当然,这里没有考虑区域内其他水域水面蒸发。

结合水量平衡关系,就可计算得到区域水资源结构,如年降水量、地表水资源量、地下水资源量、土壤水资源量,以及各项占有水资源总量的百分比,进而来评价解释区域水资源分布状况。这在研究区域水资源结构、土壤水资源地理分布、农牧业区划规划、水源涵养能力等方面意义重大。

同一个研究区域，假使地表水、地下水及土壤水三者作为一个统一体，那么在天然条件下，系统内降水量为总的补给量，总的蒸散（发）量、河川径流量及地下潜流量三者之和被视为总排泄量。水量均衡基本提到，区域内地表、地下及土壤水它们的蓄变量之和为该区域内总的补给量与总排泄量的差值，由此得到某一地区、某一时段之间水量平衡方程为：

$$P = R + E + u_g \pm \Delta V$$

其中：P 为降水量；ΔV 为区域水蓄变量；E 为蒸散量；R 为河川径流量；u_g 为地下潜流量。

在计算多年平均值时，蓄变量的值可以忽略，上式可变为：

$$P = R + E + u_g$$

如果将 R（河川径流量）分为地表径流量 R_s 和河川基流 R_g，地表径流又包含坡面流及壤中流，并且将区域蒸散发量分为地表蒸散发量 E_s 和潜水蒸发量 E_g，其中地表蒸散（发）又包括地表水体蒸发、植物截留带来的损失及包气带的蒸散（发）。则有：

$$P = \left(R_s + R_g\right) + \left(E_s + E_g\right) + u_g$$

人们意识到，鉴于土壤水资源只能在原位被植物利用，故对其评价的准则应视其对植物供水的贡献而定。植物从土壤中吸取水分，极小部分用于光合作用，绝大部分消耗于蒸腾。蒸腾的意义在于降低植物本身的温度以减弱呼吸强度，提高其净同化率，所以蒸腾过程是植物生长的必要过程，土壤水则是满足其蒸腾作用的必要条件。在土壤水分充足的条件下，蒸腾过程不会受到阻碍，否则，它便受到一定的限制。蒸腾过程也取决于大气的蒸发要求，在蒸发要求低的条件下，即使土壤含水量较低也仍然可能满足植物生长的需求，植物不会呈现水分亏缺的现象；反之，当大气蒸发要求高时，如果土壤供水不足，植物水分不能及时得到补充，便会部分或全部关闭其叶片气孔使蒸腾减弱，所以大气蒸发要求也是决定蒸腾过程的另一个重要因素。因此，从植物蒸腾的观点评价土壤水资源的贡献时，应将它与大气蒸发条件结合起来，以它可满足大气蒸发要求的程度作为指标进行评价。大气蒸发要求可用彭曼蒸发量（ET）表征。这样，我们可得土壤水资源评价系数（C）为（马德宇等，2003）：

$$C = \frac{W_{SR}}{ET}$$

上式表明，C 值愈大，土壤水资源满足植物蒸腾的程度愈高，它的贡献愈大。W_{SR} 与 ET 的时段一般取一年，也可取某种植物的生育期甚至更短时段。若评价一个地区的土壤水资源的贡献，可取该地区这两个因素的历年平均值计算，这样，不同地区土壤水资源的贡献与气候条件有密切关系，当地区的雨量充沛时，土壤水资源量多，C 值一般也愈大。大气蒸发要求也显著地影响C值,例如渭河流域黄土区,其土壤水资源量与黄河下游近似,但因蒸发要求较低,其C值因此较高,故其贡献较大(周凌云等,2003)。在我国,不同农业地区因限制因素较多,故其土壤水资源量不同,其土壤水资源评价系数(C)也存在较大的差异(马德宇等,2003)。

此外,根据一个地区各年不同的土壤水资源量及彭曼蒸发量的资料,亦可求得各年的土壤水资源评价系数,以估计不同年份土壤水资源的贡献。甚至也可以某种作物的生育期作为计算时段求取其土壤水资源评价系数,以分析当地的种植制度是否与土壤水分条件相匹配,从而做出合理的调整。

总之,土壤水资源的研究尚处于起步阶段,有许多问题我们尚未认识,或有不同的看法,做一些理论上的探讨将是有益的。与此同时,做一些实际工作,积累更多的资料加以分析也是必要的。在水资源供需矛盾日益突出的今天,它的研究价值是肯定的。

土壤水资源作为一种可再生资源,在对其进行数量评价时,不仅要注意其存在形式及储量,而且要注意可循环和可再生性,需要采用循环量或可更新量等来表征资源的数量,这是区域尺度土壤水资源数量评价与其他尺度相比最重要的特点。以水量平衡为基础,建立不同时间尺度和空间尺度的水循环过程,理清土壤水分补给和排泄过程,分析天然补给和人工灌溉对土壤水分变化的影响,通过水循环模拟获取研究区及其子流域的植被蒸散(发)、地表和地下径流量、水体蒸发、城市及裸地蒸发等水循环分量;同时,探讨土壤水资源与地表水资源、地下水资源之间的相互区别与联系,为水资源总量的合理调配及利用提供依据,从而在理论和实践上完成作为可再生自然资源的传统水资源数量评价。

在农田和坡面尺度上,人们从生产实践中总结了一些土壤水时空调控方法,但其他尺度土壤水管理的研究还很少。可以通过尺度转换的方法,在对农田或坡面等小尺度的研究基础上,进行流域尺度的研究。土壤水资源的研究从农田尺度走向流域尺度,不仅要考虑农业生产对土壤水的需要,而且要考虑土壤水资源与生态环境的关系。在半干旱地区,农田类型是影响农田大尺度土壤水空间变异的重要因素,人类活动对土地利用方式的改变会对土壤水时空分布产生影响,如果不考虑区域整体,则会对区域水资源分配产生负面影响。国内外众多学者研究表明,探讨多尺度条件下土壤水资源的空间变异性,对于提高空间估值精度、改进土壤水资源空间管理水平有重要意义。

土壤水的质量也是土壤水评价非常重要的方面。土壤中的养分、盐分等一部分溶解于土壤水之中,土壤的化学性质、盐化程度等都是由土壤水质的差异所引起的,因此,评价土壤水质量对于正确认识土壤肥力及利用改良土壤都有指导意义。在早期研究评价土壤水的水质时,张利等提出了pH值、土壤含盐量、电导率和渗透势4个指标;从农业利用角度确定评价土壤水资源质量的标准包括矿化度(全盐量)、pH值等指标(杨路华等,2004);矿化度是评价农田灌溉用水水质的重要指标(薛万来等,2013);对土壤水质量的评价还可以对植物生长的利害为标准(李涛等,2013)。

四、区域总水资源评价

按照传统的概念,在地表水流域和地下水流域重合的前提下,该流域的水资源量是指产自该流域的地表水资源及地下水资源的总和。一个流域的水资源规划、利用以及流域间水资源的调配等都是基于这样的认识和已有的基础进行工作的。如果认为一个流域的降雨总量是该流域的最大可能水资源量,并将土壤水作为水资源的一个组成部分纳入其中,与按照传统观念所计算的水资源量就存在着巨大的差距,用传统的方法对水资源量的估计可能偏低了,故在进行区域水资源评价时要考虑地表水资源量、地下水资源量、土壤水资源量。当然分析时要联系降水(包括地表凝结水)、蒸散等,以掌握水资源量的补给与散失。

一个流域上的降雨,不论是何种产流模式,形成的地面径流都仅是降雨总量的一部分,而所形成的径流量的多少与降雨的强度和降雨总量以及两次降雨间歇期的长短等密切相关。自地表下渗的降水蓄存在包气带中,是土壤水的主要补充来源,超过包气带土层持水能力的土壤水则转化成地下水。不同流域的地表及地下径流量与降雨总量(一个水文年度)的比值大不相同,湿润地区该值较大,而半干旱、半湿润地区,由于包气带土层的厚度较大,大部分的雨水主要补充了土壤水,除了有特大的降雨或在雨季,一般很难形成有效的地表径流,在这些地区,地表及地下径流量占降雨总量的比例就较小。

要准确地直接计算一个区域的地面蒸散(发)基本上是不可能的,多数情况下是采用反算法,即计算出降雨、地表径流及地下水补给等估算值,然后代入水均衡方程,把求得的未知量作为该区域的地表蒸散(发)量。从宏观意义上讲,在达到年均衡的条件下,一个水文循环周期,降落在区域上的大气降水,其输出(消耗)除了地表径流和地下径流外(地表水和地下水的开采利用应作为系统的输出),余下的去向就是大地的蒸散(发)(包含潜水蒸发)。但是,大地蒸散(发)不一定都发生在陆地上。发生在陆地上的蒸散(发)也不一定要在降雨转化成为土壤水之后。而转化成土壤水之后所发生的蒸散(发)也不一定都是有效(指能产生经济价值)的,比如,发生在非植物生长季节(冬季)和非耕地(荒地、村庄、道路等)的蒸散(发)是自然过程,它既不可避免也不能进行转移或储存起来留待后用。从这个意义上讲,按一个水文周期计算求得的蒸散(发)量作为土壤水资源量将会是偏大的。

从资源的基本定义出发,若决定了将土壤水作为资源,那么仅能计算来自天然降雨的入渗所储存于包气带土层中的水量,以及潜水蒸发对包气带土层所带来的水量。在包气带土层厚度很大(即地下水埋深很大)时,潜水蒸发可忽略不计,土壤水资源仅来自降雨的入渗,在这种情况下,确定一个评价层的厚度是有必要的。因为,深层的下渗水一般不会产生逆向的水流(即向地表运动的土壤水流),评价层的厚度要根据地层结构和土质条件确定。

根据前述，可利用的土壤水资源应仅针对农业用地（包括生态保护地）计算。此外还需确定评价土层的厚度，在地下水埋深浅的地区，评价层应包含整个包气带。地下水埋深远大于潜水蒸发极限埋深的区域，若计算区土层水势剖面存在零通量面，可将评价层定在零通量面处。在零通量面不固定（或不存在）时，可参照潜水蒸发极限埋深选定。然后按降雨情况逐次计算，其土壤水资源量由每次降雨补给包气带土层的水量和降雨间歇期地下水向包气带补给的水量两部分组成（地下水埋深大的地区则忽略地下水向包气带的补给）。将一个水文年度中植物生育期各次降雨所求得的值累加即为年度总土壤水资源量。该值可采用水均衡法和数值计算相结合的方法计算（沈荣开，2008）。

上述分析是不同学者在农田或森林生态系统过程中对水资源（包括土壤水资源）的理解、计算。对草地系统特别是青藏高原高寒草地生态系统来讲，虽然涉及的研究进展较少，但上述评价及其计算方法实际上有同等重要的地位。随着生态文明建设在各类陆地生态系统的开展，对草地生态系统的水资源加强认识也是十分必要的，特别是对青藏高原草地生态系统土壤水资源的研究和评价，对掌握和如何提升水源涵养能力、维护我国生态屏障建设将有重要意义。

第三节　气候变化、人类活动对水资源的影响

一、气候变化、人类活动与水资源

气候变化与水文水资源之间的相互作用十分明显。近年来，受到温室效应的影响，气候变化十分显著。由于温度升高导致两极的冰川、积雪融化。一些高海拔的山峰积雪，同样会受到气候因素的影响而融化。冰川、积雪融化水使海平面上升后会进一步加剧地球生态环境的破坏，使得全球变暖趋势更加严重，可能会引起一个非稳态的恶性循环。一些依靠冰川积雪融水得到补充的河流，冰川积雪融化严重后河流在枯水期不能得到有效的补充，会对周边的农牧业生产和生态环境造成恶劣的影响，制约生态平衡的保持。

人类在实际的生活中，会利用大量的水文水资源，如果区域环境中的水文水资源不够充足，气候变化就可能会加剧区域水文水资源量短缺，部分人类活动可能会引起水资源受到污染，水质变坏而得不到利用，造成水文水资源损失。再叠加气候变化因素的干扰，水文水资源循环体系受到破坏，环境的自净能力下降，不能完成对水文水资源的净化，引起人类可用资源量不断减少，其结果是水文水资源更加恶劣，从而加重生态系统的破坏，制约人类生存环境、生活质量和生活安全。

气候变化主要的表现形式为温度升高，温度上升会引起流域内蒸发量增加，流域面积减少，水资源利用率下降。气候变化还对降水分布和降水强度产生影响，甚至会增加或延长枯水期出现的频率和时间，周边农牧业生产受到影响的同时，使人类可以利用的水文水资源逐渐减少。枯水期增加不但会对周边的环境造成不利影响，还可能导致河流的生物出现大规模死亡的情况，不利于生态环境的持续健康发展。

为此，应该客观正确认识水文水资源的现状。气候变化现象本身对于水文水资源所造成的相关影响实质上已经是一个无可争议的事实。那么，在这样的情况下我们首先就需要对这个高度客观的事实加以认识，只有正确地对待这一客观认识，才能结合相关科学原理以及经验更好地展开水文水资源研究与利用。其次，还应充分地了解气候变化影响因素，用专业的知识来分析水文水资源状况，解决水文水资源应对气候变化的脆弱性。这就需要选择适宜的方法对区域的水文水资源和气候变化因素进行分析和解读，其中主要采取的识别方法有水文气象要素时间序列变化趋势识别法、水文气象要素时间序列突变年份识别法、水文气象要素时间序列变化周期识别法等。通过这些方法可以有效地得出气候变化对水文水资源的影响因素，进而采取应对措施，加强水文水资源的管理、保护和利用。

二、气候变化对水资源的影响

水资源基础评价中定义的水资源量，是以河川径流量为主要组成部分，或就把河川径流量作为水资源量，其多年的平均值包括各年份的洪水径流和内涝水等（金栋梁等，2006）。而水资源的可利用量是从资源的角度分析可能被消耗利用的水资源量。其定义是在可预见的时期内生态环境和其他用水的基础上，通过经济合理、技术可行的措施，可供河道外生活、生产、生态用水的一次性最大用量，不包括回归水的重复利用量。气候变暖对水文系统的直接影响主要表现在各种水文变量的变化上，如降水、蒸发、径流、土壤含水量，以及这些水文变量的极值在时间、地点、范围中的变化，这些变化会引起水资源在时空上的重新分配，对水资源管理和开发利用产生重大影响。水资源量及其空间分布的变化将影响地表水及地下水对工业、灌溉、水力发电、航运、河流生态系统以及家庭生活用水的供应。有关气候变化对水资源的影响，国内外许多专家做了大量研究，取得了很大的进步。研究表明，气候变化对降雨量、蒸散量和径流量都有显著的影响，并最终影响到水的供需。

1.对降水的影响

一个世纪以来的统计显示，所有自然灾害中有大约70%起因于气象和水文因素。在近几十年尤其是气候变暖趋势较为明显的近30年，气候变化和水循环的相互作用也体现得越来越明显，极端降水事件的频率几乎在所有地区都增加，夏季内陆地区将普遍干燥，这归因于温度和潜在蒸发增高的共同作用（《气候变化国家评估报告》编写委员会，2007）。事实上，水把地球系统的五大圈层（大气圈、水圈、冰冻圈、岩石圈和生物圈）有机地联系起来，构成一个庞大的水循环系统。在全球升温的气候变化背景下，水循环和水资源所产生的适应性变化已经深刻地影响着这些地球系统的各大圈层，以及人类社会的经济、军事、政治等各个领域，并引起了各国政府和科学界的广泛关注。

普遍公认的是，气候变化后，温度增加，根据克劳休斯-克拉珀龙定律大气温度越高，大气的持水能力越强，全球和许多流域降水量可能增加。降水是气候变化中影响水资源的直接因子，降水变率增大，分布更不均匀，导致气候的变率增加，进而使降水的分配格局发生改变，有些地区洪涝灾害频繁发生，有些地区则异常干旱，即有更强的降水和更多的干旱，从而使水循环加速。

国内外科学家已经开展的气候变化对降水影响方面的大量研究，涉及全球范围、区域范围以及流域范围的各种尺度的研究，主要利用观测资料以及全球或区域气候模式模拟的结果，对气候变化背景下降水的分布、变化、影响以及对极端降水事件的模拟和预测能力等做出了分析和评估，许多研究在不同程度和信度水平上给出了降水变化的特征。总体来看，全球变暖后全球总降水有所增加，但陆地总体降水有所减少（政府间气候变化专门委员会，2007），降水量的变化呈现海陆差异，陆地上总降水减少，但强降水增多，降水量的分布及变化具有地区和季节差异等。例如全球多年平均降水随纬向分布有着较好的连贯性，即热带地区比较湿润，从赤道向南向北递减（施能等，2004），全球中高纬度地区降水增加，而热带和亚热带地区减少，在欧洲中部夏季极端降水量减小的规模显著增大了（Elizabeth et al，2010）。再如，我国特别是青藏高原平均年降水量从20世纪80年代末到21世纪初呈明显下降趋势，但在21世纪的2005年后出现回升。我国降水量存在季节差异，仅在秋季是大范围的负趋势，夏季降水量有些测站是明显的正趋势，冬季降水量只是小范围的负趋势（王颖，2006；王英等，2006），西北地区的气候变化与全球气候变化基本一致（丁一汇等，2001；张强等，2010），总体暖干化，但在局部出现暖湿迹象，暖湿化主要出现在西北地区西部，而天山西部更是发出了气候转型的强劲信号（施雅风等，2003），全球变暖将导致山地降水增加（沈永平等，2002）。丁一汇（2008）研究表明，温度升高可使降水的季节分配发生变化，使一个季节（如冬季）降水增加，另一个季节（如夏季）降水减少，从而导致季节流量对全年流量的比例失调，目前是冬季的流量对全球流量比在增加。

大气水汽通道、含量与气候变化有着密切的关系。如，青藏高原大气水汽通量与太平洋海表温度变化密切相关。热带太平洋海表增暖，大气产生上升运动距平。中纬度太平洋海表变冷，大气产生下沉运动距平，大尺度环流系统做出相应的调整，在亚欧大陆上产生南正北负的位势高度距平场。西北太平洋副热带高压也表现出增强、偏南和西伸等变化趋势，进一步影响区域大气水汽通量，导致包括中国东部在内的东亚地区向北、向西输送的水汽通量减弱，水汽通量特征等直线南移，黄河和海河等流域水汽通量出现辐散距平，降水呈减少趋势。江淮和江南地区出现水汽通量辐合距平，降水呈增加趋势。因水汽通道、水汽通量密度、水汽运移方向等不同，在影响一个地区降水量不同分布特征下，最终影响到降水量的不同分布或季节性、年际间的差异。

毫无疑问，全球变暖会导致降水量、强度、频率和类型发生变化，洪涝和干旱事件增强增多，各种极端天气和气候事件已经威胁着人类的生存，并对整个地球系统造成了一定程度的破坏。而分析气候变化、全球变暖对降水变化规律的影响，有利于人类进一步了解降水资源的地区分布、季节分配状况，掌握降水资源量，可提高对降水变化可能带来的有利影响、不利影响以及各种风险的认识，并采取有效的应对措施，以最大限度地减少损失。

2.对江河径流的影响

中国多年平均年降水总量61889亿m^3，其中有45%转化为地表和地下水资源，55%耗于蒸发量，多年平均年径流总量27115亿m^3，地下水资源量8288亿m^3。扣除重复计算量，多年平均年水资源总量为28124亿m^3，其中河川径流为主要部分，约占94.4%。气候变暖可能使北方江河径流量减少，南方径流量增大，其中黄河及内陆地区的蒸发量将可能增大15%左右，也就会导致旱涝灾害出现频率增加，并加剧水资源的不稳定性与供需矛盾（宁金花等，2008）。

张调风等（2014）研究湟水河流域径流量时指出，1966—2010年间，人类活动对径流减少的影响超过了50%。主要通过水土保持工程恢复植被，改变流域下垫面的特征，水利工程的建设改变了河道径流时空分布的自然特性，进而有可能导致蒸散（发）减少，改变部分水循环的途径。湟水河流域在1987年发生了突变，正是实施农村土地改革开始阶段，受到政府宏观调控的影响，人口和耕种面积显著增加，人为取水量和农业用水不断增加，挤占了生态用水，带来了一系列的经济、农业、水土资源的“蝴蝶效应”，而导致了流域径流的减少。最近几年实施的引大济湟是一项事关湟水流域可持续发展大计的跨流域大型调水工程，因此，加快该工程建设是湟水河流域经济社会可持续发展的迫切需要，对合理配置和有效利用水资源，保证一定的自然生态耗水量有重要的作用。刘昌明等（2000）研究北方干旱、半干旱区时认为，人类活动引起水土流失、植被破坏是导致径流量减少的重要原因。而李艳对南方湿润地区径流变化的研究得出，人类活动使流域植被减少、水土流失、城镇化等，导致下垫面条件变化，间接减小流域的蒸散（发），从而引起流域径流的增加（李艳等，2006）。

处于东亚季风边缘地带区，气候变化的季节和年际变化受季风进退和强度异常的影响较为显著，夏季降水最大，而径流受夏季降水最为敏感，这主要与南海夏季风活动密切相关，而南海夏季风是东亚季风的一个系统。He（1997）定义的南海夏季风指数表明，当夏季南海季风指数大于零时，表示在南海地区低层西南气流较常年偏强，影响我国的热带夏季风偏强；反之，当指数小于零时，夏季风偏弱。李林等（2011）根据这个定义指数研究了南海夏季风对黄河源区径流量变化的影响得出，南海夏季风指数由大向小的转折年是1987年，这与气候变暖、径流转折的年份较为一致，同时也得出南海夏季风指数与径流量的相关性均达到了95%的置信水平，表明降水和地表水资源的减少可能是受到南海夏季风减弱的影响。

张士锋等（2011）发现，三江源的降水对径流的驱动作用为正值，降水增加则径流增加，降水减少则径流减小，但随着气温的变化其对径流的驱动作用会发生变化。在当前的气温条件下，降水增加10%，径流量就会增加16.3%，降水增加20%，径流量就会增加33%；降水减少相同的比例，径流量也会相应地较少16%和31.4%。当气温增加1 ℃时，降水增加10%，径流量仅会增加16.5%，降水增加20%，径流增加33.4%，降水减少相同的比例，径流量会相应地较少16.1%和33.1%。当气温减少1 ℃时，降水增加10%，径流量会增加16.1%，降水增加20%，径流量增加32.6%，降水减少相同的比例，径流量会相应地减少15.8%和31.1%。由此可以看出，三江源地区随着气温的升高，若降水增加，则降水对径流的驱动作用增加，若降水减少，降水对径流的驱动作用则减弱。张士锋等（2011）的研究还发现，三江源区气温对径流驱动作用为负值，气温升高则径流减少，气温下降则径流增加，但在不同水文年份对径流的驱动作用亦不相同，在当前的降水条件下，气温升高1 ℃，径流会减少2.1%，气温降低1 ℃，径流则增加2.1%。由此可见，不论降水如何变化，气温升高，则气温对径流的驱动作用总是增强的。

蓝永超等（2006）认为，黄河河源区温度变化与全球变暖存在明显的对应关系，流域各地温度均不同程度地呈上升态势，近10年来升幅更为显著；降水变化比较复杂，因流域各地所处位置、地势、地形和水汽来源不同而差异较大。受降水减少与温度上升、蒸发和下渗增加的影响，黄河河源区各断面来水量均不同程度地呈现递减的态势。但流域上段吉迈以上与下段吉迈—唐乃亥区间两个区域因冰川、积雪和冻土等与气温密切相关的水文要素时空分布的差异，径流对气候变暖的响应程度不尽相同。初步分析表明，吉迈—唐乃亥区间降水的大幅减少和吉迈以上区域植被退化、蒸发、下渗增加是导致近10余年黄河河源区地表径流持续减少的两个主要原因。大气环流模型和统计模型的计算结果均表明，未来30年里黄河河源区的温度将进一步上升，并且降水量也比目前有显著增加。受其影响，黄河河源区径流量将比1990年有显著增加。如果生态环境的恶化与水资源不合理开发利用能够得到扭转和控制，黄河河源区水资源严重短缺的困境将会得到初步缓解。

王国庆等（2000）利用月水文模型采取假定气候方案，以黄河流域为例，分析了径流对气候变化的敏感性。结果表明，径流对降水变化的响应较气温变化显著，一般情况下，半干旱地区径流较半湿润地区对气候变化敏感，人类活动的影响可在一定程度上削弱径流对气候变化的敏感性。他们分析径流对气候变化的敏感性时，假定气候变化不改变气候因子的时空分布，并且未来将重现降水、气温和蒸发缩放后的序列，利用所建模型计算不同气候情景下的径流量变化。认为径流量随降水的增加而增大，随气温的升高而减小；径流量对降水变化的响应较对气温变化的响应更为显著；

气温对径流的影响随降水的增加而更加显著，随降水减少而愈不明显；较为干旱的区域对气候变化敏感，而相对湿润的区域对气候变化的响应相对较弱；在15种假定的气候情景中，最为不利的是气温升高2 ℃，同时降水减少20%，在这种情况下，径流量将减少35%～43%。

游松财等(2002)应用改进的水分平衡模型研究了不同气候变化情景下中国未来地表径流的变化。他们所应用的改进的水分平衡模型，包括未来气候情景模型、潜在蒸发模型及土壤水分平衡模型。模拟估算过程包括降水、蒸发、积雪、融雪、土壤水补充及过饱和产生径流等。并在未来气候情景模型中应用现有的实测温度及降水数据与GCM(单一的大气环流模型)预期的未来温度、降水的变化值来集成未来气候情景。在计算潜在蒸发时利用了Mintzand Walker(1993)修订的Thornthwaite方法。土壤水分平衡模型利用气候、植被、海拔高度及土壤特性模拟土壤水分变化、蒸发及径流。这些变量的特征取决于降水、蒸发及土壤含水量之间的相互作用。游松财等综合考虑了Vrsmarty等(1998)的工作，针对积雪及融雪过程和土壤水补充及过饱和过程的描述存在的缺陷，进一步做了修订，得到了相关的方程组。在地理信息系统(GIS)支持下，分别计算了各单元网格现在气候及未来气候情景下的地表径流。以各单元网格的径流累加求得各流域单元的各月平均径流量。其研究结果表明：基于不同的气候变化情景模拟所得的地表径流变化在空间上有差异。总体上，中国未来的地表径流将增加；长江上游地区的地表径流春季下降，但在夏季增加，而下游地区则相反，夏季径流下降而春季径流剧增；气溶胶对地表径流变化方面有影响，但在各个气候变化情景下缺乏一致性。

苏凤阁等(2003)以参数化方案VIC(variable infiltration capacity)为基础，建立气候变化对中国径流影响评估模型。VIC模型在全国2406个网格上连续进行，独立输出每个网格上1980—1990年的日径流深，其结果显示，网格多年平均计算径流深与多年平均降水在空间分布上对应关系良好。用淮河流域蚌埠以上区域及渭河部分流域的模拟与实测月径流量进行对比分析，结果表明，所建立的模型具有一定的合理性和适应性。VIC模型中主要涉及两类参数，一类是和植被有关的参数，一类是和土壤有关的参数。曾涛等(2004)以山西省为例进行了不同情景下未来径流变化趋势的分析。建立了气候—陆面单向连接模型，通过降尺度模型处理GCMs的输出结果，连接到分布式水文模型计算径流。不仅使用了分布式的产汇流，且提出了在网格上使用回归分析的植被指数综合反映该单元与蒸发有关的下垫面状况。张光辉(2006)从干旱指数蒸发率函数出发，以HadCM3-GCM对降水和温度的模拟结果为基础，在IPCC不同发展情景下，分析了未来100年内黄河流域天然径流量的变化趋势。其研究表明，在不同气候变化情景下，多年平均年径流量的变化随区域的不同而有显著差异，其变化幅度在-48.0%～203.0%。全球气候变化引起的多年平均天然径流量的变化从东向西逐渐减小。

3.对水面蒸发和植被蒸散的影响

水面蒸发和植被蒸散是水循环中的重要组成部分，它和降水、径流一起决定着一个地区的水量平衡。降水量变化不大的情况下，气温升高将直接造成蒸发量加大。气温一般是通过蒸发间接影响区域水量平衡。当全球平均气温升高时，空气将变得干燥，而且陆面水体的蒸发量也会增加。一个地区的植被需水量(可能蒸散量)、耗水量(实际蒸散量)是综合气候因素的反应，植被蒸散、包括土壤在内的下垫面蒸发，包含了辐射、日照、热量(温度)、湿度、风速等多种气象要素。全球气候变化条件下，温度、日照、大气湿度和风速发生了明显变化，进而可影响水面蒸发、植被潜在蒸散，部分抵消降水增加的效应，而使河川水量减少，进一步加剧降水减少对地表水的影响。虽然目前小蒸发皿观测到的水面蒸发表现为一致的减少，而部分地区植被实际蒸散主要表现为增加，两者差异原因尚未充分了解，但都与气候变化有密切关系。不论怎样，植被的需水量和耗水量(下面简称蒸散，或蒸散量)、水面蒸发量(简称蒸发，或蒸发量)作为水资源量的表述，也受到学者们的广泛关注。

任国玉等(2006)研究发现，我国大部分地区的日照时数、平均风速和温度日较差都同蒸发量具有很好的正相关关系，同时，这些气候要素也呈现出明显的减少趋势，说明它们对蒸发量的趋势变化产生了较大影响，是造成我国蒸发量长期趋向减少的主要气候因子。而大气温度和相对湿度则比较复杂，它们一般在蒸发量减少不很显著的地区与蒸发量具有更好的相关性，全国绝大部分地区气温呈现显著增加趋势，相对湿度呈现稳定或微弱减小趋势，与蒸发量的趋势变化相互矛盾，表明其对蒸发量的作用主要发生在年际时间尺度上，而对蒸发量的长期趋势变化可能没有明显影响。

日照时数是地面接收太阳总辐射的良好代用指标，日照时数减少表明太阳总辐射下降。太阳辐射对蒸发的影响具有清晰的物理机制，以至长期以来许多学者一直在应用总辐射或净辐射资料来计算蒸发潜力和蒸发量。日照时间减少可以由云量增加引起，也可以由人为气溶胶含量增加造成。最近的分析表明，我国平均的总云量在过去的多年内呈现减少趋势，我国东部日照时数和蒸发减少最明显的华北地区总云量减少也比较显著，说明云量变化不是我国东部地区日照时间或太阳辐射下降的主要原因。另一方面，观测表明，近年来我国东部地区大气中气溶胶含量已经显著增高，同时近地面层雾日数量也已显著增多，因此，气溶胶含量或烟雾日数的增多很可能是造成我国东部地区大范围日照时间和太阳辐射下降的主要原因。位于海河流域的天津地区，近来日照时数呈明显的下降趋势。

地面能见度直接影响日照时间，地面能见度的变化主要是受低层大气气溶胶状况的影响，其显著减少说明低层大气的气溶胶浓度明显增多，进而导致日照时间和太阳辐射量下降。近地面平均风速对水面蒸发的影响主要是通过湍流交换作用实现的。风速减弱将明显减少水面蒸发量。在最近几年，我国大范围地区平均风速呈现显著下降趋势，这是观测到的水面蒸发量减少的重要原因之一。值得注意的是，平均风速减弱对近地面层气溶胶含量和烟雾日数增加可能也有不可忽视的作用，这可以通过太阳辐射作用间接影响水面蒸发量。

风速下降可能在一定程度上与台站所在地城镇化过程及其观测环境的变化有关，但大量乡村台站平均风速也明显减小，说明大范围背景地面气流场出现了变化。实际上，观测的平均风速下降现象是我国过去几十年内冬、夏季风均呈减弱趋势的反映。

气温日较差的作用颇引人瞩目。我国大范围气温日较差减小已被广泛认识，尽管其减小的原因还没有搞清楚。本文的分析表明，导致我国大范围日照时间或太阳辐射明显减少的气溶胶或云量增多可能是我国气温日较差显著下降的重要原因，因为它们均可减少白天的日照和夜间的外射长波辐射。由于日最低气温增加更明显，以及由此引起的日较差的下降，导致露点温度比平均气温上升迅速，平均水汽压差因之减小。这可能是气温日较差与水面蒸发量呈显著相关的主要原因。我国多数地区日照时数、平均风速和温度日较差同水面蒸发量具有显著的正相关性，并与水面蒸发呈同步减少，为引起大范围蒸发量趋向减少的直接气候因子。地表气温和相对湿度一般在蒸发减少不太显著的地区与蒸发量具有较好的相关性，绝大部分地区气温显著上升，相对湿度稳定或微弱下降，表明其对水面蒸发量趋势变化的影响是次要的。

郭军等(2005)利用1956—2000年117个气象台站的小型蒸发皿观测资料，分析了黄淮海流域蒸发量的变化趋势及其可能原因。研究结果表明，近50年来该区蒸发量减少十分显著，其变化速率一般在-50 mm/10 a，平原地区变化速率达-80 mm/10 a以上。蒸发量下降最明显的季节是春季和夏季，其中春季减少最大区域主要在海河流域的东南部和黄河下游，而夏季减少的最大区域主要在淮河流域。造成蒸发量减少的主要气候原因是日照时数减少、太阳辐射减弱，其次是风速减小，而空气饱和差变化并不明显。

宁金花等(2008)利用全国465个气象站1957—2001年20 cm口径蒸发皿蒸发量及相应气象要素的实测资料，分析了中国蒸发皿蒸发量的时空分布特征、长期变化趋势以及引起其变化的原因，同时分析了彭曼公式中能量平衡项和空气动力学项对蒸发量及其变化的影响。并利用彭曼公式对气温、风速、实际水汽压、日照时数、海拔高度求导，从理论上分析了这些因子对蒸发量的影响。结果表明：①中国年平均蒸发皿蒸发量约为1629 mm，四季均表现出显著下降趋势，其中夏季最为显著。蒸发量的变化趋势及变幅随季节及地区的不同而变化。②通过对各个气象因子的变化趋势及简单相关系数分析表明，造成蒸发量下降的主要原因是辐射、气温日较差、风速及饱和差的减小。③通过对气温、风速、实际水汽压及日照时数的偏相关系数分析表明，气温的升高使蒸发量增加，风速、实际水汽压及日照时数的减小使蒸发量下降，4个因子共同作用使平均年总蒸发量以34 mm/10 a的速度下降。四者对蒸发量的影响存在季节及地域差异。④通过对彭曼公式中能量平衡项和空气动力学项的分析表明，东部地区蒸发皿蒸发量的下降主要是因为供蒸发的能量显著减少，而西部地区蒸发皿蒸发量的下降主要是供蒸发的动力下降所致。

统计资料表明，气温升高1 ℃，蒸发量增加7%～10%，农业水资源普遍减少。而在三江源也可发生类似情况。张士锋等(2011)通过建立三江源区降水和潜在蒸发对径流的驱动模型研究认为，三江源区的潜在蒸发量随着气候变暖呈现出明显的上升变化。在气温升高1 ℃、气温不变和气温降低1 ℃三种气温变化情景下，三江源区多年的潜在蒸发量分别为724 mm、702 mm和681 mm。三江源区气温每发生1 ℃的变化，就会造成2.1%左右的潜在蒸发变化量。我们的研究发现(见第四章、第五章)，不论是青海海北高寒草甸地区还是青南高寒草甸地区，其需水量、耗水量随年代进程均呈现极显著的升高趋势。证明气候变化明显影响着植被的需水量、耗水量。也就是说，在目前这种温度升高导致可能蒸散量增加的趋势下，会加速加大高寒草甸乃至青藏高原其他区域草地的实际蒸散量，在降水或没有外源水分补给的条件下，土壤因蒸发力加大，其结果可能是草地/植被更趋退化。

目前的气候模型不能输出区域蒸发能力，而水文模型除输入气温与降水量外，还需输入蒸发能力资料。所以在区域蒸发力方面还需要更加深入的研究。

4.对土壤贮水的影响

土壤含水量的变化与大气降水量密切相关。在降水增加的流域，土壤含水量一般也增加。反之亦然。但个别地区土壤含水量与降水变化趋势不一致，主要与当下水位有关。这也说明，在地下水位较深的区域，气候变化是土壤水分贮量(含量)的一项主要因素。从第二章知道，云量变化与大气水汽通量和降水变化基本一致。总云量减少明显的地区，一般也是大气水汽通量减少和降水量下降显著的区域。在我国南方地区，包括长江中下游流域，总云量变化不明显或呈弱增加趋势，与降水的增加趋势基本一致，原理一致(任国玉等，2008)。

大气水汽通量、可降水量、大气水汽通道、含量与气候变化密切相关。虽然地下水以毛管上升水的形式对土壤水有一定的补给作用，但其补给量是微小的，补给量一般只占土壤贮水量的5%～15%。青藏高原土壤封育年轻，粗骨性强，土层浅薄，土壤厚度大多在40～60 cm，以下为砾石或岩石层，其毛管水的补给能力大大减弱，甚至不存在补给。为此，降水才是重要的土壤贮水量的补给源，只是因地区不同，植被/土壤蒸散量(耗水量)不同，导致土壤贮水能力不同。进而，气候变化对大气水汽通量、可降水量、大气水汽通道、含量与运移影响的同时，势必直接影响到土壤水分贮存量。

在局地，气候变化直接的影响则表现在温度升高、风速增加，使地表及植被冠面蒸散加强，导致土壤贮水量下降，而空气湿度增加可缓解土壤表面的蒸发，对提高土壤水能力有利。在第四章我们也曾谈到，仅几十年来，三江源区、海北高寒草甸区其可能蒸散量在增加，可能蒸散量的增加实际上就是温度、风速、湿度影响的结果，可能蒸散量增加也势必“拉大”与实际蒸散量的“距离”，为了维持平衡态，下垫面蒸散将会增加，终将导致土壤耗水明显而降低土壤贮水量。当然，其土壤内部受气候影响，保墒能力及其季节分配也是影响土壤贮水量的重要原因之一。蒲金涌等(2006)研究发现，20世纪80年代以后春、秋季的土壤保墒、收墒能力降低，是土壤水年际差值加大、土壤贮水量趋小的主要原因。

5.对供需水的影响

气候变暖所导致的流量改变、暴雨增加以及水温升高都会最终给水的供需带来重大影响。在干旱和半干旱地区的西北部，即使是微弱的降水量变化也可能给供水带来巨大影响。在多山流域，高温将降低雨水转化为雪的比率，加快春雪融化的速度，缩短降雪的时间，使春季的径流来得更快、更早，径流量也更大。气候的变化同样对需水产生影响，它可影响大范围水系统的组成，包括水库的运作、水质、水力发电等。

袁汝华等(2000)研究指出，气候异常对水资源的影响虽然在时间、地点方面存在不确定因素，但总的趋势是存在的，并产生较大的影响，并就气候异常对供需水的影响进行了定量分析，提出了减少影响的相关对策，指出了气候因素对水资源的影响是通过气候因子的时空变化导致水循环的变化而产生的。虽然气候变暖对水资源的影响尚具有不确定性，但它可能导致洪涝的发生。同时，在水资源短缺的地区，气候变暖加大蒸发，就会导致严重的干旱和水资源的紧缺。在此意义上而言，气候变暖加大了水资源的时空分布变化和波动。研究中以浙江杭州、江苏南京两个城市为例，利用统计资料分析了气候异常对生产、生活需水的影响。结果表明，城市生活需水与用水人口、人均收入、供水价格指数相关性很好，与气候因素相关性较差，具有弱相关性；对生活需水影响，7月平均气温不如年平均气温影响明显，年平均气温高，生活需水增加；而对生产需水，7月平均气温影响较大。降水对城市生产生活需水影响均不明显。

刘春蓁(1997)以平衡的GCM模型输出作为大气中CO_2浓度倍增时的气候情景，采用月水量平衡模型及水资源利用综合评价模型研究中国部分流域年、月径流，蒸发的可能变化，以及2030年水资源供需差额变化，对气候变化对中国水文水资源的可能影响进行分析和阐述，指出根据中国水资源供需的主要特点，对大部分流域将气候变化对供水系统的影响研究限于对地表径流、水库及水库群供水的影响，而对需水的影响则限于对用水大户——农业灌溉用水量的影响。

宋先松等(2005)在分析中国水资源分布与人口、耕地、GDP分布组合状况的基础上，提出中国水资源开发利用中存在的问题，并对解决中国水资源分布不均及水污染问题的途径等进行了探讨。梁瑞驹等(1998)根据中国1949、1980、1993年的工业、农业、城市生活用水和总用水量资料，分析了全国水资源供需现状，对不同地区供水量的增长、供水水源构成和用水结构的变化进行了剖析。此外还分析了影响水资源需求增长的人文、经济和社会因素，并对21世纪水资源总量、未来全国各流域的水资源配置方案做出预测，并在此基础上提出未来水资源的政策建议。

综上所述，总的来讲，气候变化对水资源的影响主要表现在三个方面(Frederick et al，1987；1997；Nigel，1998；Miller et al，1997)：①加速或减缓水汽的循环，改变降水的强度和历时，变更径流的大小，扩大洪灾、旱灾的强度与频率，以及诱发其他自然灾害等；②对水资源有关项目规划与管理的影响，还包括了降雨和径流的变化，以及由此产生的海平面上升、土地利用、人口迁移、水资源的供求和水力发电变化等；③加速水分蒸发，改变土壤水分的含量及其渗透速率，由此影响到农业、森林、草地、湿地等生态系统的稳定性及其生产量等。

三、人类活动对水资源的影响

一个区域的水资源既受气候系统的控制，又受地表系统的影响。气候系统决定降水范围、降水总量、降水年内分配和年际变化。陆地表面系统决定水资源的赋存条件、地表径流量、地下水资源量、河道枯季径流量。事实上，随着人口的增长、工农业生产的发展、城镇化进程的加快，大规模人类活动明显改变了天然状态下的水循环过程，灌溉、排污以及河流上的水利工程建设等都在时间和空间上引起了水文循环要素质和量的变化。大规模土地利用不仅改变了地表产汇流规律，也改变了地下水补给规律。生产活动造成河道外用水大量增加，使地表径流量、枯季径流量和地下水补给条件相应改变。水利工程的修建和通江湖泊的开垦，更改变了水循环过程的一系列特性。依据长期水文观测数据，就人类活动对不同时空尺度(包括日、月、年、10年尺度)地表水资源的影响及河川径流演变的驱动力进行定量分析(任立良等，2001)。

对于人类活动对20世纪全球降水的变化影响结果表明(丁一汇，2008)，在北半球中高纬度(40°N～70°N)降水每增加62 mm/100 a中，人类活动对降水增加的作用占其50%～85%，在北半球副热带和热带(0°～30°N)的干旱化区，降水每减少98 mm/100 a，人类活动的作用占20%～40%，若降水增加82 mm/100 a，在对南半球热带和副热带(0°N～30°S)人类活动对降水增加的作用则占到75%。

无论从自然流域的角度还是从行政区域的角度来说，中国北方河川径流都存在减少的趋势。扣除气候变化的影响之外，河道外用水量的增加是导致中国北方地区实测径流减少的直接原因，上游水库拦蓄、引水量的激增等不合理的用水方式是导致下游河口河道干涸、断流的主要原因。人类活动对干旱和半干旱地区的径流影响比对湿润地区的径流影响要严重得多，人类的作用致使干旱和半干旱地区的河水流量比湿润地区减少得更快，主要表现在小流量出现的频率大增，20世纪八九十年代相同量级的降水量产生的径流量较20世纪五六十年代减少20%～50%。从实测资料看(丁一汇，2008)，中国北方东部湿润地区的河川径流量减少甚微，西部河川径流的减少速度比东部快。

青藏高原的生态系统非常脆弱，在全球环境变化的大背景下，青藏高原的生态系统在自然灾害和人类活动的双重作用下遭到严重的破坏。三江源区是青藏高原的腹心地区，其自然环境严酷，生态系统非常脆弱、敏感，一旦破坏很难恢复。近几十年来，由于人类掠夺性地开发资源，超载过牧，滥挖乱采虫草、黄金等，加速了草地退化。草地退化也影响着源区的土壤环境退化和草地植物群落的改变。随着高寒草甸退化程度加大，植被覆盖度、草地质量指数和优良牧草地上生物量比例逐渐下降，草地间的相似性指数减小，而植物群落多样性指数和均匀度指数则随着退化程度加大。如嵩草属为主要优势种的高寒草甸近年来正在迅速退化，草皮脱落，土壤裸露，优良牧草比重变小，杂类草和毒害草大量繁衍。导致土壤理化性状恶化，其中土壤有机质、速效磷和速效钾的含量以及土壤坚实度、湿度都减小，土壤容重增加，土壤速效氮含量在极度退化阶段不能满足植物生长的需要，有机质在表层土壤中流失严重。冻土环境是长江、黄河源区的主要环境特点之一，在全球气温升高和人类各种工程活动的影响下，源区的冻土环境出现了严重退化，多年冻土分布面积缩小，地下冰融化，地温升高。特别是在多年冻土区、多年冻土南北界等地段，冻土正在发生着退化过程。最终导致三江源干涸支流增加，湖泊水位下降，湖泊面积缩小、湖水咸化、内流化、矿化度不断升高而趋于盐化，源区许多湖泊水呈微咸—咸水湖，使得长江河源地区地下水位明显下降，沼泽低湿草甸植被向中旱生高原植被演变，大片沼泽湿地消失，泥炭地干燥并裸露，水源涵养功能降低。其实质是生态系统失衡而导致的退化演变，生态系统恶化。其结果是区域植被蒸散量增加的同时，影响到水资源量。

定量计算人类活动的水文效应是不容易的，因为自然因素也同时发生变化。在人类活动对水资源的影响因素中，有些是能够计算的，如水库的引水量、取水量。有些是很难估计的，譬如土地利用的变化、水土保持措施的实施、农业耕作技术的改进、农业生产结构布局的调整、乡镇企业的发展、城乡人口的不断增长及社会经济结构的变化等因素导致用水量的增加。因此，定量分解地表水资源的自然过程和人为影响，是今后应着重探讨的方向。

四、气候变化对水循环的影响

气候变化对水循环的影响研究有两方面意义。从科学上认识大气圈、水圈、冰雪圈、岩石圈及生物圈间的相互作用机理，以提高气候变异与气候变化的预测精度，从实践中回答它们对洪水、干旱的频次及强度的影响以及对水量和水质的可能影响，为政府决策和水资源管理提供科学依据。

水系统是地球物理系统的一个重要组成部分，它与气候变化相互影响、相互作用。水循环是联系大气水、地表水、地下水和生态水的纽带，其变化深刻地影响着全球水资源系统和生态环境系统的结构和演变，影响着人类社会的发展和生产活动。20世纪60年代以来，在世界面临资源与环境等全球问题的背景下，联合国教科文组织（UNESCO）和世界气象组织（WMO）等国际机构，组织和实施了一系列重大国际科学计划。在这些科学计划中，水循环在全球气候和生态环境变化中所起的作用，受到极大重视，成为各项科学计划共同关注的科学问题（Daraentekhabi et al，1999）。

气候变化会引起水循环的改变，而水循环的改变将可能影响各种灾害天气时间的长短、频率、损失以及水资源的可利用率(宁金花等,2008)。但气候变暖对水资源的重大影响具有极大的不确定性,这种不确定性表现在给水、需水、水质等方面。全球变暖对水循环的影响日益受到关注,也取得了众多的成果。目前的研究状况是,水循环大气过程描述的多为大尺度的过程,以陆面过程为基础的水循环研究局限于小流域尺度的应用。因此,选取何种尺度研究完整意义上的陆—气相互作用下的水循环过程成为水循环研究的难点。虽然国内外许多学者对此进行了大量的研究,但至今尚无完整的尺度及匹配的理论或方法来指导陆—气耦合的水循环过程研究。同时,对于不同的尺度而言,有很多种变化的参量,不同尺度情景下影响水循环过程的主导因素各不相同,如何选择合适的尺度参量来研究陆—气耦合的水循环过程也是陆—气相互作用下水循环过程研究的重要方向之一。

陆桂等(2006)总结了前人研究的成果后认为,首先,要建立基本资料库,因为水循环研究的前提条件是拥有资料数据。随着科学研究的开展,逐渐形成了水循环研究的资料库,这些数据库为全球和区域水循环研究提供了主要数据支持。其次,要开展水循环的大气过程模拟,包括了水汽含量的确定和水汽输送与水汽收支方面的研究。再次,要构建水循环的陆面过程模拟,结合气象学、生态学以及水文学研究的特长,进行较为深入的研究。最后,建立陆—气相互作用的耦合模式,实现与大气过程的耦合,探索陆—气耦合的技术或方法。

目前,气候变化对陆地水循环影响的研究基本是采用气候模型输出产品驱动陆地水文模型的方法。刘春蓁(2004)指出,由气候情景驱动水文模型研究气候变化对陆地水循环影响的方法是一种单向连接方法,在这一单向连接中,气候模型输出的气候情景以及与其相连的水文模型是两个独立的研究对象。随着气候情景的发展,对水文水资源影响的研究从以前的由气候年均值变化对径流的影响发展至目前既有气候均值又有气候变异的变化对径流均值、极值频率分布变化的影响。水文模型由集总式的流域模型进展至分布式的大尺度水文模型,研究的空间尺度由流域尺度、大陆尺度到全球尺度。并指出,陆地水循环受气候与人类活动两个因素变化的影响。只有将这两种因素结合,才能正确地预测陆地水循环的变化;需要改进现有的大尺度水文模型对陆地水循环的描写,使其具有模拟气候与人类活动影响水文过程的能力是实现分布式水文模型与大气环流模型中的陆面过程的耦合的基础;在陆面与大气相互反馈的闭合回路研究中,应用加密的降水、土壤水和径流的常规观测与卫星遥感、雷达探测信息验证和改进模型模拟精度,将会解决气候变化对陆地水循环研究中很多不确定性问题,最终提高洪水、干旱、水资源长期预测的精度。

第四节　三江源高寒草地水资源量

一、大气水资源

李仑格等(2004)分析了三江源地区空中水资源状况,认为4—9月月平均云中水量(折合为液态水)达350亿～560亿t(表10-1),而降落到地面的水量仅在29亿～136亿t,只占当月平均空中云水量的8%～24%,还有76%～92%的云水量滞留在空中。分析4—9月各月在不同高度层上的水汽含量发现(表10-2),9月从地面到300 hPa高空水汽含量达9.59 mm/cm^2,其中600—500 hPa层的水汽含量约占地面到300 hPa层次含量的50%。表明其水汽含量较高。但由于三江源头深居高原腹地,高空空气清洁,地面植被条件较好,水汽凝结核数量少,限制了较大降水云的形成,以至影响到较大降水的形成。如1997年4月23日用PMS粒子取样器获取黄河上游地区空中云粒子微物理资料分析表明,黄河上游地区冰晶的平均浓度为27.85个/L,远达不到能够产生最大降水所需要的冰晶浓度(125个/L),云中平均液态水含量在10^{-4}～10^{-2} g/m^3。又如,6月8日飞机进入云层后翅膀出现严重结冰现象,表明该地区存在较丰富的过冷水,只要增加空中水汽凝结核数量,就能加快空中水汽向雨水的转换。

表10-1　三江源地区4—9月平均云水量与自然降水量

月份	4	5	6	7	8	9	合计
云水量(×10^{10}t)	3.56	5.08	5.40	5.62	4.97	5.29	29.93
降水量(×10^{10}t)	2.93	7.14	1.16	1.36	1.16	1.10	57.70
降水量占云水量比(%)	8	14	21	24	23	21	18.5

表10-2　三江源地区4-9月平均水汽含量(mm/cm^2)

月份	4	5	6	7	8	9
地面到300 hPa	4.30	6.95	10.54	12.58	11.78	9.59
地面到600 hPa	0.87	1.31	1.80	2.15	2.05	1.64
500～600 hPa	2.13	3.40	4.99	5.94	5.58	4.35
400～500 hPa	0.93	1.60	2.60	3.11	2.90	2.37

三江源地区地理位置、地形条件较特殊，处在云层、多源水汽相汇的地区。高空水汽主要来自孟加拉湾和印度洋的西南气流。它翻越喜马拉雅山脉，经西藏东部进入三江源地区，该气流水汽充足，侵入次数多，范围广。低空水汽主要来自横断山脉经川西向西的低空东南气流，在向西移动中插入高空云下部，促进整个云层的垂直发展，云层加厚。另外，还有一股来自西北部的较冷性水汽伴随大范围冷空气侵入该地区，与西南或东南来的暖性空气相遇，几个不同性质云的相互叠加，形成三江源地区多阴雨的气候特点。

二、降水资源

三江源降水的地区分布，主要受地形及水汽来源的影响。其特点是由东南向西北，随海拔逐渐升高，水量逐渐减少。王菊英(2007)指出，位于源头的东南部一带，年降水量500 mm左右，而源头的西部仅为200 mm左右。三江源区年降水量变差系数(C_v)的变化范围在0.11～0.19之间，C_v的最高值和最低值都分布在长江源区。年降水量C_v值随降水量的增加而减少，且由东南向西北递增。三江源区年最大降水量与年最小降水量之比在1.7～3.0之间，多年平均降水量为409.8 mm。对三江源区代表站的降水量分析发现，年内分配很不均匀。6—9月的降水量占全年降水量的69.9%～85.7%，10月至翌年3月降水量仅占全年降水量的4.7%～13.2%，4—5月降水量占全年降水量的7.8%～17.7%，12月至翌年1月的降水量仅占全年降水量的0.1%～1.6%，形成三江源区干湿季节分明的特点。连续最大4个月降水量所占年降水量的比例受地形、气流的影响，一般降水量大的所占比例小，连续最大4个月降水量占年降水量的比例呈现与降水量的分布相反的趋势，降水量大的地区，年内分配相对均匀，降水量小的地区，年内分配相对集中(表10-3)。

由1961—1990年平均降水量显示，三江源多年年平均降水量东南高，可可西里少，自东南向西北偏西方向减少。高寒草甸地区降水量分布较高寒草原高，一般在450～750 mm，如在三江源的玛沁高寒草甸区1981—2016年年平均降水量达516.39 mm，各年降水量分布在400～600 mm之间。而在青海北部的海北高寒草甸地区，1981—2016年年平均降水量达539.38 mm，各年在400～800 mm之间分布。草甸草原区降水量稍低，如同德为439.5 mm。高寒草原区域分布在260～400 mm范围。像治多、曲麻莱地区草甸和草原相间镶嵌，降水量比400 mm稍高点。五道梁、沱沱河地区降水资源量低，对应草原、荒漠镶嵌的植被类型。

表10-3　三江源代表站降水量年内分配

站点	P	连续最大4个月			6-9月		10-3月		4-5月		7-8月		12-1月	
		P_i	η	出现月份	P_i	η	P_i	η	P_i	η	P_i	η	P_i	η
达日气象站	543.8	400.1	73.6	6-9	400.1	73.6	65.2	12.0	78.5	14.4	207.8	38.2	8.6	1.6
久治气象站	755.0	527.1	69.8	6-9	527.1	69.8	98.7	13.1	129.2	17.1	270.0	35.8	8.2	1.1
唐乃亥水文站	250.6	198.4	79.2	6-9	198.4	79.2	11.7	4.7	40.5	16.2	114.5	45.7	0.2	0.1
大米滩水文站	307.2	229.1	74.4	6-9	229.1	74.4	24.1	9.0	54.4	17.7	129.3	42.1	1.2	0.4
直门达水文站	513.2	380.3	74.1	6-9	380.3	74.1	53.4	10.4	79.5	15.5	209.8	40.9	6.3	1.2
沱沱河气象站	274.1	234.9	85.7	6-9	234.9	85.7	17.7	6.5	21.5	7.8	142.5	52.0	2.4	0.9
五道梁气象站	272.8	228.3	83.7	6-9	228.3	83.7	16.4	6.0	28.1	10.3	137.7	50.5	2.3	0.8
玉树气象站	473.3	361.6	76.4	6-9	361.6	76.4	46.9	9.9	64.8	13.7	186.1	39.3	5.3	1.1
班玛气象站	666.4	470.0	70.5	6-9	470.0	70.5	87.8	13.2	108.6	16.3	231.0	34.7	7.5	1.1
囊谦气象站	527.4	421.3	79.8	6-9	421.3	79.8	44.7	8.5	61.7	11.7	222.6	42.2	4.3	0.8

注：P年降水量；P_i时段降水量；η时段降水量占年降水量的比

三、江河径流与地表径流水资源

大气降水是地表水资源的补给来源，径流的分布与降水的分布基本一致。王菊英(2007)认为，黄河源区年径流深的变幅在50～250 mm之间。黄河源区四周为冰山雪岭，形成高原盆地，中央地势平坦，有众多湖泊和沼泽，土壤以高山草原土及盐渍土为主，径流深50 mm左右；玛曲以上干流两侧，沟壑众多，切割深度较大，降水充足，径流深200 mm左右，为黄河源产流最丰沛的地区。长江源区多年平均径流深113 mm，年径流深的变幅在50～300 mm之间。流域西北部源头区为径流低值区，径流深25～50 mm；东南部因降水量较大，蒸发量相对较小，为径流深高值区。澜沧江源区多年平均径流深为294 mm，年径流深的变幅在150～400 mm之间。因为流域受印度洋季风影响，带来较多的水汽，年降水量在500 mm左右，气候寒湿，植被良好，径流丰富。源区所有外流水系均源于高山区，一般沿河向下随海拔高度降低年径流深增大。长江源通天河上段年径流深在50 mm以下，到下游直门达增加到300 mm左右；澜沧江河流上游段年径流深由150 mm增加到400 mm左右；黄河河源至玛曲年径流深由50 mm增加到350 mm。径流深在垂直方向上，随海拔升高径流深逐渐减小。年径流变差系数（C_v）一般随径流深的减小而增大，在地区分布上表现为湿润地区小，干旱地区大，山区小河谷盆地大。黄河、长江源头由于有大量湖泊的存在，加大了水面蒸发损失，湖泊的调蓄作用增大了径流的年际变幅，使C_v值增大。年径流变差系数受径流补给方式影响也较大，径流的年内分配主要取决于河流的补给类型。根据补给水源的不同、补给水源在径流中所占比例，三江源区河流主要补给为降水，年内分配也主要受降水的影响，季节性变化剧烈，汛期较集中，多为7—10月，连续最大4个月径流量占全年径流量的50%～85%（图10-2、10-3、10-4）。从径流代表站天然年径流年内分配可知，黄河源区径流大多数集中在7—10月，长江、澜沧江多集中在6—9月。

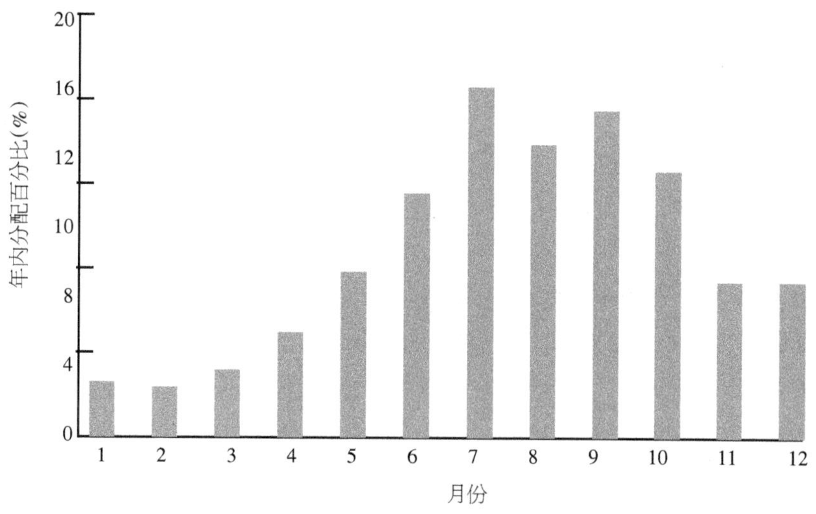

图10-2　唐乃亥径流量年内分配

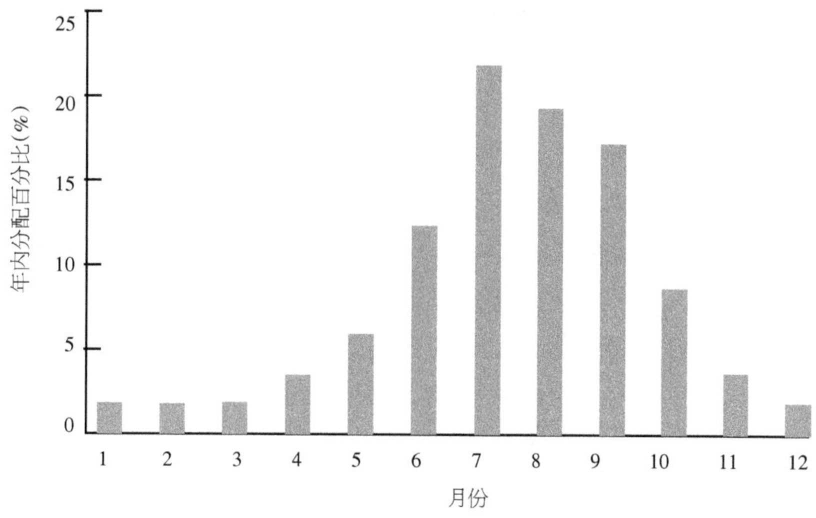

图10-3　直门达径流量年内分配

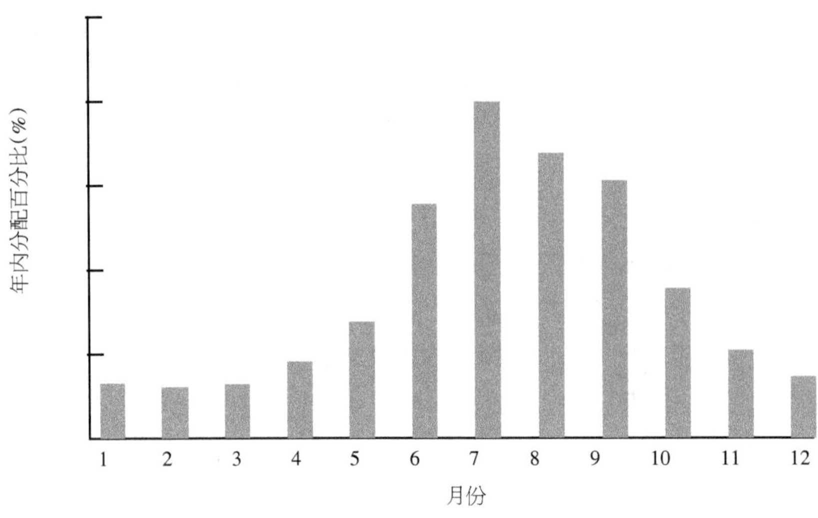

图10-4　香达径流量年内分配

但对于一个定点地区来讲,江河径流是动态的,而且可以认为江河径流输入输出是一致的。所不同的是下垫面接受降水后其地表是否发生径流以及径流量多大的问题。对于做分析试验的特定地区来讲,我们往往选择的是地势平缓的地区,故地表径流可以假设为零,而稍有坡度的区域是可产生一定量的径流。

四、水面蒸发与下垫面蒸散水资源

三江源区内高山深谷相间,地形复杂,自西北向东南倾斜,这种环境条件下,光、热、水、风速等均有很大的差异性,导致水面蒸发量明显不一致。从三江源区各气象站专用20 cm口径水面蒸发量1961—1990年的测定结果来看,三江源区20 cm口径水面年平均蒸发量在1118(优云)~2007 mm(五道梁)之间。黄河源区稍低,长江和澜沧江源区较高。水面蒸发量一般随海拔的升高,风速成为水面蒸发量(包括升华量)的主导因子,蒸发量增加。而在三江源区东南部相对较小,如黄河源的清水河—优云—达日—久治一带是水面蒸发低值区,平均海拔在4000 m以上的玛多—曲麻莱—治多—杂多—五道梁—沱沱河为高值区。另外,草甸草原的兴海—同德—玛沁一线、治多—囊谦一线也是水面蒸发量的高值区。表现出三江源区水面蒸发量大小的分布规律与降水相反,并表现出高寒草原区大于高寒草甸和森林区。

五、植被、土壤蓄水资源

一定地区的植被、土壤能贮存多少水量,甚至最大能容纳的水量是可以计算得到的,还可以通过条件持水量、萎蔫系数、最大饱和持水量等计算其土壤有效持水量等,也可通过计算得到一定土壤凋萎储水量和田间储水量等。当然与上述相关的参数一般是稳定的,但因区域降水量、蒸散量等的不确定性影响,其植被/土壤贮水量也是一个动态变化的过程,但多年平均贮水量是稳定的。

若计算到区域范围,在计算过程中可以采用面积加权法获得区域范围的植被有效贮水量、最大持水量，以及土壤实际贮水量、最大持水量、凋萎含水量和田间储水量等。

六、三江源总水资源

王菊英(2007)统计发现，三江源区山丘区面积100586 km^2，山间盆地平原区面积2855 km^2。对山丘区地下水资源量采用总排泄量法(将计算的各项排泄量之和作为地下水资源量)，对平原区采用水均衡法的总补给量法进行三江源水资源量的计算，发现总的水资源量达 $425.91\times10^8\ m^3$(表10-4)。

表10-4 三江源区多年平均水资源量

源区名称	地表水资源量 ($\times10^8\ m^3$)	地下水资源量 ($\times10^8\ m^3$)	地表水与当下水重复量 ($\times10^8\ m^3$)	水资源总量 ($\times10^8\ m^3$)	产水模数 ($10^4 m^3/km^2$)
黄河	137.12	59.44	58.98	137.58	13.1
长江	179.42	71.24	71.24	179.42	11.3
澜沧江	108.91	45.84	45.84	108.91	29.4
合计	425.45	176.52	176.06	425.91	14.2

第五节 海北高寒草甸大气-植被-土壤水资源量及分配模式

第二章到第九章我们分析了大气水分、植被水分、土壤水分等输入输出的状况，其最终的目的是为了掌握一个地区水资源量和可能承载的最大潜在量。但是，一个地区的水资源量是一个动态的过程，不仅在年内随季节变化因降水、蒸发、土壤融冻等不同有明显的不同，就是年际间因降水分配格局改变，或大气环流形势不同，年降水量也会出现很大的差异。为此，局部地区的水资源量是复杂的，并带有很大的不确定性。所以人们多用中大尺度，或一定流域多年平均状况来衡量水资源量。

作为个例，以下尝试计算了海北高寒草甸试验区相关水资源量的状况。

就我们在海北高寒草甸地区试验区来讲，正如在第九章谈到的那样，试验区地势平坦，地表径流似乎不可能发生。而土壤60 cm底层渗漏量很小，就是按三江源玛沁高寒草甸土壤40 cm底层渗漏量占降水量的4%计算，也仅约21.70 mm。从第八章我们知道，海北高寒草甸中等放牧条件下5—9月土壤0～50 cm层次土壤贮水量平均为187.69 mm，而植被年内贮水量为539.20 mm（见第五章）。多年观测平均值表明，海北高寒草甸区平均降水量为542.55 mm，这里并未考虑凝结水量（海北高寒草甸年凝结水量约为100.73 mm），同时也未考虑植被层蓄水量。那么，对于海北高寒草甸试验区则有表10-5所示的水资源结构。

表10-5　2017年玛沁高寒草甸和2016年海北高寒草甸相关水资源结构

降水量（mm）	实际蒸散量（mm）	地表径流量（mm）	入渗量（mm）	土壤蓄水量（mm）
542.55	539.20	0.00	21.70	187.69

事实上，一个特定的点或区域，可追踪降水量（包括凝结水量）、植被对降水的截留、植被蒸腾、植被间裸露地蒸发、降水对土壤水的补给、地下水对土壤水的补给、土壤水分贮水变化量等过程，才能得到准确的水资源分布状况，更进一步，通过计算还可以得到土壤水资源量、有效利用蒸散量、无效蒸散量、未利用的土壤水资源量、有效利用土壤水资源量（土壤水资源通过植被蒸散形成）等。这是因为，通过对有效利用的蒸散（发）量即有效利用的土壤水资源量进行时空特征分析，不仅可以了解研究区的有效利用土壤水资源量的分布，而且可以为实现流域水资源合理配置，更加高效利用土壤水资源提供支持。鉴于技术原因，我们未做深入的研究和分析，这里不做详细罗列。但对海北高寒草甸中等放牧条件下2015年的相关参数粗略计算，0～50 cm土壤贮水量为187.69 mm，约折合5.89 kg/m^{2}水，占降水量（485.00 mm）的38.70%，多年有效利用的土壤水资源量为148.54 mm，占降水量的30.63%，占土壤水资源总量的79.17%。未利用土壤水资源量约为39.15 mm，占土壤水资源总量的20.83%。

有效利用的土壤水资源量分布与降水密切相关，降水多的地区有效利用的土壤水资源量一般也较多。但是对草地而言，受土壤发育年轻、土层浅薄、粗骨性强等土壤性质影响，有效利用的土壤水资源量下降，利用率比较低。

以上是以年为时间段进行计算的海北高寒草甸地区某一个点上的水资源量。前面我们谈到，水资源量是一个动态的，特别是受季风影响下的高寒草甸地区，年内温度差异大，季节降水分配极不均匀，仅用某一时期某一地点的水分贮量或输入输出量来衡量水资源量是有很多的不确定性。为此，一来建议控制流域稍大尺度上的多年平均，是计算水资源量的不错选择；二来条件允许的状况下，分析其逐月水分的有效利用、局地水分输入输出、土壤/植被水的贮存等水资源变化过程，是更为准确的方法。

鉴于上述讨论，我们可以通过图10-1的区域水循环基本概念模型详细给出海北高寒矮嵩草草甸区域水资源分配模式，并作出大气-植被-土壤水平衡框图。

地区不同，因其水分的输入输出存在较大的差异，就是年际之间也有明显的差异。即是说时间尺度、地区尺度不同，其水平衡、水分配并非是静态的，是一个因地区、因时间而变化的动态过程。为了说明问题，这里给出海北高寒草甸（海北站）地区的水分资源分配模式。不同地区的可以参照给出。

第十一章　全球变化与水资源、水源涵养功能提升研究展望

全球变化主要包括气候变化、人类活动主导下的覆被变化和土地利用格局改变等。自20世纪70年代，特别是20世纪90年代以来，全球气候向温暖化发展，且温暖化趋势正以前所未有的速度增加。气候变化会直接影响到降水，进而产生一系列关于水资源的问题。人类活动也是影响水资源的原因之一，甚至影响整个水循环过程，从而对水源涵养功能产生影响。青藏高原是全球海拔最高的一个巨型构造单元，其独特的增温特性和高原气候变化与全球环境变化密切相关，具体反映为高海拔地区比低海拔地区对全球气候变化反应更敏感。对青藏高原高寒草甸地区水源涵养功能进行研究，将有助于解决一些全球性环境问题，遏制生态退化和环境恶化，间接地对提高水资源利用效率、提升水源涵养能力有利，为未来全球变化对水资源的影响给予预测和评估。

第一节　全球变化与水资源问题

一、全球变化与水资源研究问题

我国是季风气候，降水量的多少取决于夏季风的强弱。气候变暖后，夏季风强度增大，暖湿气团向内陆推进距离更远，影响范围更大，将会给中纬度地区大面积耕地带来较多的降水。但随温度的升高，植被光合产量提高，植被需水量增加，地表蒸发加大的同时植被蒸腾增加，水资源也随之匮乏。气候变暖可能使我国北方江河径流量减少，南方径流量增大，其中黄河及内陆地区的蒸发量将会增大15%左右。同时，气候变化过程中降水格局发生改变，失衡明显，致使有些地区降水增加，有些地区降水更趋减少，进而导致旱涝灾害出现频率增加，并加剧水资源的不稳定性与供需矛盾。在不同气候变化情景下，多年平均年径流量的变化随区域不同而有显著差异，其变化幅度较大，多年平均天然径流量的变化幅度从东向西逐渐减小。

人类活动加剧势必也影响到水资源，人们在利用水资源的同时，也在破坏水循环

过程。土地利用程度不同的状况下，覆被盖度等发生明显的改变，也影响到土壤机械组成及土壤养分的改变，土壤自身调节、净化能力随之改变。土壤养分与土壤微生物有紧密的相互关系，土地利用加剧会影响到土壤微生物种群、数量的改变，进一步导致土壤结构改变，其结果影响到土壤贮水、植被蒸散等过程。目前，有关全球变化对水文水资源的影响方面已取得了不少成果，但仍存在很多的不足。在全球变化(气候变化、人类活动主导下的覆被变化和土地利用格局改变等)状况下，需要关注以下问题：

1.监测与评估体系仍需要完善

目前，全球变化的影响研究很大程度上受到研究地区和历史监测数据资料的局限。为了满足不同空间和时间尺度下开展水资源、水循环分布格局模型研究的需求，需要选择有代表性的地区构建针对性的监测指标和监测体系，积累长时间的系列实测资料，为高精度、稳定性好的模型研究和尺度扩展研究奠定基础。这样才能摸清全球变化对陆地淡水资源的影响，才能找到水资源系统的脆弱性，提出适应全球变化的应对策略等。

2.供需水、土壤水分和水循环方面

气候变化对径流和蒸发的量化研究比较深入，但在人类活动、土地利用格局改变下的供需水，以及自然生态系统中土壤水分和水循环方面的研究不多。真正的可用水资源决定于水资源的质量、分布、人类活动利用等各个方面，迄今为止没有统一的认识，特别是在可用水资源的计算方法和技术标准方面争议较多。所以在水资源的研究方面需要加大人力、物力和财力。

3.气候模型—水文模型耦合

尺度降解技术是现有全球气候模型—水文模型耦合的关键技术之一。气候变化对水文水资源的影响研究依靠水文—气候模型单向连接方法，即由单气候模型输出的产品来驱动流域水文模型。但由于受到现有认识水平的限制，还存在极大的不确定性，其精细化程度直接关系到最终模拟成果的应用，因此，需要在水文—气候模型单向连接方法方面进行深入研究，以提高现有的认识水平和模型的稳定性。同时，未来还需要加强水文—气候模型的双向耦合途径研究，提高两者之间不同时空尺度的转化和模拟的精度。随着相关技术如“3S”技术的发展和基础资料的积累，将为降尺度方法提供良好的基础条件和机遇，简单实用的降解技术及空间尺度界定及其转换，有望成为将来研究亟须破解的难题之一。

尽管GCMs降尺度输出结果连接到分布式水文模型的研究很多，但水文空间不均匀性带来的尺度问题依然存在，即模型基本计算单元的确定以及不同尺度的模型参数能否转换仍是关注的问题之一。主要表现为模型参数的网格化，即通过寻找模型参数与地理信息之间的关系，能否将已有模型参数移植到无水文资料地区应用，这一问题仍有待研究。同时，模型的误差与情景预测的不确定性中，应进一步把握误差

[被排除在外的因素引起的误差,不合适的内插与外推误差,不合适的时间和空间分辨率误差,不合适的时间步长算法误差等(Bewket et al,2000)]的主次,以便于提高模型的准确率。

另外,目前对于气候—陆地生态系统—社会经济系统及其相互作用方面的综合研究也较为薄弱,定量区分各类下垫面变化的贡献大小的研究相对较少,结合气候变化的研究更少。加强土地利用/覆盖变化等人类活动影响水文方面的研究,揭示气候—陆地生态系统—社会经济系统之间的耦合关系,才能综合评价各类下垫面的变化对流域水循环、水平衡及水旱灾害的影响。

4.水环境水生态的影响、水文极端事件机理

目前,在全球变化对水文水资源影响方面,虽然涉及了未来气候变化对水平衡、水循环、需水量和水旱灾害的可能影响的研究,但仍存在很多不足,特别是人类活动土地利用方式不同下的区域水环境、土地资源下水资源变化及适应调整对经济增长、产业结构及生产力布局的影响,以及对两者之间的反馈关系的研究也相对薄弱(詹姆斯,2004)。在气候变化大背景下,极端天气事件与洪涝灾害的形成机理研究、用水安全分析及水资源管理系统脆弱性研究也有一定的局限。因此,未来应加强全球变化对水循环及其伴生全过程的综合研究,将气候变化与人类活动双重作用下的水量、水质与水生态结合,大气、地表、土壤与地下的结合,加强对水环境水生态的影响、水文极端事件机理、区域水安全综合影响等方面的研究。

5.全球变化对水循环影响、反馈研究及协调性

气候、植被、土壤系统是相互作用、相互影响的一个偶联综合体,相互间存在正负反馈机制。随人类活动的加剧,土地利用程度不同,水循环过程受到多重因素的影响,对区域水循环过程的影响日益突出。为此,构建"气候变化—人类活动—水"系统模型,加强全球变化及人类活动对水循环影响及其正负反馈机制的研究,尤其是生态环境与水资源利用之间的协调性研究,是科学识别与定量评价人类活动和气候变化对自然生态系统以及水循环系统的影响和不同贡献是面临的主要问题之一。

6.定量预估无资料地区气候变化对地表径流的影响

虽然,国内布局有大量的气象站、水文站、生态站,但大多数"站点"设置在人口较多、交通便利的区域,那些地域辽阔的无人区(或人烟稀少区),特别是像青藏高原这么地域辽阔的区域,缺少相关观测站点(或说布局的"站点"较少),收集到的实际数据有限,限制了人们对区域水资源的详细了解。正如政府间气候变化专家委员会(IPCC,2007b)明确指出,缺乏大范围、长时间的野外观测研究是制约有关气候变化影响下生态系统脆弱性认识的关键,影响着对不同时空尺度生态系统脆弱性的气候因子检验及生态系统临界点和阈值的确认。我们知道,区域环境不同将导致气候差异性很大,就是距离相近的迎风坡和背风坡因动力和热力作用不同,其水资源存在很大的不同,表明精准评估与计算区域水资源分布状况受多种因素影响。为此,加强无资料观测地区的补充监测、无人自动监测，对验证数据的可靠性至关重要，更需要加强无资料地区水资源影响评价理论、方法与实践体系的研究。这些研究将对如何定量预估无资料地区气候变化中降水、地表径流、植被蒸散、植物需水等意义重大，进而服务于该地区的水资源利用、水利工程建设，评估小概率事件发生下的运行风险，提高经济效益。

7.风险评估

在气候变化对我国各类水资源脆弱区影响的风险评估方面，由于气候变化的分析存在很大的不确定性，涉及综合分析和科学应用气候变化预测成果的研究比较少。原有很多涉及水文工程设计和建设采用的相关经验理论和技术方法，是建立在历史统计规律分析基础上的。由于全球变化主导下的水循环过程发生改变的概率增加，分布格局的稳定性降低，未来变化趋势必然发生改变，若仍采用原标准，其运行风险必将增大。如何客观评估由此增加的风险，采取合理的对策(修正技术参数或采用其他补救措施)等，是论证建设和运行管理中不得不面对的难题。

8.适应性对策

全球变化已经发生，并将持续到可预见的将来。全球变化与植被/土壤生态系统有最为直接的影响关系。气候、人类活动每时每刻在影响着植被/土壤生态系统的功能与属性，乃至生态环境的健康与安全。反过来植被/土壤生态系统也影响到人们的生产与生活，植被/土壤生态系统一旦遭到破坏，失去正常功能的发挥，就严重威胁到人类生存，特别是青藏高原生态系统极其脆弱，稍有全球变化的影响，其后果的严重性不言而喻。然而，目前对于全球变化的适应性对策相对较为宏观，定性的内容较多，定量化的结果较少，适应全球变化的理论与技术尚不完整。深入开展气候变化下植被/土壤生态系统的适应性、脆弱性评价，是气候变化影响下社会经济可持续发展的需求，也是科学发展的需要。

加强不同对策的经济效益定量对比分析研究。我们在前几章均谈到，水资源是动态的，但也是脆弱的，也明显受制于全球变化的影响，而且气候变化对水文水资源的影响研究涉及的范围广(地圈、水圈、社会经济圈)、学科多(水文学、水资源学、气象学、生态学、经济学、环境科学、社会科学、系统学、统计学等)。这就需要我们不同学科的研究者做大量的研究工作，完善多因子控制试验与长期定位观测研究平台，明确生态系统中水的输入输出变化过程，抓住典型区水资源适应气候变化的技术示范研究，克服资料较短缺带来的缺陷，提供具体研究实例，丰富理论基础，完善理论框架，掌握大气环流随气候变化的经纬向变化、大气气溶胶(凝结核)、水汽输送通道与通量的变化，明确气候变化降水资源的丰富度，辨析区域植被受气候变化(CO_2、温度、降水、风速等)和人类干扰(放牧、采集、施肥、开垦等)影响下植被群落演替、种群结构改变、植物需水与耗水量和规律，以及气候波动影响下的可能增加或递减量。

二、气候变化与水资源研究内容

不同空间和时间尺度气候变化下水文要素变化趋势及演变机理分析、不同气候变化情景下水文要素影响模拟及定量评估、水资源系统对气候变化的敏感性和脆弱性分析、气候变化下水文水资源效应评价的不确定性分析、气候变化对水安全综合影响分析及适应性对策研究等，是水资源主要的研究内容(陈晓宏等，2012)。

自从20世纪70年代以来，一些国际组织在该领域开展了大量的研究工作，如世界气候影响计划(WCIP)、全球能量和水循环试验(GEWEX)、国际水文计划(IHP)、全球水系统计划(GWSP)等，均涉及气候变化与水的相关问题。联合国政府间气候变化专门委员会(IPCC)已完成四次评估报告，气候变化与水问题的研究是其核心议题之一。我国从20世纪80年代开始开展了气候变化对我国水文水资源影响的系统研究，如已经实施或正在实施的气候变化对西北华北水资源的影响、气候异常对我国水资源及水分循环影响的评估模型研究、气候变化对我国东部季风区陆地水循环与水资源安全的影响及适应对策、气候变化对黄淮海地区水循环的影响机理和水资源安全评估、气候变化对水资源与生态安全的影响及其适应对策、变化环境下工程水文计算的理论与方法等课题。研究内容主要集中在以下几个方面。

1.气候变化下水文要素时空变化趋势及演变机理

气候变化下水文要素时空变化趋势是通过对水文气象等要素(如日照、降水、蒸发、风速、温度、雪盖、陆冰、海冰、流量等)长系列实测数据进行系统分析，揭示全球气候变化下不同空间和时间尺度下水循环要素变化趋势，并根据各要素之间的相关性分析，并结合水循环系统的演变机理对变化趋势和影响进行合理的分析和解释。该方面研究工作主要是历史变化规律统计分析和未来变化趋势分析。如建立了降水、气温和径流之间的经验关系，并以此来评价气温、降水变化对水文因子的影响(Stockton et al,1979)。分析流域积雪的减少和蒸散(发)的增加对径流的年内分配规律的改变，并减少现有的可用水资源量的可能(McCabe et al,1990)。分析气候波动对水文和水资源的影响，从降水、蒸发、径流和土壤水分、供水、需水及水资源管理等方面论述了水资源系统对气候变化的响应(Smith et al ,1993;沈大军等,1998)。通过气温、降水观测资料分析气候变化对水资源的影响，并预测影响水资源因素的变化趋势(魏智等,2006)，探讨关键区、敏感区气候变化对水资源的影响(姚玉璧等,2006)。

2.不同气候变化情景下水文要素影响模拟及定量评估

结合全球气候变化模式，通过降尺度方法和水文模型，对不同气候变化情景下全球或区域尺度水文要素影响进行模拟，定量评价气候变化对水循环过程的影响，预估未来的水文水资源情势。利用水量平衡模型分析 CO_2倍增情景下流域水资源量的变化(Mimikou et al,1997)，气候变化对该流域水文情势的影响(Gleick,1986)，流域水文系统的气候变化响应(Nash et al,1990)。设定情景与水文模拟相结合的途径评估不同区间河川径流量对气候变化的响应(张建云等, 2009)。根据假定的暖干化气候方案和气候模型的输出结果，应用水文模拟途径，分析主要产流区水资源对气候变化的响应及其变化趋势（王国庆等，2001）。以改进的水分平衡模型为基础，研究不同气候变化情景下未来地表径流的变化。

3.水资源系统对气候变化敏感性和脆弱性分析

考虑全球气候变化的不确定性，根据全球气候变化总体趋势，给定气候可能变化的值，模拟区域未来气候不同条件变化下水资源系统的变化情况，分析水资源系统对于气候变化的敏感性。结合当地现有的自然地理、生态环境、经济社会等条件，分析气候变化对水资源系统脆弱性的影响。大量研究成果展示了在气候变化下水资源供需影响研究基础上的水资源供需平衡—脆弱性分析和适应性分析。该类研究主要包括水资源供需盈亏的时空分布，流域内和流域间水资源的重新分配，还涉及区域水资源的开发利用规划，供水系统的脆弱性、弹性和稳健性分析等问题（唐国平等，2000；Riebsame，1988；Frederick，1997；Stakhiv et al，1997；Hobbs et al，1997；Rogers，1997；Mendelsohn et al，1997；Yohe et al，1997；Lettenmaier et al，1978；Frederick et al，1997）。研究供水系统对气候变化的脆弱性指标，并对供应系统的脆弱性进行估计（Gleick，1990）。模拟气候条件对降水的影响（Lettenmaier，1991），探讨径流、水量平衡对降水、气温变化的适应与响应、敏感性（Zhang et al，1993；王国庆等，2002），并提出变化环境下水资源脆弱性评估理论体系和评估模型（夏军等，2012）。

4.气候变化下水文水资源效应评价的不确定性分析

气候变化与水循环过程的关系问题是一个复杂的系统问题，由于目前对大气、水、生态环境、社会经济等系统内部和系统之间的认识有限，对于该问题的研究只能分析可能存在的变化趋势和影响程度，并且存在很大的不确定性。比如概率方法研究气候模式和排放情景的不确定性（Ghosh et al，2009），对气候变化的机理认识的不确定性，监测数据的不确定性，气候变化情景的不确定性，模拟模型、全球气候模式的不确定性，气候变化对流域水资源影响评价结果不确定性等（Giorgi et al，2002；贺瑞敏等；吴赛男等，2010）。所以，有待完善全球气候模式，研究和提出适合未来发展的排放情景和深入研究降尺度分析技术，同时改进和完善水循环评价模型，充分考虑未来环境变化对流域水文的可能影响，降低评价模型和评价过程的不确定性，将定性描述分析和统计分析的研究转变为定量研究与分析。

5.气候变化对水安全综合影响分析及适应性对策研究

分析气候变化对来水量（地表水、地下水）、可供水量、需水量（生活、生产、生态）、水文极端事件（洪涝、干旱）、重大水利工程、水环境水生态、水资源综合承载能力等的可能影响及存在的风险，综合评价气候变化对区域水安全的影响，同时针对存在问题，结合现有技术经济条件和未来发展趋势，研究可采取的适应性对策和措施。根据现有气候条件设计和运行的水资源利用将受到未来气候变化的影响，若温度效应伴随着年降水量的减少，将使未来水库供水和发电的年保证率大大降低（Nemec et al，

1982),甚至危害到地表径流、水土侵蚀、干旱时期灌溉标准和需用水量及农业用地(王守荣等,2003;Frederic,1993;Arnell,1999;Peterson et al,1990;McCabe et al,1992),以及气候变化对生活用水、工业用水、热电厂冷却用水、航运和水生生态系统保护、水位、水质、航运及渔业的潜在影响等用水部门的影响(Frederick et al,1997;Smith,1991;陈剑池等,1999;董磊华等,2012)。当然,研究降水、气温、光照辐射、风速风型变化对水质的影响(夏星辉等,2012),全球气候变化影响流域水文过程和植被生长(杨大文等,2010)。同时,气候变化导致的水文极端事件(洪涝及干旱)的增加、汛期降水量变化、直接影响和威胁人类生命财产安全、经济社会的发展和生态环境良性循环,也成为研究的主要内容之一(Whetton et al,1993;Zhang et al,2010;张国胜等,2000)。应对全球气候变化的适应性对策主要有加强气候变化的基础研究,调整经济发展模式和产业结构,加强水利基础设施建设,建立节水型社会建设,加强非常规水源的利用(《气候变化国家评估报告》编写委员会,2007)等。

三、覆被变化、人类活动与水资源研究内容

覆被变化率、植被覆盖年际变异的水平分异特征主要是受包括降水在内的气候变化、人类活动强弱等多种因素共同作用影响的结果。驱动覆被变化的因素,概括起来是自然条件驱动力、社会经济驱动力以及土地利用政策驱动力。自然条件驱动力是区域土地利用的基础,主要因素包括地质、地形、气候、水文、土壤、生物等多方面。自然条件驱动力可视为覆被变化的限制性条件,对土地利用覆被类型的空间格局以及物质、能量的分配过程都起着决定性作用,自然条件驱动力在短期内相对稳定,一旦剧变会对区域覆被变化产生深远影响。

社会经济驱动力是土地利用覆被类型在短期内发生改变的重要作用因子,主要因素涉及人口数量,经济、矿产开采规模和结构,科学技术等多方面。社会经济驱动力对覆被变化有直接的影响作用。在高寒草甸地区,人口数量的增长和局地人口密度的提高将产生大量土地需求,城镇化加剧,需要更多的城镇用地用于交通公路建设、住房建设和提供生活服务的其他场所。经济、矿产开采规模和结构变化将使草地可利用面积减少,放牧压力增大。新技术的产生也可能产生对土地的需求状况。

土地利用政策驱动力包括土地利用规划、土地管理制度等。它对覆被变化具有重要的导向作用,如政府号召人们实施退耕还草、退牧还草的行为,是实现社会可持续发展的主要策略,间接地对提高水资源利用效率、提升水源涵养能力有利。长期实施和坚持生态环境保护政策,对于生态脆弱区植被恢复,遏制生态退化和环境恶化等具有积极作用。

受人类活动影响,植被覆盖变化具有阶梯性,在土地利用重点区覆被变化最为剧烈,那些边缘区则较为平稳。为此,研究人类活动、覆被变化时需强化人类活动"梯度",界定稳定性、减弱性、过渡性、剧变性区域的划分,以掌握人类活动强度在生态保护和修复治理中对水资源的利用及影响作用。

但也要注意，持续的人工草地建植、植树造林、生态退耕、退牧还草等一系列生态恢复和建设工程，确实增加了植被覆盖，但这种过程因为增加了植物蒸腾，生态耗水增加，土壤趋于干燥，可导致土壤地表和地下径流减少。由此建议，在较为湿润的高寒草甸区域加强植冠（包括地上生物量、枯落物层和碎屑物层）截滞并蓄积降水功能的研究，有效涵养土壤水分和补充地下水，调节河川流量，提升涵养水源的功能。而在相对干旱的草地区域，植被覆盖的增加，将导致叶面截留降水变成叶面蒸发以及枯落物层吸纳降水的能力变强，降水并非能使土壤水资源得到提升，或产生较大的径流转换为地下水，河川径流将减少，向下游的输水也将减少。为此，围绕不同流域内的不同地势、地貌条件、植被条件，研究设计不同的土地利用/覆被组合类型，强化水源涵养保护是必要的。

第二节　全球变化对地表水资源影响评估的主要技术方法

随未来气候温暖化，这个淡水资源相对匮乏的星球，水资源管理问题显得非常重要。面对未来气候的变化，首要的问题是如何估计随之而来的地表水径流变化，特别是要考虑径流波动变化的范围。而地表水径流的随机波动范围可以在气候不变的假设下进行估计。

对于气候变化的水文水资源效应研究，目前主要采用的技术、方法主要有统计分析、成因分析、情景假设及降尺度、模型模拟、多模型耦合等。气候变化对水系统的影响研究是一个复杂的系统问题，在实际问题研究过程中并不是孤立采用某一种技术或方法，都是相关技术方法的有机结合。

丁一汇（2008）研究指出，在全球气候变化背景下，全球水循环发生了变化，表现为降水、流量集中和年变化大，这使得干旱与半干旱区水资源对于气候变化影响特别脆弱。降水增加可补偿一部分地表水的减少，但由于人口的增加和水需求速增，地下水也呈明显减少，并长期得不到恢复和补充。许多地区，遭受更强烈的持续多年的干旱（如非洲西部、美国西部、加拿大南部、澳大利亚等），而另一些地区由频率和强度增加的极端降水事件引起的降水强度增加，在这些地区洪水风险增加。从全球看，1996—2005年严重内陆洪水灾害是1950—1980年间的2倍，经济损失则达5倍。全球气候变化间接反映在降水方面是冰川退却与融化以及积雪更早的融化，这些过程使河流最大流量由夏季移向春季，或由春季移向冬季，使夏秋出现更低的流量，或使已存在的低流量更低，明显增加了流域的水资源脆弱性。另一方面，全球变暖对湖泊等水体污染（包括沉积物、营养化、可溶性有机碳、病原体、杀虫剂、盐和热力污染等）的影响，由于水温升高、降水强度增加和长期的低流量使湖泊和水库多种水污染加剧，强降水增加，还可使更多的营养物、病原体和有毒物质被冲刷到水体中，进而影响到生态系统、人体健康、水系统的可靠性等。不难理解，在了解人类活动、气候变化对水资源的影响，并掌握主要研究技术方法的基础上，就有可能对未来气候对水资源(主要指降水量、蒸散量、土壤贮水量和径流量等)的影响给予预测预报和评估。

一、"黑箱"理论

现在有大量的模型(通常称为水利模式)，其范围从纯黑箱输入-输出(变换函数)的"黑箱理论"模式到各种程度不同的"灰箱"概念模式(图11-1)。然而，没有一个能够算作是气候变换模式，或至少到目前为止没有一个被结论性地证实为这样一个模式。同时，我们缺乏对蒸散、降水、径流等过程的随机结构的理解，即使在稳定条件下也如此。而这是建立有意义对比的坚实基础。

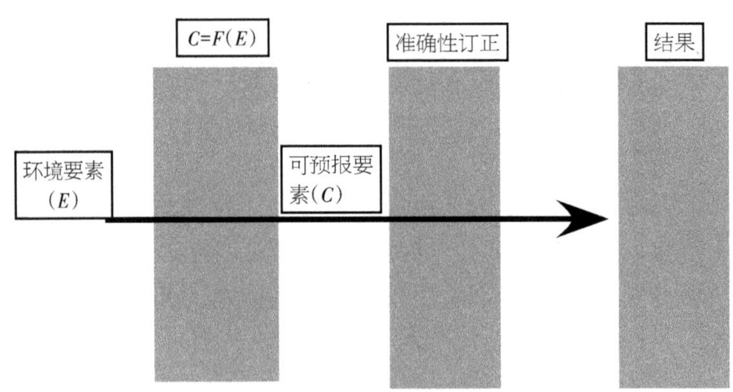

图11-1 "黑箱理论"模式

二、状态函数—"水库"模式

为了定量表示地表面水资源沿某个区域或某一条河流给定点的开发潜力，一个最方便的方法是"水库"状态函数。这个函数表示出由一个给定贮水能力的水库来维持该区域或河流以给定流速流动的可靠性。这个流速通常称为目标排放(从假设的水库中流出)或安全流出，而它的可能性(或保险的程度)用排放下降到目标排放之下的时间百分数表示，或用一年时段中排放不降到目标排放之下的概率表示，或者用类似的特征量来表示。

气候变化前和变化后两个随机过程下的水资源，要根据有限的资料样本来估计。状态函数的三个变量(目标排放、存贮量和可靠性)每一个都有一个概率分布，三者之间的定量关系由代表该区域或河流的随机过程的特性来决定。同时，这三个变量一般也说明了气候变化之前和之后两个分布相重合的程度，其标志着气候变化对地面水资源开发潜力影响的统计显著性的程度。这样，在理论上看，气候变化对表面水开发潜力的影响主要由历史流量的随机过程的状态函数与气候改变之后的随机流量过程的状态函数之差来决定。因此,气候变化的影响可以用“水库”维持给定目标排放的可靠性的差来表示,或者用给定的可靠性的目标排放值与贮水能力之差来表示,最后还可以用指定可靠性来维持给定排放值所需的贮水能力的差来表示。

可以认为,上面所述的计划在理论上是明确的,但是实际执行起来却会遇到一些问题。一是如何定量估计基本气候变量如气温、辐射、降水、土壤水贮量、水分蒸腾蒸发的变化。而且,它不仅涉及长期状态的变化,也涉及季节变率,即涉及一切与随机过程有联系的指标。二是如何把基本气候变量转化为影响“水库”流量(流进流出)过程的机制模式化。解决了上述问题,我们就可以在假设未来气候变化的情景下,对地表水资源影响进行评价。

三、气候-水文过程模式

气候变化对水文水资源系统影响的定量评估离不开水循环过程的基本原理和模拟模型,如水量平衡原理、概念性水文模型、分布式水文模型等。常用的概念性水文模型有新安江模型、陕北模型、TANK、SWMM、PRMS、HSPF、HBV、AWBM、SSARR、NWSH、YRWBM、SARC 等(徐宗学, 2009),具有代表性的分布式/半分布式水文模拟模型和地下水模拟模型有 TOPMODEL、SWAT、MIKE SHE、VIC、TOPKAPI、MODFLOW、FEFLOW 等。

如 Nemec 和 Schanke(1982)应用概念性水文模型层提出了气候变化对美国干旱地区和湿润地区径流的影响模式。以 Thomthwaite 等(1949)建立的水量平衡模型为基础,McCabe 等(1990)、Gleick(1986)分别对美国特拉华流域和美国加州萨克拉门托流域的水文情势进行研究。Chiew 等(1994)研究了气候变化对澳大利亚 28 个代表流域的影响。Majorand Frederick 等(1997;Dowlatabadi et al, 1993;Gleick, 1987;Schaake, 1990;王国庆等,2008;邓慧平等,1998)采用确定性的月时间尺度水量平衡模型来研究气候变化对水文水资源的影响。傅国斌和刘昌明(1991)采用概念性月水量平衡模型分析了全球变暖对海南万泉河流域水资源的影响。陈英和刘新仁(1996)应用新安江月模型模拟了淮河蚌埠以上流域对 7 个 GCMs 气候情景的响应,分析了各水文要素的相应变化情况。英爱文和姜广斌(1996)应用 WatBat 模型分析了辽河流域水资源对气候变化的响应。郭靖等(2008)采用两参数月水量模型分析了气候变化对丹江口水库径流过程的影响。Dibike 等(2005)通过比较降尺度和水文模型方法,分析气候变化的水文响应。Loukas 等(1996)根据 CCC 气候模型的输出结果,采用 UBC 流域水文模型研究了 CO_2 倍增对英属哥伦比亚区的两个流域径流的影响。Kirby 等(2003)利用 SIMHYD 模型,分析了气候变化情景下澳大利亚首府地区的流域水资源量。王国庆等(2006)通过采用 SIMHYD 概念性降水径流模型,分析了气候变化对黄河中游汾河流域径流情势的影响。贺瑞敏等(2007)用澳大利亚水平衡模型(AWBM),分析了环境变化对黄河中游伊洛河流域径流量的影响。陈利群等(2007)利用 2 个分布式水文模型(SWAT, VIC)进行模拟,并对比其模型结果,研究土地覆被与气候波动对径流的影响。刘昌明等(2003)应用SWAT模型的水量计算部分,选取黄河河源区为典型流域,基于DEM模拟不同气候和土地覆被条件下的黄河河源区地表径流的变化。袁飞等(2005)应用VIC模型与区域气候变化影响研究模型PRECIS耦合,对气候变化情景下海河流域水资源的变化趋势进行了预测。王国庆(2006)采用假定的气候情景,利用改进的水文模型研究了黄河中游各区间径流量对气候变化的敏感性。王兆礼(2007)以RS、GIS与DEM技术为基础,构建了东江流域分布式水文模型-DJWDHM,并利用该模型模拟了流域气候与土地利用变化对水文要素的影响。陈军锋等(2003)利用一个集总式水文模型(CHARM)模拟了梭磨河流域气候波动和土地覆被变化对径流影响。还有一些学者根据不同流域特点相继提出了一些大尺度流域水文模型评估气候变化对流域水资源的影响(郝振纯等,2006;王国庆等,2000;Xiong et al,1999;刘家宏等,2006;郝振纯等,2000;张建云等,2007;Boughton,1995;Arnell,1999)。

采用流域水文模型研究气候变化对流域水文水资源影响方面有两个明显的趋势:(1)从统计模型向概念性水量平衡模型和基于物理过程描述的分布式流域水文模型转化,水文水资源特征对气候变化的响应机理更清楚;(2)在模型的计算时段上,也从较大的时间尺度(月)向小的时间尺度(日)转化,便于了解流域水文水资源特征的实时变化。

四、情景假设与模式分析

目前主要根据全球气候模式采用简单法、统计法、动力法、多种方法相结合等降尺度的方法生成区域内未来气候变化情景,作为气候变化影响效应评估的输入条件。动力降尺度方法由于物理意义明确,对观测资料依赖小,应用前景较好,但由于计算复杂,现阶段实际应用受到较大的制约。统计降尺度计算相对简单,目前采用该方法进行研究的较多(郭靖,2010)。常用的降尺度方法有相关分析法、天气分型法、天气发生器法等(杨涛等,2011)。

气候变化的影响研究涉及海洋、陆地、大气等多个系统,其研究有赖于气候模型、水文模型等诸多模型的有机结合。其关键核心问题涉及模型的接口技术,即情景假设与传统模型的有机结合。在全球尺度上,由于气候系统受到地球外环境、地球内部各系统和人类活动各方面的影响,对未来气候变化趋势的预估还存在很大的不确定性,所以只能根据各种未来可能存在的变化情况及趋势进行情景假设,在此基础上开展气候变化的影响评估。生成情景的方法有任意假设法(如假定未来气温升高1 ℃、2 ℃、3 ℃,降水量增加或减少10%、20%、30%等)时间序列分析、时间/空间类比、基于GCMs输出等方法(郭靖,2010),目前基于GCMs输出是最为常用的方法。常用的GC-Ms包括美国NCAR模式、GFDL模式、CSU模式,英国UKMO模式、HADL模式,加拿大CCC模式,日本CCSR模式,德国DKRZ模式、ECHAM模式,澳大利亚CSIRO模式,中国的IAP模式、CAMS模式、NOA模式、NCC模式等。考虑全球气候模式的现有分辨率,直接应用于区域尺度上难以满足实际需求。对于区域尺度,气候变化不仅受到区域内部各种相关因子的影响,在相当大程度上受到全球气候影响,其不确定性更大,所以必须将 GCMs 输出降解到区域尺度上,作为水文模型的输入条件,以便开展相关研究。

相关研究,如刘春蓁(1997)曾利用 GCMs预测的未来气候情景系统研究了全球气候变化对我国水文水资源以及水资源供需平衡的影响。曾涛等(2004)建立了气候陆面单向连接模型,通过降尺度处理GCMs 的输出结果,连接到分布式水文模型计算径流,以山西省为例进行不同情景下未来径流变化趋势的分析。张建云等(1996)利用 GCMs 的模拟结果对我国 7 大流域的水文要素变化进行了分析。范丽君(2006)采用统计降尺度的方法对中国未来区域气候情景进行了预估。郝振纯等(2009)以 Delta 方法为基础,通过双三次多项式曲面插值法(DCSI)来考虑气候要素变化率在大尺度网格内的空间不均匀性,并对未来水资源情景进行模拟预测,结果表明 Delta-DCSI 方法是简单可行和更为合理的降尺度方法。左德鹏等(2001)统计降尺度模型 SDSM 将 HadCM3 输出数据降尺度到各站点,分析未来气候变化情景下渭河流域潜在蒸散量以及最高、最低气温的时空变化趋势。

Nevmec 和 Schaaxe(1982)考虑了 12 个气候变化的不同方案,这些方案所包含的气候变化范围与人们所认为的大气中 CO_2积聚所引起的气候变化范围大体一致。这些方案是用三种不同气温的变化和四种降水变化的相互组合来划分的,气温的变化被变换为三个对应的水分蒸腾的变化值。研究表明,4 个不同发展水平中,每一种在不变的气候下的可靠性都是 95%。

不少学者利用上述谈到的多种模式进行了未来气候情景下的水资源预测预报,IPCC 报告(2007)也按上述模型给出不同的结果。我们不要求其预报取得的可靠性完全精确,这是因为无论是在表示变化后的气候强迫函数方面还是在我们所使用的水文模型方面目前都存在着不可避免的缺点,因此很可能其可靠性不高。但我们要相信,这些概念对水资源管理者来说是非常有意义的。随着科学技术水平的提升与发展,这些模式的预测预报将会更准确,在指导区域或流域水资源管理方面将发挥重要作用。

五、统计分析与可能性预报

结合回归统计,我们可以得到未来气候情景下水资源的一些变化,但并不能认为完全正确,除非对它们进行统计显著性评价,或者对上述假设不变的流量的样本波动所引起的状况进行比较,这样一个检验可以用相应给定的不变气候的可靠性的置信界限来给出,例如可以给出 95%、99%的置信限。正如前面所述,如果关于流量的随机过程是知道的,那么这些置信限是可以推导出来的。当然,进行这些回归处理和统计预测预报,历史记录必须有足够长,若历史记录非常短的话,将得不出什么重要的信息,其过程随机的结构并不能达到令人满意的预测预报模式。也就是说,构建模拟预测预报模式,不仅其物理概念和动力学原理比较清楚,相互影响机制和机理关系明确,而且历史数据样本量足够长。应该明白,两个参数间统计显著性随着基本资料的缩小和样本的不确定性增加而下降,这是普通的知识,这种显著性的减少是由于样本分布的变率引起的。并不是说置信区域的宽度是样本大小的函数,而是说在给定样本大小的情况下置信区域宽度是过程结构的函数。换句话说,在这个判断中,记录的短缺被当作我们没有能力洞察其巨大的复杂性的一个理由,这种复杂性可能是与过程有内在联系的。

如果我们关心在较短记录的基础上如何评价气候变化影响的统计显著性问题,而资料缺乏本身又可能因为低估自然气候过程的复杂性导致夸大统计显著性。说明没有可靠的统计推断,任何据说被发现的气候变化只能归功于基本上不能预报的自然波动的偶然变化,还必须记住,没有对气候过程的动力结构的了解,可靠的统计推断是不可能的。

在用以估计气候变化的历史样本太少并且对可靠的统计推断来说是不够的场合下代用资料可能提供一些分析。一般地说,代用资料与我们寻找信息所要用的资料有密切的关系时,可以预期会得到好的结果,如可以用它的具有物理意义明确的长时间序列资料进行相关分析,但得到的结果可能有一定风险性,应慎重应用。另外,在进行数据分析时,为了简化分析,我们先不去评价可靠性如何,而是多集中于研究年降水,特别是其平均值及标准差,因为它们代表了区域"水库"状态函数重要的参数。同时,如果只根据原始资料(即不参考任何代用资料)来对"变化后"参数之差别的统计显著性进行判断,就必须按使用代用资料的结果进行判断,主要原因是扩展所研究过程的记录长度,希望较长的代用资料能指示在较短的原始记录中不明显的一些重要的过程特征。

采用概率与数理统计学方法对长系列数据进行分析,如 Man-Kendall 秩次相关检验法、Spearman 秩次相关检验法、线性回归等方法分析水文气象要素的变化趋势,主要分析对象为气温、降水、蒸发、流量等数据的多年平均值、逐年平均值、逐年最大值、逐年最小值、逐年最大月(旬、日)平均值、逐年最小月(旬、日)平均值等。通过目前已掌握的降水、蒸发、径流等水循环的影响要素的变化机理,结合统计分析结果,对气候变化的水文水资源效应可能成因进行分析,预估气候变化条件下各要素未来的趋势变化。

如 Stockton 和 Boggess(1979)应用 Langbein 等估计的年径流量、年均温度和年降水的经验关系对美国 7 个主要流域进行了研究。Stanley 和 Misganaw(1996)则根据统计分析方法综合分析了美国伊利诺伊州若干流域 1940—1990 年气候波动和土地利用变化对河川径流和洪水的影响及各自的贡献大小。尤卫红等(2005)以云南纵向岭谷地区历年逐月径流量观测数据和云南的逐月雨量和气温等观测数据为基础,应用统计分析和小波变换分析方法,研究了云南纵向岭谷地区年际气候变化及其对国际河流年径流量变化的影响。蓝永超等(2003)提出和使用一个用于黄河上游径流变化趋势超长期预测的时间序列 Markov 链耦合模型。邓慧平等(1996)应用多种随机模拟方法分析了径流均值变化对洪水干旱频率和强度的影响。

不能低估气候变化对水资源开发的影响的准确评价问题的重要性,也不能低估这个问题的困难性,这就需要我们在对原始气候变量的变化进行定量估计方面加强不肯定性分析,要从对气候的动力学理解上多下功夫。当前虽然有大量的水文模式,但其预测预报因区域性质不同,其准确率将会受到限制,这就需要我们对水文机制加强理解,并对水文模式不断得以完善;较短的历史记录将会阻止我们弄清楚河流随机过程的正确结构及其参数处理,倘若用较短的历史数据来进行未来气候情景下水资源量的变化评估,会有较大的误差和不稳定性,即在小样本基础上进行有用的推断,当前的统计方法是不够的。而长期资料却是评价气候变化影响的显著性的最基本的基础。

上述谈到的不论是“黑箱”、“水库”理论,还是气候—水文模型、统计分析等,反映出气候变化对水文水资源影响的定性预测和定量评价有许多不同的方法。为进行大范围的研究,宏观的水文模型与输出结果相连接是一种比较好的方法。该方法以输出作为水分平衡模型的输入,同时也考虑了土壤类型、植被类型、降水、蒸发、径流以及土地利用等因素。在地理信息系统的支持下,每个网格单元被当成一个流域与输出连接起来。但其总的分析评估气候变化对区域水文水资源的影响常包括以下步骤(江涛等,2000):(1)定义气候变化情景;(2)建立、验证流域水文模型或回归统计模型;(3)将气候变化情景作为流域水文模型的输入,模拟、分析区域水文循环过程和水文变量;(4)评价气候变化对水文水资源的影响。最后则是根据水文水资源的变化规律和影响程度制定适应的对策和措施。

第三节　高寒草甸水源涵养功能提升与保持对策

尽管对水资源、水过程研究具有较为成熟的方法,并得到了有意义的研究结果,但区域不同,受不同环境影响,特别是气候变化对水文水资源的影响研究涉及的范围广(地圈、水圈、社会经济圈)、学科多(水文学、水资源学、气象学、生态学、经济学、环境科学、社会科学、系统学、统计学等),就是同类地区因研究者采用的方法和技术路线不同,其研究结果也存在较大的差异性。为此目前的研究仍然有不少问题没有很好地解决。

一、加强研究能力,强化应对措施

1.加强区域植被退化和恢复与水文过程之间相互影响和耦合关系的研究

在一定的气候条件下,植被的分布格局控制着区域径流量的空间分布格局及水资源的分配。植被退化严重地区由于地势等原因汇集水源，同时长期的积水加剧了土壤盐碱化。土壤的盐碱化又改变了植被群落结构和组分，形成一个正反馈过程（冯瑞章等，2010）。因此，加强草地植被退化与水文过程之间相互影响和耦合关系的探讨，水分行为对植被的生长和分布的影响，重视草地生态系统变化与水文过程间相互关系的探讨，利用调整水文过程的方法有效控制植被动态，通过草地植被改变水分分配，控制极端水文事件（洪水和干旱）的发生，增加区域的保水能力和对水土流失的能力都具有重要意义。

2.加强高寒草甸生态水文生物因子与气候因子协同作用的研究

当前研究大多集中在气温单因子或少数因子之间的相互作用对高寒草甸水文生态的影响，且对流域的水循环过程影响的主导因素及黄河流域径流量减少的原因仍旧存在较大争议（云文丽等，2011；任继周等，2005；陈利群等，2007；蒋元春等，2011）。因此，在研究过程中从径流量变化的内在规律和外在机理上进行再分析和再认识，通过建立模型来分析生物因子与其他气候因子对高寒草甸生态水文的联合效应，将是以后研究的重点和难点，进而较为准确地对其未来趋势进行预测，对确保黄河流域水资源安全意义重大。国际上综合研究气候变化对水文系统影响的范例很多，并建立了相应的评估模型，但对于高寒草地的研究仍在探索之中，现有的模型较为单一，需要加强气候变化相关要素监测体系的完善和建设。

目前气候变化的影响研究在很大程度上受到研究地区和历史监测数据资料的局限。特别是青藏高原地广人稀，很多地区系无资料地区，严重阻碍评价理论、方法与实践的拓展研究。选择有代表性的地区构建有针对性的监测体系，积累长系列实测资料，为高精度模型的研究奠定基础。一方面，可满足高寒草地不同空间和时间尺度上模型应用研究的需要；另一方面，也可以为将来区域水资源估算，水源涵养功能提升，并取得经济效益提供解决途径，也是应对高寒草地不同空间和时间尺度上模型应用研究的需要。

气候变化对水循环及其伴生的其他过程的研究，目前主要重点为水量，突出在地表，在已有成果基础上，未来应加强对水循环及其伴生全过程的综合研究，水量、水质与水生态结合，大气、地表、土壤与地下结合，重点加强对水环境水生态的影响、水文极端事件机理、区域水安全综合影响等方面的研究。

3.加强气候—水文模式双向耦合以及尺度降解技术的研究

尺度降解技术是现有全球气候模型—水文模型耦合的关键技术之一，受到现有认识水平的限制，还存在极大的不确定性，其精细化程度直接关系到最终模拟成果的应用。随着相关技术如“3S”技术的发展和基础资料的积累，将为降尺度方法提供良好的基础条件和机遇，简单实用的降解技术将成为将来研究亟须破解的难题之一。

4.加强模拟气候情景对高寒草甸生态系统水源涵养功能影响机制作用的研究

空间尺度界定及其转换。尽管GCMs降尺度输出结果连接到分布式水文模型的研究很多,但水文空间不均匀性带来的尺度问题依然存在,即模型基本计算单元的确定以及不同尺度的模型参数能否转换问题。这主要表现为模型参数的网格化,即通过寻找模型参数与地理信息之间的关系,能否将确定的模型参数移植到无水文资料地区应用,仍然是有待研究的问题。

5.加强人类活动与水文过程之间相互影响和耦合关系的研究

人类活动(过度放牧、乱挖乱采、修路取土、旅游践踏等多种方式)不仅严重影响草地生态系统生产力,而且深刻影响着土壤水源涵养功能。高寒草甸植物根系发达,盘根错节,土壤及土壤表层具有很多的植物残体,受过牧、践踏等影响,草地土壤变得紧实,土壤毛管持水能力下降,根系生长变缓,也限制了根系分泌和地上枯落物对土壤有机质的补给,同时微生物种群数量降低。最主要而且直接的结果是补给土壤有机质的能力衰减,导致土壤持水能力下降。

为此,需要加强气候变化、人类活动与水源涵养功能提升的研究,以及人类活动与水文过程之间相互影响和耦合关系的研究。

6.加强气候—陆地生态系统—社会经济系统及其相互作用方面的综合研究

目前,关于气候—陆地生态系统—社会经济系统及其相互作用方面的综合研究主要以定性描述分析和统计分析研究居多。但气候—陆地生态系统—社会经济系统及其相互作用方面的综合研究较为薄弱。如在土地利用/土地覆盖变化水文影响方面,综合评价各类下垫面的变化对流域水循环、水平衡及水旱灾害的影响,定量区分各类下垫面变化的贡献大小的研究相对较少,结合气候变化的研究更少。在气候变化水文水资源影响方面,考虑未来气候变化对水平衡、水循环、需水量和水旱灾害的影响研究还较少,以及流域土地资源、水资源变化及适应调整对经济增长、产业结构及生产力布局的影响以及两者之间的反馈关系的研究也相对较少。在气候变化大背景下,极端天气事件与洪涝灾害的形成机理研究、用水安全分析及水资源管理系统脆弱性研究的成果不多。利用遥感技术和地理信息系统建立机理驱动的概念性水文模式动态模拟气候变化的水文效应的研究工作较为薄弱。

气候变化与人类活动对水文水资源系统的影响的科学识别与定量评价研究。水循环过程受到多重因素的影响,构建"气候变化—人类活动—水"系统模型,科学识别与定量评价和区分气候变化与人类活动的贡献(影响)也是研究的难点之一。

7.加强气候变化的水相关风险及其适应对策的分析

在气候变化对我国各类水资源脆弱区影响的风险评估方面,由于气候变化的分析存在很大的不确定性,再由于气候变化对水循环过程外部条件的改变,未来变化趋势必然发生改变,若仍采用原有标准,风险必将增大。如何客观评估由此增加的风险,采取合理的对策(修正技术参数或采用其他补救措施)等,是重大工程论证建设和运行管理中不得不面对的难题之一。考虑综合分析和科学应用气候变化预测成果的研究、气候变化后与衍生的水相关风险分析也很缺乏。为此,采用相关经验理论和技术方法，建立历史统计规律分析实为必要。同时，应建立对于气候变化的适应性对策，加强不同对策的经济效益定量对比分析研究。

二、转变观念，提高水资源利用与水源涵养提升能力

1.草地退化与水资源、水涵养

高寒草甸植被影响大气降水截留、地表径流、蒸发以及土壤水分交换，进而影响江河产流。高寒草甸生态系统自身调控能力较低，具有较强的惰性，恢复能力与抵抗外界干扰能力较弱，并且分布区域自然条件极为严酷，生态系统极其脆弱，土壤成土时间短、土层薄，草地植被一旦遭到破坏，很难恢复。同时，高寒草地植被发生退化后，草地土壤的水文过程、土壤结构及其理化性质将发生严重改变（范月君等，2016）。退化后的高寒草甸土壤趋于干燥，持水能力减弱，水资源分配失衡。即使进行人工改良，土壤水分含量与持水能力也不会有明显改善（王根绪等，2003）。就目前来看，水资源保护就是保护好冰川、雪山、湖泊、沼泽、河流、地下水、冻土水等。

人类活动及气候变化双重影响作用，威胁到青藏高原包括高寒草甸在内的草地生态系统健康与安全，导致高寒草甸退化，进而影响到水资源分配与水源涵养能力。

青藏高原地质发育年轻，脱离第四纪冰川作用的影响时间短，现代冰川有较多的分布，至今地壳还在上升，高寒生态环境不断强化，致使成土过程中的生物化学作用减弱，物理作用增强，土壤基质形成的胶膜比较原始，成土时间短，土壤大多较薄，粗骨性强，保水能力差，肥力较低，易造成水土流失。高寒草地植物群落结构简单，生态系统的稳定性、抗干扰能力以及自我修复能力较低。

目前气候变化和人类活动所造成生态系统的破坏，我们只是被动地应对，具体防范措施、主动应对策略显得薄弱。

然而，对于高寒草甸生态系统而言，其分布地理条件恶劣，草地类型种类多，该领域仍然还有一些问题和不足。针对气候变化对水文水资源的影响情况，需要详细地对其进行分析，并完成对其的控制，尽可能地减少水文水资源的减少，并提高对水资源的保护能力，提高水资源的利用效率，保障生态环境的稳定和平衡。

2.强化区域水文水资源调控，完善监测体系

受到气候变化的影响，极端气候是切实存在的，尤其是干旱、洪涝等灾害，这些灾害对人们的生活造成不利影响。为此，需要重视对区域水文水资源的调控工作，遵循人与水和谐相处的原则，科学利用水、保护涵养水能力的工程建设，提高蓄水、持水、滞水能力。在现有气象、水文、土壤、植被等诸多生态参数监测的基础上，拓展植被/土壤持水、蓄水、地表地下径流、植被实际蒸散能力等的监测。结合 GIS、GPS 等技术，强化水文水资源的连续动态的空间监测，完善对干旱、洪涝灾害的预测预报，评估降水、冰川融水、冻土融水的空间分布格局，降低灾害的影响。重视对水文水资源的保护工作，减少水文水资源的污染情况，配合工程，科学强化对区域水文水资源的协调，尽可能地降低气候因素对水文水资源的影响，提高水文水资源的利用率，促使人类与水资源和谐共处。

3.重视生态环境保护

重视生态环境保护，发挥环境的自净能力，促使生态环境能够自主地完成对气候的调节活动，进而推动环境质量良性循环，减少气候变化对水文水资源的影响。首先，需要完成对气候变化的分析，并明确造成气候变化的主要因素，针对这些因素采取适宜的措施；其次，需要合理地对森林资源、湿地资源等进行保护，减少温室效应的影响。

鉴于气候变化的基本情况，需要切实制定严格的CO_2排放标准，尤其是相关工业企业。此外，合理地将低碳生活的理念进行落实，促使人们在日常生活中能够意识到碳排放的重要性，减少人为活动对气候造成不利影响。还需要强化对洁净可再生资源的应用，减少碳的排放量，保障水文水资源的保护工作。

考虑到三江源地区是牧区，应在该区的牧草承载能力允许的条件下，允许牧民在这一地区小规模放牧，以减轻保护区的经济压力。在不破坏其生物群落和生态环境的前提下，可进行科学研究、生态环境调查观测、林草植被建设等。

加大资金投入力度。虽然国家实施了多项生态保护、生态环境治理、草地恢复等措施，并制定了许多的法规和政策，配套大量资金，但对于高海拔、低氧环境的高寒草甸，退化的植被得以恢复，并非在短期内就能达到理想的结果。高寒草甸植被达到顶级群落是一个长期的过程，甚至需要十几年、几十年的恢复时间。

4.实施林草植被的保护和恢复工程

涵养水源的环境根本在于水源植被的保护和恢复。一是在水资源保护区内实施人工造林、封山育林、减畜育草、退耕还林(草)恢复林草植被。二是禁止天然林采伐，护林防火，森林草地病虫鼠害防治，严禁偷砍滥伐，核心区禁牧、牧民搬迁、集中定居，调整畜群结构。准确评估自然环境下的气候资源，规划人工造林、人工草地建植、退牧还林(草)、封山育林(草)区域，并且保证其稳定性。

加强草地可再生资源的保护和管理是增强自然植被生态系统适应能力、减缓脆弱性的重要基础。尽管国家制定和颁布了各种与保护自然生态系统相关的法律、法规和政府规划，但由于人口增长和工农业生产发展，使得人类对自然资源大规模开发利用，导致可再生资源与植被生态系统退化甚至枯竭。为此，必须从根本上实施天然草地的封育保护政策。

人工草地建植、封育退牧还林(草)等措施将大大提高水源涵养能力，对增加土壤深层水分渗漏，通过地下径流补给江河水径流，减缓地表径流，增加土壤/植被蓄水能力，增加碳汇强度等有利。

草地围栏封育，即把草场划分成若干小区，使围起来的退化草地因牲畜压力的消除而自然恢复。它是人类有意识调节草地生态系统中草食动物与植物的关系以及管理草地的手段。由于其投资少、见效快，已成为当前退化草地恢复与重建的重要措施之一(周华坤等,2003)。

但是,根据草地生态系统的可持续性原理(戎郁萍等,2004),草地围封不应是无限期的。封育期过长,不但不利于牧草的正常生长和发育,反而会抑制植物的再生和幼苗的形成,不利于草地的繁殖更新(程积民等,1998)。因此,草地围封一段时间后,进行适当利用,可使草地生态系统的能量流动和物质循环保持良性状态,进而维持草地生态系统平衡。封育时间的长短,应根据草地退化程度和草地恢复状况而定(孙祥,1991)。

人们也意识到,在季节转换时期,特别是冬夏二季放牧家畜转场时期,对草地的保护也显得极其重要。春季土壤上层冻土层逐渐融化,但深层冻土仍然维持。融冻层是一个重要的聚水区,融冻水聚集后往往导致土壤水分含量很高,甚至达到饱和状态。这时候放牧过度往往易使土壤表层板结,直接影响到植物的萌动发芽,乃至整个植物生长期的健康生长发育,终久导致植被/土壤退化,进而影响到蓄水、持水等水源涵养能力。建议在该期减少草地自然放牧,多开展圈养补饲,减缓土壤板结现象,使植物初期营养生长得到充分的生息机会。秋季是大部分植物成熟阶段,成熟植物的果实带有较多的汁液,营养丰富,放牧家畜最喜欢觅食植物成熟的果实。果实过量被觅食,相对减少了掉落地表的概率,影响到土壤种子库种子数量,进而对草地再生能力不利,也是导致植物群落结构和草地生态功能衰减的原因之一,草地生态功能衰减也影响到土壤、植被的蓄水、持水能力。为此,建议在秋季放牧时,最大限度地选择植物枯黄、植物种子完全成熟且受外部条件影响后易掉落地表的时期再放牧。该时期放牧将发挥“一只羊五张嘴”的功能,发挥家畜四个蹄子使植物种子埋深于土壤,对来年种子的萌发具有重要作用,增加了植物有性繁殖的自我修复能力。

5.合理放牧制度,严格放牧时间和放牧强度

草地畜牧业既是一项综合产业,也是一项复杂的系统工程体系。在如何提高高寒草甸水源涵养能力时,也可用生态—经济复合系统的理论做指导,揭示和阐明草地生态系统结构、功能的同时,探讨草地退化的机理以及与环境之间的相互关系,针对系统的特点,既要保证生产力的提高,还要保障生态功能的维持和提升。

超载过牧是对相对稳定的草地生态系统的干扰,是草地退化的主要原因之一,鼠类活动加剧了退化进程。超载过牧可使植物组成与结构发生改变,组成高寒草甸的建群种及其伴生种,如矮嵩草、线叶嵩草、小嵩草、藏嵩草以及异针茅、羊茅、紫羊茅、早熟禾等关键种,在家畜的啃食和践踏下,其高度、密度和优势度等方面下降明显,特别是禾本科植物长期处在营养生长阶段,种子不能成熟而影响了种群的繁衍,降低了资源利用率和竞争能力。相反,家畜厌食或不采食的杂毒草,如甘肃棘豆、细叶亚菊等则充分利用光热水及养分等资源,生长茂盛,竞争能力增强,改变了群落的外貌和结构(周兴民等,1995)。

随着植被的演替和栖息环境的变化,草地啮齿类动物种群数量也在不断发生改变。植被在适度、轻度放牧或封育条件下，禾草、莎草类植物发育良好，食口性、营养含量较高的食物充足，草群高而密度大，环境隐蔽的环境中，根田鼠、甘肃鼠兔占据主要优势。当过度放牧后，禾草、莎草发育不良，杂类草滋生，高原鼠兔、高原鼢鼠数量急剧增加而成为优势种群，不仅与放牧家畜争食，更为严重、影响深远的是在于其对草地的挖掘，破坏植被，挖掘出来的斑状土丘，形成微地形，可造成水土流失和微气候环境的改变，从根本上破坏了高寒草甸赖以生存的环境，使草地加速退化，进一步影响到水源涵养能力等诸多功能的保持和提升。

为此，现阶段除草地封育外，对那些仍进行放牧的草场，要进行优化放牧。相关研究发现，适当刈割或适度的放牧利用，不但不会给草地造成损害，相反能改良草地质量，刺激牧草分蘖，促进牧草再生，研究结果表明，适度放牧也是保护草地的方式之一。

6.建立健全水资源补偿机制

目前国家重点生态功能区生态环境保护资金主要来源于国家纵向转移支付，不管是一般性转移支付还是专项转移支付，都是由中央统一通过专项转移支付的形式下拨给地方，无法有效地反映省际由生态效益或成本外溢形成的横向生态补偿关系，因此需要建立以生态补偿为导向的省际横向转移支付制度，由受益省份向国家重点功能区省份进行补偿。从我国横向转移支付的现有实践情况看，若突破地方行政辖区限制开展跨省生态补偿，只能由中央政府相关职能部门牵头或组织进行，具体方式可以采取对口支援等形式。

三江源水资源对整个中华民族的贡献都是巨大的，但却没有从水资源的补偿角度给源头地区以回报。三江源区是一个少数民族地区，又处在特殊的高原自然环境之中，自然条件恶劣，各种自然灾害频繁，影响和限制了本区的经济发展，因此，在国家大力投资建设的同时，建立生态补偿制度，根据《森林法》，借鉴国际上生态效益补偿办法，尽快建立三江源保护资金和生态效益补偿、水资源补偿费等专项资金制度及相关条例。在中下游地区征收水资源补偿费，用于源头地区的生态保护和建设。使建设者受益，享用者尽责。

水资源涵养和保护区的建立是本区水资源及生态环境恶化、人们对传统发展模式所造成的危机进行痛苦反思之后，理应做出的明智抉择，也是响应西部大开发战略，保护水资源的重要举措之一。水资源保护区的设立将使该地区水文生态环境免受干扰和破坏，恢复和保持水资源的良性循环，为水资源持续补给提供有利条件，是西部大开发中水资源保护和可持续利用的一大战略任务，功在当代，造福千秋，必将在国际国内产生重要的影响。

参考文献

安慧,徐坤. 放牧干扰对荒漠草原土壤性状的影响[J]. 草业学报,2013,22(4):35-42.

白晓,张兰慧,王一博,等. 祁连山区不同土地覆被类型下土壤水分变异特征[J]. 水土保持研究,2017, 24(2):17-25.

白艳莹,闵庆文,李静. 哈尼梯田生态系统森林土壤水源涵养功能分析[J]. 水土保持研究,2016,23(2):166-170.

白一茹,邵明安. 黄土高原水蚀风蚀交错带不同土地利用方式坡面土壤水分特性研究[J]. 干旱地区农业研究,2009,27(1):122-129.

包维楷,陈庆恒. 生态系统退化的过程及其特点[J]. 生态学杂志,1999,18(2):36-42.

鲍新奎,李英年,陈义明. 寒冻毡土水分变化规律及其在系统分类中的应用[M]. 北京:科学出版社,1994:360-369.

鲍新奎,李英年. 寒毡土的水分动态变化[M]. 北京:科学出版社,1993:344-352.

北京农业大学. 植物生理学[M]. 北京:农业出版社,1980.

邴龙飞,苏红波,邵全琴,等. 近30年来中国陆地蒸散量和土壤水分变化特征分析[J]. 地球信息科学学报,2012(1):1-13.

蔡焕杰,熊运章. 由瞬时遥感蒸散量估算农田蒸散日总量的模式[J]. 中国农业气象,1994,15(6):16-18.

曹广民,李英年,鲍新奎. 高寒地区寒冻雏形土的持水特性[J]. 土壤,1998,30(1):27-46.

曹广民,龙瑞军,张法伟,等. 青藏高原高寒矮嵩草草甸碳增汇潜力估测方法[J]. 生态学报,2010,30(23):6591-6597.

曹建军,任正炜,杨勇,等. 玛曲草地生态系统恢复成本条件价值评估[J]. 生态学报,2008,28(4):1872-1880.

曹丽花,刘合满,赵世伟. 当雄草原不同退化草甸土壤含水量及容重分布特征[J].

草地学报,2011,19(5):746-751.

曹丽花,刘合满,赵世伟. 退化高寒草甸土壤有机碳分布特征及与土壤理化性质的关系[J]. 草业科学, 2011,28(8):1411-1415.

曹文炳,万力,周训. 西北地区沙丘凝结水形成机制及对生态环境影响初步探讨[J]. 水文地质工程地质,2003(2):6-10.

曹雯,申双和,段春锋. 我国西北潜在蒸散时空演变特征及其定量化成因[J]. 生态学报,2012,32(11):3394-3403.

柴雯. 高寒草甸覆盖变化下土壤水分动态变化研究[D]. 兰州:兰州大学,2008.

常雅军,曹靖,马建伟,等. 秦岭西部山地针叶林凋落物持水特性[J]. 应用生态学报,2008,19(11):2346-2351.

陈东立,余新晓,廖邦洪. 中国森林生态系统水源涵养功能分析[J]. 世界林业研究,2005,18(1):49-54.

陈冬冬,施丽娟,李肖霞,等. 天气现象自动化观测现状调研[J]. 气象科技,2011,39(5):596-602.

成晨. 重庆缙云山水源涵养林结构及功能研究[D]. 北京:北京林业大学,2009.

陈桂琛,卢学峰,彭敏. 青海省三江源区生态系统基本特征及其保护[J]. 青海科技,2003(4):14-17.

陈浩,蔡强国. 坡度对坡面径流、入渗量影响的试验研究[M]//晋西黄土高原土壤侵蚀规律实验研究. 北京:水利电力出版社,1990:17-25.

陈鹤群,雷少刚. TerraSAR X土壤水分反演研究进展[J]. 江苏农业科技,2013,41(4):327-330.

陈剑池,金蓉玲,管光明,等. 气候变化对南水北调中线工程可调水量的影响[J]. 人民长江,1999,30(3):9-10,16.

陈镜明. 现有遥感蒸发模式的一个重要缺点及改进[J]. 科学通报,1988,33(6):454-457.

陈军锋,张明. 梭磨河流域气候波动和土地覆被变化对径流影响的模拟研究[J]. 地理研究,2003,22(1):73-78.

陈丽华,余新晓. 晋西黄土地区水土保持林地土壤入渗性能的研究[J]. 北京林业大学学报,1995,17(1):42-47.

陈利群,刘昌明. 黄河源区气候和土地覆被变化对径流的影响[J]. 中国环境科学,2007,27(4):559-565.

陈奇伯,解明曙,张洪江. 森林枯落物影响地表径流和土壤侵蚀研究动态[J]. 北京林业大学学报,1994,16(增刊):88- 97.

陈全功,梁天刚,卫亚星. 青海省达日县退化草地研究(II):退化草地成因分析与评估[J]. 草业学报, 1998,7(4):44-48.

陈世伟,刘旻霞,贾芸,等. 甘南亚高山草甸围封地群落演替及植物光合生理特征[J]. 植物生态学报,2015, 39(4):343-351.

陈祥伟,王文波,夏祥友. 小流域水源涵养林优化配置[J]. 应用生态学报,2007, 18(2):267-271.

陈晓安,蔡强国,张利超,等. 黄土丘陵沟壑区不同雨强下坡长对坡面土壤侵蚀的影响[J]. 土壤通报, 2011,42(3):721-725.

陈晓宏,房春艳,张云. 气候变化的水文水资源效应研究进展[J]. 气候变化研究快报,2012(1):96-105.

陈晓燕,叶建春,陆桂华,等. 全国土壤田间持水量分布探讨[J]. 水利水电技术, 2004,35(9):113-116.

陈英,刘新仁. 淮河流域气候变化对水资源的影响[J]. 河海大学学报,1996,24 (5):111-114.

陈忠,陈华芳,王建力,等. 重庆市降水量的时空变化[J]. 西南师范大学学报:自然科学版,2003,28(4):644-649.

陈佐忠. 锡林浩特流域地形与气候概况[M]//草原生态系统研究(3). 北京:科学出版社,1988.

程国栋,金会军. 青藏高原多年冻土区地下水及其变化[J]. 水文地质工程地质, 2013(1):1-11.

程国栋,王根绪.中国西北地区的干旱与旱灾变化趋势与对策[J]. 地学前缘, 2006,13(1):3-14,21.

程慧燕. 黄河源区高寒草甸草地覆盖变化的水文过程与生态功能响应的研究[D]. 兰州:兰州大学,2006.

程积民,邹厚远. 封育刈割放牧对草地植被的影响[J]. 水土保持研究,1998,5 (1):36-54.

程金花,张洪江,史玉虎. 林下地被物保水保土作用研究进展[J]. 中国水土保持科学,2003,1(2):96-101.

程维新,胡朝炳,张兴权. 农田蒸发与作物耗水量研究[M]. 北京:气象出版社, 1994:3.

程艳涛. 冻土高寒草甸草地土壤水分入渗过程及影响因素的试验研究[D]. 兰州:兰州大学,2008.

崔丽娟. 鄱阳湖湿地生态系统服务功能价值评估研究[J]. 生态学杂志,2004,23 (4):47-51.

戴加洗. 青藏高原气候[M]. 北京:气象出版社,1990.

戴其文,赵雪雁. 生态补偿机制中若干关键科学问题——以甘南藏族自治州草地生态系统为例[J]. 地理学报,2010,65(4):494-506.

邓慧平,唐来华. 沱江流域水文对气候变化的响应[J]. 地理学报,1998,51(1):42-47.

邓慧平,张翼. 可用于气候变化研究的日流量随机模拟方法探讨[J]. 地理学报,1996,51(增刊):151-160.

邓坤枚,石培礼,谢高地. 长江上游森林生态系统水源涵养量与价值的研究[J]. 资源科学,2002,24(6):68-73.

丁绍兰,杨乔,赵串串,等. 黄土丘陵区不同林分类型枯落物层及其林下土壤持水能力研究[J]. 水土保持学报,2009,23(5):104-108.

丁小慧,宫立,王东波,等. 放牧对呼伦贝尔草地植物和土壤生态化学计量学特征的影响[J]. 生态学报,2012,32(15):4722-4730.

丁一汇,任国玉,石广玉. 气候变化国家评估报告(I):中国气候变化的历史和未来趋势[J]. 气候变化研究进展,2006,2(1):4-8.

丁一汇. 人类活动与全球气候变化及其对水资源的影响[J]. 中国水利,2008,2:20-27.

丁一汇,王守荣. 中国西北地区气候与生态环境概论[M]. 北京:气象出版社,2001.

丁勇,侯向阳,吴新宏,等. 气候变化背景下草原生态系统研究热点探讨[J]. 中国草地学报,2013,35(5):124-132.

董刚. 中国东北松嫩草甸草原碳水通量及水分利用效率研究[D]. 长春:东北师范大学,2011.

董磊华,熊立华,于坤霞,等. 气候变化与人类活动对水文影响的研究进展[J]. 水科学进展,2012,23(2):278-285.

董全民,赵新全,马玉寿,等. 牦牛放牧率与小嵩草高寒草甸暖季草地地上、地下生物量相关分析[J]. 草业科学,2005,22(5):65-71.

董全民,周华坤,施建军,等. 高寒草地健康定量评价及生产—生态功能提升技术集成与示范[J]. 青海科技,2018,25(1):15-23.

董艳慧,周维博,杨路华,等. 平原区土壤水资源计算模型研究[J]. 干旱地区农业研究,2008,26(6):236-240.

杜波,张雪芬,胡树贞,等. 天气现象仪自动化观测资料对比分析[J]. 气象科技,2014,42(4):617-623.

杜嘉,张柏,宋开山,等. 三江平原主要生态类型耗水分析和水分盈亏状况研究[J].水利学报,2010,41(2):155-163.

杜军,边多,胡军,等. 藏北牧区地表湿润状况对气候变化的响应[J]. 生态学报,2009,29(5):2437-2444.

段若溪,姜会飞. 农业气象学[M]. 北京:气象出版社,2002.

段廷扬，刘鹏. 夏季青藏高原东部地区的水汽输送[J]. 成都气象学院学报，1990，1:1-5.

段争虎. 土壤水研究在流域生态—水文过程中的作用、现状与方向[J]. 地球科学进展，2008，23(7)：682-684.

樊才睿. 呼伦湖流域不同放牧制度下降雨试验模拟与植被截留研究[D]. 呼和浩特：内蒙古农业大学，2014.

樊登星，余新晓. 北京西山不同林分枯落物层持水特性研究[J]. 北京林业大学学报，2008，30(2)：177-181.

樊萍，王得祥，祁如英. 黄河源区气候特征及其变化分析[J]. 青海大学学报，2004，22(1)：19-24.

樊巍. 农林复合系统的林网对冬小麦水分利用效率影响的研究[J]. 林业科学，2000，36(4)：16-20.

范高功. 凝结水形成的试验研究及生态环境效应分析[J]. 西安工程学院学报，2002，24(4)：63-66.

范丽君. 统计降尺度方法的研究及其对中国未来区域气候情景的预估[D]. 北京：中国科学院，2006.

范晓梅，刘光生，王一博，等. 长江源区高寒草甸植被覆盖变化对蒸散过程的影响研究[J]. 水土保持通报，2010，30(6)：17-26.

范月君，侯向阳，石红宵，等. 封育与放牧对三江源区高寒草甸植物和土壤碳储量的影响[J]. 草原与草坪，2012，32(5)：41-46.

范月君，侯向阳. 三江源区高寒草甸退化与水塔功能的关系[J]. 西南民族大学学报：自然科学版，2016，42(1)：8-13.

范月君. 围栏与封育对三江源区高山嵩草草甸植物形态、群落特征及碳平衡的影响[D]. 兰州：甘肃农业大学，2013.

方静，丁永建. 荒漠绿洲边缘凝结水量及其影响因子[J]. 冰川冻土，2005，27(5)：755-760.

冯起，高前兆. 半湿润沙地凝结水的初步研究[J]. 干旱区研究，1995，12(3)：72-77.

冯谦诚，王焕榜. 土壤水资源评价方法的探讨[J]. 水文，1990(4)：28-32.

冯瑞章，周万海，龙瑞军. 江河源区不同退化程度高寒草地土壤物理、化学及生物学特征研究[J]. 土壤通报，2010，41(2)：263-269.

傅国斌，刘昌明. 全球变暖对区域水资源影响的计算分析——以海南岛万泉河为例[J]. 地理学报，1991，47(3)：277-288.

高成德，余新晓. 水源涵养林研究综述[J]. 北京林业大学学报，2000，22(5)：78-82.

高歌,陈德亮,任国玉,等. 1956—2000年中国潜在蒸散量变化趋势[J]. 地理研究,2006,25(3):378-387.

高甲荣,肖斌,张东升,等. 国外森林水文研究进展述评[J]. 水土保持学报,2001,15(5):60-75.

高鹏,王礼先. 密云水库上游水源涵养林效益的研究[J]. 水土保持通报,1993(1):24-29.

高雅,林慧龙. 草地生态系统服务价值估算前瞻[J]. 草业学报,2014,23(3):290-301.

高延超,李明辉,王东辉,等. 植被对不同类型泥石流的抑制作用初探[J]. 水土保持研究,2013,20(5):291-299.

高阳,马虎,程积民,等. 黄土高原半干旱区不同封育年限草地生态系统碳密度[J]. 草地学报,2016,14(1):28-34.

高洋洋,左启亭. 植被覆盖变化对流域总蒸散发量的影响研究[J]. 水资源与水工程学报,2009,20(2):26-31.

高野,李树森,王立刚,等. 嫩江中游段草原耗水量的试验[J]. 防护林科技,2007,76:32-33.

高泽永. 青藏高原多年冻土区热融湖塘对土壤水文过程的影响[D]. 兰州:兰州大学,2015.

郭继志. 关于坡度与径流量和冲刷量的探讨[J]. 黄河建设,1958,4(3):9-11.

郭靖,郭生练,陈华,等. 丹江口水库未来径流变化趋势预测研究[J]. 南水北调与水利科技,2008,6(4):78-82.

郭靖. 气候变化对流域水循环和水资源影响的研究[D]. 武汉:武汉大学,2010.

郭军,任国玉. 黄淮海流域蒸发量的变化及其原因分析[J]. 水科学进展,2005,16(5):666- 672.

郭立群,王庆华,周洪昌,等. 滇中高原区主要森林类型森林植物的降雨截留功能[J]. 云南林业科技,1999,86(1):12-21.

郭泺,夏北成,倪国祥. 不同森林类型的土壤持水能力及其环境效应研究[J]. 中山大学学报,2005, 44(4):327-330.

郭庆荣,李玉山. 黄土高原南部土壤水分有效性研究[J]. 土壤学报,1994,3:236-243.

郭贤仕,山仑. 前期干旱锻炼对谷子水分利用效率的影响[J]. 作物学报,1994,20(3):352-356.

郭元裕. 农田水利学[M]. 北京:水利水电出版社,1997.

郭占荣,刘建辉. 中国干旱半干旱地区土壤凝结水研究综述[J]. 干旱区研究,2005,22(4):576-580.

郭忠升. 黄土丘陵半干旱区土壤水资源利用限度[J]. 应用生态学报,2010,12:3029-3035.

国家气象局. 湿度查算表[M]. 北京:气象出版社,1986.

国志兴,王宗明,宋开山,等. 1982—2003年东北林区森林植被NDVI与水热条件的相关分析[J]. 生态学杂志,2007,26(12):1930-1936.

韩丙芳,马红彬,沈艳,等. 不同生态修复措施对黄土丘陵区典型草原土壤水分时空变异的影响[J]. 水土保持学报,2015,29(1):214-219.

韩凡香,常磊,柴守玺,等. 半干旱雨养区秸秆带状覆盖种植对土壤水分及马铃薯产量的影响[J]. 中国生态农业学报,2016,24(7):874-882.

韩军彩,周顺武,吴萍,等. 青藏高原上空夏季水汽含量的时空分布特征[J]. 干旱区研究,2012,29(3):457-463.

韩同吉,裴胜民,张光灿,等. 北方石质山区典型林分枯落物层涵蓄水分特征[J]. 山东农业大学学报:自然科学版,2005,36(2):275-278.

郝振纯,李丽,徐毅,等. 区域气候情景 Delta-DCSI 降尺度方法[J]. 四川大学学报:工程科学版,2009, 41(5):1-7.

郝振纯,苏凤阁. 新安江网格化月水文模型的改进[J]. 水科学进展,2000,11(6):358-361.

郝振纯,王加虎,李丽,等. 气候变化对黄河源区水资源的影响[J]. 冰川冻土,2006,28(1):1-7.

何常清,于澎涛,管伟,等. 华北落叶松枯落物覆盖对地表径流的拦阻效应[J]. 林业科学研究,2006, 19(5):595-599.

何慧根, 胡泽勇, 荀学义,等. 藏北高原季节性冻土区潜在蒸散和干湿状况分析[J]. 高原气象,2010,29(1):10- 16.

何念鹏,韩兴国,于贵瑞. 长期封育对不同类型草地碳贮量及其固持速率的影响[J]. 生态学报,2011,31(15):4270-4276.

何晴波,赵凌平,白欣,等. 封育和放牧对典型草原地上植被的影响[J]. 水土保持研究,2017,24(4):247-251.

何云丽,苏德荣,刘自学,等. 修剪高度和灌水对匍匐剪股颖冠层截留量的影响[J]. 甘肃科技,2009,25(18):147-148.

贺桂芹,杨改河,冯永忠,等. 高原湿地生态系统结构及功能分析[J]. 干旱地区农业研究,2007,25(3):185-189

贺慧丹,杨永胜,祝景彬,等. 季节性放牧对黄河源区高寒草甸植被耗水量及水分利用效率的影响[J]. 冰川冻土,2017,39(1):130 - 139.

贺慧丹,祝景彬,未亚西,等. 牧压梯度下高寒草甸实际蒸散量及植物生产水分有效利用率的研究[J]. 生态环境学报,2017,26(9):1488-1493.

贺慧丹,李红琴,祝景彬,等. 黄河源高寒草甸封育条件下的土壤持水能力[J]. 中国草地学报,2017,39(5):62-67.

贺瑞敏,刘九夫,王国庆,等. 气候变化影响评价中的不确定性问题[J]. 气候变化适应对策,2008,2:62-64,76.

贺瑞敏,王建国,张建云. 环境变化对黄河中游伊洛河流域径流量的影响[J]. 水土保持研究,2007, 14(2):297-301.

贺淑霞,李叙勇,莫菲,等. 中国东部森林样带典型森林水源涵养功能[J]. 生态学报,2011,31(12):3285-3295.

洪光宇,鲍雅静,周延林,等. 退化草原羊草种群根系形态特征对水分梯度的响[J].中国草地学报,2013,35(1):71-78.

侯扶江,常生华,于应文,等. 放牧家畜的践踏作用研究评述[J]. 生态学报,2004,24(4):784-789.

侯文菊,李英年. 黄河源区地表湿润指数及与气象因素的敏感性分析[J]. 冰川冻土,2010,32(6):1266-1233.

侯向阳,尹燕亭,丁勇[J]. 中国草地适应性管理研究现状与展望[J]. 草业学报,2011,20(2):262-269.

侯元兆,张颖,曹克瑜. 森林资源核算(上卷)[M]. 北京:中国科学技术出版社,2005.

侯琼,王英舜,杨泽龙,等. 基于水分平衡原理的内蒙古典型草原土壤水动态模型研究[J]. 干旱地区农业研究,2011,29(5):197-203.

胡建忠,李文忠,郑佳丽.祁连山南麓退耕地主要植物群落植冠层的截留性能[J].山地学报,2004,22(4):492-501.

胡中民,于贵瑞,王秋凤,等. 生态系统水分利用效率研究进展[J]. 生态学报,2009,29(3):1498-1507.

华东师范大学生物系植物生理教研组. 植物生理学实验指导[M]. 北京:人民教育出版社,1980.

华孟,王坚. 土壤物理学[M]. 北京:北京农业大学出版社,1993.

黄昌勇. 土壤学[M]. 北京:中国农业出版社,2000.

黄嘉佑. 气象统计分析与预报方法[M]. 北京:气象出版社,2000:135-139.

黄麟,刘纪远,邵全琴. 近30年来长江源头高寒草地生态系统退化的遥感分析:以青海省治多县为例[J]. 资源科学,2009,31(5):884-895.

黄荣辉,严邦良. 地形与热源强迫在亚洲夏季风形成与维持中的物理作用[J]. 气象学报,1987,45(5):394-407.

黄思源,傅伟忠. 露、霜、结冰天气现象综合判别[J]. 气象科技,2014,42(3):359-362.

黄占斌,山仑. 春小麦水分利用效率日变化及其生理生态基础的研究[J]. 应用生态学报,1997,8(3):263-269.

黄仲冬,齐学斌,樊向阳,等. 土壤水分有效性及其影响因素定量分析[J]. 水土保持学报,2014,28(5):71-76.

季劲钧,黄玫,李克让. 21世纪中国陆地生态系统与大气碳交换的预测研究[J]. 中国科学D辑:地球科学,2008,38(2):211-223.

贾文雄,何元庆,李宗省,等. 祁连山区气候变化的区域差异特征及突变分析[J]. 地理学报,2008,63(3):257-269.

贾鑫,池宝亮. 浅析土壤水资源的内涵及土壤水分评价方法[J]. 山西师范大学学报,2009(23):93-94.

贾秀领,蹇家利,马瑞昆,等. 高产冬小麦水分利用效率及其组分特征分析[J]. 作物学报,1999,25(3):309-314.

贾志军,王贵平,李俊义,等. 土壤含水率对坡耕地产流影响的研究[J]. 山西水土保持科技,1990,22(4):25-27.

江涛,陈永勤,陈俊合,等. 未来气候变化对我国水文水资源的影响研究[J]. 中山大学学报,2000,39(增刊):151-157.

江忠善. 黄土地区天然降雨雨滴特性研究[J]. 中国水土保持,1983,2(3):32-36.

姜文来. 森林涵养水源的价值核算研究[J]. 水土保持学报,2003,17(2):34-40.

姜文来. 水资源价值论[M]. 北京:科学出版社,1998.

姜志林. 森林生态学(六):森林生态系统蓄水保土功能(2)[J]. 生态学杂志,1984,(6):58-63.

蒋定生,黄国俊,谢永生. 黄土高原土壤入渗能力野外测试[J]. 水土保持通报,1984,4(4):7-9.

蒋定生,黄国俊. 地面坡度对降雨入渗影响的模拟试验[J]. 水土保持通报,1984,4(4):10-13.

蒋定生,黄国俊. 黄土高原土壤入渗速率的研究[J]. 土壤学报,1986,23(4):299-304.

蒋高明,何维明. 毛乌素沙地若干植物光合作用、蒸腾作用和水分利用效率种间及生境间差异[J]. 植物学报,1999,41(10):1114-1124.

蒋高明,林光辉,Marino B D V. 美国生物圈二号内生长在高CO_2浓度下的10种植物气孔导度、蒸腾速率及水分利用效率的变化[J]. 植物学报,1997,39(6):546-553.

蒋艳蓉,何金海,祁莉. 春季青藏高原绕流作用变化特征及其影响[J]. 气象与减灾研究,2008,31(2):14-18.

蒋元春,李栋梁. 近50a黄河上游径流量与气候变化特征研究[J]. 气象与减灾研究,2011,34(2):51-57.

接玉玲,杨洪强,崔明刚,等. 土壤含水量与苹果叶片水分利用效率的关系[J]. 应用生态学报,2001,12(3):387-390.

金栋梁,刘予伟. 水环境评价概述[J]. 水资源研究,2006,27(4):7- 13.

金会军,王绍令,吕兰芝,等. 黄河源区冻土特征及退化趋势[J]. 冰川冻土,2010,32(1):10-17.

金会军,赵林,王绍令,等. 青藏高原中东部全新世以来多年冻土演化及寒区环境变化水[J]. 第四纪研究, 2006,26(2):198-210.

金雁海,柴建华,朱智红,等. 内蒙古黄土丘陵区坡面径流及其影响因素研究[J]. 水土保持研究,2006, 13(5):292-295.

金云龙,邱锦安,等. 非饱和土壤水分运动数值模拟研究进展[J]. 西部探矿工程,2016(2):157-159.

靳立亚,李静. 近50年来中国西北地区干湿状况时空分布[J]. 地理学报,2004,59(6):847-854.

靳孟贵. 土壤水资源及其有效利用——以华北平原为例[D]. 武汉:中国地质大学,2006.

康绍忠,刘晓明,熊运章. 土壤—作物—大气连续体水分传输理论及其应用[M]. 北京:水利电力出版社,1994.

康绍忠,张富仓,刘晓明. 作物叶面蒸腾与棵间蒸发分摊系数的计算方法[J]. 水科学进展,1995,6(4):285-289.

康绍忠,张书函,聂光镛,等. 内蒙古敖包小流域土壤入渗分布规律的研究[J]. 土壤侵蚀与水土保持学报,1996,2(2):38-46.

康绍忠. 旱地土壤水分动态模拟的初步研究[J]. 农业气象,1987,8(2):5-9.

康绍忠. 土壤水分动态的随机模拟研究[J]. 土壤学报,1990,27(1):17-24.

寇萌,焦菊英,尹秋龙,等. 黄土丘陵沟壑区主要草种枯落物的持水能力与养分潜在归还能力[J]. 生态学报,2015,35(5):1337-1349.

拉斯卡托夫 П Б. 植物生理学(附微生物学原理)[M]. 张良诚,万莼湘,译. 北京:科学出版社,1960.

拉夏埃尔 W. 植物生理生态学[M]. 李博,译. 北京:科学出版社,1985.

赖敏,吴绍洪,戴尔阜,等. 三江源区生态系统服务间接使用价值评估[J]. 自然资源学报,2013(1):38-50.

蓝永超,丁永建,康尔泗,等. 黄河上游径流长期变化及趋势模型[J]. 冰川冻土,2003,25(3):321-326.

蓝永超,沈永平,李州英,等. 气候变化对黄河河源区水资源系统的影响[J]. 干旱区资源与环境,2006,20(6):57-62.

雷志栋. 土壤水动力学[M]. 北京:清华大学出版社,1988.

李爱贞,刘厚凤[J]. 气象学与气候学基础[M]. 北京:气象出版社,2001.

李春杰,任东兴,王根绪,等. 青藏高原两种草甸类型人工降雨截留特征分析[J]. 水科学进展,2009,20(6):769-774.

李道西,罗金耀. 地下滴灌土壤水分运动数值模拟[J]. 节水灌溉,2004(4):4-7.

李迪强,李建文. 三江源生物多样性[M]. 北京:科学出版社,2002.

李栋梁,魏丽,蔡英,等. 中国西北现代气候变化事实与未来趋势展望[J]. 冰川冻土,2003,25(2):135-142.

李二辉,穆兴民,赵广举. 1919—2010年黄河上中游区径流量变化分析[J]. 水科学进展,2014,25(2):155-163.

李飞. 退化草地土壤—大气不对称增温研究[D]. 长春:东北师范大学,2014.

李斐,李建平,李艳杰,等. 青藏高原绕流和爬流的气候学特征[J]. 大气科学,2012,36(6):1236-1252.

李凤霞,李晓东,周秉荣,等. 放牧强度对三江源典型高寒草甸生物量和土壤理化特征的影响[J]. 草业科学,2015,32(1):11-18.

李贵玉,徐学选. 对森林能否增加降水和年径流总量的再探讨[J]. 西北林学院学报,2006,21(1):1-6.

李红琴,李英年,张法伟,等. 高寒草甸植被耗水量及生物量积累与气象因子的关系[J]. 干旱区资源与环境,2013,27(9):176-181.

李红琴,李英年,张法伟,等. 高寒草甸植被生产量年际变化及水分利用率状况[J]. 冰川冻土,2013, 35(2):475-482.

李红琴,乔小龙,张镱锂,等. 封育对黄河源头玛多高寒草原水源涵养的影响[J]. 水土保持学报,2015,29(1):195-201.

李红琴,未亚西,贺慧丹,等. 放牧强度对青藏高原高寒矮嵩草草甸氧化亚氮释放的影响[J]. 中国农业气象,2018,39(1):27-33.

李红云,杨吉华,夏江宝,等. 济南市南部山区森林涵养水源功能的价值评价[J]. 水土保持学报,2004,18(1):90-92.

李辉东,关德新,袁凤辉,等. 科尔沁草甸生态系统水分利用效率及影响因素[J]. 生态学报,2015,35(2):478-488.

李建文. 放牧优化假说研究述评[J]. 中国草地,1999,4:61-66.

李建兴,何炳辉,梅雪梅,等. 紫色土区坡耕地不同种植模式对土壤渗透性的影响[J]. 应用生态学报,2013, 24(3),725-731.

李金昌. 价值核算是环境核算的关键[J]. 中国人口·资源与环境,2002,12(3):11-17.

李金昌. 生态价值论[M]. 重庆:重庆大学出版社,1999.

李晶,任志远. 秦巴山区植被涵养水源价值测评研究[J]. 水土保持学报,2003,17

(4):132-138.

李晶,任志远. 陕北黄土高原生态系统涵养水源价值的时空变化[J]. 生态学杂志,2008,27(2):240-244.

李婧,杜岩功,张法伟,等. 草毡表层演化对高寒草甸水源涵养功能的影响[J]. 草地学报,2012,20(5):836-841.

李婧. 高寒草甸不同退化演替状态下水源涵养功能的分异特征[D]. 北京:中国科学院,2013.

李均力,陈曦,包安明. 2003—2009年中亚地区湖泊水位变化的时空特征[J]. 地理学报,2011,66(9):1219-1229.

李林,陈晓光,王振宇,等. 青藏高原区域气候变化及其差异性研究[J]. 气候变化研究进展,2010,6(3):181-186.

李林,李凤霞,郭安红. 近43年来"三江源"地区气候变化趋势及其突变研究[J]. 自然资源学报,2006,21(1):79-85.

李林,申红艳,戴升,等. 黄河源区径流对气候变化的响应及未来趋势预测[J]. 地理学报,2011,66(9): 1261-1269.

李林,张国胜,汪青春,等. 黄河上游流域蒸散量及其影响因子研究[J]. 地球科学进展,2000,15(3):256-259.

李林,朱西德,周陆生,等. 三江源地区气候变化及其对生态环境的影响[J]. 气象,2004,30(8):18-22.

李令,贺慧丹,未亚西,等. 三江源农牧交错区植被群落及土壤固碳持水能力对退耕还草措施的响应[J]. 草业科学,2017,34(10):1999-2008.

李仑格,孙安平."三江源"空中大气水资源分析与利用[J]. 青海科技,2004,5:18-23.

李鹏,蔡燕. 土壤水资源高效利用的若干生理生态问题[J]. 安徽农业科学,2010,38(10):5271-5273.

李荣生,许煌灿,尹光天,等. 植物水分利用效率的研究进展[J]. 林业科学研究,2003,16(3):366-371.

李珊珊,张明军,汪宝龙,等. 近51年来三江源区降水变化的空间差异[J]. 生态学杂志,2012,31(10):2635-2643.

李生辰,徐亮,郭英香,等. 近34a青藏高原年降水变化及其分区[J]. 中国沙漠,2007,27(2):307-314.

李士美,谢高地. 草甸生态系统水源涵养服务功能的时空异质性[J]. 中国草地学报,2015,37(2):88-93.

李士美,谢高地. 典型农田生态系统水源涵养服务流量过程研究[J]. 北方园艺,2014(3):193-196.

李太兵，王根绪，胡宏昌，等. 长江源多年冻土区典型小流域水文过程特征研究[J]. 冰川冻土，2009，31(1)：82-88.

李涛，赵东兴. 土壤CO_2、土壤水的动态特征及其对岩溶作用的驱动[J]. 热带地理，2013，33(5)：575-581.

李文华，何永涛，杨丽韫. 森林对径流影响研究的回顾与展望[J]. 自然资源学报，2001，16(5)：398-406.

李文华，欧阳志云，赵景柱. 生态系统服务功能研究[M]. 北京：气象出版社，2002.

李文宇，余新晓，马钦彦，等. 密云水库水源涵养林对水质的影响[J]. 中国水土保持科学，2004，2:80-83

李肖霞，杜波，李翠娜，等. 天气现象自动化观测仪器评估方法[J]. 气象水文海洋仪器，2014，31(4)：124-128.

李肖霞，马舒庆，吴可军，等. 结露自动化观测装置及试验研究[J]. 气象，2012，38(4)：501-507.

李晓兵，王瑛，李克让. NDVI对降水季节性和年际变化的敏感性[J]. 地理学报，2000，55(增刊)：82-89.

李晓东，傅华，李凤霞，等. 气候变化对西北地区生态环境影响的若干进展[J]. 草业科学，2011，28(2)：286-295.

李晓峰，郭品文，董丽娜，等. 夏季索马里急流的建立及其影响机制[J]. 南京气象学院学报，2006，29(5)：599-605.

李晓文，李维亮，周秀骥. 中国近30年太阳辐射状况研究[J]. 应用气象学报，1998，9(1)：24-31.

李笑吟，毕华兴，张建军，等. 晋西黄土区土壤水分有效性研究[J]. 水土保持研究，2006，13(5)：205-208.

李新乐，侯向阳，穆怀彬. 不同降水年型灌溉模式对苜蓿草处理及土壤水分动态的影响[J]. 中国草地学报，2013，35(5)：46-52.

李学斌，陈林，张硕新，等. 围封条件下荒漠草原4种典型植物群落枯落物枯落量及其蓄积动态[J]. 生态学报，2012，32(20)：6575-6583.

李雪峰. 山前平原土壤水资源评价层的实验研究[J]. 地下水，2014(1)：59-61.

李雪转，樊贵盛. 土壤有机质含量对土壤入渗能力影响的试验研究[J]. 太原理工大学学报，2006，37(1)：59-62.

李衍青，张铜会，赵予勇，等. 科尔沁沙地小叶锦鸡儿灌丛降雨截留特征研究[J]. 草业学报，2010，19(5)：267-272.

李艳，陈晓宏，王兆礼. 人类活动对北江流域径流系列变化的影响初探[J]. 自然资源学报，2006，21(6)：910-915.

李秧秧. 不同水分利用效率的高羊茅水分和光合特性研究[J]. 草业科学，1998，

15(1):14-17.

李耀明,王玉杰,储小院,等. 降雨因子对缙云山地区典型森林植被类型地表径流的影响[J]. 水土保持研究, 2009,16(4):244-249.

李铁冰,杨改河,王得祥. 江河源区四十多年来干湿变化分析[J]. 西北农林科技大学学报,2006,34(3):73-77.

李英年,曹广民,鲍新奎. 高寒草甸植被生育期耗水量和耗水规律的分析[J]. 中国农业气象,1996,17(1):41-43.

李英年,王启基,赵新全,等. 气候变暖对高寒草甸气候生产力的影响[J]. 草地学报,2000,8(1):23-29.

李英年,王勤学,古松,等. 高寒植被类型及其植物生产力的监测[J]. 地理学报,2004,59(1):40-47.

李英年,徐世晓,赵亮,等. 青南退化高寒草甸植被土壤固碳潜力[J]. 冰川冻土,2012,34(5):1158-1164.

李英年,张法伟,刘安花,等. 矮嵩草草甸土壤温湿度对植被盖度变化的响应[J]. 中国农业气象,2006,27(4):265-268.

李英年,张法伟,杨永胜,等. 高寒草甸植被气候学研究[M]. 西宁:青海人民出版社,2017.

李英年,张景华. 祁连山海北冬春气温变化对草地生产力的影响[J]. 高寒气象,1998,17(4):443-446.

李英年,赵亮,徐世晓,等. 高寒矮嵩草草甸覆被动态变化对土壤气候的影响分析[J]. 干旱区资源与环境, 2005,19(7):125-129.

李英年,赵亮,等. 高寒矮嵩草草甸覆被动态变化对土壤气候的影响分析[J]. 干旱区资源与环境,2005,19(7):125-129.

李英年,赵新全,曹广民,等. 海北高寒草甸生态系统定位站气候、植被生产力背景的分析[J]. 高原气象, 2004,23(4):558-567.

李英年,赵新全,王勤学,等. 青海海北高寒草甸五种植被生物量及环境条件比较[J]. 山地学报,2003, 21(3):257-264.

李英年,周华冲,沈振西. 高寒草甸牧草产量形成过程及与气象因子的关联分析[J]. 草地学报,2001,9(3):232-238.

李英年. 高寒草甸区土壤水分动态的模拟研究[J]. 草地学报,1998,6(2):77-83.

李英年. 海北高寒草甸植被在生长期辐射能量收支探讨[J]. 草地学报,2001,9(1):58-63.

李英年. 寒冻雏形土不同地形部位土壤湿度及与主要植被类型的对应关系[J]. 山地学报,2001,19(3):220-225.

李英年,赵新全,曹广民. 青藏高原土壤—植被在气候变化中反馈作用的探讨

[M]//高原生物学集刊(15).北京:科学出版社,1995:151-163.

李英年,王启基,周兴民. 矮嵩草草甸地上生物量与气候因子的关系及其预报模式的建立[M]//高寒草甸生态系统(4). 北京:科学出版社,1995:1-10.

李英年,王启基.气候变暖对青海农业生产格局的影响[J]. 西北农业学报,1999,8(2):102-107

李英年,关定国,赵亮,等. 海北高寒草甸的季节冻土及在植被生产力形成过程中的作用[J]. 冰川冻土,2005,27(3):311-319.

李英年,杜明远,唐艳鸿,等. 祁连山海北高寒草甸地区UV-B的气候变化特征[J]. 干旱区资源与环境,2006,20(3):79-84.

李英年,赵亮,徐世晓,等. 祁连山海北高寒草甸紫外辐射与气象要素的关系[J]. 干旱区研究,2008,25(2):266-272.

李英年,王文英,赵亮,等. 祁连山海北高寒草甸地区紫外辐射特征及其对植物生理作用的探讨[J]. 高原气象,2002,21(6):615-621.

李永宏,汪诗平. 放牧对草原植物的影响[J]. 中国草地,1999,3:11-19.

李永强,焦树英. 草甸草原撂荒地演替过程中植被多样性指数变化[J]. 中国草地学报,2016,38(3):116-120.

李玉山,韩仕峰,汪正华. 黄土高原土壤水分性质及其分区[J]. 中国科学院西北水土保持研究所集刊(土壤分水与土壤肥力研究专集),1985,2:1-17.

李远华,赵金河,张思菊,等. 水分生产率计算方法及其应用[J]. 中国水利,2001,8:65-66.

李召青,周毅,彭红玉. 蕉岭长潭省级自然保护区不同林分类型土壤水分物理性质研究[J]. 广东林业科技,2009,25(6):70-75.

李振新,欧阳志云,郑华,等.岷江上游两种生态系统降雨分配的比较[J]. 植物生态学报,2006,30(5):723-731;

李卓,吴普特,冯浩,等. 不同粘粒含量土壤水分入渗能力模拟试验研究[J]. 干旱地区农业研究,2009, 27(3):71-77.

李宗省,何元庆,辛惠娟,等. 我国横断山区1960—2008年气温和降水时空变化特征[J]. 地理学报,2010,65(5):563-579.

厉玉昇,申双和. 非饱和土壤水分运动一维数值模拟研究[J]. 华北农学报,2011,26(增刊):295-297.

梁宏,刘晶淼,李世奎. 青藏高原及周边地区大气水汽资源分布和季节变化特征分析[J]. 自然资源学报, 2006,21(4):526-534.

梁瑞驹,杨小柳,王浩. 中国水资源供需现状和展望[J]. 水利水电技术,1998,29(10):2-5.

林波,刘庆,等. 川西亚高山人工针叶林枯枝落叶及苔藓层的持水性能[J]. 应用与环境生物学报,2002,8(3):234- 238.

林光辉,柯渊. 稳定同位素技术与全球变化研究[M]//李博. 现代生态学讲座. 北京:科学出版社,1995.

林慧龙,侯扶江,李飞. 家畜践踏对环县草原地下生物量的影响[J]. 草地学报,2008,16(2):186-190.

林纪曾. 观测数据的处理[M]. 北京:地震出版社,1981.

林丽,曹广民,李以康,等. 人类活动对青藏高原高寒矮嵩草草甸碳过程的影响[J]. 生态学报,2010, 30(15):4012-4018.

林植芳,林桂珠,孔国辉,等. 生长光强对亚热带自然林两种木本植物稳定碳同位素比、细胞间 CO_2 浓度和水分利用效率的影响[J]. 热带亚热带植物学报,1995,3(2):77-82.

刘安花,李英年,薛晓娟,等. 高寒草甸蒸散量及作物系数的研究[J]. 中国农业气象,2010,31(1):59-64.

刘安花,李英年,张法伟,等. 高寒矮嵩草草甸植物生长季土壤水分动态变化规律[J]. 干旱区资源与环境,2008,22(10):125-130.

刘安花. 高寒草甸土壤水分动态变化、蒸散量及植被蒸散系数的研究[D]. 北京:中国科学院,2008.

刘昌明,成立. 黄河干流下游断流的径流序列分析[J]. 地理学报,2000,55(3):257-265.

刘昌明,李道峰,田英,等. 基于DEM的分布式水文模型在大尺度流域应用研究[J]. 地理科学进展, 2003,22(5):437-445.

刘昌明,李云成."绿水"与节水:中国水资源内涵问题讨论[J]. 科学对社会的影响,2006(1):16-20.

刘昌明,孙睿. 水循环的生态学方面:土壤—植被—大气系统水分能量平衡研究进展[J]. 水科学进展,1999,10(3):251-259.

刘昌明,王会肖. 土壤—作物—大气界面水分过程与节水调控[M]. 北京:科学出版社,1999.

刘昌明. 土壤—植物—大气系统水分运行的界面过程研究[J]. 地理学报,1997,52(4):366-373.

刘昌明. 自然地理界面过程与水文界面分析[M]//中国科学院地理研究所,自然地理综合研究——黄秉维学术思想探讨. 北京:气象出版社,1993:19-28.

刘春蓁. 气候变化对陆地水循环影响研究的问题[J]. 地球科学进展,2004,19(1):115- 119.

刘春蓁. 气候变化对我国水文水资源的可能影响[J]. 水科学进展,1997,3:220-225.

刘多森,汪纵生. 可能蒸散量动力学模型的改进及其对辨识土壤水分状况的意义[J]. 土壤学报,1999,33(1):21-27.

刘飞,伍晓丽,尹定华,等. 冬虫夏草寄主昆虫的种类和分布研究概况[J]. 重庆中草药研究,2006(1):47-50.

刘广全,王浩,秦大庸,等. 黄河流域秦岭主要林分凋落物的水文生态功能[J]. 自然资源学报,2002,17(1):55-62.

刘海军,康跃虎,王庆改. 作物冠层对喷灌水分分布影响的研究进展[J]. 干旱地区农业研究,2007,25(2):137-142.

刘纪远,徐新良,邵全琴. 近30年来青海三江源地区草地退化的时空特征[J]. 地理学报,2008,63(4):364-376.

刘家宏,王光谦,李铁健. 黄河数字流域模型的建立和应用[J]. 水科学进展,2006,17(2):186-195.

刘丽芳,许新宜,等. 土壤水资源评价研究进展[J]. 北京师范大学学报,2009,45(5):621-625.

刘美珍,孙建新,蒋高明,等. 植物—土壤系统中水分再分配作用研究进展[J]. 生态学报,2006,26(5):1150-1157.

刘孟雨. 小麦的库源关系对水分利用效率的影响[J]. 生态农业研究,1997,5(3):33-36.

刘敏超,李迪强,温琰茂,等. 三江源地区生态系统水源涵养功能分析及其价值评估[J]. 长江流域资源与环境,2006,15(3):405-408.

刘世梁,马克明,傅伯杰,等. 北京东灵山地区地形土壤因子与植物群落关系研究[J]. 植物生态学报,2003,27(4):496-502.

刘世荣,温远光,王兵,等. 中国森林生态系统水文生态功能规律[M]. 北京:中国林业出版社,1996.

刘文杰,张一平,刘玉洪,等. 热带季节雨林和人工橡胶林林冠截留雾水的比较研究[J]. 生态学报,2001,23(11):2378-2386.

刘文杰,曾觉民,王昌命,等. 森林与雾露水关系研究进展[J]. 自然资源学报,2001,16(6):517-520.

刘文兆. 作物生产、水分消耗与水分利用效率间的动态联系[J]. 自然资源学报,1998,13(1):23-27.

刘小莽,郑红星,刘昌明,等. 海河流域潜在蒸散发的气候敏感性分析[J]. 资源科学,2009,9:1470-1476.

刘晓东. 青藏高原及其邻近地区近30年气候变暖与海拔高度的关系[J]. 高原气象,1998,17(3):245-249.

刘效东,乔玉娜,周国逸. 土壤有机质对土壤水分保持及其有效性的控制作用[J].

植物生态学报,2011, 35 (12):1209-1218.

刘晓琴,张法伟,孙建文,等. 围栏放牧下土壤鄄植被碳密度空间分布格局[J]. 生态学杂志,2011,30(12):2739-2744.

刘兴元,龙瑞军,尚占环. 草地生态系统服务功能及其价值评估方法研究[J]. 草业学报,2011,20(1):167-174.

刘兴元,牟月亭. 草地生态系统服务功能及其价值评估研究进展[J]. 草业学报,2012,21(6):286-295.

刘延惠,张喜,崔迎春,等. 贵州开阳喀斯特山地几种不同植被类型的地表径流研究[J]. 贵州林业科技, 2005,33(2):8-10.

刘阳. 辽宁东部水源涵养林计量指标体系及其效益评估[J]. 林业经济,2008(2):156-161.

刘友良. 植物水分逆境生理[M]. 北京:农业出版社,1992.

刘永强,叶笃正. 土壤湿度和植被对气候的影响:I. 短期气候异常[J]. 中国科学:生命科学,1992(4):441-448.

刘育红,魏卫东,仇生杰,等. 不同退化程度高寒草地土壤有机碳分布特征[J]. 青海大学学报:自然科学版, 2014,32(6):1-5.

刘战东,高阳,巩文军,等. 冬小麦冠层降水截留性能研究[J]. 麦类作物学报,2012,32(4):678-682.

刘芝芹,黄新会,王克勤. 金沙江干热河谷不同土地利用类型土壤入渗特征及其影响因素[J]. 水土保持学报,2014,28(2):57-62.

刘致远. 不同外界条件对土壤人渗性能影响研究[J]. 山西林业,2008(5):22-25

卢鹤立,邵全琴,刘纪远,等. 近44年来青藏高原夏季降水的时空分布特征[J]. 地理学报,2007,62(9):946-958.

卢玲,李新,黄春林,等. 中国西部植被水分利用效率的时空特征分析[J]. 冰川冻土,2007,29(5):777-784.

卢志光[J]. 农业气象预测系统[M]. 北京:气象出版社,1995.

鲁春霞,谢高地,肖玉,等. 青藏高原生态系统服务功能的价值评估[J]. 生态学报,2004,24(12):2749-2755.

陆桂华,何海. 全球水循环研究进展[J]. 水科学进展,2006,17(3):419-424.

陆桂华,吴志勇,河海. 水文循环过程及大量预报[M]. 北京:科学出版社,2010.

陆欣春,田霄鸿,杨习文,等. 氮锌配施对石灰性土壤锌形态及肥效的影响[J]. 土壤学报,2010,11(6):1202-1213.

逯军峰,董治宝,胡光印,等. 长江源区土地利用/覆盖现状及成因分析[J]. 中国沙漠,2009,29(6):1043-1049.

罗亚勇,孟庆涛,张静辉,等. 青藏高原东缘高寒草甸退化过程中植物群落物种多样性、生产力与土壤特性的关系[J]. 冰川冻土,2014,36(5):1298-1305.

吕殿青,潘云. 六道沟流域不同坡位不同土地利用方式下的土壤持水特征研究[J]. 中国农学通报,2008,24(8):279-282.

吕全,雷增普. 外生菌根提高板栗苗木抗旱性能及其机理的研究[J]. 林业科学研究,2000,13(3):249-256.

吕一河,胡健,孙飞翔,等. 水源涵养与水文调节:和而不同的陆地生态系统水文服务[J]. 生态学报,2015,35(15):5191-5196.

马德宇,徐红. 土壤水资源及土壤水资源潜力的概念与评价方法[J]. 吉林农业,2013(6):30-34.

马舒庆,吴可军,陈冬冬,等. 天气现象自动化观测系统设计[J]. 气象,2011,37(9):1166-1172.

马雪华. 森林水文学[M]. 北京:中国林业出版社,1993:213-253.

马艳. 三江源湿地的消长对区域气候的影响[D]. 兰州:兰州大学,2006.

马玉寿,董全民,施建军,等. 江源区"黑土滩"退化草地的分类分级及治理模式[J]. 青海畜牧兽医杂志,2008,38(3):1-3.

马玉寿,郎百宁,李青云,等. 江河源区高寒草甸退化草地恢复与重建技术研究[J]. 草业科学,2002,19(9):1-4.

马致远. 三江源地区水资源的涵养和保护[J]. 地球科学进展,2004,19(S1):108-111.

马柱国,符淙斌. 1951—2004年中国北方干旱化的基本事实[J]. 科学通报,2006,51(20):2428-2439.

马柱国,邵丽娟. 中国北方近百年干湿变化与太平洋年代际振荡的关系[J]. 大气科学,2006,30(3):464-474.

马宗泰. 三江源北部天然草地土壤水分动态变化规律[J]. 安徽农业科学,2009,37(8):3619-3620.

毛飞,唐世浩. 近46年青藏高原干湿气候区动态变化研究[J]. 大气科学,2008,32(3):549-507.

孟秦倩,王健. 黄土高原坡面刺槐林土壤水分有效性分析[J]. 灌溉排水学报,2008,27(4):74-76.

孟霄. 河北平原区土壤水资源计算模型的探讨[J]. 节水灌溉,2008(3):16-18.

米兆荣,陈立同,张振华,等. 基于年降水、生长季降水和生长季蒸散的高寒草地水分利用效率[J]. 植物生态学报,2015,39(7):649-660.

苗秋菊,徐祥德,施小英. 青藏高原周边异常多雨中心及其水汽输送通道[J]. 气象,2004,30(12):44-47.

苗秋菊,徐祥德,张胜军. 长江流域水汽收支与高原水汽输送分量"转换"特征[J].

气象学报,2005,63(1):93-99.

穆长龙,龚固堂. 长江中上游防护林体系综合效益的计量与评价[J]. 四川林业科技,2001,22(1):15-23.

聂忆黄,龚斌,衣学文. 青藏高原水源涵养能力评估[J]. 水土保持研究,2009(5):210-212.

宁金花,申双和. 气候变化对中国水资源的影响[J]. 安徽农业科学,2008,36(4):1580- 1583.

宁婷,郭忠升,李耀林. 黄土丘陵区撂荒坡地土壤水分特征曲线及水分常数的垂直变异[J]. 水土保持学报,2014,28(3):166-170.

牛建明. 气候变化对内蒙古草原分布和生产力影响的预测研究[J]. 草地学报,2001,9(4):277-282.

牛亚菲. 青藏高原生态环境问题研究[J]. 地理科学进展,1999,18(2):163-171.

欧阳海,郑步忠,王雪娥,等. 农业气候学[M]. 北京:气象出版社,1990.

欧阳志云,王效科,苗鸿. 中国陆地生态系统服务功能及其生态经济价值的初步研究[J]. 生态学报,1999,19(5):607-613.

欧阳志云,赵同谦,赵景柱,等. 海南岛生态系统生态调节功能及其生态经济价值研究[J]. 应用生态学报,2004,15(8):1395-1402.

潘云,吕殿青. 土壤容重对土壤水分入渗特性影响研究[J]. 灌溉排水学报,2009,28(2):59-61.

彭珂珊. 困扰我国21世纪的环境退化问题研究[J]. 热带地理,1995,15(1):1-9.

彭世彰,徐俊增. 参考作物蒸发蒸腾量计算方法的应用比较[J]. 灌溉排水学报,2004,23(6):5-9.

彭雯,高艳红. 青藏高原融冻过程中能量和水分循环的模拟研究[J]. 冰川冻土,2011,33(2):364-373.

蒲金涌,姚小英,邓振镛,等. 气候变化对甘肃黄土高原土壤贮水量的影响[J]. 土壤通报,2006,37(6):1086-1690.

《气候变化国家评估报告》编写委员会. 气候变化国家评估报告[M]. 北京:科学出版社,2007.

戚培同,古松,唐艳鸿,等. 三种方法测定高寒草甸生态系统蒸散比较[J]. 生态学报,2008,28(1):202-211.

乔光建,岳树堂,陈峨印. 降水量时空分布不均对水沙关系影响分析[J]. 水文,2010,30(1):59-63.

乔平林,张继贤,王翠华. 石羊河流域蒸散发遥感反演方法[J]. 干旱区资源与环境,2007,4:107-110.

秦嘉励,杨万勤,张健. 岷江上游典型生态系统水源涵养量及价值评估[J]. 应用与环境生物学报,2009,15(4):453-458.

青海省农业资源区划办公室. 青海土壤[M]. 北京:中国农业出版社,1997.

邱新法,曾燕,缪启龙,等. 用常规气象资料计算陆面年实际蒸散量[J]. 中国科学(D辑),2003,33(3):281-288.

渠春梅,韩兴国,苏波,等. 云南西双版纳片断化热带雨林植物叶片δ13C值的特点及其对水分利用效率的指示[J]. 植物学报,2001,43(2):186-192.

任国玉,初子莹,周雅清.中国气温变化研究最新进展[J]. 气候与环境研究,2005,10(4):701-716.

任国玉,郭军. 中国水面蒸发量的变化[J]. 自然资源学报,2006,21(1):31-44.

任国玉,姜彤,李维京. 气候变化对中国水资源情势影响综合分析[J]. 水科学进展,2008,19(6):772-779.

任继周,林慧龙. 江河源区草地生态建设构想[J]. 草业学报,2005,14(2):1-8.

任立良,张炜,李春红,等. 中国北方地区人类活动对地表水资源的影响研究[J]. 河海大学学报,2001,29(4):13-18.

荣艳淑,屠其璞. 天津地区蒸发演变及对本地气候干旱化影响的研究关[J]. 气候与环境研究,2004,9(4):575-583.

戎郁萍,赵萌莉,韩国栋. 草地资源可持续利用原理与技术[M]. 北京:工业出版社,2004.

《三江源自然保护区生态环境》编辑委员会. 三江源自然保护区生态环境[M]. 西宁:青海人民出版社,2002.

尚占环,龙瑞军. 青藏高原"黑土型"退化草地成因与恢复[J]. 生态学杂志,2005,24(6):652-656.

邵明安,王全九. 推求土壤水分运动参数的简单入渗法(理论分析)[J]. 土壤学报,2000,37(1):1-7.

邵明安,杨文治,李玉山. 黄土区土壤水分有效性研究[J]. 水利学报,1987,8:38-44.

邵明安,杨文治,李玉山. 植物根系吸收土壤水分的数学模型[J]. 土壤学报,1987,3:295-304.

施能,陈绿文,封国林. 1920—2000年全球陆地降水气候特征与变化[J]. 高原气象,2004,23(4):435-440.

申双和,张方敏,盛琼. 1975—2004年中国湿润指数时空变化特征[J]. 农业工程学报,2009,29:11-15.

沈大军,刘昌明. 水文水资源系统对气候变化的响应[J]. 地理研究,1998,17(4):435-44.

沈荣开. 关于土壤水资源计算的有关问题[J]. 水利学报,2007,38(8):1021-

1022.

沈荣开. 土壤水资源及其计算方法浅议[J]. 水利学报,2008,39(12):1395-1400.

沈艳,马红彬,谢应忠,等. 宁夏典型草原土壤理化性状对不同管理方式的响应[J]. 水土保持学报,2012,26(5):84-89.

沈永平,王顺德. 塔里木河流域冰川及水资源变化研究新进展[J]. 冰川冻土,2002,24(6):1

沈振西,杨福囤,钟海民. 矮篙草草甸主要植物含水量及需水程度的初步研究[J]. 草地学报,1991,1(1):133-141.

沈振西,杨福囤,钟海民. 矮嵩草草甸植物蒸腾强度与环境因子相互关系的初步分析[M]//高寒草地生态系统(第3集).北京:科学出版社,1991:55-62.

施成熙,粟崇嵩. 农业水文学[M]. 北京:农业出版社,1984,33(12):50-59.

施雅风,沈永平,李栋梁,等. 中国西北气候由暖干向暖湿转型的特征和趋势探讨[J]. 第四纪研究,2003,23(2):152-164.

施雅风,沈永平. 西北气候由暖干向暖湿转型的信号影响和前景初探[J]. 资源环境,2003,2:54-57.

施雅风. 中国西北气候由暖干向暖湿转型问题评估[M]. 北京:气象出版社,2003.

石培礼,吴波,程根伟,等. 长江上游地区主要森林植被类型的蓄水能力的初步研究[J]. 自然资源学报,2004,19(3):352-360.

石永红,韩建国,邵新庆,等. 奶牛放牧对人工草地土壤理化特性的影响[J]. 中国草地学报,2007,29(1):24-30.

史顺海,杨福囤,陆国泉. 矮嵩草草甸主要植物种群物候观测和生物量测定[M]//高寒草甸生态系统国际学术讨论会论文集. 北京:科学出版社,1989:49-60.

司今,韩鹏,赵春. 森林水源涵养价值核算方法评述与实例研[J]. 自然资源学报,2011,26(12):2100-2109.

宋炳煜. 草原不同植物群落蒸发蒸腾的研究[J]. 植物生态学报,1995,19(4):319-328.

宋成刚,李红琴. 青海海北高寒嵩草草甸系统水分利用效率特征[J]. 干旱区资源与环境,2017,31(6):90-95.

宋吉红,张洪江,孙超. 缙云山自然保护区不同森林类型草冠的截留作用[J]. 中国水土保持科学,2008,6(3):71-75.

宋克超,康尔泗,金博文,等. 两种小型蒸散仪在黑河流域山区植被带的应用研究[J]. 冰川冻土,2004,26(5):617-623.

宋先松,石培基,金蓉. 中国水资源空间分布不均引发的供需矛盾分析[J]. 干旱区研究,2005,22(2):162- 166.

宋孝玉,康绍忠,沈冰,等. 沟壑区不同种植条件下农田土壤水分动态规律研究

[J].水土保持学报,2003,17(2):130-140.

苏凤阁,谢正辉. 气候变化对中国径流影响评估模型研究[J]. 自然科学进展,2003,13(5):502- 507.

孙洪仁,刘国荣,张英俊,等. 紫花苜蓿的需水量、耗水量、需水强度、耗水强度和水分利用效率研究[J]. 草业科学,2005,22(12):24-30.

孙鸿烈,郑度,姚檀栋,等. 青藏高原国家生态安全屏障保护与建设[J]. Acta Geographica Sinica, 2012,67(1):25-30.

孙建文,李英年,宋成刚,等. 高寒矮嵩草草甸地上生物量和叶面积指数的季节动态模拟[J]. 中国农业气象,2010,31(2):230-234.

孙景生,康绍忠,熊运章,等. 夏玉米田蒸散的计算[J]. 中国农业气象,1995,16(5):1-7.

孙景生,康绍忠,熊运章. 农田蒸发蒸腾模拟计算的理论与方法介绍[J]. 灌溉排水,1993(3):32-35.

孙立达,朱金兆. 水土保持林体系综合效益研究与评价[M]. 北京:科学出版社,1995.

孙淑芬. 陆面过程的物理、生化机理和参数化模型[M]. 北京:气象出版社,2005.

孙祥. 干旱区草场经营学[M]. 北京:中国林业出版社,1991.

孙学凯,范志平,王红,等. 科尔沁沙地复叶槭等3个阔叶树种光合特征及其水分利用效率[J]. 干旱区资源与环境,2008,22(10):188-194.

孙艳红,张洪江,程金花,等. 缙云山不同林地类型土壤特性及其水源涵养功能[J]. 水土保持学报,2006,20(2):106-109.

孙宗玖,安沙舟,马金昌. 围栏封育对草原植被及多样性的影响[J]. 干旱区研究,2007,24(5):669-674.

陶贞,沈承德,高全洲,等. 高寒草甸土壤有机碳储量和CO_2通量[J]. 中国科学(D辑):地球科学,2007,37(4):553-563.

唐国平,李秀彬,刘燕华. 全球气候变化下水资源脆弱性及其评估方法[J]. 地球科学进展,2000,15(3):313-317.

藤枝基久. 水源涵养机能计量化的研究现状[J]. 水土保持科技情报,1994,(4):30-32.

田积莹. 黄土地区土壤的物理性质与黄土成因的关系[J]. 中国科学院西北水保所集刊,1987(5):1-12.

唐登银,杨立福,程维新. 原状土自动称重蒸发渗漏器[J]. 水利学报,1987,7:46-53.

万里强,陈玮玮,李向林,等. 放牧对草地土壤含水量与容重及地下生物量的影响[J]. 中国农学通报,2011,27(26):25-29.

万师强,陈灵芝. 暖温带落叶阔叶林冠层对降水的分配作用[J]. 植物生态学报,1999,23(6):557-561.

汪有科,刘宝元,焦菊英. 恢复黄土高原林草植被及盖度的前景[J]. 水土保持通报,1992,(2):55-60.

王爱娟,章文波. 草冠截留降雨研究综述[J]. 水土保持研究,2009,16(4):55-59.

王保秋,李红. 关于土壤水资源评价方法的商榷[J]. 华北地质矿产杂志,1999,14(2):208-212.

王波,张洪江,徐丽君,等. 四面山不同人工林枯落物储量及其持水特性研究[J]. 水土保持学报,2008,22(4):90-94.

王德连,雷瑞德,韩创举. 国内外森林水文研究现状和进展[J]. 西北林学院学报,2004,19(2):156-160.

王迪,李久生,饶敏杰. 玉米冠层对喷灌水量再分配影响的田间试验研究[J]. 农业工程学报,2006,22(7):43-47.

王栋,张洪江,程金花,等. 用灰色关联法分析重庆缙云山林冠截留量影响因素[J]. 水土保持研究,2007,14(6):264-267.

王方圆. 黑河上游天涝池流域径流过程研究[D]. 兰州:兰州大学,2014.

王锋,朱奎,宋昕熠. 区域土壤水资源评价研究进展[J]. 人民黄河,2015,37(7):44-48.

王锋. 蚌埠站控制流域土壤水资源评价[D]. 北京:中国矿业大学,2016.

王根绪,程国栋. 江河源区的草地资源特征与草地生态变化[J]. 中国沙漠,2001,21(2):101-107.

王根绪,李娜,胡宏昌. 气候变化对长江黄河源区生态系统的影响及其水文效应[J]. 气候变化研究进展, 2009(4):202-208.

王根绪,李琪,程国栋,等. 40a来江河源区的气候变化特征及其生态环境效应[J]. 冰川冻土,2001,23(4):346-351.

王根绪,李元首,吴青柏,等. 青藏高原冻土区冻土与植被的关系及其对高寒生态系统的影响[J]. 中国科学(D辑),2006,36(8):743-754.

王根绪,沈永平,钱鞠,等. 高寒草地植被覆盖变化对土壤水分循环影响研究[J]. 冰川冻土,2003,25(6): 653-670.

王国庆,李健. 气候异常对黄河中游水资源影响评价网格化水文模型及其应用[J]. 水科学进展,2000, 11(6):387-391.

王国庆,王云璋,康玲玲. 黄河上中游径流对气候变化的敏感性分析[J]. 应用气象学报,2002,13(1):117-121.

王国庆,王云璋,史忠海,等. 黄河流域水资源未来变化趋势分析[J]. 地理科学,2001,21(5):396-400.

王国庆,王云璋. 径流对气候变化的敏感性分析[J]. 山东气象,2000,20(3):17-20.

王国庆,张建云,贺瑞敏. 环境变化对黄河中游汾河径流情势的影响研究[J]. 水科学进展,2006,17(6):853-858.

王国庆,张建云,林健,等. 月水量平衡模型在中国不同气候区的应用[J]. 水资源与水工程学报,2008, 19(5):34-41.

王国庆. 气候变化对黄河中游水文水资源影响的关键问题研究[D]. 南京:河海大学,2006.

王浩,秦大庸,陈晓军,等. 水资源评价准则及其计算口径[J]. 水利水电技术,2004,35(2):1-4.

王浩,杨贵羽. 土壤水资源的内涵及评价指标体系[J]. 水利学报,2006,37(4):389- 394.

王汉杰,王信理. 生态边界层原理与方法[M]. 北京:气象出版社,1999.

王红兰,宋松柏,唐翔宇. 基于Guelph法的土壤饱和导水率测定方法对比[J]. 农业工程学报,2012,28(24):99-104.

王欢,李栋梁. 黄河源区径流量变化特征及其影响因子研究进展[J]. 高原山地气象研究,2013,33(2):93-100.

王辉,甘艳辉,马兴华,等. 长江源区气候变化及其对生态环境的影响分析[J]. 青海科技,2010,(2):11-16.

王积强. 关于沙地凝结水测定问题——与蒋瑾等同志商榷[J]. 干旱区研究,1993,10(4):54-56.

王洁,贾文雄,赵珍,等. 祁连山北坡草甸草原地上生物量与土壤理化性质的关系[J]. 水土保持研究, 2017,24(1):36-43.

王晶. 旅游活动对九寨沟景区湖岸林下地表径流的影响研究[D]. 重庆:西南大学,2006.

王菊英. 青海省三江源区水资源特征分析[J]. 水资源与水工程学报,2007,18(1):91-94.

王康. 非饱和土壤水流运动及溶质迁移[M]. 北京:科学出版社,2010.

王可丽,江灏,赵红岩. 西风带与季风对中国西北地区的水汽输送[J]. 水科学进展,2005,16(3):432-438.

王菱,谢贤群. 中国北方地区40年来湿润指数和气候干湿带界线的变化[J]. 地理研究,2004,23(1):45-54.

王孟本,柴宝峰,李洪建,等. 黄土区人工林的土壤持水力与有效水状况[J]. 林业科学,1999,35(2):7-14.

王鹏祥,何金海,郑有飞,等. 近44年来我国西北地区干湿特征分析[J]. 应用气象学报,2007,18(6):771-773.

王平,范广洲,董一平,等. 四川空中水资源的稳定性与可开发性研究[J]. 自然资源学报,2010,25(10):1762-1776.

王启基,王文颖. 青海海北地区高山嵩草草甸植物群落生物量动态及能量分配[J]. 植物生态学报,1998, 22(3):222-230.

王启兰,王长庭,杜岩功,等. 放牧对高寒嵩草草甸土壤微生物量碳的影响及其与土壤环境的关系[J]. 草业学报,2008,17(2):39-46.

王庆改,康跃虎,刘海军. 冬小麦冠层截留及其消散过程[J]. 干旱地区农业研究,2005,23(1):3-8.

王庆伟,于大炮,代力民,等. 全球气候变化下植物水分利用效率研究进展[J]. 应用生态学报,2010,21:3255-3265.

王秋生. 植被控制土壤侵蚀的数学模型及其应用[J]. 水土保持学报,1991(4):68-72.

王绍武. 中国东部夏季降水型的研究[J]. 应用气象学报,1998,9(增刊):66-74.

王守荣,郑水红,程磊,等. 气候变化对西北水循环和水资源影响的研究[J]. 气候与环境研究,2003,8(1):43-51.

王水献,周金龙. 应用HYDRUS-1D模型评价土壤水资源量[J]. 水土保持研究,2005,12(2):36-38.

王素萍. 近40a江河源区潜在蒸散量变化特征及影响因子分析[J]. 中国沙漠,2009,29(5):960-965.

王天铎. 黄淮海平原水资源的农业利用问题之二——水利用的效率[J]. 现代化研究,1991,12(4):33-37.

王霄,巩远发,岑思弦. 夏半年青藏高原“湿地”的水汽分布及水汽输送特征[J]. 地理学报,2009,64(5):601-608.

王晓红. 潜水蒸发及作物的地下水利用量估算方法的研究[D]. 武汉:武汉大学,2004.

王晓学,沈会涛,李叙勇,等. 森林水源涵养功能的多尺度内涵、过程及计量方法[J]. 生态学报,2013,33(4):1019-1030.

王晓燕. 用人工降雨研究保护性耕作下的地表径流与水分入渗[J]. 水土保持通报,2000,20(3):23-25.

王燕. 黄土表土结皮对降雨溅蚀和片蚀影响的试验研究[D]. 北京:中科院水利部西北水土保持研究所,1992.

王一博,王根绪,吴青柏,等. 植被退化对高寒土壤水文特征的影响[J]. 冰川冻土,2010,32(5):989-998.

王英,曹明奎,陶波.全球气候变化背景下中国降水量空间格局的变化特征[J]. 地理研究,2006,25(6):1031-1040.

王颖,施能,顾骏强,等. 中国雨日的气候变化[J]. 大气科学2006,30(1):162-170.

王永明,韩国栋,赵萌莉,等. 草地生态水文过程研究若干进展[J]. 中国草地学报,2007,29(3):98-103.

王玉宽. 黄土高原坡地降雨产流过程的试验分析[J]. 水土保持学报,1991,5(2):25-29.

王月福,于振文,潘庆民. 土壤水分胁迫对耐旱性不同的小麦品种水分利用效率的影响[J]. 山东农业科学,1998,3:5-7.

王长庭,王启兰,景增春,等. 不同放牧梯度下高寒小嵩草草甸植被根系和土壤理化特征的变化[J]. 草业学报,2008,17(5):9-15.

王兆礼. 气候与土地利用变化的流域水文系统响应[D]. 广州:中山大学,2007.

王治国. 林业生态工程学[M]. 北京:中国林业出版社,2000.

韦志刚,黄荣辉. 青藏高原气温和降水的年际和年代际变化[J]. 大气科学,2003,27(2):157-170.

伟祥. 不同覆盖度林地和草地的径流量和冲刷量[J]. 水土保持学报,1990,4(1):29-36.

魏凤英. 现代气候统计诊断与预测技术[M]. 2版. 北京:气象出版社,2007.

魏强,凌雷,张广忠,等. 甘肃兴隆山主要森林类型凋落物累积量及持水特性[J]. 应用生态学报,2011,22(10):2589-2598.

魏强,凌雷,柴春山,等. 甘肃兴隆山森林演替过程中的土壤理化性质[J]. 生态学报,2012,32(15):4700-4713

魏智,蓝永超,吴锦奎,等. 黄河源区水资源对气候变化的响应[J]. 人民黄河,2006,28(3):36-39.

文海燕,赵哈林,傅华. 开垦和封育年限对退化沙质草地土壤性状的影响[J]. 草业学报,2005,14(1):31-37.

文晶,王一博,高泽永,等. 北麓河流域多年冻土区退化草甸的土壤水文特征分析[J]. 冰川冻土,2013, 35(4):929-937.

翁笃鸣,陈万隆,沈觉成,等. 小气候和农田小气候[M]. 北京:农业出版社,1981.

沃飞,蔡彦明,方堃,等. 天津市不同种植年限蔬菜地土壤水分特征对比研究[J]. 水土保持学报,2009,23(3):236-240.

邬春龙,穆兴民,高鹏. 黄图丘陵土壤水资源评价指标与分析[J]. 水土保持学报,2007,27(6):189-193.

邬春龙,穆兴民,高鹏. 土壤水资源研究进展及评述[J]. 水土保持研究,2008,15(3):255-257.

吴锦奎,丁永建,沈永平,等. 黑河中游地区湿草地蒸散量试验研究[J]. 冰川冻土,2005,27(4):582-590.

吴启华,李红琴. 短期牧压梯度下高寒杂草类草甸植被/土壤碳氮分布特征[J]. 生态学杂志,2013,32(11):2857-2864.

吴启华,李红琴. 牧压梯度对高寒杂草类草甸土壤持水能力影响的初步研究[J]. 冰川冻土,2013,(12):32.

吴启华,李英年. 高寒杂草类草甸牧压梯度下植被碳密度季节动态及分配特征[J].山地学报,2013,31(1):46-54.

吴启华,李英年. 牧压梯度下青藏高原高寒杂草类草甸生态系统呼吸和碳汇强度估算[J]. 中国农业气象,2013,34(4):390-395.

吴启华,毛绍娟,刘晓琴,等. 牧压梯度下高寒杂草类草甸土壤持水能力及影响因素分析[J]. 冰川冻土, 2014,36(3):590-598.

吴钦孝,赵鸿雁,韩冰. 黄土高原森林枯枝落叶层保持水土的有效性[J]. 西北农林科技大学学报:自然科学版,2001,29(5):95-98.

吴钦孝,赵鸿雁,刘向东,等. 森林枯枝落叶层涵养水源保持水土的作用评价[J]. 水土保持学报,1998,4(2):23- 28.

吴赛男,廖文根,隋欣. 气候变化对流域水资源影响评价中的不确定性问题[J]. 中国水能与电气化, 2010,71(11):14-18.

吴绍洪,尹云鹤,郑度,等. 近30年中国陆地表层干湿状况研究[J]. 中国科学(D辑),2005,35(3):276-283.

吴绍洪,尹云鹤,郑度,等. 青藏高原近30年气候变化趋势[J]. 地理学报,2005,60(1):3-11.

吴元芝,黄明斌. 土壤质地对玉米不同生理指标水分有效性的影响[J]. 农业工程学报,2010,26(2):82-88.

吴元芝. 黄土区土壤水分对典型植物有效性的研究[D]. 杨凌:中国科学院教育部水土保持与生态环境研究中心,2010.

吴长文,王礼先. 林地土壤的人渗及其模拟分析[J]. 水土保持研究,1995,2(1):71-75.

伍光和. 自然地理学[M]. 北京:高等教育出版社,2009.

伍星,李辉霞,傅伯杰,等. 三江源地区高寒草地不同退化程度土壤特征研究[J]. 中国草地学报,2013, 35(3):77-84.

解承莹,李敏姣,张雪芹. 近30 a青藏高原夏季空中水资源时空变化特征及其成因[J]. 自然资源学报,2014,29(6):979-989.

希勒尔. 土壤水动力学的计算模拟[M]. 北京:农业出版社,1950.

夏军,邱冰,潘兴瑶,等. 气候变化影响下水资源脆弱性评估方法及其应用[J]. 地球科学进展,2012, 27(4):444-451.

夏星辉,吴琼,牟新利,等. 全球气候变化对地表水环境质量影响研究进展[J]. 水科学进展,2012,23(1):124-133.

夏自强,李琼芳. 土壤水资源及其评价方法研究[J]. 水科学进展,2001,12(4):535-540.

夏自强. 温度变化对土壤水运动影响研究[J]. 地球信息科学,2001(4):19-24.

肖B T. 土壤物理条件与植物生长[M]. 冯兆林,译. 北京:科学出版社,1965:230.

肖德安,王世杰. 土壤水研究进展与方向评述[J]. 生态环境学报,2009,18(3):1182-1188.

肖登攀,杨永辉,韩淑敏,等. 太行山花岗片麻岩区坡面产流的影响因素分析[J]. 水土保持通报,2010, 30(2):114-118.

肖继兵,孙占祥,蒋春光,等. 辽西半干旱区垄膜沟种方式对春玉米水分利用和产量的影响[J]. 中国农业科学,2014,47(10):1917-1928.

谢高地,肖玉,鲁春霞. 生态系统服务研究:进展、局限和基本范式[J]. 植物生态学报,2006,30(2):191-199.

谢高地,张钇锂,鲁春霞,等. 中国自然草地生态系统服务价值[J]. 自然资源学报,2001(1):47-53.

谢虹,鄂崇毅. 青藏高原参考蒸散发时空变化特征及影响因素[J]. 青海师范大学学报:自然科学版,2014(4):52-59.

辛玉春,杜铁瑛,辛有俊. 青海天然草地生态系统服务功能价值评价[J]. 中国草地学报,2012,34(5):5-9.

熊远清,吴鹏飞,张洪芝,等. 若尔盖湿地退化过程中土壤水源涵养功能[J]. 生态学报,2011,31(19):5780-5788.

徐翠,张林波,杜加强,等. 三江源区高寒草甸退化对土壤水源涵养功能的影响[J]. 生态学报,2013,33(8):2388-2399.

徐娟,余新晓,席彩云. 北京十三陵不同林分凋落物层和土壤层水文效应研究[J]. 水土保持学报,2009,23(3):189 -193.

徐明,马超德. 长江流域气候变化脆弱性与适应性研究[M]. 北京:中国水利水电出版社,2009.

徐维新,古松,苏文将,等. 1971—2010年三江源地区干湿状况变化的空间特征[J]. 干旱区地理,2012,35(1):46-55.

徐祥德,陈联寿,王秀荣,等. 长江流域梅雨带水汽输送源—汇结构[J]. 科学通报,2003,48(21):2288-2294.

徐祥德,陶诗言,王继志,等. 青藏高原季风水汽输送“大三角扇型”影响域特征与中国区域旱涝异常的关系[J]. 气象学报,2002,60(3):257-266.

徐祥德,赵天良,Lu C G,等. 青藏高原大气水分循环特征[J]. 气象学报,2014,72

(6):1079-1095.

徐影,丁一汇,赵宗慈. 美国NCEP/NCAR近50年全球再分析资料在我国气候变化研究中可信度的初步分析[J]. 应用气象学报,2001,12(3):337-347.

徐宗学. 水文模型[M]. 北京:科学出版社,2009:6-7.

许发奎,崔元生. 土壤水资源分析计算[J]. 河北水利科技,1994,15(3):10-13.

许健民,郑新江,徐欢. GMS-5水汽图像所揭示的青藏高原地区对流层上部水汽分布特征[J]. 应用气象学报,1996,7(2):246-251.

薛达元. 长白山自然保护区森林生态系统间接经济价值评估[J]. 中国环境科学,1999,19(3):247-252.

薛冉,郭雅婧,苗福泓,等. 短期放牧对高寒草甸土壤水稳性团聚体构成及稳定性的影响[J]. 水土保持通报,2014,34(3):82-86.

薛万来,牛文全. 膜下滴灌土壤水盐运移研究进展[J]. 灌溉排水学报,2013,32(4):114-118.

闫巍,张宪洲,石培礼,等. 青藏高原高寒草甸生态系统CO_2通量及其水分利用效率特征[J]. 自然资源学报,2006,21(5):756-767.

闫伟明. 黄土区植物生长与土壤水分协同关系及土壤水分有效性评价[D]. 杨凌:西北农林科技大学,2017.

闫玉春,唐海萍,辛晓平,等. 围封对草地的影响研究进展[J]. 生态学报,2009,29(9):5039-5046.

严昌荣,韩兴国,陈灵芝,等. 温带落叶林叶片$\delta^{13}C$的空间变化和种间变化[J]. 植物学报,1998,40(8):853-859.

严昌荣. 北京山区落叶阔叶林优势种水分生理生态研究[D]. 北京:中国科学院,1997.

严中伟,杨赤. 近几十年中国极端气候变化格局[J]. 气候与环境研究,2000,5(3):267-272.

阎百兴,邓伟. 三江平原露水资源研究[J]. 自然资源学报,2004,19(6):732-737.

阎百兴,王毅勇,徐治国. 三江平原沼泽生态系统中露水凝结研究[J]. 湿地科学,2004,2(2):94-99.

阎百兴,徐莹莹,王莉霞. 三江平原农业生态系统露水凝结规律[J]. 生态学报,2010,30(20):5577-5584.

杨帮杰. 土壤过程的数值模型及其应用[M]. 北京:学术书刊出版社,1983.

杨澄,党坤良,刘建军.麻栎人工林水源涵养效能研究[J]. 西北林学院学报,1997,12(2):15-19.

杨大升,刘余滨,刘适式. 动力气象学[M]. 北京:气象出版社,1983.

杨大文,雷慧闽,丛振涛,等. 流域水文过程与植被相互作用研究现状评述[J]. 水利学报,2010,41(10):1142-1149.

杨福囤,沈振西,钟海民. 矮嵩草草甸植物蒸腾强度的初步研究[J]. 植物生态学与地植物学学报(植物生态学报),1989,13(2):136-142.

杨吉华,张永涛,李红云. 不同林分枯落物的持水性能及对表层土壤理化性状的影响[J]. 水土保持学报,2003,17(2):141-144.

杨建平,丁永建,陈仁升,等. 50a来我国干湿气候界线的空间变化分析[J]. 冰川冻土,2002,24(6):732-736.

杨景辉,王艳荣,苏敏,等. 三种草坪对土壤水分利用特征的比较研究[J]. 中国草地学报,2012,34(6):44-48.

杨路华,郑连生,王文元,等. 一种土壤水资源分析与评价方法[J]. 沈阳农业大学学报,2004,35(5):516-518.

杨路华. 河北省土壤水资源分区与计算方法研究[D]. 武汉:武汉大学,2007.

杨梅学,姚檀栋,田立德,等. 藏北高原夏季降水的水汽来源分析[J]. 地理科学,2004,24(4):426-431.

杨思维,张德罡,牛钰杰,等. 短期放牧对高寒草甸表层土壤入渗和水分保持能力的影响[J]. 水土保持学报,2016,30(4):96-101.

杨涛,陆桂华,李会会,等. 气候变化下水文极端事件变化预测研究进展[J]. 水科学进展,2011,22(2):279-286.

杨逸畴,李炳元,尹泽生,等. 西藏高原地貌的形成和演化[J]. 地理学报,1982,37(1):76-87.

杨永辉,武继承,赵世伟,等. 黄土丘陵沟壑区草地土壤持水、供水性能比较[J]. 土壤通报,2009,40(5):1010-1013.

杨永胜,李红琴,张莉,等. 封育措施对巴塘高寒草甸植被群落结构及土壤持水能力的影响[J]. 山地学报,2016,34(5):606- 614.

杨永胜,张莉,未亚西,等. 退化程度对三江源泽库高寒草甸土壤理化性质及持水能力的影响[J]. 中国草地学报,2017,39(5):54-60.

姚玉璧,尹东,王润元,等. 黄河首曲气候变化及其对黄河断流的影响[J]. 水土保持通报,2006,26(4):1-6.

叶笃正,陈泮勤. 中国的全球变化预研究[M]. 北京:地震出版社,1992.

叶辉,王军邦,黄玫,等. 青藏高原植被降水利用效率的空间格局及其对降水和气温的响应[J]. 植物生态学报,2012,36(12):1237-1247.

叶有华,周凯,彭少麟. 广东从化地区晴朗夜间露水凝结研究[J]. 热带地理,2009,29(1):26-30.

叶有华,彭少麟. 露水对植物的作用效应研究进展[J]. 生态学报,2011,31(11):3190-3196.

仪垂祥,刘开瑜,周涛. 植被截留降水量公式的建立[J]. 土壤侵蚀与水土保持学报,1996,2(2):47-49.

易湘生,李国胜,尹衍雨,等. 黄河源区草地退化对土壤持水性影响的初步研究[J].自然资源学报,2012,27(10):1708-1719.

易湘生,尹衍雨,李国胜,等. 青海三江源地区近50年来的气温变化[J]. 地理学报,2011,66(11):1451-1465.

易秀,李现勇. 区域土壤水资源评价及其研究进展[J]. 水资源保护,2007,23(1):1-5.

殷国梅,张英俊,王明莹,等. 短期围封对草甸草原群落特征与物种多样性的影响[J]. 中国草地学报, 2014 (3):61-66.

尹云鹤,吴绍洪,戴尔阜. 1971—2008年我国潜在蒸散时空演变的归因[J]. 科学通报,2010,55(22):2226-2234.

尹云鹤,吴绍洪,郑度,等. 近30年我国干湿状况变化的区域差异[J]. 科学通报,2005,50(15):1636-1642.

英爱文,姜广斌. 辽河流域水资源对气候变化的影响[J]. 水科学进展,1996,7(增刊):67-72.

尤全刚,薛娴,彭飞,等. 高寒草甸草地退化对土壤水热性质的影响及其环境效应[J]. 中国沙漠,2015, 35(5):1183-1192.

尤卫红,何大明,段长春. 云南纵向岭谷地区气候变化对河流径流量的影响[J]. 地理学报,2005,60(1):95-105.

由懋正,黄荣金. 海河低平原水土资源与农业发展研究[M]. 北京:科学出版社,1991.

游松财, Kiyoshi T, Yuzuru M. 全球气候变化对中国未来地表径流的影响[J]. 第四纪研究,2002, 22(2):148-157.

于格,鲁春霞,谢高地. 青藏高原北缘地区高寒草甸土壤保持功能及其价值的实验研究[J]. 北京林业大学学报,2006,28(4):57-61.

于格,鲁春霞,谢高地. 藏高原草地生态系统服务功能的季节动态变化[J]. 应用生态学报,2007,18(1):47 -51.

于格,鲁春霞,谢高地. 草地生态系统服务功能的研究进展[J]. 资源科学,2005,27(6):172-179.

于静洁,刘昌明. 森林水文学研究综述[J]. 地理研究,1989,8(1):88-98.

于璐. 草坪草降雨截留的生态水文效应研究[D]. 北京:北京林业大学,2013.

余开亮,陈宁,余四胜,等. 物种组成对高寒草甸植被冠层降雨截留容量的影响[J]. 生态学报,2011,31(19) :5771-577.

余新晓,张志强,陈丽华,等. 森林生态水文[M]. 北京:中国林业出版社,2004.

余新晓，赵玉涛，程根伟. 贡嘎山东坡峨眉冷杉林地被物分布及其水文效应初步研究[J]. 北京林业大学学报，2002，24(5/6)：14-18.

袁飞，谢正飞，任立良，等. 气候变化对海河流域水文特性的影响[J]. 水利学报，2005，36(3)：274-279.

袁建平，蒋定生，甘淑. 影响坡地降雨产流历时的因子分析[J]. 山地学报，1999，17(3)：259-264.

袁汝华，黄涛珍，胡炜. 气候异常对我国水资源的影响及对策[J]. 地理学报，2000，(55)：128- 134.

云文丽，王永利，梁存柱，等. 典型草原区生态水文过程与植被退化的关系[J]. 中国草地学报，2011，33(3)：57-64.

曾涛，郝振纯，王加虎. 气候变化对径流影响的模拟[J]. 冰川冻土，2004，26(3)：323- 332.

詹姆斯·韦斯特韦尔特. 流域管理的模拟建模[M]. 程国栋等，译. 郑州：黄河水利出社，2004：26-55.

占瑞芬，李建平. 青藏高原和热带西北太平洋大气热源在亚洲地区夏季平流层-对流层水汽交换的年代际变化中的作用[J]. 中国科学(D辑)，2008，38(8)：1028-1040.

张宝林，陈阜. 晋西旱塬地覆盖耕作农田土壤水分有效性研究[J]. 华北农学报，2005，20(3)：57-61.

张彪，李文华，谢高地，等. 北京市森林生态系统的水源涵养功能[J]. 生态学报，2008，28(11)：5619-5624.

张彪，李文华，谢高地，等. 森林生态系统的水源涵养功能及其计量方法[J]. 生态学杂志，2009，28(3)：529-534.

张灿强，李文华，张彪，等. 基于土壤动态蓄水的森林水源涵养能力计量及其空间差异[J]. 自然资源，2012，27(4)：679-704.

张法伟，李英年，曹广民，等. 青海湖北岸高寒草甸草原生态系统CO_2通量特征及其驱动因子[J]. 植物生态学报，2012，32(3)：187-198.

张法伟. 青海海北高寒矮嵩草草甸系统蒸散发特征及环境驱动机制[D]. 北京：中国科学院，2018.

张方敏，申双和. 中国干湿状况和干湿气候界限变化研究[J]. 南京气象学院学报，2008，31(4)：574-579.

张华，伏乾科，李锋瑞. 退化沙质草地自然恢复过程中土壤-植物系统的变化特征[J]. 水土保持通报，2003，23(6)：1-6.

张光灿，刘霞，贺康宁. 黄土半干旱区刺槐和侧柏林地土壤水分有效性及生产力分级研究[J]. 应用生态学报，2003，14(6)：858-862.

张光辉. 全球气候变化对黄河流域天然径流量影响的情景分析[J]. 地理研究，2006,25(2):268-275.

张国胜,李林,时兴合,等. 黄河上游地区气候变化及其对黄河水资源的影响[J]. 水科学进展,2000,11(3):277-283.

张国胜,徐维新,董立新,等. 青海省旱地土壤水分动态变化规律研究[J]. 干旱区研究,1999,16(2):36-40.

张汉雄. 黄土高原的暴雨特性及其分布规律[J]. 地理学报,1983,38(4):416-420.

张洪业,土壤水资源研究的两个重要方面及在农业节水中的意义——以华北黄河以北平原地区为例[J]. 资源科学,1999,21(6):29-33.

张家诚,王立. 论1980—1983年冬季东亚气候距平的分布及其形成原因[J]. 应用气象学报,1987,2(1):36-42.

张建山. 沙漠滩区凝结水补给机理研究[J]. 地下水,1995,17(2):76-77.

张建云,王国庆,贺瑞敏,等. 黄河中游水文变化趋势及其对气候变化的响应[J]. 水科学进展,2009, 20(2):153-158.

张建云,王国庆. 气候变化对水文水资源影响研究[M]. 北京:科学出版社,2007,32-49.

张建云,章四龙,朱传保. 气候变化与流域径流模拟[J]. 水科学进展,1996,1:54-59.

张金池,庄家尧,林杰. 不同土地利用类型土壤侵蚀量的坡度效应[J]. 中国水土保持科学,2004,2(3):6-9.

张金堂,郎洪钢. 河北省平原区土壤水资源数量评价[J]. 南水北调与水利科技，2009,7(4):74-81.

张金霞,曹广民,周党卫. 高寒矮嵩草草甸大气土壤—植被—动物系统碳素储量及碳素循环[J]. 生态学报,2003,23(4):627-634.

张宽义,杨路华. 河北省土壤水资源分区及评价方法[J]. 节水灌溉,2006(6):16-19.

张理宏,李昌哲,杨立文. 北京九龙山不同植被水源涵养作用的研究[J]. 西北林学院学报,1994,9(1):18-21.

张玲,王震洪. 云南牟定三种人工林森林水文生态效应的研究[J]. 水土保持研究,2001,8(2):69-73.

张强,陈丽华,问晓梅,等. 陆面露水资源开发利用技术初探[J]. 干旱气象,2008,26(4):1-4.

张强,孙向阳,张广才. 土壤水分研究进展[J]. 林业科学研究,2004,17(增刊):105-108.

张强,问晓梅,王胜,等. 关于陆面降露水测量方法及其开发利用研究[J]. 高原气象,2010(4):1085-1092.

张强,张存杰,自虎志. 西北地区气候变化新动态及对干旱环境的影响[J]. 干旱气象,2010,28(1):1-7

张庆云,陈烈庭. 近30年来中国气候的干湿变化[J]. 大气科学,1991,15(5):73- 81.

张荣,杜国祯. 放牧草地群落的冗余与补偿[J]. 草业学报,1998,7(4):13-19.

张社奇,王国栋,时新玲,等. 黄土高原油松人工林地土壤水分物理性质研究[J]. 干旱地区农业研究, 2005,23(1):60-64.

张士锋,华东,孟秀敬,等. 三江源气候变化及其对径流的驱动分析[J]. 地理学报,2011,66(1):13-24.

张士锋,贾绍凤. 降水不均匀性对黄河天然径流量的影响[J]. 地理科学进展,2001,20(4):355-363.

张调风,朱西德,王永剑,等. 气候变化和人类活动对湟水河流域径流量影响的定量评估[J]. 资源科学,2014,36(11):2256-2262.

张万儒,许本彤. 森林土壤定位研究方法[M]. 北京:中国林业出版社,1986:30-36.

张维江,张鹏程,李娟,等. 黄土高原土壤水资源评价及生态恢复研究[J]. 人民黄河,2012,10:100-102.

张兴鲁. 干旱地区沙丘水汽凝结及其意义[J]. 水文地质工程地质,1986(6):39-42.

张雪芹,彭莉莉,林朝晖. 未来不同排放情景下气候变化预估研究进展[J]. 地球科学进展,2008,23(2):174-185.

张耀峰,张德生,武新乾. 一维非饱和土壤水分运动的数值模拟[J]. 纺织高校基础科学学报,2004, 17(2):123-127.

张镱锂,刘林山,摆万奇. 黄河源地区草地退化空间特征[J]. 地理学报,2006,61(1):3-14.

张英娟,董文杰,俞永强. 中国西部地区未来气候变化趋势预测[J]. 气候与环境研究,2004,9(2):342-349.

张莹,毛小没,胡夏嵩,等. 草本与灌木植物茎叶降水截留作用研究[J]. 人民黄河,2010,32(7):95-96.

张蕴薇,韩建国,李志强. 放牧强度对土壤物理性质的影响[J]. 草地学报,2002,10(1):74-78.

张振明,余新晓,牛健植,等. 不同林分枯落物层的水文生态功能[J]. 水土保持学报,2005,19(3):139-143.

张正斌,山仑,徐旗．控制小麦种、属旗叶水分利用效率的染色体背景分析[J]．遗传学报,2000,27(3):240-246.

张正斌,山仑．物水分利用效率和蒸发蒸腾估算模型的研究进展[J]．干旱地区农业研究,1997,15(1):73-78.

张正斌．小麦水分利用效率改良的生理遗传基础[D]．杨凌:西北农林科技大学,1998.

张志强,王礼先,余新晓,等．森林植被影响径流形成机制研究进展[J]．自然资源学报,2001,16(1):79-84.

赵传燕,冯兆东,刘勇．干旱区森林水源涵养生态服务功能研究进展[J]．山地学报,2003,21(2):157-161.

赵串串,杨晓阳,张凤臣,等．三江源区森林植被对气候变化响应的研究分析[J]．干旱区资源与环境, 2009,23(2):47-50.

赵晶,王乃昂,杨淑华．兰州城市化气候效应的R/S分析[J]．兰州大学学报:自然科学版,2000,36(6):122-128.

赵景学,祁彪,多吉顿珠,等．短期围栏封育对藏北3类退化高寒草地群落特征的影响[J]．草业科学, 2011,28(1):59-62.

赵俊杰．我省每年向下游多输送近60亿m^3的清洁水[N]．西海都市报,2018-05-15.

赵丽,王建国,车明中,等．内蒙古扎兰屯市典型森林枯落物、土壤水源涵养功能研究[J]．干旱区资源与环境,2014,28(5):91-96.

赵茂盛, Ronald P N．气候变化对中国植被影响的模拟[J]．地理学报,2002,57(1):28-38.

赵萌莉,韩冰,红梅,等．内蒙古草地生态系统服务功能与生态补偿[J]．中国草地学报,2009,31(2):10-13.

赵明扬,孙长忠,康磊．偏相关系数在林冠截留影响因子分析中的应用[J]．西南林业大学学报,2013, 33(2):61-65.

赵平,曾小平,彭少麟,等．海南红豆夏季叶片气孔交换、气孔导度和水分利用效率的日变化[J]．热带亚热带植物学报,2000,8(1):35-42.

赵西宁,吴发启．土壤水分入渗的研究进展和评述[J]．西北林学院学报,2004,19(1):42- 45.

赵同谦,欧阳志云,贾良清等．中国草地生态系统服务功能间接价值评价[J]．生态学报,2004,24(6):1101-1110

赵新全．高寒草甸生态系统与全球变化[M]．北京:科学出版社,2009:56-62.

赵新全．三江源退化草地生态系统恢复与可持续管理[M]．北京:科学出版社,2011.

赵洋毅,王玉杰,王云琦,等．渝北水源区水源涵养林构建模式对土壤渗透性的影响[J]. 生态学报,2010,30(15):4126-4172.

赵玉涛,张志强,余新晓,等. 森林流域界面水分传输规律研究述评[J]. 水土保持学报,2002,16(1):92-95.

赵中秋,蔡运龙,付梅臣,等. 典型喀斯特地区土壤退化机理探讨:不同土地利用类型土壤水分性能比较[J]. 生态环境,2008,17(1):393-395.

郑度,张荣祖,杨勤业. 试论青藏高原的自然地带[J]. 地理学报,1979,34(1):1-11.

中国科学院南京土壤研究所. 土壤理化分析[M]. 上海:上海科学技术出版社,1978.

中国科学院中国植被图编辑委员会. 1:1 000 000中国植被图集[M]. 北京:科学出版社,2001.

中国气象局. 地面气象观测规范[M]. 北京:气象出版社,2003.

中国气象局. 生态质量气象评价规范[M]. 北京:气象出版社,2005.

中国土壤学会农业化学专业委员会. 土壤农业化学常规分析方法[M]. 北京:中国农业出版社,1984.

中华人民共和国林业部防治荒漠化办公室.联合国关于在发生严重干旱和/或荒漠化的国家特别是在非洲防治荒漠化的公约[M]. 北京:中国林业出版社,1994.

钟海民,杨福囤,沈振西. 矮嵩草草甸主要植物气孔分布及开闭规律与蒸腾强度的关系[J]. 植物生态学与地植物学学报(植物生态学报),1991,15(1):66-70.

周秉荣,李凤霞,肖宏斌,等. 三江源区潜在蒸散时空分异特征及气候归因[J]. 自然资源学报,2014,29(12):2068-2077.

周秉荣,李凤霞,颜亮东,等. 高寒沼泽湿地土壤湿度对放牧强度的响应[J]. 草业科学,2008,25(11):75-78.

周秉荣,李凤霞,颜亮东,等. 青海省太阳总辐射估算模型研究[J]. 中国农业气象,2011,32(4):495-499.

周长艳,蒋兴文,李跃清,等. 高原东部及邻近区域空中水汽资源的气候变化特征[J]. 高原气象,2009, 28(1):55-63.

周国逸,余作岳,彭少麟. 小良试验站3种生态系统水量平衡研究[J]. 生态学报,1995,15(增刊A辑):223-229.

周国逸,余作岳,彭少麟. 小良试验站三种植被类型地表径流效应的对比研究[J]. 热带地理,1995, 15(4):306-312.

周华坤,赵新全,唐艳鸿,等. 长期放牧对青藏高原高寒灌丛植被的影响[J]. 中国草地学报,2004,26(6):1-11.

周华坤,赵新全,周立,等. 青藏高原高寒草甸的植被退化与土壤退化特征研究[J]. 草业学报,2005,14(3):31-40.

周华坤,周立,刘伟,等. 封育措施对退化与未退化矮嵩草草甸的影响[J]. 中国草地,2003,25(5):15-22.

周凌云,陈志雄,李卫民. 土壤水资源合理利用潜力评价[J]. 土壤通报,2003,34(1):15-18.

周毛措. 泽库县草场退化现状及对畜牧业的影响[J]. 青海农牧业,2015,3(12):13-16.

周顺武,假拉. 西藏高原雨季开始和中断的气候特征及其环流分析[J]. 气象,1999,25(12):38-49.

周顺武,张人禾. 青藏高原地区上空NCEP/NCAE 再分析温度和位势高度资料与观测资料的比较分析[J]. 气候与环境研究,2009,14(2):284-292.

周兴民,王启基,张堰青,等. 青藏高原退化草地的现状、调控策略和持续发展[M]//高寒草甸生态系统(4). 北京:科学出版社,1995:263-268.

周印东,吴金水,赵世伟,等. 子午岭植被演替过程中土壤剖面有机质与持水性能变化[J]. 西北植物学报, 2003,23(6):895-900.

周择福,洪玲霞. 不同林地土壤水分入渗和入渗模拟的研究[J]. 林业科学,1997,33(1):9-17.

周择福,李昌哲. 北京九龙山不同植被土壤水分特征研究[J]. 林业科学研究,1994,7(1):48-53.

周择福. 不同林地土壤水分入渗和入渗模拟的研究[J]. 林业科学,1997,33(1):9-16.

朱宝文,陈晓光,郑有飞,等. 青海湖北岸天然草地小尺度地表径流与降水关系[J]. 冰川冻土,2009, 31(6):1074-1079.

朱抱真,陈嘉滨. 数值天气预报概论[M]. 北京:气象出版社,1986.

朱继鹏,王芳,高甲荣. 吉县蔡家川流域不同森林植被的林地水源涵养功能[J]. 水土保持研究,2006,13(1):111-113.

朱乾根,林锦瑞,寿绍文. 天气学原理和方法[M]. 北京:气象出版社,1981.

朱乾根,林锦瑞,寿绍文,等. 天气学原理和方法[M]. 北京:气象出版社,2000.

朱显漠. 黄土高原水蚀的主要类型及有关因素[J]. 水土保持通报,1982,2(3):12-15.

朱延龙,陈进,陈广才. 长江源区近32年径流变化及影响因素分析[J]. 长江科学院院报,2011,28(6):1-5.

朱燕君,李海萍. 黄河断流的气候因子分析[J]. 资源科学,2003,25(2):26-31.

朱永杰,毕华兴,霍云梅,等. 草冠截留影响因素及其测定方法对比研究综述[J]. 中国农学通报,2014,30(34):117-122.

祝景彬,贺慧丹,李红琴,等. 高寒草甸土壤有机碳和全氮变化对牧压梯度的响应[J]. 草地学报,2017,25(6):1190-1196.

祝景彬,李红琴,贺慧丹,等. 牧压梯度下高寒草甸土壤容重及持水能力的变化特征[J]. 水土保持研究,2018,25(5):1-6.

祝景彬,贺慧丹,李红琴,等. 高寒草地土壤贮水量对牧压梯度的响应[J]. 中国草地学报,2018,40(4):88-94.

卓丽,苏德荣,刘自学,等. 草坪型结缕草冠层截留性能试验研究[J]. 生态学报,2009,29(2):669-675.

卓丽. 北京地区三种草坪草截留特性的研究[M]. 北京:北京林业大学,2008.

宗晨临,朱海兵,王志成,等. 电容式霜露传感器自动化观测对比分析[J]. 气象科技,2016,44(2):204-209.

左大康,王懿贤,陈建绥. 中国地区太阳总辐射的空间分布特征[J]. 气象学报,1963,33(1):78-95.

左大康. 现代地理学辞典[M]. 北京:商务印书馆,1990.

左德鹏,徐宗学,程磊,等. 渭河流域潜在蒸散量时空变化及其突变特征[J]. 资源科学,2011,33(5):975-982.

左德鹏,徐宗学,李景玉,等. 气候变化情景下渭河流域潜在蒸散量时空变化特征[J]. 水科学进展,2001, 22(4):455-460.

Aken A O, Yen B C. Effect of rainfall intensity no infiltrationand surface runoff rates [J]. J. of Hydraulic Research, 1984, 21(2):324-331.

Akinbode O M, Eludoyin A O, Fashae O A. Temperature and relative humidity distributions in a medium-size administrative town in southwest Nigeria[J]. Journal of Environmental Management, 2008, 87:95-105.

Akiyama T, Kawamura K. Grassland degradation in china: Methods of monitoring, management and restoration[J]. Grassland Science, 2007, 53(1):1-17.

Alberto M C R, Quilty J R, Buresh R J, et al. Actual evapotranspiration and dual crop coefficients for dry-seeded rice and hybrid maize grown with overhead sprinkler irrigation[J]. Agricultural Water Management, 2014, 136:1-12.

Allen R G, Luis S P, Durk R, et al. FAO Irrigation and Drainage Paper No. 56-Crop evapotranspiration: guidelines for computing crop water requirements[M]. Rome:Food and Agriculture Organization of the United Nations, 1998:300.

Andreassian V. Water and forests: From historical controversy to scientific debate[J]. Journal of Hydrology, 2004, 291:1-27.

Annstrong C L, Mitchell J K. Transformations of rainfall by Plantcanopy[J]. Trans. of ASAE, 1987, 30:688-696.

Arnell N W. Factors controlling the effects of climate changeon river flow regimes in a humid temperate environment[J]. Journal of Hydrology, 1992, 132(1): 321–342.

Arnell N. A simple water balance model for the simulation ofstream flow over a large geographic domain[J]. Journal of Hydrology, 1999, 217(3/4): 314–355.

Backhaus S, Kreyling J, Grant K, et al. Recurrent mild drought events increase resistance toward extreme drought stress[J]. Ecosystems, 2014, 17: 1068–1081.

Baker J M, van Bavel C H M. Resistance of plant roots to water loss[J]. Agronomy Journal, 1986, 78: 641–644.

Baker J M, van Bavel C H M. Water transfer through cotton plants connecting soil regions of differingwater potential[J]. Agronomy Journal, 1988, 80: 993–997.

Baker J T, Gitz D, Payton P, et al. Using leaf gas exchange to quantify drought in cotton irrigated based on canopy temperature measurements[J]. Agronomy Journal, 1999(2): 637–644.

Baker N R, Rosenqvist E. Applications of chlorophyll fluorescence can improve crop production strategies: an examination of future possibilities[J]. Journal of Experimental Botany, 2004, 55: 1607–1621.

Baunhards R L. Modeling infiltration into sealing soil[J]. Water Resource Res., 1990, 26(1): 2497–2505.

Beard J S. Results of the mountain home rainfall interception andinfiltration project on black wattle[J]. South African Forestry, 1956, 27: 72–85.

Ben–Asher J J, Meek D W, Huttmacher R B, et al. Computational approach to assess actual transpiration from arecodynamic and canopy resistance[J]. Agron. J., 1989, 81: 776–782.

Bewket W, Sterk G. Dynamics in land cover and its effect on stream flow in the chemoga watershed, bluenile basin, ethiopia[J]. Hydrological Processes, 2005, 19(2): 445–458.

Beysens D, Muselli M, Nikolayev V, et al. Measurement and modelling of dew in island, coastal and alpine areas[J]. Atmospheric Research, 2005, 73(1): 1–22.

Bilotta G, Brazier R, Haygarth P. The impacts of grazing animals on the quality of soils, vegetation, and surface waters in intensively managed grasslands[J]. Advances in Agronomy, 2007, 94: 237–280.

Bodman G B, Colman E A. Moisture and energy condition duringdown–ward entry of water into soil[J]. Soil Sci. Soc. AM. J., 1944, 8(2): 166–182.

Bonell M. Progress in the unders tanding of runoffgen eration dynamics in forests[J]. Journal of Hydrology, 1993, 150: 217–275.

Boughton W C. An Australian water balance model for semiarid watersheds[J]. Journal of Soil and Water Conservation, 1995, 50(5): 454-457.

Boyko A, Kovalchuk I. Genome instability and epigenetic modification-heritable responses to environmental stress[J].Current Opinion in Plant Biology, 2011, 14: 260-266.

Bradford M A, Jones T H, Bardgett R D, et al. Impacts of soil faunal community composition on model grassland ecosystems[J]. Science, 2002, 1998: 615-618.

Bradley R S, Diaz H F, Eischeid J K, et al. Precipitation fluctuations over Northern Hemisphere land areassince the mid-19th century[J]. Science, 1987, 237(4811): 171-175.

Bresson J, Vasseur F, Dauzat M, et al. Quantifying spatial heterogeneity of chlorophyll fluorescence during plant growth and in response to water stress[J]. Plant methods, 2015, 11: 1.

Brooks J R, Meinzer F C, Coulombe R, et al. Hydraulic redistribution of soil water during summer drought in two contrasting Pacific Northwest coniferous forests[J]. Tree Physiology, 2002, 22: 1107-1117.

Bruce R R. Hydraulic Conductivity Evaluation of The Soil Profile From Soilwater Retention Relations[J]. Soil Sci. Am. Proc., 1972, 36: 555-561.

Bruce T J, Matthes M C, Napier J A, et al. Stressful "memories" of plants: evidence and possible mechanisms[J]. Plant Science, 2007, 173: 603-608.

Brutsaert W, Parlange M B. Hydrological cycle explains the evaporation paradox[J]. Nature, 1998, 396:30.

Burgess S S O, Adams M A, Bleby T M. Measurement of sap flow in roots of woody plants: a commentary[J]. Tree Physiology, 2000, 20: 909-913.

Burgess S S O, Adams M A, Turner N C, et al. An improved heat pulse method to measure low and reverse rates of sap flow in woody plants[J]. Tree Physiology, 2001, 21: 589-598.

Burgess S S O, Adams M A, Turner N C, et al. Tree roots: conduits for deep recharge of soil water[J]. Oecologia, 2001, 126: 158-165.

Burgess S S O, Pate J S, Adams M A, et al. Seasonal water acquisition and redistribution in the Australian woody phreatophyte, Banksia prionotes[J]. Annual Botany, 2000, 85: 215-224.

Burgy R H, Pomeroy C R. Interception losses in grassyvegetation[J]. Transactions of American Geophysical Union, 1958, 39: 1095-1100.

Burt T P, Swank W T. Flow frequency responses to hardwood-to-grass conversion and subsequent succession[J]. Hydrological Processes, 1992, 6(2): 179-188.

Cabibel B, Do F. Thermal measurement of sap flow and hydric behavior of trees2. Sap flow evolution and hydric behavior of irrigated and non-irrigated trees under trickle irrigation[J]. Agronomie,1991,11:757-766.

Cakmak I E. Phytic acid-zinc molar ratios in wheat grainsgrown in Turkey[J]. Micronutrients and Agriculture,1996,2:12-15.

Caldwell M M,Richards J H. Hydraulic lift:water efflux from upper roots improves effectiveness of water uptake by roots[J]. Oecologia,1989,79:1-5.

Camillo P J,Curney R J,SchmuggeT J. A soil and atmospheric boundary layer model for evapotraspiration and soil moisture studies[J] . Water Rcsour. Res.,1983,19:371-380.

Camillo P J, Robert J G. A resistance parameter for bare soil evaporation models[J]. Soil Science,1986,2:95-105.

Canadell J,Jackson R B,Ehleringer J R, et al. Maximum rooting depth of vegetation types at the global scale[J]. Oecologia,1996,108:583-595.

Cannon W A. A tentative classification of root systems[J]. Ecology,1948,30:542-548.

Cannon W A. Root habits of desert plants(publication 131)[M]. Washington:Carnegie Institute, 1911.

Cary J W. Soil heat transducers and water vapor flow[J]. Soil Sci. Soc. Am. J.,1979,43:835-839.

Casadebaig P ,Jensen C. Leaf gas exchange and water relation characteristics of field quinoa (*Chenopodium quinoa* Willd.) during soil drying[J]. European Journal of Agronomy,2008,13:11-25.

Casadebaig P,Debaeke P,Lecoeur J. Thresholds for leaf expansion and transpiration response to soil water deficit in a range of sunflower genotypes[J]. European Journal of Agronomy,2008,28:646-654.

Celia M A,Boulouton E T, Zarba R L. A General Mass-conservation Numerical Solution For The Unsaturated Flow Equation[J]. Water Resources Research, 1990, 26(7): 1483-1496.

Celik I. Land-use effects on organic matter and physical properties of soil in asouthern Mediterranean highland of Turkey[J]. Soil Tillage Res.,2005,83 (2):270-277.

Cernusak L A, Aranda J, Marshall J D. et al. Large variation in whole-plant water-use efficiency among tropical tree species[J]. New Phytologist,2007,173:294-305.

Cernusak L A, Winter K, Turner B L. Leaf nitrogen to phosphorus ratios of tropical trees:experimental assessment of physiological and environmental controls[J]. New Phytologist,2010,185:770-779.

Cernusak L A, Winter K, Aranda J, et al. Transpiration efficiency of a tropicalpioneer tree (*Ficus insipida*) in relation to soil fertility[J]. Journal of Experimental Botany, 2007,58:3549-3566.

Chattopadhyay N, Hulme M. Evaporation and potential evapotranspiration in India under conditions of recent and future climate change[J]. Agricultural and Forest Meteorology,1997,87(1):55-73.

Chen G L,Tian K. Water-retention characteristics and related physicalproperties of soil on afforested agricultural land in Finland[J]. Journal of soil and water conservation, 2016,30(4):123-129.

Chen S,Liu Y,Axel T. Climatic change on the Tibetan Plateau:Potential Evapotranspiration Trends from 1961-2000[J]. Climatic Change,2006,76(3/4):291-319.

Chiew F H,McMahon T A. Application of the daily rainfallruno modelhydrolog to 28 Australian catchments[J]. Journal of Hydrology,1994,153:386-416.

Christine F,Christiane R,Britta J, et al. How do earthworms,soil texture and plant-composition affect infiltration along an experimental plant diversity gradient ingrassland[J]. PLoS ONE,2014,9 (6):e98987.

Clark O R. Interception of rainfall by prairie grasses,weeds andcertain crop plants[J]. Ecological Monograph,1940,10:243-277.

Cohen Y,Takeuchi S,Nozaka J, et al. Accuracy of sap flowmeasurementusingheat-balance and heatpulse methods[J]. Agronomy Journal,1993,85:1080-1086.

Corak S J,Blevins D G,Pallardy S G. Water transfer in an alfalfa maize association: survival of maize during drought[J]. Plant Physiology,1987,84:582-586.

Costanza R,D′arge R,De Groot R, et al. The value of the world′s ecosystem services and natural capital[J]. Nature,1997,387:253-260.

Craine J M,Morrow C,Stock W D. Nutrient concentration ratios and co-limitation in South African grasslands[J]. New Phytologist,2008,179:829-836.

Cuevas E,Baeza P,Lissarrague J. Variation in stomatal behaviour and gas exchange between midmorning and midafternoon of northsouth oriented grapevines (*Vitis vinifera* L. cv. Tempranillo) at different levels of soil water availability[J]. Scientia Horticulturae, 2006,108:173-180.

Daily G C. Nature′s services:societal dependence on natural ecosystems[M]. Washington D C:Island Press,1997.

Daraentekhabi,Ghassemrasrar,Alankbetts ,et al. An agenda for land surfacehy drologyresear chonacall for the Second In tarnation al Hydrological Decade[J]. Bulletin of the American Meteorological Society,1999,80:2043- 2059.

David J E,Wang L X,Marta R C. Shrub encroachment alters the spatialpatterns of infiltration[J]. Ecohydrology ,2015,8:83-93.

Davie T. Fundamentals of Hydrology[M]. 2ed. London:Routledge,2002:20-22.

Dawson T E. Determing water use by trees and forests from isotopic, energy balance, and transpiration analysis: the roles of tree size and hydraulic lift[J]. Tree Physiology, 1996,16:263-272.

Dawson T E. Hydraulic lift and water parasitism by plant s:implications for water balance, performance, and plant-plant interaction[J]. Oecologia,1993,95:565-574.

Dawson T E, Pate J S. Seasonal water uptake and movement in root systems of Australian phraeatophytic plants of dimorphic root morphology: A stable isotope investigation[J]. Oecologia,1996,107:13-20.

De Groot R S, Wilson M A, Boumans R M J. A typology for the classification, description and valuation of ecosystem functions, goods and services[J]. Ecological Economics, 2002,41:393-408.

De Vries D A. Thermal properties of soils[M]//Physics of plant Environment. Amsterdam:North-Holland Publishing Co., 1963.

Delgado G R, Wantzen K M, Tolosa M B. Leaf-litter decomposition in an Amazonian floodplainstream: effects of seasonal hydrological changes[J]. Journal of the North American Benthological Society,2006,25(1):233-249.

Dibike Y B, Coulibaly P. Hydrologic impact of climate changein the Saguenay watershed:Comparison of downscaling methods and hydrologic models[J]. Journal of Hydrology, 2005,307(1):145-163.

Dijk van A I J M, Bruijnzeel L A. Modelling rainfall interception byvegetation of variable density using an adapted analytical model. Part1. Model description[J]. Journal of Hydrology,2001,247:230-238.

Dong S K, Wen L, Li Y Y, et al. Soil-quality effects ofgrassland degradation and restoration on the Qinghai-TibetanPlateau[J]. Soil Science Society of America Journal ,2012, 76 (6):2256-2264.

Donovan L A, Dudley S A, Rosenthal D M, et al. Phenotypic selection on leaf water use efficiency and related ecophysiological traits for natural populations of desert sunflowers [J]. Oecologia,2007,152:13-25.

Dowlatabadi H, Morgan M G. Integrated assessment of climatechange[J]. Science, 1993,259:1813-1932.

Duan A M, Wu G, Zhang Q. New proofs of the recent climate warming over the Tibetan Plateau as a result of the increasing greenhouse gases emissions[J]. Chinese Science Bulletin,2006,51(11):5.

Dunkerley D L. Intra-storm evaporation as a component of canopyinterception loss in dryland shrubs: observations from Fowlers Gap, Australia[J]. Hydrol Proc., 2008, 22: 1985-1995.

Duursma R, Marshall J.Vertical canopy gradients in δ13C correspond with leaf nitrogen content in a mixed-species conifer forest[J]. Trees, 2006, 20: 496-506.

Egoh B N, Reyers B, Rouget M, et al. Identifying priority areas for ecosystem service management in South African grassland[J]. Journal of Environmental Management, 2011, 92(6): 1642-1650.

Ehleringer J R, Field C B, Lin Z F, et al. Leaf carbon isotope and mineral composition in subtropicalplants along an irradiance cline[J]. Oecologia (Berlin), 1986, 70:520-526.

Ehleringer J R. Carbon isotope discrimination and transpiration efficiency[J]. Crop Sci., 1991, 31(6): 1611-1615.

Eigle J D, Moore I D. Effect of rainfall energy on infiltration intoa bare soil[J]. Trans. of ASAE, 1983, 26(6): 189-199.

Elith J, Leathwick J R, Hastie T. A working guide to boosted regression trees[J]. Journal of animal ecology, 2008, 77: 802-813.

Elizabeth J K, David P, Rowell R G J. Mechanisms and reliability of future projected changes in daily precipitation[J]. Clim Dyn, 2010,35:489-509

Emerman S H, Dawson T E. Hydraulic lift and its influence on the water content of the rhizosphere: an example from sugar maple, Acer saccharum[J]. Oecologia, 1996, 108: 273-278.

Engel E C, Weltzin J F, Norby R J, et al. Responses of an old-field plant community to interacting factors of elevated CO_2, warming, and soil moisture[J]. Journal of Plant Ecology, 2009, 2: 1-11.

Eyad A. Flash flood simulation for Tabuk City catchment, Saudi Arabia[J]. Arabian Journal of Geosciences, 2016, 9(3): 1-10.

Fan X L, Li S X. Hydraulic lift of plant root system[J]. Acta University Agriculture Borealioccidentalis, 1997, 25(5): 75-81.

Farouki O T. Thermal properties of soils, CRREL Monogr US[D]. Anny cold regions: Hanover N H Research and Engineering Laboratory, 1981.

Farquhar G D, Ehleringer J R, Hubick K T. Carbon isotope discrimination and photosynthesis[J]. Annu. Rev. Plant Physiol, 1989, 40: 503-537.

Farquhar G D, Leary M H, Berry J A. On the relationship between carbon isotope discrimination and intercellular carbon dioxide concentration in leaves[J]. Austr. J. Plant

Physiol.,1982(9):121-137.

Farquhar G D,Richards R A. Isotopic composition of plant carbon correlated with water-use efficiency of wheat genotypes[J]. Aust. J. Plant Physiol,1984,11:519-522.

Feng R Z,Long R J,Shang Z H, et al. Establishmentof Elymus natans improves soil quality of a heavily degraded alpine meadow inQinghai - Tibetan Plateau,China[J]. Plant and Soil,2010,327:403-411.

Feng G Z. The complementary relationship approach for estimating areal evapotranspiration and its application[J]. Water Resources Water Engineering,1991,2(3):11-23.

Firinciolu H K,Seefeldt S S,Şahin B. The effects of long-term grazing exclosures on range plants in the central anatolian region of turkey[J]. Environmental Management, 2007,39:326-337.

Frank A B, Tanaka D L, Hofmann L, et al. Soil carbon and nitrogen of Northern Great Plainsgrasslands as influenced by long-term grazing[J]. J. Range Manage, 1995, 48:470-474.

Frederic K D. Climate change impacts on water resources andpossible responses in the MINK region[J]. Climate Change,1993,24(1):83-115.

Frederick K D, Major D C and Stakhiv E Z. Water resourcesplanning principles and evaluation criteria for climate change: Summary and conclusions[J]. Climate Change, 1997,37(1):291-313.

Frederick K D,Major D C,Stakhiv E Z. Water resourcesplanning principles and evaluation criteria for climate change:Summary and conclusions[J]. Climate Change, 1997, 37 (1):291-313.

Frederick K D,Major D C. Climate change and water resources[J]. Climate Change, 1997,37(1):7-23.

Frederick K D. Adapting to climate impacts on the supply and demand for water[J]. Climate Change,1997, 37(1):141-156.

Frederick K D, Major D C, Stakhiv E Z. Introduction[J]. Climatic change, 1987, 37: 1-5.

Fu R,Hu Y L,Wright J S, et al. Short circuit of warter vapor and polluted air to the global stratosphere by convective transport over the Tibetan Plateau[J]. Proc. Natl. Acad. Sci. USA,2006,103(15):5664-5669.

Fu Y L,Yu G R,Sun X M, et al. Depression of net ecosystem CO_2 exchange in semi-arid Leymus chinensis steppe and alpine shrub[J]. Agricultural and Forest Meteorology, 2006,137(3-4):234-244.

Furr J,Reeve J. The range of soil moisture percentages through which plants undergo permanent wilting in some soils from semiarid, irrigated areas[J]. Journal of Agricultural Research, 1945, 71: 149-170.

Gandhidansan P, Abualhamayel H L. Modeling and of a dew collection system[J]. Desalinayion, 2005, 180: 47-51.

Garcia- Estringana P, Alonso-Blázquez N, Alegre J. Water storagecapacity, stemflow and water funneling in Mediterranean shrubs[J]. Hydrol, 2010, 389: 363-372.

Gardner W, Nieman R. Lower limit of water availability to plants[J]. Science, 1964, 143: 1460-1462.

Gbez A, Giráldez J V, Fereres E. Rainfall interception by olivetrees in relation to leaf area[J]. Agricultureal Water Management, 2001, 49: 65-76.

Ge Z M, Kellomäki S, Zhou X, et al. Effects of climate change on evapotranspiration and soil water availability in Norway spruce forests in southern Finland: an ecosystem model based approach[J]. Ecohydrology, 2013, 6: 51-63.

Ghosh S, Mujumdar P P. Climate change impact assessment: Uncertainty modeling with imprecise probability[J]. Geophysical Research Letters, 2009, 114: 113.

Giorgi F, Meanrs L O. Calculation of average, uncertaintyrange, and reliability of regional climate changes from AOGCM simulations via the REA methed[J]. Journal of Climate, 2002, 5: 1141-1158.

Givnish T J. On the economy of plant form and function[M]. Cambridge: Cambridge University Press, 1986.

Gleick P H. The development and testing of a water balancemodel for climate impact assessment: Modeling the SacramentoBasin[J]. Water Resources Research, 1987, 23(6): 1049-1061.

Gleick P H. Methods for evaluating the regional hydrologicimpacts of global climatic changes[J]. Journal of Hydrology, 1986, 88(1): 97-116.

Gleick P H. Vulnerability of water systems[M]// Waggoner P E. Climate Change and U.S. Water Resources, New York: Wiley, 1990.

Gong L B, Xu C Y, Chen D L, et al. Sensitivity of the Penman-Monteith reference evapotranspiration to key climatic variables in Chang-jing (Yangtze River) Basin[J]. Journal of Hydrology, 2006, 329: 1470-1476.

Goyaal R K. Sensitivity of evapotranspiration to global waring: a case study of arid zone of Rajasthan (India)[J]. Agr. Water Manag, 2004, 69: 1-11.

Graham D N, Butts M B. Chapter 10: Flexible Integrated Watershed Modeling with MIKE SHE[M]//Singh V P, Frevert D K. Watershed Models. New York: CRC Press, 2005.

Granier A, Anfodillo T, Sabatti M, et al. Axial and radial water flow in the trunks of oak trees: a quantitative and qualitative analysis[J]. Tree Physiology, 1994, 14: 1383-1396.

Granier A. Evaluation of transpiration in a Douglas-fir stand by means of sapflowmeasurements[J]. Tree Physiology, 1987, 3: 309-320.

Green S R, Clothier B E, McLeod D J. The response of sap flow in apple roots to localized irrigation[J]. Agriculture WaterManage, 1997, 33: 63-78.

Green W H, Ampt G A. Studies on soil physics, flow of air andwater through soils[J]. J. Agr. Sci., 1911, 76(4): 1-24.

Gu S, Tang Y, Cui X, et al. Characterizing evapotranspiration over a meadow ecosystem on the Qinghai-Tibetan Plateau[J]. Journal of Geophysical Research, 2008, 113(D8): doi:10. 1029/2007JD009173.

Guo Q, Hu Z M, Li S G, et al. Spatial variations in aboveground net primary productivity along a climate gradient in Eurasian temperate grassland: effects of mean annual precipitation and its seasonal distribution[J]. Global Change Biology, 2012, 18: 3624-3631.

Guo Q, Hu Z, Li S, et al. Contrasting responses of gross primary productivity to precipitation events in a water-limited and a temperature-limited grassland ecosystem[J]. Agricultural and Forest Meteorology, 2015, 214/215: 169-177.

Gvpta R K, Chauhan H S. Stochastic modeling of inigation water requirements[J]. Joumal of Irnigation and Drain. Eng, 1986, 112(1): 121-132.

Han J, Zhang Y, Wang C, et al. Rangeland degradation and restoration management in china[J]. The Rangeland Journal, 2008, 30(2): 233-239.

Handly L L, Nevo E, Raven J A, et al. Chromosome 4 controls potential of water use efficiency($\delta^{13}C$)in barley[J]. J. Exp. Bot., 1994, 45(280): 1661-1663.

Hartmann H, Ziegler W, Trumbore S. Lethal drought leads to reduction in nonstructural carbohydrates in Norway spruce tree roots but not in the canopy[J]. Functional Ecology, 2013b, 27: 413-427.

Haston L, Michaelsen J. Long-term central coastal California precipitation variability and relationship to ElNio-Southern Oscillation[J]. Journal of Climate, 1994, 7: 1373-1387.

Hatfield J L, Perrier A, Jackson K D. Estimation of evapotranspiration at onetimeof day using remotely sensed surface temperature[J]. Agric. Water Manage, 1983, 7: 341-350.

Hatton T J, Walken J, Dawes W R, et al. Simulayion of hydroecological responses to elevated CO_2 at the catchment scale[J]. Aust. J. Bot., 1992, 40: 679-696.

He H D, Li H Q, Zhu J B, et al. The asymptotic response of soil water holding capacity along restoration duration of artificial grasslands from degraded alpine meadows in the

Three River Sources, Qinghai - Tibetan Plateau, China[J]. Ecological Research, 2018(2): 1-10.

Helalia A M. The relation between soil infiltration and effectiveporosity in different soils[J].Agricultural Water Management, 1993, 24(8): 39-47.

Herwitz S R. Interception storage capacities of tropical rainforestcanopy trees[J]. Hydrol, 1985, 77: 237-252.

Hiler E A, Clark R N. tress day index to characterize effects of water stress on crop yields[J]. Trans. of ASAE, 1971, 14: 757-761.

Hillel D. rust formation in lassies soils[J]. International Soil Sci., 1960, 29(5): 330-337.

Hiromi Y. A One-dimensional Dynamical Soil Atmosphere Tritiated Water Transport Model[J]. Environmental Modeling & Software, 2001, 16: 739- 751.

Hobbs B F, Chao P T, Venkatesh B N. Using decisionanalysis to include climate change in water resources decisionaking[J]. Climate Change, 1997, 37(1): 177-202.

Holton H N. A concept for infiltration estimates in watershed engineering[J]. Dept. Agr. Res. Service, 1961, 39(30): 41-51.

Horton J L, Hart S C. Hydraulic lift: a potentially important ecosystem process[J]. Trends in Ecology Evolution, 1998, 13: 232-235.

Horton M L. Physical Edaphology The Physics of Irrigated and Nonirrigated Soils[J]. Soil Science, 1974, 117: 182.

Horton R E. An approach to ward a physical interpretation of infiltration-capacity[J]. Soil Sci. Soc. AM. J., 1940, 5(3): 399-417.

Hu J Z, Li W Z, Zheng J L, et al. Rainfall interception capability ofcanopy layer of main plant community in rehabilitation lands atsouthern foot of Qinlian Mountain[J]. Journal of Mountain Science, 2004, 22(4): 492-501.

Hu Z, Yu G, Fu Y, et al. Effects of vegetation control on ecosystem water use efficiency within and among four grassland ecosystems in China[J]. Global Change Biology, 2008, 14(7): 1609-1619.

Hubick K T, Farquhar G D. Carbon isotope discrimination selecting for water-use efficiency[J]. Aust Cotton Grower, 1987, 8(3): 66-68.

Hubick K T, Farquhar G D. Carbon isotope discrimination and the ratio of carbon gained towater lost in barley cultivars[J]. Plant Cell Environ, 1989, 12: 795-804.

Hupet F, Vanclooster M. Effect of the sampling frequency of meteorological variables on the estimation of the reference evapotranspiration[J]. Journal of Hydrology, 2001, 243: 192-204.

Huxman T E, Smith M D, Fay P A, et al. Convergence across biomes to a common rain-use efficiency[J]. Nature, 2004, 429(6992): 651-654.

Inoue T, Matsumoto J. A comparison of summer sea level pressure over East Eurasia between NCEP-NCAR reanalysis and ERA-40 for the period of 1960-99[J]. Journal of the Meteorological Society of Japan, 2004, 82(3): 951-958

IPCC. Climate Change 2007: Impacts, Adaptation and Vulnerability. Summary for Policymakers. Report of Working Group Ⅱ of the Intergovernmental Panel on Climate Change[M]. Cambridge: Cambridge University Press, 2007.

Ishikawa C M, Bledsoe C S. Seasonal and diurnal patterns of soil water potential in the rhizosphere of blue oaks: evidence for hydraulic lift[J]. Oecologia, 2000, 125: 459-465.

JacksonR B, Caldwell M M. Geostatistical patterns of soil heterogeneity around individual perennial plants[J]. Journal of Ecology, 1993, 81: 683-692.

Jensen C, Jacobsen S E, Andersen M N, et al. Leaf gas exchange and water relation characteristics of field quinoa (*Chenopodium quinoa* Willd.) during soil drying[J]. European Journal of Agronomy, 2008, 13:11-25.

Johnson L C, Matchett J R. Fire and grazing regulate belowground process intallgrass prairie[J]. Ecology, 2001, 82: 3377-3389.

Jose P P, Abraham H O. 气候物理学[M]. 吴国雄,刘辉,译. 北京:气象出版社, 1995.

Kalnay E, Kanamitsu M, Kistler R, et al. The NCEP/NCAR 40-year reanalysis project[J]. Bulletin of the American Meteorological Society, 1996, 77(3): 437-471.

Kang Y H, Wang Q G, Liu H J. Winter wheat canopy interceptionwith its influence factors under sprinkler irrigation[J]. Agricultural Water Management, 2005, 74: 189-199.

Kardol P, Campany C E, Souza L, et al. Climate change effects on plant biomass alter dominance patterns and community evenness in an experimental old-field ecosystem[J]. Global Change Biology, 2010, 16(10): 2676-2687.

Kazutoshi O, Junichi T, Hiroshi K, et al. The JRA-25 reanalysis[J]. Journal of the Meteorological Society of Japan, 2007, 83(3): 369-432.

Keim R F, Meerveld H J T V, McDonnell J J. A virtual experimenton the effects of evaporation and intensity smoothing by canopyinterception on subsurface stormflow generation[J]. Hydrol, 2006, 327: 352-364.

Keim R F, Skaugset A E, Weiler M. Storage of water on vegetationunder simulated rainfall of varying intensity[J]. Water Resour, 2006b, 26: 974-986.

Keim R F, Skaugset A E, Weiler M. Storage of water on vegetationunder simulated rainfall of varying intensity[J]. Advances in WaterRecourses, 2006, 29(7): 974-986.

Keryn B G, Mark D B. Experimental warming causes rapid loss of plant diversity in New England salt marshes[J]. Ecology Letters, 2009, 12: 842–848.

Klaassen W, Bosveld F, Water E. Water storage and evaporationas constituents of rainfall Interception[J]. Journal of Hydrology, 1998, 212(13): 36–50.

Klein J A, Harte J, Zhao X Q. Experimental warming causes large and rapid species loss, dampened by simulated grazing, on the Tibetan plateau[J]. Ecology letters, 2004, 7 (12): 1170–1179.

Knapp A K, Briggs J M, Koelliker J K. Frequency and extent of water limitation to primary production in a mesic temperate grassland[J]. Ecosystems, 2001, 4: 18–28.

Knight J D, Li vington N J, VanKessel. Carbon isotope discrimination andwater–use efficiency of six cropsgrown underwet and dry land conditions[J]. Plant Cell Environ, 1994, 17: 173–179.

Körner C. Alpine plant life: functional plant ecology of high mountain ecosystems[M]. Berlín & Heidelberg: Springer–Verlag, 1999.

Kostiakov A N. On the dynamics of the coeffient of water percolation in soils and on the necessity of studying it froma dynamicpoint of view for purposes of amelioration[J]. Soil Sci., 1932, 97(1): 17–21.

Kouwen N, Soulis E D, Pietroniro A, et al. Grouped Response Units for Distributed Hydrologic Modeling[J]. Journal of Water Resources Planning & Management, 1993, 119 (3): 289–305.

Kramer P J, Kozlowski T T. Physiology of woody plants[M]. London: Academic Press, 1979: 443– 444.

Kramer P J. Water Relations of Plants[M]. New York: Academic Press, 1983: 405–409.

Kummerow J, Krause D, Jow W. Root systems of chaparral shrubs[J]. Oecologia, 1977, 29: 163–177.

Lauenroth W K, Sala O E. Long–term forage production of a north American short–grass steppe[J]. Ecological Applications, 1992, 2: 397–403.

Leer. Forest Hydrology[M]. New York: Columbia University Press, 1980.

Lei G, Xin H P, Peth S, et al. Effects of grazing intensity on soil water regime and flux in Inner Mongolia grassland, China[J]. Pedosphere, 2012, 22(2): 165–177.

Lettenmaier D P, Burges S J. Climate change: Detection andits impact on hydrologic design[J]. Water Resources Research, 1978, 14(4): 679–687.

Lettenmaier D P. Climate sensitivity of California water resources[J]. Water Resources Planning and Management, 1991, 117(1): 108–125.

Leung A K, Garg A, Coo J L, et al. Effects of the roots of Cynodon dactylon and Schefflera heptaphylla on water infiltration rate and soilhydraulic conductivity[J]. Hydrological Processes, 2015, 29 (15): 3342–3354.

Li C, Hao X, Zhao M, et al. Influence of historic sheep grazing on vegetation and soil properties of a desert steppe in Inner Mongolia[J]. Agriculture, Ecosystems and Environment, 2008, 128(1): 109–116.

Li H, Zhang F, Li Y, et al. Thirty–year variations of above–ground net primary production and precipitation–use efficiency of an alpine meadow in the north–eastern Qinghai–Tibetan Plateau[J]. Grass and Forage Science, 2015(1): 208–218.

Li J X, He B H, Mei X M, et al. Effects of different plantingmodes on the soil permeability of sloping farmlands in purple soil area[J]. Chin. J. Appl. Ecol., 2013, 24 (3): 725–731.

Li S. Agro climatic resources and agricultural distribution pattern[M]//Climate and agriculture in China. Beijing: China Meteotological press, 1993: 30–69.

Li X G, Li F M, Zed R, et al. Soil physical properties andtheir relations to organic carbon pools as affected byland usein an alpine pastureland[J]. Geoderma, 2017, 139 (1): 98–105.

Lin Z Y, Zhao X Y. Spatial characteristics of changes in temperature and precipitation of the Qinghai–Xizang (Tibet) plateau[J]. Science China(Ser. D), 1996, 39: 442–448.

Liu C M, Zeng Y A. Changes of pan evaporation in the recent 40 years in the Yellow River Basin[J]. Water international, 2004, 29(4): 510–516.

Liu F, Stützel H. Biomass partitioning, specific leaf area, and water use efficiency of vegetable amaranth (*Amaranthus* spp.) in response to drought stress[J]. Scientia Horticulturae, 2004, 102: 15–27.

Liu H, Lei T W, Zhao J, et al. Effects of rainfall intensity and antecedent soil water content on soil infiltrability under rainfall conditions using the run off–on–out method[J]. Journal of Hydrology, 2011, 396(1): 24–32.

Liu L, Zhang Y, Bai W Q. Characteristics of grassland degradation and driving forces in the source region of the Yellow River from 1985 to 2000[J]. Journal Geographical Sciences, 2006, 16(2): 131–142.

Liu X D, Wu Q X, Shi L M, et al. Study on rainfall interception offorest in Liupanshan Mountains[J]. Forestry Science and Technology, 1982, 3: 18–21.

Llorens P, Gallart F. A simple method for water storage capacity measurement[J]. Hydrol, 2000, 240: 131–144.

Lott J E, Kham AAH, Ong C K, et al. Sap flow measurements of lateral tree roots in agroforestry systems[J]. Tree Physiology, 1996, 16:995-1001.

Loukas A, Quick M C. Effect of Climate change on hydrologicegime of two climatically different watersheds[J]. Journal of Hydrologic Engineering, 1996, 4:77-87.

Luo W H, Goudriaan J. Measuring dew formation and its threshold value for net radiation loss on top leaves in a paddy rice by using the dew ball: a new and simple instrument[J]. Original Article, 2000, 44:167-171.

Luo Y Q, ZHao X Y, Olof ANDRÉN, et al. Artificial root exudates and soil organic carbon mineralization in a degraded sandy grassland in northern China[J]. Journal of Arid Land, 2014, 6(4):423-431.

Ma Y S, Lang B N, Li Q Y, et al. Study on rehabilitating and rebuilding technologies for degenerated alpine meadow in the Changjiang and Yellow river source region[J]. Pratacultural Science, 2002, 19:1-4.

Major D C, Frederick K D. Water resources planning andclimate change assessment methods[J]. Climate Change, 1997, 37(1):25-40.

Mara B V, Nilda M A, Norman P. Soil degradation related to overgrazing in the semi arid southern Caldenal area of Argentina[J]. Soil Science, 2001, 166(7):441-452.

Marchand F L, Mertens S, Kockelbergh F, et al. Performance of high arctic tundra plants improved during but deteriorated after exposure to a simulated extreme temperature event[J]. Global Change Biology, 2005, 11(12):2078-2089.

Marco B. Measuring Soil Water Potential for Water Management in Agriculture a Review[J]. Suatainability, 2010, 2(5):12-26.

Marco F, Jacques W, Charles O, et al. Physical interpretation and sensitivity analysis of the TOPMODEL[J]. Journal of Hydrology, 1996, 175(1-4):293-338.

Martin B J, Nienhuis J, King G, et al. Restriction fragment length polymorphisms associated with water use efficiency in tomato[J]. Science, 1989, 243:1725-1728.

Martin B, Thorstenson Y R. Stable carbon isotope composition($\delta^{13}C$), water-use efficiency, and biomass productivity of Lycoperscon esculentum, Lycoperscon pennellii, and the F1 hybrid[J]. Plant Physiol, 1988, 88:213-217.

Martin S. The application of climatic data for planning and management of sustainable rainfed and irrigated crop production[J]. Agricultural and forest meteorology, 2000, 103:99-108.

Masinde P, Stützel H, Agong S, et al. Plant growth, water relations and transpiration of two species of African nightshade [*Solanum villosum* Mill. ssp. miniatum (Bernh. ex Willd.) Edmonds and *S. sarrachoides* Sendtn.] under water-limited conditions[J]. Scientia Horticulturae, 2006, 110: 7-15.

Mauchamp A, Janeau J L. Water funnelling by the crown of Flourensia cernua, a Chihuahuan Desert shrub[J]. Arid Environ, 1993, 25: 299-306.

McCabe G J, Wolock D M, Hay L E, et al. Effects of climatic change on the Thornthwaite moisture Index[J]. Water Resources Bull, 1990, 26(4): 633-643.

McCabe G J, Wolock D M. Sensitivity of irrigation demand ina humid-temperate region to hypothetical change[J]. Water Resources Bulletin, 1992, 28(3): 535-543.

Mcfadden J P, Eugster W, Chapin F S. A regional study of the controls on water vapor and CO_2 exchange in arctic tundra[J]. Ecology, 2003, 84(10): 2762-2776.

Meissner R A, Facelli J M. Effects of sheep exclusion on the soil seed bank and annual vegetation in chenopod shrublands of South Australian[J]. Journal of Arid Environments, 1999, 42(2): 117-128.

Mendelsohn R, Bennett L L. Global warming and water management: Water allocation and project evaluation[J]. Climate Change, 1997, 37(1): 271-290.

Mian M A R, Bailey M A, Ashley D D, et al. Molecular markers associated with water use efficiency and leaf ash in soybean[J]. Crop. Sci., 1996, 36: 1252-1257.

Miller K A, Rhodes S L, Macdonnell L J. Water allocation in a change climate: Institutions and adaptation[J]. Climatic Change, 1997, 35: 157-177.

Millikin I C, Bledsoe C S. Seasonal and diurnal patterns of soil water potential in the rhizosphere of blue oaks: evidence for hydraulic lift[J]. Oecologia, 2000, 125: 459-465.

Milton S J, de Plessis M A, Siegfried W R. A conceptual model of arid rangeland degradation[J]. Bio. Science, 1994, 44(2): 70-76.

Mimikou M A, Baltas E A. Climate change impacts on thereliability of hydroelectric energy production[J]. Hydrological Sciences Journal, 1997, 42(5): 661-678.

Mintz Y, Walker G K. Global fieldof soilmoisture and land surface evapotranspiration derived from observed precipitation and surface air temperature[J]. Journal of Applied Meteorology, 1993, 32: 1305-1334.

Moline M A, Claustre H, Frazer T K, et al. Alteration of the food web along the antarctic peninsula in response to a regional warming trend[J]. Global Change Biology, 2004, 10(12): 1973-1980.

Monson R K, Grant M C, Jaeger C H, et al. Morphological causesfor the retention of precipitation in the crown of alpine plants[J]. Environ. Exp. Bot., 1992, 32: 319-327.

Monteith J L. Evaporation and surface temperature[J]. Q. J. R. Meteoaol. Soc., 1981, 107: 1-27.

Monteith J L. Principles of environmctal physics[M]. London: Edward Arnold, 1975.

Morecroft M D, Woodward F I. Experimental investigations on the environmental determination ofδ13C at different altitude[J]. Journal of Experimental Botany, 1990, 41 (231):1303-1308.

Morgan J A, Daniel R, Lecain, et al. Gas exchange, carbon isotope discrimination, and productivity inwinterwheat[J]. Crop. Science, 1993, 33:178-186.

Morgan J A, Pataki D K, Korner C, et al. Water relations in grassland and desert ecosystems exposed to elevated atmospheric CO_2[J]. Oecologia, 2004, 140(1):11-25.

Morton F I. Operational estimates of areal evapotranspiration and their significance to the science and practice of hydrology[J]. J. Hydrol., 1983, 66:1-76.

Muselli M, Beysens D, Marcillat J, et al. Dew water collector for potable water in ajaccio (corsica island, france)[J]. Atmospheric Research, 2002, 64(1):297-312.

Muselli M, Beysens D, Mileta M, et al. Dew and rain water collection in the dalmatian coast, croatia[J]. Atmospheric Research, 2009, 92(4):455-463.

Muselli M, Beysens D, Milimouk I. A comparative study of two large radiative dew water condensers[J]. Journal of arid environments, 2006, 64(1):54-76.

Myhre G, Shindell D, Bréon F, et al. Climate change 2013: the physical science basis. Contribution of Working Group I to the Fifth Assessment Report of the Intergovernmental Panel on Climate Change[M]. United Kingdom and New York: Cambridge University Press Cambridge, 2013.

Naeth M A, Rothwell R L, Chanasyk D S, et al. Grazing impacts on infiltration in mixed prairie and fescue grassland ecosystems of Alberat[J]. Can. J. Soil Sci., 1990, 70: 593-605.

Namias J. Recent Seasonal Interactions between North Pacific Waters and the Overlying Atmospheric Circulation[J]. Journal of Geophysical Research Atmospheres, 1959, 64 (64):631-646.

Nash L L, Gleick P H. Sensitivity of steamflow in the Colorado Basin to climatic changes[J]. Journal of Hydrology, 1990, 125(1):221-241.

Nemec J, Schaake J. Sensitivity of water resource systems toclimate variation[J]. Hydrological Science Journal, 1982, 27(3):327-343.

Nemes A, Rawls W. Evaluation of different representations of the particle-size distribution to predict soil water retention[J]. Geoderma, 2006, 132(1/2):47-58.

Ni J. Carbon storage in grasslands of China[J]. Journal of Arid Environments, 2002, 50:205-218.

Nigel W A. Climate change and water resources in Britain[J]. Climatic Change, 1998, 39:83-110.

Nobel P S. Achievable productivities of certain CAM plants: Basis for high values compared with C_3 and C_4 plants[J]. New Phytologist, 1991, 119: 183-205.

Ortuno M F, García O Y, Conejero W, et al. Stem and leaf water potentials, gas exchange, sap flow, and trunk diameter fluctuations for detecting water stress in lemon trees[J]. Trees, 2006, 20(1): 1-8.

Pachepsky Y, Rawls W, Guber A, et al. Soil aggregates and water retention[J]. Developments in Soil Science, 2004, 30(8): 143-150.

Passioura J B. Water transport in and to roots[J]. Annual Review Plant Physiology Molecular Biology, 1988, 39: 245-265.

Patrick J S, Gary C H, Lajpat R A, et al. Use Of Limited Soil Property Data And Modeling To Estimate Root Zone Soil Water Content [J]. Journal of Hydrology, 2000, 272: 131- 147.

Paturel J E, Servat E, Vassiliadis A. Sensitivity of conceptual rainfall- runoff algorithms to errors in input data case of the GR2M model[J]. Journal of Hydrology, 1995, 168: 111-125.

Penman H L. Natural evaporation from open water, bare soil, and grass [J]. Proc. Roy. Soc., 1948, A: 193.

Peterson D, Keller A. Irrigation[M]//Waggoner P E.Climate change and U. S. Water Resources.New York: John Wileyand Sons, 1990: 269-306.

Philip J R. The theory of infiltration about sorptivity and algebraicinfiltration equations[J]. Soil Sci., 1957, 84(4): 257-264.

Plaut J A, Wadsworth W D, Pangle R, et al. Reduced transpiration response to precipitation pulses precedes mortality in a pinon-juniper woodland subject to prolonged drought [J]. New Phytologist, 2013, 200: 375-387.

Prieto P, Penuelas J, Lioret F, et al. Experimental drought and warming decrease diversity and slow down post-fire succession in a Mediterranean shrub-land[J]. Ecography, 2009, 32: 623-636.

Renato Prata de Moraes Frasson, Witold F K. Rainfallinterception by maize canopy: Development and application of aprocess- based model[J]. Journal of Hydrology, 2013, 489: 246-255.

Rencher A C. Methods of Multivariate Analysis[M]. New York: A John Wiley & Sons, Inc. Publication, 2002.

Richard L, Granillo A B. Soil protection by natural vegetation on clearcut forest land in Arkansas[J]. Journal of Soil and Water Conservation, 1985, 40(4): 379- 382.

Richards J M. Simple expression for the saturation vapor pressure of wate in the range

50 to 140[J]. Brit. J. Appl. Phys., 1971, 4: 15-18.

Richards L, Wadleigh C. Soil water and plant growth[J]. Soil physical conditions and plant growth, 1952, 2: 74-253.

Riebsame W E. Adjusting water resources management toclimate change[J]. Climate Change, 1988, 13(1): 69-97.

Rodriguez-Iturbe I. Ecohydrology: A hydrological perspective ofclimate-soil-vegetation dynamics[J]. Water Resour. Res., 2000, 36(1): 3-9.

Rogers P. Engineering design and uncertainties related to climate change[J]. Climate Change, 1997, 37(1): 229-242.

Rubin J. Theory of rainfall uptake by soil initially driver thantheir field capacity and its applications[J]. Water Resour. Res., 1966, 2(4): 739-749.

Running S W, Coughlan J C. A general model of forest ecosystem processes for regional applications: 1. Hydrologic balance, canopy gas exchange and primary production preocesse[J]. Ecological Modelling, 1988, 42: 125-154.

Rutter A J, Kershaw K A, Robins P C, et al. A predictive model ofrainfall interception in forest, 1. Derivation of the model fromobservation in a plantation of Corsican pine[J]. Agriculture meteorol, 1971, 9: 367-384.

Sadras V, Milroy S. Soil-water thresholds for the responses of leaf expansion and gas exchange: A review[J]. Field Crops Research, 1996, 47: 253-266.

Saxton K E. Sensitivity analysis of the combination evapotranspiration equation[J]. Agricultural and Meteorology, 1975, 15(3): 343-353.

Schaake J. From climate to flow[M]// Waggoner P E. Climate Change and U. S. Water Resources. New York: John Wileyand Sons, 1990: 177-206.

Schenk H. Vertical vegetation structure below: Scaling from root to globe[J]. Progress in Botany, 2005, 66(2): 341-373.

Scholes B. Will the terrestrial carbon sink saturate soon[J]. IGBP Global Change Newaletter, 1999, 37: 2-3.

Schulze E D, Caldwell M M, Canadell J, et al. Downward fluxofwaterthrough roots(i.e. inverse hydraulic lift)in dry Kalahari sand[J]. Oecologia, 1998, 115: 460- 462.

Schulze E D, Mooney H A, Sala O E, et al. Rooting depth, water availability, and vegetation cover along an aridity gradient in Patagonia[J]. Oeologia, 1996, 108: 503-511.

Seitlheko E M, Allen B L, Wester D B. Effect of three grazing intensities on selected soil properties in semi- arid west Texas[J]. Africa Journal of Range Forage Science, 1993, 10(2): 82-85.

Sepaskhah A R, Boersma L. Thermal conductivity of soils as a function of temperature and water content[J]. Soil Sei. Soc. Am. J.,1979,43:429-440.

Sergio E. Serrano. Simulation Infiltration With Approximate Solutions To Richard'S Equation[J]. Journal of Hydrologic Engineering,2004,9(5):421- 432.

Shang Z H, Long R J. Formation causes and recovery of the "Black Soil Type" degraded alpine grassland in Qinghai-Tibetan Plateau[J]. Frontiers of Agriculture in China, 2007,1:197-202.

Shang Z H,Ma Y S,Long J, et al. Effect of fencing,artificial seeding and abandonment on vegetation composition and dynamics of' black soil land' in the headwaters of the Yangtze and the Yellow Rivers of the Qinghai-Tibetan plateau[J]. Land Degradation & Development,2008,19:554-563.

Shen Y J,Zhang Z B,Gao L, et al. Evaluating contribution of soil water to paddy rice-by stable isotopes of hydrogen and oxygen[J]. Paddy and Water Environment,2015,131.

Shi N,Chen L W. A preliminary study on the global land annual precipitation associated with ENSO during 1948-2000[J]. AAS,2002,19(6):993-1003.

Silvertown J,Dodd M E,Mcconway K, et al. Rainfall,biomass variation,and community composition in the park grass experiment[J]. Ecology,1994,75:2430-2437.

Sinclair T R,Holbrook N M,Zwieniecki M A. Daily transpiration rates of woody species on drying soil[J]. Tree Physiology,2005,25:1469-1472.

Singh S,Khare P,Kumari K M, et al. Chemical characterization of dew at a regional representative site of north-central india[J]. Atmospheric Research,2006,80(4):239-249.

Smith D M,Jackson N A,Roberts J M, et al. Reverse flowof sap in tree root sand downward siphoning of water by Grevillae robusta[J]. Functional Ecology, 1999, 13:256-264.

Smith K,Richman M B. Recent hydroclimatic fluctuations and their effects on water resources in Illinois[J]. Climate Change,1993,24(2):249-269.

Smith K. The potential impacts of climate change on the GreatLakes[J]. Bulletin of the American Meteorological Society,1991,72(1):21-28.

Smith M,Allen R G,Monteith J L,et al. Report on the expert consultation on revision of FAO methodologies for crop water requirements[R]. Rome:FAO,1992.

Smith R E. The infiltration envelope results from a theoretical infiltrometer[J]. Journal of Hydrology,1972,17(1):1-21.

Soltani A,Khooie F,Ghassemi G K, et al. Thresholds for chickpea leaf expansion and transpiration response to soil water deficit[J]. Field Crops Research,2000,68:205-210.

Song C,Xu X,Sun X, et al. Large methane emission upon spring thaw from natural wetlands in the northern permafrost region[J]. Environmental Research Letters, 2012, 7(3):34.

Song G, Yan H T. Energy exchange between the atmosphere and a meadow ecosystem on the Qinghai-Tibetan Plateau[J]. Agricultural and Forest Meteorology, 2005, 129(3/4): 175-185.

Stahl C, Burban B, Wagner F, et al. Influence of seasonal variations in soil water availability on gas exchange of tropical canopy trees[J]. Biotropica, 2013, 45: 155-164.

Stakhiv E Z, Major D C. Ecosystem evaluation, Climate changeand water resources plannin[J]. Climate Change, 1997, 37(1): 103-120.

Stanley A C, Misganaw D. Detection of changes in stream flow and floods resulting from climate fluctuations and land usedrainage changes[J]. Climate Change, 1996, 32(4): 411-421.

Stockton C W, Boggess W R. Geohydrological implications ofclimate change on water resources development[M]. USACE Institute for Water Resources, 1979.

Su X K, Wu Y, Dong S, et al. Effects of grassland degradation and re-vegetation on carbon and nitrogen storage in the soils of the Headwater Area Nature Reserve on the Qinghai-Tibetan Plateau, China[J]. Journal of Mountain Science, 2015, 12(3): 582-591.

Su Y Z, Zhao H L, Zhang T H. Influences of grazing and exclosure on carbon sequestration in degraded sandy grassland, Inner Mongolia, north China[J]. New Zealand Journal of Agricultural Research, 2003, 46(4): 23-28.

Sun Z J, Livington N J, Guy R D, et al. Stable carbon isotope as indicators of increased water use efficiency and productivity in white spruce (Picea glauca Voss) seedlings [J]. Plant Cell Environ, 1996, 19: 887-894.

Swanson R H, Whitfield D WA. A numerical analysis of heat pulse velocity and theory [J]. Journal of Experimental Botany, 1981, 32: 221-239.

Thomthwile W C. An approach toward a rational classificationof climate[J]. Geographical Review, 1949, 38(1): 55-94.

Thurow T L, Blackburn W H, Warren S D, et al. Rainfall interceptionby midgrass, shortgrass, and live oak mottes[J]. Range Manage, 1987, 40: 455-460.

Toft N L, Anderson J, Nowak R S. Water use efficiency and carbon isotope composition of plants in a cold desert environment[J]. Oecologia, 1989, 80: 11-18.

Topp G G, Watt M, Hayhoe H N. Point specific measurement and monitoring of soil water content with an emphasis on TDR[J]. Canadian Journal of Soil Science, 1996, 76: 307-316.

Tromble J M. Water interception by two arid land shrubs[J]. AridEnviron, 1988, 15:

65-70.

Urgess S S O, Adams M A, Turner N C, et al. The redistribution of soil water by tree root systems[J]. Oecologia, 1998, 115:306-311.

Van D I, Jkai J M, Keenan R J. Planted forests and water in perspective[J]. Forest Ecology and Management, 2007, 251(1):1-9.

Veihmeyer F, Hendrickson A. Soil moisture in relation to plant growth[J]. Annual Review of Plant Physiology, 1950, 1:285-304.

Veihmeyer F, Hendrickson A. The moisture equivalent as a measure of the field capacity of soils[J]. Soil Science, 1931, 32:181-194.

Vertessy R A, Hatton T J. Predicting water yield from a mountain ash forest catchment using a terrain analysis based on catchment model[J]. J. Hydrol, 1993, 150:665-700.

Vetterlein D, Marschner H, Hom R. Microtensiometer technique for in situmeasurementof soilmatric potential and rootwater extraction from a sandy soil[J]. Plant and Soil, 1993, 149:263-274.

Vetterlein D, Marschner H. Use of a microtensionmeter technique to study hydraulic lift in a sandy soil plantedwith pearlmillet Pennisetum Americanum I. Leeke[J]. Plant and Soil, 1993, 149:275-282.

Vrsmartyc J, Federerca S. Potential evaporation functions compared on US basins: Possible implications for global-scale water balance and terrestrial ecosystemmodeling[J]. Journalof Hydrology, 1998, 207:147- 169.

Wahbi A, Sinclair T R. Transpiration response of Arabidopsis, maize, and soybean to drying of artificial and mineral soil[J]. Environmental and Experimental Botany, 2007, 59: 188-192.

Walker D, Jia G, Epstein H, et al. Vegetation-soil-thaw-depth relationships along a low-arctic bioclimate gradient, alaska: Synthesis of information from the atlas studies[J]. Permafrost and Periglacial Processes, 2003, 14(2):103-123.

Wall A, Heiskanen J. Water-retention characteristics and related physicalproperties of soil on afforested agricultural land in Finland[J]. For. Ecol. Manage, 2003, 186 (1-3):21-32.

Wang Q J, Li S X, Wang W Y, et al. The respondents of carbon and nitrogen reserves in plants and soils to vegetation cover change on Kobresia pygmaea meadow of Yellow and Yangte Rivers source region[J]. Acta Ecologica Sinica, 2008, 28:88-893.

Wang X P, Zhang Y F, Rui H. Canopy storage capacity ofxerophytic shrubs in Northwestern China[J]. Journal of Hydrology, 2012, 454/455:152-159.

Wang Y B, Gao Z Y, Wen J, et al. Effect of a thermokarst lake on soil physical properties and infiltration processes in the permafrost region of the Qinghai–Tibet Plateau, China [J]. Science China: Earth Sciences, 2014, 57(10): 2357–2365.

Webster P J, Yang S. Monsoon and ENSO: Selectively interactive systems[J]. Quarterly Journal of the Royal Meteorological Society, 1992, 118: 887–926.

West N E, Gifford G F. Rainfall interception by cool–desert shrubs. Range Manage, 1976, 29: 171–172.

Wheeler M A, Trlica M J, Frasier G W, et al. Seasonal grazing affects soil physical properties of a montane riparian community[J]. Journal of Range Management, 2002, 55 (1): 49–56.

Whetton P H, Fowler A M, Haylock M R, et al. Implicationsof climate change due to the enhanced green house effects onfloods and droughts in Australia[J]. Climate Change, 1993, 25(3): 289–317.

Wohlfahrt G, Bianchi K, Cernusca A. Leaf and stem maximum water storage capacity of herbaceous plants in a mountain meadow[J]. Hydrol, 2006, 319: 383–390.

Wood M K, Jones T L, Vexa–Cruz M T. Rainfall interception byselected plants in the Chihuahuan Desert[J]. Range Manage, 1998, 51: 91–98.

Wright G C, Hubick K T, Farquhar G D. Discrimination in carbon isotope of leaves correlated with water- use efficiency of field- grown peanut cultivars[J]. Aust. J. Plant Physiol, 1988, 15: 815–825.

Wu G L, Li Z H, Zhang L, et al. Effects of artificial grassland establishment on soil nutrients and carbon properties in a black–soil–type degraded grassland[J]. Plant and Soil, 2010, 333: 469–479.

Wu G L, Li Z H, Zhang L, et al. Effects of artificial grassland establishment on soil nutrients and carbon properties in a black- soil- type degraded grassland[J]. Plant and Soil, 2010, 333: 469–479.

Wu G X, Liu Y M, He B, et al. Thermal controls on the Asian summer monsoon[J]. Scientific Reports, 2012, doi: 10. 1038/srep00404.

Wu G X, Zhang Y S. Tibetan Plateau and the Asian Monsoon onset over South Asia and South China Sea[J]. Mon. Wea. Rev., 1998, 126(4): 913–927.

Wu G, Liu Z, Zhang L, et al. Long–term fencing improved soil properties and soil organic carbon storage in an alpine swamp meadow of western China[J]. Plant and soil, 2010, 332(1–2): 331–337.

Wu Y, Huang M, Gallichand J. Transpirational response to water availability for winter wheat as affected by soil textures[J]. Agricultural Water Management, 2011, 98: 569–

576.

Xiao J, Sun G, Chen J, et al. Carbon fluxes, evapotranspiration, and water use efficiency of terrestrial ecosystems in China[J]. Agricultural and Forest Meteorology, 2013, 182-183:76-90.

Xiong L H, Guo S L. A two-parameter monthly water balancemodel and its application[J]. Journal of Hydrology, 1999, 216:111-123.

Vandewiele P H L. Natural evaporation from open water, bare soil, and grass[J]. Proc. Roy. sec. A, 1948, 193:120-145.

Xu X D, Zhao T L, Lu C G, et al. An important mechanism sustaining the atmospheric "water tower" over the Tibetan Plateau[J]. Atmos. Cnem. Phys. Discuss, 2014, 14(12): 11287-11295.

Xu X D, Zhao T L, Lu C G, et al. World water tower: An atmospheric perspective[J]. Geophys Res. Lett., 2008, 35(20):L20815.

Xu X K, Chen H, Levy J K. Spatiotemporal vegetation cover variations in the Qinghai-Tibet Plateau under global climate change[J]. Chinese Science Bulletin, 2008, 53:7.

Yan M J, Yamanaka N, Yamamoto F, et al. Responses of leaf gas exchange, water relations, and water consumption in seedlings of four semiarid tree species to soil drying[J]. Acta Physiologiae Plantarum, 2010, 32:183-189.

Yan W, Zhong Y, Shangguan Z. The relationships and sensibility of wheat C:N:P stoichiometry and water use efficiency under nitrogen fertilization[J]. Plant Soil Environment, 2015, 61:201-207.

Yang X H, Zhang K B, Hou R P. Impacts of exclusionon vegetative features and aboveground biomass in semi- arid degraded rangeland[J]. Ecology and Environment, 2005, 14(5):730 -734.

Yang Y, Fang J, Fay P A, et al. Rain use efficiency across a precipitation gradient on the Tibetan Plateau[J]. Geophysical Research Letters, 2010, 37(15):L15702.

Yang Y H, Fang J Y, Ji C J, et al. Above and belowground biomass allocation in Tibetan grasslands[J]. Journal of Vegetation Science, 2009, 20:177-184.

Yang Y S, Li H Q, Zhang L, et al. Characteristics of soil water percolation and dissolved organic carbon leaching and their response to long-term fencing in an alpine meadow on the Tibetan Plateau[J]. Environ Earth Sci., 2016, 75:1471.

Yao T D, Thompson L, Yang W, et al. Different glacier status with atmospheric circulations in Tibetan Plateau and surroundings[J]. Nature Climate Change, 2012, 2(9):663-667.

Ye J S, Guo A H. Statistical Analysis of Reference Evapotranspiration on the Tibetan

Plateau[J]. Journal of Irrigation and Drainage Engineering, 2009, 135(2): 134–140.

Yin Y, Wu S, Zheng D, et al. Regional difference of aridity/humidity conditions change over China during the last thirty years[J]. Chinese Science Bulletin, 2005, 50(19): 2226–2233.

Yohe G, Neumann J. Planning for sea level rise and shore protection under climate uncertainty[J]. Climate Change, 1997, 37(1): 243–270.

Zavaleta E S, Shaw M R, Chiariello N R, et al. Additive effects of simulated climate changes, elevated CO_2, and nitrogen deposition on grassland diversity[J]. Proceedings of the National academy of Sciences, 2003, 100(13): 7650–7654.

Zhang F, Li H, Wang W, et al. Net radiation rather than moisture supply governs the seasonal variations of evapotranspiration over an alpine meadow on the northeastern Qinghai–Tibetan Plateau[J]. Ecohydrology, 2018, 11(2): 1925.

Zhang J Y, Wang L C. Assessment of water resource security in Chongqing City of China: What has been done and what remains to be done[J]. Natural Hazards, 2015(1): 753.

Zhang J H, Yao F M, Zheng L, et al. Evaluation of Grassland Dynamics in the Northern–Tibet Plateau of China Using Remote Sensing and Climate Data[J]. Sensors, 2007, 7: 17.

Zhang K, Zheng H, Chen F L, et al. Changes in soil quality after converting Pinus to Eucalyptus plantations in southern China[J]. Solid Earth, 2015, 6: 115–123.

Zhang M, Yu G, Zhuang J, et al. Effects of cloudiness change on net ecosystem exchange, light use efficiency, and water use efficiency in typical ecosystems of China[J]. Agricultural and Forest Meteorology, 2011, 151(7): 803–816.

Zhang Q, Huang R. Water vapor exchange between soil and atmosphere over a gobi surface near an oasis in the summer[J]. Journal of applied meteorology, 2004, 43(12): 1917–1928.

Zhang Q, Jiang T, Chen Y Q, et al. Changing properties ofhydrological extremes in south China: Natural variations or human influences [J]. Hydrological Processes, 2010, 24(11): 1421–1432.

Zhang T R, Yan L D, Zhang F, et al. The Impacts of Climate Change on the Natural Pasture Grass in Qinghai Province[J]. Plateau Meteorology, 2007, 26(4): 8.

Zhang Y, Xu X Y, Wu X M. Using SCCM model to assessthe impacts of climate change on water balance in the Huanghuaihaiplain[M]//Zhang Y. Climate Change and Its Impacts. Beijing: Meteorological Press, 1993: 223–233.

Zhang Z S, Zhang J G, Liu L C, et al. Interception of ArtificialVegetation in Desert Area[J]. Journal of Glaciology and Geocryology, 2005, 27(5): 761–766.

Zhang Z, Groenevelt P, Parkin G. The well-shape factor for the measurement of soil hydraulic properties using the Guelph permeameter[J]. Soil and Tillage Research, 1998, 49:219-221.

Zheng H, Ouyang Z Y, Wang X K, et al. How different reforestation approaches affect red soil properties in southern China[J]. Land Degradation & Development, 2005, 16: 387-396.

Zhou S W, Wu P, Wang C H, et al. Spatial distribution of atmospheric water vapor and its relationship withprecipitation in summer over the Tibetan Plateau[J]. Journal of Geographical Sciences, 2012, 22(5):795-809.

Zhu G, Su Y, Li X, et al. Modelling evapotranspiration in an alpine grassland ecosystem on Qinghai-Tibetan plateau[J]. Hydrological Processes, 2014, 28(3):610-619.

Zhu X, Yu G, Wang Q, et al. Seasonal dynamics of water use efficiency of typical forest and grassland ecosystems in China[J]. Journal of Forest Research, 2014, 19(1):70-76.

Zunzunegui M, Barradas M D, Aguilar F, et al. Growth response of Halimium halimifolium at four sites with different soil water availability regimes in two contrasted hydrological cycles[J]. Plant and Soil, 2002, 247:271-281.